编审委员会

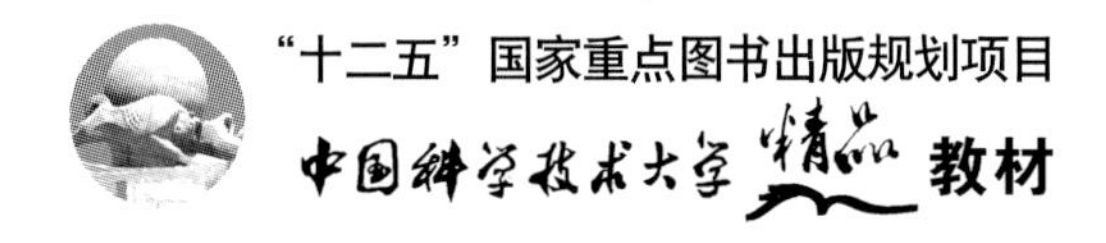

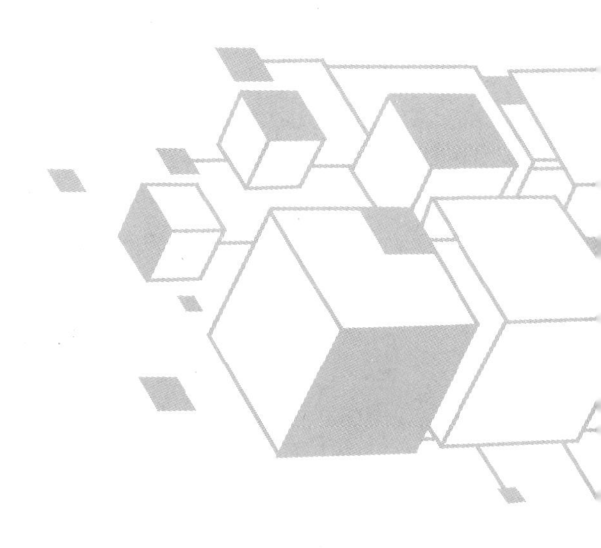

王 翔 李永新／编著

Integrated Design of Mechanical Systems

机械系统综合设计

中国科学技术大学出版社

内 容 简 介

本书根据现代工业产品设计需求，基于系统设计的思想，从产品形成全过程的整体性角度出发，结合面向制造的并行工程设计理论，不仅较全面地叙述了机械系统设计的原理和方法，同时，还根据现代机器的机电一体化特征，较为详细地介绍了数控传动系统设计、精度设计和分析等工程设计的应用技术知识。本书以典型机电系统设计为基础，阐述了现代机械系统综合设计的特点和规律，力求内容全面、实用，以满足不同目标设计的需求。

本书不仅可作为机械设计制造及其自动化专业和精密机械及仪器专业以及相关专业的教学用书，还可作为相关专业以及其他类型高校相近专业的学生完成专业课程设计和毕业设计的参考资料，也可供从事机电装备设计与研究的技术人员参考。

图书在版编目(CIP)数据

机械系统综合设计/王翔，李永新编著．—合肥：中国科学技术大学出版社，2013.9
(中国科学技术大学精品教材)
"十二五"国家重点图书出版规划项目
ISBN 978-7-312-03252-3

Ⅰ．机…　Ⅱ．①王…　②李…　Ⅲ．机械系统—系统设计—高等学校—教材　Ⅳ．TH122

中国版本图书馆 CIP 数据核字(2013)第 177075 号

中国科学技术大学出版社出版发行
安徽省合肥市金寨路 96 号，230026
http://press.ustc.edu.cn
合肥市宏基印刷有限公司印刷
全国新华书店经销

开本：787 mm×1092 mm　1/16　印张：31.25　插页：2　字数：760 千
2013 年 9 月第 1 版　2013 年 9 月第 1 次印刷
印数：1—3000 册
定价：57.00 元

总　　序

2008年，为庆祝中国科学技术大学建校五十周年，反映建校以来的办学理念和特色，集中展示教材建设的成果，学校决定组织编写出版代表中国科学技术大学教学水平的精品教材系列。在各方的共同努力下，共组织选题281种，经过多轮、严格的评审，最后确定50种入选精品教材系列。

五十周年校庆精品教材系列于2008年9月纪念建校五十周年之际陆续出版，共出书50种，在学生、教师、校友以及高校同行中引起了很好的反响，并整体进入国家新闻出版总署的"十一五"国家重点图书出版规划。为继续鼓励教师积极开展教学研究与教学建设，结合自己的教学与科研积累编写高水平的教材，学校决定，将精品教材出版作为常规工作，以《中国科学技术大学精品教材》系列的形式长期出版，并设立专项基金给予支持。国家新闻出版总署也将该精品教材系列继续列入"十二五"国家重点图书出版规划。

1958年学校成立之时，教员大部分来自中国科学院的各个研究所。作为各个研究所的科研人员，他们到学校后保持了教学的同时又作研究的传统。同时，根据"全院办校，所系结合"的原则，科学院各个研究所在科研第一线工作的杰出科学家也参与学校的教学，为本科生授课，将最新的科研成果融入到教学中。虽然现在外界环境和内在条件都发生了很大变化，但学校以教学为主、教学与科研相结合的方针没有变。正因为坚持了科学与技术相结合、理论与实践相结合、教学与科研相结合的方针，并形成了优良的传统，才培养出了一批又一批高质量的人才。

学校非常重视基础课和专业基础课教学的传统，也是她特别成功的原因之一。当今社会，科技发展突飞猛进、科技成果日新月异，没有扎实的基础知识，很难在科学技术研究中作出重大贡献。建校之初，华罗庚、吴有训、严济慈等老一辈科学家、教育家就身体力行，亲自为本科生讲授基础课。他们以渊博的学识、精湛的讲课艺术、高尚的师德，带出一批又一批杰出的年轻教员，培养了一届又一届优秀学生。入选精品教材系列的绝大部分是基础课或专业基础课的教材，其作者大多直接或间接受到过这些老一辈科学家、教育家的教诲和影响，因此在教材中也贯穿着这些先辈的教育教学理念与科学探索精神。

改革开放之初，学校最先选派青年骨干教师赴西方国家交流、学习，他们在带回先进科学技术的同时，也把西方先进的教育理念、教学方法、教学内容等带回到中国科学技术大学，并以极大的热情进行教学实践，使“科学与技术相结合、理论与实践相结合、教学与科研相结合”的方针得到进一步深化，取得了非常好的效果，培养的学生得到全社会的认可。这些教学改革影响深远，直到今天仍然受到学生的欢迎，并辐射到其他高校。在入选的精品教材中，这种理念与尝试也都有充分的体现。

中国科学技术大学自建校以来就形成的又一传统是根据学生的特点，用创新的精神编写教材。进入我校学习的都是基础扎实、学业优秀、求知欲强、勇于探索和追求的学生，针对他们的具体情况编写教材，才能更加有利于培养他们的创新精神。教师们坚持教学与科研的结合，根据自己的科研体会，借鉴目前国外相关专业有关课程的经验，注意理论与实际应用的结合，基础知识与最新发展的结合，课堂教学与课外实践的结合，精心组织材料、认真编写教材，使学生在掌握扎实的理论基础的同时，了解最新的研究方法，掌握实际应用的技术。

入选的这些精品教材，既是教学一线教师长期教学积累的成果，也是学校教学传统的体现，反映了中国科学技术大学的教学理念、教学特色和教学改革成果。希望该精品教材系列的出版，能对我们继续探索科教紧密结合培养拔尖创新人才，进一步提高教育教学质量有所帮助，为高等教育事业作出我们的贡献。

侯建国

中国科学技术大学校长
中国科学院院士
第三世界科学院院士

前　言

随着科学和技术的进步，人们对机械产品的认知和要求发生了很大的变化。现代机器不仅可以代替人的劳动、实现能量变换和传递、完成有用机械功，而且具有较高的精密度和一定的柔性，同时还要能满足市场优质、高效、廉价的需求。因此，现代机械产品的设计原理和方法也成为了知识密集和多学科融合下的综合集成方法。

现阶段，具有机电一体化特征的现代机电产品，已实现了机械工程与以数控技术为核心的信息技术的高度融合。产品设计是以产品功能为目标，将构成机器的各组成部分作为一个相互间有机联系的整体，即将产品作为一个系统，以系统工程的观点来进行综合和优化分析，进而实现创新性的设计。同时，机械产品设计还需要考虑产品生命周期全过程中各个阶段的要求，设计方案的综合最优，不仅要满足系统功能目标，还要关注实现产品的可制造性、运行维护以及回收利用等综合技术和经济性问题，即运用并行工程的思想来全面提高机械系统综合设计的水平和产品的质量。

随着新时期对人才培养目标认知的不断深化以及专业的合并和调整，宽口径教学和培养成为共识，相关的教学体系和教学内容的改革也已得到不断优化。普通本科教育不仅需要构建一定的知识结构和基础素质结构，能力结构需求也已成为重点，即要求人们不仅拥有获取知识的能力，还应具备应用知识的能力和综合创新的能力。

“机械系统综合设计”是以设计为主的专业课程，从能力、创新意识培养的要求出发，通过综合运用基础理论和技术基础知识，掌握机械系统和机电相结合等现代装备的设计理论和方法，以培养学生独立设计的综合能力。

“机械系统综合设计”作为相关专业学习的专业课程，也是学科基础、技术基础等课程知识的综合应用。机械工程学科体系的课程学习，其本身就具有实践性强等特点，而现代工业的零部件生产的模块化、专业化越来越突出，一般设计中的零部件设计也趋向选型设计。因此，机械系统设计从原来主要关注零部件及其结构设计，向强调系统整体构型和各部分联系优化的集成设计方向转变。从而在有限合理性原理下，进行“合理选用”的分析和设计，不仅有利于促进现代机器设计的多样性和创新性，也将有力地提高教学效率、学生的学习主动性和实践能力。同时，依据现代工程设计三个面向的设计原则（面向制造的设计、面向装配的设计和面向成本的设计），将机械系统和零件设计的可制造性（工艺设计）等内容引入到设计之中，以进一步提高设计的合理性和有效性。并且，为了适应科技发展的需要，根据机电一体化产品对机械系统和零件设计的精度要求、机电融合的静态和动态特性的需求，较为详细地介绍了数控传动机械系统和机电传动系统的特性分析，以满足现代精密机械和精密仪器的设计需求。

本书共分10章。第1章为“机械系统设计概论”，阐述了现代机械系统及其现代设计的相关概念、特点和基本内容以及发展状况等，使读者对现代机械系统及现代设计方法有一般性的了解。

第2章为“机械系统总体设计”，简要介绍了总体设计的现代思想，并通过设计任务分析、总体方案拟定和精度设计的介绍，使读者能了解在整体、并行和环境友好等思想的指导下，围绕目标及其功能来构建所需系统的方法。

第3章为“传动系统设计”，阐述了传动系统的特性和性能，以及传动系统设计的分析方法，较详细地介绍了机械传动系统和数控传动系统的设计计算和方法。

第4章为“机电传动系统动态特性分析”，简要介绍了机电传动单元的力学特性和匹配设计原则，机电传动系统稳态设计和动态设计的原理方法。

第5章为“支承与轴系设计”，较为详细地介绍了滑动摩擦支承、滚动摩擦支承、弹性摩擦支承、流体摩擦支承的设计和计算方法；以支承为主线，介绍了不同摩擦性质的主轴和传动轴的结构及其轴系的设计原理方法。

第6章为“导轨与基座设计”，介绍了不同摩擦性质导轨的特点及其设计方法，以及作为机械系统基础的基座的特征和设计方法。

第7章为“常用精密机构设计”，介绍了在精密机械和仪器中几种典型机构的特点和设计方法，主要有微动装置、锁紧装置、示数装置、隔振装置和误差校正装置。

第8章为“机械零件制造工艺设计”，简要介绍了零件制造工艺设计和数控加工工艺设计的特点和方法，并针对现代生产对多品种、小批量的需求特征，侧重于生产类型为单件、小批生产情况下的制造工艺设计的分析。

第9章为“典型零件制造工艺分析”，介绍了几种典型机械零件制造工艺设计的分析方法。

第10章为“机械系统综合设计实践”，介绍了机械系统综合设计实践的过程要求和方法，以齿轮减速器设计和小型标牌雕刻机设计为实例，详细介绍了具有传统机械传动特征和数控传动特征的机电系统的设计方法。

本书不仅可作为机械设计制造及其自动化专业和精密机械及仪器专业以及相关专业的教学用书，还可作为相关专业以及其他类型高校相近专业的学生完成专业课程设计和毕业设计的参考资料，也可供从事机电装备设计与研究的技术人员参考。

本书在编写过程中，得到了中国科学技术大学教务处、出版社有关领导和工作人员的关心、支持和帮助，对此我们表示深深的谢意。

本书在编写过程中参阅了国内众多学者的有关教材和研究资料，在此一并表示衷心的感谢。尽管如此，限于编者水平，书中不免存在不足和错误之处，恳请读者批评指正。

编　者

2013年6月

目　　次

第1章　机械系统设计概论

1.1　概　　述

机器(machine)是由各种金属和非金属零、部件组成的执行机械运动的装置,可用来完成所赋予的功能,其传统的意义是用来代替人的劳动、进行能量变换和产生有用功。现阶段,机器的概念可以扩充为:一种用来转换和传递能量、物料和信息的,能执行机械运动的设备或装置。例如,机电工程领域中的机床、三坐标测量机、起重机、纺织机、印刷机以及复印机等都是机器。

1.1.1　机器的类别和组成

1.1.1.1　机器的类别

机器的种类繁多,从功能共性角度出发,可以发现机器是用来传递运动或动力,用来变换或传递能量、物料与信息,能完成有用机械功的装置。而在现代工业领域,虽然机器的概念是广泛的,但由传统的机器概念可知,是否完成有用的机械功就成为辨别产品(装置)能否成为机电系统的关键条件。例如,电视机、计算机等内部结构没有执行机械运动的装置,也没有克服外力作机械功,就不能称之为机电系统。因此,本书所述的机器是指具有完成有用机械功的机电系统。

根据工作类型,机器通常可以分为三类:动力机器、工作机器和信息机器。

1. 动力机器

动力机器一般也叫原动机,是将任何一种能量转换成机械能或将机械能转换成其他形式能量的装置。例如,内燃机、压气机、涡轮机、电动机、发电机等都属于动力机器。

通常,动力机器的主体机构比较简单,出于经济、尺寸和重量等方面的原因,设计和制造时,其运动形式和速度单一,输出运动的形式通常为旋转运动,运转速度较高。根据其输入和输出的不同,可以有多种不同的分类。

(1) 化学能转换成机械能的动力机器　有汽油机、柴油机、蒸汽轮机、燃气轮机等,它们把油或煤燃烧后,将化学能变成热能,形成高压燃气或高压蒸气,由此产生机械能。这类动力机器,关键是如何有效地将化学能变成热能,由热能转换成机械能的机械装置的结构一般不太复杂。这类动力机器的研究和设计较多地涉及热能工程学科。

(2) 电能转换成机械能的动力机器　有三相异步电动机、直流电动机、交流电动机、伺服电动机、步进电动机等,它们将电能转换成机械能。这类动力机器的研究和设计主要知识为电磁理论和电气工程学科。

另外,作为将其他形态的能量转变为机械能的动力机器,也可以根据输入能量的形态不同来分类,即可分为一次动力机和二次动力机两种:一次动力机是指把自然界的能源转变为机械能的机器,如柴油机、汽轮机、汽油机、燃气轮机和水轮机等;二次动力机是指把二次能源(如电能、液压能、气压能)转变为机械能的机器,如电动机、液压马达和气动马达等。

在机电工程领域,原动机作为一种把其他形式的能量转化为机械能的机械装置,是机电系统的重要部件之一。故可以根据原动机输出的运动函数的数学性质不同,将其分为线性原动机和非线性原动机,即当原动机输出的位移(或转角)函数为时间的线性函数时,称为线性原动机,如交、直流电动机;当原动机输出的位移(或转角)函数为时间的非线性函数时,称为非线性原动机,如步进电机、伺服电机等。一般地,非线性原动机通过设计或选择适当的控制系统,可作为线性原动机使用,且具有优良的可控性。

而对于可以提供驱动力的弹簧力、重力、电磁力、记忆合金的热变形力一般不属于原动机的研究范畴。

2. 工作机器

工作机器指完成有用机械功的装置。即利用机械能来改变作业对象的性质、状态、形状或位置,或对作业对象进行检测、度量等,以进行生产或达到其他预定目的的装置。例如,金属切削机床、轧钢机、织布机、包装机、汽车、机车、飞机、起重机、输送机等都属于工作机器。

工作机器的种类繁多,是三种机器中类别最多的一种。这类机器往往按行业来分,有通用机械、重型机械、矿山机械、纺织机械、农业机械、轻工机械、印刷机械、包装机械等。按行业和用途类型来划分机器类别对生产和应用是有利的。

(1) 金属切削机床　如车床、铣床、刨床、磨床、钻床、镗床、加工中心等。它们主要的工作特点是实现工件和刀具的夹持和获得相对运动。按动能表面获得方法、使用刀具和实现运动方式可确定机床的类别和组成特点。

(2) 运输机械　如起重机、输送机、提升机、自动化立体仓库等。它们的工作特点是搬运物料、堆积货物。按物料类别和搬运要求可确定机器的类型。

(3) 纺织机械　如各种纺织机等。它们的工作特点是将纱线按要求进行纺纱、织布。按纺纱和织布的不同工作原理来确定机器。

(4) 包装机械　如糖果包装机、啤酒罐装机、软管充填封口机、制袋充填包装机等。它们的工作特点是将物料(包括固体、液体、气体)充入容器或用包装材料包容物料。由于物料形态不同,包装物的具体情况相差较大,执行动作构想和配合等不同原理方案是确定包装机械类型的基础。

工作机器的共性是利用原动机提供的动力和运动,其功能部件克服外载荷而作有用的机械功。即工作机器中必须包含有原动机,否则只能称为机构(机械装置)。因此,对于需要完成多种多样功能的工作机器的研究和设计,由于原动机的种类有限,不仅有功能部件与原动机的匹配的要求,还有运动精度、强度、刚度、安全性、可靠性等要求。

3. 信息机器

信息机器指完成信息的传递和变换的装置。其功能是进行文字、图像、数据等信息的传递、变换、显示和记录。根据其工作原理的不同，具体的结构形式也多种多样，例如机械式钟表、机械式仪表、复印机、打印机、绘图机、照相机等。

信息机器实际也是一种工作机器，只不过其中的机械运动机构更精巧，并通过各种复杂的信息来控制功能部件的运动，以实现信息的转换和传递。最典型的如机械式钟表，以发条为原动机提供动力，利用一系列的齿轮机构和指针等功能部件的组合，实现时间信息的显示和传递。

因此，信息机器也可称为精密仪器，而作为具有多学科综合特征的仪器仪表，传统的机械式仪表一般可以纳入没有原动机的机构或精密机构，如机械式百分表；随着现阶段仪器学科的发展，各种自动化仪器已成为机电工程领域的重要基础之一，即包含原动机的信息机器，已将精密机械、传感技术、计算机控制技术、微电子技术等多种技术融为一体，成为具有机、电、光、算一体化特征的机器(产品)。例如，绘图机是通过接口接受计算机输出的信息，经过控制电路向 X 轴和 Y 轴两个方向的电动机发出绘图指令，由电动机驱动运动转换功能部件，实现滑臂和笔爪滑架的移动，逻辑电路控制绘图笔运动，在绘图纸上绘制所需图形。

1.1.1.2 机器的组成

机器的种类有很多，其用途和性能也差别很大，但从组成上看，机器是由两个以上广义构件以某种方式连接(机、电、液、磁、气)而成的机电装置。通过其中某些构件限定的相对运动，能将某种原动力和运动进行转变，转换机械能或作有用功，并在人或其他智能部件的操纵和控制下，实现为之设计的功能。

机器一般由动力机、传动机、工作机和控制机组成，主要构成如图1.1所示。对应各主要组成的基本功能分别如下。

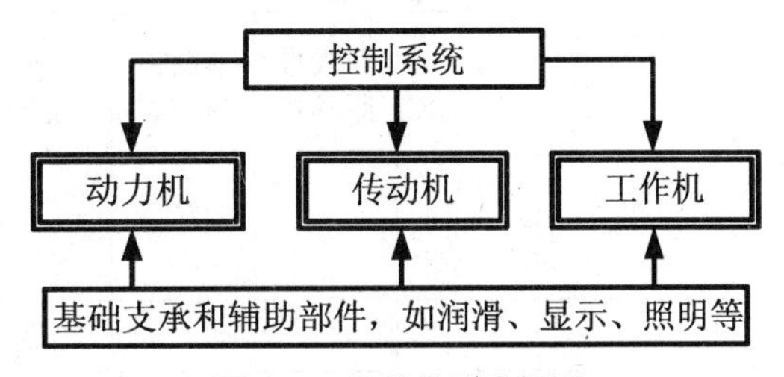

图1.1 机器的组成框图

(1) 动力机　是机器能量来源(故也称为原动机)，它将各种能量转变为机械能。

(2) 传动机　按工作机要求，将原动机的运动和动力传递、转换或分配给工作机的中间装置(通常称为传动机构)。

(3) 工作机　直接实现机器特定功能、完成生产任务的工作执行部分(或称为执行机构)。

(4) 控制机　操纵和控制机器的起动、停车、运动形式和参数变更的装置。

(5) 基础支承和辅助部件　为保证机器正常工作、改善操作条件和延长使用寿命而设置的功能部件，如基础支承的机床床身，通过其支承和连接各功能部分，如冷却、润滑、计数及显示，照明、消声、除尘、互锁及安全保护等装置。

1.1.1.3 机电系统

随着科学和技术的发展，以电能为代表的二次能源的应用受到了高度关注，作为二次动力机的各种类型的电动机也已取得了持续进步和广泛使用。同时，电子信息技术与产业机器一体化趋势越来越明显，控制机的功能和作用也越发重要。现阶段，通常把由若干机构组合而成的传动机和工作机，以及包括原动机驱动和协调传动机构、执行机构动作的控制系统在内的现代机器称为机电系统。同时，随着知识学科和生产制造的专业化，现代机器可以分为完成运动功能的机械系统和协调运动功能的控制系统两个主要子功能来分别研究、设计和制造。

1. 机械系统

中国古代有“机械是能用力甚寡而见功多的器械”之说。德国人 Leopold 则有“机械或工具是一种人造的设备，用它来产生有利的运动；同时在不能用其他方法节省时间和力量的地方，它能做到节省”之意。即机械(machinery)是一种人为的实物构件(零、部件)的组合，各构件之间具有确定的相对运动，用来转换或利用机械能的一个整体。

对于产生确定机械运动的机器，不论是动力机器、工作机器还是信息机器，虽然它们的工作原理各不相同，但是，任何机器都必须进行有序的运动和动力传递，并最终实现能量的变换、完成特有功能的工作过程。有序运动和动力的传递以及合乎目的地作机械功，主要依靠机器的运动系统，也就是传动机和工作执行机构。即从结构和运动的观点来看，机械和机器均具有动力机、传动机、工作机三个基本要素。因此，可以从实现功能目标的角度，将包含有原动机、传动机构、工作执行机构的组合称为机械运动系统(或简称为机械系统)。

根据原动机、传动机构、执行机构的不同组合，机械系统的运动输出特性不同，其基本组成形式也将不同，如表 1.1 所示。

表 1.1　机械系统的基本组成形式

类型编号	原动机		传动机构		执行机构		机械系统输出运动	
	线性原动机	非线性原动机	线性机构	非线性机构	线性机构	非线性机构	简单运动	复杂运动
1	○		○		○		○	
2	○		○			○		○
3	○			○	○			○
4	○			○		○		○
5		○	○		○			○
6		○	○			○		○
7		○		○	○			○
8		○		○		○		○

表 1.1 中的类型 1 和类型 2 是最基本、最常见的机械系统。如电动卷扬机属类型 1，鄂式破碎机属类型 2。类型 5 在数控机床、机器人等自动机械中得到了较广泛的应用。其他类型则少见其应用。

机械运动系统可以是单一的工作执行机构，也可以是机械传动机构和工作执行机构的组合。如剥线钳、手摇钻、门窗启闭的杆件组合体等装置，虽然没有原动机的直接能量转换，一般称为“机构”，但是由于机构实际上是一种执行机械运动的装置，故通常也用于机械设计的工作；而对于一些既有能量转换又作机械功的装置，则没有传动机构，而是由原动机直接驱动执行机构，如电风扇、电锤等机器都不需传动机构。图1.2为电锤工作原理示意图，其能量转换是通过线圈1和线圈2交替通电，实现锤头往复直线运动来作机械功的，也纳入机械系统设计的范畴。

实际工程应用中，具有传动机构的机械系统占大多数。图1.3所示的二级齿轮减速器，其原动机为异步电机，经一对带轮将动力和运动传至减速器的输入轴（轴1），再由两对齿轮将运动和转矩输出（轴3），从而拖动（驱动）其负载机。其传动机构为带传动副和齿轮副，输出为简单运动——回转运动。图1.4所示的油田抽油机为一个典型机械系统，它的原动机和传动机构就是图1.3所示的齿轮减速器，而连杆机构 *ABCDE* 则互为工作执行机构，圆弧状驴头通过绳索带动抽油杆作往复移动。

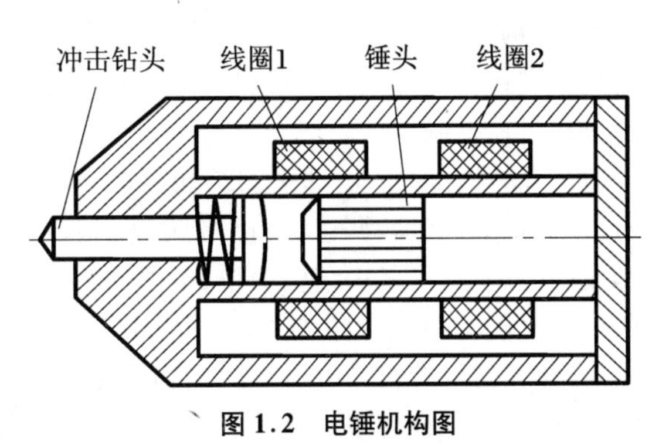

图1.2　电锤机构图

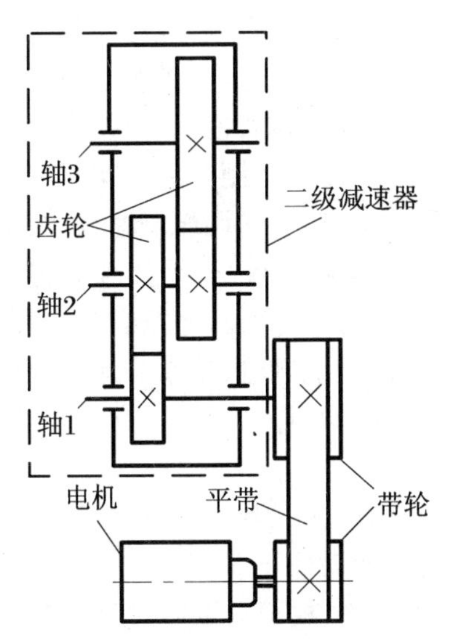

图1.3　二级齿轮减速器机构简图

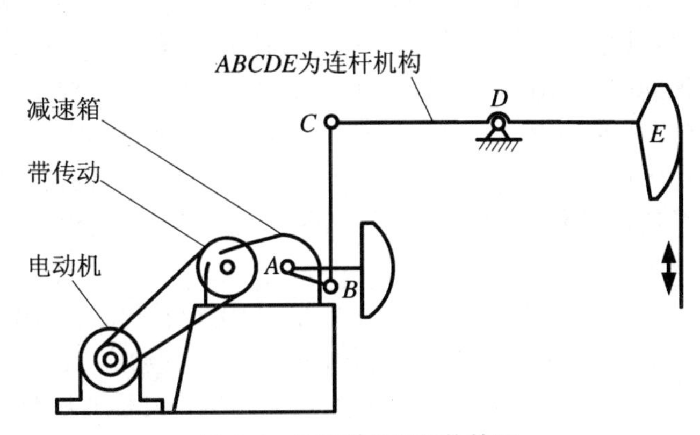

图1.4　油田抽油机机构简图

现代产业机器中完成有用机械功主体装置的机械系统，其特点是机构的运动复杂多样，如工作机的执行部件的功能需求有：通过若干个指定位置的轨迹要求、函数关系要求、变速运动要求以及间歇运动和急回运动等要求；运转速度也受工作性质的限制，一般低于动力机，并常需按不同的工况作相应的变化；有时还有运动精度和动力学方面的要求。而作为能量转换主体的原动机的类型和输出运动形式有限，则不仅需要通过传动装置来将原动机产生的机械能传送给工作机（执行机构）；同时，由于执行机构的需求不同，往往需要通过传动装置来满足工作机的转矩和运动转速（大小、方向、变化范围）的要求。因此，机械系统设计就是包含原动机、传动机和工作执行机的整体设计，是机器设计的主要任务，也是机电产品设计最具创新意义的设计。

2. 控制系统

机器的操纵和控制系统是指通过人工操作或自动控制,使动力、传动和执行等三个子系统彼此协调运行,并准确可靠地完成整机功能的装置。即控制系统可以是手柄、按钮式的简单装置(机构)或电路,也可以是集计算机、传感器、各类电子元件为一体的强、弱电相结合的自动化控制系统。控制系统可以对原动机直接进行控制,也可通过控制元件对传动机构或执行机构进行控制。

(1) *原动机控制*　电动机的结构简单,维修方便,价格低廉,是应用最为广泛的二次动力机。对电机的启动、调速、反转、制动进行控制,一般生产机器中应用较多的三相交流异步电动机的控制,通常采用结构简单、价格便宜的继电器——接触器控制。机电系统的速度调节是通过机械机构(如由齿轮副构成的传动机)来实现的,故是一种断续控制系统。随着功率器件、放大器件等自动电器的应用和发展,电机拖动的电气调速和控制已成为现代机电系统的主要方向,其相对于继电器——接触器控制系统,可以简化机械变速机构,提高传动效率,操作简单,易于获得无级调速、远距离和自动控制,是一种连续控制系统。这类系统还可随时检查控制对象(电机)的工作状态,并根据输出量与给定量的偏差对控制对象进行自动调整,快速性及控制精度、可靠性、生产效率等得到了提高。

根据控制对象(电机)的类型不同,主要有以直流电动机为原动机的直流传动控制系统、以交流电动机为原动机的交流传动控制系统。前者具有良好的调速性能,可在很宽的范围内平滑调速,但由于直流电机的结构复杂、惯量大,其控制系统存在机械式换向、维护麻烦等缺点,不适宜在恶劣环境、大容量、高压、高速等调速领域中应用。后者控制对象的交流电动机,具有结构简单、惯量小、维护方便等固有优点,可以有多种调速方式(如调压调速、串级调速和变频调速等),不仅具有优良的调速性能,还便于在恶劣环境中运行,容易实现大容量化、高压化、高速化,且价格低廉,具有良好的节能性能。如变频调速传动调速范围大、静态稳定性好、运行效率高、调速范围广,是一种理想的调速系统。随着晶闸管、功率晶体管等以及数控技术的发展,电机拖动的自动控制在向无触点、连续控制、弱电化、微机化控制方向发展。

(2) *传动和执行机构的控制*　机电设备控制系统的主要任务之一是使各执行机构按一定的顺序和规律运动,使各构件间有协调的动作,完成给定的作业循环要求。

机电系统(设备)中实现对传动和执行机构的控制有多种方法,根据其发展过程的顺序和控制介质的不同来分类,主要有机械控制、电气控制、液压控制、气动控制及综合控制。

所谓机械控制是通过对机械元件(如凸轮、齿轮等)的控制实现执行件工作。液压控制和气动控制分别是以油液和空气为介质进行控制来达到机器运行的目的。电气控制则是用电能通过电气装置来控制执行件运动的方式。同时,为了充分发挥各种控制方式的优点,对于某个机构的执行件运动来说,也可采用“机—液”或“机—电”或“电—气(液)压”等组合方式来实现。

虽然上述各种控制方法各自拥有不同的特点,但传统的手工操作在向机械化、自动化,甚至是智能化方向发展的过程中,电气控制系统不仅具有体积小、操作方便、无污染、安全可靠、可进行远距离控制等优点,工作执行件工艺动作的逻辑顺序控制也可方便地利用可编程控制器来实现，使得电气控制在机电系统中的作用也越来越突出。

(3) 操纵系统　实现机电系统(设备)的运行，还有一些必需的辅助动作控制，通常将完成该类功能的部件称为操纵系统。由于控制的本质意义是施控者影响和支配受控者的行为过程，是一种有目的的活动，因此，操纵系统也属于机电设备的控制系统之一。

操纵系统将操作者施加于机电系统的信号，经过转换传递到执行系统，以实现机器的起动、停止、制动、离合、换向、变速和变力等目的。它由操纵件(按钮、手轮等)、执行件(拨叉、滑块等)和传动件(杠杆等)三部分组成，辅以定位、锁定、互锁及回位等元件。

操纵系统的功能也影响到机器性能是否能充分发挥以及操作者的劳动强度。因此，操纵系统设计应满足轻便省力、行程适当、操纵灵活、定位准确可取、灵敏高效、反馈迅速、方便舒适、安全可靠和补偿调节等要求。

1.1.2 现代机电系统及其发展概况

随着现代科学技术的飞速发展，特别是电子技术、计算机技术以及软件工程等学科的进步，传统的机械电气系统与电子技术不断的融合，使以机械和电气控制系统为代表的刚性机电系统快速向机械—电子紧密结合的柔性机电系统演化，从而使"机电一体化"的机电系统成为一个重要的工程学科。

图 1.5 为机电系统的演变过程框图。图 1.5(a)为典型的刚性机械系统；图 1.5(b)为改进的刚性机械系统，以电子控制的调速电机取代了机械变速装置；图 1.5(c)所示的框图已演化为柔性机械系统；图 1.5(d)所示的框图为直接驱动式的柔性机械系统，由于该系统中省去了传动机构，因此有更高的运动精度，其应用日益广泛。

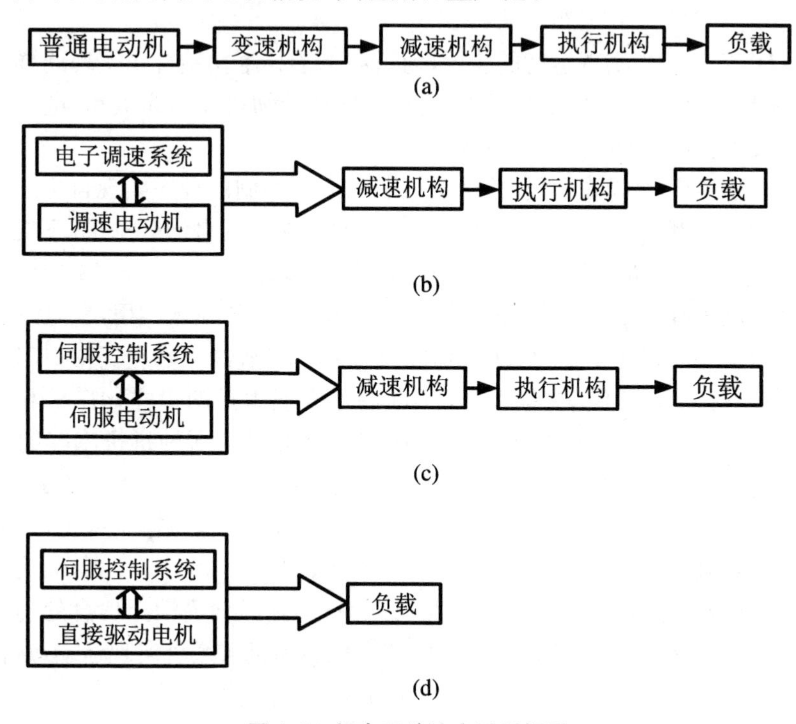

图 1.5　机电系统演变过程框图

1. 机电一体化系统

“机电一体化”是微电子技术向机械工业渗透过程中逐渐形成的一个新概念，是各相关技术有机结合的一种新形式。“机电一体化”(mechatronics)这一日本式英语名词是在20世纪70年代，日本《机械设计》杂志副刊首先提出并开始使用的，它是由“mechanics”(机械学)和“electronics”(电子学)两词组合而成的。日本机械振兴协会经济研究所给出的基本涵义是:“机电一体化”是在机械的主功能、动力功能、信息功能和控制功能上引进微电子技术，并将机械装置与电子装置用相关软件有机结合而构成系统的总称。

“机电一体化”打破了传统的机械工程、电子工程、信息工程、控制工程等旧学科的分类方法，形成了融机械技术、电子技术、信息技术等多种技术为一体，从系统的角度分析与解决问题的一门新兴的交叉学科。它不是机械技术、微电子技术以及其他新技术的简单组合、拼凑，而是将这些技术有机地相互结合或融合，如图1.6所示，形成具有自身特色的技术基础、设计理论和研究方法。

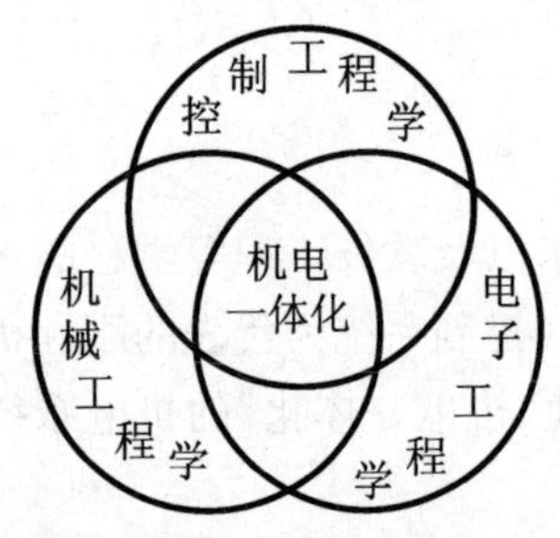

图1.6 机电一体化学科体系

随着20世纪后20年以IC、LSI、VLSI等为代表的微电子技术的惊人发展，不仅计算机技术本身发生了根本变革，而且以微型计算机为代表的微电子技术逐步向机械领域渗透，并与机械技术有机地结合，为机械增添了“头脑”，增加了新的功能和性能，使“机电一体化技术”逐步发展成为“机电一体化系统”。近年来，随处可见许多以前仅由机械机构实现运动的装置，通过与电子技术和信息技术的结合，产品的结构和性能等得到显著改进和提高的实例。其中又有两种不同的类型。

① 原来仅由机械机构实现运动的装置，通过与电子技术相结合来实现同样运动的新的装置。例如，机械发条式钟表发展为石英钟表，机械式缝纫机发展为电动(电子式)缝纫机，手动照相机发展为自动(微机控制)照相机等。

② 原来由人来判断和操作的设备，变为按照人类所编制的程序实现自主或半自主灵活操作和运动的设备。例如，银行的自动出纳机(ATM)，邮局的自动分拣机，飞机和船舶的自动导航装置，制造业的自动仓库、数控(NC/CNC)机床和柔性生产线(FMS)以及机器人等。

随着机械与电子有机结合的系统(产品)已在国民经济各领域应用，机电一体化技术不仅使系统(产品)具有高附加价值化，即多功能化、高效率化、高可靠化、省材料省能源化，也使产品结构向轻、薄、短、小巧化方向发展，不断满足人们生活的多样化需求和生产的省力化、自动化需求。因此，机电一体化的研究方法应该改变过去那种拼拼凑凑的“混合”设计法，从系统的角度出发，采用现代设计分析方法，充分发挥边缘学科技术的优势。

通常，机电一体化系统是由机械系统(机构)、电子信息处理与控制系统(计算机)、动力系统(电动机)、传感检测系统(传感器)等几个子系统组成的。如图1.7所示，为数控工作台的原理框图。工作台的运动通过传感器直接检测，将实际运动反馈至信息处理系统并与理论运动进行比较，再将信息发送给控制系统以使电机驱动机械系统实现运动，从而构成一个全闭环系统。机电一体化系统的四个组成部分的基本功能分别如下。

(1) 机械部分(传动和执行机构)　实现目标动作。“机构”由若干机械零件组成，向其他机械部件传递运动。

(2) 原动力部分(能量转换) 将二次能量转换为机械能,以驱动机械部分运动。机电一体化系统的能量转换装置主要可以分为电动、液压、气动三大类。

(3) 检测部分(传感器) 对工作执行构件的机械运动结果进行测量、监控和反馈。传感器将被测量(位置、速度等)转换为电信号传送至信息处理系统以实现运动评价和反馈控制。

(4) 控制部分(信息处理与驱动) 对检测到的信息进行处理,并与系统目标设定信息进行对比分析,根据实际需求向原动机或执行装置发出动作指令,以达到设定目的,并做适当的操作。

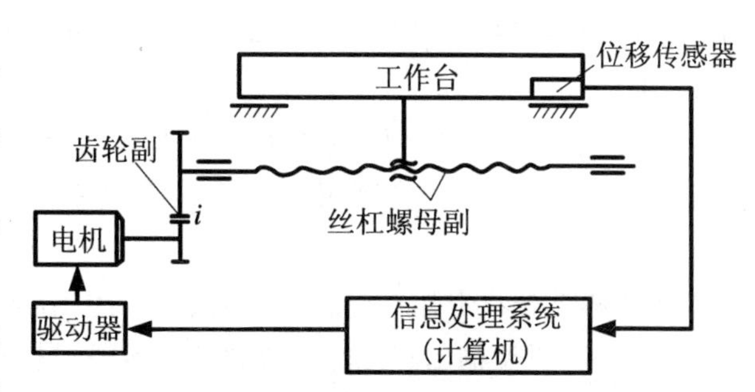

图 1.7 数控工作台原理框图

由于计算机技术和自动控制技术的发展,现代机械的控制系统更加先进,可靠性也大大增加,可对运动时间、运动方向与位置、速度等参数进行准确的控制。如对伺服电动机进行控制时,可以采取模拟伺服控制、数字伺服控制、软件伺服控制等多种控制方式。图 1.8 为伺服控制的原理图,把脉冲编码器与测速电机检测的电动机转角和速度信号送入计算机,用预先输入计算机中的程序按采样周期对上述信号进行运算处理,再由微机发出驱动信号,使电动机按规定的要求运转。

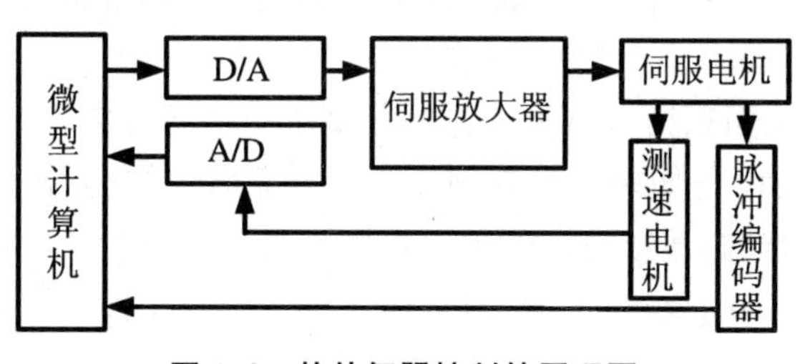

图 1.8 软件伺服控制的原理图

综上所述,现代机电系统的控制系统集计算机、传感器、接口电路、电子元件、光电元件等硬件及软件环境为一体,且在向自动化、精密化、高速化、智能化的方向发展,其安全性、可靠性的程度也在不断提高,在以机电一体化为特征的机电设备中,控制系统的作用也更加重要。

2. 精密机械与精密仪器

精密机械和精密仪器是具有较高精度的机械结构,结合光、电、气、液等原理设计和制造的“精密制造设备”或“精密测量仪器”等。

随着科学技术的发展,机电系统(设备)在向自动化、精密化、智能化方向发展中,不仅促进了传感技术、光电技术、微电子技术和计算机应用技术的发展,也通过与这些技术的结合,加速了自身的发展,并逐渐形成了具有“机、电、光、算一体化”特征的精密机械技术。如机械制造领域的精密加工机床、数控加工中心,电子工程领域的超大规模集成电路制造的高精密光刻设备等。

同时,仪器作为认知物质世界本质的工具,也随着信息时代的到来和发展,成为了国家高科技发展水平的标志之一。虽然仪器的基础功能在于用物理、化学或生物的方法获取被检测对象运动或变化的信息，但对于自动化测量仪器，其信息获取、转换和处理的过程，主要是依靠"光机电算"等专业知识和技术的高度综合，正走出机械化，进入自动化、智能化。例如，具有图像处理功能的万能工具显微镜、三坐标测量机，以及广泛应用于静止和运动目标的跟踪测量的光电经纬仪等精密机械与仪器，根据其中功能部件的作用不同，一般均包含如下若干个基本组成部分。

(1) *机械结构部件* 主要有基座和支架、导轨与工作台、轴系以及其他部件(如微调和锁紧、限位和保护等机构)。它们都是仪器中不可缺少的部件，其精度有时对仪器精度起决定性作用。

(2) *驱动控制部件* 驱动控制部件用来驱动执行件(测量头、工作台)实现工作运动或测量运动。在自动检测仪器和反馈控制中，测量出的误差量可以通过其实现误差补偿。

(3) *传感及转换部件* 传感及转换部件的作用是感受被测量，拾取原始信号，并对信号进行一次转换，以便输出和传输。传感器有接触式和非接触式两大类，接触式的感受转换部件一般指各种机械式测头，非接触式感受转换部件有气动非接触测头、CCD、光学探头、红外线、涡流测头、拾音器等。

(4) *处理与计算部件* 处理与计算部件的作用是将工作需求和传感及转换部件得到的结果，经过某种理论转化为驱动控制部件的指令，以实现对执行运动件的控制。通常由微处理器或计算机来进行，以实现数据加工和处理、校正、计算等工作。

由此可知，虽然现代精密仪器种类繁多，但精密机械系统都是其基本组成部分之一，是实现精密仪器高精度的基础，高精度仪器与设备如果没有高精度的机械系统，要达到高精度，即使采用各种补偿措施，仍然是非常艰难的，甚至是徒劳的。特别是当代科技发展已进入纳米时代，对仪器的功能和精度提出了更高的要求，因此，对精密机械系统的设计与制造应给予高度的重视。

精密机械系统根据目标需要，其执行件可以实现各种相应的运动，包括直线、回转、匀速或变速运动等。不仅有高精度的要求，还有运动稳定性、快速响应性和高效率等要求。因此，在进行精密机械运动系统设计的同时，还需要重视基础支承等部件的设计。基座和支承件，传动元件以及它们的连接等各种零、部件相互位置，是保证其工作精度的基础。

目前，作为精密机械典型代表的工作台，其定位精度或传动精度一般要求能达到小于 $0.1\ \mu m$，主轴回转精度达到 $0.01\ \mu m$，分度精度为 $0.2''$左右。功能上要求能对点、线以及空间曲面进行检测；自动地采集和处理数据，并能在线实时进行监测和控制。实现上述这些要求，仅靠传统的纯机械方式，只能着眼于提高机构本身精度和功能，不但经济效益差，而且很难达到。因此，现代的精密机械系统大多采用计算机、光学、电气和电子伺服系统等和精密机械构件的综合技术，来达到高精度、高效率和多种功能的要求。

1.2　机械系统设计概述

1.2.1　设计的概念和类型

"设计"一词的英语为"design",它源于拉丁语"designare",由"de"(记下)与"signare"(符号、记号、图形等)两词组成。因此,"设计"的最初含义是将符号、记号、图形之类记下来的意思。随着经济的发展和科学技术的进步,设计的内涵不断向深度和广度发展,设计的含义也愈来愈广泛、深刻和先进。

设计是人类改造自然的基本活动之一,是复杂的思维过程,设计过程蕴涵着创新和发明的机会。设计本身就是创新,没有创新的设计严格来说不能称为设计。设计的目的是将预定的目标,经过一系列规划与分析决策,产生一定的信息(文字、数据、图形),形成设计,并通过制造,使设计成为产品,造福人类。

现代设计的创造性,是在给定条件下谋求最优解的活动,一般的过程规律有:

(1) 从抽象到具体　避免事先有"先入为主"的解题方案,力求创新。

(2) 从发散到收敛　力求多一些解题方案,从中择优。

(3) 继承与创新　工程设计一般不要求全盘创新,往往是继承与创新相结合。

(4) 综合与分析　工程设计是综合与分析交互进行的过程,可以有定性到定量、弃去和择优等活动。

(5) 评价与决策　引导工程设计沿着正确方向前进。

机械设计是机械工程的重要组成部分,对机器特性、使用性能等有着决定性的影响。机械设计是根据使用要求对机械的工作原理、结构、运动方式、力和能量的传递方式、各个零件的材料和形状尺寸以及润滑方法等进行构思、分析和计算,并将其转化为制造依据的工作过程。

机器设计根据实施情况不同可以分为三类不同的设计类型。

(1) 开发性设计(新型设计)　设计时没有可以参照的原型产品(工作原理、结构等完全未知),仅是根据抽象的设计原理和要求,应用成熟的科学技术或经过试验证明是可行的新技术,通过创新来设计出质量和性能等都满足要求的系统或产品。

(2) 适应性设计(继承设计)　已有同类产品可供参考,在不改变系统(装置)基本原理的情况下(原理方案基本保持不变),对已有产品进行局部变更、改造和设计(如为了适应计算机数字控制需要对机械结构或其他局部进行重新设计),使产品的性能和质量增加某些附加价值。

(3) 变异性设计(变型设计)　已有样机,在不改变系统原有设计方案和功能结构的情况下,通过对现有产品的尺寸和结构配置的变异,使之满足新设计的目标要求,如功率、转矩、加工对象的尺寸、速比范围等。

现阶段机械产品设计中开发性设计的比例相对较少，为了充分发挥现有机电产品的潜力，适应性设计和变型设计就显得格外重要。随着产品竞争加剧，开发性设计会有所增加。作为一个设计人员，特别是对于“课程设计”的学习者来说，虽然希望通过训练来提高设计能力，但是也应该提倡在“创新”上下工夫。“创新”是开发性设计、适应性设计和变型设计的灵魂，“创新”可使设计焕然一新，也是使企业在市场竞争中立于不败之地的源泉。

1.2.2 机械系统设计原则

机电装置的设计和制造水平是工业技术水平及其现代化程度的标志之一，即使是机械产品，也常具有机电一体化特征，因此，在设计中需要将机械结构设计与动力驱动设计同时进行分析，从而在设计阶段对系统或装置（部件）有整体的把握。

机械设计应遵循以下基本原则。

(1) 创新原则　设计是人们为达到某种目的所做创造性工作的描述，创新是设计的主要特征。现代机械设计是理论和实践、经验与直觉的结合。现代设计的系统性、综合性和学科交叉共同设计虽然使设计的复杂性增加，但也给产品（装置）的创新提供了更好的机遇。新的构思和创新设计，不仅可以增加产品的生命力，更是促进技术进步的动力。

(2) 满足需要原则　设计的机电产品性能能最大限度地满足用户的要求，即应在调查、分析和预测市场需求情况的基础上，确定是否应该进行该种机电产品的设计和制造。

(3) 工艺性原则　产品完成图样设计后，需要通过制造才可以实现设计的目标。零部件的加工工艺性和装配工艺性将直接影响设计目标的可达性，因此，零部件的工艺性应是设计者在设计过程中就必须要考虑和解决的问题。设计时要力求使零部件的结构工艺性合理，使其在加工过程中便于加工质量的保证和提高，且成本较低。在工艺性分析中，除传统机械加工外，还可以结合现代工艺技术的发展，考虑先进制造工艺技术的应用，如激光加工和电加工等；另外，合理的结构设计，不仅有利于产品的装配和装配精度的实现，还具有良好的经济性。

(4) 最优化原则　在给定设计目标下，用优化设计方法，从若干可行方案中找到优选的方案。

(5) 可靠性原则　在规定使用条件和规定时间内，产品能完成规定功能的可靠程度要高，即运行中不出故障。产品安全可靠地工作是对设计的基本要求。产品的安全性通常是指在某种工况条件及可靠度水平上的安全性，是设计中必须满足的指标。设计中为了保证机械装备的安全运行，必须在结构设计、材料性能、零部件强度、刚度及摩擦学性能、运动及其动态稳定性等方面按照一定的设计理论和设计标准来完成设计。

(6) 技术经济原则　产品的技术经济性常用产品本身的技术含量与价格成本之比来衡量。现代机电产品的技术性能直接影响其在市场中的地位，但是，单纯的技术优先可能会对产品的成本和经济效益带来负面影响，而产品的制造成本在很大程度上是由设计阶段决定的。因此，在设计过程中，应注意对机电装置的技术经济性能进行分析和比较，从而使得所设计的机电产品结构先进、性能好、成本低、使用维修方便，在产品的寿命周期内，用最低成本实现产品规定功能，做到物美价廉。

(7) 标准化原则　设计的产品规格、参数符合国家标准，零部件应能最大限度地与同类产品的零部件通用，同一产品中的零部件尽可能互换，产品应成系列发展，以便用较少的品种、规格满足各类用户的需要。设计中"标准化"的应用，不仅可以提高设计的成功率和效率，还有利于在制造过程中降低成本，提高系统可靠性以及产品对市场的敏捷响应性。因此，设计中，在部件和组件的设计选择等方面，鼓励选用标准化、系列化、通用化、规格化程度较高的零部件，以有利于产品设计的模块化，促进组、部件设计制造的专门化和技术的进步。

(8) 维护性原则　产品的可使用性、可维护性是现代机电系统设计的重要内容之一，它不仅可以有利于生产（使用）和提高效益，也是系统安全性的要求。显然，系统的设计（如结构设计、材料选用等）将对其有决定性影响。

(9) 安全性原则　要保证操作者和管理者的安全和机电设备本身的安全，以及保证设备对周围环境无危害。应考虑：技术上要采取安全措施；最大限度地减少工人操作时的体力和脑力消耗；努力改善操作者的工作环境；规定严格的使用条件和操作程序。

(10) 人机工程学原则　主要从人与机器和环境之间的相互关系出发，使人们在机器运行中操作便捷，环境舒适，反应灵敏，提高效率。因此，设计时必须使产品在使用中与人体相协调，根据人体身高、臂长及出力等各种数据，来确定机器高度、操作零件尺寸、重量和排列位置等。

1.2.3　机械系统设计的一般程序

机械系统设计作为机电产品制造的第一道工序，必须在设计中完成对机器的工作原理、功能、结构、零部件设计，甚至要初步确定零部件的加工制造和装配方法等。因此，机电产品设计是一项复杂细致的工作，为了提高机械设计质量，必须有一个科学的设计程序。虽然不同的设计者可能有不同的设计方法和设计步骤，不能给出一个在任何情况下都有效的程序，但根据人们长期以来的经验，不论哪一类设计，通常都有一些共性的实施方法和应用的程序，如表1.2所示，一般主要有如下几点。

表1.2　机械设计的一般程序

<table>
<tr><th>设计阶段</th><th>设计程序内容与设计步骤</th><th>阶段设计目标</th></tr>
<tr><td rowspan="4">产品规划</td><td>市场需求分析</td><td rowspan="4">市场预测报告
产品开发的方向和目标
可行性研究报告
设计任务书</td></tr>
<tr><td>技术调查；原理研究和试验</td></tr>
<tr><td>提出产品设计要求</td></tr>
<tr><td>评审、决策；明确设计任务</td></tr>
<tr><td rowspan="5">概念设计
（总体设计）</td><td>功能分析和工作原理确定</td><td rowspan="5">机器构成的构思
确定机器的组成
机械运动方案
机器总体布局</td></tr>
<tr><td>工艺动作分析、执行动作确定</td></tr>
<tr><td>执行机构选择、机械运动方案的设计</td></tr>
<tr><td>初步的精度试算和精度分配</td></tr>
<tr><td>机械总体方案</td></tr>
</table>

续表

设计阶段	设计程序内容与设计步骤	阶段设计目标
技术设计和工艺设计	最佳机械运动方案的综合	确定机械运动及执行机构 确定机器总体结构 零部件工作图 工艺规程文件 总体设计报告;全部图纸 设计计算说明书 标准件以及通用件明细表
	机械构形构思和总装图设计	
	机械部件、零件设计以及精度设计	
	产品形状和外观等设计	
	技术文件编制	
	工艺方案和工艺规程设计	
	技术设计评审;工作图和技术文件审批	
试制和试验	生产准备:物料和技术准备	成本核算报告 试制报告 使用说明书和鉴定规程
	样机试制、试验和改进设计	
	综合技术经济评价;鉴定和设计定型	

(1) 产品规划　要求进行需求分析、市场预测、可行性分析,确定设计参数及制约条件,最后给出详细的设计任务书,作为设计、评价和决策的依据。

产品规划的主要工作是在产品投产前,对产品的功能、规格、用途、销售市场及竞争者产品的特性,做系统的调查和分析,如:

产品功能调查和分析——工作原理、机构组成、专利、科技成果、承载能力、寿命、可靠性、精确度、其他性能指标、主要零部件的性能。

市场销售调查和分析——顾客类别、顾客购买动机、使用环境、包装和销售方法、储存搬运、宣传广告、售后服务。

在调查和分析的基础上,预测产品投入市场后的竞争能力,并写出"技术建议";再根据技术建议的分析来合理地制定产品文件的技术论证和技术经济论证;最后提交设计任务书。在设计任务书中,要说明设计对象的用途和特点以及主要技术指标等。

(2) 概念设计　产品规划的需求是以产品的功能来体现的,体现同一功能的产品可以有多种工作原理,功能与产品设计的关系是一种因果关系。因此,在确定设计任务后就需要进行概念设计,即在功能分析的基础上,通过构想设计理念、创新构思、优化筛选取得较理想的工作原理方案。

概念设计作为任一类型设计的前期工作过程,正越来越受到设计人员的重视。例如,汽车设计制造的"概念车",就是用样车的形式体现设计者的设计理念和设计思想以及功能表达,等等。

概念设计包括两个方面的内容,或者说有两个阶段的工作内容:前期的工作,反映设计人员对设计任务的理解、设计灵感的表达、设计理念的发挥,充分体现设计人员的智慧和经验,以充分发挥设计人员的形象思维为主,称作"创新设计";后期的工作则较多地体现在系统(产品)功能结构的构思、功能工作原理的选择和机械运动方案的确定等方面,称作"总体方案设计"。

因此,概念设计内涵广泛,其核心是创新设计,其结果是产生总体设计方案。

在机器设计中，所谓创新设计，就是通过设计人员的创新思维，运用创新设计理论和方法设计出结构新颖、性能优良和高效的新机器。设计的创新有创新多少和水平高低之分，判断是否有创新的关键是新颖性，如在原理上的新或在结构上的新或在组合方式上的新等。在初期的概念设计过程中，创新主要表现在功能解的创新上，包括新功能的构思、功能分析和功能结构设计、功能的原理解或功能元的结构解或组成的创新等。

在机械设计程序的方案设计中，对于机电产品来说，在功能分析和功能元工作原理确定的基础上，还需要再进行工艺动作构思和工艺动作分解，初步拟定各执行构件动作相互协调配合的运动循环图，进行机械运动方案的设计。机械系统概念设计的基本内容主要有以下几点。

① 功能分析与功能结构设计。

功能抽象化：把市场需求和用户要求通过分析进行功能抽象，突出任务核心，不要因循守旧，将有利于找出新颖的方案。

功能分解：将功能进行分解，使其得到合适的若干子功能，分解过程在一定程度上也是创新过程。

功能结构图设计：将各子功能的抽象关系确定后，进行功能结构图的构思和设计。

② 工艺动作的分解和构思。

实现机电产品的功能是靠执行件的工艺动作来完成的，即一系列工艺动作的目的是完成所需实现的功能。工艺动作的分解往往对应于功能的分解。例如，啤酒灌装机的灌装功能分解为送瓶、灌装、压盖、出瓶四大功能，可用对应的四个动作来完成。同一功能可以由不同的工艺动作实现，因而工艺动作的构思是相当重要的，它直接影响系统总体机构设计复杂度以及可制造性等。

③ 执行机构系统方案构思与设计。

实现功能的工艺动作，在机械系统中是靠若干个执行机构来完成的。机械产品概念设计最终可归纳为机械运动方案设计，也就是执行机构系统方案设计；执行机构系统方案的构思与设计是概念设计中非常重要的内容。其设计内容可分为三部分：动力子系统、传动及执行机构子系统和控制子系统。传动及执行机构子系统是方案设计的核心，传动机构和执行机构相互之间有着密切的关系，许多机构同时担负传动和执行的作用，甚至无法分割；动力子系统和控制子系统则是传动和执行子系统的能量和信息的提供者，相互之间的匹配和协调才是实现目标功能的重要保证。

(3) 技术设计　是将总体方案(主要是机械运动方案等)具体转化为机器及其零部件的合理构型。它包括总体结构设计，部件和零件设计，全部零部件的工作图样设计，编制设计说明书等有关技术文件。在技术设计中，要拟定设计对象的总体和部件，具体确定零件的结构，为了能达到产品设计的各种要求，通常有如下几点思考方法。

① 首先在结构设计上要满足“明确、简单、安全”六字准则。

所谓“明确”，主要指结构的形状和尺寸关系清晰，作用关系可以预测和计算，功能明确，即能量、信息和物料的转换与流动走向明确。一个明确的结构应避免产生附加载荷、附加变形和可能的剧烈磨损，应尽可能减小载荷和温度应力引起的变形。明确结构是实现产品预定技术功能的前提。

所谓“简单”，是指结构和形状简单，零件数少，相对运动件少，磨损件少，使用、维护、保养方便等。但是在具体设计中，应注意不能因为某一方面的“简单”而导致其他方面的“复杂”，故需要综合和协调处理，以实现相对最优化。

所谓“安全”，它包括由小到大的五个方面的内容：结构构件的安全性，功能的安全性，运行的安全性，工作的安全性和环境的安全性。这五个方面之间是相互关联的，应该通盘考虑。

② 其次是零件设计应该遵循的准则：在零件、部件满足功能要求的前提下（如强度、刚度、抗振性、耐磨性、耐热性等），零件的结构形状应越简单越好，以便于满足制造加工的工艺性要求；同时，对于常用零件应尽可能选用标准化、系列化、通用化的设计。

③ 再次是机械设计和绘图密切联系的工作。因为机械设计是一种创造性的形象思维，而绘图则是将形象思维表现出来的最好方法。形象思维的结果，不通过图形的表现总是模糊和支离的，并且难以精确无误地传递给别人，一个有经验的设计者在构思时，总是需要反复地修改初步设计总图。

设计人员按照他所绘制的初步设计总图，简单计算或估算机械的各主要零件的受力、强度、形状、尺寸和重量等，如发现原来所选的结构不可行或不实际，则要调整或修改结构，还要考虑有没有发生过热、过度磨损和过早疲劳破坏的危险部位，并采取措施解决。

技术设计时，一般先将总装配草图分拆成部件、零件草图，经审查无误后，再由零件工作图、部件图绘制出总装图。最后还要编制技术文件，如设计说明书，标准件、外购件明细表，备件、专用工具明细表等。

(4) 试生产与产品试验　根据技术设计的图纸和各种技术文件试制样机，对样机进行功能试验，对各项费用进行成本核算。如存在功能性以及其他问题，则向前反馈并改进设计，再进行试验。各项指标合格后，对构成的零部件进一步进行工艺性施工设计和审核。如有工艺性差、难以稳定地保证质量以及消耗大、成本高的设计存在，可进一步做改进设计等。再经小批量试生产后充实生产技术文件以及成本核算等生产前的各项准备，最后根据市场的时机来确定正式投入批量化生产。

1.3　现代设计的方法概述

在17世纪之前，是人类从自然现象中的直接启示或直观感觉来实现的直觉设计阶段，之后，随着文艺复兴和物理学、数学等自然科学的出现和应用，机械设计进入了经验设计阶段，特别是法国学者的“画法几何”投影理论和德国学者的“机械制造中的设计学”等的发表，使得设计、计算和分析有了理论基础，也使机械设计进入了理论设计阶段（也称为传统设计阶段）；为了适应现代科学技术的迅速发展，特别是在信息技术发展成果的支持下，机械设计在近年来发生了很大的变化。设计方法更趋于科学、完善，计算精度更高，计算速度更快。主要表现在以下方面：随着机械学和制造科学等基础理论不断深化和扩展，设计思想发生了变革，传统的机械设计偏重于零件、部件的静态设计，主要是进行“安全寿命可行设计”，即在满足要求的前提下，根据安全寿命等准则，进行强度、刚度和校核的计算，来确定结构方案。

现阶段，机械设计正向以局部或整个机械系统为对象的动态设计方法扩展。为使产品设计更科学、更完善、更有市场竞争能力，新的设计方法不断出现，集中表现为从静态设计到动态设计；从单项设计指标到综合设计指标；从常规设计到精确设计；从手算到广泛应用计算机辅助的设计。如基于传统设计方法的拓展的现代设计方法有：应用静强度判据进行强度计算的静强度设计，应用疲劳、断裂的理论进行的疲劳强度设计，应用蠕变理论进行的蠕变设计，应用摩擦学原理和方法进行的摩擦学设计等。

现代设计方法除了具有上述几个特点外，正在从经验设计（或经验类比设计）向科学设计过渡。科学设计的目的就是找出最佳方案，保证设计质量，减少设计师的冒险程度，充分利用现代设计手段，使设计师有更多的时间从事创造性的工作。值得注意的是，虽然现代机器的机电一体化特征越来越显著，但机电一体化系统的种类也有很大不同，需要利用不同的新设计方法来实现设计目标。同时，现代设计方法相对于传统设计方法有继承性的发展，在各个设计步骤中应考虑传统设计的一般原则，如技术经济分析及价值分析、类比原则、冗余原则、经验原则等，同样需要应用一些经验公式、图表和手册等。近年来的现代设计方法得到了很大的发展，如优化设计、可靠性设计、鲁棒设计、模块化设计、造型设计、计算机辅助设计和网络化设计、反求工程与设计等的理论和方法正越来越受到关注。这些现代设计方法相互之间有着或多或少的关联性和一致性，且从各自拥有侧重点的角度分析也大都已有专著介绍，下面仅对几个新方法做一般性的概括介绍。

1. 优化设计

所谓优化设计方法，是应用数学最优化原理解决实际问题的设计方法。针对某一设计任务，以结构最合理、工作性能最佳、成本最低等为设计要求，在多种方案、多组参数、多种设计变量中确定主要设计变量的取值，使之满足最优设计要求。在机械系统设计中，优化设计体现为最佳设计方案的确定和最佳设计参数的确定。

任何产品均可以看成一个系统，一个系统的输入、输出指标提出确定之后，系统的优化问题便在下面两个集合中挑选最佳元素：一个是系统的结构集合；另一个是系统的参数集合。优化设计最佳方案的具体表现是将优化技术应用于设计过程中，最终获得比较合理的设计参数。优化设计方法可分为直接法和求导法。直接法是直接计算函数值、比较函数值，以此作为迭代收敛的基础；求导法是以多变量函数极值理论为依据，利用函数性态作为迭代收敛的基础。这两种方法的择优和运算过程按预先编制的程序在计算机上进行，故也将这部分的工作称为自动设计。一般步骤有：

① 建立数学模型，将设计问题转化为数学规划问题，选取设计变量建立目标函数，确定约束条件；

② 选择最优化的计算方法；

③ 按算法编写应用程序；

④ 利用计算机选出最优设计方案；

⑤ 对优选的方案进行分析判断和决策。

在对具体的工程问题进行优化设计时，不仅要比较深入地了解，选择优化计算方法，构造合适的数学模型，找出最佳设计参数，还需要能针对设计目标的优先程度进行分析，以便在技术设计等工作中得到有效解。如在齿轮减速器设计中，可以将材料最省或结构最紧凑作为设计目标，则在传动设计计算中，就应该注意各参数的选择，各部分的强度、刚度等裕量的合理和优化。

2. 可靠性设计

可靠性是指系统(产品)在规定时间内，在给定条件下完成规定功能的能力。产品的可靠性需有一个定量的表述，但可靠性的定量表述具有随机性，对任何产品来讲，在其可靠工作与失效之间，都具有时间上的不确定性。因此，产品的可靠性可以描述为系统(产品)在规定条件和规定时间内，完成规定功能的概率。常用的定量表述方式有可靠度、无故障率、失效率、平均无故障时间、寿命及维修度与有效度等。

可靠性设计包括从产品的开发到产品的生产的全过程。通常包括两个方面的内容。

(1) *产品可靠性分析*　产品可靠性分析是可靠性设计中的基本内容之一，可从不同的角度对产品进行分析，例如对产品结构原理的分析，目的在于分析组成产品各子系统的工作原理以及它们与整机的关系，系统的输入、输出及反馈关系，同时还应考虑产品与运输、产品的使用与外界干扰的关系等。在可靠性分析中，应建立整机与部件、部件与部件、部件与元件之间的逻辑图和数学物理模型，通过逻辑图和数学物理模型进行分析，以保证产品的可靠度。

(2) *产品设计与研制中的可靠性问题*　任何产品都具有一定的功能以实现使用的目的。可靠性设计就是要保证产品在整个寿命期间各阶段都能够可靠地工作。产品的可靠性设计中，通常需要进行的工作主要有：失效模式、后果及致命度分析，以评价和确定每种故障对产品及人员安全的影响；可靠性预计及可靠度分配，即在产品研制成功以前，在没有该产品失效数据的条件下，通过可靠性预计，使产品可靠性的设计定量化，逐级确定元器件、部件和产品的可靠性，再根据产品的可靠度要求等具体情况合理地分配给部件和元件；结构和兼容设计，即根据设计给定的条件如精度、体积等进行合理的结构设计，并考虑各组成元素相关参数的误差因素、外界干扰的存在等，以防止误操作，并进行兼容设计；最后还需要进行安全与维修设计等工作。

对于系统而言，总体可靠性是由各部分零部件的可靠性保证的，所以，通常的可靠性设计计算是由零部件的可靠性来体现的。例如机械系统设计中的齿轮、轴等设计时，计算许用应力所用安全系数实际就是与设计可靠度有关的可靠性设计；另外，在设计中采用标准件、通用件，简化零件结构，减少零部件数量等都是提高可靠性的途径。

可靠性是产品质量的重要指标之一，但不是全部，即可靠性高，质量未必好。合理规划分配各部分的可靠性指标，可以最大限度地发挥各部分的设计优势，保证产品在工作品质、技术标准和安全使用等方面达到高效、高质。

3. 鲁棒设计

产品开发的三次设计法是日本的质量管理专家田口玄一(Genichi Taguchi)博士提出的产品质量管理工程的理念和方法，故也称为田口方法。它将产品设计分为三个阶段进行，即系统设计、参数设计、容差设计。其中参数设计是核心，从追求产品质量稳健性出发，通过调整设计参数，使产品的功能、性能对系统内外偏差的因素不敏感，以提高产品自身的抗干扰能力，使所设计的产品质量具有鲁棒性(robustness)。

高品质的产品不仅是使用者的要求，也是设计者的希望和设计目标，而一个系统(产品)的质量在很大程度上取决于其设计质量。同时，使质量发生波动的影响因素有很多，按照人们能否进行控制、可否明确其影响的等级和水平可分类为：

可控因素——是指大小(或水平)可以比较，且可人为地选择或控制的影响因素，如工作原理方案、结构形式、结构尺寸参数、材料特性、工艺方案及参数等。

标示因素——是指使用产品时外界环境因素、使用条件，如使用环境条件、动力源状况、外加载荷等。

信号因素——是为实现某种需求而选取的对产品输入的改变，它是按专业需求和实际经验而加以确定的，不能任意指定因素，如输入力矩、输入功率、输入运动状态、初始条件等。

区组因素——是试验设计时为减少试验误差而确定的因素。

误差因素——误差因素是除上述因素外，对产品质量特性有影响的其他因素的总称，如相对误差、绝对误差、未知因素等。

进行鲁棒设计时，设计人员应找出对质量特性可能最有影响的若干因素，并在明确标示因素水平及其影响的基础上，采用三次设计方法，调整可控因素，找到最佳的因素组合，使产品的质量特性在误差因素水平影响较大的情况下，达到质量特性的最稳定；再运用输入信号因素的变更，达到所需的质量特性值；最后，通过控制对特性稳定贡献最大的误差因素，并引入评价通信系统质量的“信噪比”来衡量设计参数的稳健程度，评价系统或产品开发设计的参数，达到设计出质量好、成本低的产品的目的。

4. 模块化设计

为开发具有多种功能的不同产品，不必对每种产品施以单独设计，而是精心设计出多种模块，将其经过不同方式的组合来构成不同产品，以解决产品品种、规格与设计制造周期、成本之间的矛盾，这就是模块化设计的含义。模块化设计与产品标准化设计、系列化设计密切相关，即所谓的“三化”。“三化”互相影响、互相制约，通常合在一起作为评定产品质量优劣的重要指标。早在20世纪50年代，欧美一些国家就正式提出“模块化设计”概念，把模块化设计提到理论高度来研究。目前，模块化设计的思想已渗透到许多领域，例如机床、减速器、家电、计算机等。在每个领域，模块及模块化设计都有其特定的含义，下面仅就机械产品的模块化设计作简要介绍。

(1) 模块 一组具有同一功能和接合要素(指连接部位的形状、尺寸、连接件间的配合或啮合等)，但性能、规格或结构不同却能互换的单元。如机床夹具、联轴器等非标准件，即仍需被设计而又可以用于不同的组合，形成具有不同功能的设备的单元。

(2) 模块化设计 在对产品进行市场预测、功能分析的基础上，划分并设计出一系列通用的功能模块，根据用户的要求，对这些模块进行选择和组合，就可以构成不同功能或功能相同但性能不同、规格不同的产品。这种设计方法称为模块化设计。

模块化设计根据应用的不同可表示为几种不同的主要方式，例如，横系列模块化设计——不改变产品主参数，利用模块发展变形产品；纵系列模块化设计——在同一类型中对不同规格的基型产品进行设计；横系列和跨系列模块化设计——改变某些模块以获得其他系列产品的模块化设计；全系列模块化设计——全系列包括纵系列和横系列；全系列和跨系列模块化设计——主要是在全系列基础上用于结构比较类似的跨产品的模块化设计。

按模块组合可能性多少,模块化系统可分为:闭式系统——有限种模块组合成有限种结构形式,设计这种系统时主要考虑所有可能的方案;开式系统——有限种模块组合成相当多种结构形式,设计这种系统时主要考虑模块组合变化规则。

模块化设计分为两个不同层次,第一个层次为系列模块化产品研制过程,需要根据市场调研结果对整个系列进行模块化设计,本质上是系列产品研制过程,主要设计过程是:市场调查与分析—产品功能分析—拟定产品系列型谱—确定参数范围及主参数—划分模块—模块结构设计—形成模块库—编写技术文件。

第二个层次为单个产品的模块化设计,需要根据用户的具体要求对模块进行选择和组合,并加以必要的设计计算和校核计算,本质上是选择及组合过程,主要设计过程是:用户需求分析—确定参数—确定系列型谱—模块选择—模块组装—分析计算—完成构型。

模块化设计遵循一般技术系统的设计步骤,但比后者更复杂,花费更高,要每个零部件都能实现更多的部分功能。因此,模块化设计的关键有以下两点。

① 模块标准化:是指模块结构标准化,尤其是模块接口标准化。模块化设计所依赖的是模块的组合和连接,又称为接口。显然,为了保证不同功能模块的组合和相同功能模块的互换,模块应具有可组合性和可互换性两个特征,而这两个特征主要体现在接口上,必须提高其标准化、通用化、规格化的程度。

② 模块的划分:模块化设计的原则是,力求以少数模块组成尽可能多的产品,并在满足要求的基础上使产品精度高、性能稳定、结构简单、成本低廉,且模块结构应尽量简单、规范,模块间的联系应尽可能简单。因此,如何科学地、有节制地划分模块,是模块化设计中很具有艺术性的一项工作,既要照顾制造管理方便,具有较大的灵活性,避免组合时产生混乱,又要考虑到该模块系列将来的扩展和向专用、变型产品的辐射。划分的好坏直接影响模块系列设计的成功与否。总的来说,划分前必须对系统进行仔细的、系统的功能分析和结构分析,一般要注意以下各点:模块在整个系统中的作用及其更换的可能性和必要性;保持模块在功能及结构方面有一定的独立性和完整性;模块间的接合要素要便于连接与分离;模块的划分不能影响系统的主要功能。

5. 计算机辅助设计

计算机辅助设计(Computer Aided Design,CAD)是一种计算机辅助技术,它采用计算机及其外围设备(主要是图形输入、输出设备)帮助人们进行工程和产品设计。目前,设计过程的数字化已成为现代企业设计部门的主要特征,计算机辅助设计系统经过近几十年的发展历程,随着计算机技术的飞速发展,系统性能与功能得到了大幅度的提高。计算机辅助设计已经通过几何建模、结构强度分析、动态仿真、结构分析、系统优化以及科学计算可视化和虚拟现实等环节,极大地支持了设计人员的设计工作。其主要特征是在人和计算机对信息的处理方式、处理能力以及对重复烦琐工作的忍受能力等许多方面各有优点,互为补充,在设计过程中实现人与计算机的相互配合、协调。使在人和计算机组成的设计系统中构成一对亲密的伙伴:人是设计工作的主人,计算机则是其强有力的辅助工具。从而利用计算机来帮助设计,提高设计质量,缩短设计周期,使产品具有竞争力。

CAD 技术可以帮助设计师完成设计过程中的工作主要体现在以下几方面。

信息管理——提供丰富的设计需求信息；

辅助方案设计——利用计算机系统的智能帮助和启发人类的思维和推理，更加高效地进行方案的构思和选择；

计算机图形显示与几何造型——利用CAD交互方法与造型工具，通过人机的对话，快速、精确、直观地完成构思方案的总体设计；

分析计算和工程分析——工程计算、力学动态性能分析以及物理特性分析，如在几何模型建立的基础上，进行有限元分析、模态分析、机构运动学、动力学等动态特性分析等，来确定产品的参数、形状和结构，以达到最佳的设计结果；

自动绘图——完成产品设计后自动地绘制工程图纸和必需的设计文档；

工程数据管理——管理和存储在设计过程中产生、使用的数据、文字和图形，保持其良好的数据独立性和完整性，并提供标准化的数据转换接口，以便于在后续的CAPP/CAM（Computer Aided Process Planning，CAPP；Computer Aided Manufacturing，CAM）中实现数据共享。

CAD的目标应该是通过人、机合作，最大限度地发挥人和机的功能，同时，在因特网等技术支持下，基于CAD技术出现了多种新的设计方法，如以下三种设计。

(1) *虚拟产品设计*　虚拟产品是虚拟环境中的产品模型，是现实世界中的产品在虚拟环境中的映像。虚拟产品设计是基于虚拟现实技术的新一代计算机辅助设计，是在基于多媒体的、交互的渗入式或侵入式的三维计算机辅助设计环境中，设计者不仅能够直接在三维空间中通过三维操作、语言指令、手势等高度交互的方式进行三维实体建模和装配建模，并且最终生成精确的系统（产品）模型，以支持详细设计与变型设计，同时能在同一环境中进行一些相关分析，从而满足工程设计和应用的需要。

(2) *敏捷设计*　是实现快速制造工程的重要一环。快速制造工程是企业面对瞬息万变的市场环境，不断迅速开发适应市场需求的新系统（产品），以保证企业在激烈竞争环境中立于不败之地的重要工程。实现敏捷设计的关键是有效开发和利用各种系统（产品）信息资源，充分利用已有的信息资源和最新的数字化、网络化工具，用最快的速度进行创新性和变异性的系统（产品）设计方法。主要特点是：利用产品信息资源进行创新设计或变异性设计，利用数字化技术加快设计过程，利用网络化技术的远程协同、分布设计。

(3) *网络化协同设计*　是现代设计方法中最前沿的一种方法。其核心是利用网络工具来汇集设计知识与资源以及对知识获取的方法进行设计。它包含了设计所需要的网络上提供的知识以及获取这些知识的过程与所需的各种资源。在技术进步日新月异的今天，系统（产品）的设计更加依赖于新知识的汇集与获取。且国内外有着丰富的设计知识和潜在的设计资源，但拥有这些资源的单位往往在地域上是分散的，利用现代化的网络技术将这些知识、资源有效地集中，实现资源的共享，将是实现网络上合作设计的必由之路，也将是实现技术创新和跨越式发展的重要途径之一。

6. 反求设计

反求设计思想属于反向推理、逆向思维体系。反求设计是以现代设计理论、方法和技术为基础，运用各种专业人员的工程设计经验、知识和创新思维，对已有的系统（产品）进行剖析、重构、再创造的设计。反求设计可以分成两个阶段，即使用、消化、吸收同类产品和运用新技术创新，设计出适合具体工况的新产品。如某系统（产品）仅知其外在的功能特性，而没有其设计图纸及相关详细设计资料，且其内部构成也是一个“暗箱”，反向设计就是用反向推理的方法通过对外在功能特性的分析，再利用现代设计理论和方法，设计出能实现该外在功能特性要求的内部子系统，并构成一个完整的机电一体化系统（产品）。

从设计角度而言，反求工程设计技术的研究内容主要包括以下几个部分：

① 反求对象的功能原理方案分析；

② 反求对象的结构分析、工作性能分析；

③ 反求对象的材料分析、制造工艺和装配分析；

④ 反求对象的精度分析；

⑤ 反求对象的使用和维修功能分析；

⑥ 反求对象的造型分析，系列化、模块化分析。

反求工程设计时，在对反求对象的各种分析中，功能及原理方案分析是关键，在其基础上再进行测绘仿制、变参数设计、适应性设计或开发性设计。

第2章 机械系统总体设计

总体设计是战略性、方向性、全局性的设计，因而要求设计师在进行总体设计时，既要赶超世界先进水平，又要符合国情；既要技术先进，又要经济合理；既要使用方便，又要制造、维修方便；既要性能价格比合理，又要可靠性高、工作稳定。由于总体设计是一个战略性的工作，它的优劣直接影响机器的性能和使用，如果总体设计不合理，产品就会缺乏竞争力甚至难以制造，所以总体设计是创造性的工作，特别是现代精密机械和精密仪器，是光、机、电、液、气、计算机技术的综合，是更广义的“机电一体化”系统（产品）。在进行总体设计时，设计者要有创新的意识，要充分运用科学原理和设计理论，在充分调查研究掌握大量第一手资料的基础上，重视科学实验，做到理论和实践紧密结合，尽量使总体设计在技术上先进、原理上正确、实践上可行、经济上合理，使产品具有优良的竞争力。

2.1 机械系统总体设计思想

现代科学技术的发展，要求对工程设计的意义、作用和影响作出新的评价，对工程设计的质量、经济价值、进程等都提出了新的要求，对设计师的素质修养要求更全面。因此，不仅对设计方法的探讨引起工程和学术界的重视，设计的指导思想也发生了变化，在产品总体设计中的重要性愈来愈得到肯定和重视。

2.1.1 系统工程设计思想及应用

系统工程是系统思想和系统科学在工程领域的实际体现。钱学森指出：“系统工程是组织管理系统的规划、研究、设计、制造、试验和使用的科学方法，是一种对所有系统都具有普遍意义的科学方法。”由于系统科学本身是一门关于针对目的要求而进行合理化方法学处理的科学，故系统工程的概念不仅反映“系统”的基本属性，即具有特定功能的、相互之间具有有机联系的许多要素所构成的一个整体（整体性），也包括“工程”的思想，即产生一定效能的方法。

系统工程以系统为对象，以数学方法为工具，对系统的构成要素、组织结构、信息交换和反馈控制等功能进行分析、设计、制造和服务，从而达到最优设计、最优控制和最优管理的目标，以便充分发挥人力、物力和财力，通过各种组织管理技术，使局部与整体之间协调配合，实现系统的综合最优化。

不论是传统的机电产品，还是包括精密机械和精密仪器在内的机电一体化产品，都可以统称为机电一体化系统。机电一体化系统设计就是从系统工程观点出发，应用机械、电气电子技术，计算机应用技术等有关技术，使机械、电子有机结合，实现系统或产品整体最优的综合性技术。无论制造加工系统，还是一台小型的仪器也都是由许多要素构成的，为了实现其"目的功能"，就需要从系统角度出发，不拘泥于机械技术或电子技术，而寄希望于通过各种功能要素构成最佳结合和综合的柔性技术与方法，来实现系统整体结构、整体性能的最优化。

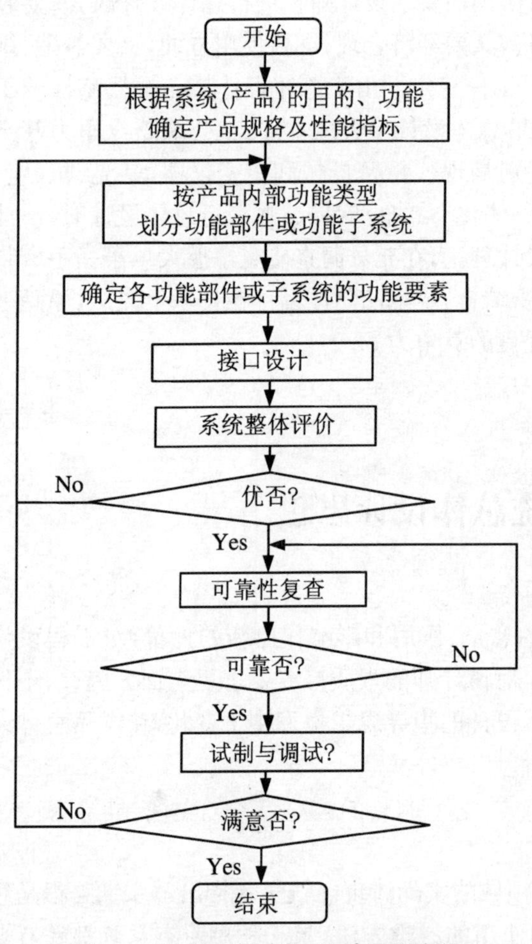

图 2.1 机电系统(产品)设计原理流程

机电系统(产品)种类繁多，涉及的技术领域及其技术的复杂程度不同，系统设计的类型也有区别。虽然开发设计过程各有其具体特点，但可以归纳其基本规律，图 2.1 为机电系统(产品)设计的原理流程。

系统工程设计的核心是不能仅关注机电系统各组成部分的工作状态和性能，而是要根据将机电系统作为一个整体所表现出的性能和运行状态来设计目标。这是由于系统各组成部分的性能并不能代表整个系统的性能，也不是子系统性能的简单叠加。因此，系统工程设计通常不仅需要考虑机电系统制造，还必须考虑系统的运行和出现故障时的维修，以及系统报废时资源的再利用和对环境的污染等全生命周期。为此，对于现代机电系统设计，系统分析是一项重要工作，它不同于一般的技术经济分析，是从系统的整体优化出发，采用各种工具和方法，对系统进行定性和定量分析的过程。进行系统分析时，不仅要分析技术经济方面的有关问题，而且还要分析系统内部各子系统之间的联系因素，并且作出评价，为获得最优系统方案提供依据。系统分析的一般步骤如下：分析与确定系统的目的和要求；模型化——用模型来描述实体系统的映象，包括各种数学模型、实物模型、计算模型和各种图表等；系统最优化——应用最优化理论和方法，对各候选方案进行最优化计算，以获得最优的系统方案；系统评价——对优化后的几个系统方案进行评价以便决策。

系统设计的过程如图 2.2 所示。一般步骤大致归纳为以下几点。

(1) *确定求解的问题* 明确求解的问题和范围，即明确设计目的和要求。

(2) 因素分析　对与被描述问题有关的因素进行分析，确定因素的类型，即可控的、不可控的、质的属性。系统的最优化就是对量的可控因素优化确定的过程。

(3) 模型的建立　用适当的(一般是数学的)方式来描述问题与因素之间的关系。建立模型时，一般应忽略次要因素，突出主要因素。此外，还应首先明确下面的几个问题：系统的目标、系统的约束(现在常称为环境因素)、系统的输入和输出。

(4) 决策过程　运用适当的手段求解模型，确定实现系统目标的系统结构及其运用方法。如运用运筹学中的数学规划法去求解数学模型。

(5) 运行与管理　主要包括：根据实际情况确定决策过程中的各种参数是否符合实际的验证工作；对系统各方面变化时对输出的影响预测工作；对系统是否达到预期目的的评价；根据评价结果确定是否需要进行修正，使系统的特性得到逐步改善等几方面的内容。

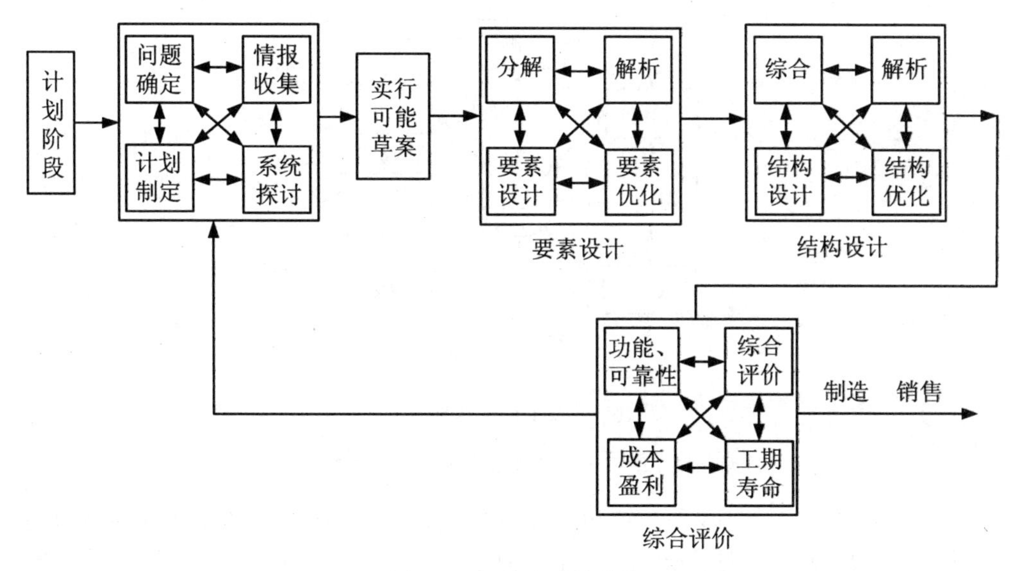

图 2.2　系统设计的过程

2.1.2　并行工程设计思想及应用

长期以来，产品开发大都沿用传统的顺序设计方法，遵循“概念设计＋详细设计—工艺设计＋加工制造—试验验证＋设计修改”的大循环。这种传统的串行产品开发过程是一种“抛过墙”式的产品开发方式。它根据市场及销售者对产品的需求，向设计部门提出一个简单的产品设计任务书，设计部门完成设计后，将设计结果传送给生产规划部门，然后进行生产。这种方式存在着各职能部门各自为战、产品数据分散且难以共享，质量问题只能在下一过程的实施中发现，事后层层反馈致使必须重新修改设计，时间、资金等浪费严重等诸多问题。

并行工程(Concurrent Engineering，CE)是把系统(产品)的设计、制造及其相关过程作为一个有机整体进行综合(并行)协调的一种工作模式。这种工作模式力图使设计开发者从一开始就考虑到产品全寿命周期(从概念形成到系统报废)内的所有因素。

并行工程的目标是提高系统(产品)生命全过程(包括系统设计、制造、服务)中的全面质量,降低系统(产品)全寿命周期内的成本,缩短系统(产品)研制开发的周期(包括减少设计反复,缩短设计、生产准备、制造及发送等的时间)。

并行工程与传统的串行工程的差异就在于,在产品的设计阶段就要按并行、交互、协调的工作模式进行系统设计,即在设计过程中对系统(产品)寿命周期内各个阶段的要求要尽可能地同时进行交互式的协调。串行工程、并行工程工作模式框图分别如图 2.3(a)和(b)所示。

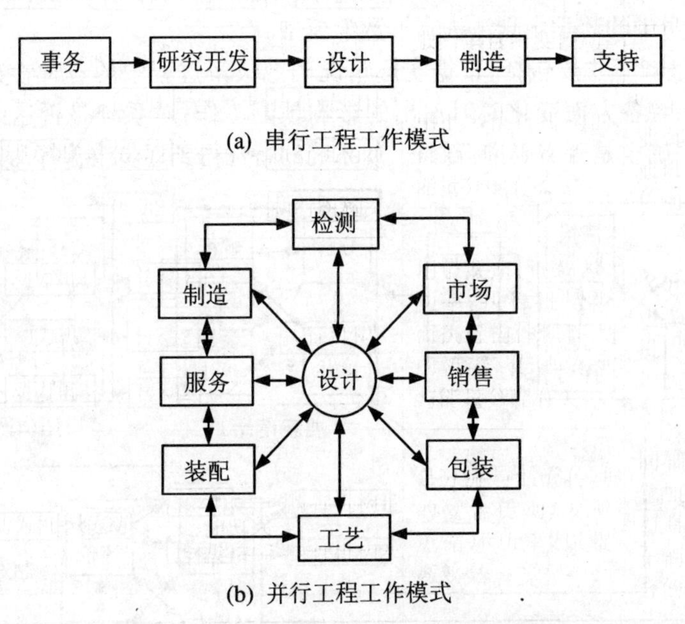

图 2.3　串行工程与并行工程工作模式框图

并行工程的思想实际是一种系统化的技术模式。它强调产品全生命周期中从需求分析、概念设计、初步设计、详细设计、生产制造、产品支持(包括质量、销售、采购、发送、服务)等各个相关阶段过程的集成、并发与优化。其实施的方法原理就是面向 X 的设计(Design for X,DFX)思想,即在机械系统设计过程中需要考虑产品制造、装配、维修、环境等。

面向制造的设计(Design for Manufacturing,DFM)是在产品设计的同时,就考虑到与制造相关的因素,使设计者在制造工艺和制造资源环境的约束下进行系统结构和零件形状结构设计。目的是实现产品设计与产品制造过程设计的并行,从而满足最低成本和最短时间等要求。在面向制造的机械系统方案设计时,应该考虑机械系统的工作原理、基本组成及功能结构解的制造难易程度及制造成本的高低;在面向制造的机械零部件设计时,应要求各零、部件设计在结构工艺性和加工可行性的约束下寻求最短生产周期、最优质量和最低成本。

面向装配的设计(Design for Assembly,DFA)是在设计过程中充分考虑机械系统功能的同时,使机械系统的装配工艺尽量简化,易于进行装配与调整。目的是在产品设计阶段考虑并解决装配过程中可能存在的问题,以确保零件快速、高效、低成本地进行装配。在面向装配的机械系统方案设计时,应该考虑机械系统工作原理、基本组成和功能结构解的易装配性、可拆卸性,使系统易于维护,并提高产品的可靠性和质量。在面向装配的机械零部件构型设计时，应考虑零件配合关系及其装配工艺的优化，以及装配方法和装配公差分析与综合，以改善产品的装配性能，权衡装配精度与装配成本。

面向环境的设计(Design for Environment，DFE)是综合考虑环境问题，在产品设计之初就考虑机械系统在制造、使用、维护以及生命终结等阶段对环境的总体影响，并将其减少到最小。可包括面向拆卸的设计(Design for Disassembling，DFD)和面向回收的设计(Design for Recycling，DFR)等。因此，在机械系统的方案设计时，应该在保证机械系统功能和质量的前提下，使其资源利用率尽可能高，环境污染尽可能小。在进行机械零部件构型设计时，应采用尽可能合理和优化的零部件构型，通过零部件结构的优化，使其在制造、运行中的动力消耗和材料消耗最小，且具有使用寿命长和可拆卸的回收和重复利用价值，减少对环境的污染，达到可持续发展的目标。

面向成本的设计(Design for Cost，DFC)是在设计阶段就综合考虑产品生命周期中的材料、加工、装配、维护及其回收、报废等阶段各种成本因素，进行产品设计成本的综合评价。是综合 DFA、DFM 和 DFE 以及价值工程分析等原理方法，建立集成化的面向成本的设计方法。目的是通过产品设计方案的技术经济性综合优化，降低产品成本，提高其市场竞争力。在机械系统的方案和零部件构型设计过程中，利用基于回归分析的产品成本估计、产品成本建模(如公差-成本模型，工艺参数-成本模型)，完成在设计阶段对产品制造成本的估算，从而进一步优化设计、降低制造成本。

2.1.3 绿色设计思想及应用

绿色设计是从并行工程思想发展而来的，也是一种基于系统工程思想的一个设计新概念。所谓绿色设计，就是在新产品(系统)的开发阶段，考虑其整个生命周期内对环境的影响，减少对环境的污染、资源的浪费以及使用安全和人类健康等所产生的负作用。绿色产品设计将系统寿命周期内的各个阶段(设计、制造、使用、回收处理等)看成一个有机整体，在保证产品良好性能、质量及成本等要求的情况下，还充分考虑系统的维护资源、能源的回收利用以及对环境的影响等问题。

绿色产品或称为环境协调产品(Environmental Conscious Product，ECP)，是相对于传统产品而言的。由于对产品“绿色程度”的描述和量化特征还不十分明确，因此，目前还没有公认的权威定义。不过对绿色产品应有一个基本的认识，即绿色产品应有利于保护生态环境，不产生环境污染或使污染最小化，同时有利于节约资源和能源，且这一特点应贯穿于产品全生命周期。产品能否达到绿色标准要求，其决定因素是该产品在设计时是否采用绿色设计。

在设计过程中，传统设计人员通常主要根据产品基本属性(功能、质量、寿命、成本)指标进行设计。这样设计制造出来的产品，在其使用过程中对资源、能源浪费严重，使用寿命结束后回收利用率低，特别是其中的有毒有害物质，会严重污染生态环境，影响生产发展的持续性。

绿色设计的目的是克服传统设计的不足，其基本思想就是使所设计的产品满足绿色产品的要求。也就是要从根本上防止污染，节约资源和能源，关键在于设计与制造，不能在产品产生了不良的环境后再采取防治措施，要预先设法防止产品及工艺过程对环境产生负作用,然后再制造。如图 2.4 所示,图 2.4(a)为传统产品设计的基本思想,图 2.4(b)为绿色产品设计的基本思想。

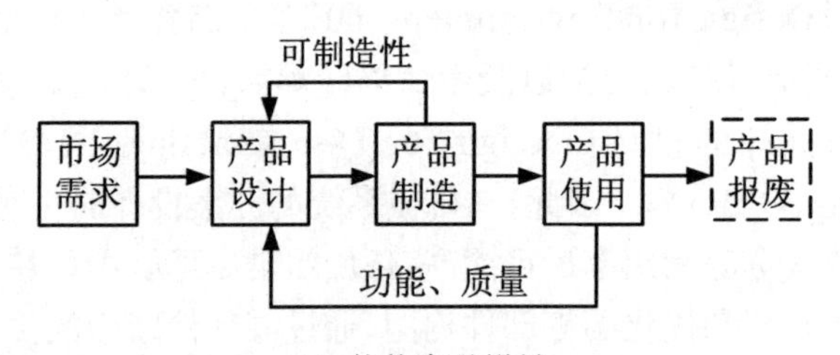

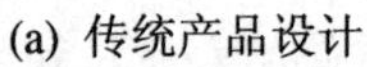
(a) 传统产品设计

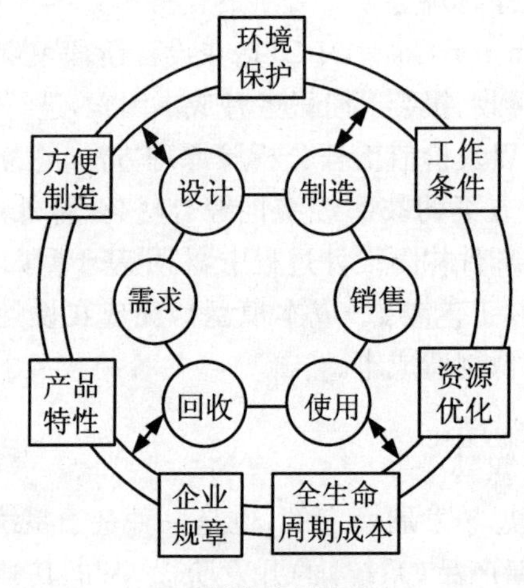

(b) 绿色产品设计

图 2.4　传统设计与绿色设计思想之比较

绿色设计在产品整个寿命周期中都把其绿色程度作为设计目标,即在概念设计及系统方案粗略设计阶段,就充分考虑产品在制造、销售、使用及报废后对环境的各种影响,与产品有关的技术人员都应密切合作,信息共享,运用环境评价准则约束制造、装配、拆卸、回收等设计过程,并使之具有良好的经济性。

绿色设计的主要内容包括:

① 绿色产品的描述与建模;

② 绿色设计的材料选择与管理;

③ 产品的可拆卸性设计;

④ 产品的可回收性设计;

⑤ 绿色产品的成本分析;

⑥ 绿色设计数据库建立等。

从产品的整体质量考虑,设计人员不应只根据物理目标设计产品,而应以产品为用户提供的服务或损害为主要依据。

由此可见,绿色设计与传统设计的根本区别在于,绿色设计要求设计人员在设计构思阶段就要把降低能耗、易于拆卸、再生利用和保护生态环境与保证产品的性能、质量、寿命、成本的要求列为同等的设计目标，并保证在生产过程中能够顺利实施。

绿色设计是一种集成设计，它是设计方法集成和设计过程集成，是一种综合了面向对象技术、并行工程、寿命周期设计的一种发展中的系统设计方法，是集产品的质量、功能、寿命和环境为一体的设计思想和方法。

2.2　机械系统总体设计任务分析

2.2.1　任务分析内容

在总体设计时，首先要做“设计任务分析”，即详细了解设计任务中的各种要求，根据总体设计的基本原则，逐一地进行分析研究，并将研究结果摘要写入设计任务书中。

然后尽可能多地搜集经验总结和理论计算的资料，分清问题的主次，抓住影响全局的关键问题，进行深入了解研究，拟定几种方案，确定出最佳设计方案。

设计任务分析的内容应包括下列几项。

(1) *设计对象的使用要求*　工作机械的使用要求是指其在一定的工作范围内能有效地实现预期的功能，并在一定的使用期间内不丧失原有功能。使用要求所包含的功能建立在对需求分析的基础上，并根据概念设计的功能分析和功能求解、细分和设计，逐步得到定性和定量的结果。它是工作机械设计的出发点和归宿，使用要求不同，工作机械的总体结构和功能部件结构等都有所不同。

例如，对于要求能完成磨削轴、套两类零件的外圆和内孔的磨床来说，在设计时就必须考虑磨外圆和磨内孔的相应部件的同时设置；对于只要求测量二维长度的精密测量仪器，则没有必要设计成能同时进行三维长度测量的结构。

(2) *工作精度*　工作机械的精度是一项重要的技术指标，也是机电一体化设备、精密机械和精密仪器设计中的一个关键问题。

对于普通工作机械，例如通用机床，通常是指在未受外载荷作用的条件下的原始精度，主要包括几何精度、传动精度、运动精度、定位精度和综合精度等几个方面，不同类型和不同的使用要求，对这几类的精度要求也有所不同。

对于精密机械设备和精密仪器的工作精度，随着现代科学技术的发展，现阶段一般有三类要求。

中等精度——直线位移误差：1～10 μm，主轴回转误差：1～10 μm，圆分度误差：1″～10″。

高精度——直线位移误差：0.1～1.0 μm，主轴回转误差：0.1～1.0 μm，圆分度误差：0.2″～1″。

超高精度——直线位移误差：＜0.1 μm，主轴回转误差：0.01～0.1 μm，圆分度误差：＜0.2″。

现阶段的精密机械设备和精密机械仪器，通常都是机电一体化系统，实现上述不同精度的要求，不仅要考虑机械子系统的精度，还要注意驱动控制系统的精度；对于光机电一体的精密仪器，还要考虑光学子系统的精度等。精度等级不同，在设计时，无论是精密机械系统、控制系统，还是光学系统等都有很大的差异，实现的结构和工作原理不同。因此，在设计时，要真正从“一体化”的角度和“系统”的角度出发，综合分析；同时，精度要求不同，对于精密装置来说，价格差异也很大，所以精度还必须与经济性相匹配。

(3) *生产批量*　产品的生产批量虽然是由市场需要所决定的，但不同生产批量的机器在设计时的结构也有所不同。大批量生产的结构设计，应尽可能采用专用机床和专用工夹具，便于流水线加工，零件结构尽量简单，采用系列化、通用化、标准化设计，便于维修；而对单件小批量生产的结构设计，则可采用通用机床加工、配作等，零件结构可以复杂些，以满足功能需要为主。

(4) *生产效率*　对于通用机械加工设备、精密机械加工设备甚至是微细加工设备来讲，生产效率是指在单位时间内它所加工的工件数量；对于计量、检测仪器来说，则是其单位时间内的检测效率。

在设计时，应根据所要求的设备或仪器的效率考虑其自动化程度，如微机控制、自动上下料、自动传送工件、自动检测、自动定位、自动修正、自动打印结果等，或者只有一部分自动功能，一部分半自动及手动等相互配合。

自动化程度的高低，不仅取决于使用的要求，而且与产品的生产类型也有密切关系。如对用于大批量生产的设备，一般要求半自动化或自动化；对用于单件小批量生产的设备，则仅要求机动甚至手动。而对于精密机械和精密仪器等设备来说，通常要求自动化程度较高，以保证系统精度的稳定性等。因此，设备效率的高低，在设计时应根据具体要求进行考虑。

(5) *工作环境*　机电产品的工作环境对其使用性能有很大的影响，如振动、温度、湿度、空气净化程度等。因此，在设计之初，就必须考虑产品的使用要求与使用场合不同，使得设计的设备能适应一定的工作环境。

在一般工作环境(如普通生产车间)中，对精密机械设备，通常增设校正装置以减少温度变化对精度的影响，增设密封装置以防尘、防油、防水、防潮；对于要求较高的精密设备来说，则需要通过建造具有隔振、恒温恒湿、净化等设备的车间和实验室，来配合和满足精密机械设备的工作要求。

对于精密仪器设计，需要考虑不同工作环境的影响也有所不同。如大多在计量室或实验室内使用的高精度仪器，设计时应尽量采取措施避免外界条件变化对它的精度影响，如隔振、恒温、恒湿及净化等，或者设计时就考虑有消除外界条件变化时对测量结果影响的修正环节；而对在车间条件下使用的仪器，考虑的主要出发点则是防尘、防油、防腐等密封装置；对于在其他环境条件中工作的仪器，一般只要考虑仪器的检测结果在允许的范围内变化，保证仪器正常工作即可。

(6) *安全保护*　所谓安全保护，包括两个方面的内容，一方面是操作人员的安全，如电气绝缘、防溅或飞出物的设施等，对于机器内有放射性物质、有毒气体、X 射线等设备或仪器，则需特种防护装备，使操作者的人身安全得到保障；另一方面是机器本身也要得到保护，如设置防过载装置、互锁保险装置及行程限制自动停车装置等，使得机械设备或仪器不会因人为失误或其他原因而受到损坏。

2.2.2　主要技术参数和技术指标的确定

1. 主要技术参数和技术指标的内容

机器的使用者通常根据需要提出具体使用要求、使用环境条件等，有些条件并不能直接作为机器设计的原始数据。机器的生产者在向用户介绍产品的性能时，需要让对方了解产品功能的一定参数和指标。虽然不同类型产品有着不同的参数和指标，但对于机电设备来说，仍有一些具有共性的基本技术指标，其主要技术参数通常是能够基本反映该设备的概貌和特点的一些项目，这些指标既是机器设计的根据，又是检验成品质量的基本依据，也可以通过它们使用户了解机器具有的性能。

能够基本反映该机器设备概貌和特点的主要参数包括精度参数、尺寸参数（规格参数）、运动参数、动力参数和结构参数等。

对于普通机器（如机床）来说，精度参数是利用该机床进行加工时所能实现的加工质量，包括加工精度和表面质量；机床规格参数则是机床工艺范围，即所能加工或安装工件的最大尺寸（主参数）；运动参数就是设备每分钟双行程数或最高、最低转速等，包括主运动和进给运动参数；动力参数则是电动机功率、液压缸牵引力以及液压马达或伺服电动机的额定扭矩等；结构参数是表明零部件主要结构尺寸的参数。

精密机械和精密仪器随其类型的不同也有着不同的指标。如精密机械计量仪器的技术参数不仅包含测量精度、测量范围、示值范围、工作距离、放大率、数值孔径、视场、焦距等，还有如精密运动部件（测量头）运动速度的运动参数，表明系统驱动控制系统的电机功率、额定扭矩及光源功率等动力参数；结构参数则是说明整机、主要部件的主要结构尺寸的参数。

机器的技术指标与其用途、功能、特点等有关，不同的类型有不同的技术指标，根据具体情况，对一些技术指标的要求和可能性，不同的设计人员和部门往往有不同的观点。即在应用时，不仅要认真对待那些反映设计工作性能、设备精度、工作效率（如自动化程度的半自动、全自动、数控、计算机控制、计算机数据处理等）和设备的重量、外形尺寸以及其他结构的参数等，有时还需要考虑反映设备可靠性（产品技术性能在时间上的延续性、稳定性和重复性，一般用平均故障间隔时间（Mean Time between Failures，MTBF）或平均故障率（单位时间内故障次数 = 1/*MTBF*）等来表示），反映设备维修性和设备安全性等的技术参数。

2. 主要技术参数和技术指标的确定

（1）*根据设备用途确定*　使用单位在提出设备要求时，一般只提出使用要求，设计者必须将使用要求转换成设计工作所需要的技术指标。这一工作有时是很复杂的，需要进行大量的实验、统计研究工作。无论是设计通用设备、仪器，还是专用的设备、仪器，一般都是以对象作为设计依据，什么样的对象，采用什么样的加工或测量方法，就要设计什么样的设备或仪器来完成。对通用的设备或仪器，要考虑适当加工或测量多种类型的工件，它的加工或测量范围要尽可能地广一些；对于专用设备或仪器，因是为某一特定工序或某一特定工作设计的，其加工或测量范围就小。

（2）*根据工作对象的性质和主要尺寸确定*　如对于主运动为回转运动的普通机床，主轴转速与切削速度和被加工零件的直径大小有关，而切削速度又通常与加工对象的工件材料密切相关。

又如作为精密机械的光刻机等，可根据加工硅片的尺寸确定精密工作台的行程，主要由加工对象的硅片尺寸大小来决定；三坐标测量机的结构参数和工作行程等参数是根据它所测量工件的尺寸大小决定的。

(3) *根据加工或测量的精度要求确定* 机器的加工或测量精度不仅是设备使用功能的基本要求，也是技术进步的集中体现。为了保证该设备能加工出合格的零件，或者能给某个待标定量作出准确的结论，在总体设计时，必须以它的加工或测量对象及其要达到的精度，作为确定主要技术参数和技术指标的依据。

如通用机床可以根据需要的精度等级(普通精密级、精密级和高精密级)和参照相关的精度标准规定的检验项目来确定。如普通车床的主轴锥孔轴线的径向跳动：近轴端为0.01 mm，距离主轴端 300 mm 处为 0.02 mm；精车外圆的圆度为 0.01 mm，圆柱度为0.01/100 mm，表面粗糙度 $R_a \leqslant 1.6\ \mu m$ 等。

精密机械设备的主要特点是高精度甚至超高精度，例如，设计高精度外圆磨床时，以加工出圆度为 2.0 μm，圆柱度为 3.0 μm，表面粗糙度 $R_a \leqslant 0.4 \sim 0.8\ \mu m$ 的外圆柱形工件等为依据，确定出头架主轴轴线的径向跳动、轴向窜动，头架和尾座导向面对工作台移动的平行度等技术指标，这些技术指标分别为：3.0 μm、2.0 μm、15.0 μm/1 000 mm。

对于测量仪器，应该根据实际中被测对象的精度要求来确定仪器精度，一般仪器的测量误差取被测件公差的 1/3，有时取被测件公差的 1/5 或 1/10。例如，在设计自动分步重复光刻机时，根据套刻精度要求确定工作台的定位精度和对准精度，如加工 64 K 随机存储器，其线条的宽度为 2 μm～3 μm，一般套刻的位置误差允许是线宽的 1/2～1/5，因此，工作台的定位精度应为 ±0.5 μm～±0.25 μm。这里的精度是随着功能参数的确定而确定的，故这类精度的参数不可随意选择。

(4) *根据机器中的薄弱环节确定* 普通通用机器的设计，根据其工艺范围和精度要求，在结构设计和零部件设计，特别是关键零部件(如主轴、导轨等)设计时，一般均需要进行强度、刚度以及抗振性的计算和校核，设备中的薄弱环节较容易得到重视。

精密机械设备和仪器通常精度要求较高，所受载荷较小，有时工作速度也较低，因此只有很少场合需要进行强度核算，而着重于刚度、接触变形、振动、精度等的计算。其中高精度与低速度给设计增加了很多困难，弹性变形、摩擦、爬行、振动等变成了突出问题，也成为某些技术指标的制定依据。所以，每一个环节都要慎重考虑，应着重抓住关键和薄弱环节加以解决。

(5) *根据系列化要求确定* 产品的系列化、零部件的通用化和标准化，简称为“三化”，它是一项重要的技术经济政策。

目前，在通用机电产品的设计中已拥有一些标准，如通用机床主参数的等比数列(公比有 1.26、1.41、1.58)等，机床的系列型谱的建立，对其基本形式和布局以及相关的技术性能、技术参数等都做了相应的规定。

精密机械和仪器也有相应的各种参数的数值，在设计选取时应尽量采用标准系列，其具体数值可参阅有关手册。如硅片的直径是按 $\phi 25$、$\phi 50$、$\phi 100$、$\phi 125$ 的尺寸系列分类的，故在微细加工设备及检测仪器的设计中，应按这个系列尺寸要求进行。

(6) 根据产品可靠性与成本的要求确定　产品的可靠性也是一项重要的技术经济指标，且随着自动化水平的提高，可靠性的要求也越来越高。但是，对于不同要求的产品，有的希望以有限的费用得到具有适当可靠性的产品；有的则希望可靠性尽可能地高而对费用却不做过多的考虑，例如，载人宇宙飞船要求可靠性为100%。一般来说，产品的可靠性不可能无限地提高，必须有一个合理的指标，应当结合必要性和可能性提出恰当的指标。所谓必要性，是指使用者根据实际需要对产品提出的可靠性要求，产品必须达到这个要求才有使用价值。所谓可能性，是根据现有的生产手段、费用、器件等条件，使产品达到可靠性指标。

对于整套设备仪器来说，没有可靠性则不能生产，如集成电路生产的设备和仪器，要保证流水生产，必须对每台设备和仪器都提出可靠性、稳定工作时间的要求，根据这个要求来对仪器设备本身提出要求。

例如数控机床，根据机械加工的特点和实际经验，其可靠性指标至少应达到：

$$MTBF \geqslant 100\ \text{h}$$

$$A = MTBF/(MTBF + MTTR) \geqslant 0.95$$

式中：A 为平均有效度；$MTBF$ 为平均故障间隔时间，即可维修产品的平均寿命，是指产品在两次故障之间正确工作的平均时间；$MTTR$ 为平均修理时间（Mean Time to Repair, MTTR），是衡量产品发生故障后能迅速修好恢复其功能的指标。

把 $MTBF$ 看作产品可能工作时间，把 $MTTR$ 看作产品不能工作时间，那么可能工作时间与总时间之比 A 反映了产品能正确使用的能力，是衡量产品可靠性的又一主要指标。具体计算可参考相关的书籍和资料。

例如，现有两台设备，第1台的 $MTBF=2\,000$ h，第2台的 $MTBF=1\,500$ h。若第1台的维修性较差，排除一个故障平均需30 h；而第2台的维修性较好，排除一个故障平均只需10 h。试比较其可靠性的平均有效度 A 的高低。

解　$A_1=2\,000/(2\,000+30)=0.985$；$A_2=1\,500/(1\,500+10)=0.993$。

因此，第2台设备的实际使用率比第1台高。

2.3　总体方案的拟定

总体方案的制定是在设计任务分析、确定主要参数及技术指标的基础上进行的，主要包括工艺动作和工作原理的确定、主要构型结构方案的比较、总体系统简图（或运动简图）的绘制、总体布局的设计、总体精度分配、总装配图的绘制、造型与装饰设计、总体设计报告的编写等。其中，前两项工作应相互结合起来反复进行，如在比较总体方案时，工作原理和主要结构方案的确定密切关联；同时，还要注意理论结合实际，重视科学实验，善于运用各种设计原理，尽力使总体设计在原理上正确、实践上可行、技术上先进、经济上合理，以求得最佳总体方案。

2.3.1 功能划分和工艺动作的拟定

1. 功能原理设计

任何一部机器的设计都是为了实现某一预期的功能要求,包括工艺要求和使用要求。功能原理设计就是根据机器所要实现的功能,考虑选择何种工作原理来实现这一功能要求。实现同一功能要求,可选用不同的工作原理,工作原理不同,需要的工艺动作也不同。如要设计一个齿轮加工设备,其预期的功能是在轮坯上加工出轮齿,实现这一功能要求,可选用展成原理,也可采用仿形原理,前者的工艺动作有刀具与轮坯对滚的范成运动、轴向进给运动、径向进给运动等,而后者的工艺动作则为刀具的回转主运动、工件的轴向进给运动和分度运动。工作原理和工艺动作不同,机器系统设计的机械结构和运动方案也不同,因此,在进行功能原理设计时,就要根据机器预期实现的功能要求,进行创新构思、搜索探求,优化筛选出既能很好地满足功能要求,工艺动作又简单的工作原理。

功能分析的主要工作是功能抽象化、功能分解和功能综合。同时,在确定机器的功能与应用范围时,应注意考虑机器的可靠性和适应性。

(1) 可靠性　一般情况下,机器功能增多,必然使工艺动作过程的工序增多,故障发生的可能性一般也相应增大。从提高机器的可靠性考虑,实现同一机器功能时,尽可能采用动作简单、工序数少的工艺动作过程。

(2) 适应性　任何机器的应用范围都是有限的,机器的功能愈多,机器的结构也就愈复杂。因此,对于将机器功能分解后用几台单机来完成的机器组合,为了增强其适应性,比较合理的办法是根据用户要求,灵活地增减或改装某些组合部件,以扩大应用范围,满足用户的不同需要。

机器的功能和应用范围,还与产品批量及品种规格有关。对于产品批量大、品种规格稳定的产品,在设计机器时应致力于提高机器的生产率、自动化程度;对于批量中等、品种规格需要调换的产品,一般可通过调整或更换有关部件来适应各批生产的需要;对于批量小、品种规格经常变化的产品,应尽量扩大机器的应用范围,以增加机器制造的批量和减少设备投资。

2. 工作原理和工艺动作的分解与构思

机器的"功能"是靠工艺动作来完成的,即通过一系列工艺动作来完成所需实现的功能。工艺动作的分解往往对应于功能的分解。为此,首先就需要根据机器的功能要求来选择机械的工作原理,同时,还应注意机械完成同一种功能,可以应用不同的工作原理来实现。

例如,外螺纹加工的工作原理主要有四种。

(1) 套丝　用螺纹板牙在机床上(或用手工)加工,如图 2.5(a)所示。

(2) 车削　用螺纹车刀在车床上切削加工,如图 2.5(b)所示。

(3) 铣削　用成形铣刀在铣床上切削加工,如图 2.5(c)所示的铣刀盘展成螺纹。

(4) 滚压　用一副成形的滚压刀具在滚丝机上滚压加工。根据滚丝机结构不同又可分为:用一副搓丝板的滚压加工,如图 2.5(d)和 2.5(e)所示;用两滚轮的滚压加工,如图 2.5(f)所示。

由于四种螺纹加工的工作原理各不相同,它们的工艺动作过程和工序也就各不相同,对应的机械运动方案也有很大不同;构成运动方案的机构形式也有很大差别。因此,机械系统的工作原理体现了实现机械系统各种功能具体可行的方法,它们的具体实现就是依靠某些工艺动作过程来完成的。

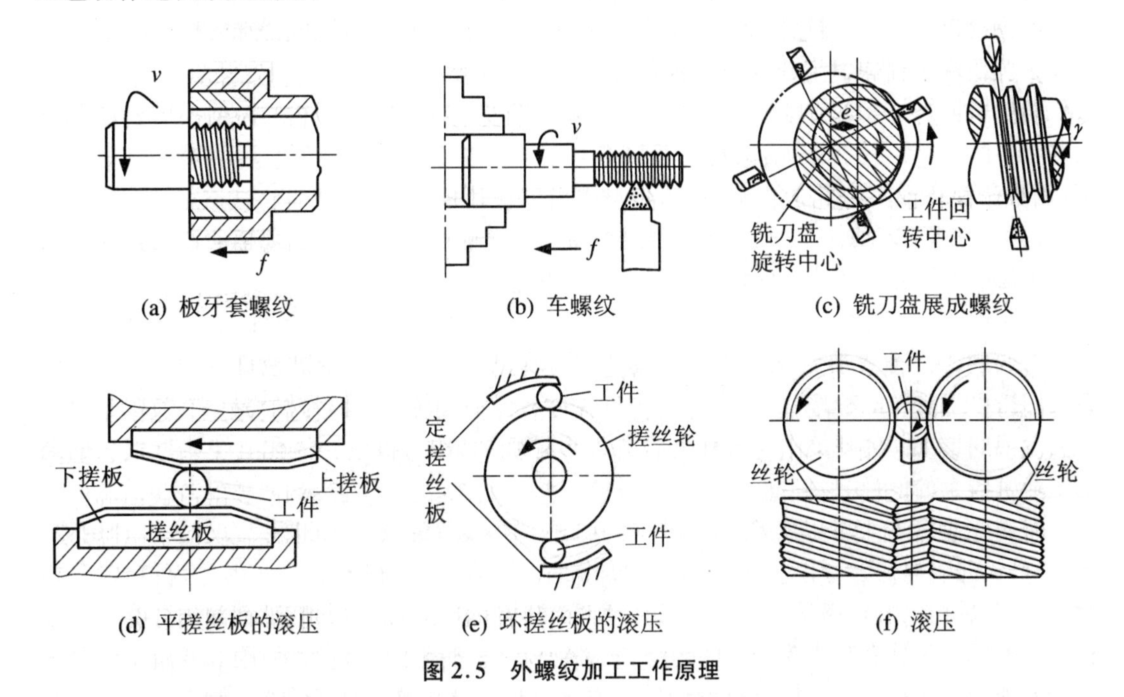

图 2.5 外螺纹加工工作原理

工作原理的选择与产品制造的批量、生产率、工艺要求、产品质量等有密切关系。在选定机器的工作原理时,不应墨守成规,而是要进行创新构思。构思一个优良的工作原理可使机器的结构既简单又可靠,动作既巧妙又高效。

工艺动作过程是实现机器功能所需的一系列动作形式,按一定顺序组合而成的系列动作。它往往可以按一定规则加以分解。

工作原理与工艺动作过程的设计与构思,还应充分考虑被加工对象的材料特性、所需达到的工艺要求和生产率等;同时,还要考虑机器的工艺动作过程的工艺程序和工艺路线以及过程中采用的运动形式(如间歇运动还是连续运动)。工艺程序的编排对于机器结构简化、工作可靠性有较大的作用;完成同一工艺程序的工艺路线(工艺过程中各种物料的供送路线)可以是多种多样的,如常见的有直线型、阶梯型、圆弧型和组合型等,工艺路线分析比较时,既要考虑它对机器生产率、执行机构数目和运动要求的影响,又要考虑它对机器外形、操作条件等方面的影响,只有对各种不同工艺路线的方案的特点加以认真详细的分析,才有可能找到最优方案。

工艺动作过程虽然取决于所需实现功能的工作原理(功能解),但是,同一工作原理也可能用不同的工艺动作来完成。例如图 2.5 所示的螺纹加工中的"滚压加工",实现这一工作原理有三种不同的工艺动作过程;又如,齿轮加工的展成法原理,可以用滚齿法或插齿法来实现,二者的工艺动作过程是不同的。

机械系统工作原理确定之后,构思工艺动作过程和对工艺动作过程的分解是机械系统方案设计的重要步骤。构思工艺动作过程要满足工作可靠、工序合理、工效提高等多种要求。工艺动作过程分解的目的是确定执行动作的数目以及它们之间的时间序列。原则上每个执行动作形式是从执行机构所能完成的执行动作的类型中选择,以便从现有机构中选择合适的执行机构,否则需用机构创新设计方法创造新的执行机构,完成特殊的执行动作。

工艺动作过程构思与分解的基本原则如下。

(1) *把复杂的工艺动作先进行分解再合成* 机械最容易实现的运动是简单的转动和直线移动。因此,要与机械的运动特性相结合,最一般的方法是把复杂的运动要求先进行分解,然后合成。工艺动作过程分解的方法一般有以下几种。

① 将构思工艺动作过程进行逆向分析,得到各个执行动作。构思工艺动作时往往是将预先考虑的若干执行动作用时间顺序贯穿在一起的。

② 用类比法进行分解。借鉴相似工艺动作过程分解的办法来进行动作过程分解。

③ 采用拟人动作方法来实施工艺动作过程分解。应充分注意机械自身的特点。不能盲目照搬手工操作的程序,而应根据机构自身特点将手工动作变换为机构易于实现的动作,只要变换的结果能体现原手工操作的效果即可。例如,作为机电一体化系统典型代表的通用工业机器人的设计。

通用工业机器人可以实现冲压、焊接、加工、喷涂、装配、检查、包装、搬运等多种用途。要使机器人达到像人一样完成所有这些操作是很困难的,也很不经济。因此,在功能分析时,对所要进行的操作做认真分析,对设计所需要的信息尽可能按共性进行归纳分类。要使机器人的机械手具有与人手相当的功能,就必须先从机械手的分析入手,图 2.6 所示的是人手能实现的动作功能。其后对要设计的机械手所要完成的操作进行分析,图 2.7 所示的是按加工方法进行操作功能分类的几个示例。

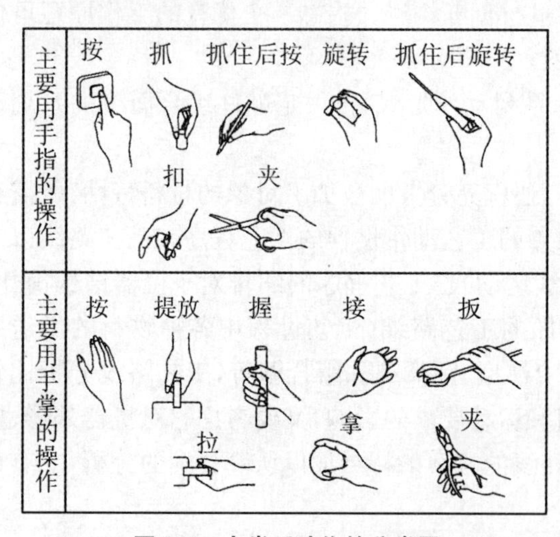

图 2.6 人类手动作的分类图

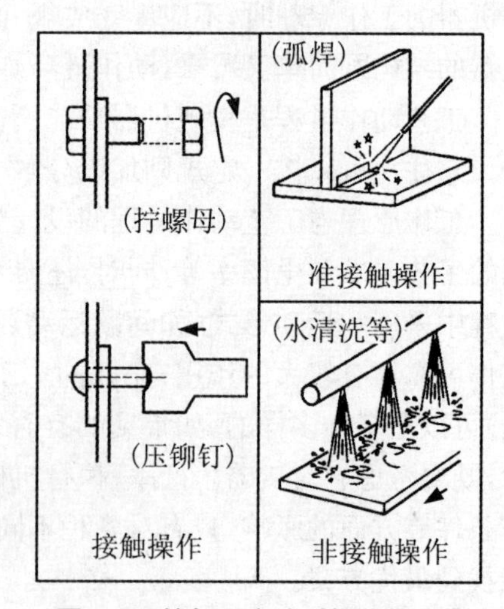

图 2.7 按加工方法对操作的分类

如按设计目标的用途——加工方法分类,可以有:加工和冲压(压铆钉)、装配(拧螺母)、搬运和检查等属于"接触操作",这类操作要求距离和位姿精确;喷涂、喷砂和喷水清洗等则属于"非接触操作";而电弧焊接是介于接触操作与非接触操作之间的一种操作,称为"准接触操作"。另外,还要考虑操作对象的工件(工具)的形状及材料的不同等因素,可以归纳整理得到机械手的功能和所需的工艺执行动作以及完成各动作的执行机构，从而实现系统整体及各关节的总体构思，如图2.8所示。如再将整个系统的功能和基本结构进行细化就可以实施详细机构设计、电气设计、驱动和控制设计。如需进一步设计实现的目标技术参数有：末端执行器实现标准操作的类型（拧螺母、电弧焊接、喷涂等）以及末端执行器的结构形式（更换方式），机械手的抓取重量，关节数（自由度），机械手各种操作的空间距离和位置精度，末端执行器操作的最大合成速度，驱动方式（交流伺服电动机）等。

（2）*充分顾及工作对象的特性*　如利用被加工对象的特性参与运动可以简化结构。

（3）*使分解后的工艺动作协调配合*　为协调各分散的工艺动作，通常需先设计并绘制运动循环图。并考虑控制的方法，例如，采用机械控制、电气控制，复杂运动可以采用计算机控制。

（4）*工艺动作的选择*　应尽可能简单，以保证机械运动系统的简单、实用、可靠。

（5）*考虑机器的工序数和工序转移过程中采用的运动形式*　工序数较多，便于执行机构采取分散布置，每个执行机构只要完成简单的动作，以减少相互之间的干扰。

（6）*考虑工艺程序和工艺路线*　工艺程序是指完成各个工艺动作的先后顺序。

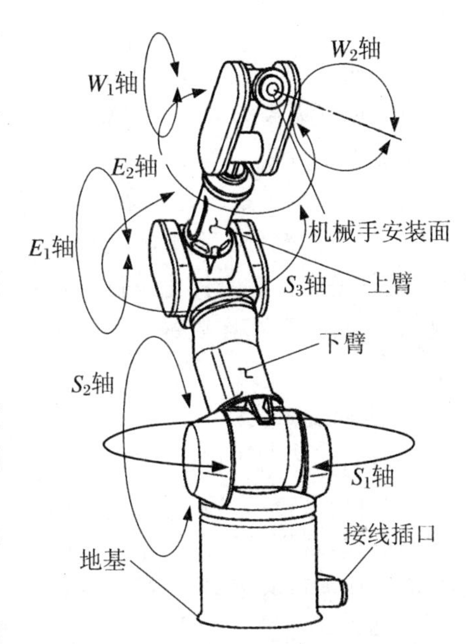

图2.8　通用机械手的基本构造模型

工艺路线是指参与加工的物料的供送路线、加工物料的传送路线以及成品的输出路线。完成同一工艺程序的工艺路线可以有多种形式，常见的有：

① 直线型物料的运动路线为一直线，根据运动方向又可分为立式和卧式两种。图2.9(a)为“折叠式”糖果包装工艺路线。

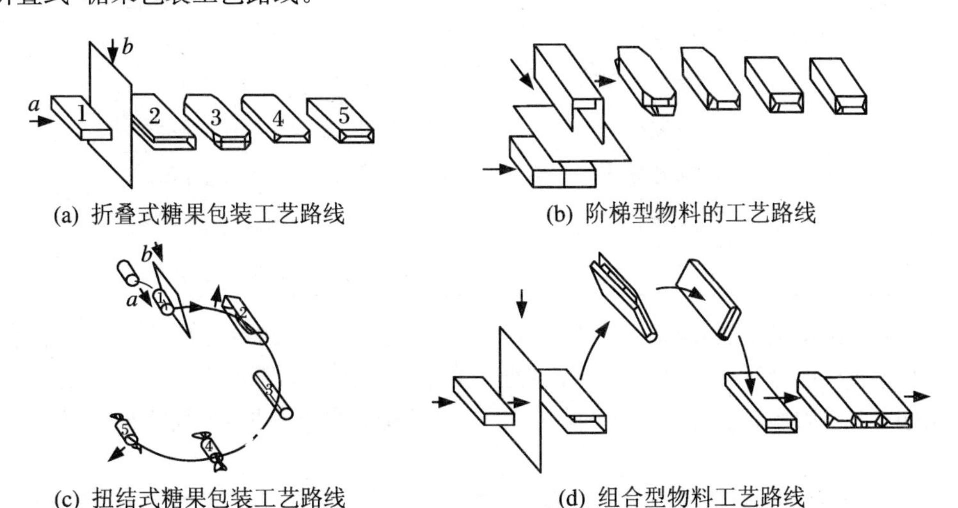

图2.9　糖果包装工艺路线和工艺程序

② 阶梯型物料的运动路线兼有垂直和水平两个方向,如图 2.9(b)所示。

③ 圆弧型物料的运动沿圆弧迹,图 2.9(c)为"扭结式"糖果包装工艺路线。

④ 组合型物料的运动既作圆弧运动,又作直线运动,如图 2.9(d)所示。

显然,机器的工艺路线对设计时运动方案的确定有很大影响。只有对各种不同工艺路线的方案加以认真详细的分析,才有可能找到适合实际生产的最佳方案。

2.3.2 机械运动系统的原理设计

实现功能的工艺动作,在机械系统中是靠若干个执行机构来完成的,总体设计需要初步确定机械运动方案的原理,也就是执行机构系统方案设计;执行机构系统方案的设计按实现系统功能可划分为三部分:动力子系统、传动及执行机构子系统和操纵及控制子系统。其中传动及执行机构子系统是方案设计的核心,是机械系统设计中最复杂、最困难,也最具创造性、最具特色的部分。动力驱动和控制子系统对传动和执行子系统的功能实现等有着直接影响,尤其是在机电一体化设备(包括精密机械、精密仪器)的系统总体方案设计中的关联已越来越紧密。因此,在机械运动系统的原理设计时也应对可能的动力和控制子系统作综合考虑。

1. 运动规律设计

机器的工艺动作过程一般来说是比较复杂的,往往难以用某个简单的机构来实现。因此,设计时通常将其分解成以一定时间序列表达的若干个简单的工艺动作。这些工艺动作和运动形式,从机械设计的角度来看,就是机器执行机构的执行动作。执行动作的种类和需要完成的功能可能很多,但是,可以归纳为表 2.1 所示的八种类别。

表 2.1 机械执行动作的类别

序 号	执行动作的类别	具体说明
1	连续旋转运动	包括等速旋转运动、不等速旋转运动
2	间歇旋转运动	实现不同停歇要求的间歇旋转运动
3	往复摆动	实现不同摆角的往复摆动
4	间歇往复摆动	实现不同间歇停顿的来回摆动
5	往复移动	实现不同行程大小的往复移动
6	间歇往复移动	实现不同间歇停顿的往复移动
7	刚体导引	实现连杆型构件的若干位姿
8	预期运动轨迹	实现连杆上某些点的给定轨迹

机械工作原理确定后,就需要进行运动规律设计。运动规律设计是指为实现上述工作原理而决定选择何种运动规律。这一工作通常是通过对工作原理所提出的工艺动作的分解来进行的。工艺动作分解方法不同,所得到的运动规律也各不相同,因而机械运动方案也就不同。

例如,车床的功能主要是完成圆柱面的加工,工艺要求仅仅是相对运动的分解,如图 2.10所示,根据工作对象(工件)的形式和精度以及对结构简单性的要求不同来进行运动形式的确定，如加工件为“卷料”时，工件不能旋转，通常选用图 2.10(b)所示的“套车”运动形式。从结构简单和精度易保证等角度，通常均选用图 2.10(d)所示的分解为两个独立简单运动形式。

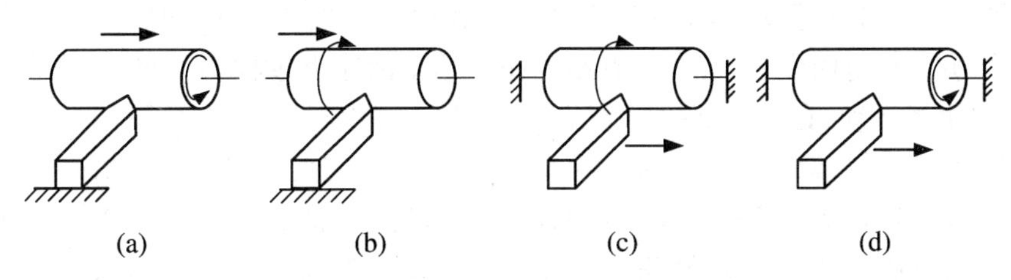

图 2.10　外圆柱面车削加工的运动方案

又若要求设计一个机电一体化的绘图机，使其能按照计算机发出的指令绘制出各种平面曲线。绘制复杂平面曲线的工艺动作可以有不同的分解方法：

一种方法是让绘图纸固定不动，而绘图笔作 X、Y 两个方向的移动，从而在绘图纸上绘制出复杂的平面曲线。按工艺动作的这种分解方法，就得到了图 2.11(a)所示的小型绘图机的运动方案。另一种分解方法是让绘图笔作一个方向的直线移动，而让绘图纸在卷筒上绕其Ⅰ轴作往复转动，从而在绘图纸上绘制出复杂的平面曲线。按工艺动作的这种分解方法，就得到了图 2.11(b)所示的大型绘图机的运动方案。

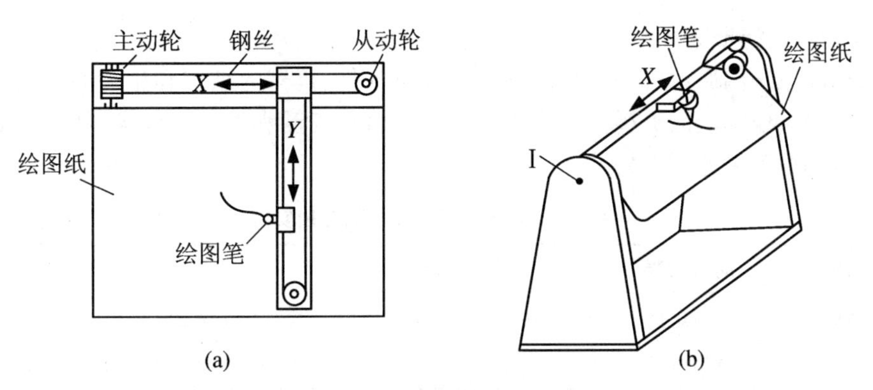

图 2.11　绘图机的运动方案

由此可见，在完成了功能原理设计、选定了机械工作原理后，对工艺方法和工艺动作的分析就成了运动规律设计和运动方案选择的前提。工艺动作简单、合理，可使机械运动方案达到简单、合理、可靠、完善的程度。机械运动规律设计和运动方案选择所涉及的问题很多，应综合考虑各方面的因素，根据实际情况对各种运动规律和运动方案进行分析和比较，从中选出最佳方案。

同时，运动规律设计对机器的效率、精度、控制方式以及结构等都有很大影响。例如自动分步重复照相机中运动方式的选择。

首先，根据形成图形的曝光方式的不同来进行运动方式的选择。对于“行进曝光”(在精密工作台运动中完成曝光)和“停位曝光”(工作台运动到预定位置后在停止状态下曝光)两种方式来说，由于工作时的运动规律不同，系统在光源、控制方式上都不同。行进曝光生产效率高，无停位误差，位置精度高，但对光源要求高，光源点燃和熄灭的过程，工作台面是有位移的，故有行迹误差，控制系统比较复杂；而停位曝光是在静止状态下完成曝光的，成像清晰，控制比较简单，但生产效率低，有停位误差。采用什么方式应根据实际情况选择。

其次是运动轨迹的选择，运动轨迹有 3 种，如图 2.12 所示，其中图(a)所示的 E 形运动轨迹是在 X 方向前进时曝光，完成后在沿原路快速返回原点过程中不曝光，再在 Y 方向运动，其后重复上述运动，直至全部图形曝光后返回原点；图(b)所示的 E′形与 E 形基本相同，但在返回时 X、Y 同时运动；图(c)所示的 S 形是在 X 方向前进、后退运动过程中均进行曝光。其中 E 形与 E′形的特点是重复精度较高，可以消除导轨运动中的反向误差，但效率低，E′形比 E 形效率略高，且控制略复杂；S 形生产效率比 E 形高一倍，但精度比 E 形低，控制比 E 形复杂。

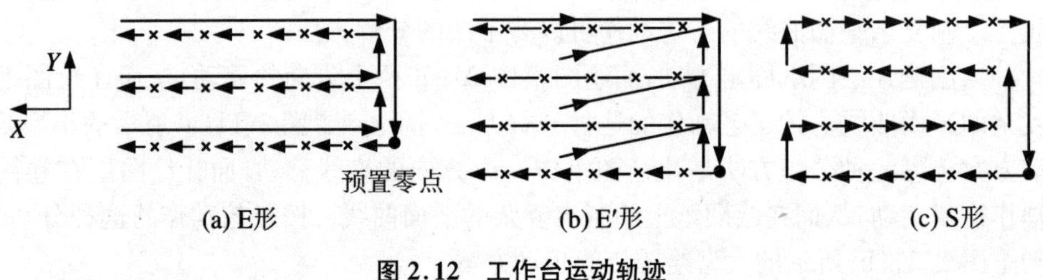

图 2.12　工作台运动轨迹

2. 原动机的初步选择

机械运动系统的原动机一般按照其工作环境条件、机器的结构和相关的运动和动力参数要求来选择。原动机的类型主要有内燃机、电动机、气动和液压部件等，如表 2.2 所示给出了几种常用原动机的基本特性和应用实例。

表 2.2　几种常用原动机的应用实例

原动机	动力来源	输出运动	应用实例
内燃机	燃料燃烧	转动，振动较大	汽车、飞机等独立移动的大功率机器
电动机	电力电源	转动，运动平稳	机床、机器人等整机固定的机器设备
气压缸	压缩空气	直线运动	生产线、车门等中小功率往复运动
液压缸	液压泵站	直线运动	汽车吊臂、压力机等车载或强力输出

其中电动机的应用最广，电动机是一种标准系列产品，它具有效率高、价格低、驱动与控制以及选用方便等特点；不同品种的电动机适用于不同的工作条件，如不同的功率、转速、转矩和工作环境等。电动机分为交流、直流、步进和伺服控制电动机等可供选择，直流电动机和伺服电动机造价高，多用于特殊需求。实现工作机器功能所需的运动和动力可以通过电动机与工作机之间的传动和执行机构获得。

气压缸和液压缸可以直接输出直线运动，但需要气、液供给系统，工厂车间配有气、液压源时，可以选用。气压缸和液压缸多用于直线运动的驱动，也可用于输出旋转运动，设计时主要根据供压条件下的缸杆出力计算，选用标准直径缸体、长度和行程，也可以按设计要求定做。一般气/液压元件有配套的安装支架、各种阀、专用传感器等，设计时可根据设计要求参考相关产品样本选择,也可以按总体设计要求自行设计。

对于要求提供足够能量的汽车、舰艇、飞机等机器的原动机大多采用内燃机,内燃机可将燃料的化学能转化为机械能直接为其提供动力。对于一般工作机械、机电一体化机器、精密机械和仪器等,在设计时优先考虑选用电动机。

3. 运动执行机构的选型和设计

机械运动系统通常为传动系统和执行系统的统称,是整个机械系统功能主要的、具体的实现环节。在机械系统运动方案的确定过程中,执行动作的多少、执行动作的形式以及它们之间的协调配合等都与机械的工作原理、工艺动作过程及其分解等有着密切关系。

执行机构是机械系统中的一个重要组成部分,是直接完成系统预期工作任务的部分,是利用机械能来改变作业对象的性质、状态、形状和位置,或对作业对象进行检测、度量等,以进行生产或达到其他预定要求的装置。不同的功能要求,执行系统的组成和构型也不同。如执行构件完成工作是与工作对象直接接触并携带它完成一定的动作(夹持、搬运、转位等),或是在工作对象上完成一定的动作(喷涂、洗刷、锻压等)。执行构件往往是执行机构中的一个构件,它的动作由与之相连的执行机构带动,其结构、强度和刚度,运动形式和精度,可靠性与使用寿命等不仅取决于整个机械系统的工作要求,而且也与执行机构的类型及其工作特性有关。

传动系统是把原动机的动力和运动传递给执行系统的中间装置。各种机械的传动系统千变万化,但通常均包括变速装置、起停和换向装置、制动装置及安全保护装置等几个组成部分。

传动系统实现的主要功能有以下几点。

(1) *减速或增速* 把原动机的速度降低或增高,以适应执行系统工作的需要。

(2) *变速* 如原动机变速不经济、不可能或不能满足要求时,通过传动系统实行变速(有级或无级),以满足执行系统多种速度的要求。

(3) *改变运动规律或形式* 把原动机输出的均匀连续旋转运动转变为按某种规律变化的旋转或非旋转、连续或间歇的运动,或改变运动方向,以满足执行系统的运动要求。

(4) *传递动力* 把原动机输出的动力传递给执行系统,完成预定任务所需的转矩或力。

运动系统的选型设计,就是在满足功能要求的前提下,优先选择简单、紧凑机构,传动路线短,以减少构件数和运动副数,降低制造和装配的难度和成本,减少误差环节,提高执行机构的刚度、效率及其工作可靠性。再者,在选择运动副和机构组合及动作运动协调时,应考虑运动副的形式会影响到机械结构、寿命、效率和加工工艺的难易等,例如,一般转动副制造简单,运动副构件的配合精度容易保证,效率较高;移动副的配合精度较低;高副机构易于实现较复杂的运动规律或轨迹,有可能减少构件和运动副数目,但一般高副形状复杂,工作时较易磨损。

另外,机构设计在空间中布置要合理,执行机构的布置和选型设计,不仅要根据工艺路线图将各个执行构件布置在预定的工作位置上,还要注意原动机的布置,一般地,原动件应尽可能接近执行构件,这样可使执行机构简单紧凑并尽可能减小其几何尺寸;另外使原动件尽可能集中布置在一根轴或少数几根轴上,这样可以使整个传动系统大为简化,同时便于对机器进行调试和维修。

2.3.3 系统构型方案的结构设计

根据使用和工艺等要求，通过工艺动作模式和约束分析，选取简单适用的运动规律，再通过对实现同一运动规律的不同机构组合的分析，选择或构思合适的机构组合来实现执行构件的运动或动作要求，并在确定执行机构间的动作协调与配合要求的基础上，来进行各执行机构的形式设计(或称为机构型综合)，机构形式设计是机械系统总体方案设计中的重要部分。机构形式设计的优劣，直接关系到方案的先进性、适用性和可靠性。

2.3.3.1 机构形式设计的原则

(1) *满足运动要求* 按已拟定的工作原理进行机构形式设计时，应满足执行构件所需的运动要求，包括运动形式、运动规律或已知运动轨迹方面的要求。满足同一动作要求的机构类型很多，可多选几个，再进行比较，保留性能好的，淘汰不理想的。

例如，若要求执行件完成精确而连续的位移规律，可选用的机构类型很多，如仅在连杆机构、凸轮机构、液压机构和气动机构等几个类型中来选择时，较为理想的是凸轮机构，因它可以确保准确的位移规律，且结构简单；而连杆机构的结构稍复杂；液、气动机构则因为液体或气体的泄漏，用于精确的位移规律则显得不太妥当。而在机电一体化系统中则可以与控制系统综合考虑来实现。

(2) *力求机构结构简单* 机构结构简单不仅体现在运动链要短，构件和运动副数目要少，它对适度的机构尺寸，整体布局上占用空间小、布局紧凑等都有意义。同时还可使材料耗费少，降低制造费用，减轻机械重量；更为重要的是运动副数目少，运动链短，可减少由于零件制造误差而形成的运动链累积的误差，有利于提高机构的运动精度、机械效率和工作可靠性，这对于现代机电一体化系统、精密机械设备来说是至关重要的。

(3) *选择制造简单、容易保证较高配合精度的机构* 例如，在平面机构中，低副机构比高副机构容易制造；在低副机构中，转动副比移动副制造简单，易保证运动副元素的配合精度。

(4) *注意机械效益和机械效率问题* 机械效益是衡量机构省力程度的一个重要标志，机构的传动角越大，压力角越小，机械效益越高。选择时可采用大传动角的机构以减小输入轴上的转矩。机械效率反映机器对机械能的有效利用程度。为提高机械效率，机构的运动链要尽量短，机构的动力特性要好，合适的机构选型也可以提高机械效率。

(5) *机构形式设计也要考虑动力源的形式* 当有气、液源时，可利用气动、液压机构，以简化机构结构，也便于调节速度。若采用电动机，则要考虑机构的原动件应为连续转动的构件。

(6) *机械安全问题* 必须考虑机械的安全问题，以防止机械损坏或出现生产和人身事故的可能性。

机构选型是根据现有各种机构按照动作功能或运动特性进行分类，然后根据设计对象中执行构件所需要的运动特性或动作进行搜索、选择、比较、评价，选出合适形式的执行机构。

实现各种运动要求的现有机构可以从机构手册、图册或资料上查阅获得。由于机械运动方案设计的多样性和复杂性,至今没有一套既简便又行之有效的模式可循。为满足同一个运动规律要求,可选不同的机构类型组成,故它是一项极具创造性的工作。

2.3.3.2 保证精度的设计原则

机械结构类型有很多(一般有卧式、立式、龙门式、悬臂式、积木式等),选择精密机械设备的总体结构方案和关键部件(包括传动、微动、校正、基准、主轴、导轨等部件)必须保证所要求的总体精度,工作稳定可靠,制造装配调整方便。

1. 基于结构和布局的设计原则

在精密机械与仪器的总体设计中,很重要的一个方面是要考虑各种设计原则在设计中应如何应用,以及应采取何种措施。

(1) 阿贝(Abbe)原则　古典的阿贝原则是阿贝于1890年提出的一项量仪设计的指导性原则。这项原则的表述是:"要使量仪给出准确的测量结果,必须将被测件布置在基准元件沿运动方向的延长线上。"因此,也可称作共线原则。

如图2.13(a)和(b)所示的线纹尺计量方式中的两种基本方式,标准尺与被测尺安装在 xy 平面内,瞄准用显微镜与读数显微镜都刚性地固定在悬臂支架上,并与 xy 平面垂直。工作时先用 M_1 和 M_2 瞄准,后移动工作台(或支架),再对准测量,两次读数之差即为被测尺寸。

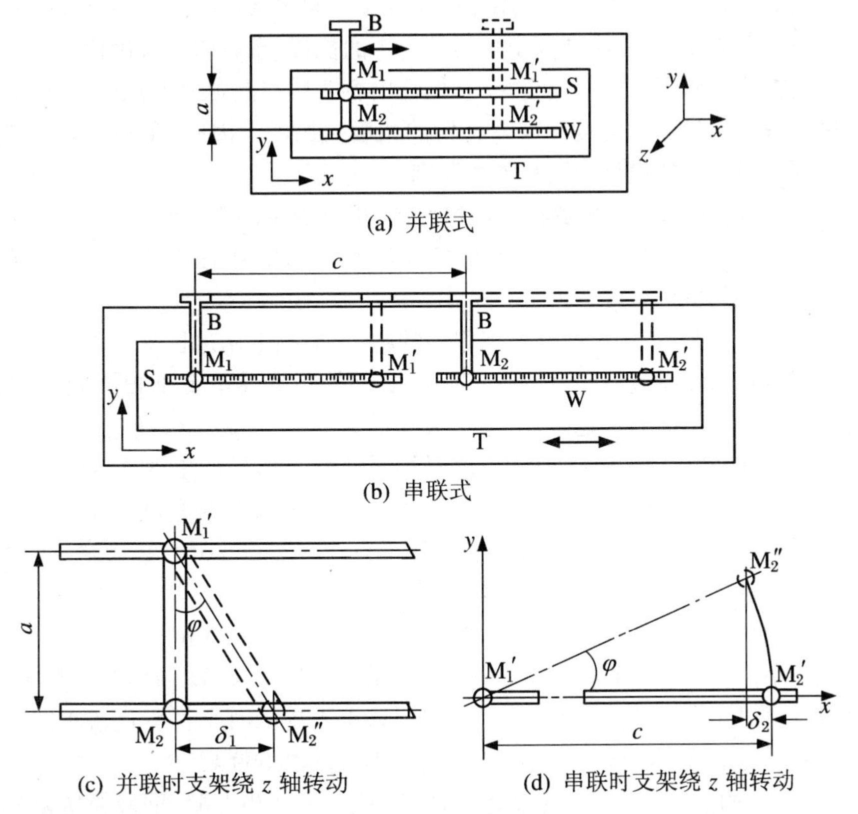

(a) 并联式

(b) 串联式

(c) 并联时支架绕 z 轴转动

(d) 串联时支架绕 z 轴转动

图2.13　线纹计量时各种比较方式

S:标准件;　W:被测件;　T:工作台;　M_1,M_2:瞄准及读数用显微镜;　B:悬臂支架

在移动过程中,图 2.13(a)的并联式中,如支架发生绕 z 轴转动,设转动中心在 M_1'的中心处,如图 2.13(c)所示,若转角为 φ,产生的测量误差为 δ_1,φ 角不大时,$\delta_1 \approx a\varphi$。

对于图 2.13(b)的串联式中,如支架发生绕 z 轴转动,设转动中心在 M_1'的中心处,如图 2.13(d)所示,若转角为 φ,产生的测量误差 $\delta_2 = c\varphi^2$。

由于通常 φ 为微量,显然 $\delta_1 > \delta_2$,且 φ 越大差距越明显。也可以称 δ_1 为一阶误差,δ_2 为二阶误差。

同理,设计其他精密机械设备时,也应考虑遵守阿贝原则。

由以上分析可见,遵守阿贝原则可以消除一阶误差,提高仪器的精度。但使仪器的结构增大,带来一系列的新问题。由于结构限制,在设计时要严格做到遵守阿贝原则,往往是很困难的,设计者可以考虑减小或消除误差影响的措施。首先在结构上,从设计及工艺上提高导轨的运动精度,减小因导轨运动不直线性带来的倾角值;从结构布置上,尽量使读数线(线纹尺或光栅尺、激光等)和被测参数的测量线靠得近些,减小两者之间相隔距离。其次是采取补偿措施,例如,利用各种机构将可能产生的误差相互抵消或削弱,或者故意引进新的误差,以减小某些误差的影响的爱彭斯坦(Epstein)原理;如利用光栅、激光等信号转换原理的计量仪器,在系统运行中直接测得其偏差值,由计算机信息处理系统和驱动控制系统来直接补偿阿贝误差的直接补偿法;如广义的阿贝原则——布莱思原则的应用,其定义是:“位移测量系统工作点的路程应和被测位移作用点的路程位于同一条直线上;不可能时,必须使传送位移的导轨没有角运动;或者必须算出角运动产生的位移,然后用补偿机构给予补偿。”布莱思原则在叙述方法上和阿贝原则完全相似,但在内容实质和概念上则是有区别的,其中后两条内容分别是从结构设计的角度和误差补偿的角度提出的。因此,布莱思原则和阿贝原则也被并列为两个最基本的设计原则和测量原则。

(2) 变形影响最小原则　机器在工作过程中,机械设备的零、部件可能受到不同外力的作用(外载荷、重力、热、内应力、振动等)而产生变形。因此,在总体设计中就必须要考虑采取各种措施,使变形最小。

即使精密设备在制造、装配时能取得很高的精度,但在工作过程中由于外载荷和自身重量的作用,都会对其系统精度产生影响,实际可实现的测量误差或加工误差还可能较大,减小变形可以从以下几个方面考虑。

① 合理安排布置。精密机械和精密仪器的零部件变形是产生误差的一个不可忽视的重要因素,在总体结构设计时,其支承点的位置是否合理直接影响精度。艾里点和贝塞尔点就是要求不同部位误差最小时所选用的最优支承点;艾里(G. Airy)和贝塞尔(Bessel)利用材料力学原理分析计算了艾里点和贝塞尔点的位置。

艾里点是指校对量杆和量块一类的端面量具时,其支承点的位置选择应以保证两端面平行度变化最小;当断面相同时,如图 2.14(a)所示,艾里点间距离 $a_1 \approx 0.5773L$。

贝塞尔点是对于在中性面刻有刻度尺的量具,水平支承时全长变化最小的支承点。如图 2.14(b)所示,当断面相同时,贝塞尔点间的距离 $a_2 \approx 0.5594L$。

② 提高系统刚度。在机器总体设计中,特别是对于一些大型、重型的精密机械和测量仪器,由于其自重及其所载工件的重量引起变形而带来的误差,所以在布局设计时,必须对此进行认真的考虑。

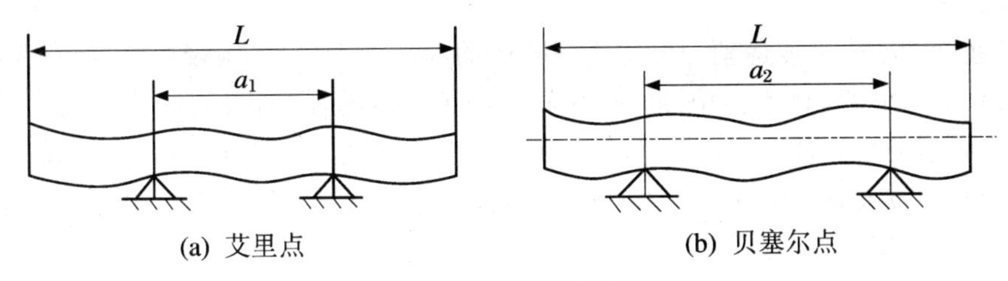

图 2.14　支承点的布置

例如在现代制造和精密测量等领域广泛应用的三坐标测量机的结构选型问题，其结构形式很多，常用的结构如图 2.15 所示。由于它的结构形式不同，其变形对精度的影响不同，故应该根据所设计的坐标测量机的精度、测量工件的尺寸来选择结构形式。

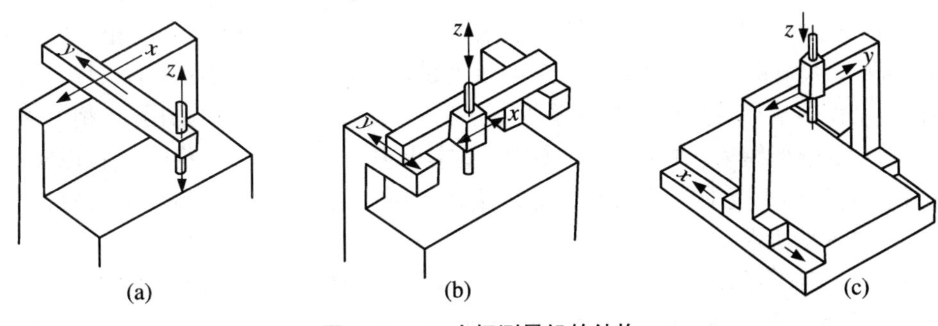

图 2.15　三坐标测量机的结构

悬臂式的悬臂结构易产生变形，且悬臂变形随 y 轴的位置而变化；桥式的刚性好，行程大，其精度也较好；龙门固定式结构刚性好，精密度高。因此，当结构参数或结构形式选择不当或考虑不周时，由于力变形会造成很大的测量误差。在总体设计之初就应力求减少和避免受力变形环节的影响。

在考虑系统总体结构刚度的同时，还应根据许用变形量来确定各构件截面的形状和尺寸，对于运动部件还需根据运动件低速运动时不出现爬行和进行微动量进给时的灵敏度来确定传动系统的刚度。否则传动刚度不足，在进给量很小时部件出现爬行现象，微动的灵敏度也会降低。

③ 减小外界环境的影响。外界环境特别是温度、振动等因素不但直接影响精密机械设备和仪器的精度，而且还影响它的传动性能和工作的稳定性。减小温度的影响，使热变形最小，如精密加工设备，其主轴箱的热变形误差是影响加工精度的主要原因之一。环境的振动对系统的动刚度、动态精度和工作进程等都有不利的影响。

④ 减小内应力产生的变形。内应力产生的变形影响设备精度的稳定性，它与材料、铸造、切削加工、热处理等都有密切的关系。例如，铸件要经过自然或人工时效才能进行精加工；表面淬火可使零件内软外硬，也需要回火处理降低其内应力等，这都是消除工艺过程产生内应力必不可少的措施。

⑤ 减小摩擦的影响。在运动结构设计，特别是精密机械的运动副和需要低速的运动结构设计中，如静、动摩擦力不同，会引起局部变形的差别，造成爬行，往往会超过精密机械所

要求的精度。

例如，通常的精密分度运动一般均为间歇运动，虽然实现的机构较简单，但它受动、静摩擦系数之差，局部形变和惯性等因素的影响，限制了精度的提高，目前已开始利用机电一体化技术的连续运动来实现。在运动副的导轨设计中，同样是结构最简单的滑动导轨由于静、动摩擦系数相差较大，运动摩擦力大且存在不均匀低速爬行等，使其难以满足精密系统的需要，现阶段大多选用滚动和静液压、气压导轨等。

(3) *基面合一原则*　总体设计时，安排布置要尽量用基面合一原则，即应使“设计基面”尽量与工艺基面(加工和装配的定位基面或测量基准)相一致，从而减小由于基面不一致所带来的基准不重合误差。

若因零件结构等原因，不符合这一原则时，可选择精度较高的面作为辅助基准。例如，测量齿轮周节时，若周节仪以齿轮中心孔定位就符合上述原则；若以齿根圆作为测量辅助基准，就不符合基准统一原则，但它比用齿顶圆作为辅助基准时，测得的误差要小一些。

(4) *精度匹配原则*　在一些精密机械和仪器设计中，有时存在高速度的惯性与高精度、大范围的系统误差累积与高精度等的矛盾。在总体结构设计时，考虑采用“粗精分离原则”则可以获得较满意的结果。粗精分离原则的基本思想是：高速度、大范围仅实现较低的精度，再用较低速度和小范围的综合补偿等方法达到所需的高精度。因此，采用粗精分离原则，既经济，又容易实现。

例如，精密工作台的设计，在设计方案上采用大行程高速运动的粗动工作台，在粗动工作台上面加微动工作台，高速粗动工作台运动精度为 $\pm 5\ \mu m$，而微动工作台在 $\pm 5\ \mu m$ 行程范围内达到 $\pm 0.1\ \mu m$ 的定位精度是容易实现的。

对于机电一体化系统，特别是精密机械和精密仪器领域的“光、机、电一体化”系统，除了要考虑上述的多项设计原则外，在分析精度的基础上，应对光、机、电各部分的精度分配进行匹配，根据其不同的作用，不同的原理，对各部分提出不同的精度要求，从而在总体结构设计中，能对它们做系统性分析和分配，使得设计在技术上合理、先进，实施方便、可靠，且经济性好。

2. 基于运动分析的设计原则

上节简要介绍了机械运动方案的原理设计，例如，运动规律设计、原动机的初步选择、运动执行机构的选型和设计等，若从精度的角度来分析，系统运动精度的可达性是机器完成工艺动作、实现所需功能的重要指标，对系统总体结构和零部件的设计和选择等都有重要影响，对于精密机械、精密仪器系统来说显得尤为关键。因此，在总体设计时应对所需的运动类型及其实现结构进行充分了解，以保证系统的精度。

(1) *最短传动链原则*　在传动系统原理设计分析中，已经了解其主要功能不仅是将原动机的动力传递给执行部件，还要根据机器完成工艺动作提供不同形式的运动，例如，速度变换(增速或减速，有级或无级)，运动规律或形式变换(旋转或直线，连续或间歇，方向的正反)等。为了减少传动系统在运动传递过程中的误差，总体设计应考虑尽量采用“最短传动链原则”。

对于通用机械设备(如普通机床)通常是通过对系统运动参数和传动效率的分析，并根据传动链性质(内联系链、外联系链)的不同，来进行传动链的设计(如有级变速的“转速图”

设计)。但是,为了提高机床的传动精度,除了适当地选择传动件的制造精度外,应尽量缩短传动链。在设计传动精度要求特别高的机床,如精密丝杠车床时,为了缩短传动链,就取消了普通车床所用的进给箱。从主轴到刀架之间只经过挂轮架。

精密机械与仪器的传动链包括主传动链和辅助传动链,其中主传动链对该设备的总体精度和其他性能起主要作用。因此,在总体布局时要使主传动链愈短愈好,如此不仅使得系统结构简单,性能也愈加稳定可靠,精度则愈容易保证。在需要为某些用途而增加机构时,通常宜加在辅助传动链上,以保证主传动链仍为最短。

例如工具显微镜的总体设计,其测量原理是通过测量工作台的移动量而获得被测量的数值。在旧式的工具显微镜中,工作台的移动量是通过测得精密千分螺杆的移动量(包括加垫的量块值)而获得的。虽然这一方案具有结构简单等优点,但它的测量链较长,并成为影响仪器精度提高的原因之一。因此,从提高仪器精度出发,采用缩短测量链的原则,可以采用直接测量工作台移动量的方案;目前所有新型工具显微镜的设计,几乎全部放弃了精密千分螺杆的结构,而改用直接测量工作台移动量的测量装置,如线纹尺、光栅、激光干涉仪等。这样具有既缩短了测量传动链,提高了精度,同时又扩大了仪器的量程等优点。

(2) *运动学设计原则*　所谓运动学设计原则是根据物体要求运动的方式(即要求自由度)确定施加的约束数。三维空间物体具有 6 个自由度,而约束的配置不是任意的,例如,1 个平面上最多安置 3 个约束,1 条直线上最多安置 2 个约束,约束应是“点”接触,并且同一平面(或线)上的约束点间的距离应尽量大,约束面应垂直于欲限制的自由度的方向。

满足运动学设计原则的设计具有以下优点:

① 每个元件是用最少的接触点来约束,每个接触点的位置不变,这样作用在物体上的力可以预先进行计算,因此能加以控制。可避免由于过大的力引起材料变形而干扰机构的正常工作性能,且定位精确可靠。

② 工作表面的磨损及尺寸加工精度对约束的影响很小,用大公差可以达到高精度,因而降低了对加工精度的要求。即使接触面磨损了,稍加调整就可以补偿磨损产生的位移。

③ 若结构要求能拆卸,则拆卸后能方便而精确地复位。

图 2.16(a)是符合运动学设计原则的滑动导轨,具有 1 个移动的自由度和 5 个约束。

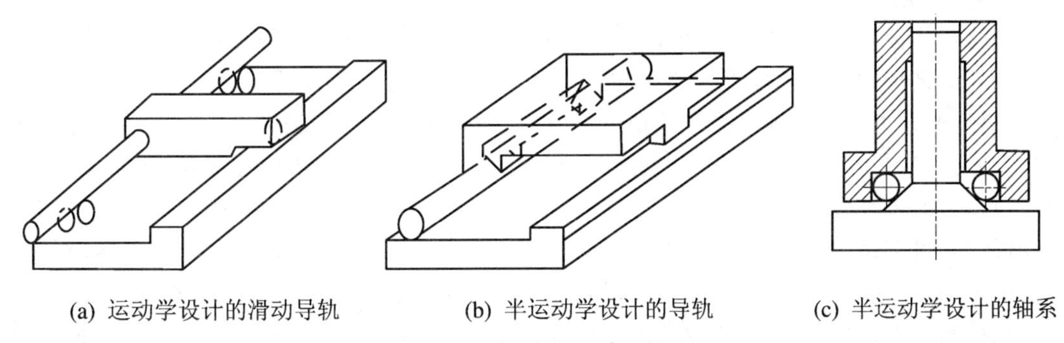

(a) 运动学设计的滑动导轨　　(b) 半运动学设计的导轨　　(c) 半运动学设计的轴系

图 2.16　运动学设计示意图

利用运动学原则在进行系统结构设计时,其最基本的核心是不允许有过多的约束,且约束只能是“点”约束。但理想的“点”在实际中是不存在的。当零件较重、载荷较大时,接触处的应力很大，材料发生形变，接触处实际上就变成一小块“面”了；另外“点”接触易磨损，这就限制了运动学设计原则的实际应用。

若将约束处适当地扩大成为一有限大的面积，而运动学设计原则不变，则称为半运动学设计，因而扩大了运动学设计原则的应用范围。图 2.16(b)和图 2.16(c)是应用半运动学设计原则设计的导轨和轴系。

“半运动学”设计原则同样可以应用在机器整体结构设计中。例如大型平板(或大型仪器的底座)的支承问题，如用运动学设计原则，一个平面上只能有 3 个约束，且 3 个约束相距得愈远愈稳定。当平板很大时其自重可能造成平板的变形，增加支承点又破坏了运动学设计原则。若采用图 2.17(a)所示的支承方式，整个平板有 3 个支承点(A,B,C)支承在地面上；B,C 支承又分别分解成 3 个支点，如图 2.17(b)所示；支承点 A 处为一杠杆式支承，杠杆的两端 D 与 E 也分别分解成 3 个支点，如图 2.17(c)所示。由此可见，支撑在地面上的就是 A,B,C 3 个点，而支撑在平板上的却有 12 个点。这些点最好布置在筋的交叉位置上，这样既符合运动学设计原则，又可避免因自重而造成的变形。

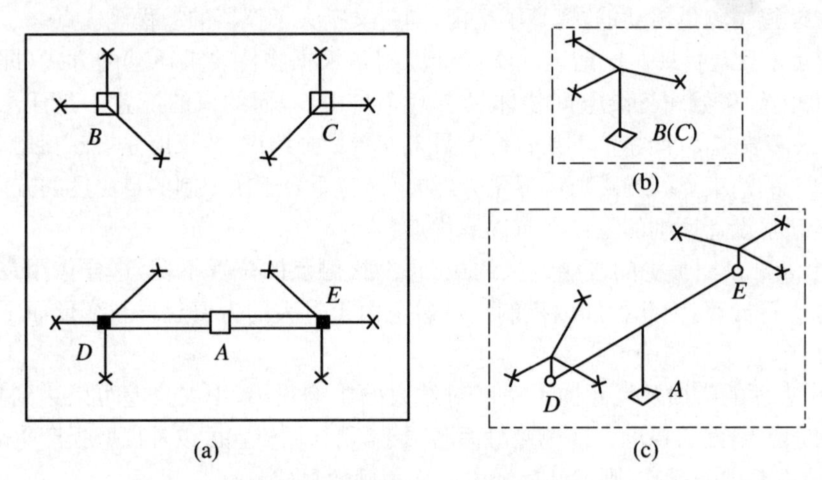

图 2.17　运动学设计的支承方式

3. 基于误差处理的设计原则

机器总体设计中不仅需要考虑以上的各种原则和方法，同时还要认识到机器在零部件制造和系统装配中存在各种误差的影响。而在总体设计时，灵活运用各种误差处理的设计原理，是从原理上保证和提高系统的精度，获得最佳方案的重要方法之一。在设计时通常考虑的误差处理原理有误差平均原理、位移量同步比较原理、误差补偿原理和误差缩放原理。

(1) *误差平均原理*　按误差平均原理设计结构时，允许有过多的约束，并利用材料的弹性变形使零件的微小误差相互得到平均，例如，在导轨设计中，对于滚动副采用密珠滚珠导轨的多个滚动体来均化误差，对于静压导轨则利用静压油膜来平均静动导轨的制造误差。

在精密仪器的设计中，有些仪器的测量原理本身就具有平均误差的性质，例如光栅测量中的莫尔条纹、感应同步器、多齿分度盘等都是误差平均原理的应用。另外，误差平均原理在精密机械和仪器的应用中也利用误差平均效应来提高其工作精度，如采用多次重复测量、多测头、多次重复分度、多次重复曝光等方法取得平均误差。因此，在系统总体设计时就应该结合其工作方式来进行原理设计和结构布局设计。

(2) *位移量同步比较原理*　在大多的精密机械和仪器以及机电一体化设备中都要求各运动件的位移(线位移或角位移)有一定的数量关系。为了了解这个确定关系的精度,通常采用不同方法对同一位移量的同步运动进行比较。

所谓位移量同步比较原理就是指在相应的位移作同步运动的过程中,分别测出它们的位移量,再根据它们之间存在的特定关系直接进行比较而实现测量和控制,以提高精度,简化结构。

如利用车床加工螺纹时的进给传动链,传统的运动链是由主轴经挂轮和进给箱以及丝杠带动刀具作直线进给运动,这种方法的传动链长、结构复杂。现阶段数控技术的应用则通过对主轴回转运动与刀架直线位移(单独电机的控制运动)的直接同步比较,以实现所需的运动精度(主轴回转一转,刀架位移一个螺距)。

对于一些复杂参数的测量仪器,如渐开线齿形、齿轮运动误差、丝杠周期误差等,过去大都采用建立相应的标准运动来与被测运动相比较的方法。这类方案的共同特点是结构复杂、测量链长、环节多、工艺难度大。近年来,由于光栅、激光及电子技术的发展,这类参数的测量采用位移量同步比较原理,使在仪器设计方案上有所突破。

(3) *误差补偿原理*　机械设备的各个零部件不可避免地都存在加工误差和装配误差,这些系统误差可以通过校正机构加以校正,使得设备的总精度提高;也可以在设备的终端设置检测装置,将设备的总误差实时地测量出来,并将误差量反馈给控制和驱动系统使设备终端经常处于理论位置,即得到实时补偿。校正和实时补偿等误差补偿原理已得到广泛的应用。例如应用于精密丝杠车床的误差校正机构等。

补偿原理的范围非常广泛,它几乎包罗了精密机械设备、仪器设计中的一切有关调整、校正、补偿等的全部内容。尤其是现代电子技术、检测技术、计算机应用技术和软件工程技术等的发展,使在设计中采用硬件和软件补偿原理的范围及可能性越加广泛。即高精度的设备、仪器,不能仅仅依靠加工、装配精度来保证,还应充分运用误差补偿原理。

在机械总体结构设计时,如果采用巧妙的补偿办法,尽量让产生的误差互相抵消和补偿,以减小总误差,往往会收到非常好的效果。如图2.18所示,两种结构凸轮和杠杆下端接触面的磨损量 u_1 和杠杆上端与从动件的磨损量 u_2 都相同,但由于下方凸轮位置的不同,它们对从动件移动误差 Δ 的影响是不一样的。图2.18(a)中 $\Delta = u_1 + u_2$,两项误差叠加;而图2.18(b)中的 $\Delta = u_2 - u_1$,由于磨损量引起的误差互相抵消了一部分,从而提高了机构的精度。

(4) *误差缩放原理*　对于传动链的设计,由于误差不仅在传动机构中被传递,而且也随着传动比(误差传递系数)进行缩放,设计时要特别注意影响误差的主要环节。

运动链采用降速传动时,其传动比小于1,随着传动比的增大,前级的误差对总误差的影响是缩小的;而末级传动对系统运动的总精度影响最大,故精密传动最末级往往采用传动比很大的精密蜗轮副,以此控制系统运动的精度。与此相反,升速传动比大于1,在传动过程中各级误差对总运动误差的影响是放大的,靠近主动件的环节的精度对总误差影响较大,应重点予以控制。

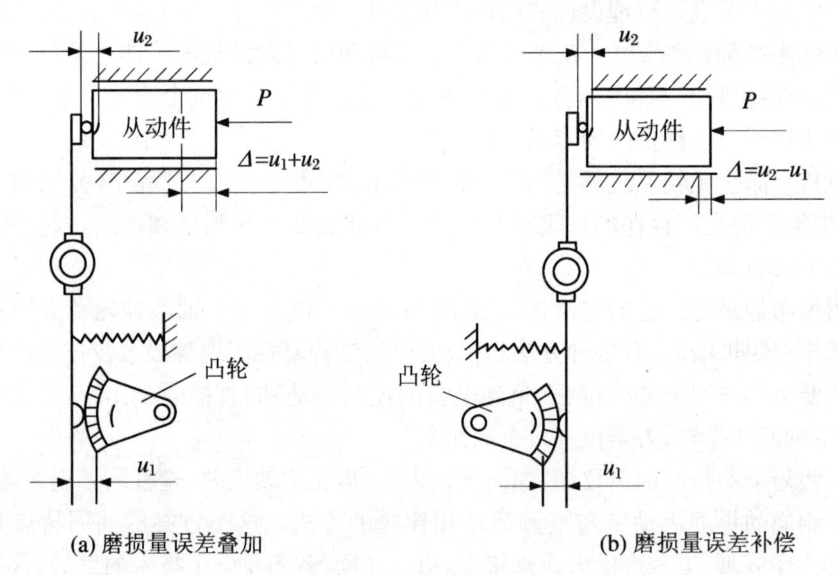

(a) 磨损量误差叠加　　(b) 磨损量误差补偿

图 2.18　结构设计中误差补偿设计原理

2.3.3.3　基准器件的选择

在总体设计时应根据仪器的精度合理地选择基准器件。低精度的仪器选用高精度的基准器件，不但会使仪器的结构复杂化，而且会大大提高仪器的成本；高精度的仪器选用低挡的基准器件，很难满足所要求的精度。在同挡基准器件的选择时，主要应考虑仪器工作的可靠性、维修性及成本，特别要注意使用条件及生产条件，总之基准器件的选择应与所设计的精度相匹配。

传统的基准器件长度用量块、线纹尺、精密丝杠，圆分度用精密分度蜗轮。它们广泛应用于各种领域，如各种机床、卡尺、千分尺、工具显微镜、刻线机、分步重复照相机等。它们的共同特点是结构简单、工作稳定可靠、成本低、使用维修方便，但由于受加工限制，一般很难达到高精度，只适于中低等精度的设备和仪器。传统的长度基准器件，以精密丝杠作为长度基准，用于工具显微镜、长刻划机、螺纹磨床、机械式衍射光栅刻划机中；圆分度基准器件常为精密分度蜗轮，用于分度头、精密圆刻度机、高精度滚齿机中。

近年来，随着数字技术的应用，用光学分划元件(计量光栅尺和光栅盘)产生莫尔条纹来作为基准，已广泛应用于中、高精度的设备，诸如用于数控机床、三坐标测量仪等。

数字式测长仪器主要采用激光干涉、感应同步器、磁栅、光栅等基准器，它们同样也广泛用于角度测量中。此外在一些可靠性要求特别高的场合，还采用编码器作基准器件。

从精度来看，激光干涉与光栅、磁栅、感应同步器相比其精度最高，对环境条件要求较低，用于高精度的定位与测量，如光电光波比长仪等。

2.3.4　总体布局及相关内容设计

1. 系统简图的绘制

根据总体设计方案的初步轮廓和设想，用各种符号代表各种机构和系统(包括传动系统、液压系统、光学系统、电气系统等），画出它们的总体安排，形成了机、光、电、液结合的精密机械设备的系统简图（或运动简图）。

根据这些简图进行方案论证，并作多次修改，确定最佳方案，经过总体布局后，就可着手画总装配图、部分装配图和电气原理图等。

系统简图的各种符号有机械的、光学的、电气的、液压的，可以参阅有关手册。

2. 总体布局设计

总体布局是仪器、设备全局性的重要问题。它对产品的制造和使用都有很大影响，在进行总体布局时可以从两方面来考虑：一方面从设备本身考虑，根据工作原理处理好各部分之间的相互关系，例如工作台、基准元件、传动系统、执行系统以及动力和控制系统之间的相互位置与运动，机械、光学、电气控制关系、工件重量和外形、精度要求等；另一方面要考虑到人和设备之间的关系，例如操作与维修、制造工艺性、设备重量、体积和外形等。在考虑上述问题时，要充分运用设计原理，拟出最佳的布局方案。

一般机器设备的总体布局多是首先考虑各主要部件之间的相对位置关系以及它们之间的相对运动关系。而其运动关系与机器需要实现的功能和工艺动作的分解等密切相关，因此，总体布局往往与工艺动作分解、综合和传动、执行等子系统的选型设计同步考虑。

设计中有些设备已经形成了传统的布局形式，在尊重传统和习惯的基础上，可以积极吸收现代科学技术发展的成果，进行适当地改进，而对一些新机器或专用设备的布局设计则有较大的灵活性。

总体布局设计中，在结构规划时不仅要注意使产品结构尽可能简单，还要考虑工艺性良好，使得机器易于制造装配，从而有利于提高产品质量，降低成本。同时，布局设计应使得设备操作方便、省力、容易掌握以及不易发生故障和操作错误，以增加工作的安全性和可靠性。

另外，在布局设计中，还要考虑环境温度、振动等对设备精度和工作稳定性的影响。因此，在总体设计时，需要估算温度和振动对设备的影响，尽量使热源、振动源与主要精度环节相隔离，从而从布局设计之初就选择一个温度、振动影响最小的最优方案。

3. 总体精度的分配与设计

总体精度分配是在总体设计、系统结构设计时，就对构成系统的机、电、光各部分可以实现的精度进行分配，分配时需要根据各部分技术难易程度的不同来考虑。因此，在精度分配时原则上不应采取平均分配的方法，把容易达到较高精度的部分，分配精度高些；而难以取得高精度的部分，分配时安排低一些。在精度分配时，不仅要进行误差计算，还要根据实际情况予以修改，使各部分尽可能做到精度分配合理，以取得最好的性能价格比。详细的精度设计将在本章2.4节中介绍。

4. 造型与装饰设计

设备外形应直挺光滑，变化有致，配置匀称，大方稳重，色彩新颖和谐，与环境相协调，以利于操作者心情舒畅，提高工作效率。同时，造型与装饰应使操作方便、省力，安全、可靠。

（1）造型设计的主要要求

① 外形轮廓应由直线和光滑曲线组成。注意曲线、圆弧、直角、棱边等的过渡问题。尽量避免过渡的凸出物，使外形美观大方。

② 结构匀称，长和宽的比例多采用黄金分割。古希腊人认为，所有长方形中，以符合黄

金分割的长方形最美。也就是说，长和宽的比例应该是(长+宽)/长=长/宽≈8∶5，或接近于此比例。

③ 稳定而安全，切忌头重脚轻或过于细长，要给人以稳定安全感，这就要求高度与长宽呈适当的比例。

(2) 色彩的选择

装饰设计主要体现为色彩的选择，色彩格调是人们选择产品的考虑因素之一，色彩新颖和谐容易引起人们的注意。从"人-机-环境"系统关系来说，设备色彩如能与环境相协调，就能起到美化环境的作用，并能给操作者以美的享受，从而有利于提高工作效率。设备色彩的选择与配置，既要美观又要经济，还要注意与设备的品种、结构特点、使用场合以及人们的不同爱好与习惯等相一致。

(3) 造型设计与布局的关系

应以布局为主，造型应为布局服务，为布局上使用方便服务。操作手柄或按钮等的高度、操作方向、操作范围的安排应与操作者的身材、习惯等相适应，采光照明良好、观察读数舒适方便，如显示屏的位置应符合明视距离等。即在满足机器各方面性能要求的前提下使造型美观、大方。

总之，造型装饰不容忽视，总体设计和具体部件设计人员要特别考虑，如对外观有特殊要求时，可以会同工业造型设计人员并行工作。各方面设计人员密切配合，就可设计出外形美观、精度高、使用方便、竞争能力强的设备或新产品。

5. 总体设计报告

在总体设计总结中，不仅要清晰地反映与技术设计相关的各项内容，而且反映设计产品的功能与产品成本之比的价值系数分析也是重要的内容。

所谓价值系数分析就是价值系数最优原则的应用，简单的表述即是产品的价格与性能比最好。要提高产品的价值系数，在很大程度上决定于设计，为此，在设计的每个阶段对多种方案进行技术经济性比较，以取得最佳方案，就可以向用户提供成本低、功能好的产品。

总结上述设计各方面的工作，深入浅出地写出总体设计报告，以便指导具体设计。总体设计报告应重点突出，将所设计机器的特点阐述明白、清楚，同时应列出所采取的措施及注意事项，使其既能推动设计工作，又能积累经验，是搞好总体设计的最后一环。

2.4 总体精度设计与分析

2.4.1 机器精度概述

在机械产品的设计过程中，一般需要进行以下三个方面的分析计算。

(1) 运动分析与计算　根据机器或机构应实现的运动，按照运动学原理确定机器或机构合理的传动系统，选择合适的机构或元件，以保证实现预定的动作，满足机器或机构工艺动作的要求。

(2) *强度的分析与计算*　根据强度、刚度等方面的要求，决定各个零件合理的基本尺寸，进行合理的结构设计，使其在工作时能承受规定的负荷，达到强度和刚度方面的要求。

(3) *几何精度的分析与计算*　运动机构的零部件基本选定后，需要进行精度计算，以决定产品各个部件的装配精度以及零件的几何参数和公差。

机器精度的分析与计算是多方面的，总体设计时需要根据给定的整机精度指标，来确定出各个组成零件的精度，如尺寸公差、形状和位置公差，甚至是表面粗糙度值。但是，根据上述设计精度制造出的零件，装配成机器或机构后，还不一定能达到给定的精度要求。即机器在运动过程中，其工作环境条件(如电压、气温、湿度、振动等)和负载都可能发生变化，造成相关零件的尺寸发生变化，或者相对运动的零件耦合后，其几何精度在运动过程中也可能发生改变。为此，除了分析计算机器静态的精度问题之外，还必须分析在工作情况下的零件及整机的精度问题。特别是由于现代机电产品正朝着机、光、电一体化的方向发展，其精度问题已不再是单纯的尺寸误差、形状和位置误差等几何量精度问题，而是包含光学量、电学量等及其误差在内的多量纲精度问题，其分析与计算比传统的机械几何量精度分析更为复杂和困难。

1. 机器精度的含义

精度是机器(构件、部件、零件)最重要的指标之一。机器精度的一般含义可以定义为实际机器与理想机器的性能指标或运动规律的偏差程度。通常其大小也用误差来描述，误差大说明精度低，误差小说明精度高。为进一步理解精度的概念，可以从以下三种描述方法中来体会。

(1) *机器准确度*　如图2.19所示，机器准确度是由机器的系统误差所引起的机器实际性能指标或运动规律 $y(x)$ 与理想的性能指标或运动规律 $y_0(x)$ 的偏差，即

$$\Delta y(x) = y(x) - y_0(x)$$

例如，在参数 x_i 处，其准确度为

$$\Delta y_i(x) = y(x_i) - y_0(x_i)$$

准确度反映了机器系统误差的大小。从理论上讲，无论是定值系统误差，还是变值系统误差，都是可以消除的。比如，可以通过调整、更换零件、加修正量进行误差补偿等方法，消除或最大限度地降低系统误差的影响，提高机器准确度。

(2) *机器精密度*　如图2.20所示，机器精密度表示机器在多次重复运动时，其性能指标或运动规律 $y'(x)$ 对其平均水平 $y(x)$ 的分散程度。它是由机器中存在的随机误差引起的。机器多次重复运动到参数 x_i 处时，机器的性能指标并不是 $y_i(x_i)$，而是在 $y_i(x_i)$ 的上下浮动，浮动的大小为图2.20中所示的虚线的范围 δ_i，即表示机器精密度的大小。

精密度反映机器随机误差的大小。随机误差是许多微小的因素综合作用的结果，但每个因素都不起决定作用，即误差表现为较强的随机性。

准确度和精密度两者反映的是不同的误差种类，由图2.19和图2.20可以看出，准确度高，不一定说明其精密度也高；同样地，精密度高，也不一定说明其准确度也高。这体现了准确度与精密度之间相互独立的一个方面。另一方面，在一定条件下，两者又是互为相关和联系的，这表现为在一定条件下，系统误差与随机误差可以相互转化。比如，仪器零点的调整

误差，在多次重复调整中表现为随机误差，但在一次调整后测量一批零件就表现为定值系统误差。

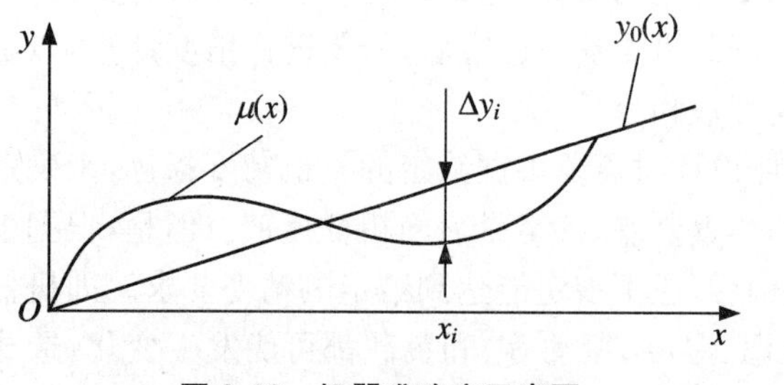

图 2.19　机器准确度示意图

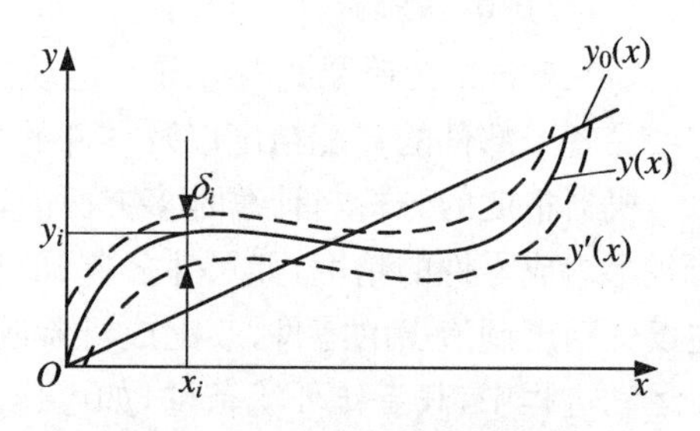

图 2.20　机器精密度示意图

（3）机器精确度　系统误差与随机误差既相互独立，又可以相互转化，它们的综合影响反映机器的整体误差。只有准确度与精密度的综合才能全面反映机器精度的特征。对于一台机器而言，通常希望它的准确度和精密度都要高。为此，将机器的准确度与精密度的综合称为机器精确度，也叫作机器精度。它反映了机器的系统误差与随机误差综合作用的程度。

从广义上说，这里的“机器”应该是“机器系统”，而对于一个系统来说，设计分析时不仅要研究由零件、构件及部件所组成的机器本身的精度设计问题，同时也要分析系统可能存在的一些补偿环节的精度设计问题，为此，还需要将构成系统的动力和驱动系统、检测和反馈系统以及系统控制方式（如开环系统、闭环系统）等具有典型机电一体化特征的机器动态特性纳入精度分析，这样才能使机器达到或接近设计的预期水平。一般地，进行精度分析的工作有以下三个方面：

① 分析由零件、构件或部件所组成的机器中，各种尺寸误差、形位误差及表面粗糙度对机器精度的影响。

② 分析机器在运行过程中，外来扰动及机器本身参数的改变对机器精度的影响。

③ 分析机器在有检测反馈环节，如传感系统、控制系统的精度对机器精度的影响等。

2. 机器精度设计的目的和方法

在总体精度设计过程中，要充分分析误差来源、误差性质、误差传递规律，研究误差传递过程中的系统误差和随机误差的相互转化，误差的相消和累积以及误差补偿方法，寻求减小和消除误差的途径。因此，必须掌握关于系统误差和随机误差的全面知识。总体精度分析主要有两方面任务：一是根据机器总精度和可靠性要求对零部件进行误差分配、可靠性设计及可靠性预测，确定各主要零部件的制造技术要求和机器在装配调整中的技术要求。二是找出产生误差的根源和规律，并结合误差补偿方法的应用，来扩大相关零部件允差，以提高经济性。完成总体精度设计可以解决以下几个问题：

① 在设计新产品时，预估该产品可能达到的精度和可靠性，避免设计的盲目性，防止造成不应有的浪费。

② 在设计新产品时，通过总体精度设计，在几种可能实现的设计方案中，从精度的角度进行比较，给出最佳设计方案。

③ 在产品改进设计中，通过对产品进行总体精度分析，找出影响产品精度和可靠性的主要因素，提出改进措施，以便提高产品质量。

④ 在科学实验和精密测量中，根据实验目的和精度要求，通过合理的精度设计，确定实验方案和测量方法所能达到的精度、实验装置和测量仪器应具有的精度以及最有利的实验条件。

⑤ 在产品进行鉴定时，通过总体精度分析，可以合理地制定鉴定大纲，能通过实际测量得到产品总的综合精度。

机器整体精度设计的目的就是通过整机的精度分析与设计，用最经济、最简单的方法实现整机的精度要求。整机精度设计包含以下两种可能情况。

(1) *新设备的设计*　设计新机器时，应在设计阶段依据整机精度要求，提出多种设计方案，最后选出达到精度要求的最佳设计方案。

(2) *对现行设备进行改进设计*　通常是通过对已有设备进行静态和动态特性分析，找出零件、构件以及部件等的各种原始误差以及安装误差对机器总精度的影响，发现关键，再有的放矢地提出改进措施。

机器精度设计的方法主要有静态精度分析法和动态精度分析法两种。

所谓静态精度分析法就是在一定的简化条件下，估算各零部件原始误差引起的局部误差，以及这些局部误差在总误差中所占的比例。具体的如利用尺寸链原理的分析计算方法、机构分析法等。

动态精度分析法则是应用现代的信息与系统控制理论，对机器的运行状态进行监控和分析，找出误差来源并实施控制的方法。动态精度分析包括两个方面的内容，一方面是基于系统动态运行的状态参数精度分析；另一方面是考虑实际机器系统在运行过程中可能受到各种扰动，以及机器参数随时间变化等影响而加以控制的过程精度分析。

现代的机器精度设计，如精密仪器和自动化生产中使用的测量仪器等设计，除了使其满足一些基本设计原则(如基面统一原则、阿贝原则、最小变形原则和最短传动链原则等)，而越来越多地关注动态精度的设计，并根据仪器类型的不同运用时域和频域的特性分析来对仪器的动态精度进行设计分析。

3. 机器精度设计的步骤

机械精度设计的任务包括机器的改型精度设计，扩大机器使用范围的附件精度设计，以及新机器的精度设计。虽然随着科学技术的发展，计算机辅助精度设计、并行设计、动态精度设计等新的方法和技术被不断采用和推广，使得机械精度设计进入到一个崭新的领域。但是，机器精度的设计步骤仍可大致归纳如下。

(1) *明确设计任务和技术要求*　机械精度设计对象的技术要求是设计的原始依据，所以必须首先明确。除此以外还要弄清设计对象的质量、材料、工艺和批量，以及机器或仪器的使用范围、生产率要求、通用化程度和使用条件等。

(2) *调查研究*　在明确设计任务和技术要求的基础上，必须做深入的调查研究，主要要做到深入掌握现实情况和大量占有技术资料两方面。原始资料一般包括：设备的工作原理图，被加工(检测)对象的性质及质量指标，设备总装图及精度指标，主要零部件的图纸以及各种有关的数据等。

(3) *总体精度设计*　在明确设计任务和深入调查之后，可进行总体精度设计。主要工作包括：

① 系统精度设计。从机器整体的角度，在设计任务和技术要求的基础上，从设计原理、

设计原则选择等方面来初步确定能满足总体精度要求的方案。

② 主要参数精度的确定。在充分调查研究之后，为了进一步明确设计目标所需要完成的工作，分析方法参见前节(见主要技术参数和技术指标的确定)所述。

③ 各功能部件精度的分配。对于机器构成的各功能部件，根据机器类型和设计任务不同，可能包括机、光、电等几个部分，在总体精度设计时必须根据各自的工作原理和分担的任务、实现的可能性以及经济性等综合考虑，分配以相应的精度指标。同时，需要对其进行误差的综合试算，使其相互匹配、协调统一。

④ 总体精度设计中其他问题的考虑。总体精度设计是机器设计的关键一步。在分析中必要时应画出示意草图，画出关键部件的结构草图，来进行初步的精度试算和精度分配。

(4) 结构精度设计计算　在零部件的精度初步确定后，对构成其具体的结构精度进行分析和计算，通常包括部件精度设计计算和零件精度设计计算两个方面的内容。首先是全面分析误差来源，原则上在寻找误差源时，应做到既不遗漏，又不重复，并分清哪些误差对系统有影响，哪些没有影响。比如齿厚偏差对传动链的回差有影响，属于有效误差；而齿轮的齿宽误差对回差没有影响，属于无效误差，等等。其次是确定各原始误差及局部误差的大小，对关键的或误差较大的零部件应进行详细计算，并设法减少其影响程度，甚至是对精度再进行重新分配或者对其进行重点跟踪。最后是估计整机的精度，查看是否满足设计要求的静态和动态指标，若不满足，必须重新修改设计。

4. 机器精度设计的内容

(1) 静态精度设计　就是处理静态误差的大小问题。所谓静态误差是机器在非运动情况下，包括连接零部件之间没有相对运动的情况下，零部件或机器中各种尺寸误差、零件各几何要素及其要素之间的形状和位置误差等，不考虑运动状态下可能产生的一些附加误差。

静态精度设计就是研究这些误差之间的关系，传统的精度设计主要是机器的静态精度设计。对于作为在校学生的专业课程设计和毕业设计来说，精度设计的主要内容就是进行静态精度的设计和分析，从而对机器的设计有较全面的实践。

对于机器精度设计来说，静态精度设计是第一位的，首先就必须要解决好静态精度问题，静态精度的分析与设计所采用的方法有很多种，如在机构精度分析中采用的微分法、转换机构法及作用线增量法等，但是，在机器精度分析中，不论是连接部件之间的精度问题，还是零件的精度设计问题，尺寸链理论和方法的应用最为普遍。况且在很多情形下，很多其他方法也可以划归成尺寸链的分析与计算，详细的分析和计算请查阅有关尺寸链的方法和理论的教材和资料。

(2) 动态精度设计　就是处理动态误差的大小问题。所谓动态误差是机器在运动过程中可能产生的各种附加误差。动态的含义不仅可以理解为零件之间存在相对运动(连接它们的尺寸就表现为动态的尺寸关系)，而且还可以理解为在运动过程中，来自机器内部和外部的一些非尺寸量，如机器中的阻尼、摩擦力、光学量、电学量及气动量的改变对机器性能参数的扰动。因此，机器性能的好坏，不仅仅是其静态精度的高低，而主要是在工作中才能体现出来，所以必须在设计之初就重视包括传动精度在内的动态精度的分析和设计。特别是随着科学技术的日益进步，现代机电产品的发展趋势要求为高效率、高速度、高精度，而在构成体系上表现为机、光、电(包括计算机应用)的高度集成化。为此，机器的动态精度设计就显得特别重要。

相对静态精度分析和设计，如仅从力学的角度来看，静态精度设计属于静力学范畴，动态精度设计则属于动力学范畴。动态误差分析的一般方法是根据系统的动力学方程式，求出动态精度特性的各项精度指标，但是，由于对象的不同和需要在不同场合考虑不同的影响因素（如惯性、阻尼、摩擦和电学量、光学量，甚至是数字处理的随机量等），使得动态精度分析的方法还不够完善。目前应用较多的是运动链的动态精度设计，但是，运动链的误差分析只是动态精度分析的一种形式，动态精度分析的内涵比传动链的精度分析要广泛得多，有兴趣的读者可参阅其他相关资料。

2.4.2 机械总体精度分析和设计原则

2.4.2.1 机械精度设计原则

虽然各种机械或仪器产品的不同，如机床、汽车、动力机械、精密仪器和仪器仪表等，其机械精度设计的要求和方法不同，但从机械精度设计总的角度来看，均应遵循以下一些原则。

1. 互换性原则

互换性是指某一产品（包括零件、部件、构件）与另一产品在尺寸、功能上能够彼此互相替换的性能。要使产品能够满足互换性的要求，不仅要使产品的几何参数（包括尺寸、宏观几何形状、微观几何形状）充分近似，而且要使产品的机械性能以及其他功能参数充分近似。所谓"充分近似"是考虑产品（零部件）在制造过程中，不可避免地存在着误差，而从使用的角度来看，只要使其几何参数、功能参数充分近似就可实现产品（零部件）的互换使用。而这种"充分近似"的近似程度则可按产品质量要求的不同而不同。换句话说，就是根据质量要求的不同，其几何参数、功能参数允许的变动量不同，即允许其存在一定的误差。而确定这允许误差并将其限制在某一范围内就是对其的精度设计。

(1) *互换性的作用* 互换性已经成为国民经济各个部门生产建设中必须遵循的一项原则。现代机械制造中，无论大量生产还是单件生产都应遵循这一原则。任何机器的生产过程都是整机—部件—零件，无论设计过程还是制造过程，都要把互换性的原则贯彻始终。

从设计的角度来看，互换性可使设计简便，如设计中选用具有互换性的标准化零、部件，从而使设计简化。同时，设计时充分考虑互换性要求，在满足功能要求的前提下，可以使机构的组成零件尽可能少，公差尽可能放大，以便于制造和互换。

从制造的角度来看，互换性可方便于制造，以取得更好的技术经济效益。另一方面，如在零部件制造加工中充分考虑互换性的要求，就可以尽可能选用标准化的刀、夹、量具，使工艺过程尽可能保持稳定，不仅被加工的零件能严格地控制在规定公差之内，而且可使其误差分布尽可能合理等。

从使用的角度来看，互换性可使用户更换零、部件或修理方便、及时。不仅给生活用品、工厂生产都带来极大益处，对军事武器、装备的影响则更为关键。

(2) *机械零件几何参数的互换性* 在机器设计中，其性能和实现功能的考虑是多方面的，而对于构成机器的零部件来说，在精度设计时的互换性，主要考虑的是其几何参数的互换性。机械零件几何参数的互换性是指同种零件在几何参数方面能够彼此互相替换的性能。机械零件的形体千差万别,仅从一些典型零件来看就有圆柱形、圆锥形、机架、箱体、键、螺纹、齿轮等。虽然其形体各异,但它们都是由一些点、线、面等几何要素所组成的,为了实现零件几何参数的互换性,就必须按照一定的要求把这些几何参数的误差限制在相应的尺寸公差、位置公差、形状公差和表面粗糙度的范围内。同时,机械零件的用途各式各样,有的主要用于结合,如圆柱结合、圆锥结合、单键结合、花键结合以及螺纹结合等;有的主要用于传动,如螺旋副、齿轮副、蜗轮副等;有的主要用于支承,如床身、箱体、支架等;有的主要用于基准,如长度量块、角度量块等。无论起什么作用,为实现同种零件的互换性,必须对其几何参数公差提出相应的要求。但是,用途不同,确定几何参数公差的依据也有所不同,用于结合的主要依据是配合性质,用于传动的主要依据是传动和接触精度,用于支承的主要依据是支承的精度和刚度,用于基准的主要依据是尺寸传递精度。

2. 经济性原则

经济性是机器设计工作都要遵守的基本而重要的原则,其中机器精度设计则是对其具有关键影响的重要指标之一,故必须重视机器精度设计中的经济性分析。通常从如下几个方面进行考虑。

(1) *良好的工艺性* 包括零部件加工工艺性和机器装配工艺性,工艺性较好,则易于加工生产,节省工时,节省能源,降低管理费用。

(2) *合理的精度要求* 合理的确定零部件的精度(如经济精度),不仅有利于零部件的加工和机器的装配,使质量(加工精度、表面质量、装配精度)稳定,还有利于生产率的提高。

(3) *合理的结构设计* 通过设计合理的结构,如补偿环节、调整环节的设置,既可以降低对零部件的精度要求,提高零部件的工艺性,也能有效地降低机器成本,并能实现较高的精度。

3. 匹配性原则

在对整机进行精度分析的基础上,根据机器中各部分、各环节对机械精度影响程度的不同,并结合技术上实现的难度大小,分别对各部分、各环节提出不同的精度要求和恰当的精度分配,做到恰到好处,这就是精度匹配原则。例如,一般机械中,运动链中各环节要求精度高,应当设法使这些环节保持足够的精度;同时,对于处于传动链中不同位置的环节(零部件)也应根据不同的要求分配不同的精度,如根据误差传递系数来确定同一传动链不同位置的零部件的精度。特别地,对于精密机械、精密仪器等机电一体化系统来说,机器中的机、电、光等各个部分的精度分配要恰当,要注意各部分之间相互牵连、相互要求上的衔接问题。

由于机器精度是由许多零、部件精度构成的集合体,精度匹配设计的实质在一定程度上反映其组成的零、部件精度之间的优化协调情况。

4. 精度储备原则

在机器的结构设计和零件强度设计计算中,通常都要引入"安全系数",增加机器零件的强度储备,以弥补可能因为计算方法不够精确,原始数据有误差,实际工作时的载荷变化等而引起的失效,从而可以增加机器工作的可靠性和寿命。但是,在许多情况下整机(特别是精密机械和仪器)及其零、部件工作能力的丧失往往不是由于强度或刚度引发的损坏,而是由于其工作部分的精度降低。因此,为了长期保持机器、仪器良好的工作性能,延长使用寿命，提高其使用价值，就需要建立“精度储备”的概念。

精度储备可用精度储备系数 K_T 表示：

$$K_T = T_f / T_k$$

式中：T_f 为功能公差(functional tolerance)，即由使用要求确定的，在使用期限内，某个性能参数的最大允许变动量；T_k 为制造公差。

显然，精度储备系数 K_T 应大于1，其基本含义即表示由使用要求确定的公差 T_f 不能全部用作制造公差，还必须保留一部分作为“使用公差”。所谓制造公差，用于补偿加工、测量、装配等种种制造中的误差；使用公差则用于补偿磨损、变形等各种使用中的误差。这样有利于在使用中较长期地保持机器、仪器及零部件的工作性能。

精度储备原则可用于整台机器、仪器的使用性能的精度指标设计，也可用于零部件或某个功能尺寸的精度设计。例如某新磨床的主轴径跳为 0.005 mm，在其使用期限内(到检修为止)的主轴径跳允许为 0.01 mm，则其精度储备系数 $K_T = 0.01/0.005 = 2$。又如某光学测微仪，在一定条件下允许的测量误差为 0.6 μm，若新的光学测微仪的测量误差实际为 0.4 μm，则其精度储备系数 $K_T = 1.5$。对于零件来说，例如内燃机化油器喷嘴直径的变动量应小于或等于 10 μm，如利用其中的 5 μm 来补偿所有制造误差，则精度储备系数 $K_T = 2$。从而既能保证零件的可制造性，又能保证内燃机工作的经济性。

另外，精度储备还可用于孔、轴的结合，特别是对于间隙配合的运动副时，精度储备主要反映为磨损储备。T_f 为由使用要求确定的间隙配合公差，可称为功能配合公差。T_k 则为孔与轴的制造公差之和，若不考虑装配误差等，即可表示为规定的配合公差。

原则上讲，对机器、仪器及长期使用的零部件都应建立精度储备，并且应按每一功能参数，包括几何参数及其他物理参数等去建立精度储备。对于那些对机器、仪器使用性能影响特别大，且在工作过程中容易发生变化的参数，尤应充分考虑建立精度储备。精度储备系数 K_T 的大小取决于使用情况，如预定的使用期限、功能参数与使用指标的变化特性及其他因素。总之，精度储备系数的选取应使产品的使用价值与制造成本的综合经济效果最好。

2.4.2.2　总体精度设计分析

在总体设计拟订方案阶段，应根据总体精度合理地确定产品各组成部分的精度，即所谓误差分配，为此，在总体设计中，需要根据初步确定的结构方案和结构参数及其技术要求等进行总体精度的分析和计算，从而确定各构成零部件的公差和技术要求。

1. 精度分析的方法

总体精度分析与计算通常可以采用“理论分析计算法”或“实验分析统计法”，对于精度要求较高的机、电、光相结合的机电一体化产品，则应两种方法互相配合地进行，以取得满意的结果。

(1) *理论计算分析法*　根据已初步确定的产品设计方案或试验方案，逐项分析影响总体精度的误差来源，初步确定各单元的原始误差值，算出各单元的误差传递系数。然后确定部分误差的数值，把部分误差按其误差性质综合成总误差。这种方法称为精度的理论分析计算法。

初次合成的总误差往往超过规定的允许总误差，为此需要进行误差的调整和平衡，从原理、结构、制造和装配工艺等方面采取措施减小总误差，提高总体精度。

(2) 实验分析统计法　实验分析统计法是对同类型成熟产品的精度或几个初步拟定的新产品总体方案的模型精度，或已研制成功的产品精度进行多次重复测量，将所得数据用数理统计方法进行分析与处理，判断出影响产品精度的主要因素、主要误差的性质及其分布规律以及产品的总体精度是否满足规定要求。这种方法称为实验分析统计法。

理论分析计算法的优点是对各种误差的计算比较详细，便于进行误差调整、平衡和再分配；缺点是计算所得总误差往往与实际不符，与误差合成表达式的本身近似程度、误差源分析中可能存在的遗漏，或对某些误差仅是“估计值”等原因有关。实验分析统计法则恰好相反。一般地，理论分析计算法多用于新产品设计，实验分析统计法则多用于新研制产品的精度检定和老产品的精度复测。

2. 总体精度分析的内容

(1) 分析机器的用途　同一台机器可能有几种不同的用途，而不同的用途就可能有不同的精度要求，因此，应针对不同用途进行精度分析。如滚齿机有滚直齿轮和滚斜齿轮两种用途，需要进行不同的精度分析(传动链)。一个用途对应一组工作方程式，即对应的传动链不同，计算滚齿精度的公式(误差传递系数)也不同。又如经纬仪有测水平角、垂直角和距离三种用途，就可以写出三组测量方程式，并可以利用不同用途下的工作方程式来进行精度分析。

(2) 分析机电设备的最少构成　有了工作方程式就可以确定实现工作方程式不可少的组成部分，即设备的最少构成，有了设备的最少构成就可以逐个地对每个组成部分进行精度分析。并根据不同组成部分的特性，明确其原始误差、系统误差。

(3) 分析影响机电设备精度的因素　根据影响精度的因素不同，通常将误差归结为原理误差、制造误差和使用误差等三类。弄清楚误差的来源、表现规律以及可能的减小措施，就可以设法保证和提高产品的精度。

原理误差可分为方案误差、机构原理误差、光路原理误差和电气部分原理误差等。方案误差通常因机器设计时所采用方案的原理不同而异，其大小常作为方案取舍的依据。机构原理误差是因为设计过程中采用近似原理代替了理论上应有的工作原理而造成的。例如，车削加工模数螺纹传动链的一部分原理误差是由交换齿轮的传动比采用近似值(因工作方程式中的 π 因子)造成的。又如，在计量仪器中，原理误差多数是由非线性刻度特性的线性化带来的。采用近似原理的目的是简化产品的结构，降低成本，但必须严格控制这种原理误差在总误差中所占的比例。

制造误差包括零件制造误差以及部件和产品的装配误差。零件制造误差是机械产品误差的主要来源，因此，产品设计时的精度设计(精度分配)，主要工作就是确定零件的制造公差。装配误差通常有位置误差和因连接过程中零件变形、内应力等产生的误差。为此经过精度分析就可以考虑是否需要通过调整环节来达到要求，如需要，则精度将取决于调整环节的灵敏度或对调整环节的测量灵敏度；而装配的变形和内应力，有时可通过运动学原理设计来解决。

使用误差是指机器在使用运行中因受力变形、热变形、振动及磨损等引起的误差。

受力变形引起的误差：机械设备中产生零件变形的力有传动力(通常可以表述为一对作

用力和反作用力，它是保证可靠接触的封闭力)，零部件自身的重力，运动件之间的摩擦力和各种内应力。

热变形引起的误差：机械设备，特别是高精度的设备和精密仪器等对温度变化的热变形都非常敏感。而机械设备中的热源又较多，不仅有内部热源，如电动机、运动摩擦热、液压系统、切削热、激光器等，还有外部热源，它们通过热传导、热对流、热辐射使设备各部分的热变形不一致而引起加工和测量误差。

2.4.3　精度分配和计算原理方法

机器总体精度设计包括两个方面的内容：一方面是根据产品的精度要求和总体设计的基本结构，分析机器允许的总误差，并将其经济、合理地分配到零部件上，以制定各零部件的公差和技术要求。另一方面是要根据已有的技术水平和工艺条件，并适当考虑先进技术的应用，再按零部件的有效误差进行综合，以确定产品的总体精度。如在上面两项的误差分配和综合中，对于精度要求较高的机器，还可以设法去“放大”零部件的允许公差，通过“误差补偿”的方法来解决由于总误差数值很小，致使某些零部件因允许误差过小而影响加工性的问题。

在设计机械结构尤其是精密机械结构时，基本任务之一是对总体精度进行分配和综合，即按要求的总精度确定各部分的精度，再按各部分已确定的精度进行综合。

2.4.3.1　精度分配

精度分配是精度设计的基本任务之一。不仅在总体系统设计中需要通过对各功能部件进行精度的分配，在机器零件设计中也有应用。所谓精度分配就是根据产品允许的总公差，将其经济合理地分配到相关的零部件上，并制定出各零部件的公差和技术要求。

1. 精度分配的依据和步骤

(1) 精度分配依据

① 产品的精度指标和总体技术要求。它们由使用性能要求和有关精度标准来确定。

② 产品的工作原理、机械结构的装配图及有关零件图，电气、光学等系统图。它们提供了误差源的总数，各误差源对产品误差的影响程度以及误差之间相互补偿的可能性等。

③ 产品制造的技术水平(含加工、装配、检验等)和产品使用的环境条件等。其中制造技术水平可以是指产品生产企业，也可以是某个时期或某个区域的制造技术水平。

④ 产品的经济性要求。

⑤ 国家、部门、企业的有关公差等技术标准。

(2) 精度分配步骤

① 明确总精度指标。

② 确定产品工作原理和总体方案，主要考虑理论误差和方案误差。

③ 设计总体布局系统，分别考虑其原理误差(如机械结构、光学、电气系统等)；再综合各项原理误差，一般应不超过允许总误差的1/3(最多1/2)，否则须设置补偿措施或更改方案。

④ 完成各零部件的结构设计，找出全部误差源，写出各自的误差表达式，进行总精度计

算。然后确定各零部件的公差与技术条件，确定误差补偿方法。

⑤ 将给定的公差等技术条件标注到零件工作图上，编写技术设计说明书。

综上所述，要将精度分配贯彻于产品设计制造和检验的全过程，对重大的影响因素，还需在模型试验的基础上进行精度分析和计算。

2. 误差分配原理方法

精度是以误差大小进行量化表达的，因此，精度分配就要对允许的误差值进行分配。一个系统（产品）的总误差一般可表示为总系统误差与总随机误差之和，由于两种误差的性质不同，其分配方法也有所不同。一般地，系统误差的影响较大而数量较少，总体设计时原则上应将总系统误差限制在产品允许总误差的三分之一以内，并以此来制定影响系统误差的公差。对于随机误差，由于其基本特征是数量多，影响不确定，一般按均方根法来综合。

在设计过程中，尤其是静态精度设计时，通常把根据给定机构的总位置精度或传动精度的要求，制定其组成件的尺寸公差称为精度分配（或精度设计），精度分配要比精度分析复杂得多，是一个尚待进一步研究的问题。下面只介绍几种常用的简便方法。

(1) *等公差法*　所谓等公差法就是按尺寸链各组成环公差（误差）相等的原则来分配或计算各组成件的公差大小。即

$$\delta q_1 = \delta q_2 = \cdots = \delta q_n \tag{2.1}$$

如机构的总位置误差

$$\delta_\varphi = \sqrt{\sum_{i=1}^{n} K_i^2 \left(\frac{\partial \varphi}{\partial q_i}\right)^2 (\partial q_i)^2} \tag{2.2}$$

则

$$\delta q_i = \delta_\varphi \Big/ \sqrt{\sum_{i=1}^{n} K_i^2 \left(\frac{\partial \varphi}{\partial q_i}\right)^2} \tag{2.3}$$

等公差法计算简便。由于未考虑组成构件尺寸的大小，均取相等的公差势必出现大尺寸小公差的现象，将影响大尺寸构件的制造工艺性。

一般在利用“等公差法”进行实际设计时，虽然考虑到当各构成的基本尺寸相近时，才将它们对总精度的影响按“等作用原则”来分配误差，但由于没有考虑各零、部件的实际情况，仍将造成公差有的偏松，有的偏紧，很不经济，甚至致使无法实现。因此，在利用“等公差法”进行允许误差的“粗”分配后，还需要针对实际情况再进行“公差调整”。

“公差调整”通常要在企业实际工艺水平和技术水平的基础上，定出以下 3 个方面的公差评定等级，即经济公差极限、生产公差极限和技术公差极限，作为衡量标准。

经济公差极限——在通用设备上，采用最经济的加工方法所能达到的精度。

生产公差极限——在通用设备上，采用特殊工艺装备，不考虑效率因素进行加工所能达到的精度。

技术公差极限——在特殊设备、良好的实验条件下，进行加工和检验时，所能达到的精度。

调整公差时，首先要确定调整对象，一般先调整系统误差、误差传递系数较大和容易调整的误差项目。对于随机误差的调整，一般要求是：大多数在经济公差极限内，少数在生产公差极限内，个别的在技术公差极限内，对于极个别的超过技术公差极限，应采取补偿方法

解决。并且要求系统误差的公差等级比随机误差高，补偿环节少而经济效果显著，即认为是合格的。如通过反复调整仍达不到上述要求，需考虑更改设计方案。

另外，在选择调整对象时可以参照以下几点：

① 系统误差与随机误差相比，应先调整系统误差；

② 比较原始误差中误差传递系数的大小，应先调整传递系数大的环节；

③ 区分实现调整的难易程度（包括加工条件是否具备、补偿措施复杂程度、补偿机构实现的可能性等），应先选择容易调整的对象。

（2）等公差级法　等公差级法的出发点是各个原始误差对系统精度起着同样效用的思想，故又称之为原始误差等效作用法。即各构成件（某设计计算组成环）的公差等级相等。

$$\Delta\Phi_1 = \Delta\Phi_2 = \cdots = \Delta\Phi_n \tag{2.4}$$

因此有

$$\left(\frac{\partial\varphi}{\partial q_1}\right)\Delta q_1 = \left(\frac{\partial\varphi}{\partial q_2}\right)\Delta q_2 = \cdots = \left(\frac{\partial\varphi}{\partial q_n}\right)\Delta q_n \tag{2.5}$$

$$\delta_\varphi^2 = \sum_{i=1}^{n}\left(\frac{\partial\varphi}{\partial q_i}\right)^2\delta q_i^2 = n\left(\frac{\partial\varphi}{\partial q_i}\right)^2\delta q_i^2 \tag{2.6}$$

$$\delta q_i = \frac{\delta_\varphi}{\sqrt{n}\left(\frac{\partial\varphi}{\partial q_i}\right)} \leqslant \frac{[\delta_\varphi]}{\sqrt{n}\left(\frac{\partial\varphi}{\partial q_i}\right)} \tag{2.7}$$

式中：$[\delta_\varphi]$为给定机构的总位置误差。

等公差级法比等公差法合理，即当各构成的基本尺寸相差较大时，虽然各自取用相同的精度等级，但考虑到了大尺寸构件和小尺寸构件允许误差的不同，从而有利于大尺寸构件的制造。但是，还有主次不分之不足。

（3）简易计算法　简易计算法是一种比上述两法更为合理和实用的方法。它以某一构件（如某构件1）为基准件，并令

$$\partial\varphi/\partial q_i = k_i \quad 和 \quad \delta q_i/\delta q_1 = c_i$$

则

$$\delta_\varphi^2 = \delta^2 q_i(k_1^2 + c_2^2k_2^2 + \cdots + c_n^2k_n^2) \leqslant [\delta_\varphi]^2 \tag{2.8}$$

即有

$$\delta q_1 \leqslant \frac{[\delta_\varphi]}{\sqrt{k_1^2 + c_2^2k_2^2 + \cdots + c_n^2k_n^2}} \tag{2.9}$$

如此在选定公差比时，已考虑到各构件误差的影响程度，抓住主要矛盾。

（4）最小成本法　对于一定的尺寸，如精度要求越高，公差越小，则所需的成本也越高。通常公差与成本的一般关系可表述为

$$C = A + B/T^p \tag{2.10}$$

式中：C 为零件的制造成本；A 为与公差 T 无关的常数；B 为与公差 T 有关的常数；p 为公差指数，对各组成环具有相同值。

此时，一般将所有构成的精度均按概率法来考虑，当对构成系统的某一方向进行精度设计计算时，则有

$$C_{\sum} = \sum_{i=1}^{n}(A_i + B_i/T_i^p) \tag{2.11}$$

最小成本法解决的问题是求解 $C_{\sum}$ 为最小值情形下的公差 T_i，其一般形式为

$$T_i = |B_i|^{1/(p+2)}\delta/(K_i r_i)^{2/(p+2)} \tag{2.12}$$

式中：

$$\delta = \left[\frac{K_0^2 T_0^2 - \sum_{j=1}^{n} K_j^2 r_j^2 T_j^2}{\sum_{i=1}^{n} B_i^{2/(p+2)}\ (K_i + i)^{2p/(p+2)}}\right]^{\frac{1}{2}} \tag{2.13}$$

K_i 为组成环的相对分布系数；r_i 为与误差传递相关的系数。

(5) *误差补偿法* 误差补偿法是在制定各原始误差时充分利用各个原始误差之间的相互补偿作用，即

$$\sum_{i=1}^{n}(\partial\varphi/\partial q_i)\delta q_i \leqslant [\delta_\varphi] \quad 或 \quad \delta q_1 \sum_{i=1}^{n} c_i k_i \leqslant [\delta_\varphi] \tag{2.14}$$

式中：

$$c_i = \delta q_i/\delta q_1, \quad k_i = \partial\varphi/\partial q_i \tag{2.15}$$

误差补偿法由于充分利用各原始偏差间的补偿作用，因此，在满足同样传动精度$[\delta_\varphi]$的条件下，各原始偏差的公差数值可相应降低要求。

误差补偿是调整公差的一种有效手段。误差补偿的方法有很多，如工艺补偿法（如零件修配、选配，零位校正等）和设计补偿法。工艺补偿法如轴系回转精度的误差抵消，大件导轨精度的综合修刮，坐标定位精度的综合修正等方法。下面介绍设计补偿法。

在结构设计时，从精度设计的角度出发，采取措施减小或消除误差的影响是一种有效的补偿方法。通常机器零、部件参数多少会对产品精度产生影响，且主要表现为误差值和误差传递系数的影响。据此可以有下列3种补偿方法。

① 误差值补偿——直接减小误差源的方法，其补偿形式有以下几种。

分级补偿：将补偿件的尺寸分成若干级，通过选用不同尺寸级的补偿件，使误差得到阶梯式的减小；也可通过修磨补偿件的尺寸来达到预期的精度要求。

连续补偿：设计调整机构，使误差值连续地改变，在直线滑动移动中最常见的如导轨镶条，就是通过调节镶条在导轨方向的位置来实现连续间隙的补偿。

自动补偿：采用自动检测、伺服驱动等自动补偿装置，来减小或消除某个或一系列系统误差的影响；也可以通过对某些误差的预测量，制成误差补偿机构来进行自动补偿，如丝杠车床的误差校正装置。

② 误差传递系数补偿——通过函数误差改变或选择传递系数值减小或消除误差的方法。通常采用以下两种方式。

选择最佳工作区：各类偏心误差（齿轮、度盘、光栅、凸轮等）的误差传递系数中均有$\sin\varphi$或$\cos\varphi$项（φ表示偏心相位角），当该零件的工作角度不大时（小于几十度），可选择在偏心的装配方向，使偏心最大值处于工作范围之外，来减小误差。

改变误差传递系数：对于传动链的误差，可以利用误差传递系数的大小（误差传递系数值大，对应的在末端件上产生的误差就大）来减小某传动元件对最终执行件的影响。

③ 综合补偿。

对于光机电一体化的系统(设备、仪器)，可以利用机械、电气和光学等技术手段，使其可能产生的误差相互削弱或抵消，或者故意引进新的误差，以减小某些误差的影响，从而达到综合补偿的目的。如采用公差相关原理，误差平均效应原理，测量基准件独立原理，栅距、步距或电子细分原理和计算机自动补偿原理等进行误差的综合补偿。

2.4.3.2　机构精度设计

机构精度设计主要考虑机构的原始误差、机构的位置误差以及运动的位移误差。机器或机构输出运动的位置误差与运动误差，取决于组成构件的制造误差、安装误差以及机器或机构的运行环境对机器或机构的输出运动所产生的误差。

机构的原始误差一般有：构成构件运动副要素的位置对其理想位置的偏差，各要素实际形状对其理想形状的偏差，即主要有构件的制造误差和安装误差，如构件的尺寸误差、形位误差、运动副的间隙和运动副的轴线(或基准线)偏移等。

所谓位置误差通常是指当实际机构与理想机构的主动件位于相同位置时，两机构从动件位置上的偏差。图2.21所示的曲柄滑块机构，理想机构的构件某位置是$\triangle OA_0B_0$，如其中的连杆存在制造误差($A_0B_0'-A_0B_0=\Delta l$)，则滑块的位置误差$\delta=B_0B_0'$。

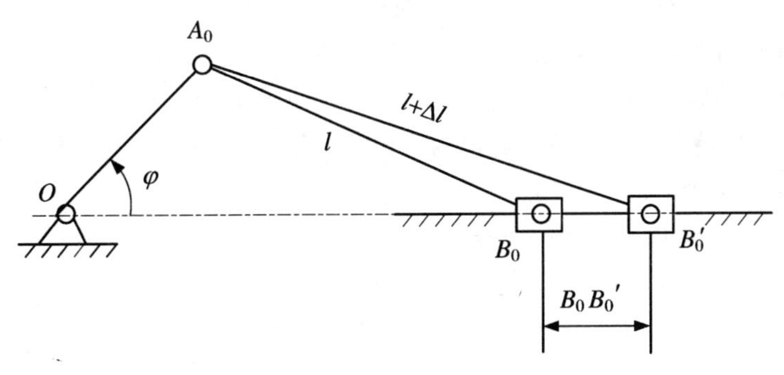

图2.21　位置误差

位移误差则是指当实际机构与理想机构的主动件位移量相同时，两机构从动件的位移量之差。如图2.22所示，曲柄OA_0由φ_1转至φ_2位置，理想机构的滑块由B_0移至B_0'，实际机构的滑块则在B_1'位置，则机构的位移误差$\delta=B_0'B_1'$。

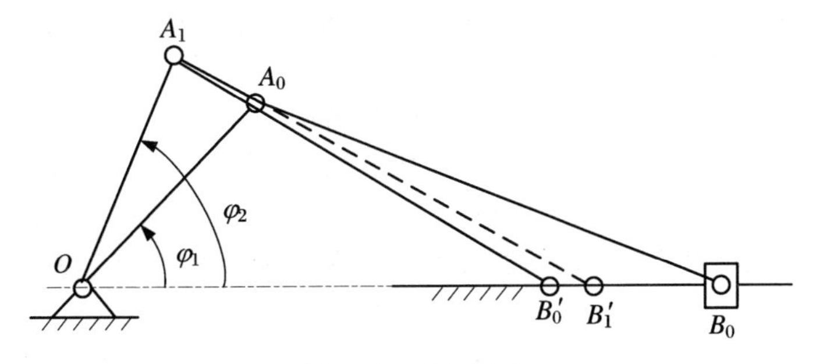

图2.22　位移误差

另外，当机构的构件质量、速度、加速度及惯性力很大时，对其运动精度将产生直接影响，机构的精度设计就不仅要考虑到几何尺寸偏差对精度的影响，还要考虑到机器或机构的惯性、阻尼、摩擦、磨损以及外部条件如温度变化、振动等影响。

机构由各个具有确定相对运动的构件组成，构件可以是一个零件，也可以是由几个零件组成的刚性结构，它们的误差可以利用尺寸链理论来求解（如对于多个零件的装配尺寸链计算）；对于由不同构件或机构构成的具有相互运动的运动链，其输出运动的位置误差及位移误差与各构件原始误差及环境的扰动误差之间的关系，则可以通过传动链的误差传递分析来确定。从误差综合的角度来看，尺寸链中尺寸的相互连接形式与运动链中构件的相互连接方式不同，前者在尺寸的连接处两零件表面相接触，一般没有相对运动，可以认为是一种静态的尺寸关系；后者在构件的连接处不仅接触，而且有相对运动，属于动态的尺寸关系。而且在很多场合下，这种尺寸关系不仅仅只包含机械量尺寸，也可能包含非机械量（如光、电、气、磁等物理量），从而表现出具有广义的尺寸关系。

机构精度分析有多种方法，各自拥有不同的优点和适用范围，下面仅简要地给出目前应用较多的几种分析计算方法的原理，具体计算方法可阅读相关的资料。

1．微分法

在进行机构或机器设计时，某些机构其输出或从动件的运动规律或相关零部件参数之间的关系可以用数学方程来表示，则机构中的从动件误差也可以表示为其主动件（输入端）以及相关的中间构件的误差的函数。如一个误差源仅使从动件产生一定的误差，即机构的误差是其误差源的线性函数，而与其他误差源无关（即满足误差独立作用原理），则机构（或从动件或末端件）的误差就可以通过对机构输出与其输入之间的关系方程进行微分计算，以及各原始误差独立作用的综合来给出。

在机构的精度分析中，与机构误差的相关量及其误差可以是机械量也可以是非机械量，只要它们对机构或机器的输出有影响，从误差分析的角度来讲，就可以把它们看作与机械量误差具有相同的作用形态来进行分析，并由此来确定它们的精度。

微分法是机构精度分析最基本的方法之一，其优点是运用数学分析的方法来解决机构的精度问题，不仅简便、精确，还能给出机构误差与原始误差间的函数关系。但对于复杂机构，有些原始误差很难以数学方程的形式给出（如间隙、死区等），因而就难以用微分法求解；另外，有些参数不能微分（如齿轮的齿数），也就不能用微分法来进行齿轮误差的计算。

2．转换机构法

机构从动件的位置误差是主动件位置，各传动构件尺寸误差、形状误差的函数，因此，函数关系完全取决于机构的结构、构件的形式以及构件的原始误差。对于某传动机构，如机构运动位移不能直接给出运动方程式，则将各构件均固定在理想位置不动，仅取需要计算（分析）的有原始误差的构件，并将其用一组元件代替后作为“主动件”，然后求出从动件速度与该主动件速度之比，从而得到该原始误差的传递系数，则将这种转换后的机构称为“转换机构”。由此就可求出（利用转换机构的速度图或小位移图）该原始误差在从动件上产生的位置误差。

转换后的机构与原始误差的性质有关。若原始误差为无向量误差，则转换机构具有一个自由度；若原始误差为平面向量误差，则转换机构具有两个自由度；若原始误差为空间向量误差，则转换机构具有三个自由度。

转换机构法实质上是一种微分法，也是利用误差独立作用原理，分别求出每一构件原始误差所引起的机构部分误差，然后再进行综合的误差分析方法。

3. 瞬时臂法

微分法可以直接导出机构误差与误差源的关系，而未能分析原始误差作用的中间过程。瞬时臂法就是研究机构传递运动的过程，并分析原始误差是怎样随着运动的传递作用过程。

机构的运动传递通常有推力传动和摩擦传动两种形式，如杠杆机构、凸轮机构、齿轮机构以及螺旋机构等均属于推力机构，而摩擦盘类传动机构则为摩擦传动。虽然两类传动方式不同，但都有着一个共同的特征，即相互作用的两构件之间每一瞬时都有一个作用线，且力和运动的传递都通过作用线，推力传动的作用线是相互作用构件接触处的公法线，摩擦传动的作用线则是两零件接触处的公切线。

其基本原理是两个构件相接触时产生作用力，力的方向与其相互作用的方向一致。如将主动件传到从动件的作用力的方向称为作用线，则主动件轴心到作用线的距离就称为作用线的瞬时臂（或作用臂）。此时，主动件在对从动件作用的过程中，只有作用线上的误差才能影响两构件之间的相互作用（也因此该方法可以用来分析诸如配合面形位误差等产生的误差）。在计算时，先找出造成瞬时臂的变动量，再求出其在作用线上产生的误差，最后再规化折算到从动件上，即可得到最终误差。

瞬时臂法既适用于高副机构也适用于低副机构，是目前常用的方法之一。它的基础是函数误差，并且与时间有关。该方法对高副机构（特别是旋转机构）更为有效，因为在高副机构（如齿轮副）中，轮廓要素的形状误差起主要作用，在求解空间机构误差等问题时具有突出的优越之处。

4. 几何法和逐步投影法

对于简单传动机构，直接按照机构简图，利用几何图形找出原始误差造成的误差，从而求出它们之间的数值和方向关系的误差分析方法就是几何法。其基本优点是不必列出传动方程，且简单、直观，应用较为广泛，原则上可用于光、电、气、液等各种系统，但在复杂机构中应用则较为困难。

所谓“逐步投影法”是在几何法的基础上，对于传动构件较多，但传动几何关系明确的简单机构，先将主动件的某原始误差投影到与其相关的某中间构件上，然后再从该中间构件投影到下一个有关的中间构件上，最终投影到机构的从动件上，从而求出机构的位置误差的方法。

2.4.3.3 仪器的精度设计

仪器总体精度设计分析主要有两方面任务：一是根据仪器总精度和可靠性要求，对仪器零部件进行误差分配、可靠性设计及可靠性预测，确定各主要零部件的制造技术要求和仪器在装配调整中的技术要求。实现这一任务是十分困难的，因为对构成仪器的各部分进行精度分配，首先必须确定仪器总体结构方案、相关的参数标称值及允许偏差。二是必须根据现有的技术水平和工艺条件，综合考虑先进技术的应用以及误差补偿等方法来提高仪器精度，再进行误差合成，以确定仪器总精度。根据这种计算就能够对仪器精度提出完整的合理要求，并在此基础上进行检验，即验收试验。

在仪器精度设计时，并不是所有误差越小越好。对于要求高精度的零部件，如没有应有的精度要求，则会使仪器精度下降；对于不必要求高精度的零部件，而规定了过高的精度要求，则会使产品的成本提高。完全消除误差是不可能的，误差愈小，成本愈高，甚至由于误差太小使制造和测量成为不可能。测量仪器精度指标的选择、仪器功能与精度的关系、仪器静态和动态的精度特性，对于仪器总体精度设计是十分重要的。

仪器精度设计的分析内容、原则、方法步骤以及精度分配的原理等与前文相同，即仪器精度设计分析的目的就是保证所需仪器的精度。通过对影响仪器精度因素的分析，找出影响仪器精度的主要因素，从而制造出所需的仪器。但是，仅做到这一点并不是仪器精度设计的全部，在仪器精度设计时还必须考虑使用环节对仪器精度的影响，如环境、测量方法、测量人员等，综合考虑后再制定各零部件的公差要求、技术条件，使仪器达到所要求的精度指标。

在仪器的总体精度设计分析时，除了前文所述的内容外，还应充分考虑下述几项内容。

1. 仪器精度指标确定的有目的性

在设计仪器时，要根据不同仪器、不同使用条件，选择仪器相应的静态和动态精度指标。仪器精度需根据生产实际中被测对象的性质和精度要求来确定。若仪器作为尺寸传递，则其传递的精度等级决定了仪器需达到的精度；若仪器在机械制造业中用于测量零件某参数，则零件的公差精度等级决定了仪器的精度，对于特殊条件下使用的仪器，要根据使用仪器的环境、应用范围等因素，综合考虑仪器的精度。另外，还应考虑仪器的使用方式，如果以单次测量的数据作为测量结果，则应以极限误差作为仪器的总误差，这时仪器分划值与仪器总误差值接近；若仪器以多次测量的平均值作为测量结果，则应以均方误差作为仪器精度指标，仪器分划值可取仪器允许总误差的1/10～1/3。

2. 误差源分析的全面性

在对新设计的仪器进行误差分析时，需全面分析误差来源，找出所有原始误差，即找出对仪器总误差有影响的所谓有效误差。根据误差产生的原因，原始误差可分为工艺误差、动态误差、温度误差、随时间变化的误差。其中，随时间变化的误差与仪器元件的参数随时间的变化有关，如弹性元件弹性减小、零件的磨损以及由此而产生的运动副零件尺寸变化；电子仪器的发射损耗，电阻或电容的变化，等等。这些原因多与老化、磨损有关。因此，在设计测量仪器时，对于误差源的分析，不仅要考虑到机构原理误差（如应遵循阿贝原则等）、制造误差、使用误差等，还应考虑到仪器精度的“保险准确度”，以保证仪器在规定的使用期限内，甚至使用期满后都可以继续正常工作。

(1) *系统误差的公差确定方法*　通常系统误差的影响较大且数目较少，制定系统误差的公差时，如存在原理性系统误差则必须首先计算，确定之后，再根据一般经济工艺水平初步给出具体误差源的系统误差的允差，计算出与它们对应的部分误差，最后再合成为总的系统误差。若合成总系统误差大于或接近于产品的允许总误差，则系统的精度设计存在问题，如适当从严调整各构件的公差收效不大，就应改进设计或采取补偿措施，如仍不能满足要求就需考虑推翻总体方案；如果系统总误差小于允许总误差而大于它的1/2，一般可先提高有关零部件公差的等级，然后再考虑补偿；如果总误差小于或接近于允许总误差的1/3，初步给定的公差值可暂时认为是合理的，待随机误差的公差制定后再综合平衡。

若系统误差中有一个影响较大的误差是某一变量的函数，则必须使系统的总误差在此函数的变量取任何可能值时都小于允许总误差。如难以取得实现，则可以考虑用总误差的表示式表明在什么情况下（一定的测量或计量范围内）具有多大的误差，从而满足精度和经济性的要求。

(2) *随机误差的公差确定方法*　随机误差的特点是数量多，误差值较小，方向性弱，一般可以利用方和根法来进行综合，如系统的允许总误差和初步制定的系统误差允许值是已知数，则随机误差的允许值也为已知。

按不等作用原则分配误差时，作用系数有时难以确定；而按等作用原则分配误差可能会出现不合理情况，这是因为计算出来的各个部分误差都相等，对于其中有的误差源，要保证它的误差不超出允许范围较为容易实现，而对其中另一些则难以实现，或者要付出较大的劳动，花费较大的代价。另一方面当各个部分误差一定时，则相应的原始误差并不相等，有时可能相差较大。

因此，对经过初步分配的误差，必须根据具体情况进行调整。调整时，对难以实现的误差项可适当增大，对容易实现的误差项尽可能缩小，而对其余的误差项则不予调整。

公差制定是否经济合理，通常需要反复调整，调整结果合理的标准大体有：

① 各公差值按三种公差极限的分布应该极少数处在技术公差极限上，少数处在生产公差极限上，而多数为经济公差极限水平。

② 系统误差的公差等级比随机误差的高，即对于处于生产公差极限水平以上的公差比例，系统误差应比随机误差大。

③ 机构使用补偿措施少，实现方便，结果可靠，技术经济效果好。

④ 对产品其他质量指标（如产品的使用性能、寿命、体积、重量、外观等）的提高有正面影响。

应该指出，并非每个设计都能将公差调整到满意的结果。由于精度分配达不到要求迫使设计人员改变机械结构、光学及电气系统的设计是常有的，改变总体方案也是可能的，所以，精度问题在产品设计的最初阶段就应给予重视。

第3章 传动系统设计

3.1 概　　述

传动系统(装置)是指将动力机(原动机)产生的机械能传送至工作机(执行机构)的中间装置。传动装置可以是以传送动力为主的动力传动,也可以是以传递运动为主的运动传动。当动力机的结构、转速、运动形式和转矩等能满足工作机的要求时,则可将执行机构直接装在动力机上,形成一种结构上最简单的机器,如砂轮机等。当动力机的转速和转矩虽然能满足工作机的要求,但结构上不便于将执行机构直接与动力机连接(如重量太大、结构过于复杂、装拆运输不方便等)时,则需要将工作机构与动力机分开,中间用联轴器或离合器等其他方式连接。当动力机的转速、转矩等不能满足工作机构的要求时,则两者之间必须增加"传动装置"来满足工作机的转矩和运动转速(大小、方向、变化范围)的要求。因此,传动装置的主要任务有:

① 用动力机进行调速不经济或不可能时,采用变速传动来满足执行部分经常变速的要求。通常可以将动力机输出的速度降低或增高来适应执行机构的需要。

② 改变动力机输出的转矩,以满足工作执行机构的要求。

③ 把动力机输出的运动形式转变为工作机构所需的运动形式,如将旋转运动改变为直线运动,或反之。

④ 将单一动力机的机械能传送到数个工作机构或不相同速度的执行机构,或将数个动力机的机械能传送到一个工作机构。

⑤ 实现由于受机体外形、尺寸的限制,执行机构不宜与动力机直接联结,或机器装配、安装的需要,或为了控制、操作方便,以及安全和维护等需要的特殊作用。

传动系统以原动机输出量(力、运动、功率)作为输入量,其输出量为执行机构的输入量(力、运动、功率),粗略地说即载荷和运动形式等。传动系统设计时,需要研究这些量的变化及其相互关系(传动比 i、变矩系数 K 和传动效率 η 等),以及各种传动元件的特性(如运动形式的转换、功率及转矩范围等)。可以说一台机器的工作性能、可靠性、重量和成本,在很大程度上取决于传动装置的好坏。

传动装置作为原动机和工作机构的桥梁,满足工作执行机构需求的传动方案可以有多种形式,其设计和选型对机器的总体性能和设计目标的实现有着重要的影响。因此,传动系统设计也是机械系统设计的核心,是机械系统设计中最为复杂、困难,也最具创造性的工作。

3.1.1　传动系统的参数和特性

传动系统的相关参数和特性，是影响传动系统设计成功与否的关键，也是设计的基本出发点。

1. 传动的参数

传动的性能可用表3.1所列参数或它们之间的相互关系绘成的特性曲线来表示。

表3.1　常用传动的参数

参　数	符　号	单　位	计算公式	说　明
转速	n	r/min	$n=30\omega/\pi$	ω 为角速度(rad/s)，用下角标min、max表示最小、最大转速
速度	v	m/s	$v=\pi dn/60=\omega d/2$	d 为参考圆直径(m)
转矩	T	N·m	$T=1\,000\,P/\omega=9\,550\,P/n=Fd/2$	T,n,P 在未说明时，均指设备的额定工况值
作用力	F	N	$F=1\,000\,P/v=2T/d$	
功率	P	kW	$P=T\omega/1\,000=Fv/1\,000$ $=Tn/9\,550$	1 kW ≈1.341 马力(HP英制) ≈1.34 马力(PS米制)
传动比	i		$i_{12}=n_1/n_2=1/i_{21}$	下角标1、2分别代表主、从动轮参数，下同
传动效率	η		$\eta=P_2/P_1\times 100\%$	η 值随工况而异，未说明时指额定工况下的值
变矩系数	K		$K=T_2/T_1=i_{12}\eta$	对于直线运动，$K=F_2/F_1$
变速比	R_b		$R_b=(n_{2max}/n_{2min})_{n_1=c}$ $=i_{12max}/i_{12min}=i_{21max}/i_{21min}$	用于变传动比传动，变速范围指 $n_{min}\sim n_{max}$
变速级数	Z		$Z=(\log R_b/\log q)+1$，q 为公比，取标准值	又称挡数，用于有级变速传动
调速比	D		$D=(n_{2max}/n_{2min})_{n_1\neq c}=n_{1max}/n_{1min}$	用于对动力机进行调速的传动中
转差率 (滑动率)	s (ε)		$s(\varepsilon)=(n_0-n)/n\times 100\%$ n_0 为空载输出转速，感应电动机或液力耦合器的同步转速；n 为某一载荷下的输出转速	s 用于电传动、液力传动、电磁滑差离合器，ε 用于摩擦传动
飞轮转动惯量 (飞轮惯性矩)	GD^2	kg·m²	传动中 n_k 处元件的 $(GD^2)_k$，换算到 n_j 处时的 $(GD^2)_j$ 为 $(GD^2)_j=(GD^2)k\cdot i_{kj}^2$	表示传动系统或元件惯性的指标，是动力学计算的重要参数

2. 传动的特性

(1) 机械特性　机械的力能参数(T,F,P)和运动参数(φ,s,ω,v,t)之间的关系称为机械特性。绘制机械特性曲线时,一般以运动参数为横坐标,力能参数作纵坐标。有时将效率 η、滑动率 ε 等特性参数的变化曲线也画在同一坐标图上。

传动系统的机械特性通常用其输出特性表示,即当输入转速 n_1 恒定时,其输出转矩 T_2 与输出转速 n_2 之间的关系,有时也用速比 $i_{21}=n_2/n_1$ 作为横坐标,变矩系数 $K=T_2/T_1$ 作为纵坐标,来表征其输出特性曲线。

(2) 共同工作特性和透穿性　传动系统的输入转矩 T_1 随其输出转矩 T_2 的变化而变化的性质,称为传动的透穿性。若 T_1 不随 T_2 变化,则此传动无透穿性。一般机械传动均具有透穿性。

具有透穿性的传动和动力机的共同工作特性与两者各自的输出特性均有关,对于无透穿性的传动,则其共同工作特性即为传动系统本身的输出特性。

(3) 输出刚度和自动适应性　传动系统的输出转速 n_2 随输出转矩 T_2 变化而变化的程度即为输出刚度,用 k 表示:

$$k=-\mathrm{d}T_2/\mathrm{d}n_2=-\mathrm{d}T_2/\mathrm{d}\omega_2 \tag{3.1}$$

输出刚度 k 是输出特性曲线 T_2/n_2 在某一工作点的斜率负值,通常它是随工作点而变化的。k 值大,输出特性硬,即 n_2 随 T_2 的变化小;反之,输出特性软,即 n_2 随 T_2 的变化大。如图 3.1 所示。恒转矩输出特性($T_2=C$)的 $k=0$,输出刚度最软;而恒功率输出特性($T_2n_2=C$)具有变化的输出刚度,在低速区具有较硬的输出特性,在高速区具有软的输出特性;对于恒转速输出特性($n_2=C$),则具有最硬的输出持性,即 $k=\infty$。

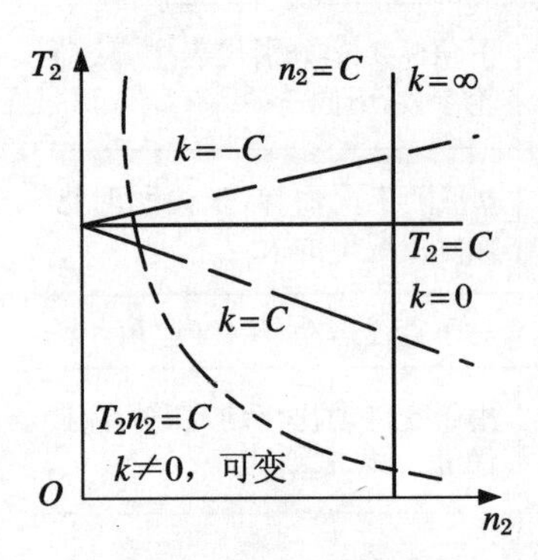

图 3.1　输出特性曲线

对于原来在稳定工况下工作的动力机-工作机系统,负载转矩增大(或下降)时,动力机的输出转速 n_2 将下降(或上升);若动力机-传动系统的输出刚度 k 为正值($\mathrm{d}T_2/\mathrm{d}n_2$ 为负值),则其输出转矩 T_2 将随 n_2 的下降(上升)而增大(减小),最后自动与负载转矩相适应,并在新的稳态工况下运转,这种性能就称为自适应性。具有恒功率输出特性的传动装置,在许多工况下是良好的自适应性装置,输出刚度 k 为负值的传动装置则没有自适应性。

(4) 容许输出特性　无级变速传动在一定的输入条件下(如 n_1 为定值),对输出转速 n_2 进行调节时,所能输出的最大转矩 $T_{2\max}$ 或最大功率 $P_{2\max}$ 与 n_2 的关系,称为容许输出特性。常见的容许输出特性有恒功率及恒转矩两类。传动的输出特性与容许输出特性的差别在于:

① 在输出特性中,n_2 的变化是由于负载转矩的变化引起的;而在容许输出特性中,n_2 的变化是由于对传动进行调节所致。

② 输出特性中的 T_2,P_2 是传动实际输出的转矩和功率,它取决于负载和工况;容许输出特性的 T_2,P_2 则是传动所能够输出的最大转矩和功率,它取决于传动的结构、强度、热负荷能力以及允许滑动率等条件,并与润滑条件等也有很大关系。

3.1.2　传动系统的分类和性能

传动系统设计是在执行机构功能和工艺动作分析的基础上，通过动力机和传动系统（还与工作执行部件紧密相关）的选择，以及运动副和机构的组合。实际应用中的组合形式千变万化，对传动类型的分类通常可以按以下几种原则来进行：

① 按工作原理分类，见表3.2。

表3.2　按工作原理的传动分类

<table>
<tr><th colspan="2">传动类型</th><th>说　明</th><th colspan="2">传动类型</th><th>说　明</th></tr>
<tr><td colspan="2">机械传动</td><td>利用机械的方式，在主动轴和从动轴间传递运动和动力，或同时实现某些其他作用的装置，如摩擦传动、啮合传动等</td><td rowspan="4">流体传动</td><td>液压传动</td><td>用液体压力能来转换或传递机械能的传动方式</td></tr>
<tr><td rowspan="2">电气传动</td><td>交流电气传动</td><td>以交流电动机作为动力机来带动工作机，并按给定的规律运动的传动方式</td><td>气压传动</td><td>以压缩空气为动力源来驱动和控制各种机械设备的传动方式</td></tr>
<tr><td>直流电气传动</td><td>以直流电动机作为动力机来带动工作机，并按给定的规律运动的传动方式</td><td>液力传动</td><td>以液体为工作介质，在两个或两个以上的叶轮组成的工作腔内，通过液体动量矩的变化来传递能量的传动</td></tr>
<tr><td colspan="2">磁力传动</td><td>利用磁力作用来传递运动和机械能的传动方式</td><td>液体黏性传动</td><td>与多片摩擦离合器相似，利用改变摩擦片间油膜的剪切力，作无级变速的传动</td></tr>
</table>

② 按传动比的变化规律分类，见表3.3。

表3.3　按传动比变化情况的传动分类

<table>
<tr><th colspan="2">传动分类</th><th>说　明</th><th>传动举例</th></tr>
<tr><td colspan="2">定传动比传动</td><td>输入与输出转速对应，适用于工作机工况固定，或其工况与动力机工况对应变化的场合</td><td>带、链、摩擦轮传动，齿轮、蜗件传动</td></tr>
<tr><td rowspan="3">变传动比传动</td><td>有级变速</td><td>一个输入转速对应于若干输出转速，且按某种数列排列，适用于动力机工况固定而工作机有若干种工况的场合，或用来扩大动力机的调速范围</td><td>齿轮变速箱、塔轮传动，液压传动，电力传动</td></tr>
<tr><td>无级变速</td><td>一个输入转速对应某一范围内无限多个输出转速，适用工作机工况极多或最佳工况不明确的情况</td><td>机械无级变速器、电气调速器、流体黏性传动、电磁滑差离合器</td></tr>
<tr><td>按周期性规律变化</td><td>输出角速度是输入角速度的周期性函数，用来实现函数传动及改善某些机构的动力特性</td><td>非圆齿轮、凸轮、连杆机构、组合机构、数控电传动、液压比例传动</td></tr>
</table>

③ 按能量流动路线分类,见表3.4。

表3.4　按能量流动路线的传动分类

传动类型		简　图	说　明	传动举例
单流传动		动力机→传动1→传动2→执行机构	有单级、多级之分,全部能量均流过每一个传动元件,一般为单自由度传动	侧轴式减速器、边缘单流传动的水泥磨机传动
多流传动	分流	动力机→传动1→执行机构1;动力机→传动2→执行机构2;动力机→传动2→执行机构3	用于多执行机构的机器,传动效率与能量分配有关	汽车起重机起重作业部分的传动、农业机械作业部分的传动、多轴钻
	汇流	动力机1→传动1→执行机构;动力机2→传动2→执行机构;动力机3→传动2→执行机构	用于低速、重载、大功率、执行机构少而执行构件惯性大的机器,传动效率与能量分配有关	多电机多流中心或边缘传动的水泥磨机传动、提升机、转炉倾动机构
	混流	动力机→传动→传动1、传动2→执行机构1、执行机构2	是分流与汇流传动的复合传动,要避免循环功率,以提高效率	同轴式减速器、齿轮加工机床工件与刀具的传动系统、车辆行走与转向部分的传动

另外还可以按传动轴线的相对位置关系分类,按传递速度的高低分类,按传递功率的大小分类以及按传递的用途分类等。

按工作原理和传动介质的不同分类是最基本和常用的分类,通常可分为机械传动、流体传动、电力传动和磁力传动四大类,也可以是它们之间的组合,如机-电传动、机-液传动等。其中又以机械、电动、液压、气压传动的应用最为广泛,它们的性能比较见表3.5。

表3.5　不同传动类型的比较

类　型		操作力	响应速度	环境要求	构　造	负载能力	操纵距离	无级调速	工作寿命	维　护	价　格
机械		较大	一般	一般	一般	强	短	较困难	一般	简单	一般
电动	电气	中等	快	要求高	稍复杂	较强	远	良好	较短	要求较高	稍贵
	电子	最小	最快	特高	最复杂	强	远	良好	较长	要求最高	中
液压		最大	较慢	高	复杂	较强	短	好	一般	要求高	高
气压		中等	较快	低	简单	低	中等	较好	长	一般	便宜

机械传动可以实现定比、变速(有级或无级)、换向等运动的传递。通常的实现部件有:齿轮、齿条、皮带、离合器、丝杠螺母、链条等机械元件的定比机构;有级和无级的变速机构;

离合器和滑移齿轮的换向机构等。其主要特点是工作可靠、维修方便、传动比准确、结构简单、传递扭矩大;但运动平稳性较差,振动噪声较大,精度不高。

电气传动是用电磁能通过电气装置(如电动机)传递运动和动力。其特点是电信号易于传送和变换,电能易于控制,传动结构简单。虽然电气系统和机电耦合的动态特性控制比较复杂,但是在中小功率的机械电子系统中得到了广泛应用。

液压传动用油液作为介质,通过液压元件来传递运动和动力,如液压泵、液压缸、阀等。其特点是:结构简单,传动平稳且易于无级变速,易于自动化,热、振动和噪声较小,寿命长;但是存在泄漏对传递功率的影响以及污染等问题。

气压传动则是用空气作为介质,通过气动元件传递运动和动力。其主要特点是:动作迅速,易于自动化;但运动不稳定,驱动力较小。

对于单流传动与多流传动的设计,由于单流传动的结构设计、制造和安装均较简单,故应用广泛,但由于全部能量均流经每个传动元件,因而尺寸较大,为了保持高的传动效率,各传动元件的选择均应具有高的效率。

工作机的执行构件较多而所需总功率不大时,可采用单个动力机驱动的分流传动,如普通车床由一个电动机同时驱动主运动的工件转动和进给运动的刀架的纵、横向直线运动。

对于某些低速大功率的工作机,如柴油机远洋船舶、可逆式轧钢机、水泥机械等,可采用多个动力机共同驱动的汇流传动,以利缩小机器的尺寸和重量。设计时,为确保各动力机间的同步和均载,应采用浮动结构、柔性基础或柔性构件。

传动设计中,有时利用混流传动来获得良好的输出特性(如提高效率、改善变矩系数、扩大调速比等),从而通过运动的合成或分解,缩小传动尺寸或提高传动效率,获得循环功率流。混流传动以双流传动居多,一条功率流通过液压、电力传动或机械无级变速器,另一功率流则通过齿轮或行星齿轮传动,从而组成液压-机械、电力-机械和机械传动的双流传动。如某些高级小客车就是液力-机械和机械的双流混流传动;齿轮加工机床中也常采用混流传动。

3.2 传动系统设计与分析

3.2.1 传动系统设计的基本要求

传动系统设计的两大基本任务是保证工作机实现预期的运动要求和传递动力。如工作机具有某一确定要求,传动系统设计的任务在于选择一个合理的传动,使动力机的输出与工作机的输入相匹配。

而对于实现工作执行构件与动力机之间的匹配关系有变化要求时,传动系统设计通常需要分析执行构件的运动要求,例如,行程、速度、加速度、调速范围,实现位置要求,实现函数要求，实现轨迹要求，实现急回、停歇要求，相互间的动作配合要求，以及动力要求，如力、转矩和功率等；并在选定动力机后，根据运动和动力的匹配要求确定传动系统方案，再进行传动结构的具体设计。一般地，传动系统设计时应综合考虑下列条件：

① 工作机或执行构件的工况、运动和动力等参数；

② 动力机的机械特性和调速性能；

③ 对传动的布置、尺寸和重量方面的要求；

④ 工作环境，如对多尘、高温、低温、潮湿、腐蚀、易燃、易爆等恶劣环境的适应性，噪声的限度等；

⑤ 操作和控制方式的要求；

⑥ 其他要求，如国家的技术政策（材料的选用、标准化和系列化等要求）、现场技术条件（能源、制造能力等）、环境保护等；

⑦ 经济性，如工作寿命、传动效率、制造费用、运转费用和维修费用等。

当上述条件取舍有冲突时，则应按具体情况，全面综合分析，解决主要问题，实现传动系统的综合优化。即传动系统设计一般应满足的基本要求如下。

(1) *运动要求*　根据机械系统在不同工作条件下对执行件的运动要求，传动系统要实现运动形式的变换、运动的合并或分离以及升降速和变速等。

(2) *动力要求*　为机械系统中各执行件传递所需要的功率和扭矩，具备较高的传动效率。

(3) *性能要求*　传动系统中的各执行件要具有足够的强度、刚度、精度和抗振性以及热稳定性。

(4) *经济要求*　传动系统在满足运动、动力和性能要求的前提下，应尽量使其结构简单紧凑，以便节省材料，降低成本。

同时，所设计的传动系统还应该满足防护性能好，操纵方便灵活，工作安全可靠，便于加工、装配、调整和维修等方面要求。

3.2.2 工作机工况分析

工作机由于功能的多样性，其种类繁多，工况也有很多不同，有的较复杂，因此，下面仅简要分析转矩（或力）、转速（或线速度）、功率等主要工况参数间的相互关系及变化规律。

1. 系统的运转状态分析

对于运动形式为旋转运动的工作执行机构，其运动过程的转矩方程可表示为

$$T_{v1} - T_{v2} = I_v \frac{d\omega}{dt} \tag{3.2}$$

式中：

$$T_v = \sum_{i=1}^{n} F_i V_i \cos \alpha_i / \omega + \sum_{i=1}^{n} T_i \omega_i / \omega \tag{3.3}$$

$$i_v = \sum_{i=1}^{n} m_i (v_{si}/\omega)^2 + \sum_{i=1}^{n} I_i (\omega_i/\omega)^2 \tag{3.4}$$

T_{v1},T_{v2}为转化到某一构件上的等效驱动转矩和等效阻抗转矩;I_v 为转化到某一构件上的等效转动惯量;ω 为转化构件的角速度;m_i,I_i,T_i,F_i,ω_i 分别为构件 i 的质量、转动惯量、转矩、作用力和角速度;v_i,α_i,v_{si} 分别为 i 构件上力作用点的速度、压力角、质心 s_i 的速度。

对于有连杆、凸轮、非圆齿轮等构件的机构,即使力和质量为常值,其等效力和等效质量均非常值,因而机器运转时有周期性速度波动。为减小这种波动,应装设飞轮(如冲床、空气压缩机等)。只有在齿轮等定传动比的机器中,等效力和质量才可能是常值,但负载或质量变化时,系统的实际运动应按式(3.2)计算。如 T_{v1},T_{v2}和 I_v 三者之一按周期性变化,则机器按三者周期的最小公倍数作周期性稳定运转。当 $T_{v1}-T_{v2}\equiv 0$,$I_v=C$ 时,机器将作匀速稳定运转,否则 $\mathrm{d}\omega/\mathrm{d}t\neq 0$,则机器将处于非稳态工况;当 $T_{v1}>T_{v2}$时,系统作加速运动;当 $T_{v1}<T_{v2}$时,机器作减速运动。

非稳态工况有两类,一类是从一种稳态到另一种稳态的过渡过程,如起动时的加速,制动时的减速,以及从一种转速过渡到另一种工作转速(同向或反向)等;另一类则是受控的连续非稳态运转,如按给定规律连续变速的传动,某种伺服运动等。非稳态工况往往伴随着动力效应,设计时应予充分重视,必要时需进行动力学分析和计算。

2. 工作机的载荷特性分析

工作机构的载荷分为静载荷、动载荷两大类。动载荷又可分为周期性载荷、冲击性载荷和随机载荷三种。受静载荷的机器通常只需按静强度判据进行设计;受动载荷者则需按疲劳强度判据进行设计。对于某些对动态性能要求不高的受动载荷作用的机器,常采用将名义载荷乘以动载系数 K_d 作为设计计算载荷,从而能采用静载荷的设计方法来进行设计计算。表3.6给出了一些机器的动载系数的荐用值。工作机的载荷特性往往很复杂,有时是多种工况的复合,转速-转矩特性曲线与工作机构的作业过程时间的长、短,断续与连续等均有关,因此,工作机构载荷特性的确定是较难的专业性工作。

表3.6 动载荷系数 K_d 推荐值

机器名称	空载起动	带负载起动		起动后	
		平稳起动	快速起动	摩擦离合器加载	冲击加载
小型风机,车床,钻床,带式输送机	1.2~1.3			1.2~1.4	
轻型传动机械,铣床等	1.3~1.5			1.3~1.5	
刨床,汽车,绞车,纺织机械	1.3~1.5	1.4~1.6	1.5~1.7	1.4~1.6	
挖土机,起重机构	1.4~1.8	1.7~1.9	1.8~2.0	1.7~1.9	2.0~2.2
球磨机,曲柄压力机,剪切机		1.1~1.25	1.2~1.3		1.3~2.0
电车,电动小车,翻车机构		1.6~1.9	1.8~2.5		2.0~2.5

3.2.3 动力机的选择

动力机的选择是传动系统设计基本任务之一,也是传动系统结构设计的前提,通常可参考下列条件选用：

① 现场的能源条件；

② 工作机的机械特性和工作制度；

③ 对起动、平稳性、过载能力、调速和控制等方面的要求；

④ 工作可靠、操作与维修简便；

⑤ 初始费用、运行维护费用等。

野外工作和移动式机械均采用一次动力机，电力机车和有、无轨电车，电瓶车等专门配置有供电系统，可选用电动机作为动力机。在特殊自然环境条件下，可考虑利用水力、风力、海洋潮汐作为动力来推动相应的机械作为动力机，甚至也不排斥人力或畜力作为“动力机”。

一般的机器，大多采用二次动力机，其中，以电动机应用最为广泛，在有高压油供给系统的场合可选用液压马达作为动力机，在有压缩空气站及供气系统的场合，可用气动马达作为动力机。因此，下面仅给出二次动力机的性能比较（表3.7）和常用动力机的电动机的性能和指标（表3.8），以供传动设计时的动力机类型选择分析。

表3.7　二次动力机的性能

类　别	电动机	气压马达（气缸）	液压马达（液压缸）
尺寸	较大	较小	最小
功率/重量	大	比电动机大	最大
输出刚度	硬	软	较硬
调速方法和性能	直流电动机可通过改变电枢电阻、电压或改变磁通调速；交流电动机可通过变频、变极或变转差率进行调速	用气阀控制，简单、迅速，但不精确	通过阀控或泵控改变量，调速范围大
反转性能	通常是单向回转，需要时可用反向开关或特殊电路反向，简单	通过方向控制阀反向供气，简单、迅速	通过方向控制阀反向供油或使变速装置超过中心位置，简单
运行温度的控制	在正常环境温度下使用，电动机用风冷，温升应低于允许值	排气时空气膨胀而自冷	对工作油箱进行风冷或水冷
高温使用性能	受绝缘的限制，采用耐热的绝缘材料和特殊设计，可提高使用温度	取决于结构材料的允许使用温度	受工作液最高使用温度的限制，采用高温工作液可提高使用温度
防燃爆性能	需采用防爆电动机	介质不会燃爆，可用于易燃易爆的环境	用于易燃环境时，必须使用防燃性油
恶劣环境适应性	需采用防护式或封闭式电动机	适用于多尘、潮湿和不良的环境	需用密封结构

续表

类　别	电动机	气压马达(气缸)	液压马达(液压缸)
故障反应	运转故障或严重过载,可能烧坏电机,需考虑过载保护装置	过载不引起部件损坏	过载不引起部件损坏
噪声	噪声小	噪声较大,排气口应设置消声器	噪声较大
初始成本	低	较高	高
运转费用	最低	最高	高
维护要求	较少	少	较多
功率范围	0.3～10 000 kW,范围极广	受气压马达尺寸限制,与供气压力有关。使用范围:15 kW 以下,与马达类型有关,特别适用于 0.75 kW 以下的高速传动	受实际液压(一般最大为 35 MPa)和马达尺寸的限制,小功率(0.75 kW 以下)效率低,成本高

表 3.8　电动机主要性能

电动机类别	交流电机		直流电机	
	异　步	同　步	并　励	串　励
机械特性	n_s为同步转速	n_s为同步转速	n_0为空载转速	
功率(kW)	0.3～10 000	200～50 000	0.3～5 500	1.37～650
转速范围(r/min)	500～3 000	150～3 000	250～3 000	370～2 400
平均起动转矩	0.45～0.5(T_s+T_c) 式中,T_s 为起动转矩;T_c 为临界转矩;T_y 为引入转矩	$T_s>T_y$ 时: 0.5(T_s+T_y) $T_s\leqslant T_y$ 时: (1.0～1.1)T_s	由控制形式决定	
过载能力	1.65～2.8	≥1.65;强励时 3～3.5	1.5～2.5	1.5～2.5
效率	0.90～0.95			

续表

电动机类别	交流电机			直流电机	
	异　步		同　步	并　励	串　励
	笼型电动机	绕线转子电动机			
特点	结构简单，工作可靠，维护容易，价格低廉，满载时效率和功率因数高，低载荷时功率因数低，配用调速装置后提高起动性能、加减速性能、稳态性能以及对电网的功率因数	转子外加电阻时，起动转矩大，起动时功率因数高，增减外电阻可改变其滑差率，可在最大转矩时调速，但调速范围小，维护较麻烦，价格较贵，特性软，效率低，外加电阻发热。如转子外加电势组成串级调速系统，可提高其效率和机械特性的硬度	恒转速，功率因数可调节，但需有供励磁的直流电源，价格贵，可配变频器进行调速	调速性能好，能适应各种载荷特性，但价格较贵，维护复杂，需要可调直流电源	起动转矩大，自动适应性好，过载能力强，价格贵，维护复杂，需要直流电源
应用	载荷平稳、不调速、长期工作的机器，如金属切削机床、起重运输机、矿山机械，加装调速装置后可用于各种需要电动机调速的场合，可完全取代直流电机调速系统	载荷周期变化，起制动次数较多，小范围调速的机器，如轧钢机主传动、提升机	一般用于不调速的低速、重载和大功率机器，特别是需要功率因数补偿的场合，如鼓风机，加变频调速装置后可扩大应用范围	要求调速范围大的场合，如重型机床，正逐步被交流电机调速系统取代	需要起动转矩大、恒功率调速的机器，如电力机车、电车，正逐步被交流电机调速系统取代

3.2.4　传动系统类型及其选择原则

当动力机的输出转速、转矩、运动形式和输出轴的几何位置等完全适合工作机的输入要求时，可以采用联轴器将它们直接连接，否则必须采用传动装置。

传动系统随着其用途不同有不同的形式，根据其实现功能目标的共性，通常可以把传动系统分为定比传动机构、变速传动装置、启动和换向及制动装置、安全装置等几个组成部分。

1. 定传动比传动的选择

定传动比传动主要采用机械传动装置。选择传动类型时，首先考虑动力机与工作机的相对轴线位置能否达到所传递的功率和运转速度，当功率小于 100 kW 时，原则上可选用各种传动类型，如齿轮传动、蜗杆传动、带传动；如单级传动不能满足传动比要求时，可采用多级传动，但效率会有所降低。

选择传动形式时还需考虑结构布置上的要求。当主、从动轴平行时，可选用带、链或圆柱齿轮传动；如主、从动轴间距较大，或主动轴需同时驱动多个距离大的平行轴时，可选用带或链传动；如同时对同步要求较高时，只能用链传动或同步带传动；要求两轴同轴线时，应采用两级以上的齿轮传动或行星齿轮传动；两轴相交时，用圆锥齿轮或摩擦轮传动；两轴交错时，用蜗杆传动或准双曲面齿轮传动；平带也可用于相交轴或交错轴间传动。

要求传动结构紧凑时，优先采用齿轮传动；另外，如对传动噪声有严格的限制，应选择传动噪声较小的蜗轮、摩擦轮、带轮等传动副，并在制造、装配精度和结构上也予以考虑。

2. 变速传动的选择

变速装置的作用是改变动力机的输出速度和转矩以及运动形式，以适应执行系统的工作需要。它根据需要可以是有级变速传动，也可以是无级变速传动。常见的变速装置有交换齿轮变速、滑移齿轮、交换带轮变速、离合器变速等。对其的基本要求是：满足变速范围和变速级数的要求，能传递足够的功率或扭矩，且效率较高，体积小、重量轻、结构尽量简单，良好的工艺性（加工、装配、检测和维修等）和润滑、密封良好。

(1) 有级变速传动的选择　有级变速传动是指在一定转速范围内仅能输出有限的几种转速，如普通金属切削机床的主轴箱、进给箱，大多是通过杠杆、拨叉移动滑移齿轮或离合器，实现啮合齿轮（常用直齿圆柱齿轮）的变换，得到按等比级数分布的输出转速。这类变速传动具有调速比大、尺寸小、寿命长、工作可靠、操作方便等优点。

如两轴之间需要实现多种传动比，且传动比值又要求精确保证（内联系传动链），如滚齿机、插齿机等的范成运动链，在变速不频繁时，可采用交换齿轮变速装置。

对于简单的小功率传动，可采用带、链的塔轮式变速传动装置，如台钻、变速自行车等，不过在设计时应注意处理在不同传动比下计算带（链）长与实际带长不等的问题。

另外，可以实现有级变速的传动还有电力传动中利用笼型变级电动机、液压传动中利用有级变速的液压马达来扩大液压传动的调速比等多种类型。

(2) 无级变速传动的选择　当传动系统要求无级变速时，可以通过选用机械式、电力式和流体传动式来实现。

机械无级变速传动结构简单、恒功率特性好，变速比一般为 3～10，有的可达 15～20，还可以实现正反转，并已形成独立部件的产品，实现了标准化和系列化；而且易于实现自动控制与遥控，应用范围广；但寿命较短、耐冲击能力较差。通常用于响应速度要求不太高的中小功率传动。现在也将其与笼型电动机组合成一体，构成一个产品（变速电机）。

电力无级调速传动的功率范围大，容易实现自控和遥控，且能远距离传递动力。电缆和导线的敷设较流体管道安装方便，而且响应速度几乎不受线路长短的影响，但是其显著不足是恒功率特性差。通常可分为交流调速系统与直流调速系统两种类型，后者需有直流电源，因而逐步有被交流调速系统取代的可能。

流体压力无级调速与电力无级调速在功率、转速、转矩相同的条件下，其尺寸、重量、转动惯量均较小，因而响应速度比电力传动快，但受管路长短的影响较大，系统有较大的噪声与泄漏等缺点。液力传动特有的输入、输出特性，使之与动力机、工作机都能实现良好的匹配，现多用于工程机械、轿车及机车。对于利用压缩气体的气压无级调速装置则多用于小功率传动及防爆防燃等场合。

3. 启停和换向及制动装置的选择

(1) 启停和换向装置　其作用是用来控制执行件的启动、停车以及改变运动方向。常见的换向装置可以是动力机(电动机、液压机、气缸等)换向、齿轮-离合器换向、滑移齿轮换向等。起停和换向装置通常有三种工作状态：不需要频繁启停且无换向要求，如各类自动机械等，其工作循环为自动完成，可连续运行而不需要停车；需要换向但不频繁，其执行件需要作往复运动且工作时间较长；启停和换向都很频繁，如各类通用机床等。因此，一般要求是：操作方便省力，并能传递足够的动力，结构简单，安全可靠。

(2) 制动装置　其作用是使执行件的运动能迅速停止。由于运动构件具有惯性，启停机后不能立即停止，且运动构件的转速愈高，惯性愈大，摩擦阻力越小，停车时间越长。为了缩短停车过程或适应紧急制动的需要，对于起停频繁、运动构件惯性大或运动速度高的传动系统，应设置制动装置。制动分空载制动(如金属切削机床、冲床、剪床等)、负载制动(如起重机、提升机等)和冲击制动三种情况。常采用制动器制动，对应的基本要求有：操纵方便省力，工作可靠，制动平稳迅速，结构简单，尺寸小，耐磨性高，散热好。对于动力机为电动机的传动系统，还可以采用反接制动或耗能制动等来实现。

4. 安全保护装置的设计选择

传动系统中的安全保护装置主要是对传动系统内的各传动件起着安全保护的作用，避免因机械过载或操作者的误动作而损坏机件。传动系统设计中通常需要设置安全保护装置。

过载安全：当工作机载荷变化频繁、变化幅度较大时，将可能产生过载。在传动系统设计中应设置过载保护装置或元件(如安全联轴器、安全销等)；也可以选用如摩擦传动、流体传动等本身具有一定过载保护作用的传动元件和方式。过载保护装置设置位置的原则是应能保护机器中大多数重要零部件不受损坏。

空载安全：当工作机起动、停车、变速频繁，动力机不能适应这一工况要求时，传动变速装置应考虑设置成空挡(传动链脱开、工作机停车、动力机空载运转)；在有空挡或离合器的传动系统中，必须注意动力机的空载性能。例如交流电动机和并励式直流电动机空载时，可以稳定在一定的空载转速上，而串励式直流电动机和内燃机空载时，转速升高很快，甚至出现“飞车”，为防止由此而引起的部件损坏，应在动力机中安装极限调速器。

5. 传动类型选择的基本原则

① 小功率传动，在满足工作性能的前提下，选用结构简单、初始费用低的传动装置；

② 大功率传动，应优先考虑传动的效率，以节约能源、降低运转和维修费用；

③ 当工作机要求变速，若其调速比与动力机的调速比相适应，可直接连接或采用定传动比传动装置；当工作机要求大的调速比，而用动力机调速不能满足机械特性和经济性要求时，则应采用变传动比传动装置；除工作机要求无级变速者外，尽量采用有级变速传动。

④ 当载荷变化频繁，且可能出现过载时，应设过载保护装置。

⑤ 工作机要求与动力机同步及其精度要求较高时，应采用无滑动的传动装置。

⑥ 传动装置选用必须与制造技术水平相适应，尽可能选用专业厂商生产的标准传动元件或部件。

另外，传动系统的辅助设备包括润滑、冷却、计数、照明、消声、除尘以及平衡等装置。其中前两项对传动系统设计的影响最为直接。对于常用的传动系统来说，除了部分摩擦轮和带传动外，传动装置均需润滑，而且在很大程度上影响着传动的性能与寿命。润滑装置与传动类型、润滑剂种类和润滑方法有关，设计时应充分予以重视，具体选择可参见有关传动设计的专业资料。

传动系统运行过程中，由于功率损失转化为热量，如依靠自然散热不能有效散发时，就必须考虑增设冷却装置，并进行热平衡计算。

3.2.5 传动系统方案设计实例分析

以蜗杆砂轮型磨齿机为例，简单分析其“分度传动”的设计和选择方法。蜗杆砂轮型磨齿机是用渐开线蜗杆砂轮，按范成原理来磨制渐开线圆柱齿轮的高生产率精加工机床，磨齿精度可达 GB/T 10095—1988 的 5 级。其基本工作原理是：使用的砂轮与被磨齿轮的法向模数和压力角相等，砂轮每转一转，工件转过一个或两个齿；当磨制斜齿轮时，工件的螺旋角可以利用差动装置的附加转动来实现和保证，为了磨出齿的全长，工件还需要沿其轴向进给，无差动装置者，则沿工件螺旋线的切线方向进给。另外，为了减少磨削过程的发热，磨削余量常分几次磨完，故机床运动中还应有横向进给机构。蜗杆砂轮型磨齿机的工况特点主要有：

① 砂轮与工件之间为有严格的相对运动——范成运动，机床应有高精度的传动系统，内联系传动链中不得采用有滑动的摩擦传动和有速度波动的链传动；

② 由于一般为精加工，其载荷小而稳定，机械特性为恒转矩型；

③ 为了保证加工精度和齿面粗糙度，应避免振动。

1. 磨齿机分度传动链的传动类型

由前节传动类型分析可知，实现砂轮和工件间分度运动的传动类型可以是机械传动、电气传动或流体传动，也可以是它们相互结合的传动。下面介绍已得到应用的三种典型传动形式。

(1) 机械传动形式　系统选用多流传动的分流传动形式，磨削砂轮的转动和工件的转动以及工件的轴向进给均由同一台电动机驱动，由于是内联系传动链，传动元件选用具有较高传动精度的齿轮副和蜗轮蜗杆副等。图 3.2 是 Y7215 型磨齿机的机械传动系统图。

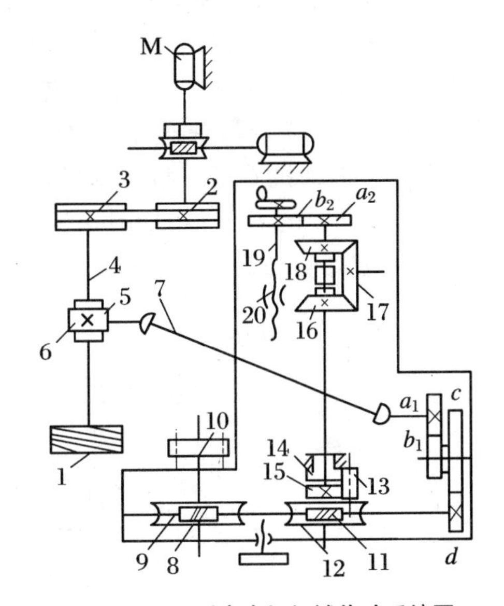

图 3.2　Y7215 型磨齿机机械传动系统图

1. 齿轮；　2,3. 带传动；　4. 砂轮主轴；　5,6. 齿轮副；　7. 联轴器；　8,9,11,12. 蜗轮副；　10. 工件；　13～15. 差动轮系；　16～18. 锥齿轮副；　19,20. 螺旋副；　a_1,b_1,c,d:分度交换齿轮；　a_2,b_2:进给交换齿轮

分度传动链为：

砂轮主轴 4 → 齿轮 1

主电动机 M → 带传动 2/3

齿轮副 5/6 → 双万向联轴器 7 → 分度交换齿轮 a_1/b_1、c/d → 蜗轮副 8/9 → 工件 10

分度交换齿轮比：

$$(a_1/b_1) \times (c/d) = 48k/z$$

式中：k，z 分别为蜗杆砂轮头数和工件齿数。

工件的轴向进给传动链为：

工件 10→蜗轮副 9/8→差动轮系 15、13、14→锥齿轮副 16、17、18→进给交换齿轮 a_2/b_2→螺旋副 19/20→工作台。

轴向进给交换齿轮比：

$$a_2/b_2 = 12.5f$$

式中：f 为轴向进给量。

(2) 电轴-机械混合传动形式　对于传统的机械传动形式 Y7215 型磨齿机来说，由于采用分流传动，主运动和进给运动共用一个动力机，且两者在空间布局上难以共轴线，从而需用一万向联轴器，同时，为了满足轴向进给的驱动，又不需应用锥齿轮来实现相交轴的传动。

一般情况下，万向联轴器和锥齿轮两者的传动精度有限。因此，为了提高分度传动系统的传动精度，将砂轮的转动和工件的转动分别用两台转速相同的同步电动机驱动，并使其满足范成运动的关系，两者的同步信号（发信齿轮）和控制由外部电气控制器完成。通常将这种两台同步电动机看成一根传动轴，并称之为电轴。这种电轴传动和机械传动混合的 Y7232 型磨齿机的传动系统如图 3.3 所示。为了进一步提高整体传动系统的精度、减少振动，在轴向进给运动链应用液压缸的液压传动。

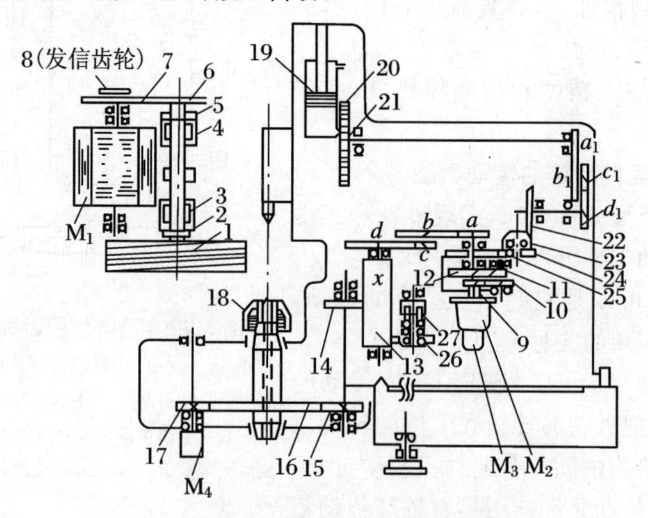

图 3.3　Y7232 型磨齿机电轴-机械传动系统

1. 砂轮；2～5. 端面静压轴承；6,7,9～17,21～26. 齿轮；8. 发信齿轮；18. 工件主轴；19. 升降液压缸；20. 升降齿条；27. 变量泵；M:电动机；a_1,b_1,c_1,d_1:差动交换齿轮；a,b,c,d:分度交换齿轮

分度传动链为：

砂轮的转动：同步电动机 M_1→齿轮副 7/6→砂轮 1。

工件的转动：同步电动机 M_2→差动轮系 9/10、11/12→分度交换齿轮 a/b、c/d→齿轮副 13/14、15/16→工件。

分度交换齿轮比：

$$(a/b)\times(c/d) = 24\,k_0/z$$

式中：k_0，z 分别为蜗杆砂轮齿数和工件齿数。

差动传动链为：

升降液压缸 19→齿条齿轮 20/21→差动交换齿轮 a_1/b_1、c_1/d_1→锥齿轮副 22/23→齿轮副 24/25→差动轮系 9/10、11/12→分度交换齿轮 a/b、c/d→齿轮副 13/14、15/16→工件。

差动交换齿轮比：

$$(a_1/b_1)\times(c_1/d_1) = 9.803\,92\sin\beta/m_n$$

式中：β，m_n 分别为工件齿轮分度圆螺旋角和法向模数。

(3) 光-电气-液压综合传动　随着现代(光)机电一体化技术和控制技术的发展和应用，给传动系统的结构和运动设计带来了深远的影响，将使其结构更为简单，精度更高。如图 3.4所示是用“光栅-步进电机-液压传动”构成的 JCS－015 型磨齿机的传动系统图。通过

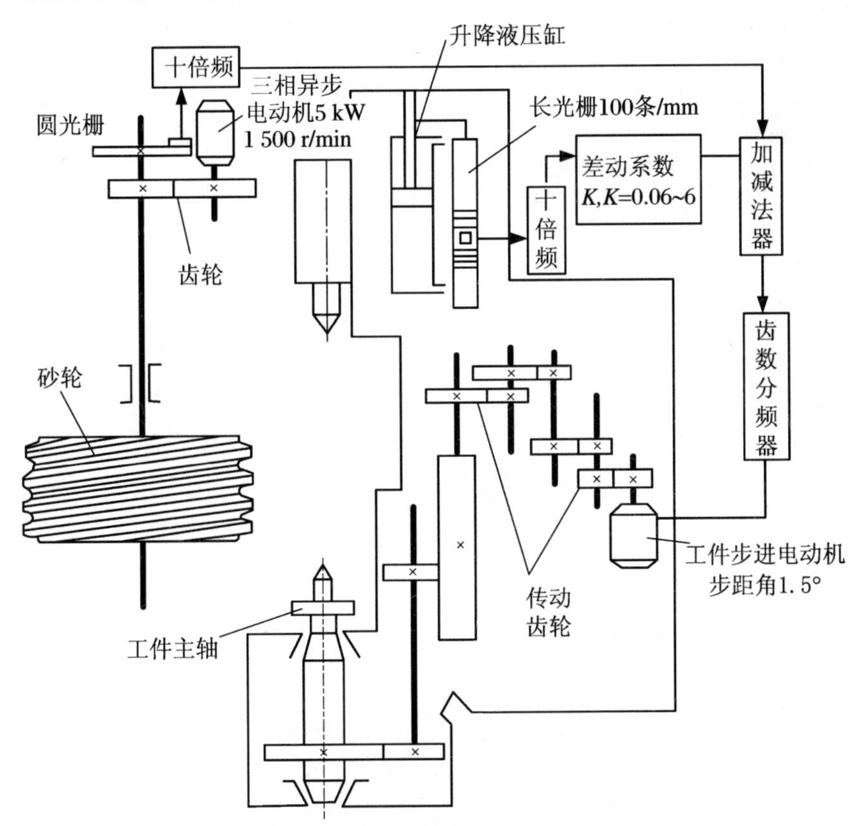

图 3.4　JCS－015 型磨齿机的传动系统图

砂轮转动的主运动电机的变频分度和工件转动的步进电机的协调控制(差动方法),实现范成运动的需要;并利用圆光栅和长度光栅分别监测、反馈和控制主运动和轴向进给运动。不过应注意到工件回转运动的驱动源为步进电机,其运动是按脉冲信号工作的,传动系统的角速度有时会出现不均匀的现象,对齿面粗糙度有一定影响,应设法通过惯性匹配的途径加以改善;另外,在传动元件选择设计时,可以使传动系统中的配对齿数尽可能互为质数以减弱振动。

2. 三种传动类型的特点比较和选用原则

蜗杆砂轮磨齿机的三种分度传动类型的特点比较见表 3.9,由表中对应比较项目的内容可知,如需磨削加工 6 级及其以下精度的齿轮时,可考虑采用传统的机械传动机床;而如需要磨削 5 级精度的齿轮时,不应采用机械传动;如对齿面的表面粗糙度要求高时,应优先考虑工作稳定性较好的电轴-机械传动方式;而不仅要求有较高的制造精度,还要求有较高生产率时,则由光-机-电-液混合传动方式的 JCS-015 型磨齿机较为合适。

因此,在传动系统设计和选择时,需要根据实际使用要求来综合考虑。

表 3.9 三种传动类型的特点比较

项 目	机械传动	电轴-机械传动	光-电-液综合传动
机械结构	复杂	简单	简单
电器控制	简单	较复杂	复杂
磨齿精度	6 级以下	5 级以上	5 级以下
齿面粗糙度	$R_a1.6\ \mu m$	$R_a0.8\ \mu m$	$R_a1.6\ \mu m$
传动元件精度要求	高	一般	一般
操作	复杂 (需换交换齿轮)	复杂 (需换交换齿轮)	简单 (无交换齿轮,用码盘)
自动化程度	低	中等	高
生产率	低	中等	高

3.3 机械传动系统设计

3.3.1 机械传动的类型与性能

1. 机械传动的分类

机械传动的种类很多,可以实现定比、变速(有级或无级)、换向等运动的传递。通常按其工作原理来进行分类描述,如表 3.10 所示。其基本特点是:工作可靠,维修方便,传动比准确,结构简单,传递扭矩大;但是,运动平稳性较差,振动噪声较大,精度不高。

表3.10　机械传动按工作原理分类

<table>
<tr><th colspan="3">传动类型</th><th>说　明</th></tr>
<tr><td rowspan="3">摩擦传动</td><td colspan="2">摩擦轮传动</td><td>圆柱形,槽形,圆锥形,圆柱圆盘形</td></tr>
<tr><td colspan="2">挠性摩擦传动</td><td>带传动:三角带(普通带、窄形带、大楔角带、特殊用途带),平型带,多楔带,圆型带;绳及钢丝绳传动</td></tr>
<tr><td colspan="2">摩擦式无级变速传动</td><td>定轴的(无中间体的、有中间体的);动轴的(行星及封闭行星式);有挠性元件的</td></tr>
<tr><td rowspan="11">啮合传动</td><td rowspan="4">齿轮传动</td><td>圆柱轮传动</td><td>啮合形式:内、外啮合,齿条;
齿形曲线:渐开线,单、双圆弧,摆线;
齿向曲线:直齿,螺旋(斜)齿,曲线齿</td></tr>
<tr><td>圆锥齿轮传动</td><td>啮合形式:外、内啮合,平顶及平面齿轮;
齿形曲线:渐开线,单、双圆弧;
齿向曲线:直齿,斜齿,弧线齿及曲线齿</td></tr>
<tr><td>动轴轮系</td><td>渐开线齿轮行星传动(单自由度、多自由度);
少齿差行星传动:摆线针轮,谐波(三角形齿、渐开线齿),三环内齿</td></tr>
<tr><td>非圆齿轮传动</td><td>可实现主、从动轴间传动比按周期性变化的函数关系</td></tr>
<tr><td rowspan="3">蜗杆传动</td><td>圆柱蜗杆传动</td><td>直纹面(普通)圆柱蜗杆传动(阿基米德、渐开线、延长渐开线);
曲纹面圆柱蜗杆传动(轴面、法面圆弧齿,锥面、环面包络的圆柱蜗杆)</td></tr>
<tr><td>环面蜗杆传动</td><td>二次包络蜗杆传动(直纹齿、曲纹齿);
一次包络蜗杆传动(平面齿蜗轮、曲纹齿)</td></tr>
<tr><td>锥蜗杆</td><td>介于准双曲面齿轮传动与普通圆柱蜗杆传动之间</td></tr>
<tr><td colspan="2">挠性啮合传动</td><td>链传动:套筒滚子链,套筒链,弯板链,齿形链,非圆轮链;
带传动:同步齿形带</td></tr>
<tr><td colspan="2">螺旋传动</td><td>摩擦形式:滑动,滚动,静压;
头数:单头、多头</td></tr>
<tr><td colspan="2">连杆机构</td><td>曲柄摇杆机构,双曲柄机构,曲柄滑块机构,曲柄导杆机构</td></tr>
<tr><td colspan="2">凸轮机构</td><td>直动、摆动的从动件(平面盘形、空间凸轮,平面移动),反凸轮机构,分度凸轮机构</td></tr>
</table>

2. 机械传动的特点和性能

可用于机械传动的部件有很多,按传动副的构成不同各自拥有不同的特点和性能,并在不同的工作环境中有不同的要求。表3.11、表3.12分别给出了在传统机械传动设计中应用较多的摩擦传动、链传动、齿轮传动和蜗轮蜗杆传动的特点、性能以及应用场合的比较分类,表3.13是机械无级变速传动的特点和应用。其中摩擦轮传动、带传动和链传动构成的传动装置目前尚无标准化的系统产品,因此,在设计机器传动系统时,一般应在选定传动类型后再进行传动元件的详细设计,以满足机器传动系统的要求;而齿轮和蜗轮蜗杆传动的传动装置已有标准化的系列产品,则可以直接选用。

表 3.11　摩擦轮传动、带传动和链传动的特点、性能和应用

类别	特点	功率 P(kW)	速度 V (m/s)	效率 η	单级传动比 i	寿命 (h)	应用举例
摩擦轮传动	结构简单，运转平稳，噪声小，可用作无级变速传动，有过载保护作用。轴和轴承上的作用力很大，有滑动，磨损较快，不宜用于精度要求高的分度链	一般<20，最大 200	一般≤25，最高 50	圆柱轮 0.85～0.92；圆锥或槽形轮 0.85～0.90	一般≤7～10；有卸载装置≤15；仪器、手动≤25	取决于接触强度和抗磨损能力	摩擦压力机、机械无级变速器和某些仪器等
带传动	结构简单，轴间距范围大，运转平稳，噪声小，能缓和冲击，有过载保护作用(同步带除外)，安装维护要求不高，成本低。外廓尺寸大，摩擦型带有滑动，易摩擦起电，作用在轴上的力大，带的寿命短，不宜用于精度要求高的分度链和易燃易爆的场合	平带≤3 500；V 带≤4 000；同步带≤400	平带≤120；V 带≤40；同步带≤100	平带 0.94～0.98；V 带 0.90～0.94；同步带 0.96～0.98	平带≤5；V 带≤8；同步带≤10	一般 V 带 3 500～5 000；优质 V 带可达：20 000	金属切削机床、输送机、通风机、纺织和办公机械等
链传动	结构简单，轴间距范围大，传动比恒定，能在恶劣环境下工作，工作可靠，作用在轴上的力小。瞬时速度不均匀，不如带传动平稳(高速时显著)，链磨损伸长后易产生振动、掉链	一般≤200，最大 4 000	一般≤20，最大 40	滚子链：V≤10 m/s 时，0.95～0.97；V>10 m/s 时，0.92～0.96；齿形链：0.96～0.98	一般≤8，最大 10	5 000～15 000	农业机械、石油、矿山、运输、起重和纺织等机械

表3.12 常用齿轮传动的特点、性能和应用

类别		主要特点	功率 P(kW)	速度 V(m/s)	效率 η	单级传动比 i	应用举例
圆柱齿轮	渐开线齿轮	功率和速度范围大，通用性强，工作可靠，效率高，对中心距误差的敏感性小，易于制造和精确加工，可进行变位切削和修形	<25 000，最大50 000	一般<150，最大300	与制造精度有关，一般：0.96～0.99	一般<8，最大10	应用极为广泛，几乎遍及工业各部门
	单圆弧齿轮	接触强度高，磨损小，无根切现象，只能制成斜齿轮，轮齿弯曲强度相对较差	低速<5 000，高速可达：6 000	一般<100，最高140	与制造精度有关，一般：0.97～0.99，最高：0.994	一般<8，最大10	用于起重机、轧钢机、矿山机械以及通用减速器，高速用于鼓风机、汽轮机、空压机等
	双圆弧齿轮	具有单圆齿轮的基本优点，弯曲强度有所改进，可用一把滚刀加工一对齿轮，传动平稳					
	销齿传动	可制成外啮合、内啮合和齿条啮合，结构简单，加工容易，造价低，维修方便	大多用于小功率	0.05～0.5	有润滑：0.93～0.95；无润滑：0.9～0.93	一般5～30	用于起重机回转机构，球磨机传动机构，加热炉台车拖曳机构等
锥齿轮传动	直齿锥齿轮	比曲线齿锥齿轮的轴向力小，制造也容易	已达373	<5	0.97～0.995	<8	汽车、拖拉机和其他轴线相交的中低速传动
	斜齿锥齿轮	比直齿锥齿轮总重度大，提高平稳性	比直齿锥齿轮稍大	比直齿锥齿轮更高	0.97～0.995	<8	
	曲线齿锥齿轮	比直齿锥齿轮传动平稳，噪声小，承载能力大，支承部分要考虑较大的轴向力和方向	已达746	>5 磨齿可达:50	0.97～0.995	<8	汽车、拖拉机驱动桥，通用圆锥圆柱齿轮减速器

续表

类别		主要特点	功率 P(kW)	速度 V(m/s)	效率 η	单级传动比 i	应用举例
准双曲面齿轮传动		比曲线齿锥齿轮传动更平稳，利用偏置距增大小齿轮直径，因而可增加小轮刚性，实现两端支承，沿齿长方向有滑动，传动效率比直齿锥齿轮低	已达 1 000	<30	0.90~0.98	<10	广泛用于越野小客车和卡车，以提高或降低车辆重心，经特殊设计和加工可代替蜗杆传动
蜗杆传动	普通圆柱蜗杆（包括ZA型，ZI型、ZN型蜗杆）	传动比大，运转平稳，噪声小，结构紧凑，可实现自锁	<200	一般 <15	一般 0.7~0.9	一般 8~80	多用于中小载荷间歇运转的情况，如轧钢机压下装置、慢动提升机等
	圆弧圆柱蜗杆（ZC型蜗杆）	主平面共轭齿面为凹凸齿啮合，接触线形状有利于形成油膜，传动效率和承载能力均高于普通圆柱蜗杆传动	<200	一般 <15	比普通圆柱蜗杆高	8~80	可代替圆柱杆传动
	环面蜗杆传动（包括平面齿包络、锥面包络、渐开面包络和直廓环面蜗杆）	接触线和相对速度夹角接近于90°，有利于形成油膜，接触齿数多，当量曲率半径大，其承载能力比普通柱蜗杆大2~3倍，但制造工艺较复杂	<4 500	一般 <15	比普通圆柱蜗杆高	5~100	轧机压下装置、各种提升物转炉化直动装置、冷挤压机等
谐波齿轮传动		传动比大、范围宽、元件少、体积小、重量轻，同时啮合的齿数多，故承载能力高，运动精度高、运转平稳、噪声低，传动效率也较高，柔轮的制造工艺较复杂	一般 <50，已达 370		0.7~0.9	<500	航空、航天飞行器，原子能、雷达系统，汽车、坦克、机床、医疗器械，光学机械精密传动，高压、高真空密封传动，工业机器人和无线电跟踪系统等

表 3.13　机械无级变速传动的特点和应用

<table>
<tr><td rowspan="3" colspan="2">形式</td><td colspan="4">定轴式</td><td rowspan="3">行星式</td><td rowspan="3">脉动式</td><td rowspan="3">制动耗能(滑差)式</td></tr>
<tr><td colspan="2">无中间体的</td><td colspan="2">有中间体的</td></tr>
<tr><td>改变主动轮工作直径</td><td>改变从动轮工作直径</td><td>同时改变主从动轮工作直径</td><td>改变中间滚动体工作直径</td></tr>
<tr><td colspan="2">传动原理</td><td colspan="4">多利用摩擦力传动,改变传动构件间的长度(工作直径)比例进行变速,传动能力受加压机构和滚动体的强度及润滑油性能的限制</td><td>基本原理和定轴式相同,并利用行星传动原理</td><td>用棘轮或单向超越离合器将可调幅的中间摆动件变为单向脉动输出,传动能力受超越离合器的限制</td><td>借改变制动力进行耗能来实现变速</td></tr>
<tr><td colspan="2">特点</td><td colspan="4">结构简单,可制成系列化的独立部件,适应性强,维护方便,滑动率<3%~5%,在实现恒功率变速方面比电力、流体无级调速好;除少数可在停车时变速外,均需在运行时变速;对材料、热处理、加工精度、润滑油的要求高,适于中、小功率传动</td><td>在零转速附近,机械特性差,滑动率<7%~10%,可扩大传递功率和变速范围</td><td>输出为不等速的旋转运动,变速稳定,适于中、低速小功率传动</td><td>结构简单,效率低,寿命短,变速不稳定</td></tr>
<tr><td rowspan="3">运动特性</td><td>变速比</td><td>3~5</td><td><3</td><td><16(25)</td><td><17(20)</td><td><40</td><td>>6</td><td></td></tr>
<tr><td>升、降速</td><td colspan="4">升、降</td><td colspan="2">降</td><td></td></tr>
<tr><td>反转</td><td>可以</td><td>可以</td><td>不可以</td><td>不可以</td><td>可以</td><td>不可以</td><td></td></tr>
<tr><td rowspan="2">动力参数</td><td>功率(kW)</td><td><40</td><td>多盘式达300</td><td><40</td><td><40</td><td><75</td><td><10</td><td></td></tr>
<tr><td>传动效率 q</td><td>0.50</td><td>~0.85</td><td>0.75~0.95</td><td>0.50~0.93</td><td>0.60~0.80</td><td>0.20~0.85</td><td></td></tr>
<tr><td colspan="2">应用举例</td><td colspan="2">食品、化纤、纺织、橡胶、制烟等机械,机床、搅拌机、运算机构</td><td>机床主传动、进给机构、电源及振动试验台,航空、汽车工业</td><td>机床、纺织、化工、印染、钟表等机械,工程机械,电工机械</td><td>机床进给系统、主传动系统,变速电机,化工、塑料机械,试验设备</td><td>食品机械,无线电装配线,热加工运输线</td><td>旧式纺织机械,现已少用</td></tr>
</table>

3.3.2 机械传动系统方案设计

1. 机械传动系统设计的内容

机械传动装置的选用(首先是传动类型的选用)是比较复杂的工作,它需要考虑从动力机到工作机多方面的因素,经细致分析对比后才能作出合理的选择。在现代的机器设计中,为了优化机器的设计方案,传动方案的确定都是同动力机的选择、工作机构的选定一起做通盘考虑的,也就是分析动力机、传动装置与工作机的匹配问题。

所谓传动的匹配是指确定传动的主要参数,使动力机-传动装置-工作机整个系统运行时达到:

① 动力机、工作机的工作点接近各自的最佳工况;

② 动力机、工作机的工作点是稳定的;

③ 动力机和传动系统符合工作机在起动、制动、调速、反向、空载等方面的要求。

机械传动装置作为动力机和工作机之间的中间环节,由于本身所具有的传动特性将会改变或影响机器的工作性能,因此,三者之间的匹配将在机械特性上协调,使机器在工作过程中达到最佳的运行状态。详细的匹配和计算可参阅其他资料。

传动装置的选用,通常没有确定的程序可行,而要根据不同机器的具体条件和复杂程度,经多方案的分析比较才能选定。一般地,传动装置类型选择时要具体分析的内容有:

(1) *机械特性* 传动装置的机械特性(一般是指转矩-转速曲线)要与动力机和工作机的机械特性相匹配,使机器能在最佳状态下运转。

(2) *功率范围* 各种机械传动都有各自最合理的功率范围,可参见表 3.11、表 3.12 和表 3.13。例如摩擦轮传动不适于传递大功率,而圆柱齿轮传动功率可达数万千瓦。因此要在合理的功率范围内来选择传动装置的类型。

(3) *速度* 受运转时发热、振动、噪声或制造精度等条件的限制,各种传动装置的极限速度(转速)虽然在不断提高,但考虑经济性后,其合理的速度范围还是存在的。

(4) *传动比范围* 各种机械传动单级传动比的合理范围差别很大,这是由于传动装置的结构条件有很大不同引起的。例如,圆柱齿轮传动,通常其传动比 $i \leqslant 10$,而单级谐波传动的传动比可达 500。因此,按合理的传动比范围来选用传动装置类型是很重要的。

(5) *传动效率* 对于小功率的传动,其传动效率的高低一般不太引人注意,但是对于大功率的传动,其传动效率对能源的消耗和运转费用的影响就举足轻重了。因此,在这种情况下,就应该优先考虑选用传动效率高的传动类型。

(6) *寿命* 机械传动装置的寿命主要表现在疲劳寿命和磨损寿命两方面,在设计机械传动装置时,一般都要进行详细的分析和计算。但是,由于各种传动装置受本身结构条件和制造水平的限制,其寿命仍有较大差别。例如,一般的滑动螺旋传动比滚动螺旋传动磨损快、寿命短;低速的蜗杆传动,由于不能形成较好的油膜,所以传动件磨损快、寿命短。

(7) *外廓尺寸* 在相同的传动率和速度下,采用不同种类的传动装置,其外廓尺寸可以相差很大。如图 3.5 所示,表示出传动功率为 50 kW,高速轴转速 $n = 1\ 000$ r/min,传动比 $i = 5$ 时的不同种类传动外廓尺寸比较。由图 3.5 可见,如果受安装空间限制,要求结构紧凑时,就不宜采用带传动和链传动;相反,如果由于布置上的原因,要求主、从动轴之间的距离较大时，就应该采用带传动或链传动，而不宜采用齿轮传动。

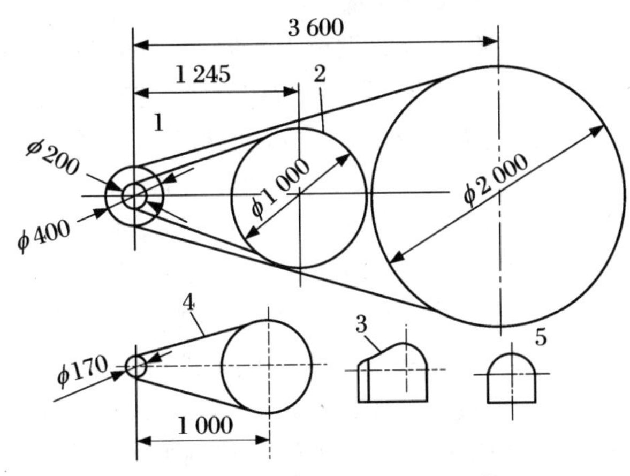

图 3.5 传动类型的外廓尺寸比较

1. 平型带传动； 2. V带传动； 3. 齿轮传动； 4. 链传动； 5. 行星齿轮传动

（8）重量 很多机器对自重有限制，例如飞机等航空器、机动车辆、安装在海上钻探平台上的机器等。在这种情况下，传动装置的重量将作为设计参数之一（常用功率重量比 G/P 来表示）来加以分析，各种传动的 G/P 差别很大，即使是同类传动，各形式传动的 G/P 值也不同，例如行星齿轮传动和谐波齿轮传动比定轴齿轮传动 G/P 要小得多。因此，在许多对重量有特殊要求的场合，在选择传动类型时就需要重点考虑。

（9）变速要求 通常可以用机械有级变速或无级变速传动装置来满足机器的变速要求。有级变速常采用圆柱齿轮传动，或采用带、链的塔轮机构来实现。后者由于操纵不方便、尺寸大，目前已很少采用。机械无级变速最常用的是摩擦式无级变速器，它有结构紧凑、传动平稳、噪声小等优点，但传递的功率不能太大，寿命也较短。目前，机械无级变速器与变速电动机组合成的变速电机，以及电气变频调速在工业生产中已得到广泛应用。

（10）价格 传动装置的初始费用主要决定于价格，这是在选用传动装置类型时也必须考虑的经济因素。例如，在生产水平与给定的传动类型制造要求相适应的条件下，齿轮传动和蜗杆传动的价格较高，而带传动仅为齿轮传动价格的 60%～70%；另外，即使同为齿轮传动，采用硬齿面的传动装置要比软齿面的价格高得多。

在实际的传动装置选用过程中，以上各方面都同时得到满足是不容易的，因为有些要求可能相互矛盾、相互制约。例如，要求传动效率高的传动装置，其制造精度就要高，其价格必然不低，要求外廓尺寸紧凑的结构装置，一般都用好材料制造，其价格也较高。因此，在选择传动装置类型时，要根据机器的工况、技术要求，结合技术经济的合理性，对可能适用的多种传动类型，从各方面进行细致的分析对比，必要时进行优化计算处理，以期选择最适用的机械传动类型。

2. 机械传动系统方案的拟订

机械传动系统的设计是一项比较复杂的工作，为了较好地完成此项任务，不仅需要对各种传动机构的性能、运动、工作特点和适用场合等有较深入而全面的了解，而且需要具备比较丰富的实际知识和设计经验。此外，机械传动系统的设计并无一成不变的模式可循，而是需要充分发挥设计者的创造能力。不过,仍可以在基本思路和设计原则上有所共性。

(1) 机械传动系统方案设计的基本步骤

① 根据预期完成的生产任务,选定机器的工作原理,再根据功能原理分析确定运动规律和工艺动作模式等传动方案。通常机器可以应用不同工作原理来完成同一生产任务,因而其传动方案也就不同。在拟定传动方案时,应从机械的工作性能、适应性、可靠性、先进性、工艺性和经济性等多方向来拟定,并用系统传动简图的形式来表征,然后通过对各种传动方案的评价加以确认。根据机器的工作原理和传动方案,便可确定出机器所需要的执行构件的数目、运动形式,以及它们之间的运动协调配合关系等要求。对于多执行构件的机器,如要求各执行构件在运动时间的先后与运动位置的安排上必须有准确而协调的相互配合时,则应画出机械的工作循环图,通常有直线式、圆周式和直角坐标式三种形式。

② 确定各执行构件的运动参数,并选定原动机的类型、运动参数和功率等。

③ 合理选择机构的类型,拟定机构的组合方案,绘制机械传动系统的示意图。

④ 根据执行构件和原动机的运动参数以及各执行构件运动的协调配合要求,确定各构件的运动参数(如各级传动轴的转速等)和各构件的几何参数(如连杆机构中各杆件的长度、凸轮的廓线等),绘制机械传动系统的机构运动简图。

⑤ 根据机器的生产阻力或原动机的额定转速进行机械中力的计算(如确定各级传动轴传递的转矩和各零件所承受的载荷等),作为零件承载能力计算的依据。

⑥ 在分析计算的基础上,按确认的机械传动系统的机构运动简图,绘制机器的总装配图、部件图和零件图。

⑦ 对有些机器在基本完成总装配图的基础上,尚需要进行动力学计算,以便确定是否需要加装飞轮及配置平衡重量等。

(2) 机械传动系统方案设计的原则

① 尽可能采用较短的运动链,以利于降低成本、提高传动效率和传动精度。

② 应使机械有较高的效率,对单流传动应提高每一传动环节的传动效率,对分、汇流传动,应提高功率大的功率流路线中各传动件的传动效率。

③ 合理安排传动机构的顺序。转变运动形式的机构(如连杆、凸轮和螺旋机构等)通常安排在运动链的末端,并靠近执行构件处。摩擦传动(带传动、机械无级变速器等)以及圆锥齿轮(大尺寸者难以制造)一般安排在传动的高速部位。

④ 合理分配传动比。各种传动均有一个合理使用的单级传动比值,一般不应超过;对于减速的多级传动,按照"前小后大"(即高速级传动比小,低速级传动比大)的原则分配传动比较为有利,但相邻两级传动比的差值不要太大;对于增速的多级传动亦应遵循这一原则。

⑤ 保证机械的安全运转。如无自锁性能的机构应设置制动器;为防止机械过载损坏,应设置安全联轴器或有过载打滑的摩擦传动机构;为防止无润滑而运行,应设置连锁开关,保证机器工作前润滑系统先行工作等。

3.3.3 机械变速传动系统设计

机械传动系统的预期功能由各执行构件来完成,而各执行件在工作中所需要的运动和动力由原动机(简称动源)经过一系列的传动零部件提供。这些传动件将动源与执行件联结起来,构成所需传动关系的传动装置通常称为传动链。依据传动链两端件(动源与执行件或执行件与执行件)之间的运动关系要求不同,可分为外联系传动链和内联系传动链。所谓外联系传动链是指两端件之间没有严格运动关系要求的传动链,主要考虑保证速度(转速)和传递的功率;而内联系传动链是指两端件之间存在着严格运动关系要求的传动链,主要关注其传动的精度。因此,要实现不同运动关系,在机械变速传动设计中也有不同的要求。

1. 机械变速传动链设计原则

(1) *外联系传动链的设计原则*　对于联系动源和执行件,使执行件获得一定动力、速度和方向运动的外联系传动装置,设计的一般原则有以下几点。

动源与传动链的联系:为了提高传动效率和简化机构,动源与末端执行件之间的传动环节越少越好,传动链应尽量短;如是主运动,应尽量为单一动源;对于进给运动,由于传递功率较小,也尽可能与主运动共用动源。

变速形式:应兼顾缩短变速辅助时间和简化机构。对于变速不频繁的,应尽量简化机构选用交换齿轮或交换带轮;对于变速频繁,变速范围较大的,常选用分级和无级变速机构。

变速机构的位置:传动件的尺寸在很大程度上取决于所需传递的扭矩,在功率一定的前提下,扭矩与转速成反比,因此,变速机构应尽量位于传动链的高速部分,如执行件的转速较低,应使变速机构在前(近动源处),降速机构在后。但是,转速越高,线速度也越高,则噪声越大,应予注意。

传动机构的选择:对于旋转运动的传动机构,一般要求扭矩较大,线速度较低($<12\sim15$ mm/s)时可用齿轮传动,如中心距较大则用链传动。对于直线运动的传动机构,有高速、长行程需求时,可用齿轮齿条机构或蜗杆齿条传动;低速、长行程时,可用丝杠螺母机构或蜗杆蜗条机构,如不允许自锁时,可用齿轮齿条机构。对于主运动为短行程的直线运动,可用曲柄连杆或曲柄摇杆机构,而进给运动可用凸轮机构;对于高速、短行程往复直线运动(换向频繁)或工作行程过长等直线运动,原则上不宜选用液压传动(液压缸)。如工作执行件的需求为间歇运动,可选用棘轮、槽轮机构。

(2) *内联系传动链的设计原则*　对于有传动比准确性运动关系要求的内联系传动链,机械传动零部件影响其精度的主要因素是传动件的制造误差和装配误差,以及因受力和温度的变化而产生的变形等。设计时除了进行必要的计算分析外,主要从传动链和传动件的精度来考虑,设计的一般原则有以下几点。

缩短传动链:传动副数量越少,误差来源就越少。

采用降速传动:由传动链的误差传递关系可知,传动副的传动比小于1时,中间传动副的误差在末端执行件是缩小的。

合理分配各传动副的传动比:降速传动有利于缩小误差,如需较高速度,其升速传动副应设置在前级(如近动源),在传动的末级传动副尽量选择具有较大降速的传动副。

合理确定各传动副的精度:根据误差传递规律分析,机械传动中的末端传动件与工作执行件直接连接,其误差影响最大。因此,末端传动副的精度至少应比中间传动副高一个精度等级。

合理选择传动部件:传动装置中不能有传动比不确定或瞬时变化的机构,如带传动、链传动、摩擦传动等。

采用校正装置:在传动副的末端件或直接在执行件上设置误差校正装置,可以是机械校正装置,也可以是传感测量补偿装置,如光栅和激光干涉仪等。

(3) 辅助传动链的设计原则　机器工作时通常有一些必要的辅助运动,如调位运动、空行程的快速进(退)给运动,以及定位、转位、换刀、送料等。对于常用的前两者,其作用是:执行件在工作时,需要将移动执行部件在无载荷情况下,用较高的速度传送到所要求的位置,以减少辅助工作时间、减轻劳动强度、提高自动化程度。故在传动系统设计时,如选择调位运动、快速空行程运动与关联的传动链共用动源,一般不设置多级变速机构,而通过离合器(如超越离合器)与关联传动链分离来实现;也可采用独立的动源(快移电动机)来驱动,并选用传递较大扭矩的机械差动机构,配合所需的定比传动或运动转化机构来实现。

2. 分级变速传动系统设计

分级变速是指传动链执行件的输出速度(或转速)在一定的范围内分级变化,即在变速范围内输出一组速度值。分级变速传动系统一般采用滑移齿轮、交换齿轮、交换带轮等传动副实现传动变速,在机械传动系统中应用十分广泛。主要特点有:变速范围宽、传递功率大、工作可靠,可以获得准确的传动比,但转速损失较大,工作效率不高。

常见的分级变速传动系统有集中传动和分离传动两种形式。

集中传动:指将传动链中全部传动件和执行件集中在同一箱体内的传动形式。虽然其具有结构紧凑,安装调整方便等优点,但由于运转过程中产生的振动、热变形直接影响执行件运转的平稳性和工作精度,故通常适用于结构紧凑、精度要求不高的机械系统。

分离传动:指将传动链中大部分传动件安装在远离执行件的单独箱体内的传动形式,即使变速部分与执行件分开。从而使运动中产生的振动和热量不能直接传给执行件,有利于提高机械系统的工作精度,因此,一般多用于精度要求较高的机械系统。

分级变速传动系统是机械传动系统中最常用的传动形式,对于大多选择单速特性的电动机(也可有双速)为动源的机械变速传动系统,其变速原理通常利用转速图来实现,即根据工作执行件对转速级数、变速范围的要求,在初步选定电机的转速和转速变化公比 φ 后,利用转速图来拟定分级传动系统的传动组数、各传动组的传动副数,拟定结构网和转速图。

(1) 转速图的含义

如图 3.6 所示是一个 12 级变速传动的转速图,图形所示各部分的含义分别如下。

① 轴线:代表各传动轴,用距离相等的一组竖直的细实线表示。轴线之间的距离不代表各轴间的中心距。一般可用“0”或“电”表示驱动电动机轴,其他传动轴从左向右依次用罗马数字Ⅰ、Ⅱ、Ⅲ等标明。

② 转速线:距离相等的一组水平细实线代表各级的转速。由于分级变速传动的转速通常是按等比级数排列的,故相邻水平的转速线之间的间隔距离为 $\lg\varphi$,为简单起见,通常可以省略对数符号。

③ 转速点:代表各轴得到的转速,用圆圈(或黑点)表示。

④ 传动线:每两轴之间的粗实线代表各个传动副的传动比。如果传动线由左至右向下倾斜,表示降速传动,即 $i<1$;若传动线由左至右向上倾斜,为升速传动,$i>1$;若传动线为水平线,则表示等速传动,$i=1$。传动线的倾斜程度表示传动比的大小。

(2) 转速图的内容

① 各级输出转速的传动路线。从转速图(图 3.6)中可以看出各级输出转速值和对应的传动路线。

② 传动组数和每个传动组内的传动副数。

传动组是指在两相邻传动轴之间具有2个或2个以上传动副的变速传动环节。如图 3.6 中的 a,b,c 组,而对于电机轴与轴Ⅰ之间的定比传动则不计入传动组。

传动副数是指每个传动组内拥有的不同传动比的个数(两轴之间的粗实线的传动线数)。

③ 传动组的级比指数。指同一传动组内相邻两个传动副传动比之比的 φ^x 的指数 x 值。即主动轴上同一点,传往被动轴相邻两连线所得转速点之间相距的格数。如图 3.6 中的 $x_a=1,x_b=3,x_c=6$。

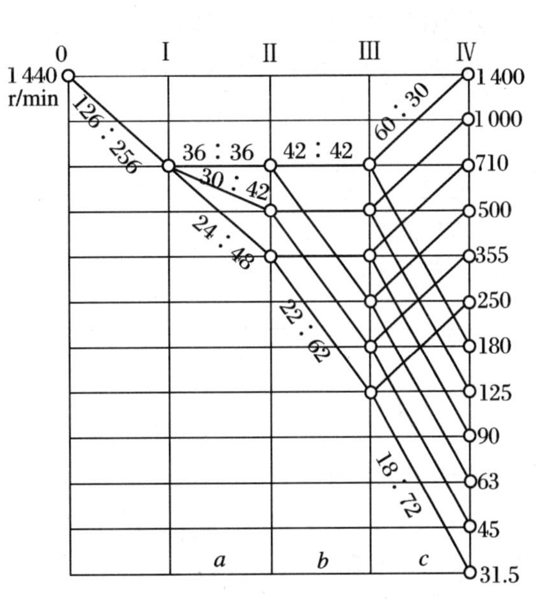

图 3.6 变速传动的转速图

④ 基本组和扩大组。根据各传动组的级比指数,可以看出传动系统内的基本组和扩大组,得到传动系统的扩大顺序。

基本组是指级比指数等于1的传动组。在一个传动系统中,原则上必须有一个基本组。扩大组是指级比指数大于1的传动组。其作用是在基本组的基础上扩大传动系统的级数和变速区间。

在一个传动系统中,扩大组可以有2个以上。扩大顺序不一定与传动顺序相同,为了便于区分各扩大组,常把级比指数最小的扩大组称为第一扩大组,而级比指数次小的扩大组称为第二扩大组,以此类推。

⑤ 各传动组的变速范围。设传动系统内某一传动组的最大传动比为 $i_{\max}$,最小传动比为 $i_{\min}$,传动组的变速范围 $r_k = i_{\max}/i_{\min}$,传动系统的变速范围为

$$R = r_1 \times r_2 \times \cdots \times r_k \times \cdots \times r_n \tag{3.5}$$

(3) 转速图的结构网和结构式

在设计传动系统时,为了便于分析不同的传动方案,通常首先比较和选择各传动比的相对关系,利用与转速图相同含义的结构网和结构式来实现。

① 结构网:仅表示各传动组内传动比的相对关系,而不表示转速值的线图。结构网不反映各轴的转速值,习惯上把传动线画成对称分布形式,如图 3.7 所示。

结构网表示各传动组的传动副数和各传动组的级比指数,还可以看出传动顺序和扩大顺序。每一个转速图对应唯一的结构网,但同一个结构网可以形成不同的转速图。

② 结构式:结构式是由各组传动副数及其下标所示的对应组的级比指数,按照传动顺序排列,并以乘积形式给出传动系统转速级数的表达式。其结构形式为

$$Z = P_{ax_a} \times P_{bx_b} \times P_{cx_c} \times \cdots \tag{3.6}$$

式中,Z 为传动系统的转速级数;P_a,P_b,P_c 分别为传动组 a,b 和 c 的传动副数;x_a,x_b,x_c 分别为传动组 a,b 和 c 的级比指数。

图 3.7 所示的结构网对应的结构式为

$$12 = 3_1 \times 2_3 \times 2_6 \tag{3.7}$$

结构网的表达直观、易于理解,但绘制比较麻烦。当设计者熟练掌握结构网后,可以用简单的结构式来替代结构网。通过结构网和结构式可以了解传动系统的组成和传动顺序,各传动组传动副数和级比指数,基本组和传动系统的扩大顺序。

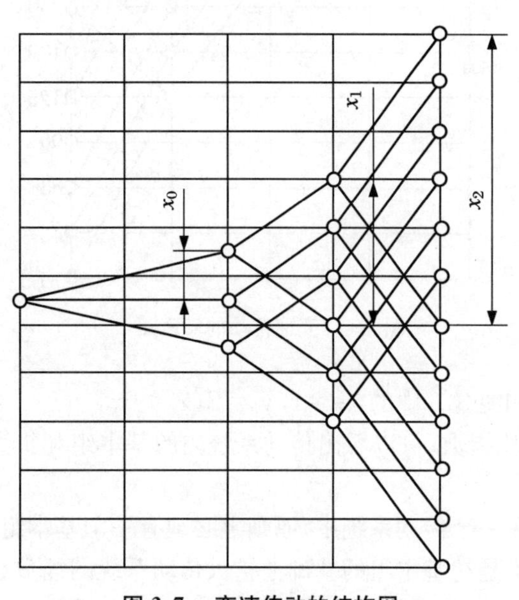

图 3.7 变速传动的结构网

(4) 转速图的拟定

拟定转速图是分级变速传动系统设计中的重要环节,在初学者拟定转速图时,除了要符合传动规律以外,还要遵循一定的原则,并按照设计步骤拟定转速图。通常转速图的拟定步骤是:首先根据设计要求确定输出转速数列,如变速范围、传动级数、传动级比(通常按等比数列分级时选取标准公比 φ)以及选择电动机对应的初始速度,其次是确定传动组数和传动副数,再确定结构式或结构网,最后分配各传动组的传动比,确定各中间轴转速,并加上定比传动,就可以绘制转速图。

拟定转速图的一般原则有以下几点。

① “前多后少”原则:是指在一个传动链的各传动组中,应尽量使得按传动顺序在前面的传动组内传动副数多,而在后面传动组内的传动副数少。

但是,一般的一个传动组内应少于 4 个传动副,否则需要一个四联滑移齿轮,增加传动的轴向尺寸,而如用两个双联滑移齿轮,则操纵机构必须设置互锁以防止同时啮合。

当传递功率一定时,传动件的转速越高,传递的转矩越小。一般传动顺序靠前传动组的最低转速较高,把较多的传动件设计在较高速度位置,有利于减少传动件尺寸,在较低转速位置的大尺寸传动件少,使得传动链结构紧凑,节省材料。

② “前密后疏”原则:是指在一个传动链的各传动组中,其传动顺序排列时,应尽可能使位于前面的传动组的级比指数小(结构网密实),而后面传动组内的级比指数较大(结构网稀疏)。即尽量按照扩大顺序传动方式,依次为基本组、第一扩大组……最后扩大组,将可以有效提高中间传动轴的最低转速,减小传动轴和轴上传动件的尺寸,有利于传动链结构紧凑,节省材料。

③ “升 2 降 4”原则:是指升速传动时传动副的传动比不要大于 2($i_{max} \leqslant 2$),降速传动时传动副的传动比不要小于 1/4($i_{min} \geqslant 1/4$)。

升速传动:传动系统的误差传递与传动比成正比,为了避免扩大传动误差,减少振动与噪声,一般限制直齿圆柱齿轮传动的最大传动比 $i_{max} \leqslant 2$,斜齿圆柱齿轮传动比较平稳,可取

$i_{max} \leqslant 2.5$。

降速传动：在降速传动中，为了避免被动齿轮的尺寸过大，一般限制最小传动比 $i_{min} \geqslant 1/4$，则任一传动组的最大变速范围 $R_{max} \leqslant 8 \sim 10$。

对于传递功率较小、转速较低的传动链，由于传动件尺寸也较小，上述传动比限制可适当放宽，即 $i_{min} \geqslant 1/5$，$i_{max} \leqslant 2.8$，故任一传动组的最大变速范围 $R_{max} \leqslant 14$。

④ "前慢后快"原则：是指在确定转速图中各轴转速时，应使前面传动轴的最低转速值尽可能高一些，即降速"慢"，把降速比较大(降速快)的传动副设置在最后1、2级。通常从电动机到传动链末端(输出轴)之间的速度设计为降速传动，"前慢后快"原则可以提高部分中间传动轴的最低转速，有利于减小部分传动件的尺寸，使得传动系统的结构紧凑。

应当注意的是，各中间轴转速的提高，对应各传动轴的最高转速也会提高，工作中的振动和噪声会相应增大，故往往传动齿轮的线速度不能超过12～15 m/s。因此，提高各传动轴的最低转速要适度，即在满足性能要求的前提下提高各传动轴的最低转速。

3. 无级变速传动系统设计

无级变速传动系统设计首要考虑的是其功率扭矩特性与传动链要求的匹配问题。机械式无级变速器中主要用于主运动的是恒功率的柯普B型和K型，用于进给运动的恒扭矩的有行星锥轮型和分离锥轮钢环型等，而接近于恒功率的分离宽三角带型和钢片齿链分离锥轮型，则可用于主运动和进给运动的传动系统。

(1) *无级变速传动系统的选择和设计原则*　在进行无级变速传动系统设计时，一般应遵循以下几方面设计原则。

① 尽量选择满足机械传动系统的功率扭矩特性要求。由机械传动系统的功率扭矩特性可知，对于不同的传动系统，应具有不同的功率扭矩特性。在无级变速传动系统设计时，应根据传动系统的功率扭矩特性要求，选择(或设计)适合的无级变速装置。

对于恒扭矩无级变速传动链，可以直接利用调速电动机的恒扭矩区间，也可以选用恒扭矩机械无级变速器；对于"非恒扭矩"无级变速传动链，应利用调速电动机的恒功率区间，或选用恒功率机械无级变速器及变功率、变扭矩机械无级变速器。

② 尽量满足机械传动系统的变速范围要求。不同的机械系统需要的变速范围不同，而对于无级变速装置的变速范围要求也存在很大区别。一般来说，无级变速传动链应具有较宽的变速范围，对于调速电动机，虽然恒扭矩变速范围较宽，但恒功率变速范围很窄；而常规的纯机械无级变速器的变速范围一般是3～10，很难满足机械系统的使用要求，为拓宽无级变速装置的变速范围，可以采用串联有级变速的方法。

③ 如无级变速机构的功率扭矩特性不完全符合传动链要求，则可采用串联分级变速机构。如旋转主运动用直流电机，主运动要求恒功率调速范围大于恒扭矩调速范围，直流电机在恒功率范围远小于恒扭矩范围的情况下，就必须串联分级变速装置，且电机功率应比要求大一些。

(2) *无级变速传动系统的设计要点*　设传动链总的变速范围为 R，无级变速装置的变速范围为 r_w，串联的分级变速装置的变速范围为 r_f，若使传动链获得连续且无重合的输出转速，则 $R = r_w \times r_f$。

通常可以把无级变速装置作为基本组，串联的分级变速装置作为扩大组。当串联的分级变速系统的公比等于无级变速装置的变速范围 r_w 时，传动系统可以在转速范围 R 内获得连续不重复的输出转速。

当采用机械无级变速器时，机械摩擦传动会产生一定相对滑动而使输出转速出现微小量的不连续。为了得到连续的无级变速，可使串联的分级变速系统的公比略小于无级变速装置的变速范围 r_w，通常取为 $(0.94\sim0.96)r_w$。

目前，与调速电动机相配的分级传动变速箱已经形成独立的功能部件，由专业厂家生产。变速箱的输入轴可以通过联轴器与电动机直连，也可以通过带传动连接；输出轴可以用联轴器或带传动与执行件连接。变速箱已逐渐形成系列产品，根据用户的使用要求配有不同的公比、级数和功率，通常级数为2、3和4，可供选购。

3.3.4 机械传动机构选型和设计

机械传动设计时要首先依据工艺要求拟定从动件的运动形式、功能范围，正确选择合适的机构类型、动力传递方式，从而进行新机械、新机器的设计，同时分析其运动的精确性、实用性与可靠性等。所谓机构的选型就是选择合理的机构类型实现工艺要求的运动形式、运动规律。

机械传动系统运动方案设计主要包括的内容有：功能原理分析和运动规律设计、执行机构选型和执行系统的协调设计以及传动方案的评价和确定。其中前者在第2章已做介绍，下面将就后面的两项做详细分析。

1. 机械传动常用机构的性能

实现机械传动的零部件类型有很多，主要传动副有带轮和皮带(平带、三角带)、链轮和链条、齿轮和齿条、槽轮和棘轮机构、平面连杆机构、凸轮机构、丝杠螺母、联轴器和离合器等机械元件，以及它们的相互组合。既可以实现有级的定比传动，也可以满足无级的变速传动要求，通过离合器和滑移齿轮等部件还可以实现执行机构换向要求；同时，还能实现回转运动、直线运动以及相互之间的转换。

实现各种运动要求的现有机构可以从机构手册、图册或资料上查阅获得，为了便于设计人员对它们的基本特点和性能有概括性的认识，下面给出常用机构的主要性能与特点，表3.14所示为几种常用的机械传动类型的性能特点。其中丝杠螺母副构成的螺旋传动的设计计算将在数控传动装置部分做进一步介绍。

表3.14 常用机构的主要性能与特点

机构类型	主要性能特点
平面连杆机构	结构简单，制造方便，运动副为低副，能承受较大载荷，但平衡困难，不适用于高速，在实现从动杆多种运动规律的灵活性方面，不及凸轮机构
凸轮机构	结构简单，可实现从动杆各种形式的运动规律，运动副为高副，又靠力或形封闭运动副，故不适用于重载，常在自动机或控制系统中应用
螺旋机构	结构简单，工作平稳，精度高，反行程有自锁性能，可用于微调和微位移，但效率低，螺纹易磨损。如采用滚珠螺旋，可提高效率

续表

机构类型	主要性能特点
槽轮机构	常用于分度转位机构,用锁紧盘定位,但定位精度不高,分度转角取决于槽轮的槽数,槽数通常为4～12,槽数少时,角加速度变化较大,冲击现象较严重,不适用于高速
棘轮机构	结构简单,可用作单向或双向传动,分度转角可以调节,但工作时冲击噪声大,只适用于低速轻载,常用于分度转位装置及防止逆转装置中,但要附加定位装置
组合机构	可由凸轮、连杆、齿轮等机构组合而成,能实现多种形式的运动规律,且具有各机构的综合优点,但结构较复杂,设计较困难。常在要求实现复杂动作的场合应用

2. 机械传动机构形式的选型

机构选型是将现有各种机构按照动作功能或运动特性进行分类,再按照设计对象中执行构件所需要的运动特性或动作进行搜索、选择、比较、评价,选出合适形式的执行机构。机械装置的执行机构通常由一个或多个机构组成,选型设计不仅要满足设计任务的运动和动力要求,同时,还要对其结构及工艺可行性进行分析比较,并优先选用结构简单、工艺要求低的机构。因此,设计者只有熟悉现有各种机构的运动特性和功能,才能选择出合适的机构。但是,应该注意到不同机构(或所选机构)优缺点的分析是具有相对性的,在对某具体执行机构进行构型设计分析时,应综合考虑,统筹兼顾,抓住主要矛盾,有所侧重。

机构选型的主要原则有以下几点。

① 依照生产工艺要求,选择恰当的机构形式和运动规律。

机构形式包括连杆机构、凸轮机构、齿轮机构和轮系以及它们的组合机构等。

机构的运动规律包括位移、速度、加速度的变化特点,它与各构件间的相对尺寸有直接关系,选用时应充分考虑或按要求进行分析计算。

从生产工艺对从动件的运动特性、功能等方面的具体要求,选取最佳的机构形式,以实现生产中的连续或间歇运动,移动或摆动,等速或变速运动,直线轨迹或圆弧,圆或各种特殊曲线轨迹等。在功能上以完成转位、抓取、旋紧、检测、控制、调节、增力以及定位联锁、安全保险等要求。此外,从动件在工作循环中的速度、加速度的变化应符合要求,其功能动作误差应不超过允许限度,以利于保证产品质量,并具有足够的使用寿命。

② 结构简单、尺寸适度,在整体布置上占的空间小,使得布局紧凑,又能节约原材料。选择结构时也应考虑逐步实现结构的标准化、系列化,以期降低成本。

③ 制造加工容易。通过比较简单的机械加工,即可满足构件的加工精度与表面粗糙度的要求。还应考虑机器在装配、维修时组装和拆装方便,在工作中稳定可靠、使用安全,以及各构件在运转中振动轻微、噪声小。

④ 局部机构的选型应与动力机的运动方式、功率、转矩及其载荷特性能够相互匹配协调,与其他相邻机构的衔接正常,传递运动和力时可靠。运动误差应控制在允许范围内,绝对不能发生运动的干涉。

⑤ 具有较高的生产效率与机械效率,经济上有竞争能力。

对于用来完成设计所需工艺动作功能的传动构件的选型，不仅应注意运动副的形式会影响到机械结构、寿命、效率，还要了解其加工工艺的难易和可以实现的精度。一般地，转动副制造简单，运动副构件的配合精度容易保证，效率较高；移动副的配合精度较低；高副机构易于实现较复杂的运动规律或轨迹，有可能减少构件和运动副数目，但一般高副形状复杂，工作时较易磨损。另外，还应考虑机构的传力特性（压力角、效率、惯性力平衡、动载荷、冲击、振动）和所需驱动功率，机构运动精度的保证和调整，人机适应性及对生产率的影响等。

目前，传动机构类型按运动特性分类，通常有匀速转动机构（主动件和从动件均作匀速转动的机构，其中从动件的运动又可分定传动比转动机构和可变传动比转动机构两类）；非匀速转动机构（主动件作匀速转动，从动件作非均匀转动的机构）；往复运动机构；行程放大和可调行程机构；间歇运动机构；换向和单向机构；差动机构；实现预期轨迹机构；增力机构，等等。详细结构和工作特点可查阅有关的设计手册。

为了便于选用或得到某种启示来进行创造性的新机构设计，表 3.15 给出了部分常用机构的形式及工作特点以供选择参考。

表 3.15　常用机构的形式及工作特点

机构名称		基本功能	机构简图	特　点	能实现的运动变换
连杆机构	曲柄摇杆机构	等速转动-非等速摆动	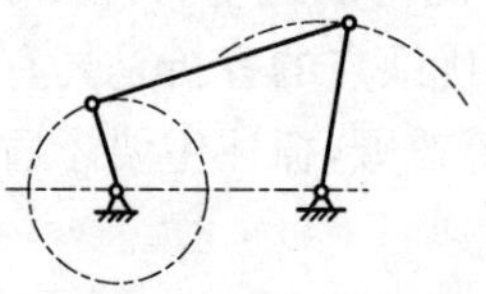	常为曲柄主动，连杆可实现复杂轨迹，摇杆有急回特性	转动↔转动 转动↔摆动
	曲柄滑块机构	等速转动-非等速往复直线运动	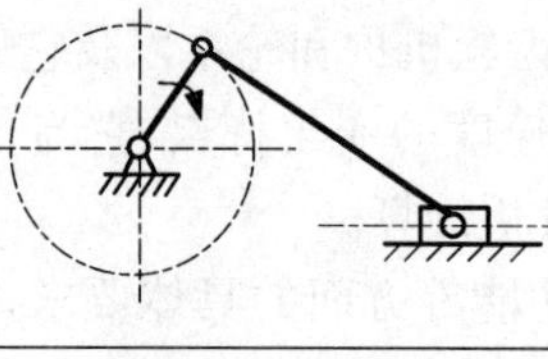	将曲柄摇杆机构中摇杆长度延长至无穷大时，即演化为曲柄滑块机构。当滑块偏置时，机构有急回特性	转动↔移动
	导杆机构	等速转动-非等速摆动	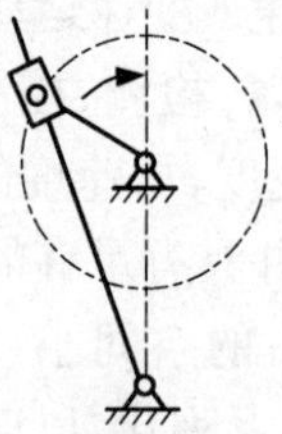	一般曲柄主动，导杆摆动且有急回特性	转动→平面运动
凸轮机构	直动尖顶推杆凸轮机构	等速转动-往复直线运动	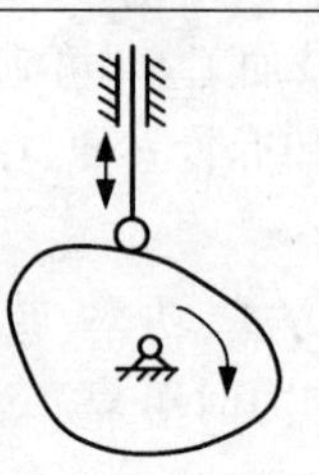	凸轮等速转动，尖顶从动杆件按凸轮给定运动规律作往复运动，尖顶处摩擦大	转动↔移动

续表

机构名称		基本功能	机构简图	特点	能实现的运动变换
凸轮机构	摆动滚子摆杆凸轮机构	等速转动-往复摆动	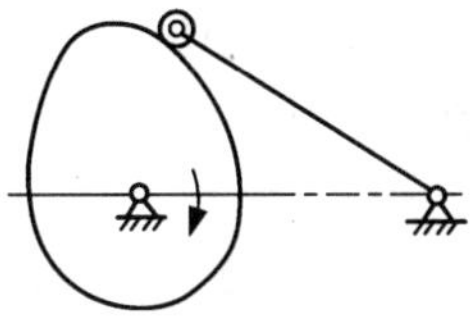	凸轮等速转动,滚子从动杆件按凸轮给定运动规律摆动,滚子的存在使从动件受力状况好转	转动↔摆动
齿轮机构	齿轮机构	两轴间等速转动		两轮齿数不同时,可实现增减速转动的传递,传动平稳,速比恒定	转动↔转动
	齿轮齿条	齿轮转动-齿条平动	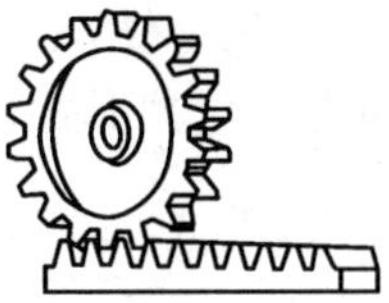	齿条相当于将一齿轮直径延展至无限大,实现转动-平动转换,传动平稳,速比恒定	转动↔移动
螺旋机构	单、双螺旋机构	转动-双向平动-单向平动	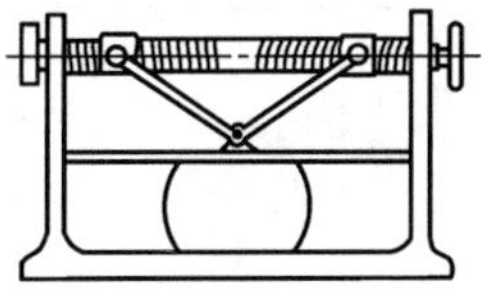	转动螺旋手柄、螺杆上螺母实现双向平动,通过连杆能实现换向平动,用于压榨机	转动↔移动
间歇运动机构	棘轮机构	单向间歇转动		通过棘轮棘爪,实现单向回转运动的传递	摆动↔间歇转动
	槽轮机构	双向间歇运动	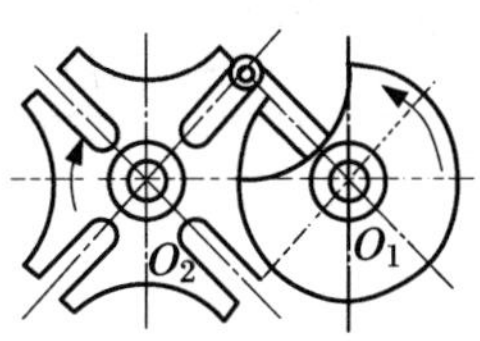 O_2 O_1	主动轮等速转动,从动槽轮间歇运动	转动→间歇转动

3. 执行机构的协调设计

当根据生产工艺要求确定了机械的工作原理和执行机构的运动规律,并确定了各执行机构的形式及驱动方式后,各执行机构不仅要完成各自的执行动作,而且相互必须协调一致,以完成机械预期的功能和生产过程,这方面的工作称为执行系统协调设计。如果动作不协调,非但不能工作,而且还会损坏机件和产品,造成事故。因此,执行系统的协调设计是机械运动方案设计不可缺少的一个环节。

(1) 执行系统协调设计的原则

① 各执行机构的动作在时间上协调配合:有些机械要求各执行构件在运动时间的先后和运动位置的安排上,必须协调地相互配合。

② 各执行机构在空间布置上协调配合:为了使执行系统能够完成预期的工作任务,除应保证各执行机构的动作在时间上协调配合外,在空间布置上也必须协调一致。对于有位置制约的执行系统,必须进行各执行机构在空间上的协调设计,以保证在运动过程中各执行机构之间以及机构与周围环境之间不发生干涉。

③ 各执行机构运动速度的协调配合:有些机械要求执行构件运动之间必须保持严格的速比关系,如用展成法加工齿轮时,刀具和工件的展成运动必须保持恒定的转速比。

④ 多个执行机构完成一个执行动作时,各执行机构之间协调配合。

(2) 机械运动循环图绘制

为了保证机械在工作时各执行机构间动作的协调配合关系,在设计机械时,应编制用来表明机械在一个工作循环中,各执行构件运动配合关系的工作循环图(也称为运动循环图)。在编制运动循环图时,要选择一个执行构件作为定标件,用它的运动位置(转角或位移)作为确定其运动先后次序的基准。运动循环图通常有三种形式,如表3.16所示。

表3.16　机械运动循环图的形式、绘制方法和特点

形　式	绘制方法	特　点
直线式	在一个运动循环中,将机械各执行构件各行程区段的起止时间和先后顺序,按比例地绘制在直线坐标轴上	绘制方法简单,能清楚地表示出一个运动循环内各执行构件运动的相互顺序和时间(转角)关系,直观性较差,不能显示各执行构件的运动规律
圆周式	以极坐标系原点为圆心作若干个同心圆环,每个圆环代表一个执行构件,由各相应圆环分别引径向直线表示各执行构件不同运动状态的起始和终止位置	直观性强,能比较直接地看出各执行机构主动件在主轴或分配轴上所处的相位,便于各机构的设计、安装和调试,当执行机构数目较多时,由于同心圆环太多,不能一目了然,也无法显示各执行构件的运动规律
直角坐标式	用横坐标轴表示机械主轴或分配轴转角,用纵坐标轴表示各执行构件的角位移或线位移,为简明起见,各区段之间均用直线连接	直观性最强,能清楚地表示出各执行构件动作的先后顺序,还能表示出各执行构件在各区段的运动规律。对指导各执行机构的几何尺寸设计非常有利

3.3.5　机械传动方案的评价

机械运动方案设计是机械设计全过程的重要阶段,也是对机械设计乃至以后制造和使用最关键的一个阶段,其创新效果如何将直接影响机械产品的功能质量和使用效果。因此,应对这个阶段的工作进行一个总的评价。

如前所述,实现同一功能可以采用不同的工作原理,从而构思出不同的设计方案;采用同一工作原理,工艺动作分解的方法不同,也会产生出不同的设计方案;采用相同的工艺动作分解方法,选用的机构形式不同,又会形成不同的设计方案。因此,机械系统的方案设计是一个多解性问题。面对多种设计方案,设计者必须分析比较各方案的性能优劣、价值高低。经过科学评价和决策，才能获得最满意的方案。机械系统方案设计的过程，就是一个先通过分析、综合，使待选方案数目由少变多，再通过评价、决策，使待选方案数目由多变少，最后获得满意方案的过程。因此，需要建立一个评价体系，进行全面、综合的评价，从而获得最优的机械运动方案。

1．评价指标和评价体系

机械系统设计方案的优劣，通常应从技术、经济、安全可靠三方面予以评价。但是，由于在机械运动方案设计阶段还不可能具体地涉及机械的结构和强度设计等细节，因此评价指标应主要考虑技术方面的因素，即功能和工作性能方面的指标应占有较大的比例。表3.17列出了机械系统功能和性能的各项评价指标及其具体内容。这些评价指标及其具体内容，是根据机械系统设计的主要性能要求和机械设计专家的咨询意见设定的。对于具体的机械系统，这些评价指标和具体内容还需要依实际情况加以增减和完善，以形成一个比较合适的评价指标。

表3.17　机械系统的功能和性能评价指标

序　号	评价指标	具体内容
1	系统功能	实现运动规律或运动轨迹、实现工艺动作的准确性、特定功能等
2	运动性能	运转速度、行程可调性、运动精度等
3	动力性能	承载能力、增力特性、传力特性、振动噪声等
4	工作性能	效率高低、寿命长短、可操作性、安全性、可靠性、适用范围等
5	经济性	加工难易、能耗大小、制造成本等
6	结构紧凑性	尺寸、重量、结构复杂性等

根据上述评价指标，即可着手建立一个评价体系，通过一定范围内的咨询和评议以及确定权重的方法，就可得出一个结论。需要指出的是，对于不同的设计任务，应根据具体情况，拟定不同的评价体系。例如，对于重载的机械，应对其承载能力一项给予较大的重视；对于加速度较大的机械，应对其振动、噪声和可靠性给予较大的重视；至于工作性能中的所谓适用范围这一项，对于通用机械来说，适用范围广些为好，而对于专用机械，则只需完成设计目标所要求的功能即可设定为较好。

典型的三种常用机构（连杆机构、凸轮机构、齿轮机构）的初步评价指标及其性能的优劣如表3.18所示，供设计者参考。

表3.18　三种典型机构的性能评价

评价指标	具体项目	评　价		
		连杆机构	凸轮机构	齿轮机构
系统功能	运动规律、轨迹	任意性较差，只能达到有限个精确位置	基本能任意	一般作定比传动或移动
运动性能	运转速度、精度	较低	较高	高

续表

评价指标	具体项目	评价		
		连杆机构	凸轮机构	齿轮机构
工作性能	效率高低 使用范围	一般 较大	一般 较小	高 较小
动力性能	承载能力 传力特性 振动、噪声	较大 一般 较大	较小 一般 较小	较大 较好 较小
经济性	加工难易 维护方便性 能耗大小	易 较方便 一般	难 较麻烦 一般	一般 方便 一般
结构紧凑	尺寸 重量 结构复杂性	较大 较轻 复杂	较小 较重 一般	较小 较重 简单

2. 评价方法

评价方法分为以下三类。

(1) *经验评价法*　根据评价者的经验,对方案做粗略的定性评价。当方案不多、问题不太复杂时,可采用经验评价法。排除法是一种较简单的评价方法。根据设计要求请专家逐个方案、逐项进行评价,有一项不满足要求就予以排除,待选方案即可进入下一轮设计。

(2) *数学分析法*　运用数学工具进行分析、推导和计算,得到定量的评价参数供决策者参考。该方法在评价过程中应用最广泛,有评分法、技术经济评价法和模糊评价法等。

(3) *试验评价法*　对于一些比较重要的方案环节,采用分析计算仍没有把握时,应通过模拟试验或样机试验,对方案进行试验评价。这种方法得到的评价参数准确,但代价较高。

3.3.6 机械传动系统设计实例

设计15吨冲压机的执行机构,冲压对象为陶瓷干粉,压制成品直径为34 mm,厚度为5 mm的圆形片坯,冲头压力为15吨,生产率为25片/min,机器不均匀系数≤10%。

1. 根据设计要求,进行功能原理分析

① 下冲头位于模具工作台面下21 mm(型腔内),干粉均匀筛入圆筒形型腔,如图3.8(a)所示。

② 下冲头下沉3 mm,预防上冲头进入型腔时把粉料扑出,如图3.8(b)所示。

③ 上、下冲头同时加压,如图3.8(c)所示,并保压一段时间。

④ 上冲头退出,下冲头随后顶出压好的片坯,如图3.8(d)所示。

⑤ 料筛推出片坯,如图3.8(e)所示;下冲头向下退至工作台面下21 mm。

2. 工艺动作分解,拟定执行构件的运动形式

根据工艺过程,机构应具有一个模具(圆筒形型腔)和三个执行构件(上冲头、下冲头和料筛)构成,其运动形式为:

① 上冲头完成垂直上下的往复直线运动，下移至终点后有短时间的停歇，起保压作用，因冲头上升后要留出料筛进入的空间，故冲头行程约为 90～100 mm。

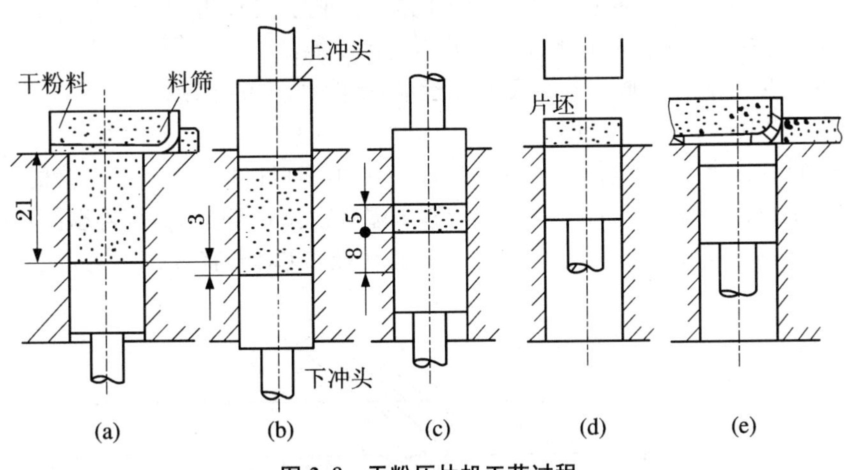

图 3.8　干粉压片机工艺过程

② 下冲头先下沉 3 mm，然后上升 8 mm(加压)后停歇保压，之后再上升 16 mm，将成形片坯顶到与台面平齐后停歇，待料筛将片坯推离冲头后，下冲头再下移 21 mm 到待料位置。

③ 料筛在模具型腔上方往复振动筛料，然后向左退回，待坯料成形并被推出型腔后，料筛再在台面上右移约 45～50 mm，推走成形的片坯。

3．根据工艺动作顺序，协调执行机构运动，拟定运动循环图

拟定运动循环图的目的是确定各机构执行构件动作的先后顺序、相位，以利于设计、装配和调试。上冲头加压机构主动件每转一周完成一个运动循环，所以拟订运动循环图时，以该主动件的转角作为横坐标(0°～360°)，以各机构执行构件的位移为纵坐标画出位移曲线。运动循环图上的位移曲线主要着眼于运动的起讫位置，而不必准确表示出运动规律。

根据上冲头的工艺动作顺序，可拟定出上述三个机构中执行构件运动协调关系的运动循环图，图 3.9(a)、(b)、(c)分别为干粉料压片机直线式、圆周式和直角坐标式运动循环图。图中以原动件每转一周完成一个运动循环表示工作循环过程来分析运动起始和终止位置。

图 3.9(c)为直角坐标式运动循环图，原动件转角为横坐标(0°～360°)，各执行构件的位移为纵坐标。即有：料筛退出加料位置①后停歇；下冲头即开始下沉 3 mm②；下冲头下沉后，上冲头下移到型腔入口处③；待上冲头到达台面下 3 mm 处时下冲头开始上升，对粉料两面加压，这时上、下冲头各移 8 mm④；两冲头停歇保压⑤，保压时间 0.4 s，即相当于原动件转 60°左右，完成压片；然后上冲头开始退出，下冲头向上稍慢移动至与台面平齐，顶出成形片坯⑥；当下冲头停歇等待卸片坯时，料筛推进到型腔上方推卸片坯⑦；在下冲头下移 21 mm的同时，料筛振动粉料⑧后进入下一个循环。

4．执行机构选型与设计

对于本任务来说，虽然有三个执行件，但按照传统机械传动系统的方法，三个执行机构可以用同一个动力机驱动，且原动机选用电动机，同步转速为 1 500 r/min，因此，传动装置总传动比应为 1 500/25＝60，执行机构原动件输出等速圆周运动，电机的功率初定 2 kW。

由上述分析可知，压片机机构有三个分支：一为实现上冲头运动的主加压机构；二为实现下冲头运动的辅助加压机构；三是实现料筛运动的上、下料机构。此外，当各机构按运动循环图确定的相位关系安装以后，应能做适当的调整，故在机构之间还需设置能调整相位的环节。下面仅就其中的一个机构——主加压机构(上冲头)设计为例来分析其设计过程。实现上冲头运动的主加压机构应有下述几种基本运动功能：

① 上冲头要完成每分钟 25 次往复移动运动，所以，机构的主动构件转速应为 25 r/min，而作为原动力的电动机的转速为 1 500 r/min，则主加压机构应具有运动缩小的功能；

② 原动机的输出运动是转动，上冲头是直线运动，所以机构要有运动转换的功能；

③ 保压阶段，要求机构上冲头在下移行程末端有较长的停歇或近似停歇的功能；

④ 因冲头压力较大，希望机构具有增力的功能，以增大有效作用力，减小原动机的功率。

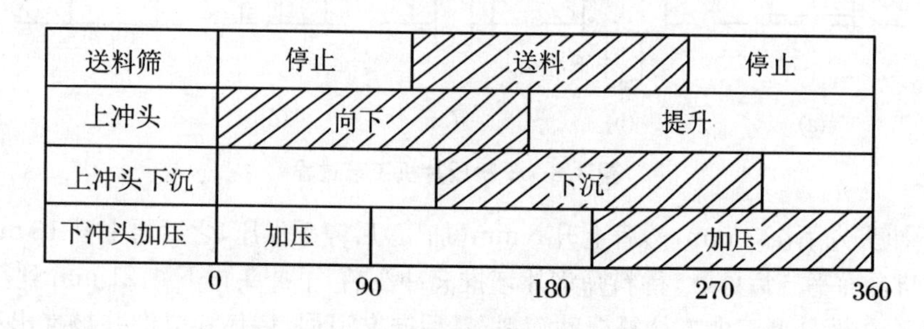

(a) 直线式运动循环图

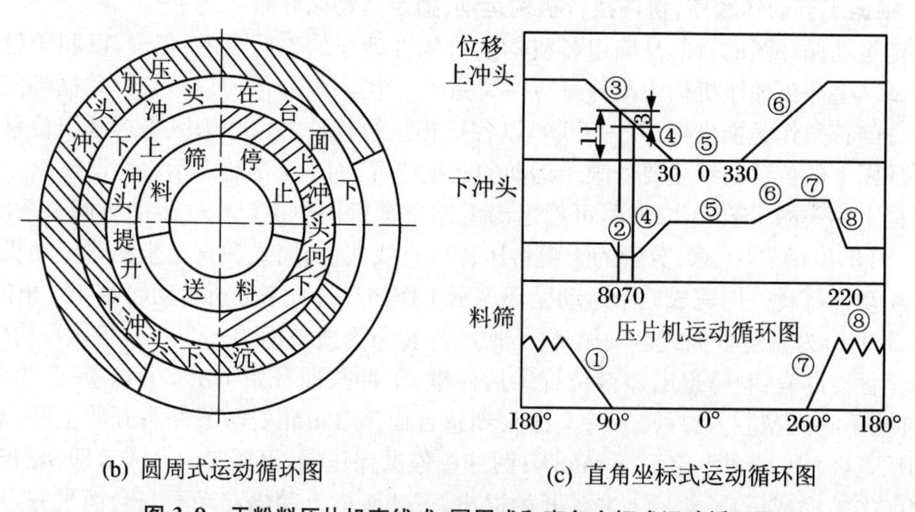

(b) 圆周式运动循环图

(c) 直角坐标式运动循环图

图 3.9 干粉料压片机直线式、圆周式和直角坐标式运动循环图

根据基本功能①和②的必备要求来设计机构方案，若将实现减速、运动交替和运动转换等基本功能的功能元进行组合，如图 3.10 所示，理论上可组合成数十种方案。在这些方案中，有些可同时具有运动转换和交替换向功能，如曲柄滑块机构；有些方案的动作、结构或机构组合明显繁琐，不理想。

对于基本功能③和④的基本要求，在机构设计时，应在冲头处于冲压位置上实现最大出力，同时使速度趋向于零，则机构所需功率达到最小。

基本机构 / 基本功能	齿轮机构	连杆机构	凸轮机构
运动形式变换 转动—平动	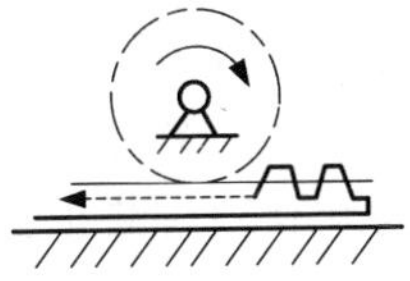	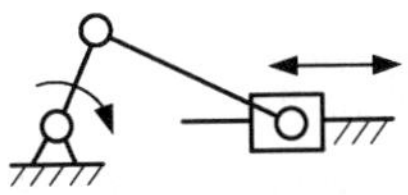	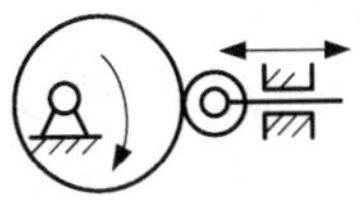
运动方向交替变换 正向转动—反向转动	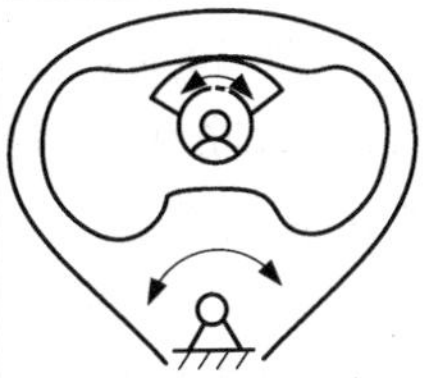	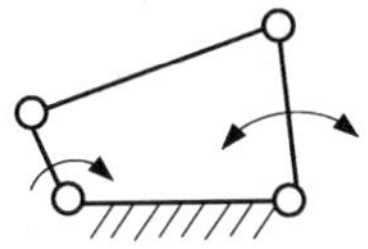	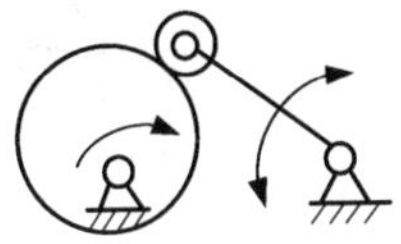
运动缩小 高速—低速	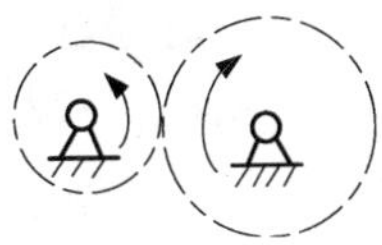	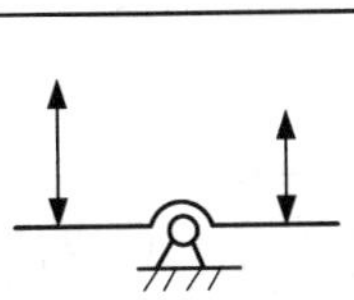	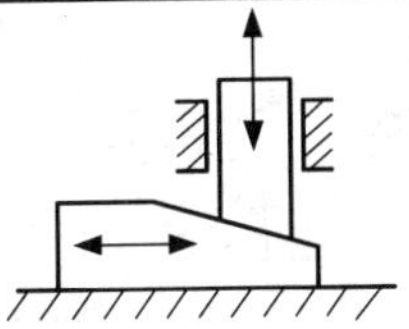

图 3.10 实现所需功能的基本机构

总之，在机构设计时，要合理匹配出力和速度的关系，速度小时，出力较大；保证机构具有良好的传力特性，即压力角较小，以获得较大的有效作用力。经分析筛选，从中选出四种方案作为评选方案，如图 3.11 所示。

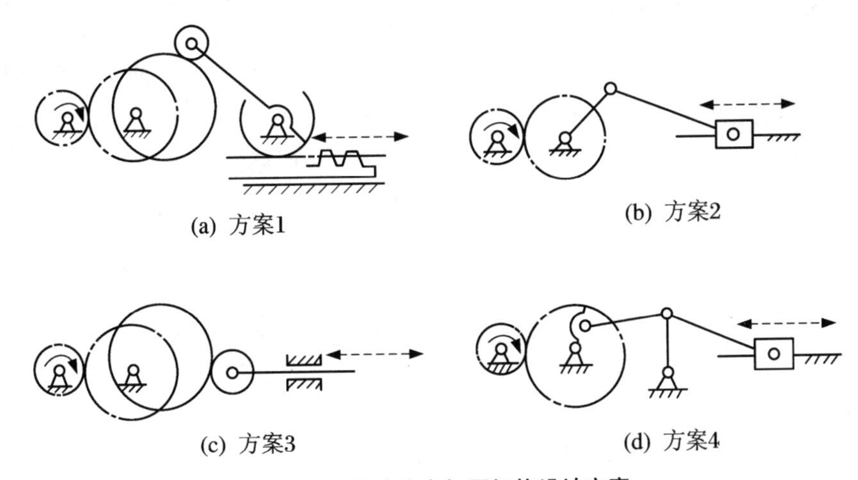

(a) 方案1　(b) 方案2　(c) 方案3　(d) 方案4

图 3.11 上冲头主加压机构设计方案

方案 1：用齿轮齿条机构实现运动形式的转换功能，用摆动从动件凸轮机构来实现停歇功能；

方案 2：用对心曲柄滑块机构实现运动形式的转换功能，利用曲柄和连杆共线、滑块处于极限位置时得到瞬时停歇的功能；

方案 3：用凸轮驱动从动件作直线运动，同时实现运动形式转换与停歇的功能；

方案4:由曲柄摇杆机构和摇杆滑块机构串联组合,实现运动形式的转换功能,设计使两机构输出构件(摇杆和滑块)同时处于极限位置,且使滑块在该位置附近获得较长时间的近似停歇。

5. 方案评价

上冲头主加压机构的方案评价如下。

方案1、3都采用了凸轮机构,凸轮机构虽能容易地获得理想的运动规律,但要使执行滑块达到90～100 mm的行程,并保证工作时处于较小的压力角范围,将使凸轮的径向尺寸较大,其所需运动空间较大;此外,凸轮与从动件为高副接触,不宜用于低速重载场合。

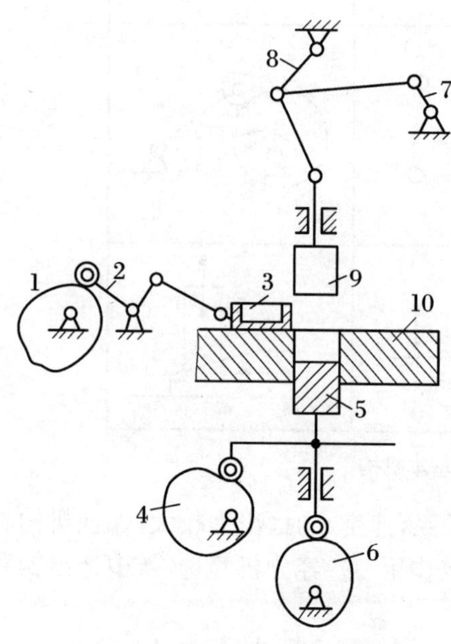

图3.12 压片机机构运动简图

方案2采用对心曲柄滑块机构,曲柄长仅为滑块行程的一半,故机构尺寸较小,结构简单,但滑块在行程末端只作瞬时停歇,运动规律不够理想。

方案4将曲柄摇杆机构和摇杆滑块机构串联,可以使滑块有较长一段时间作近似停歇,运动规律较为理想,尺寸适中,且全部由低副机构组成,适用于低速重载场合。

综合分析结果:方案4作为压片机上冲头主加压机构实施方案较为合适。设计结果如图3.12所示。由上冲头(六杆机构7-8-9-10)、下冲头(双凸轮机构4-6-5-10)和料筛传送机构(凸轮连杆机构1-2-3-10)组成。料筛由传送机构把它送至上、下冲头之间,通过上、下冲头加压把粉料压成片状。显然,在送料期间,上冲头不能压到料筛,只有当料筛位于上、下冲头之间,冲头才能加压,所以送料和上、下冲头之间的运动,在时间顺序上有严格的协调要求。

3.4 数控传动系统设计

20世纪中叶,数控技术的诞生标志着一个崭新时代的到来,传统的机械产品(或机电产品)已逐渐演变为机电一体化的系统(产品),两者的主要特征如表3.19所示。对应产品的设计、制造方法也有了很大的变革。设计时,一方面要求设计机械系统时应选择与控制系统的电气参数相匹配的机械系统参数,同时,也要求设计控制系统时,应根据机械系统的固有结构参数来选择和确定电气参数,综合应用机械技术和微电子技术,使二者密切结合、相互协调、相互补充,充分体现机电一体化的优越性。现阶段机电一体化系统(产品)设计的考虑方法通常有机电互补法和结合(融合)法。

表 3.19　机电产品的主要特征比较

传统机械或机电系统	机电一体化系统
系统体积庞大	系统结构紧凑
机构复杂	机构简单
运动不可(或较麻烦)调节	运动可通过编程控制
驱动电机速度恒定	驱动电机速度可变
以机械方法实现同步	以电子技术实现同步
重量大	重量小
精度取决于机构配合的公差	精度取决于反馈
手工操作	自动和可编程控制

所谓机电互补法，就是利用通用或专用电子部件取代传统机械产品(系统)中的复杂机械功能部件或功能子系统，以弥补其不足。如在一般的工作机中，用可编程逻辑控制器(PLC)或微型计算机来取代机械式变速机构、凸轮机构、离合器等机构，以弥补机械技术的不足，不但能大大简化机械结构，而且还可提高系统(产品)的性能和质量。

所谓的结合(融合)法是将各组成要素有机结合为一体，构成专用或通用的功能部件，其要素之间机电参数的有机匹配比较充分。随着精密机械技术和计算机应用技术的发展，完全能够设计出动力元件、运动机构、检测传感器、控制与机体等要素有机融为一体的机电一体化的新系统(产品)。

3.4.1　数控传动系统的特点和要求

数控机床作为现阶段最具代表意义的机电一体化产品之一，其传动系统包括主运动传动系统和进给运动传动系统，由于两者的功能和运动形式以及特点往往有所不同，传动设计的基本要求也就有所不同。下面分别作简要说明。

1. 数控机床的主传动系统的特点和要求

数控机床的主传动系统除应满足普遍机床主传动要求外，还要具有更大的调速范围，并实现无级调速，不仅有低速大转矩功能，而且还要有较高的速度；要有高的旋转精度和运动精度以及较高的静刚度；也要有良好的抗振性和热稳定性，以使传动平稳，噪声低。

数控机床的主传动系统包括主电动机、传动装置和主轴组件。数控机床的主传动电动机基本不再采用普通的交流异步电机或传统的直流调速电机，它们已逐步被变频主轴电动机和交流调速电机所代替。数控机床的主传动要求较大的调速范围，以保证加工时能选用合理的切削用量，从而获得最佳的生产率、加工精度和表面质量。已不再像普通机床那样采用机械有级变速传动，而是普遍采用无级调速传动，且变速功能全部或大部分由主轴电动机的无级调速来承担，省去了中间繁杂的齿轮变速机构；但是，由于数控机床主运动的调速范围较大($R=100\sim200$)，一般的单联调速电机往往无法满足这么大的调速范围，另一方面调速电机的功率扭矩特性也难以直接与机床的功率和转矩要求相匹配。因此，部分数控机床主传动变速系统常常在无级变速电机之后串联机械有级变速传动(二级或三级齿轮变速)，以满足机床要求的调速范围(分段无级变速)和转矩特性。因此，与普通机床的主传动系统相比，数控机床主传动在结构上要简单得多。目前，数控机床主传动系统的主要配置形式有以下几种方式。

(1) 带有变速齿轮的主传动　这是大、中型数控机床采用的一种配置方式。通过少数几对齿轮降速，不仅能使变速范围扩大(通常电机在额定转速以上的恒功率调速范围为2～5)，也扩大了输出扭矩，以满足主轴的输出扭矩特性的要求。目前，一部分小型数控机床也采用此种传动方式，以获得强力切削时所需要的扭矩。

(2) 通过皮带传动的主传动　应用于转速较高、变速范围不大的小型数控机床。主电动机本身的调速能够满足要求，不用齿轮变速，可以避免齿轮传动时引起的振动与噪声。但它只能适用于低扭矩特性要求的主轴，其中的带传动大多使用同步齿型带，以保证主轴的伺服功能。

(3) 用两个电动机分别驱动的主传动　这类传动实际是上述两种方式的混合传动，具有上述两种传动的性能。高速时由一个电动机通过带传动，低速时由另一个电动机通过齿轮传动，齿轮起到降速和扩大变速范围的作用，并使恒功率区增大，避免了低速时转矩不够且电动机功率不能充分利用的问题。但两个电动机不能同时工作，也是一种浪费。

(4) 由调速电机直接驱动的主传动　这实际上是一个内装电动机主轴的传动结构，主轴和电动机转子联结组装在一起(或主轴即为电机的转子)，省去了电动机和主轴间的传动件，这种电传动方式不仅大大简化了主轴箱体与主轴的结构，还能有效地提高主轴部件的刚度(主轴几乎没有弯矩作用)，但主轴输出扭矩小，电机发热对主轴精度有较大影响。目前，多用于变速范围不大的高速主传动系统。

2. 数控机床进给传动系统的特点和要求

进给传动系统是数控机床传动设计的一个重要组成部分，通常进给运动采用无级调速的伺服驱动方式，将伺服电机的动力和运动传动给工作台等运动执行部件。进给伺服传动系统一般由驱动控制单元、动力元件、机械传动部件、执行件和检测反馈环节等组成。驱动控制单元和动力元件组成伺服驱动系统；机械传动部件和执行件组成机械传动系统；检测元件与反馈电路组成检测系统。对进给伺服系统的位置控制、速度控制、伺服电机、机械传动等方面都有很高的要求。

数控机床的进给传动系统的功能是将伺服电机的旋转运动转变为执行部件的直线运动或回转运动。由于进给运动是数字控制的直接对象，执行件的最终位置精度和运动轨迹精度都与进给运动的传动精度、灵敏度和稳定性有关。通常进给传动系统由一到两级齿轮或带轮传动副和滚珠丝杠螺母副、齿轮齿条副或蜗轮蜗杆副等传动元件组成。传动系统的齿轮副或带轮副的作用主要是通过降速来匹配进给系统的惯量和获得要求的输出机械特性，对于开环系统，还有匹配所需的脉冲当量的作用。因此，在进给传动结构设计时，需要考虑以下几方面问题。

(1) 调速范围宽和低速负载能力强　数控机床的进给速度一般需要在0～24 m/min的范围之内连续可调。目前，先进水平是在脉冲当量或最小设定单位为1 μm的情况下，进给速度能在0～240 m/min的范围内连续可调。在这一调速范围内，特别是低速时进给驱动要有大的转矩输出，才能实现速度均匀、稳定，低速时无爬行。

另外，还要有足够的加速和制动转矩，以便快速地启动、制动。目前带有速度调节的伺服电机，其响应时间通常为20～100 ms。在整个转速范围内，加速到快进速度或对快进速度进行制动需要转矩20～200 N·m；而在换向时加速到加工进给速度需要转矩10～150 N·m。

(2) 提高传动精度和刚度 现代数控机床的位移精度一般为0.01～0.001 mm,甚至可高达0.1 μm。而进给传动系统中的滚珠丝杠螺母(直线进给系统)、蜗轮蜗杆(圆周进给系统)和支承结构是决定其传动精度和刚度的主要部件,因此,必须首先保证它们具有较高的加工精度,对于保证开环、半闭环进给传动系统的精度尤为重要。

在进给传动链中加入减速齿轮或同步带传动可以减小脉冲当量,从系统设计的角度考虑可以提高传动精度。此外,还可以采用合理的预紧来消除滚珠丝杠螺母副的轴向间隙,采用两端轴向固定的丝杠支承设计,预紧支承丝杠的轴承以提高支承的结构刚度,消除齿轮、蜗轮等传动件的间隙,这些措施都有利于提高传动精度和刚度。

(3) 减少运动件的摩擦阻力 机械传动结构的摩擦阻力,主要来自丝杠螺母副和导轨。在数控进给系统中,为了减小摩擦力、消除低速进给爬行现象,提高整个伺服进给快速响应特性和系统稳定性,广泛采用滚珠丝杠和滚动导轨以及塑料导轨和静压导轨等。

(4) 快速响应性好,运动零件惯量小 对进给伺服系统除了要求有较高的定位精度外,还要求有良好的快速响应特性,要求跟踪指令信号的响应快。因此,伺服系统动态性能在伺服系统处于频繁地启动、制动、加速、减速等动态过程中,要求加、减速度足够大,以缩短过渡过程时间。

进给系统中每个传动元件的惯量对伺服进给系统的启动和制动特性都有直接影响,尤其是高速运转的零件,其惯量的影响更大。在满足传动强度和刚度的前提下,尽可能减小执行部件的质量,减小旋转零件的直径和质量,以减少运动部件的惯量。

(5) 适度增加阻尼,提高系统稳定性 稳定性是伺服进给系统能正常工作的基本条件,应能保证系统在低速进给时不产生爬行,并能适应外加负载的变化而不发生共振。稳定性与系统的惯性、刚性、阻尼及增益等有关。

阻尼的增加会降低进给伺服系统的快速响应特性,但可增加系统的稳定性,在减小摩擦阻力的同时,应使传动部件具有适度的阻尼,以提高它们抗干扰的能力。

(6) 使用维护方便 数控进给系统的结构设计时,除了满足上述各项的要求外,还应考虑便于维护和保养、维修等工作方面的要求。

近年来,由于伺服电机及其控制单元性能的提高,其调速范围已足够宽,转速可以从每分钟不到一转至几千转;转矩也足够大,可达到数十牛・米(N・m),甚至百牛・米(N・m)以上,许多数控机床的进给传动系统简化了降速齿轮副机构,而直接将伺服电机与滚珠丝杠连接,滚珠丝杠螺母副或齿轮齿条副的作用仅是将旋转运动转换为直线运动。这就使数控进给系统的机械传动机构更简单。

数控传动装置与普通机床中的传动装置在概念上有所区别,在设计的计算和方法上也有所不同。设计时除了确保数控进给系统的传动精度和工作稳定性以外,在设计机械传动装置时,通常也有无间隙、低摩擦、低惯量、高刚度和高谐振频率以及适宜的阻尼比的要求。

3.4.2 数控传动的设计计算

数控伺服传动系统设计包括稳态设计和动态设计两个阶段,稳态设计是动态设计的基础,其设计的主要任务是运动和动力的计算,即确定驱动机械运动构件的伺服电动机、控制电机与机械系统的参数匹配,一般在该阶段不计算控制电路参数和控制系统的动态性能参数。数控伺服系统通常有开环伺服系统、半开环伺服系统和闭环伺服系统，一般具体内容包括：确定驱动（执行）元件（电机）的型号和参数、机械传动比、转动惯量、负载力矩，对于（半）闭环系统还需考虑检测元件的参数等。

3.4.2.1 系统传动比的确定

机械传动系统的传动方式和传动比确定：一般伺服传动系统的机械传动都是减速系统。减速系统的减速比，主要根据负载的性质、脉冲当量和其他要求来选择。减速系统的减速比要满足电动机和机械负载之间的转速、力矩和位移的相互匹配。

对于开环系统，系统传动比的计算通常按照系统脉冲当量的要求和步距角以及传动丝杠的基本导程来确定。

$$i = \theta L_0/(360\delta) \tag{3.8}$$

式中：i 为系统传动比；θ 为步距角(°)；δ 为脉冲当量(mm)；L_0 为丝杠导程(mm)。

对于传动方式的确定，可以根据计算出的传动比值来考虑，如传动比值较小，可以采用电机与丝杠轴直接连接的传动方式，也可采用一级齿轮传动或同步带传动；如果传动比很大，则要采用多级齿轮传动，传动级数和总传动比在各级传动中的分配可参见 3.3.3 小节变速传动设计。即总传动比在各级齿轮副上的分配大体遵循等效转动惯量最小、质量相等和输出轴转角最小这三个原则；如果传动比太大，则应考虑使用谐波齿轮减速器等大减速比的传动副或部件。

对于（半）闭环系统，系统传动比的计算可用与上述开环系统相同的方法来确定。但它通常仅在设计中供参考用，即是充分条件但不是必要条件。因为，要让减速传动比达到一定条件下最佳，同时满足脉冲当量与步距角之间的相应关系，还要满足最大转速和系统快速性（加速度）要求等是非常困难的。因此，通常可以选用的方法还有：

(1) 最大加速度的选择原则；

(2) 最大输出速度选择原则；

(3) 传动系统输出轴转角误差最小原则。

而对于大多的（半）闭环伺服传动系统，对速度和加速度均有一定要求，因此，通常优先选用(1)的使系统具有最大加速度的选择方法来确定最佳传动比。这是因为数控机械传动装置的作用不仅是传递转矩和转速，还要使执行部件（工作台）运动灵敏、准确、稳定地跟踪数控系统的指令，以实现精确移动。当输入指令驱使执行部件从某一速度变化到另一种速度时，控制电机应能提供较大的加速度，使执行部件迅速响应。如此，不仅能满足伺服系统重要技术指标之一的快速响应性的要求，还对系统精度和系统稳定性起着重要的作用。

3.4.2.2 系统传动刚度的计算

通过数控伺服传动系统最佳传动比的计算和传动级数以及总传动比在各级传动中的分配，便可得到系统的分辨率（一般可用脉冲当量来描述），通常脉冲当量小，系统精度也较高。但是，数控伺服精度并不取决于最小脉冲当量，它还与系统本身动态特性有关（如外加负载和内部扰动等都会造成实际位置偏离指令位置）。而在静态设计中，系统的稳态精度（系统在稳态时指令位置和实际位置的符合程度）与系统静刚度直接相关。

所谓伺服静刚度是指在恒定外负载作用下，伺服驱动系统抵抗位置偏差的能力，也就是伺服电机为消除位置偏差而产生的转矩(或力)与位置偏差之比。显然，外负载不变时，伺服静刚度越大，则伺服误差越小。值得注意的是，这里的伺服静刚度是整个伺服系统表现出来的抵抗外力而不产生误差的能力，它与机构静刚度是两个不同的概念。

伺服静刚度和静摩擦力矩决定了伺服系统在单脉冲指令下能否启动；伺服静刚度和动摩擦力矩则决定了系统的定位精度。因此，在设计时通常对系统刚度、失动量等都需给予充分重视，并进行必要的分析和计算。下面以滚动丝杠副为传动元件的一维平移工作台为例来介绍伺服刚度的计算方法以及对系统精度的影响分析。

对于一般数控伺服进给传动，设计计算主要考虑低速时爬行和在微小量位移时的动作灵敏度，即使滚动摩擦的静、动摩擦系数变化较小，但在低速和需要微小位移领域的差别仍是不能忽视的，为了减小其影响，就要增大传动系统的刚度(特别是传动方向上的刚度)，以提高执行部件(工作台)的分辨率和运动的稳定性。

计算和分析的基本思路是：首先根据系统性能要求分别计算低速不爬行和能进行微量进给时所需的系统刚度；再结合传动系统结构设计和主要器件的选型情况，计算和合成系统的总伺服刚度；最后，初步确定满足系统所需分辨率、伺服传动刚度的驱动伺服结构，如各部件的预紧力和支承方式等，并由此可初步估算机电伺服传动系统的精度和固有频率。

1. 系统设计目标的传动刚度计算

① 为了在低速运行下不爬行，系统所需传动刚度可按下式计算：

$$K_1 \geqslant mg^2 \Delta f^2 / (4\pi \xi V^2) \tag{3.9}$$

式中：m 为驱动质量(kg)；g 为 9.8 m/s^2；Δf 为静、动摩擦系数之差；ξ 为摩擦面间的阻尼系数；V 为移动件的最小速度(m/s)。

② 按微量移动所需灵敏度计算系统传动刚度，即

$$K_2 \geqslant F_j / \delta \tag{3.10}$$

其中：F_j 为静摩擦力(N)；δ 为系统最小移动量。

2. 机械传动刚度的计算

对于由滚珠丝杠副构成的伺服进给传动系统的传动刚度，不仅与滚珠丝杠副本身有关，还与其支承结构形式及其是否预紧等条件有关。一般的传动系统刚度 K_e 的计算可用下式来进行：

$$\frac{1}{K_e} = \frac{1}{K_s} + \frac{1}{K_b} + \frac{1}{K_c} + \frac{1}{K_d} + \frac{1}{K_h} + \frac{1}{K_t} \tag{3.11}$$

式中：K_s 为滚珠丝杠副的拉压刚度；K_b 为滚珠丝杠支承轴承的轴向刚度，可查轴承样本及有关资料或计算；K_c 为滚珠丝杠副滚珠与滚道的接触刚度，可根据选用要求查产品样本；K_d 为滚珠丝杠副中螺母体刚度，一般可忽略不计，精确计算按 $K_d \approx 4K_c$ 估算；K_h 为螺母座、轴承座刚度，一般情况下可忽视不计，精确计算可用有限元法计算；K_t 为滚珠丝杠的扭转刚度。

在式(3.11)中，螺母座、轴承座刚度 K_h 一般来说较难计算，牵涉的因素包括支承座、中间套筒、螺钉等零件本身的刚度以及这些零件相互之间的接触刚度和支承座与其基体之间的接触刚度等。因此，一般根据进给伺服系统精度要求，在设计时由结构设计来尽量使这两

项刚度足够大。

另外，在精确计算系统刚度时，常常需要将工作台刚度和各传动轴刚度以及联轴节的刚度折算到滚珠丝杠副上，但是大多数情况下可忽略不计。

对于由丝杠螺母传动直接拖动的平移工作台，根据能量守恒定律，可将工作台弹性变形的势能折算为丝杠扭转变形的势能，如设丝杠扭转变形 2π 弧度，则工作台折算到丝杠上的刚度为

$$K_r = K_g\left(\frac{L_0}{2\pi}\right)^2 \tag{3.12}$$

式中：K_g 为工作台的刚度；L_0 为丝杠导程。

如在滚珠丝杠的前级有齿轮副传动，同理，根据能量守恒定律，可以算出齿轮传动刚度，其折算方法可由下式来计算，并逐级折算至丝杠。基本折算方法为

$$K_1 = i^2 \cdot K_2 \tag{3.13}$$

式中：K_1 为折算到轴Ⅰ上的刚度；K_2 为折算到轴Ⅱ上的刚度；i 为齿轮速比 n_2/n_1。

对于需要精确计算控制电机与丝杠之间的联轴节折算到滚珠丝杠副上的刚度时，可预先计算出联轴节本身的刚度或由有关的产品样本中查出，再利用下式来计算：

$$K_L = K_{L_0}(2\pi/L_0)^2 \tag{3.14}$$

式中：K_{L_0} 为联轴节的刚度；L_0 为丝杠导程。

由以上分析可知，传动刚度主要由滚珠丝杠副的拉压刚度 K_s，滚珠丝杠支承轴承的轴向刚度 K_b 和滚珠丝杠副滚珠与滚道的接触刚度 K_c 以及滚珠丝杠副的扭转刚度 K_t 等几个环节串联而成，忽视任一个环节的高刚度，都将不能达到预期的精度目标。因此，下面就分别介绍这几项刚度的计算方法。

(1) *滚珠丝杠副拉压刚度 K_s 的计算* 滚珠丝杠副是将驱动伺服电机的转动按工作要求转换为执行件的工作台直线运动的主要部件，在工作过程中将受到拉压力的作用并产生变形，进而影响传动系统的精度。其拉压刚度 K_s 的大小不仅与丝杠的直径以及丝杠的支承机构形式有关，还是滚珠螺母至轴向固定处距离 L_a 的函数。因此，不同条件下的拉压刚度可用下式来计算。

当丝杠支承形式为一端固定，一端游动或自由时：

$$K_s = \left(\frac{\pi d_1^2 E}{4L_a}\right)\times 10^{-3} \quad (\text{N}/\mu\text{m}) \tag{3.15}$$

当丝杠支承形式为两端固定或两端支承结构时：

$$K_s = \left[\frac{\pi d_1^2 EL}{L_a(L-L_a)}\right]\times 10^{-3} \quad (\text{N}/\mu\text{m}) \tag{3.16}$$

式中：E 为杨氏弹性模量(2.1×10^5 MPa)；d_1 为丝杠底径(mm)；L_a 为滚珠螺母至固定端支承的距离(mm)；L 为滚珠丝杠两支承的距离(mm)。

(2) *滚珠丝杠支承轴承轴向刚度 K_b 的计算* 滚珠丝杠支承轴承的刚度与支承结构设计密切相关，如选择轴承的类型、轴承的工作状态(是否有预紧)以及轴承的组合形式等。表3.20仅给出几种常用轴承刚度的近似计算方法，也可以由轴承产品样本中查得(K_B)，再根据支承的结构形式即可计算出丝杠支承的刚度 K_b。

表 3.20　滚珠丝杠支承轴承刚度的近似计算

轴承类型	未预紧轴承的刚度 K_B	一对预紧轴承的刚度 K_{B0}
角接触球轴承(6000型)	$2.34\sqrt[3]{d_Q Z^2 F_a \sin^5\beta}$	$2\times 2.34\sqrt[3]{d_Q Z^2 F_{amax}\sin^5\beta}$
推力球轴承(8000型)	$1.95\sqrt[3]{d_Q Z^2 F_a}$	$2\times 1.95\sqrt[3]{d_Q Z^2 F_{amax}}$
圆锥滚子轴承(7000型)	$7.8\sin^{1.9}\beta L_r^{0.8} Z^{0.9} F_a^{0.1}$	$2\times 7.8\sin^{1.9}\beta L_r^{0.8} Z^{0.9} F_{amax}^{0.1}$
推力圆柱滚子轴承(9000型)	$7.8 L_r^{0.8} Z^{0.9} F_a^{0.1}$	$2\times 7.8 L_r^{0.8} Z^{0.9} F_{amax}^{0.7}$

注：β 为轴承的接触角(°)；d_Q 为滚动体的直径(mm)；L_r 为滚子的有效长度(mm)；Z 为滚动体的个数；F_a(F_{amax})为轴向(最大)工作载荷(N)。

因此，对于滚珠丝杠支承轴承的轴向刚度 K_b 分别可表示如下。

如丝杠为一端固定(固定端轴承有预紧)，一端自由时：

$$K_b = K_{B0} \tag{3.17}$$

如丝杠为两端单推支承结构，轴承预紧时：

$$K_b = K_{B0} \tag{3.18}$$

轴承无预紧时：

$$K_b = K_B \tag{3.19}$$

当丝杠为两端固定式支承(轴承有预紧)时：

$$K_b = 2K_{B0} \tag{3.20}$$

(3) *滚珠丝杠副滚珠与滚道接触刚度 K_c 的计算*　滚珠丝杠副滚珠与滚道的接触刚度 K_{ca} 通常可由其产品样本直接获得。但样本中给出的 K_c 是在预紧力为 $0.1C_a$，轴向工作载荷为 $0.3C_a$ 时的理论计算值，因此，实际计算时，应根据实际的预紧力和最大工作载荷的大小来换算。其换算的方法可参见滚珠丝杠样本的说明，也可按如下方法进行初步估算。

对于不预紧的滚珠丝杠副：

$$K_c = K_{ca}\left(\frac{F_p}{0.3C_a}\right) \tag{3.21}$$

对于预紧的滚珠丝杠副：

$$K_c = K_{ca}\left(\frac{F_p}{0.1C_a}\right) \tag{3.22}$$

式中：K_{ca} 为滚珠丝杠副样本中给出的刚度(N/μm)；F_p 为预紧力(N)；C_a 为丝杠副的额定动载荷(N)。

(4) *滚珠丝杠扭转刚度 K_t 的计算*　滚珠丝杠在工作中将受到扭矩的作用，虽然在一般情况下其产生的扭转变形对传动系统精度影响较小，但是，对于精密机械和仪器以及细长的丝杠来说，扭转变形的存在会使轴向移动量产生滞后，因此，扭转刚度也是不可忽视因素。

$$K_t = \frac{\pi d_1^4 G}{32L} \tag{3.23}$$

式中：d_1 为滚珠丝杠的底径(mm)；G 为剪切模量(≈80 GP_a)；L 为支承间距(mm)。

3. 系统伺服刚度 K_m 的计算

对于伺服机械系统，在无负载并停止在零初始位置时，如果对驱动电机输出轴施加反向负载力矩，则停止位置将发生变化，取消负载力矩则电机输出轴又恢复到零初始位置。施加在电机轴上的负载力矩和由此而产生的输出角位移之比称为伺服刚度。其计算方法为

$$K_m = \frac{360M}{2\pi\theta} \tag{3.24}$$

式中：θ 为单位脉冲驱动电机的最小转角；M 为单位脉冲在电机轴上的输出转矩：$M = M_a + M_L + M_{os} + M_{of}$，即通常由系统运行的加速转矩（$M_a$）、摩擦负载转矩（$M_L$）、滚动副预紧的附加摩擦转矩（$M_{os}$）以及轴承的摩擦转矩（$M_{of}$）等构成。

4. 伺服机械系统的总纵向刚度

$$\frac{1}{K} = \frac{1}{K_e} + \frac{1}{K_m} \tag{3.25}$$

在伺服机械传动系统设计中，根据式(3.25)得到总刚度后，按照设计目标的要求（如以低速运行下不爬行或按微量移动所需灵敏度要求），对刚度进行验算，即有

$$K \geqslant K_1 (\text{或 } K_2) \tag{3.26}$$

如计算结果不能满足式(3.26)，可以通过对丝杠的支承方式、轴承和丝杠螺母的预紧状态以及其他结构进行重新选择和设计，直至满足设计要求。

5. 失动量计算

由于伺服刚度和纵向刚度而产生的滞后于指令的失灵区，将使系统产生传动误差，直线运动工作台的失动量是在负载 F（或摩擦负载）作用下的误差，可表示为

$$\Delta = F/K \tag{3.27}$$

这种由于系统刚度而产生的失动量对伺服机械传动系统有着直接影响，单从静态的角度来看，它是定位误差的主要影响因素，而对重复定位精度则是 2 倍的影响。

3.4.2.3 转动惯量的计算

数控伺服传动系统的设计离不开转动惯量的计算。如在进行最佳传动比的计算中，将所用负荷折算到电动机轴上来计算力矩的等效峰值，进一步的传动驱动电机的选择计算以及传动系统的快速响应性和稳定性等都与传动装置的转动惯量有着密切关系，同时，它对传动系统的固有频率等动态参数也有直接影响。因此，数控传动系统（包括开环控制系统、闭环控制系统）设计中的转动惯量计算不仅是系统静态设计的需要，也是动态设计计算的需求。

转动惯量的计算包括平移工作台折算到转动轴上和各转动件依次折算到电机转轴上的惯量计算。在伺服机械系统中可能存在回转类和平移直线运动类两类部件或元件，它们的转动惯量的精确计算往往较困难，因此，实际应用中常根据不同形体的相关计算公式来进行近似估算。

1. 回转运动的圆柱体类转动惯量

对于在传动系统中常用来实现回转运动的传动零件，如齿轮、联轴节、丝杠和轴等，其转动惯量可表示为

$$J_c = \pi\rho d^4 L/32 \quad (\text{kg} \cdot \text{m}^2) \tag{3.28}$$

式中：ρ 为材料的密度，对于钢，$\rho = 7.8 \times 10^3\ \text{kg/m}^3$；$d$ 为回转圆柱体直径或等效直径(m)；L 为回转圆柱体长度或厚度(m)。

2．直线运动的工作台折算到丝杠上的转动惯量

对于利用丝杠副实现拖动工作台作直线运动的传动系统，工作台及安装在其上的负载等平移物体，设计计算时需要将其折算至丝杠轴上，其转动惯量折算方法是

$$J_w = m\left(\frac{L_0}{2\pi}\right)^2 \quad (\mathrm{kg \cdot m^2}) \tag{3.29}$$

式中：L_0 为运动转换零件的丝杠的导程(m)；m 为直动工作台（包含其上的负载）的质量(kg)。如已知条件是重量(W)，则式中的"m"应以(W/g)来替换。

3．丝杠传动时传动系统折算到电机轴上的总转动惯量

对于图3.13(a)所示的丝杠传动系统，在计算出丝杠轴上的转动惯量后，还需要将其折算至电机轴上，通常将丝杠轴上转动惯量折算到电机轴上的方法是

$$J_e = J_s'/i^2 \quad (\mathrm{kg \cdot m^2}) \tag{3.30}$$

式中：J_s'为丝杠轴上的转动惯量；i 为丝杆至电机的降速传动比($i = Z_2/Z_1$)。

因此，利用丝杠实现平移工作台运动的传动系统，折算到驱动电机轴上的总转动惯量为

$$J_e = J_1 + \frac{1}{i^2}[(J_2 + J_s) + m(L_0/2\pi)^2] \quad (\mathrm{kg \cdot m^2}) \tag{3.31}$$

式中：J_1 为电机轴上的小齿轮(Z_1)的转动惯量；J_2 为丝杠轴上的大齿轮(Z_2)的转动惯量；J_s 为丝杠轴的转动惯量；

4．齿轮齿条传动时传动系统折算到电机轴上的转动惯量

对于图3.13(b)所示的齿轮齿条拖动平移工作台，首先需要将工作台及其上负载的转动惯量折算到小齿轮轴上，计算方法是

$$J_z = (W/g)R^2 \quad (\mathrm{kg \cdot m^2}) \tag{3.32}$$

式中：W 为工作台及其上负荷的总重量(N)；R 为齿轮齿条传动中齿轮的半径(m)。

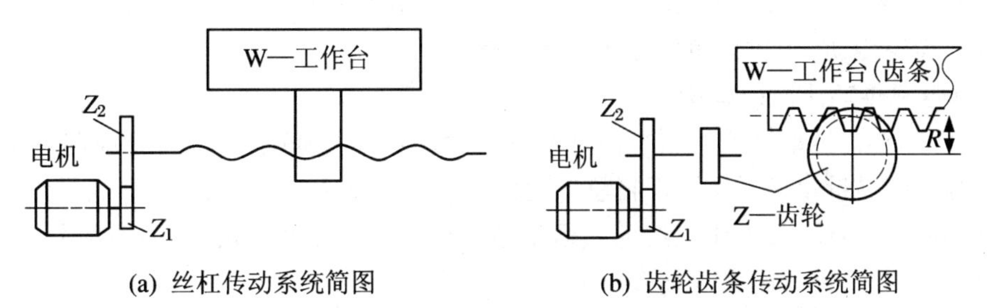

(a) 丝杠传动系统简图　　(b) 齿轮齿条传动系统简图

图3.13 常用传动系统简图

因此，用与丝杠传动系统相同的计算方法，齿轮齿条传动时传动系统折算到电机轴上的转动惯量可表示为

$$J_e = J_1 + \frac{1}{i^2}(J_2 + W \cdot R^2/g) \quad (\mathrm{kg \cdot m^2}) \tag{3.33}$$

3.4.3 数控传动部件设计

下面结合数控进给传动的特点，主要介绍常用齿轮传动、螺旋传动和同步齿形带装置的设计计算和方法。

3.4.3.1 齿轮传动的设计

齿轮传动是应用非常广泛的一种机械传动，各种传动装置几乎都离不开齿轮传动，数控机床的伺服传动装置中，伺服电动机或步进电动机常通过齿轮传动装置传递转矩和转速，并使电动机和螺旋传动副及负载(工作台)之间的转矩与转速得到匹配。因此，齿轮传动装置的设计是数控机械传动系统设计的一个重要组成部分，即利用齿轮传动装置将电动机输出轴的高转速、低转矩转换成为负载轴所要求的低转速。

1. 齿轮传动装置的设计准则和设计内容

数控传动系统的基本要求是精度高、稳定性好和响应速度快。齿轮传动将给系统增加一个惯性环节，对传动性能指标影响很大，所以，设计准则分别如下。

(1) *提高和保证传动精度*　主要分析由传动件的制造误差、装配误差、传动间隙和弹性变形等所引起的误差。

(2) *增强系统稳定性*　对于闭环控制来讲，齿轮传动装置在伺服回路内，其性能参数将直接影响整个系统的稳定性，因此应考虑提高传动系统的固有频率，提高系统的阻尼能力，以便增加传动装置的抗振性能，满足稳定性要求。

(3) *提高系统响应速度*　无论开环还是闭环伺服控制，齿轮传动装置都将影响整个系统的响应速度。从这个角度考虑取决于传动装置的加速度，即提高角加速度。可采取使传动装置减少摩擦、减少转动惯量、提高传动效率等措施。

对于数控传动中齿轮传动设计，包括系统设计和结构设计。具体的设计内容有：载荷估算，选择总传动比，选择传动机构类型，确定传动级数及传动比分配，配置传动链，估算传动精度、刚度、强度、固有频率计算等。其中有些内容在机械原理和机械零件以及精度分析等课程中已有表述，下面只针对数控传动装置的特点，介绍总传动比选择、传动级数确定及传动比分配、齿轮传动间隙调整的结构设计等内容。

2. 最佳总传动比设计理论

齿轮传动装置传动设计的总原则是在系统稳、准、快的基础上，综合考虑与电机负载匹配，脉冲当量圆整量化等因素。现将总传动比最佳化的理论介绍如下，对于执行件为直线位移工作台的数控传动，其工作台的直线运动通常均使用丝杆螺母副来实现，实际应用时，先以所计算的最佳总传动比为基础进行调整。

(1) *等效峰值力矩最小的最佳传动比*　当工作载荷、惯性载荷和摩擦载荷均按峰值计算时，它们折算到电动机轴上的力矩称为等效峰值力矩，计算表达式为

$$M_{LP} = \frac{M_P}{i_t \eta} + \frac{M_f}{i_t \eta} + \left(J_m + J_{gm} + \frac{J_L}{i_t^2 \eta}\right) \cdot i_t \varepsilon_L \tag{3.34}$$

式中：M_P 为工作载荷折算到丝杠上力矩(N·cm)；M_f 为丝杠副的摩擦力矩(N·cm)；J_m 为电动机轴的转动惯量(kg·cm^2)；J_{gm}为齿轮传动装置和丝杠折算到电机轴的等效转动惯量(kg·cm^2)；J_L 为平动工作台折算到丝杠上等效转动惯量(kg·m^2)；i_t 为总传动比；ε_L 为丝杠的最大角加速度(rad/s^2)；η 为传动效率。

令

$$dM_{Lp}/di_t = 0$$

则得

$$i_{\text{opt}} = \sqrt{(M_{\text{p}} + M_{\text{f}} + J_{\text{L}}\varepsilon_{\text{L}})/(J_{\text{m}} + J_{\text{gm}}) \cdot \varepsilon_{\text{L}}\eta} \tag{3.35}$$

式中：i_{opt}为等效峰值力矩为最小时的最佳传动比。

(2) 等效均方根力矩最小的最佳传动比　由于上述所用的各载荷有一定的随机性，如按均方根力矩折算到电机轴上来计算，效果更好。这种按均方根折算到电机轴上的力矩称为等效均方根力矩。其计算公式如下：

$$M_{\text{Lm}} = \sqrt{\left(\frac{M_{\text{pm}}}{i_{\text{t}}\eta}\right)^2 + \left(\frac{M_{\text{fm}}}{i_{\text{t}}\eta}\right)^2 + \left[\left(J_{\text{m}} + J_{\text{gm}} + \frac{J_{\text{L}}}{i_{\text{t}}\eta}\right)i_{\text{t}}\varepsilon_{\text{Lm}}\right]^2} \tag{3.36}$$

式中：M_{pm}为工作载荷折算到丝杠上的均方根力矩；M_{fm}为丝杠副的均方根摩擦力矩；ε_{Lm}为丝杠的均方根角加速度。

令

$$\mathrm{d}M_{\text{Lm}}/\mathrm{d}i_{\text{t}} = 0$$

则得

$$i_{\text{opt}} = \sqrt[4]{(M_{\text{pm}}^2 + M_{\text{fm}}^2 + J_{\text{L}}^2 \cdot \varepsilon_{\text{Lm}}^2)/[(J_{\text{m}} + J_{\text{gm}})\varepsilon_{\text{Lm}}\eta]^2} \tag{3.37}$$

式中：i_{opt}为等效均方根力矩最小的最佳传动比。

(3) 加速度最大的最佳传动比　传动系统的快速响应性对系统精度和稳定性有着重要影响，如快速响应性作为主要设计技术指标要求较高，当电动机输出转矩 M_{m} 与负载转矩平衡时，则有

$$\varepsilon_{\text{L}} = \frac{\eta \cdot M_{\text{m}}i_{\text{t}} - (M_{\text{p}} + M_{\text{f}})}{J_{\text{L}} + (J_{\text{m}} + J_{\text{gm}}) \cdot i_{\text{t}}^2\eta} \tag{3.38}$$

令

$$\mathrm{d}\varepsilon_{\text{L}}/\mathrm{d}i_{\text{t}} = 0$$

则得

$$i_{\text{opt}} = \frac{M_{\text{p}} + M_{\text{f}}}{M_{\text{m}}\eta} + \sqrt{\left(\frac{M_{\text{p}} + M_{\text{f}}}{M_{\text{m}}\eta}\right)^2 + \frac{J_{\text{L}}}{(J_{\text{m}} + J_{\text{gm}}) \cdot \eta}} \tag{3.39}$$

式中：i_{opt}为丝杠加速度最大时的最佳传动比。

3. 传动链的级数和各级传动比的选择

对于数控传动的齿轮传动的设计较简单，大多应用易获得高精度的平行轴渐开线圆柱齿轮传动。首先确定传动形式和传动方案，然后根据最佳化原则计算出总传动比，再确定传动链的级数和各级传动比。通常，齿轮传动链的传动级数少一些较好，可简化传动链的结构，有利于提高传动精度、减少空程误差和提高传动效率。同时一对齿轮的传动比也不能过大，若采用一级传动，传动比过大则体积也过大，反而结构不紧凑。如图 3.14 所示，图中两种方案的总传动比和模数均相同，如小齿轮的齿数相同，由图可见，图 3.14(a)所示的一级传动所占的平面面积远比图 3.14(b)的两级传动的大。单级传动比过大，两齿轮尺寸相差甚远，加快了小齿轮的磨损，并且转动惯量也将增大。所以单级传动比不能过大，不仅要在常用传动比范围内，还应综合考虑。

另外，在选取单级传动比时，应考虑数控传动齿轮的实际工作条件。如果齿轮受力较小且均匀，传动比宜取整数，以求传动更加平稳。如果齿轮受力较大且经常变化，传动比应取

互质数,使得磨损均衡,避免载荷集中在某些轮齿上。当然,两种情况下,还要考虑脉冲当量的要求。

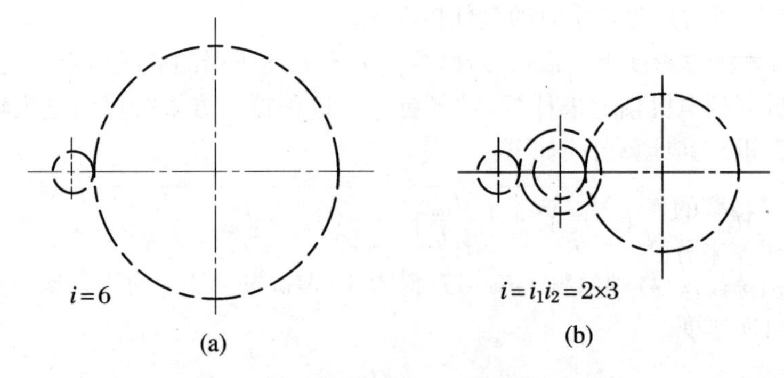

图 3.14　传动级数与占用空间的关系

如果齿轮传动的总传动比过大,用单级传动不能解决问题时,应采用多级传动。多级齿轮传动级数的确定和各级传动比的分配原则,通常根据以下三个方面的特殊要求进行。

(1) 按提高转角精度的原则分配传动比　对于单级齿轮传动,根据技术条件对转角精度的要求,按照“机构精度分析”的方法,可以计算出输入轴折算到输出轴上的转角误差。转角误差可以认为是由传动误差与空程误差造成的,对于多级齿轮传动来说,减少误差产生的基本思路是:由于常用齿轮传动是用来减速的,根据误差传递理论可知,传动链末级转角误差对总误差的影响最大,对减少末级传动件的误差有着显著效果。所以在传动比分配时,应采用先小后大的原则,以使传动的总误差最小。另外,从减少转角误差的角度来看,最直接、最有效的方法是传动的级数越小,总转角误差越小。

如仅从减少传动件数量的角度来看,由于单级齿轮传动的最大传动比为 $i=8$,则对于 n 级传动有 $i_t=i_1^n=8^n$,由此可求出根据提高转角精度的原则来分配传动比时,最佳级数应为

$$n_0 = \lg i_t/\lg 8 \approx 1.1\lg i_t \tag{3.40}$$

(2) 按获得最小等效转动惯量的原则分配传动比　对于启动频繁、正反交替运动的数控传动系统,需要按获得最小等效转动惯量的原则来确定传动级数和分配各级传动比,以达到传动的快速性、平稳性和准确性的要求。最小转动惯量是指传动链中各个齿轮折算到输入轴上的等效转动惯量应为最小。

传动级数的确定:根据转动惯量的计算方法,将各级传动元件的惯量折算到电机轴上时,初级传动比 i_1 对折算后的等效转动惯量的影响最大,后级依次递减,并且当总传动比一定时,级数越多等效转动惯量越小,所以要减少等效转动惯量,取较多的传动级数较好。但是,级数多到一定的程度时,其对等效转动惯量的减少将不明显,且过多级数的传动势必造成结构复杂、精度降低、经济性欠佳等。因此,设计时应统一考虑。一般地,在总传动比 i_t 一定时,使等效转动惯量为最小的最佳级数可表示为

$$n_0 = 3\lg i_t \tag{3.41}$$

各级传动比的分配原则:在总传动比不变和级数相同的条件下,传动比分配不同,最小等效转动惯量也不同。利用等效转动惯量的计算,可以得到 n 级齿轮传动系统各级传动比

的计算表达式为

$$i_1 = 2^{(2^n-n-1)/[2(2^n-1)]} i_t^{[1/(2^n-1)]} \tag{3.42}$$

$$i_k = \sqrt{2}(i_t/2^{n/2})^{2^{(k-1)}/(2^n-1)}, \quad k = 2,3,4,\cdots,n \tag{3.43}$$

如二级齿轮减速传动系统，按等效转动惯量最小的传动比分配原则，其计算表达式为

$$i_t = i_1 \cdot i_2, \quad i_2 = i_1^2/\sqrt{2} \tag{3.44}$$

在上述的计算中，不必精确到几位小数，因在系统机构设计时还需适当调整。需要注意该分配原则对大功率的齿轮传动系统是不适用的，同时，按此原则计算的各级传动比也应按“先小后大”的次序来分配，以使系统结构紧凑。

(3) *按重量最轻的原则分配传动比*　重量最轻是指齿轮传动链中所有各齿轮的重量之和应该最轻。这个指标对仪器或精密设备很重要，尤其是飞行器中仪器装置更是如此。对于多级齿轮传动，如设所有齿轮材料相同，齿宽均为 b，最小齿轮分度圆直径 d_1，通过系统传动重量之和 $\sum P$ 对各级传动比求导，可以得到总传动比 i_t 和级数 n 之间能使重量最轻的关系式为

$$\frac{\sum P}{\pi \rho g b d_1^2/4} = n(1 + \sqrt[n]{i_t}) \tag{3.45}$$

一般在总传动比 i_t 一定时，对应每一个 i_t 都有一个重量最小的最佳级数。

由数学归纳法求得

$$n_0 = 3\lg i_t \tag{3.46}$$

综上所述，要保证传动的重量最轻，在总传动已确定的条件下，来初步确定最佳级数，而各级传动比分配一般按“先大后小”原则来处理。同样需要注意的是，该分配原则对大功率的齿轮传动系统也是不适用的。

以上分别从三个不同特殊要求出发，论述了如何正确合理地确定传动的级数和分配各级传动比。其间有相似之处，也有相互矛盾之处。如装置的传动比大，传动级数应多，但从减少转角误差来考虑却希望传动级数要少；如同时对装置有尺寸要求，可考虑定轴轮系与行星轮系结合等的混合齿轮传动，或者选用传动精度高、传动效率高、传动平稳、体积小、重量轻的新型谐波齿轮传动。在工程实际中，特殊要求并不都是单一的，因此，在正式确定传动级数和分配各级传动比时，应该根据具体情况，结合具体要求和工作条件等，灵活运用上述各原则，同时抓住主要矛盾，统筹兼顾，并注意各种新原理、新技术的应用。

4. 齿轮传动间隙调整的结构设计

数控伺服传动装置的基本要求是传递运动的准确性、工作平稳性、载荷分布的均匀性。影响传动精度的主要因素不仅有制造误差和安装误差等，还有为了保证齿轮副自由回转、贮存润滑油、补偿齿轮传动的热变形、弹性变形的侧隙等。而侧隙的存在使得传动产生空程误差，对需要正反换向的运动精度影响很大，对于空程误差要求严格的齿轮传动，经常在结构上采取措施，以减少或消除误差。常用的消间隙结构有以下几种。

(1) *调整中心距法*　如图 3.15 所示，利用偏心轴套在装配时转动，实现啮合中心距的调整，以达到尽量减少齿侧间隙的目的，虽然它因结构简单、传动刚度较高而被广泛使用，但只能补偿齿厚误差和中心距误差引起的侧隙，而不能消除偏心产生的齿侧间隙。

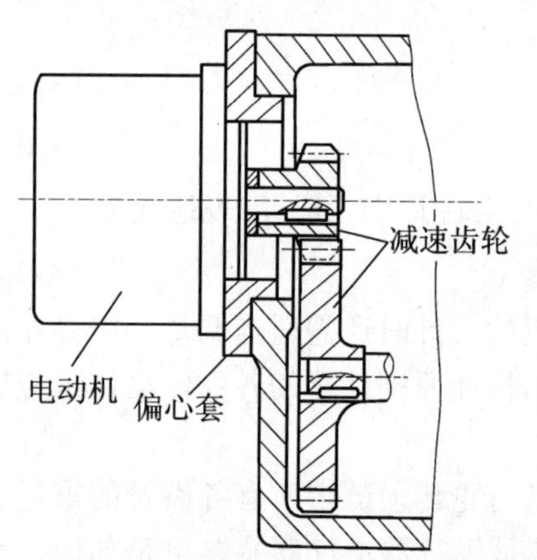

图 3.15　偏心套调整消侧隙机构

（2）*采用双片薄齿轮错齿调整法*　如图 3.16 所示，将一对齿轮的从动齿轮做成两片，其中一片固定在轴上，两片之间装有弹簧，弹簧力使两片齿轮的齿廓分别与主动齿轮的齿廓贴紧，自动完全消除了齿侧间隙。其中图 3.16(b)为周向弹簧式，由于消隙弹簧的拉力必须克服驱动转矩才能有作用，而其拉力受到结构尺寸和弹簧尺寸的限制，大多仅用于读数齿轮传动装置。

（3）轴向调整法　如图 3.17 所示，通过轴向垫片和弹簧使之轴向移动来消除齿侧隙。图 3.17(a)为圆柱齿轮轴向垫片消隙调节结构，其基础是将两啮合齿轮制造时使其分度圆齿厚沿轴线方向略有锥度；

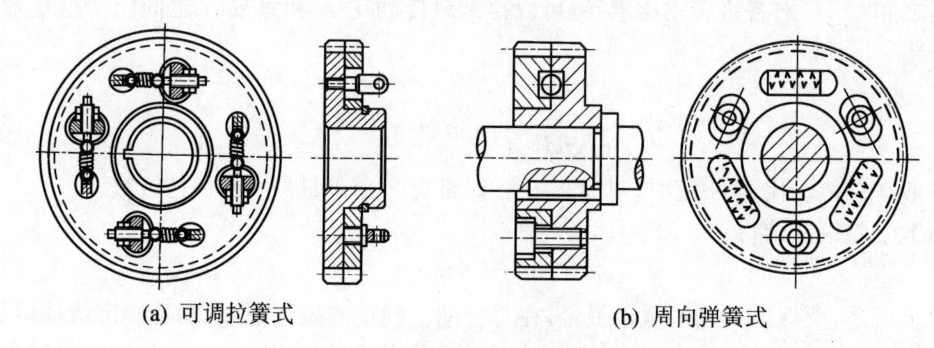

(a) 可调拉簧式　　(b) 周向弹簧式

图 3.16　双片薄齿轮错齿调整消侧隙机构

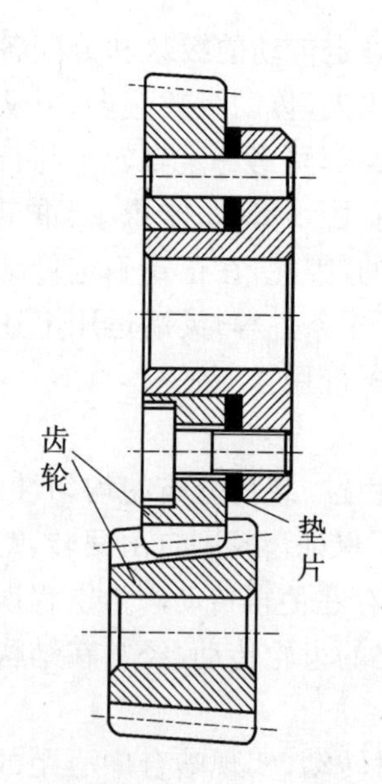

(a) 圆柱齿轮轴向垫片调整

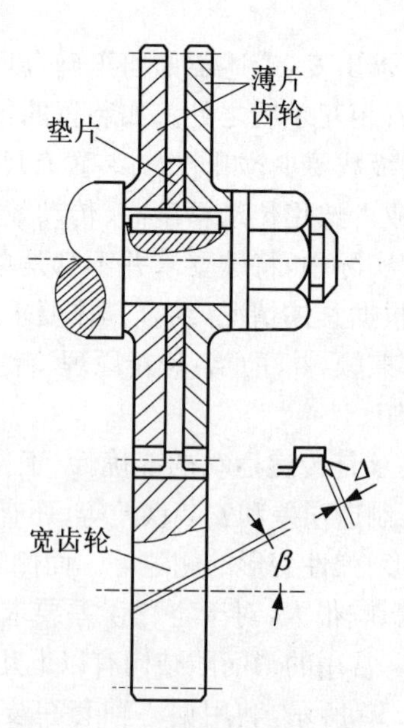

(b) 斜齿轮轴向垫片错齿调整

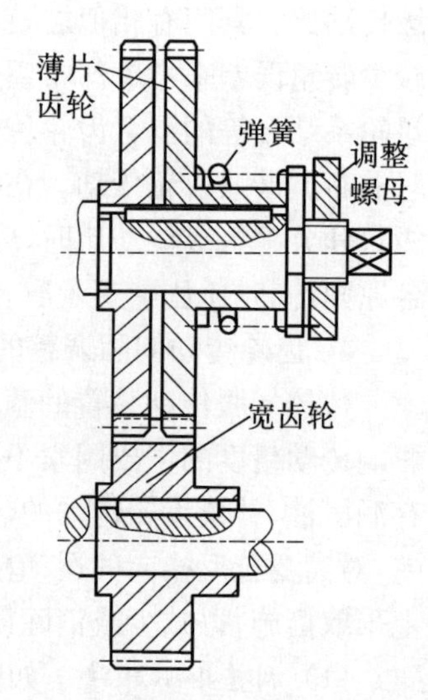

(c) 斜齿轮轴向弹簧错齿调整

图 3.17　轴向调整消侧隙机构

图3.17(b)和图3.17(c)是消除斜齿轮传动的侧隙的轴向消隙机构。轴向垫片调节结构的传动刚度较高,但难以实现自动补偿。而轴向弹簧(压缩弹簧和碟形弹簧)虽然能自动补偿侧隙,但负载能力较小,轴向尺寸较大。

3.4.3.2　滚动螺旋传动的设计

螺旋传动主要用来把旋转运动变为直线运动,或把直线运动变为旋转运动。其中有以传递能量为主的传力螺旋,也有以传递运动为主,并要求有较高传动精度的传动螺旋,还有用来调整零件相互位置的调整螺旋。螺旋传动机构又有滑动丝杠螺母、滚珠丝杠螺母和液压丝杠螺母机构。滑动丝杠螺母机构结构简单、加工简单、制造成本低,具有自锁功能,但摩擦阻力大、传动效率低。滚动丝杠螺母机构虽然结构复杂、制造成本较高、无自锁功能,但其摩擦阻力小、传动效率高。因此,在数控进给传动系统中,广泛采用滚珠丝杠副来实现精密进给运动。而液压丝杠螺母机构多用于超高精度的传动系统。因此,下面主要介绍滚珠丝杠副传动机构的设计。

1. 滚珠丝杠副的组成和传动特点

滚珠丝杠副传动是在具有螺旋滚道的丝杠和螺母间放入适当数量的滚珠作为中间传动件,使螺杆和螺母之间成为滚动摩擦的一种传动部件。由丝杠、螺母、滚珠及滚珠循环返回装置等四个部分组成,如图3.18所示。当螺杆转动螺母移动时,滚珠则沿螺旋滚道而滚动,在螺杆上滚动数圈后从滚道一端滚出并沿返回装置返回另一端重新进入滚道,从而构成闭合回路。其传动特点主要有:

① 摩擦损失小,传动效率高,使用寿命长,精度保持性好。滚珠丝杠螺母副传动的效率高(92%～98%),比滑动丝杠螺母副提高3～4倍(滑动丝杠螺母副的效率为30%～40%)。

② 适当预紧后可消除丝杠螺母副的传动间隙,反向时就可以消除空程死区,定位精度高,刚度好。

③ 启动力矩小,运动平稳,无爬行,传动精度高,同步性好。

④ 有可逆性,可以从旋转运动转换为直线运动,也可以从直线运动转换为旋转运动,即丝杠和螺母都可以互作主动件。

⑤ 制造工艺复杂,滚珠丝杠和螺母等元件的加工精度要求高,表面粗糙度值特别小,故制造成本高。

⑥ 不能自锁。对于垂直布置(如重力的作用),停止运动后需添加制动装置。

2. 滚珠丝杠副的主要参数

(1) 主要尺寸参数(图3.19)

公称直径d_0:滚珠与螺纹滚道在理论接触角状态时,包络滚珠球心的圆柱直径,它是滚珠丝杠副的特征尺寸。公称直径越大,承载能力和刚度越大。

国家标准(GB/T 17587.2—1998或ISO/DIS 3408—2—1991)中规定公称直径:6,8,10,12,16,20,25,32,40,50,63,80,100,125,160及200,单位毫米(mm)。

基本导程L_0:丝杠相对于螺母旋转2π弧度时,螺母上的基准点的轴向位移。基本导程按承载能力选取，选取后应验算步距，以满足单位进给脉冲的步距要求，还要验算螺旋升角，以满足效率要求。

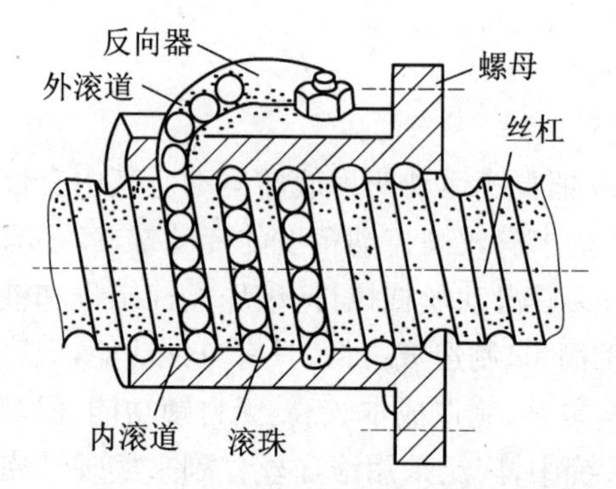

图 3.18 滚珠丝杠副构成原理

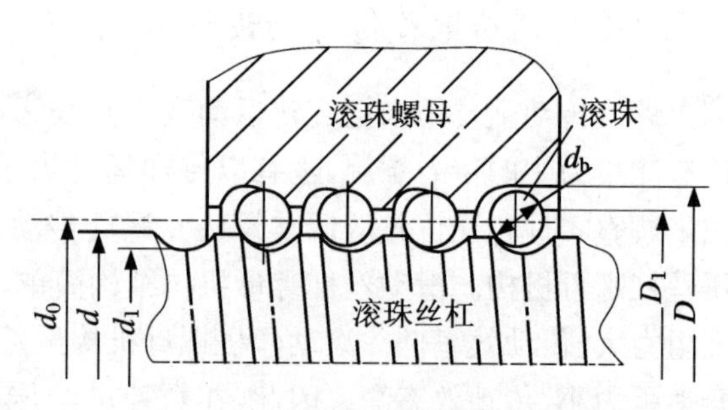

图 3.19 滚珠丝杠副主要尺寸参数

国家标准(GB/T 17587.2—1998 或 ISO/DIS 3408—2—1991)规定基本导程：1,2,2.5,3,4,5,6,8,10,12,16,20,25,32,40,单位毫米(mm)；一般尽可能优先选用 2.5,5,10,20 及 40,单位毫米(mm)。

接触角 β：在螺纹滚道法向剖面内滚珠球心与滚道接触点的连线和螺纹轴线的垂直线间的夹角，理想接触角等于 45°。

滚珠直径 d_b：滚珠直径 d_b 一般根据轴承厂提供的标准尺寸选用。滚珠直径 d_b 大，承载能力大，但在导程确定的情况下，滚珠直径 d_b 受到丝杠相邻两螺纹间过渡部分最小宽度的限制，一般情况下，滚珠直径 d_b 算出后，要按滚珠直径标准尺寸系列圆整。

滚珠的工作圈数 n：根据试验结果可知，在每一个循环回路中，各圈滚珠所受的轴向负载是不均匀的，第一圈承受总负载的 50%左右，第二圈承受 30%，第三圈约为 20%。因此，滚珠丝杠副的每个循环回路的工作圈数一般为 2.5～3.5 圈，其数量大于 3.5 将无实际意义。

滚珠总数 N：一般以不超过 150 个为宜，数量太多，将使其流动不畅而产生堵塞现象。如工作的滚珠数太少，每个滚珠的负载加大，工作中将引起较大的弹性变形。

其他参数：除了上述参数以外，还有丝杆螺纹大径 d、丝杆螺纹小径 d_1、丝杆螺纹全长 L_s、螺母螺纹大径 D、螺母螺纹小径 D_1、滚道圆弧偏心距 e 和滚道圆弧半径 R 等。

(2) 滚珠丝杠副的精度等级及标注方法

① 精度等级。根据国家标准 GB/T 17587.3—1998 规定，滚珠丝杠副按其使用范围及要求分成 1、2、3、4、5、7、10 七个等级，1 级最高，依次次之。(原机械工业部标准 JB 3162.2—82 是 C、D、E、F、G、H 六个等级，最高精度为 C 级，最低精度为 H 级)。各精度等级的导程误差如表 3.21 所示，其导程精度的选择检验项目如表 3.22 所示。在设计选用时根据实际使用要求，对每一精度等级内指定了导程精度的检验项目，未指定的检验项目其导程误差不得低于下一级精度的规定值。如 E2 表示 E 级精度丝杠副只需检验 1、2 项两个检验项目，而其余三个项目应该不得低于下一级精度的规定值。

表 3.21　滚珠丝杠副精度等级的导程误差(GB/T 17587.3—1998)(单位:μm)

<table>
<tr><th colspan="2">项　目</th><th>基本导程极限偏差</th><th>2π 弧度内导程公差</th><th>任意 300 mm 内导程公差</th><th colspan="2">螺纹全长内导程公差</th><th colspan="2">导程误差曲线的带宽公差</th></tr>
<tr><td colspan="2">代　号</td><td>δL_0</td><td>$\delta L_{2\pi}$</td><td>δL_{300}</td><td>δL_s</td><td>K_1</td><td>δL_b</td><td>K_2</td></tr>
<tr><td rowspan="6">精度等级</td><td>1 (C)</td><td>±4</td><td>4</td><td>5</td><td rowspan="6">$\delta L_s=\delta L_{300}\times\left(\frac{L_s-2L_0}{300}\right)^{K_1}$</td><td>0.8</td><td rowspan="6">$\delta L_b=\delta L_{300}\times\left(\frac{L_s-2L_0}{300}\right)^{K_2}$</td><td>0.6</td></tr>
<tr><td>2 (D)</td><td>±5</td><td>5</td><td>10</td><td>0.8</td><td>0.6</td></tr>
<tr><td>3 (E)</td><td>±6</td><td>6</td><td>15</td><td>0.8</td><td>0.6</td></tr>
<tr><td>4 (F)</td><td></td><td></td><td>25</td><td>0.8</td><td>0.6</td></tr>
<tr><td>5 (G)</td><td></td><td></td><td>50</td><td>0.8</td><td>0.6</td></tr>
<tr><td>7 (H)</td><td></td><td></td><td>100</td><td>1.0</td><td></td></tr>
</table>

表 3.22　导程误差的检验项目及其选择标号

序　号	检验内容	代　号	检验项目选择标号				
			1	2	3	4	5
1	任意 300 mm 螺纹长度内导程误差	δL_{300}	√	√	√	√	√
2	螺纹全长内导程公差	δL_s		√	√	√	√
3	导程误差曲线的带宽公差	δL_b			√	√	√
4	基本导程极限偏差	δL_0				√	√
5	2π 弧度内导程公差	$\delta L_{2\pi}$					√

设计时,根据使用要求的精度和系统控制方式来选择所用的精度等级,滚珠丝杠副按标准分为定位滚珠丝杠副(P)和传动滚珠丝杠副(T),一般动力传动系统选用 T 类,4、5、7 级(F、G 级或称其为普通精度级);对于开环和半闭环的数控机床、精密机床和精密仪器的进给传动系统,由于丝杠副的精度直接影响定位精度和重复定位精度,一般可选用 P 类的定位滚珠丝杠副,精度等级为 1、2、3 级(或 C、D、E 级);而全闭环系统则可与检测反馈等系统一起综合考虑,可适当降低滚珠丝杠螺母副的精度,选用 2、3、4 级(或 D、E、F 级),值得注意的是不能选用太低精度,否则系统将难以稳定。

② 标注方法。滚珠丝杠副的型号根据其结构、规格、精度和螺纹旋向等特征来进行标注,虽然不同生产厂家的标注方法略有不同,但基本标注方法应根据国家标准 GB/T 17587.1—1998 的规定按图 3.20 所示的格式进行标注。

其中:循环方式及其特点和应用范围见表 3.23 所述,预紧方式及其特点和适用情况参见表 3.24 所示,不同预紧方式的结构简图如图 3.21 所示。结构特征则主要有导珠管埋入式(M)和导珠管凸出式(T)两种;负荷钢球(滚珠)圈数一般有 1.5,2,2.5,3,3.5,4,4.5 几种标注形式。

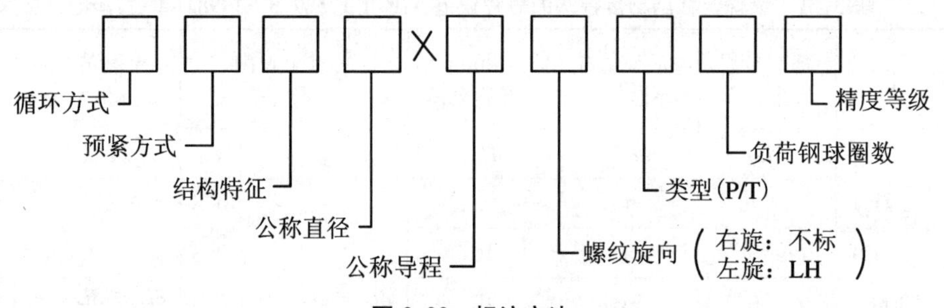

图 3.20　标注方法

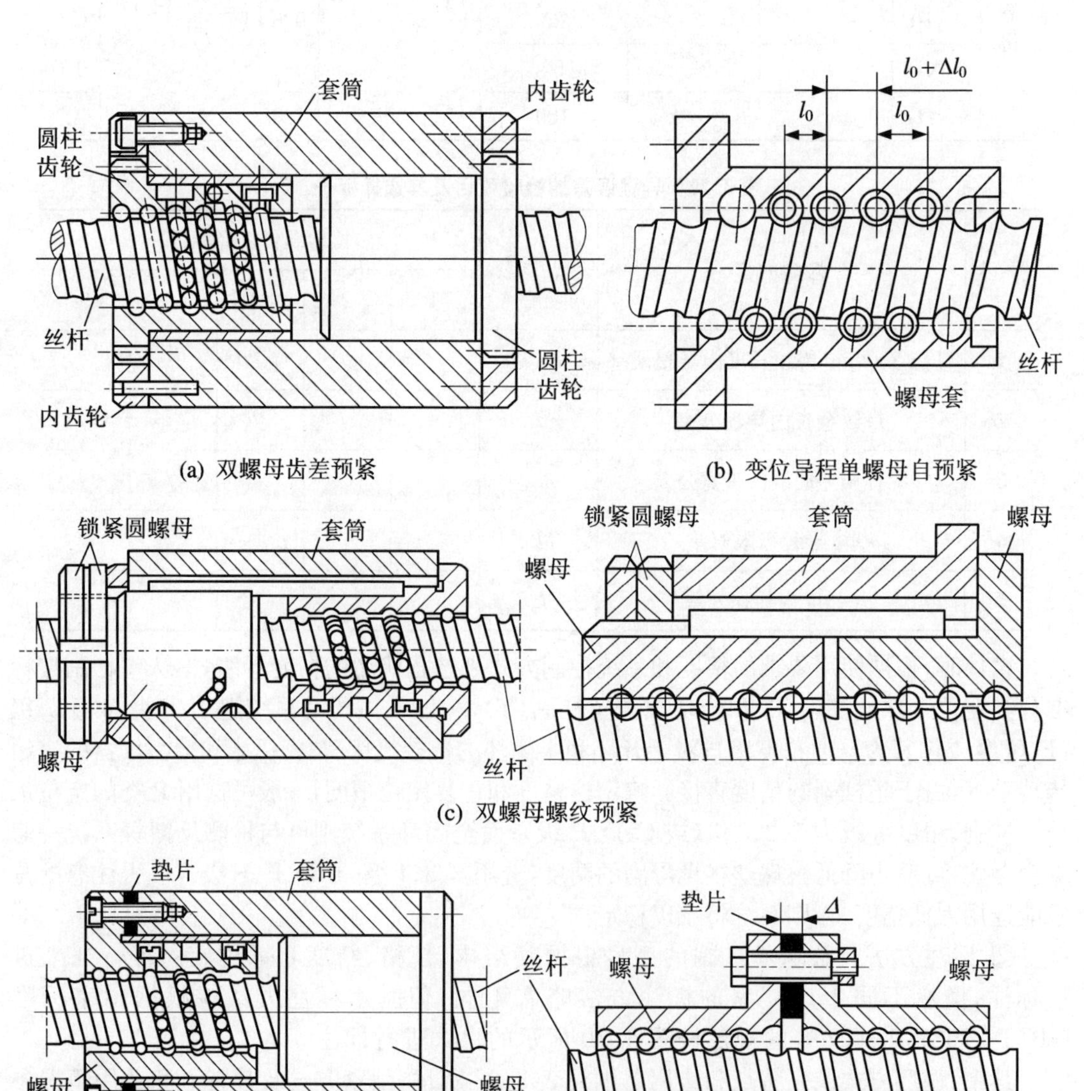

图 3.21　滚珠丝杠螺母副轴向间隙调整和预紧方式

表 3.23　国产滚珠丝杠副不同循环方式比较

循环方式	内循环		外循环		
	浮动式	固定式	插管式	螺旋槽式	端盖式
代号	F	G	C	L	D
含义	在整个循环过程中，滚珠始终与丝杠螺纹的各滚切表面滚切和接触		滚珠循环反向时，离开丝杠螺纹滚道，在螺母体内或体外循环运动		
结构特点	循环滚珠链最短，结构紧凑，反向器轴向尺寸短，刚性好，寿命长，制造工艺复杂		循环滚珠链较长，轴向排列紧凑，承载能力较强，螺母径向尺寸较内循环大		
	具有较好的摩擦特性，预紧力矩为固定反向器的1/3～1/4，在预紧时，预紧力矩 M_t 上升平缓	制造、装配工艺性不佳，摩擦特性次于F型，优于L型	结构简单，工艺性优良，适合成批生产，回珠管可设计、制造成较理想的运动通道	在螺母体上的回珠螺旋槽与回珠孔不易准确平滑连接，拐弯处曲率变化较大，滚珠运动不平稳，挡珠机构刚性差，易磨损	螺母有纵向返回通道，两端盖上短槽与螺纹滚道接通，结构简单，工艺性好，但循环回路长，流畅性较差，滚珠通过短槽时易卡住
适用场合	各种高灵敏，高刚度的精密进给定位系统。重载荷，多头螺纹，大导程不宜采用	各种高灵敏、高刚度的精密进给定位系统。重载荷，多头螺纹，大导程不宜采用	重载荷传动，高速驱动及精密定位系统，在大、小导程，多头螺纹中有独特优点	一般工程机械、机床。在高刚度传动和高速运转的场合不宜采用	滚道弯曲处不易做到准确而影响其性能，故应用较少
备注	有发展前途的结构	正逐渐被F型取代	目前应用最广泛		

表 3.24　国产滚珠丝杠副预加负荷方式及其特点

预加负荷方式	双螺母齿差预紧	双螺母垫片预紧	双螺母螺纹预紧	变位导程单螺母自预紧	单螺母钢珠过盈预紧
标注代号	Ch 或 C	D	L	B	Z
螺母受力方式	拉伸式	拉伸式 压缩式	拉伸式(外) 压缩式(内)	拉伸式($+\Delta L$) 压缩式($-\Delta L$)	
结构特点	可以实现0.002 mm以下精密微调，预紧可靠，不会松动，调整预紧力较方便	结构简单，刚性高，预紧可靠，不易松动，使用中不便随时调整预紧力	预紧力调整方便，使用中可随时调整。不能定量微调螺母，轴向尺寸长	结构最简单，尺寸最紧凑，无双螺母形位误差的影响，使用中不能随时调整	结构简单，尺寸紧凑，不需任何附加预紧机构，预紧力大时装配困难，使用中不能随时调整

续表

预加负荷方式	双螺母齿差预紧	双螺母垫片预紧	双螺母螺纹预紧	变位导程单螺母自预紧	单螺母钢珠过盈预紧
调整方法	需重新调整预紧力时，脱开差齿圈，相对螺母上齿在圆周上错位，然后复位	改变垫片的厚度尺寸，可使双螺母重新获得所需预紧力	旋转预紧螺帽，使双螺母产生相对轴向位移，预紧后需锁紧螺帽	拆下滚珠螺母，精确测量原装钢球直径，按预紧力需要重新更换大若干微米的钢球	拆下滚珠螺母，精确测量原装钢球直径，然后根据预紧力需要，重新更换大若干微米的钢球
适用场合	要求获得准确预紧力的精密定位系统	高刚度、重载荷的传动定位系统，目前应用较普遍	不要求得到准确预紧力，但希望随时可调节预紧力大小的场合	中等载荷，对预紧力要求不大，又不经常调节预紧力的场合	
备注				新近发展的结构	双圆弧钢球四点接触，摩擦力矩较大

3. 滚珠丝杠副支承方式选择

（1）*滚珠丝杠副支承方式选择*　螺母座、丝杠的轴承组合与轴承座以及其他零件的连接刚性不足，将严重影响滚珠丝杠副的传动精度和刚度，在设计安装时应认真考虑。螺母座除了应满足传递功率需求以外，还应有足够的刚度，其与工作滑台（或床身）应有较大的接触面积，连接螺钉的刚度也应较高，定位销配合应紧密，从而减少受力后的变形。对于滚珠丝杠轴的支承，为了提高轴向刚度，常采用止推轴承为主的轴承组合来支承丝杠，当轴向载荷较小时，也可用向心推力球轴承来支承丝杠。常用轴承的组合和安装支承方式有以下几种。

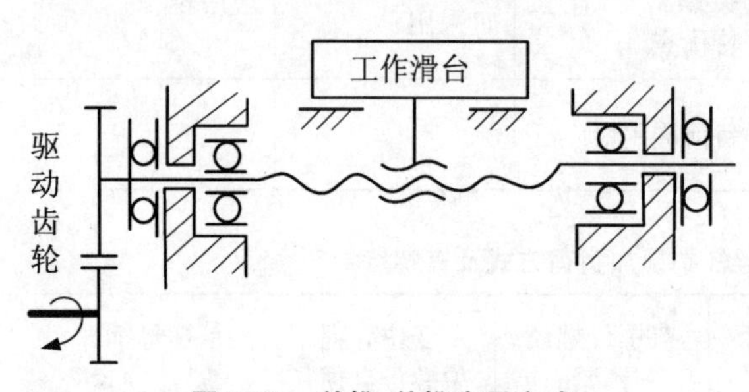

图 3.22　单推-单推支承方式

① 单推-单推式。如图 3.22 所示，止推轴承分别装在滚珠丝杠的两端并施加顶紧力。其特点是轴向刚度较高，须拉伸安装时，预紧力较大，对丝杠的热变形较为敏感，轴承寿命比双推-双推式低。

② 双推-双推式。如图 3.23 所示，两端装有止推轴承及向心轴承的组合（也称为“固定端”），施加预紧力后使丝杠具有最高刚度。该方式适合于高刚度、高速度、高精度的精密丝杠传动系统。由于随温度

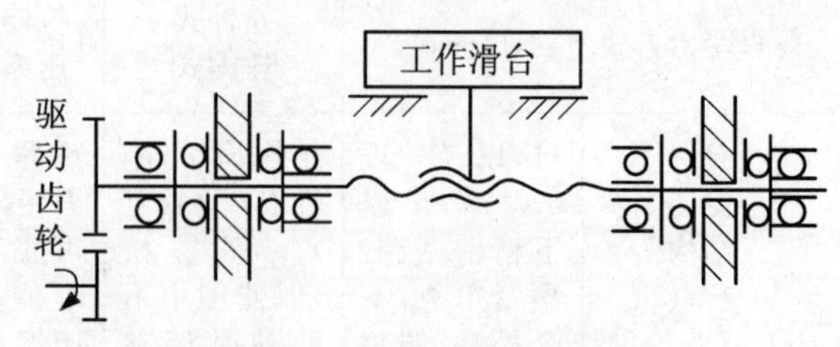

图 3.23　双推-双推支承方式

的升高会使丝杠的预紧力增大,故易造成两端支承的预紧力不对称。

③ 双推-简支式。如图3.24所示,一端装止推轴承,另一端为向心球轴承,轴向刚度不太高。双推端可预拉伸安装,预紧力小,轴承寿命较高,使用时应注意减少丝杠热变形的影响,而将止推轴承布置在远离热源和丝杠常用的一端。适用于中速、精度较高的长丝杠传动系统。

④ 双推-自由式。如图3.25所示,一端为止推轴承,另一端悬空,因其一端是自由状态,故轴向刚度低,承载能力小,适用于短丝杠支承,多用于轻载、低速的垂直安装的丝杠传动系统。

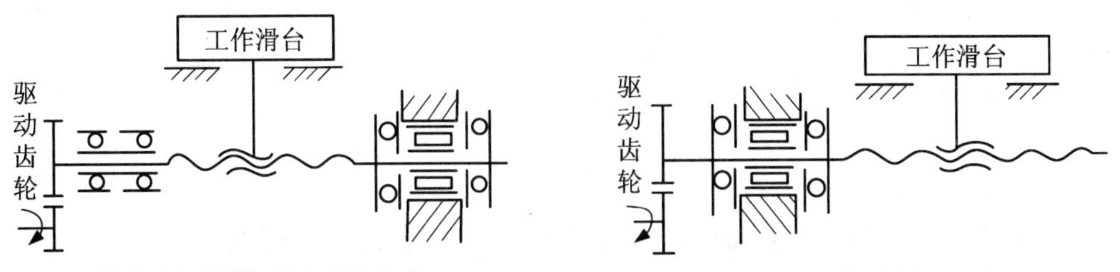

图3.24　双推-简支支承方式　　**图3.25　双推-自由支承方式**

(2) *垂直安装时的制动结构*　滚珠丝杠副的传动效率高,无自锁作用,在作垂直安装布置时,为了防止被驱动部件因自重作用,在驱动力中断后发生逆传动的自锁或制动装置,或是重力平衡装置。可以实现自锁的方式有很多,如在传动链中配置蜗杆减速器等逆转效率很低的高速比部件,依靠摩擦损失来实现制动,由于其经济性和系统协调性不好而较少采用;也可以利用具有刹车作用的制动电机来实现制动,如在步进电机驱动系统中,需要上下运动的部件重量较小,则利用步进电机单相通电的自锁来进行制动。在一般的数控传动中常用的制动装置应体积小、重量轻、易于安装超越离合器,并在选购滚珠丝杠副时同时选购相宜的超越离合器。也可设计其他制动结构,图3.26为利用电磁控制的摩擦离合器制动装置。当主轴7作上、下进给运动时,电磁线圈通电并吸引铁芯,从而打开摩擦离合器,此时电

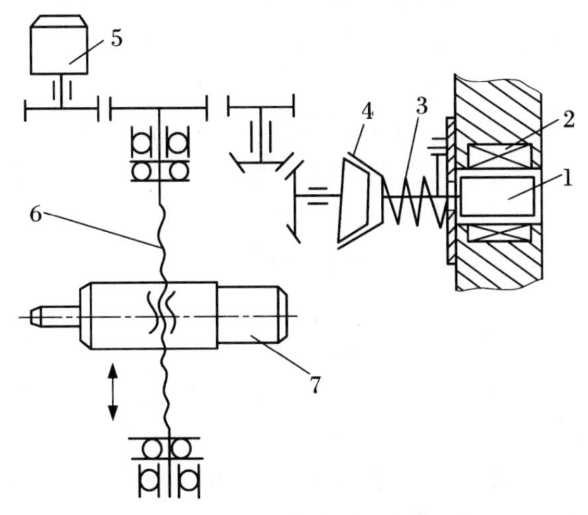

图3.26　电磁-摩擦制动装置原理

1. 铁芯;　2. 电磁线圈;　3. 弹簧;　4. 摩擦离合器;　5. 电机;　6. 滚珠丝杠副;　7. 运动部件

机通过减速齿轮、滚珠丝杠副，拖动运动部件作垂直上下运动。当电机停止运动或断电时，电磁线圈也同时断电，在弹簧的作用下摩擦离合器压紧制动轮，使滚珠丝杠不能自由转动。从而防止因上、下运动部件的自重而自动下降。

(3) *滚珠丝杠副的润滑和防护* 在进行滚珠丝杠副设计选用时，还必须注意其运行过程中的润滑和防护，从而维持其传动精度，延长使用寿命。

润滑可以提高滚珠丝杠的耐磨性和传动效率，润滑剂有液体和固体两种，液体润滑剂可用20号或30号机械油、90～180号透平油或140号主轴油，在运行过程中应注意经常通过注油孔加油；而脂润滑是在安装装配时在螺母滚道中加入润滑脂，是一种定期润滑形式，固体润滑剂通常使用高压润滑脂或锂基润滑脂。

丝杠预紧后，轴向间隙减小，当硬质灰或切屑等污物进入螺纹滚道内时，将妨碍滚珠的运转，并加快磨损，因此，必须有防护装置。

常用的防护装置有：

① 密封圈。密封圈装在螺母的两端，有接触式和非接触式两种。接触式的弹性密封圈用耐油橡胶或尼龙制成，其内孔做成与丝杠螺纹滚道相配合的形状，即与螺纹滚道相贴合。这类密封的防尘效果好，但有接触压力，会使摩擦力矩稍有增大；非接触式的密封圈（也称其为迷宫式密封圈）用聚氯乙烯等塑料材料制成，其内孔与丝杠螺纹滚道的形状相反，并稍有间隙，故不会增加摩擦力矩，但防尘效果较差。

② 防护罩。防护罩能防止尘土及硬性杂质等进入滚珠丝杠。防护罩的形式有锥形套管、伸缩套管、折叠式（手风琴式）的防护罩，也有用螺旋式弹簧钢制成的防护罩连接在滚珠丝杠的支承座及滚珠螺母的端部等。防护罩材料通常使用耐油、耐腐蚀、耐高温和耐用度好的塑料或人造革等。

4. 滚珠丝杠副的选择计算方法

目前，滚珠丝杠副已有专业厂家实现了系列化的生产，在设计中需要根据使用条件、负载、速度、加速度、最大行程、位置精度、寿命等要求来进行选择，对于有特殊要求的，可与生产厂家协商定制。选择时通常需要考虑的主要工作包括类型的选择、结构形式的选择以及主要参数的计算和选用。

所谓类型选择，就是根据使用要求，选用对传动精度有较高要求的定位滚珠丝杠副（类型标注为P），如对传递功率有较高要求则选用类型标注为T的传动滚珠丝杠副。类型不同，在后续的计算选择时也有所不同，即在反映承载能力的参数（最大动载荷C_a值）计算后，前者一般按照精度要求来计算确定滚珠丝杠的最小螺纹底径，而后者需要按照强度计算来确定滚珠丝杠的最小螺纹底径。

结构形式的选择，通常根据使用要求综合考虑，如调隙及预紧结构的要求，当必须有预紧或在使用过程中因磨损而需要定期调整时，应采用双螺母螺纹预紧或齿差预紧式结构；只需在装配时调整间隙及预紧力时，可采用结构简单的双螺母垫片调整预紧式结构或变位导程单螺母自预紧等结构。另外，还需要根据实际系统结构设计的情况，选择丝杠轴的支承形式和轴头的结构，如有需要可与生产厂家协商修改定制。对于使用环境较差的工况，应考虑密封和防尘防护等结构形式，以保证滚珠丝杠副的正常运行。

滚珠丝杠副主要尺寸参数的选择，一般需要通过实际工作情况的分析和计算后，再根据专业厂家的系列来选择确定。通常需要已知的实际的工作条件包括最大的工作载荷 F_{max}(或当量工作载荷 F_m)作用下的使用寿命 T、丝杠的工作长度(或螺母的有效行程)L、丝杠的转速 n(或当量转速 n_m)、滚道的硬度 HRC 值等及丝杠的运转情况。计算选用的主要参数有丝杠的公称直径 d_0 和基本导程 L_0,两者都应按滚珠丝杠副尺寸系列选择。其中基本导程(或螺距 t)应按承载能力、传动精度及传动速度来综合选取,如 L_0 大,承载能力大;L_0 小,传动精度较高;要求传动速度快时,可选用大导程滚珠丝杠副;对于螺纹长度 L_s,在允许的情况下要尽量短,一般取 L_s/d_0 小于 30 为宜。滚珠丝杠副选择计算的主要步骤如下。

(1) 确定滚珠丝杠副的基本导程 L_0

根据系统传动速度的关系和传动精度等要求,由工作台最高移动速度 V_{max},拟选用的电机最高转速 n_{max}以及控制系统的增益和系统传动比 i 等来确定,如电机与滚珠丝杠副通过联轴器直接相联时 $i=1$。可以用下式来初步估算:

$$L_0 = V_{max}/(in_{max}) \tag{3.47}$$

计算出 L_0 后再根据相关规定(或产品样本)尺寸系列的公称导程值的较大值来圆整。

(2) 滚珠丝杠副的载荷及转速计算

滚珠丝杠在工作过程中主要承受轴向负载,在设计滚珠丝杠副时,必须保证它在一定的轴向负载的作用下,持续稳定地工作。工作载荷是指数控传动系统工作时,通常有如下计算方法。

① 最小载荷 F_{min}:

最小载荷是指机器空载时作用在丝杠轴上的传动力,通常为工作台重量引起的摩擦力。

② 最大载荷 F_{max}:

最大载荷是机器工作中承受最大负荷时滚珠丝杠副上的传动力,例如数控机床切削加工时,切削力在滚珠丝杠轴向的分力与导轨摩擦力之和。

注意 此时的导轨摩擦力是包括工作台、工件、夹具三者构成的移动部件的总重量以及切削力在垂直导轨方向的分量共同作用而引起的。

对于矩形导轨的机床:

$$F = KF_x + f'(F_z + F_y + G) \quad (\text{N}) \tag{3.48}$$

对于燕尾形导轨的机床:

$$F = KF_x + f'(F_z + 2F_y + G) \quad (\text{N}) \tag{3.49}$$

对于三角形或综合导轨机床:

$$F = KF_x + f'(F_z + G) \quad (\text{N}) \tag{3.50}$$

对于钻镗主轴圆导轨的机床:

$$F = F_x + f \times 2M/d \quad (\text{N}) \tag{3.51}$$

式中:F_x, F_y, F_z 为 X, Y, Z 方向上的工作(切削)分力(N);G 为移动部件的重力(N);M 为主轴上的扭矩(N·cm);d 为主轴直径(cm);f'为导轨上的摩擦系数;f 为轴套和轴架以及主轴的键上的摩擦系数;K 为考虑颠覆力矩影响的实验系数。

在正常情况下,f', f, K 可取下列数值。矩形导轨:$f'=0.15, K=1.1$;燕尾形导轨:$f'=0.2, K=1.4$;三角形或综合导轨:$f'=0.15\sim0.18, K=1.15$;钻镗主轴圆导轨:$f=0.15$。

③ 滚珠丝杠副的当量转速 n_m 及当量载荷 F_m：

滚珠丝杠副在不同工作情况下拥有不同的转速（如快速进给、工作进给等），如各转速工作时间占总时间的百分比分别为 $t_1\%, t_2\%, \cdots, t_n\%$，而所受载荷分别是 $F_1, F_2, \cdots, F_n$。则滚珠丝杠副的当量转速

$$n_m = n_1 \times t_1\% + n_2 \times t_2\% + \cdots + n_n \times t_n\% \tag{3.52}$$

当量载荷

$$F_m = \frac{F_1^3 n_1 t_1\% + F_2^3 n_2 t_2\% + \cdots + F_n^3 n_n t_n\%}{n_m} \quad (\mathrm{N}) \tag{3.53}$$

当工作负荷在 F_{min} 和 F_{max} 之间单调变化或周期性单调连续变化，且与转速接近正比变化，各种转速使用机会均等时，可采用下列公式作近似计算：

$$n_m = (n_{min} + n_{max})/2 \tag{3.54}$$

$$F_m = (2F_{max} + F_{min})/3 \tag{3.55}$$

(3) 最大动载荷 C_a 的计算

滚珠丝杠在工作过程中，滚珠和滚道形面间产生接触应力，对滚道形面上某一点实际作用的是交变接触应力。在这种交变应力的作用下，经过一定的应力循环次数后，滚珠或滚道形面将产生疲劳损伤，从而使得滚珠丝杠丧失工作性能，这是滚珠丝杠副破坏的主要形式。通常在设计滚珠丝杠副时，必须保证它在一定的轴向负载的作用下回转 10^6 转后，滚道也不会有点蚀现象发生。因此，定义一批相同的滚珠丝杠副，在轴向载荷 F 的作用力下，以较高的速度运转 10^6 转，其中有 90%的滚珠丝杠副不产生疲劳损伤的轴向载荷 F 称为该规格的额定动载荷（C_a），或者说是滚珠丝杠可以承受的最大动载荷。

最大动载荷确定的回转 10^6 次，是通过实验方式确定的，一般以滚珠丝杠在转速为 100/3(r/min)的条件下，运转 5 000 h 为标准[$(100/3)\times 60\times 5\,000 = 10^6$]所得。

对于低速运转（$n<10$ r/min）的滚珠丝杠，无需计算其最大动载荷 C_a 值，而只考虑其最大静载荷 C_{oa} 是否充分大于最大工作负载 F_{max}。这是因为滚珠丝杠工作中的最大接触应力超过材料的弹性极限时，将要产生塑性变形，而塑性变形超过一定限度就会破坏滚珠丝杠副的正常工作。因此，通常规定滚珠丝杠副在静止（或转速较低）状态下，承受最大接触应力的滚珠和滚道接触面的塑性变形量之和为滚珠直径 d_b 的万分之一时的轴向载荷为额定静载荷（C_{oa}）。也表示滚珠丝杠副的工作运行中允许的最大静载荷，实际应用中一般取 C_{oa}/F_{max} 为 2～3。

因此，在专业生产产品系列的参数中都提供对应不同规格滚珠丝杠副的额定动载荷 C_a 和额定静载荷 C_{oa} 值，设计时，首先根据实际工作情况得到计算值，再从产品样本中查找符合要求的对应 C_a 和 C_{oa} 值来初步选择需要的滚珠丝杠副。

① 按滚珠丝杠副的预期工作时间 T_h（小时）计算：

$$C_{am} = \sqrt[3]{60 n_m T_h}\,\frac{F_m f_w f_H}{100 f_a f_c} \tag{3.56}$$

② 按滚珠丝杠副的预期运行距离 L_h（千米）计算：

$$C_{am} = \sqrt[3]{\frac{L_h}{L_0}} \cdot \frac{F_m f_w f_H}{f_a f_c} \tag{3.57}$$

③ 对于有预加载荷的滚珠丝杠副需按最大轴向载荷来计算：

$$C_{am} = f_e F_{max} \tag{3.58}$$

上述表达式中的相关参数分别为：

T_h 为预期工作时间(h)。见表3.25,仅供设计时参考。

L_h 为预期运行距离(km)。一般取250 km。

f_w 为运转系数。根据滚珠丝杠副运转过程中的负载性质选取,见表3.26。

f_H 为硬度系数。根据初定滚珠丝杠的硬度来选取,见表3.27。

f_a 为精度系数。根据初定滚珠丝杠副的精度等级选取,见表3.28。

f_c 为可靠性系数。一般情况下取 $f_c=1$,对于重要场合,要求使用寿命超过希望寿命的90%以上时可由表3.29来选取。

f_e 为预加负荷系数。根据工作载荷的性质来选取,见表3.30。

在设计中,大多利用第一种计算方法来计算滚珠丝杠副的最大动载荷,如当有预加载荷时计算所得的最大动载荷与其他方法所得结果不同,则取用计算结果中较大值作为滚珠丝杠副的动载荷的选取参考值(计算值 ≤ 额定动载荷)。

表3.25 各类机器预期工作寿命

机器类型	T_h(h)	机器类型	T_h(h)
通用机械	5 000～10 000	精密机床	20 000
普通机床	10 000～15 000	测试仪器(机械)	15 000
数控机床	20 000	航空机械	1 000

表3.26 运转系数

负载性质	无冲击(很平稳)	轻微冲击	伴有冲击或振动
f_w	1～1.2	1.2～1.5	1.5～2.5

表3.27 滚珠丝杠的硬度系数

硬度 HRC	60	57.5	55	52.5	50	47.5	45	42.5	40	30	25
f_H	1.0	1.1	1.2	1.4	2.0	2.5	3.3	4.5	5.0	10.0	15

表3.28 精度系数

精度等级	1,2,3	4,5	7	10
f_a	1.0	0.9	0.8	0.7

表3.29 可靠性系数

可靠性(%)	90	95	96	97	98	99
f_c	1.0	0.62	0.53	0.44	0.33	0.21

表 3.30 预加负载系数

预加负荷类型	轻预载	中预载	重预载
f_e	6.7	4.5	3.4

(4) 滚珠丝杠的最小螺纹底径 d_1 的确定

对于 P 类的定位滚珠丝杠副设计，由于在轴向载荷作用下，滚珠丝杠将有可能产生变形，其轴径的大小(实际应取最小螺纹底径 d_1)对其影响最大，因此，通常需要按精度要求来计算允许的滚珠丝杠的变形量，并以此来确定丝杠的直径。

① 估算滚珠丝杠的最大允许轴向变形量。

一般情况下，滚珠丝杠副在工作过程中，影响死区间隙的主要因素是伺服传动系统的刚度(K)，由于机械运动装置中移动部件处在不同位置时系统的刚度也不同，如将移动部件在某位置具有最小刚度表示为 K_{min}，滚珠丝杠副在轴向工作载荷作用时，如传动系统位于 K_{min} 处，则传动系统中便产生弹性变形 $\delta(\delta = F/K)$，从而影响了系统的传动精度，且在具有 K_{min} 的位置影响最大。

通常数控机械装置的伺服系统精度大多是在空载情形下检验，根据一般静态设计的要求，系统定位精度(a_p)和重复定位精度(a_{rp})是两项基本精度指标，因此，基于精度要求来估算滚珠丝杠的最小直径的方法就是通过移动系统在最小刚度位置时，滚珠丝杠副允许的最大轴向变形来进行。数控机械装置在空载时，作用在滚珠丝杠副上的最大轴向工作载荷为静摩擦力 F_f，所以可以利用系统对重复定位精度的要求来计算确定滚珠丝杠副允许的最大轴向变形：

$$\delta_m = F_f/K_{min} = (1/3 \sim 1/4)a_{rp} \quad (\mu m) \tag{3.59}$$

另外，由于影响定位精度的最主要因素是滚珠丝杠副的精度，其次是滚珠丝杠本身的拉压弹性变形(这种弹性变形随滚珠螺母在滚珠丝杠上的位置变化而变化)，以及滚珠丝杠副摩擦力矩的变化等。故滚珠丝杠副允许的最大轴向变形的估算也可以用下式来进行：

$$\delta_m \leqslant (1/4 \sim 1/5)a_p \quad (\mu m) \tag{3.60}$$

在估算选用时，通常按上述两种方法估算出允许的最大轴向变形，并取其中的较小值作为滚珠丝杠最小直径的估算用值。

② 估算滚珠丝杠副的底径 d_1。

由上述产生轴向变形量的分析可知，滚珠丝杠副的精度(或产生变形量的大小)与系统的刚度有着直接的关系，而系统刚度又与丝杠轴的支承方式有着密切的关系。下面分别给出不同支承结构下的滚珠丝杠直径估算的方法。

a. 一端固定，一端自由或游动支承方式。

$$d_{1m} = 2 \times 10\sqrt{\frac{10F_f L}{\pi\delta_m E}} \tag{3.61}$$

式中：E 为杨式弹性模量，$E = 2.1\times10^5\ N/mm^2$；$\delta_m$ 为估算的滚珠丝杠最大允许轴向变形量(μm)；F_f 为导轨上静摩擦力，$F_f = \mu \cdot W$(μ 为静摩擦系数)；L 为滚珠螺母至滚珠丝杠固定端支承的最大距离(mm)。

对于一端固定，一端自由或游动支承方式，其计算支承距离可用下列方法来估算：

$$
\begin{aligned}
L &\approx \text{工作行程} + \text{安全行程} + \text{余程} + \text{螺母长度的一半} + \text{支承长度的一半} \\
&\approx \text{工作行程} + (2 \sim 4)L_0 + (4 \sim 6)L_0 + (1/20 \sim 1/10)\ \text{工作行程} \\
&\approx (1.05 \sim 1.1)\ \text{工作行程} + (10 \sim 14)L_0
\end{aligned}
$$

b. 两端支承或两端固定的支承方式。

$$
d_{\mathrm{lm}} = 10\sqrt{\frac{10F_{\mathrm{f}}L}{\pi\delta_{\mathrm{m}}E}} \tag{3.62}
$$

式中：L 为两个固定支承之间的距离(mm)。且有

$$
\begin{aligned}
L &\approx \text{工作行程} + \text{安全行程} + \text{两个余程} + \text{螺母长度} + \text{一个支承长度} \\
&\approx (1.1 \sim 1.2)\ \text{工作行程} + (10 \sim 14)L_0
\end{aligned}
$$

(5) 确定滚珠丝杠副的螺母形式及规格代号

根据传动方式、使用情况和前面估算出的基本导程 L_0 以及初步确定的滚珠螺母类型，来初步确定滚珠丝杠副的规格。如是设计选用 T 类的传动滚珠丝杠副，通常不需估算滚珠丝杠的最小螺纹底径，而是直接按照系列产品的样本，利用已估算出的最大动载荷值 C_{am}，在样本中查找满足的额定动载荷 C_{a}(或额定静载荷 C_{oa})，即 $C_{\mathrm{a}} \geqslant C_{\mathrm{am}}$。对于用于定位滚珠丝杠副，则可先在样本中查找对应的滚珠丝杠底径 d_1，并使 $d_1 \geqslant d_{\mathrm{lm}}$，同时还需考察动载荷 $C_{\mathrm{a}} \geqslant C_{\mathrm{am}}$ 是否也满足，从而来查找所需的滚珠丝杠副。不过应注意：在考察 $d_1 \geqslant d_{\mathrm{lm}}$ 和 $C_{\mathrm{a}} \geqslant C_{\mathrm{am}}$ 时，比较值不宜过大，否则会使滚珠丝杠副的转动惯量偏大，结构尺寸也偏大，之后就可以确定滚珠丝杠副的公称直径、循环圈数、滚珠螺母的规格代号及有关的安装连接尺寸。

(6) 滚珠丝杠副的预加负荷的计算

① 预紧力 F_0 的计算。

在滚珠丝杠副采用预紧式螺母时，在其上施加预紧力后，不仅可以提高传动精度，还可提高轴向刚度。但预紧力不可过大，过大则影响丝杠副的使用寿命。因此，要在满足所需寿命和精度要求的条件下，合理决定预紧力的大小。

由于滚珠和螺纹滚道间受轴向力的作用而产生轴向变形，在弹性变形范围内，变形量 δ 的大小可按赫兹公式($\delta = KF^{2/3}$，式中：K 为与滚道的曲率半径、材料的弹性模量有关的系数)计算，由此可以推导得到：保证丝杠在最大轴向载荷作用下没有间隙，其预紧力与最大轴向载荷的关系是

$$
F_0 \approx (1/3)F_{\max} \tag{3.63}
$$

即对于双螺母预紧的滚珠丝杠副，为使螺母与丝杠之间实现无间隙运动转换，其预紧力应近似等于最大轴向载荷的三分之一。如过小，将不能保证无间隙；而过大，将降低传动效率和承载能力。

当最大轴向工作载荷不能确定时，预紧力可以按下式来估算：

$$
F_0 = \xi C_{\mathrm{a}} \tag{3.64}
$$

式中：ξ 值可按预加载荷类型来选择(轻载荷 $\xi = 0.05$，中等载荷 $\xi = 0.075$，重载荷 $\xi = 0.1$)；C_{a} 为额定动载荷。

② 行程补偿值 C 和预拉伸力 F_{t} 的计算。

对于高精度滚珠丝杠副，为补偿因工作温度升高而引起的丝杠伸长，保证滚珠丝杠在正常使用时的定位精度，同时，滚珠丝杠副的系统刚度要求较高时，其丝杠轴需要进行预加负

荷拉伸。设计一般采用两端固定支承结构,并通过以下两个步骤来实现。

a. 滚珠丝杠轴在制造时,提出目标行程的行程补偿值 C,其计算方法是

$$C = \alpha \Delta t L_u \tag{3.65}$$

式中:C 为行程补偿值(μm);Δt 为温度变化值,一般取 2～3 ℃;L_u 为滚珠丝杠副的有效行程(mm);α 为丝杠材料的线膨胀系数。

b. 滚珠丝杠副安装时对丝杠进行预拉伸,拉伸力 F_t 可由下式来表达:

$$F_t = \frac{\Delta L}{L}AE = \alpha \Delta t \frac{\pi d_1^2}{4}E \tag{3.66}$$

式中:F_t 为预拉伸力(N);Δt 为珠丝杠的温升,一般取 2～3 ℃;d_1 为滚珠丝杠螺纹底径(mm);E 为杨氏弹性模量,$E = 2.1\times10^5\ \text{N/mm}^2$。

(7) 滚珠丝杠副设计选用的校验计算

滚珠螺旋传动由于精度要求高而制造比较复杂,所以一般均由专业厂生产,使用者在设计时以选择性计算或校验为主。根据上述各步骤的计算,已基本可以由专业产品目录确定所需的规格型号,之后应该根据所选出型号的主要参数和支承结构及其组件的选用情况来进行驱动电机的选用计算和丝杠副的校验计算。一般情况下,不论转速高低,均应进行滚珠丝杠螺母副的传动效率计算,丝杠的强度、刚度和压杆稳定性校验;对于高速运行系统,还应考虑高速时可能产生共振的丝杠的临界转速,从而进行极限转速的校验。

① 效率计算。

滚珠丝杠副的传动效率较高,运行中对减少热变形,提高刚度和强度都有很好的作用。其传动效率的计算可以根据机械原理的知识来进行,同时由于丝杠副不仅可以将旋转运动转换为直线运动,也可以将直线运动转变为回转运动形式。因此,两种情形的传动效率分别可表示如下。

由转动变为直线运动时的效率

$$\eta = \frac{\tan\gamma}{\tan(\gamma+\varphi)} \tag{3.67}$$

由直线移动转变为回转运动时的效率

$$\eta = \frac{\tan(\gamma-\varphi)}{\tan\gamma} \tag{3.68}$$

式中:γ 为螺纹的螺旋升角;φ 为摩擦角,$\varphi = \arctan f$(f 为滚动摩擦系数)。

② 强度验算。

对于主要用来传递动力的滚珠丝杠副,其强度验算的基本步骤如下。

螺旋传动的转矩

$$M = F_{\max} d_0 \tan(\gamma+\varphi)/2$$

计算当量应力

$$\sigma = \sqrt{\left(\frac{4F_{\max}}{\pi d_1}\right)^2 + 3\left(\frac{M}{0.2d_1^3}\right)^2} \tag{3.69}$$

则当 $\sigma \leqslant [\sigma]$时,即满足强度条件。

对于一般传动丝杠,可以直接验算丝杠的底径,其表达式为

$$d_1 \geqslant \sqrt{\frac{4F_{max}}{\pi[\sigma]}} \tag{3.70}$$

式中：F_{max}为最大轴向载荷（N）；d_1为滚珠丝杠的螺纹底径（mm）；$[\sigma]$为丝杠材料的许用应力（MPa）。

③ 刚度验算。

作为精密传动元件的滚珠丝杠副，工作中受到轴向工作载荷的作用将发生伸长或缩短，在扭矩的作用下将出现扭转变形，引起丝杠导程的变化，从而影响传动的精度，因此，滚珠丝杠副的刚度验算可以通过满载工作时的变形量计算（变形量小于丝杠螺距弹性变形的允许值）来进行。

a. 转矩作用产生的轴向变形δ_t。

在传递转矩M作用下，滚珠丝杠每一导程L_0长度产生的变形可表示为

$$\delta_{t0} = ML_0^2/(2\pi GI_p) \tag{3.71}$$

式中：M为丝杠传递的转矩（N·m）；L_0为丝杠导程（mm）；G为丝杠材料的切变模量，对钢$G=8.3\times10^4$ MPa；I_p为丝杠截面的极惯性矩，$I_p=\pi d_1^4/32$（mm^2）。

对于计算长度为L_j（扭矩作用处至固定支承端的距离）的滚珠丝杠，对应的导程数为L/L_0，由转矩作用引起的轴向变形为

$$\delta_t = ML_0L/(2\pi GI_p) \tag{3.72}$$

b. 轴向载荷作用产生的变形δ_F。

滚珠丝杠在轴向工作载荷作用下，每一导程的变化量为

$$\delta_{F0} = FL_0/(EA) \tag{3.73}$$

式中：F为丝杠的轴向载荷（N）；L_0为丝杠导程（mm）；E为丝杠材料的弹性模量，对钢$E=2.1\times10^5$ MPa；A为丝杠计算截面面积，$A=\pi d_1^2/4$（mm^2）。

对于计算长度为L_j（负载作用处至固定支承端的距离）的滚珠丝杠，对应的导程数为L/L_0，而丝杠轴支承方式的不同，由轴向工作载荷作用引起的轴向变形也有所不同，分别如下所示。

一端固定，一端自由或简支的丝杠：

$$\delta_F = \frac{FL_j}{EA} \tag{3.74}$$

两端固定支承的丝杠：

$$\delta_F = \frac{FL_j(L-L_j)}{EAL} \tag{3.75}$$

式中：L为丝杠两支承的间距（mm）。

另外，对于用来传递功率的重要的滚珠丝杠副，通常还需要考虑在轴向载荷作用下，滚珠与螺纹滚道间产生的变形，其变形与滚珠的直径和数量、丝杠滚道半径、螺母是否有预紧的状态以及载荷分布和预紧力的大小等有关，具体可参阅有关的资料。

一般情形下，只需考虑滚珠丝杠在工作负载和扭矩共同作用下，所引起丝杠的轴向变形，由上述的计算表达式即可得到其综合变形量。因此，刚度的验算就是考察其综合变形量是否在对应精度滚珠丝杠副允许的误差内。具体评价可从三个不同角度进行（可以仅用一

种方法)验算。

第一种方法是计算在轴向力和扭矩作用下的导程变化量。根据丝杠副精度标准中规定的每一米弹性变形所允许的基本导程误差[δ](表3.31)来验算。即

$$\delta = (\delta_{t0} + \delta_{F0}) \times 1\,000/L_0 \leqslant [\delta] \tag{3.76}$$

表3.31 滚珠丝杠弹性变形允许的基本导程误差[δ]

丝杠精度等级	允许误差(μm/m)	丝杠精度等级	允许误差(μm/m)
1(C)	5	4(F)	30
2(D)	10	5(G)	60
3(E)	15	7(H)	100

第二种方法是计算在轴向力和扭矩的共同作用下的总轴向变化量,再根据传动系统的定位精度(a_p)的要求来进行验算,对于精密滚珠丝杠传动系统,滚珠丝杠所允许的弹性变形量[δ]可以取[δ]=0.5 a_p。即有

$$\pm \delta_t \pm \delta_F \leqslant [\delta] \tag{3.77}$$

式中:"+"号为拉伸;"-"号为压缩。

第三种方法是根据选用的滚珠丝杠螺母副及其支承结构的设计结果,计算出丝杠传动系统的刚度(最小刚度 K_{min}),通过最小刚度对系统重复定位精度(a_{rp})的影响来验算。如前所述,数控机械装置的伺服系统精度大多在空载情形下检验,而随着滚珠丝杠副的支承方式和移动工作平台的位置不同,将使传动系统出现最小刚度位置,即使为空载的最大轴向工作载荷为静摩擦力 F_f,当其方向发生变化时,将产生的误差(摩擦死区误差 $\Delta = 2F_f/K_{min}$)对系统重复定位精度有着很大影响(约占重复定位精度的1/2~1/3)。因此,传动系统允许的最小刚度值[K_{min}]可以由经验算法的 $0.8\Delta \leqslant a_{rp}$得到,刚度的验算即可表示为

$$K_{min} \geqslant [K_{min}] = 1.6F_f/a_{rp} \tag{3.78}$$

④ 稳定性验算。

滚珠丝杠工作时通常可以看作是受轴向力的压杆,若轴向力过大,将使丝杠失去稳定而产生翘曲。长压杆失稳时的临界载荷可根据材料力学中的欧拉公式来计算:

$$P_k = \pi^2 EI_a/(\mu L)^2 \quad (\text{N}) \tag{3.79}$$

式中:E 为丝杠材料弹性模量,钢为 $2.1\times10^7(\text{N/cm}^2)$;$L$ 为丝杠工作长度(mm);I_a 为丝杠底径截面的轴惯性矩,$I_a = \pi d_1^4/64$;μ 为丝杠轴端系数,由支承条件决定。(一端固定,另一端自由时,$\mu = 2$;一端固定,另一端简支时,$\mu = 2/3$。如对于载荷较小,两端采用简支支承时,$\mu = 1$;两端为固定支承时,$\mu = 2/3$。而对于采用双推-双推支承结构的情况,丝杠一般不会发生失稳现象,可以不予验算。)

通常定义临界负载 F_k 与最大工作负载 F_{max}之比为稳定性安全系数 n_k。如果稳定性安全系数大于许用稳定性安全系数[n_k],则该压杆安全,不致失稳。一般取[n_k]=2.5~4.0,对于水平丝杠,考虑自重影响可取[n_k]≥4;对于垂直安装的丝杠则可以取较小值。

$$n_k = F_k/F_{max} \geqslant [n_k] \tag{3.80}$$

⑤ 滚珠丝杠副的临界转速验算。

滚珠丝杠副的极限转速主要是指滚珠丝杠副在高速运转时,避免产生共振现象(一般称

之为横向振动),使滚珠丝杠副正常运转。因此,对于转速较高、支承距离较大的滚珠丝杠应进行临界转速的校核计算。丝杠的临界转速可由下式来计算:

$$n_c = \frac{60\lambda^2 d_1}{2\pi L_c^2}\sqrt{\frac{EI_a}{\rho A}} \quad (\text{r/min}) \tag{3.81}$$

式中:L_c 为丝杠的支承安装间距(mm);d_1 为滚珠丝杠螺纹底径(mm);A 为滚珠丝杠螺纹底径截面积;I_a 为丝杠底径截面的轴惯性矩($I_a = \pi d_1^4/64$);E 为杨氏弹性模量;ρ 为丝杠材料密度;λ 为与支承形式等有关的系数(一端固定,一端自由时 $\lambda = 1.875$;一端固定,一端简支时,$\lambda = 3.927$;两端简支时 $\lambda = 3.142$;两端固定时 $\lambda = 4.730$)。

对于常用的钢质的滚珠丝杠,其临界转速可表示为

$$n_c = 12.3 \times 10^6 \frac{\lambda^2 d_1}{L_c^2} \quad (\text{r/min}) \tag{3.82}$$

通常取丝杠稳定转动的安全系数为0.8,因此,丝杠工作转速 n 的校核可由下式来验算

$$n \leqslant 0.8 n_c \tag{3.83}$$

3.4.3.3 同步齿形带传动的设计

同步齿形带传动是一种综合了普通带传动、链传动优点的新型带传动。它是利用齿形带的齿形与带轮的轮齿依次相啮合传递运动或动力的。齿形带传动在数控传动系统得到了广泛的应用。

1. 同步齿形带传动的特点

① 传动过程中无相对滑动,因而可保持恒定的传动比(一般可达10),传动精度较高。

② 齿形带传动工作平稳,能高速传动(可由几分钟一转到50 m/s),结构紧凑,无噪声,有良好的减振性能,无需润滑。维护保养方便。

③ 齿形带无需特别张紧。作用在轴和轴承上的载荷较小,传动效率较高(98%)。

④ 齿形带传动的缺点是制造工艺较复杂,传递功率较小,寿命较低。安装精度要求高,中心距要求严格。

2. 同步齿形带的类型和规格

同步齿形带最基本的参数是节距 P_b,它是在规定的张紧力下,同步带相邻两齿对称中心轴线间沿节线度量的距离。同时,将带的节线长度 L_p 规定为同步带的公称长度。

同步带的工作齿面有梯形齿和弧齿两大类。同步带还可按齿的排列方式分为内周有齿的单面同步带和内、外周均有齿的双面同步带。双面同步带的带齿排列又有两种形式(两面齿呈对称排列的DA型和两面齿呈交错排列的DB型)。

(1) 周节制梯形齿同步带 梯形齿同步带有周节制和模数制,周节制梯形齿同步带即为常称的标准同步带,国家标准GB/T 11616—1989规定了同步带的尺寸,如齿形尺寸(表3.32)、带宽系列(表3.33)、节线长度系列及其齿数(表3.34)。同步带的标记由长度代号、带型和带宽代号、标准号组成,并同时还需给出同步带的材料类型(橡胶同步带或聚氨酯同步带)。例如橡胶同步带420 L 050 GB/T 11616—1989。具体可查阅有关手册。

表 3.32　周节制梯形齿同步带的齿形尺寸(GB/T 11616—1989)

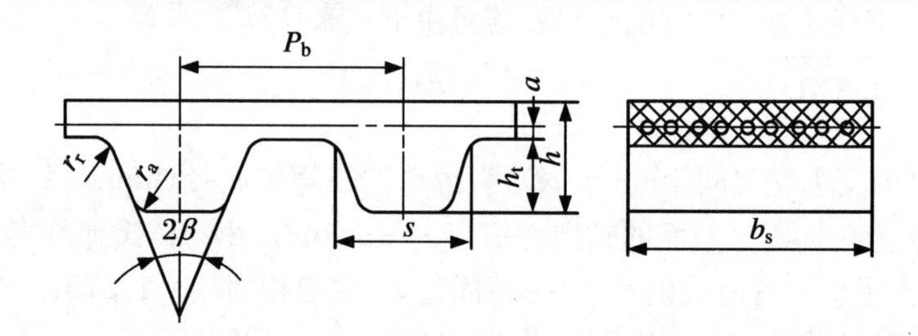

(mm)

带型 (节距代号)	节距 P_b	齿形角 $2\beta(^\circ)$	齿根厚 s	齿高 h_t	带高 h	齿根圆角 半径 r_r	齿顶圆角 半径 r_a
MXL(最轻型)	2.032	40	1.14	0.51	1.14	0.13	0.13
XXL(超轻型)	3.175	50	1.73	0.76	1.52	0.20	0.30
XL(特轻型)	5.080	50	2.57	1.27	2.3	0.38	0.38
L(轻型)	9.525	40	4.65	1.91	3.6	0.51	0.51
H(重型)	12.700	40	6.12	2.29	4.3	1.02	1.02
XH(特重型)	22.225	40	12.57	6.35	11.2	1.57	1.19
XXH(超重型)	31.750	40	19.05	9.53	15.7	2.29	1.52

表 3.33　周节制梯形齿同步带的齿带宽(GB/T 11616—1989)

带宽代号	带宽 (mm)	宽度系列						
		MXL	XXL	XL	L	H	XH	XXH
012	3.2	√	√					
019	4.8	√	√					
025	6.4	√	√	√				
031	7.9			√				
037	9.5			√				
050	12.7				√			
075	19.1				√	√		
100	25.4				√	√		
150	38.1					√		
200	50.8					√	√	√
300	76.2					√	√	√
400	101.6						√	√
500	127.0							√

表 3.34　周节制梯形齿同步带的节线长度系列及其齿数(GB/T 11616—1989)

长度代号	节线长度(mm)	齿数				长度代号	节线长度(mm)	齿数				长度代号	节线长度(mm)	齿数		
		MXL	XXL	XL	L			XL	L	H	XH			H	XH	XXH
36	91.44	45				210	533.40	105	56			630	1 600.20	126	72	
40	101.60	50				220	558.80	110				660	1 600.20	132	72	

续表

长度代号	节线长度(mm)	齿数			
		MXL	XXL	XL	L
44	111.76	55			
48	121.92	60			
50	127.00		40		
56	142.24	70			
60	152.40	75	48	30	
64	162.56	80			
70	177.80		56	35	
72	182.88	90			
80	203.20	100	64	40	
88	223.52	110			
90	228.60		72	45	
100	254.00	125	80	50	
110	279.40		88	55	
112	284.48	140			
120	304.80		96	60	
124	314.33				33
124	314.96	155			
130	330.20		104	65	
140	355.60	175	112	70	
150	381.00		120	75	40
160	406.40	200	128	80	
170	431.80			85	
180	457.20	225	144	90	
187	476.25				50
190	482.60			95	
200	508.00	250	160	100	

长度代号	节线长度(mm)	齿数			
		XL	L	H	XH
225	571.50		60		
230	584.20	115			
240	609.60	120	64	48	
250	635.00	125			
255	647.70		68		
260	660.40	130			
270	685.80		72	54	
285	723.90		76		
300	762.00		80	60	
322	819.15		86		
330	838.20			66	
345	876.30		92		
360	914.40			72	
367	933.45		98		
390	990.60		104	78	
420	1 066.80		112	84	
450	1 143.00		120	90	
480	1 219.20		128	96	
507	1 289.05				58
510	1 295.40		136	102	
540	1 371.60		144	108	
560	1 422.40				64
570	1 447.80			114	
600	1 524.00		160	120	

长度代号	节线长度(mm)	齿数		
		H	XH	XXH
700	1 778.00	140	80	56
750	1 905.00	150		
770	1 955.80		88	
800	2 032.00	160		64
840	2 133.60		96	
850	2 159.00	170		
900	2 286.00	180		72
980	2 489.20		112	
1 000	2 540.00	200		80
1 100	2 794.00	220		
1 120	2 844.80		128	
1 200	3 048.00			96
1 250	3 175.00	250		
1 260	3 200.40		144	
1 400	3 556.00	280	160	112
1 540	3 911.60		176	
1 600	4 064.00			128
1 700	4 318.00	340		
1 750	4 445.00		200	
1 800	4 572.00			144

(2) 模数制梯形齿同步带　我国最先开发的是模数制梯形齿同步带，现仍有使用，但不推荐用于新设计。它以模数为基本参数，其他参数有带的节线长度、齿数和带宽等。其标记形式由带的模数、带宽和齿数构成。例如聚氨酯同步带 $2 \times 25 \times 90$（模数 $m = 2$ mm，$b_s = 15$ mm）。

(3) 其他形式的同步带　周节制梯形齿同步带是现代齿形带设计的基本标准，而在不同领域和不同需求时，还可以设计、选用其他形式的同步齿形带传动。通常主要有以下几种。

特殊节距同步带——德国的梯形齿同步带，在国内的引进设备上常用。它根据节距不同有 T2.5、T5、T10、T20 四种，其主要规格参数有带宽、节线长度及其齿数等。

弧齿同步带——一种新型同步带，它有圆弧齿（HTD）同步带、平顶圆弧齿同步带和抛物线齿同步带等，其齿高、齿厚和齿根圆角半径均比梯形齿大，使带的齿面受力和应力分布均匀，其中平顶圆弧齿同步带还减弱了传动的多边形效应，降低了振动和噪声，承载能力更大。圆弧齿同步带目前在国内有行业标准(如JB/T 7512—1994)。圆弧齿同步带的标记包括带的节线长度、带型和带宽三个部分。例如900-5M-15(节线长度 $L_p=900$ mm,带宽 $b_s=15$ mm的5M型,节距 $P_b=5$ mm)。

汽车同步带——一种专用齿形带,也是梯形齿同步带,它适用于汽车凸轮轴传动等。有用于较轻负荷的ZA型和用于较重负荷的ZB型两种型号,具体参数等已有国家标准(GB/T 12724—1991)规定,其节距均为9.525 mm,其标记由齿数、带型、带宽和标准号构成。例如80 ZA19 GB/T 12724—1991(齿数为80,带宽 $b_s=19$ mm,ZA型)。

3. 同步齿形带及带轮的基本结构

(1) 同步齿形带的结构　齿形带通常由强力层和带体两部分构成,其中的强力层多采用伸长率小、疲劳强度高的钢丝绳和玻璃纤维绳沿着齿形带的节线(中性层)绕成螺旋线形状而构成,作为抗拉元件用来传递动力。由于它在受力后基本上不产生变形,所以能保持齿形带的节距恒定,实现同步传动。带体则使传动带成为一个整体,防止强力层损坏并通过齿部由带轮向带传递动力,它由带齿和带背组成,通常采用聚氨酯橡胶和丁腈橡胶为基础材料制造,具有强度高、弹性好、耐磨损、抗老化等性能,允许工作温度为-20～+80℃。为了增加带齿的耐磨性,通常在齿形带内表面上,覆盖以尼龙或其他绵纶织物。根据需要有的还做有尖角凹槽,以增加带的挠性,提高弯曲疲劳强度。具体结构和尺寸已有GB/T 11361—1989、GB/T 11362—1989等国家标准,并有专门生产厂家生产,设计时只需根据应用需要计算选用。

(2) 同步齿形带带轮的结构　由于同步带已为标准件,同步带用带轮一般可以在选用带规格后,向同一厂家定制,只需对带轮的联结部分进行结构设计(或给出要求)。通常小尺寸的带轮可制成实心的,较大尺寸带轮则可做成腹式结构。为了防止工作时齿形带的脱落,一般在小带轮两边装有挡边;当传动比大于3时,两个带轮的不同侧边上都应装有挡边;当带轮轴垂直安装时,两轮一般都需有挡边,或至少主动轮的两侧和从动轮下侧装有挡边。带轮的主要尺寸参数可参阅相关手册。

4. 同步齿形带传动的设计计算和选用

齿形带传动的设计计算准则是应保证齿形带有足够的强度,以承受负载作用而不发生失效。同步齿形带在工作时可能产生的主要失效形式有:由于强力中间层的强度不够而引起的强力层弯曲疲劳破坏;同步带带体的疲劳断裂或由于冲击、过载产生的断裂;同步带带齿的过度磨损、包布剥离;强力层抗拉体伸长过大,使节距变大,出现爬齿,使带齿损坏或带体断裂;带齿根部断裂或剪断;侧边磨损。保证同步带足够的疲劳强度和使用寿命是设计同步带传动的主要依据。由于目前应用中多选用已标准化的周节制梯形齿同步带,因此,下面给出周节制梯形齿同步带的一般设计方法和计算步骤。

齿形带传动设计一般需要给定的已知条件为:工作条件,传递功率 P,主、从动轮转速 n_1,n_2 或传动比 i 以及大致的空间尺寸等。设计计算的主要内容是:齿形带的型号(节距),带长和齿数以及带宽,传动的中心距,作用在轴上的载荷以及带轮结构设计等。

(1) 同步带的选型　同步带型号(节距)选取主要是根据齿形带所传递的计算功率 P_d 和小带轮的转速 n_1 来选取(图3.27)。

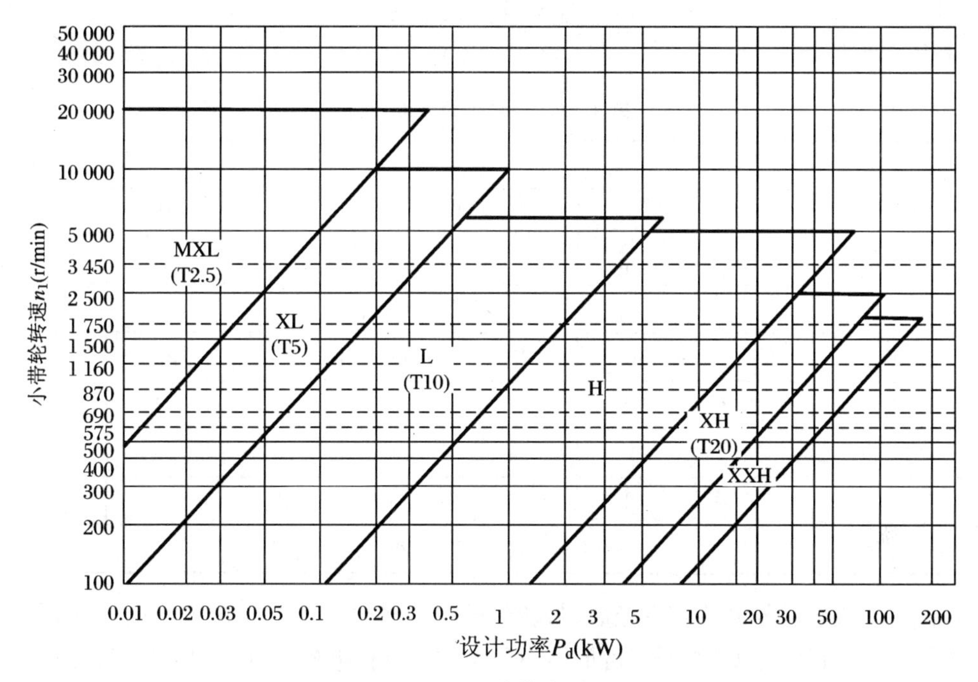

图 3.27 同步带选型图

计算功率通常按下式计算：

$$P_d = K_a \times P \tag{3.84}$$

式中：P_d 为传递的功率(kW)；K_a 为工作情况系数，可参考表 3.35，详细分类可参见有关手册。

表 3.35 同步带传动工况系数(K_a)

载荷性质	一天运转时间(h)			应用范围
	<8	8～16	>16	
载荷平稳	1.0	1.1	1.2	复印机、计算机、医疗器械
载荷变动小	1.2	1.4	1.6	办公机械、缝纫机、精密机床等
载荷变动较大	1.4	1.7	2.0	印刷机械、普通机床、纺织机等

在计算得到 P_d 后，根据小带轮转速 n_1 即可由图 3.27 选取得到所需的同步带型号。

(2) 带轮的设计计算　在同步带类型确定后，可由表 3.32 得到节距 P_b 和对应的各项参数。而同步带传动小带轮的最小节圆直径 d_1 不能仅考虑带轮的安装结构，而是要根据其最小齿数 Z_{min} 来计算，即使得小带轮的齿数 $Z_1 \geqslant Z_{min}$。Z_{min} 的大小如表 3.36 所示，它还受到型号和小带轮转速的限制，一般在选用时，尽可能选较大值。因此，有：

小带轮节圆直径

$$d_1 = Z_1 \times P_b/\pi$$

大带轮齿数

$$Z_2 = i \times Z_1 = (n_1/n_2)Z_1$$

大带轮节圆直径

$$d_2 = Z_2 \times P_b / \pi$$

式中：i 为传动比。

表 3.36　同步带轮最少齿数

小带轮转速 n_1	带型						
	MXL XXL	XL T2.5、T5 m1/m2	L T10 m3	H m4	m5	XH T20 m7	XXH m10
	带轮最小齿数 Z_{min}						
<900		10	12	14	16	22	22
<1 200	12	10	12	16	18	24	24
<1 800	14	12	14	18	20	26	26
<3 600	16	12	16	20	22	30	
<4 800	18	15	18	22	24		

在确定了大小带轮的节圆直径后，带轮的轮缘齿形尺寸主要与加工使用的渐开线刀具尺寸等有关，其直径、宽度、挡圈等齿形结构和尺寸等可根据标准（GB/T 11361—1989）来选取。详细可参阅相关手册资料。

（3）初定中心距 a_0　同步带传动中心距 a_0 的选取，通常根据结构设计的要求来设定，但应该满足下式的要求，即

$$0.7(d_1 + d_2) \leqslant a_0 \leqslant 2(d_1 + d_2) \tag{3.85}$$

（4）同步带带长及其齿数确定　在确定了大小带轮的节圆和传动中心距后，由下式来计算同步带的长度：

$$L_0 = 2a_0 + \pi(d_2 + d_1)/2 + (d_2 - d_1)^2/(4a_0) \tag{3.86}$$

由计算带长 L_0 查表 3.34，选取对应型号同步带的标准值 L_p 以及齿数 Z。

（5）实际中心距 a 确定　确定标准同步带后，再根据标准带长 L_p 来计算实际传动中心距 a。通常根据结构设计不同有两种计算方法。

中心距可调整时：

$$a = a_0 + (L_p + L_0)/2 \tag{3.87}$$

中心距不可调时：

$$a = (d_2 - d_1)/[2\cos(\alpha_1/2)] \tag{3.88}$$

式中：α_1 为小带轮的包角，$inv(\alpha_1/2) = (L_p - \pi d_2)/(d_2 - d_1)$(rad)，式中的 $inv\,\alpha_1$ 表示为 α_1 角的渐开线函数，α_1 角的大小可根据计算值由通用表查出（可参见相关手册资料）。

（6）同步带带宽的计算和选用　齿形带传动设计计算的基本任务就是保证齿形带有足够的强度而不发生失效。而齿形带的强度计算主要应该限制作用在齿形带单位宽度上的拉力，以保证一定的使用寿命。实践证明，按这一准则设计的齿形带，上文所述的可能产生的破坏形式基本上都可得到控制。齿形带宽度的计算和选用方法如下。

计算小带轮啮合齿数：

$$Z_m = \mathrm{ent}\left[\frac{Z_1}{2} - \frac{P_b Z_1}{2\pi^2 a}(Z_2 - Z_1)\right] \tag{3.89}$$

（注：ent(a)或 E(a)表示小于或等于 a 的最大整数。）

计算和校验同步带的带速：

$$V = \frac{\pi d_1 n_1}{60 \times 1\,000} \leqslant V_{max} \tag{3.90}$$

对于标准同步带，MXL、XXL 和 XL 型：$V_{max} \leqslant 40 \sim 50$ m/s；L、H 型：$V_{max} \leqslant 35 \sim 40$ m/s；XH 和 XXH 型：$V_{max} \leqslant 25 \sim 30$ m/s。

由于带宽 b_s 对同步带的寿命有很大的影响，所以为了便于设计计算，国家标准(GB/T 11362—1989)中给出了不同型号同步带的基准带宽 b_{s0} 及其对应的许用工作拉力，如表3.37所示。因此，各带型基准带宽可传递的额定功率(基本额定功率)如下。

表 3.37 标准同步带的基准宽度 b_{s0} 及其许用工作拉力 T_a、单位长度质量 m

带　型	MXL	XXL	XL	L	H	XH	XXH
b_{s0}(mm)	6.4	6.4	9.5	25.4	76.2	101.6	127
T_a(N)	27	31	50	244	2 100	4 050	6 398
m(kg/m)	0.007	0.010	0.022	0.095	0.448	1.484	2.473

齿形带的基本额定功率

$$P_0 = (T_a - mV)^2 V/1\,000 \tag{3.91}$$

齿形带的宽度为

$$b_s = b_{s0} \sqrt[1.14]{P_d / K_z P_0} \tag{3.92}$$

式中：T_a 为宽度是 b_{s0} 的带许用拉力(N)；m 为宽度为 b_{s0} 的带单位长度的质量(kg/m)；b_{s0} 为基准带宽(mm)；K_z 为啮合齿数系数，与小带轮啮合齿数有关，一般可取以下值，即小带轮啮合齿数为 2、3、4、5 和大于或等于 6 时，K_z 分别取 0.2、0.4、0.6、0.8 和 1.0。

得到计算带宽 b_s 后，再根据标准来选取对应型号的标准带宽和带宽代号。如表 3.33 所示。

最后，还可根据选取带型的基本额定功率和带速来计算同步带传动时作用在传动轴上的力，其计算表达式为

$$F_q = 1\,000 P_0 / V \tag{3.93}$$

3.4.4 数控传动系统的电机选择

数控传动系统中可用来进行驱动控制的电动机有力矩电动机、步进电动机、变频调速电动机、开关磁阻电动机以及直流和交流伺服电动机等。控制用电动机是电气伺服控制系统的动力部件，是将电能转换为机械能的一种能量转换装置。它通过电压、电流、频率等控制，实现定速、变速驱动或反复起动、停止的增量驱动以及复杂的驱动，驱动精度也可以随驱动对象的不同而不同。由于它这种可在很宽的速度和负载范围内进行连续、精确地控制的优点，使得数控传动系统的结构得到很好的简化和优化，也使其在机电一体化系统中得到了广泛的应用。

控制用电动机根据其输出运动的形式不同有回转和直线两种形式，目标运动不同，电动机及其控制方式也不同。例如，步进电动机常用于开环方式，直流伺服电动机和交流伺服电动机的半闭环方式和全闭环方式则是其基本控制方式，而闭环方式可得到比开环方式更精密的伺服控制。

3.4.4.1 机电一体化系统对控制电动机的要求

1. 基本要求

① 性能密度大，即功率密度和比功率大；

② 快速性好，即加速转矩大，频响特性好；

③ 位置控制精度高、调速范围宽、低速运行平稳无爬行现象、分辨率高、振动噪声小；

④ 适应起、停频繁的工作要求；

⑤ 可靠性高、寿命长。

另外，根据数控机电系统的功用不同，驱动电动机又可描述为进给伺服电动机和主轴电动机两大类。在设计选用时需要根据实际负荷（包括所需的裕度）、系统的结构布局和成本等因素综合分析和计算，从而选用合适规格的电动机。

2. 主轴电动机的选择

选择主轴电动机的主要参数是其功率的大小，一般有以下列几条原则：

① 所选择的电动机应能满足主传动系统的功率的要求。如数控机床的主切削功率。

② 根据要求的主轴加减速时间计算出的电动机功率不应超过电动机的最大输出功率。

③ 对于要求主轴频繁起、制动的场合，必须计算出平均功率，其值不能超过电动机连续额定输出功率。

④ 在要求有恒表面切削速度控制的场合，恒表面切削速度控制所需的切削功率和加速所需功率两者之和应在电动机能够提供的功率范围之内。

3. 进给驱动伺服电动机的选择

进给传动原则上应根据负载条件来选择伺服电动机。通常在电动机轴上所加的负载包括阻尼转矩和惯量负载两种类型。在设计选择时都需要正确地计算，使其值满足下述条件：

① 当机床作空载运行时，在整个速度范围内加在伺服电动机轴上的负载转矩应在电动机连续额定转矩范围以内，即应在转矩-速度特性曲线的连续工作区。

② 最大负载转矩、加载周期及过载时间都应在提供的特性曲线的允许范围以内。

③ 电动机在加速或减速过程中的转矩应在加减速区（或间断工作区）之内。

④ 对要求频繁起、制动及周期性变化的负载，必须检查它在一个周期中的转矩均方根值，并应小于电动机的连续额定转矩。

⑤ 加在电动机轴上的负载惯量大小对电动机的灵敏度和整个伺服系统精度将产生影响。通常，当负载惯量小于电动机转子惯量时，上述影响不大；但当负载惯量达到甚至超过转子惯量的3倍时，会使灵敏度和响应时间受到很大影响，甚至会使伺服放大器不能在正常调节范围内工作。所以，在一般情形下，推荐电动机惯量 J_m 和负载惯量 J_L 之间的关系为 $1 \leqslant J_L/J_m < 3$。

3.4.4.2　控制用电动机的种类、特点及选用

在机电一体化系统中使用两类电动机，一类为一般的动力用电动机，如感应式异步电动机和同步电动机等；另一类为控制用电动机，如力矩电动机、步进电动机、开关磁阻电动机、变频调速电动机和直流与交流电动机等。常用电动机的种类和适用范围如表 3.38 所示。

表 3.38　常用电动机的适用范围

按电动机的用途分类		单向连续运转	单向断续运转	转矩保持	正反向运行	同步运行	瞬时启动	瞬时停止	缓启动缓停止	速度控制	位置控制	备注
感应式电动机		●	√	×	×	×	×	√	√	√	×	连续额定值运行
可逆式电动机		×	○	√	●	×	√	√	√	√	×	30 min 额定值运行
同步电动机	反应式/磁滞式	○	√	×	√	●	×	√	√	√	×	连续额定值运行
	感应式/永磁式	○	○	○	○	●	○	○	√	√	√	连续额定值运行
带制动器的电动机		×	●	○	○	×	×	√	×	√	√	连续额定值运行
带制动/离合器电动机		×	●	○	○	×	○	○	×	√	○	连续额定值运行
宽调速(变频电动机)		○	○	√	○	×	×	○	○	●	×	可闭环控制(速度)
伺服电动机	交流	○	○	○	●	○	●	●	●	●	●	闭环控制
	直流	○	○	○	●	○	●	●	●	●	●	闭环控制
步进电动机		○	○	●	●	●	●	●	●	○	○	开环控制
力矩电动机		○	√	○	√	×	√	√	○	○	×	开环控制
开关磁阻电动机		√	√	×	●	●	●	●	●	○	○	闭环控制
符号说明		●:最好　○:好　√:可用(附条件)　×:不能用										

不同应用场合，对控制用电动机的性能要求也有所不同。对于起停频率低(几十次/分)，但要求低速平稳和扭矩脉动小，高速运行时振动、噪声小，在整个调速范围内均可稳定运动的机械，如 NC 工作机械的进给运动、机器人的驱动系统，其功率密度是主要的性能指标；对于起停频率高(数百次/分)，但不特别要求低速平稳性的产品，如高速打印机、绘图机、打孔机、集成电路焊接装置等，其主要性能指标是高比功率。在额定输出功率相同的条件下，交

流伺服电动机的比功率最高,直流伺服电动机次之,步进电动机最低。

目前步进电机、直流和交流伺服电机在数控传动中应用最为广泛,其中后两者在精密传动系统中(闭环系统)有着很好前景,它们的特点及应用举例如表 3.39 所示,交/直流伺服电动机性能及优缺点的比较如表 3.40 所示。

表 3.39　控制电动机的特点及应用举例

<table>
<tr><th colspan="2">种　类</th><th>主要特点</th><th>应用实例</th></tr>
<tr><td colspan="2">DC 伺服电动机</td><td>1. 高响应特性
2. 高功率密度(体积小、重量轻)
3. 可实现高精度数字控制
4. 接触换向部件(电刷与换向器)需要维护</td><td>NC 机械、机器人、计算机外围设备、办公机械、音响和音像设备、计测机械等</td></tr>
<tr><td colspan="2">晶体管式无刷直流伺服电动机</td><td rowspan="2">1. 无接触换向部件
2. 需要磁极位置检测器(如同轴编码器等)
3. 具有 DC 伺服电动机的全部优点</td><td rowspan="2">音响和音像设备、计算机外围设备等</td></tr>
<tr><td rowspan="2">AC 伺服电动机</td><td>永磁同步型</td></tr>
<tr><td>感应型
(矢量控制)</td><td>1. 对定于电流的激励分量和转矩分量分别控制
2. 具有 DC 伺服电动机的全部优点</td><td>NC 机械、机器人等</td></tr>
<tr><td colspan="2">步进电动机</td><td>1. 转角与控制脉冲数成比例,可构成直接数字控制
2. 有定位转矩
3. 可构成廉价的开环控制系统</td><td>计算机外围设备、办公机械、数控装置</td></tr>
</table>

表 3.40　伺服电动机的性能比较

项　目	DC 伺服电动机	SM 伺服电动机(DC 无刷电动机)	IM 型 AC 伺服电动机
适用容量	数瓦—数千瓦	数十瓦—数千瓦	数百瓦以上
驱动电流波形	直流	矩形波、正弦波	正弦波、矩形波(力矩脉动大)
磁极传感器	不需要	霍尔、光电编码器、旋转变压器	不需要
速度传感器	DCTG	无刷 DCTG、光电编码器	无刷 DCTG、光电编码器
寿命	电刷寿命	轴承寿命	轴承寿命
电动机常数	受制于电刷电压	可高电压、小电流工作,由电动机结构决定,可进行低速大转矩运行	可高电压、小电流工作,恒输出特性(弱磁控制)
高速旋转	不适用	适用	适用
异常制动	动态制动力矩大	动态制动力矩中等	动态制动力矩小,需 DC 电源
耐环境性能	差	良	良

续表

项　目	DC 伺服电动机	SM 伺服电动机(DC 无刷电动机)	IM 型 AC 伺服电动机
优点	1. 停电时可制动 2. 控制器简单 3. 小容量的成本低 4. 功率速率高	1. 停电时可制动 2. 可高速大转矩工作 3. 耐环境性好,无需维修 4. 功率速率高(响应能力指标)	1. 耐环境性好,无需维修 2. 可高速大转矩工作 3. 大容量下效率良好 4. 结构坚固
缺点	1. 需对整流子维护 2. 不能在高速大力矩下工作 3. 产生磨耗有粉尘	1. 无自启动功能 2. 电动机与控制器需一一对应 3. 控制器较复杂	1. 在小容量下工作效率低 2. 温度特性差 3. 停电时不能制动 4. 控制器较复杂

3.4.4.3 控制电机的选择和计算

数控传动系统虽然也是由若干元、部件组成的,但其中的一些元、部件已有系列化商品供选用,这不仅可以降低机电产品的成本、缩短设计与研制周期,尽可能选用标准化商品,也是现代设计中所提倡的方法。在系统传动设计中,其动力元件(驱动用控制电机)选择的一般思路是:首先需确定电机的类型,然后根据技术条件的要求进行综合分析和计算,选择与被控对象及其负载相匹配的控制电机。通常电机的转速、转矩和功率等参数应和被控对象的需求相匹配,如果冗余量大,易使系统的成本升高,在使用时,冗余部分用户用不上,也易造成浪费。如果选用的电机的参数数值偏低,将达不到使用要求。所以,应选择与被控对象的需要相适应的控制电机,为此就需要进行电机的匹配计算。

1. 驱动电机的匹配计算

(1) 转矩匹配计算　通常伺服传动系统所用电机输出轴所承受的转矩有等效负载力矩 T_e(包括摩擦负载和工作负载)和等效惯性负载力矩 T_a。电机轴上的总负载力矩可表示为

$$T_L = T_e + T_a \tag{3.94}$$

如电机到工作机械的执行机构的总传动效率为 η,则

$$T_{Lm} = (T_e + T_a)/\eta \tag{3.95}$$

为了保证电机能带负载正常起动和定位停止,选取的电机的起动和制动转矩 T_m 应满足下列要求:

$$T_m > T_{Lm} \tag{3.96}$$

机电传动系统根据实际工作要求,主要有快速空载启动、快速工作进给运行和最大工作负荷运行等,对应不同工作状态,其对驱动电机(折算到电机轴上)的输出转矩的要求不同。

快速空载启动时的力矩

$$T_{Lm} = T_{amax} + T_f \tag{3.97}$$

快速工作进给运行时的力矩

$$T_{Lm} = T_f \tag{3.98}$$

最大工作负荷运行时的力矩

$$T_{Lm} = T_{at} + T_f + T_t \tag{3.99}$$

式中:T_f 为折算到电机轴上的各种摩擦力矩的总和;T_t 为折算到电机轴上的工作负载力矩;T_{amax}为空载启动时折算到电机轴上的加速度力矩;T_{at}为最大负载工作时折算到电机

轴上的加速度力矩。

① 摩擦力矩是指导轨上的摩擦力、丝杠螺母传动摩擦力以及齿轮传动摩擦力等产生的阻力矩。其中丝杠螺母传动摩擦和齿轮传动装置摩擦可以利用对应的传动效率来表示，对应传动元件的传动效率可查阅有关的资料。而对于不加预紧的滚珠丝杠副，其传动效率可按下式计算：

$$\eta = 1/(1 + 0.02d_0/L_0) \tag{3.100}$$

式中：d_0 为滚珠丝杠直径；L_0 为滚珠丝杠导程。

对于预紧的滚珠丝杠副，则可以直接按其预紧力的大小或取预紧力 $F_0 = F/3$（F 为丝杠轴向工作载荷）来计算其产生的附加摩擦阻力矩，即

$$T_{f0} = \frac{F_0 L_0 (1 - \eta_0^2)}{2\pi \eta i} \tag{3.101}$$

式中：η 为传动系统的传动效率；η_0 为滚动摩擦的效率；i 为系统传动比。

对于导轨上的摩擦，其导轨摩擦力 F_f 等于摩擦系数与正压力的乘积，即

$$F_f = f[(m_w + m_t)g + F_{vt}] \tag{3.102}$$

式中：f 为摩擦系数；m_w 为工件质量；m_t 为工作台质量；g 为重力加速度；F_{vt}为垂直于导轨的工作分力。

如果工作台是由丝杠螺母传动的，则折算到丝杠上的摩擦力矩为

$$T_{fs} = \frac{F_f L_0}{2\pi} \tag{3.103}$$

如果工作台是由齿轮齿条传动的，其中小齿轮的节圆半径为 R，则折算到齿轮上的摩擦力矩为

$$T_{fc} = F_f R \tag{3.104}$$

将以上各种摩擦力矩综合起来，再折算到电机轴上，若电机与丝杠之间或电机与齿轮之间有变速装置，其传动比为 i，系统传动效率为 η，则折算到电机轴上的摩擦力矩分别为

$$T_f = \frac{T_{fs}}{\eta i} \quad 或 \quad T_f = \frac{F_f L_0}{2\pi \eta i} \tag{3.105}$$

$$T_f = \frac{T_{fc}}{\eta i} \quad 或 \quad T_f = \frac{F_f R}{\eta i} \tag{3.106}$$

② 对于需要空载启动和工作运行中的惯性转矩，可用下式来计算

$$T_a = \frac{J \cdot n}{9.6\tau} \times 10^{-4} \tag{3.107}$$

式中：J 为传动系统折算到电机轴上的总转动惯量；τ 为机电系统的时间常数。

当 $n = n_{max} = V_{max} \times i/L_0$(r/min)时（$V_{max}$为快速进给速度），空载时折算到电机轴上的加速度力矩 $T_{amax} = T_a$。

当 $n = n_t = V_t \times i/L_0$(r/min)时（$V_t$ 为工作速度或线速度），负载工作中折算到电机轴上的加速度力矩 $T_{at} = T_a$。

③ 工作负载力矩的计算与摩擦力矩的计算方法一样，在确定工作过程中的工作载荷（如切削力）后，将上述摩擦力矩计算中的摩擦力（F_f）改为工作载荷（F），并将其折算成作用在电机轴上的力矩。如丝杠副传动时，其工作负载折算到电机轴上的力矩可表示为

$$T_f = \frac{F_x L_0}{2\pi \eta i} \tag{3.108}$$

(2) 功率匹配计算　对于上述的转矩匹配计算,在计算等效负载力矩和等效负载惯量时,需要基本确定传动系统的多项具体参数。而在设计过程中,特别是在初期的驱动电机选择时,往往难以预先确定其拖动执行系统的参数,且有些传动参数需要在初步确定电机后,利用其有关的参数来进行进一步设计和计算。因此,通常需要根据设计系统的基本要求,采用先估算功率的方法来选取电机的型号和规格,然后根据电动机的技术参数和传动系统的构成以及负载情况进行必要的验算。预选电机的估算功率可由下式确定:

$$P = T_L \omega_{max} \lambda \quad (W) \tag{3.109}$$

式中:ω_{max}为电机的最高角加速度(rad/s);λ 为考虑电机、减速器等的功率系数,一般取 $\lambda=1.2\sim2.0$,对于小功率伺服系统 λ 可达 2.5。在预选电机功率后,验算工作一般有如下两部分。

① 过热验算——当负载力矩为变量时,应用等效法求其等效转矩 T_{er},在电机激磁磁通由近似不变时,有

$$T_{er} = \sqrt{(T_1^2 t_1 + T_2^2 t_2 + \cdots)/(t_1 + t_2 + \cdots)} \quad (Nm) \tag{3.110}$$

式中:t_1,t_2 为时间间隔,在此时间间隔内的负载力矩分别为 T_1,T_2。则所选电机的不过热的条件为

$$T_N \geqslant T_{er} \tag{3.111}$$

$$P_N \geqslant P_{er} \tag{3.112}$$

式中:T_N 为电机的额定转矩(N·m);P_N 为电机的额定功率(W);P_{er}为由等效转矩 T_{er}换算的电机功率,$P_{er}=(T_{er}\times n_N)/9.55$(W),$n_N$ 为电机的额定转速(r/min)。

② 过载验算——即应使瞬时最大负载转矩 T_{max}与电机的额定转矩 T_N 的比值不大于某一系数,即

$$T_{max}/T_N \leqslant k_m \tag{3.113}$$

式中:k_m 为电机的过载系数,一般在电机产品目录中给出。

2. 步进电机的选择和计算

步进电动机是一种用电脉冲信号进行控制,并将电脉冲信号转换成相应的角位移或线位移的控制电机。其转子运动仅与电信号的频率有关,每转一周,都有固定的步数。在不丢步的情况下运行,其步距误差不会长期积累,因此,它适合于在数字控制的开环系统中作为驱动电机使用,同时具有系统简单、运行可靠等明显优点,广泛应用于数字程序控制及其数字控制的机电系统。

步进电动机的种类繁多,按其电磁转矩的产生原理可分为:反应式(磁阻式)步进电动机、永磁式步进电动机和混合式(永磁感应子式)步进电动机。

目前,国内市场上有很多品种的步进电动机,其中最常用是反应式步进电动机(BC 和 BF 系列)和混合式步进电动机(BYG 系列)两种。混合式步进电动机则是反应式步进电动机和永磁式步进电动机的组合形式,虽然其结构比较复杂,但它兼有两者的特点,即混合式步进电动机具有步距角小,起动和运行频率高,断电时具有定位转矩等优点。因此,在电动机体积相同的条件下,混合式步进电动机的转矩比反应式步进电动机大,同时混合式步进电

动机步距角可以做得较小。在外形尺寸受到限制,又需要小步距角和大转矩的情况下,优先选择混合式步进电动机。而在需要快速移动大距离的条件下,则应选择转动惯量虽小、运行频率高、价倍较低的反应式步进电动机。

(1) 步进电动机的主要参数和主要性能指标

① 额定电压——加在步进电动机各相绕组主回路的直流电压,一般要求其电压波纹系数应小于5%。为了步进电动机及其配套电源的标准化,国家标准GB 10402—89规定步进电动机的额定电压如下。

单电压驱动:6、9、12、24、27、48、60、80,单位伏(V)。

双电压驱动:60/6、60/12、80/6、80/12,单位伏(V)。

② 额定电流——在额定电压作用下,电机静止状态,按规定的运行方式供电,通电相的晶体管处于饱和导通,环形分配器不工作时各通电相的电流即额定稳定电流。

③ 相数——电气上独立成系统而存在的回路个数即是相数。步进电动机的相数可以为任意数,通常为2、3、4、5、6。

④ 步距角和静态步距误差——在不带任何减速装置的情况下单个脉冲信号,步进电动机所转过的机械角位移即步距角。根据其结构不同,不同类型电机有不同的步距角,如常用的三相反应式步进电机具有较小的角度,为1.5°和3°;四相混合式步进电机常用的为1.8°;而永磁式步进电机的步距较大,一般为7.5°、15°和45°等。较小的步距角,有利于精度和运行速度的提高。但是,步距角越小,其结构越复杂,由于制造工艺等因素的存在,运行中实际步距角和理论步距角之间是有误差的。通常把一转内各步距误差的最大值定为步距误差。步进电动机的静态步距误差通常为理论步距的5%左右。

⑤ 转子转动惯量——空载时使电机产生单位角加速度时所需要的转矩。它仅与转子的结构、材料和外形尺寸有关。单位用($kg \cdot m^2$)表示。较小的转动惯量,有利于提高电机的加速性能。

⑥ 最大静转矩——也称为保持转矩,是在额定静态电流下施加在已通电的步进电动机转轴上而不产生连续旋转的最大转矩。由于转矩受电源参数和电流大小的影响很大,步进电机的转矩和转速变化范围较宽,很难用功率来表示步进电机的力能指标,只能给出最大静转矩值,因此它是选用时的主要指标之一。

⑦ 空载启动频率f_q(突跳频率)和启动矩频特性——空载时,步进电动机由静止状态起动,达到不丢步的正常运行的最高频率,称为起动频率。起动时指令脉冲频率应小于起动频率,否则将产生失步。通常在负载(转动惯量)和其他条件不变的情况下启动频率与负载转矩的关系称为启动矩频特性,步近电机的惯性负载增大则启动频率f_q下降。步进电机所带负载只有在小于启动矩频特性规定的极限状态下才能直接启动,步进电动机在带负载下的起动频率比空载要低。因此,有时也称此状态下的启动频率为突跳频率,特别是在需要正反向连续运行时,其惯频特性对步进电机的选用有很大影响。每一种型号的步进电动机都有固定的空载起动频率,一般的国产步进电机的f_q最大为1 000～2 000 Hz,功率步进电机的f_q一般为500～800 Hz。

⑧ 连续运行频率f_c和运行矩频特性——步进电动机起动后,不丢步工作的最高工作频率,称为连续运行频率。连续运行频率通常是起动频率的4～10倍。步进电机连续运行频

率与步矩角一起决定了执行部件的最大运动速度。随着步进电动机的运行频率增加，其输出转矩相应下降，这种关系通常称为输出的运行矩频特性，如负载继续增大，电机将会失步，即运行频率随着负载转矩的增加而下降。它是选择步进电机时的重要参数之一，通常功率步进电机最高工作频率(f_c)的输出转矩只能达到低频转矩的40%～50%，所以应根据负载要求，参照高频输出转矩来选用步进电机的规格。

(2) 步进电动机的选用

通常，在选定步进电动机时，从机电系统角度考虑的要点有：系统分辨率和定位精度，运行速度范围(如快速进给或工作进给)，负载类型和大小，系统的体积、重量和环境等对电机的要求等。一般来说，选择步进电动机时遵循下述程序：

① 步距角的选择。对于不同类型步进电机具有不同的步距角，步距角小，运行时过冲量小，振荡不明显，配以一定的减速传动机构精度，可以获得较小的系统分辨率和较高的系统定位精度，但系统速度将受到限制。通常，步距角的大小可由系统的脉冲当量和传动比等确定。

对于由丝杠副传动的系统，其步距角可表示为

$$\beta = 360^\circ i\delta_p/L_0 \tag{3.114}$$

对于由齿轮齿条传动的系统，其步距角可表示为

$$\beta = 360^\circ i\delta_p/(\pi D) \tag{3.115}$$

式中：δ_p 为系统的脉冲当量；i 为系统传动比；L_0 为丝杠的导程；D 为小齿轮的节圆直径。

② 电机(最高)运行频率的选择。根据系统执行件的工作速度(如直线运动工作台的速度)来计算工作运行或快速运动时所需的运行频率(输入的脉冲速率)。对于步进电机来说，其输出的平均转速 n 是由其步距角β 和输入脉冲频率f 决定的($n=\beta\times f/6$)，而传动系统结构和运动形式不同对转速的具体要求也不同，一般有以下几种情形。

电机与丝杠直接连接拖动工作台作直线运动时，$n\geqslant V/L_0$，则

$$f \geqslant 6V/\beta \times L_0 \tag{3.116}$$

电机通过一减速机构再与丝杠直接连接拖动工作台作直线运动时，$n\geqslant i\times V/L_0$，则

$$f \geqslant 6i \times V/\beta \times L_0 \tag{3.117}$$

电机通过一减速机构与齿轮齿条连接拖动工作台作直线运动时，$n\geqslant i\times V/(\pi D)$，则

$$f \geqslant 6i \times V/\beta \times \pi D \tag{3.118}$$

电机通过一减速机构(如齿轮或蜗轮蜗杆)拖动工作台作回转运动时，$n\geqslant i\times n_G$，则

$$f \geqslant 6i \times n_G \tag{3.119}$$

式中：V 为直线运动的速度；L_0 为传动丝杠的导程；i 为电机至丝杠或齿轮齿条机构的小齿轮之间的传动比；D 为齿轮齿条机构的小齿轮的节圆直径；n_G 为回转工作台的转速。

如上述的速度为快速进给速度，对应所得的电机转速及其所需的进给脉冲频率即为(空行程)快速进给的最大频率。如是最小进给工作速度，则对应的就是电机的最小工作频率，并由此可得到电机的调速范围。

③ 电机转矩的选择。按前文的转矩匹配计算方法分别得到负载转矩和惯性加速转矩，并将其折算到电机轴上，由此作为步进电机的最大静转矩的选择依据。

对于步进电动机而言，为了获得良好的启动能力和较快的响应速度，需要满足转动惯量和转矩匹配条件。转动惯量匹配条件为

$$J_{eL}/J_{m} \leqslant 4 \tag{3.120}$$

式中：J_{m} 为步进电动机自身的转动惯量；J_{eL}为负载转动惯量。

转矩匹配条件为

$$T_{eL}/T_{max} \leqslant 0.5 \tag{3.121}$$

式中：T_{max}为步进电动机的最大静转矩；T_{eL}为负载等效力矩。

根据以上几步的计算结果，可以初步选定电动机的规格。由于步进电机的工作性能与驱动电源、传动系统及其实际负载密切相关，通常还需要对初选电动机进行校核。如根据选定电动机的调频特性校核系统起动性能；根据矩频特性计算加减速时间，校核系统的快速性；根据选定步进电动机精度及矩角特性校核系统的静态定位误差。

其中前两项与步进电机的启动矩频特性和运行矩频特性相关，电机只有在该特性曲线限定的范围内，才可以启动和运行，超出这个范围将不能正常工作。而制造厂家给出的矩频特性曲线是在一定的电源条件和负载惯量下测得的，当电源参数改变或负载惯量较大时，其启动特性和快速运行的工作频率也相应地改变。因此，初步选定电动机后，应根据已得到的工作频率和运行需求的转矩，从电机产品样本的矩频特性曲线、转子惯量来计算实际所需要的运行转矩（空载或带负载）验算，并与矩频特性曲线对照，确定是否在该曲线的内侧。

一般地，步进电动机负载转动惯量增加，启动频率下降，不同负载下启动频率可以由下式进行估算：

$$f_{c} = f_{q}/\sqrt{1 + J_{eL}/J_{m}} \tag{3.122}$$

式中：f_{c} 为带负载启动的频率；f_{q} 为空载启动频率。

如实际运行速度要求较高，而启动频率受到限制，则可以采用升降频线路，从可以直接启动的频率开始逐渐提高工作频率，直至所需的运行频率（最高运行频率也由矩频特性决定），如需改变转动方向或停机，则应先减速至启动频率以下，再反向运行或停转。这时的速度分布图可按直线加减速（三角形或梯形分布）或指数加减速来进行。

由于步进电动机与其驱动电源是一个相互联系的整体，步进电动机的运行性能是由电动机和驱动电源两者配合所反映出来的综合效果。因此，作为机电一体化的系统设计，在电机选择后，应注意根据使用情况选用其驱动电源，以真正满足机电系统的要求。

3. 直流伺服电动机的选择和计算

直流伺服电动机是用直流电信号控制的伺服电动机，其转子的机械运动受输入电信号控制作快速反应。具有速度容易控制、特性好、效率高、直流信号和直流反馈没有相位问题、补偿简单等优点。在自动控制系统中多作为动力元件，应用相当广泛。

按产生磁场的方法和电枢的基本结构不同，直流伺服电动机可分为电磁式（串激式、他激式和复激式）和永磁式（普通电枢型、盘式印制绕组型、盘式线绕型和线绕空心杯型）。其中与普通电枢型结构相同的宽调速直流伺服电动机是自 20 世纪 70 年代初开始发展起来的一种伺服电机，它具有调速范围宽，在闭环控制中可达 1：2 000 以上；过载能力强，最大力矩可为额定力矩的 5～10 倍；低速扭矩大，可以与负载同轴联结，从而可以省去减速齿轮，提高传动效率等特点。因此，已广泛应用在数控机床的进给伺服驱动、雷达天线驱动以及其他伺

服跟踪驱动系统中。

国产的直流伺服电动机的型号有SY系列和SZ系列。“SY”为永磁式直流伺服电动机，“SZ”系列是自行设计的电磁式直流伺服电动机产品系列，其型号(如36SZ01)的意义是：“36”表示机座外径尺寸为36 mm，“SZ”为产品代号，S表示伺服电动机，Z表示直流电磁式，“01”为电气性能数据。

(1) *直流伺服电动机的性能指标* 直流伺服电动机的结构与一般直流电动机大致相同，但在特性和性能上有较大的区别。基本的区别是直流伺服电动机具有“伺服”特性，即“可控性”和“响应性”。主要特点如下。

调速范围宽：即其转子转速可在宽广的范围内连续调节并稳定运行。

特性呈线性：不论是机械特性还是调节特性，都呈现良好的线性度。即在整个调节范围内，转速随转矩的变化关系或者转速随控制电压的变化关系都是线性的。

快速反应：在输入控制信号的作用下，转子能迅速地反应动作，也就是时间常数小。

直流伺服电动机的运行性能用如下指标来衡量。

伺服电动机在额定运行状态下的电压、电流、功率、转速等量的数值称为直流伺服电动机的额定值。电动机的额定值表示直流伺服电动机的主要性能数据和使用条件，是选用和使用伺服电动机的依据。

额定功率 P_N(W)——指直流伺服电动机在额定运行时，其轴上输出的机械功率。

额定电压 U_N(V)——指在额定运行情况下，直流伺服电动机的励磁绕组和电枢绕组应加的电压值。

额定电流 I_N(A)——指电动机在额定电压下，轴上输出额定功率时的电流值。

额定转速 n_N(r/min)——指电动机在额定电压和额定功率时每分钟的转数。

额定转矩 T_N(N·m)——指电动机在额定状态下的轴上输出转矩。

额定效率 η_N——反映电动机在额定运行状态下，电机的额定功率转化为轴上输出机械功率的能力($\eta_N = P_N / U_N \times I_N$)。

力矩转速特性曲线——是由电机的额定参数确定的关系曲线，它将直流电机的驱动能力分为三个工作区：连续工作区(电机可在力矩和转速的任意组合下长期工作)、断续工作区(电机只能作间断工作，间断周期需由载荷周期计算)、瞬时工作区(电机只允许进行瞬时过渡工作)。

电气时间常数——是指电枢输入端施加电压后，电枢电流达到稳定电流的63.2%时所需的时间。一般由电枢电感与电枢回路全电阻之比来求得。

机械时间常数——伺服电机在额定激磁时，电枢输入端施加阶跃电压，电机从零速达到稳定转速的63.2%所需的时间。

转动惯量——空载时使电机产生单位角加速度时所需要的转矩。它仅与转子的结构、材料和外形尺寸有关。较小的转动惯量，有利于提高电机的加速性能。

(2) *直流伺服电动机的应用选择* 直流伺服电动机的选择同步进电动机类似，同样要满足惯量匹配和容量匹配原则。同时，直流伺服电动机的机械特性较软，常用于闭环控制。因此对于直流伺服电动机的选择，还应考察固有频率和阻尼比等。

① 惯量匹配原则。理论分析和实践证明，负载惯量和电动机惯量的比值对伺服系统的

性能有很大的影响，且与伺服电动机的种类以及应用场合有关，通常分为两种情况。

a. 小惯量直流伺服电动机，推荐的惯量比值为

$$1 \leqslant J_{eL}/J_m \leqslant 3 \tag{3.123}$$

式中：J_m 为电动机自身的转动惯量；J_{eL} 为负载转动惯量。

J_{eL}/J_m 对电动机的灵敏度和响应时间有很大的影响，使伺服放大器不能正常工作。小惯量的伺服电动机的特点是转矩/惯量比大、机械时间常数小、加速能力强、动态特性好、响应快。小惯量的伺服电动机的转动惯量 $J_m \approx 5\times10^{-3}\ \text{kg}\cdot\text{m}^2$。

b. 大惯量直流伺服电动机，推荐的惯量比值为

$$0.25 \leqslant J_{eL}/J_m \leqslant 1 \tag{3.124}$$

大惯量宽调速伺服电动机的特点是转矩大、惯量大，能在低速范围内提供额定转矩，常常不需要传动装置而与滚珠丝杠直接连接，受惯性负载的影响小。转矩/惯量比值高于普通电动机而小于小惯量伺服电动机。大惯量伺服电动机的惯量 $J_m \approx 0.4\sim0.6\ \text{kg}\cdot\text{m}^2$。

② 等效转矩计算和选择。直流伺服电动机的转矩-速度特性曲线一般分为连续工作区、断续工作区和瞬时工作区。由于3个区的用途不同，电动机转矩选择方法也不同，工程上常根据电动机发热等效原则，将重复短时工作制折算为连续工作制来选择电动机。选择方法是在一个工作循环周期内，计算所需电动机转矩的均方根值(即等效转矩)，寻找连续额定转矩大于该值的电动机。

选择计算常按照电机发热条件的等效原则来进行，常用的变载-加减速驱动系统计算模型有两种，如图3.28所示。

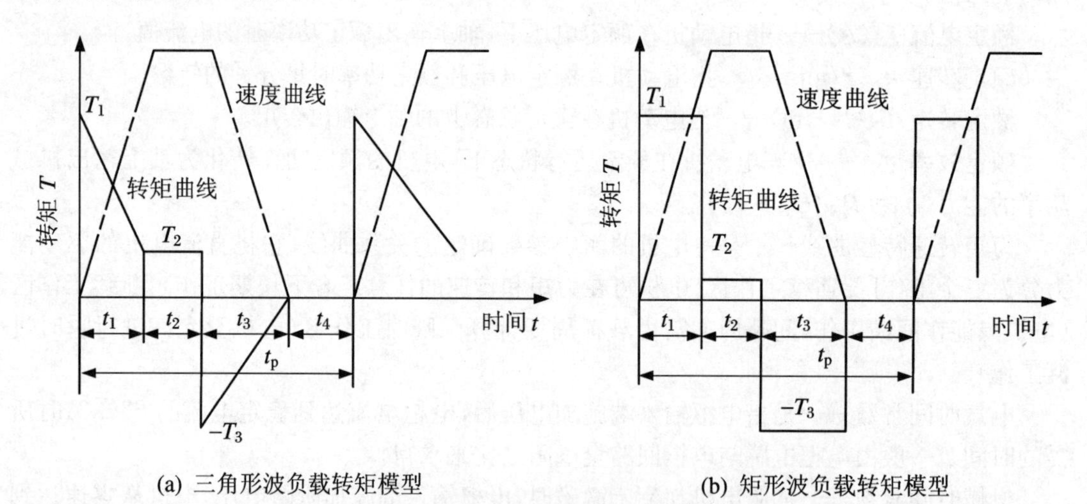

图3.28 变载-加减速计算模型

图3.28(a)所示的三角形转矩波加减速时的均方根转矩的近似表达式为

$$T_{rms} = \sqrt{(T_1^2 t_1 + 3T_2^2 t^2 + T_3^2 t_3)/(3t_p)} \tag{3.125}$$

图3.28(b)所示的矩形波负载转矩加减速的等效转矩可表示为

$$T_{rms} = \sqrt{(T_1^2 t_1 + T_2^2 t_2 + T_3^2 t_3)/t_p} \tag{3.126}$$

上两式中：t_p 为一个负载周期时间，$t_p = t_1 + t_2 + t_3 + t_4$ 且 t_p 应小于温度上升热时间

常数的1/4。则直流伺服电机的额定转矩应满足：

$$T_N \geqslant K_1 \times K_2 \times T_{rms} \tag{3.127}$$

式中：K_1 为安全系数，一般取 $K_1 = 1.2$；K_2 为转矩波形系数，三角形转矩波 $K_2 = 1.67$，矩形转矩波 $K_2 = 1.05$。

直流伺服电动机的选择不仅仅是指对电动机本身性能的要求，还由自动控制系统中所采用的电源、功率和系统对电机的要求来决定。如控制系统要求线性的机械特性和调节特性，控制功率又大，则可选用直流伺服电动机。对随动系统要求伺服电动机的机电时间常数要小；短时工作的伺服系统则要求伺服电动机以较小的体积和重量能给出较大的堵转力矩和功率，对长期工作的伺服系统要求伺服电动机的寿命要长。

由于直流伺服电动机的品种和规格很多，为便于选用，在上述的计算选择参数的基础上，下面就将部分国产品种的伺服电动机名称、性能特点和应用范围介绍如下，以供选型时参考。

永磁式直流伺服电动机——其性能特点有：机械特性和调节特性线性度好；机械特性下垂，在整个调速范围内都能稳定运行，气隙小，磁通密度高，单位体积输出功率大、精度高，电枢齿槽效应会引起转短脉动，运行基本平稳；电枢电感大，高速换向困难。可用于小功率一般直流伺服系统的动力元件，但不适合于要求快速响应的系统。

电磁式直流伺服电动机——主要性能特点是：电动机的磁场是由直流电励磁，需要直流电源，磁通不随时间变化，但是受温度的影响。主要应用于中、大功率直流伺服系统的动力元件，适用于要求快速响应的伺服系统。

空心杯电枢直流伺服电动机——由于电枢比较轻，转动惯量极低，机电时间常数小；电枢电感小，电磁时间小，无齿槽效应，转短波动小，运行平衡，换向良好，噪音低；机械特性和调节特性线性度好，机械特性下垂，气隙大，单位体积的输出功率小。适用于快速响应的伺服系统，用于小功率(10 W 以下)，所以空心杯电枢直流伺服电机可用干电池供电，用于便携式仪器。

直流力矩电动机——除具有永磁式直流伺服电动机的特点外，还具有精度较高，输出功率大，能在低速下长期稳定运行，甚至可以堵转运行；响应速度快、转短和转速波动小；运行可靠，维护方便，机械噪音小。应用范围有：它和直流测速发电机配合可用于高精度的低速系统，还可作高精度位置和低速随动系统中的动力元件，可用于较大功率的伺服系统的驱动及动力元件。

4. 交流伺服电动机的选择和计算

交流伺服电动机通常是指两相异步电动机，交流伺服电动机又称为执行电动机。在自动控制系统中作为驱动动力元件，是一种精密控制电机。其任务是将输入的电压信号变换成转轴的角位移或角速度的变化。输入的电压信号称为控制信号或控制电压，改变控制电压的大小和相位(改变 180°)时可以改变伺服电动机的转速及转向。

交流伺服电动机相对于直流伺服电动机具有结构简单、运行可靠、维修方便、价格便宜等特点，虽然交流异步电动机的调速特性不如直流电动机，但自 20 世纪 70 年代起，随着电力电子技术的发展，出现了各种可控电力开关器件(如晶闸管，GTR，GTO，MOSFET，IGBT 等)，使交流变频技术得到了飞速的发展。特别是矢量控制理论的提出和应用，实现了二相交流异步电动机等效为二相直流电动机进行转矩的控制，从而获得了与直流电动机同样优良的静、动态特性。矢量控制技术的应用，使交流伺服电动机的调速性能可以和直流伺服电动机相媲美。在中、大型功率应用中，交流伺服电动机有取代直流伺服电动机的趋势。交流伺服电动机没有换向件，过载能力强、质量轻、体积小，适合于高速、高精度、频繁启动和停止以及快速定位等场合。且交流伺服电动机还具有使用维护简单，能在恶劣的环境下工作等优点，使其应用越来越广泛。

交流伺服电动机通常有异步型伺服电动机和永磁同步伺服电动机两种。其中在机电系统中常用的异步型交流伺服电机，根据转子结构不同，可分为鼠笼转子交流伺服电动机和空心杯转子交流伺服电动机两种结构形式。我国的交流伺服电机的分类型号有："SL"系列的鼠笼式转子两相交流伺服电动机，"SK"系列的空心杯转子两相交流伺服电动机，"SX"系列的绕线式转子两相交流伺服电动机。型号通常由机壳外径、产品代号、频率种类、性能参数四部分组成。

(1) *交流伺服电动机的主要参数和性能指标*　交流伺服电动机的工作特性与某些参数和特性曲线有关，与直流伺服电动机不同的是，交流伺服电动机只有连续工作区和断续工作区，电动机的加减速在断续区进行。精密机电系统对交流伺服电动机的基本要求是要有良好的可控性(单相供电时无自转现象、控制绕组开路或短路不自转)，运行稳定(转速随转矩的增加而均匀下降)，快速响应(快速起动、迅速停止转动)。

交流伺服电动机在产品资料中标有如下性能指标。

额定电压——两相交流伺服电动机的额定电压包括额定激磁电压和额定控制电压，激磁电压一般允许在额定电压的±5%的范围内使用，电压过高容易使电机过热烧坏绕组，电压过低影响电机的性能，降低输出功率和转矩等。

控制绕组的额定电压有时称为最大控制电压，在额定激磁电压和额定控制电压相等时，电机为对称运行状态，此时电机产生的磁场为圆形旋转磁场。交流伺服电动机的输出功率为0.1～100 W，其中最常用的在30 W以下。其电源频率为50 Hz时，电压是20，36，110，220，380，单位为伏(V)；电源频率为400 Hz时，电压是26，36，115，单位为伏(V)。

额定频率——目前，控制电机常用频率分低频和中频两大类，一般工业用低频为50 Hz(或60 Hz)，航空用中频为400 Hz(或500 Hz)。因为频率越高，涡流损耗越大，所以中频电机的铁芯用较薄的0.2 mm以下硅钢片叠成，以减少涡流损耗，低频电机则用0.35～0.5 mm的硅钢片。

低频电机不应该用中频电源，否则电机性能会变差。在不得已时，低频电源之间或者中频电源之间可以互相代替使用，但要随频率正比地改变电压，以保持电流仍为额定值，这样的电机发热可以基本上不变。

堵转转矩、堵转电流——在额定频率下，定子两相绕组加上额定电压，转速等于零时的输出转矩称为堵转转矩。这时流经激磁绕组和控制绕组的电流分别称堵转激磁电流和堵转控制电流。堵转电流通常是电流的最大值，可作为设计电源和放大器的依据。

空载转速——在额定频率下，定子两相绕组加上额定电压，电机不带任何负载时的转速称为空载转速。空载转速与电机的极数有关，由于电机本身阻转矩的影响，空载转速一般略低于同步转速。

机电时间常数——指伺服电动机在不带任何负载的情况下，激磁绕组加额定电压，控制绕组加阶跃的额定电压，电机由静止加速到空载转速的63.2%所需要的时间。机电时间常数是反映电机快速灵敏性的技术数据，时间常数越小，表明电机反应灵敏度越快。

另外，还有转子的转动惯量、最大输出功率、阻尼系数、反转时间、转矩常数和温升以及移相电容等参数。

主要工作特性如下。

机械特性——伺服电机在一定输入条件下，转速与输出转矩的关系。如机械特性是稳定的，两相电压不变时，可保证从零转速到空载转速范围内能平滑、稳定调速。通常用实际机械特性与理想机械特性之间的转速之差对空载转速之比的最大值来表示机械特性的非线性度(一般用 K_m 表示)，其值越小，伺服电动机的性能越接近线性，系统的动态误差越小。一般伺服系统要求 $K_m \leqslant 15\% \sim 25\%$，精密伺服系统中的 $K_m \leqslant 10\% \sim 15\%$。

输入、输出特性——伺服电机在一定输入条件下，转速与每相输入电流的关系；转速与每相输入功率的关系；转速与输出功率的关系。

调节特性——伺服电机在一定激磁和负载转矩条件下，转速与控制电压幅值的关系或转速与控制电压相位差的正弦函数的关系。一般用实际调节特性与理想调节特性之间的转速之差对额定控制电压时转速之比的最大值来表示调节特性的非线性度，一般要求小于20%～25%。

堵转特性——伺服电机在一定激磁条件下，堵转转矩与控制电压的关系。它表示在一定输入条件下转子堵转时所得到的最小转矩。一般用在一定激磁条件下，不同控制电压的堵转转矩与对应的理想堵转转矩之差对额定控制电压下堵转转矩之比的最大值来表示堵转特性的非线性度，一般要求小于±5%。

(2) *交流伺服电动机的选择*　交流伺服电动机的选择，首先要考虑电动机能够提供负载所需要的转矩和转速。从应用安全的意义上来讲，就是能够提供克服峰值负载所需要的功率。其次，当电动机的工作周期可以与其发热时间常数相比较时，必须考虑电动机的热稳定问题，通常用负载的均方根功率作为确定电动机发热功率的基础。

① 功率估算。如果要求电机在峰值负载转矩下以峰值转速驱动负载，则电机功率可表示为

$$P_m = kT_{Lp}n_{Lp}/(159\eta) \tag{3.128}$$

式中：T_{Lp}为负载峰值力矩(N·m)；n_{Lp}为电动机负载峰值转速(r/s)；η 为传动装置的效率；k 为系数，$k=1.5 \sim 2.5$。

当电动机长期连续在变负载之下工作时，通常按负载方均根功率来估算电动机功率：

$$P_m = kT_{Lrms}n_{Lrms}/(159\eta) \tag{3.129}$$

式中：T_{Lrms}为负载方均根力矩(N·m)；n_{Lrms}为负载方均根转速(r/s)。

估算出 P_m 后，根据电机额定功率 P_N 满足使用要求的原则初选电动机，再查得产品目录的技术数据或经过计算求得所需的技术性能参数。

② 发热校核。在确定电机和系统初步设计完成后，对于连续工作负载不变场合的电动机，要求在整个转速范围内，负载转矩均在额定转矩范围内。对于长期连续的或周期性的工作在变负载条件下的电动机，根据电动机发热条件的等效原则，其等效计算方法同直流伺服

电机的等效转矩计算相同。

交流伺服电动机在控制系统中作动力元件，在选择电机时还可从运行性能和结构形式两个方面来考虑，要根据电机的特点和使用的具体情况，合理地选用。

运行性能的选择：主要从机械特性(非线性度)、快速响应(以机电时间常数为依据)和自转情况(控制电压等于零时，电机应无自转现象)等几个方面来评价。

结构形式的选择：主要从使用的角度和电机本身的特点来考量。笼形转子两相交流伺服电动机的主要特点有气隙小、重量轻、体积小、效率高、耐高温、机械强度高、可靠性好、价格便宜。故常用于自动控制系统、随动系统和计算装置中。空心杯转子两相交流伺服电动机的特点是转子轻、惯量小、快速响应好、运行平衡，但气隙大、电机尺寸较大，在高温和振动下容易变形。其应用范围通常是要求转速平稳的装置，例如计算装置中的积分网络。

第4章　机电传动系统动态特性分析

机电系统设计过程是机电有机结合即机电参数相互匹配的过程。机电传动系统设计就是机电伺服系统的设计分析。面向工作执行件机械运动的机电伺服系统，一般有位置伺服控制系统和速度伺服控制系统两种形式，其共同特点是通过系统驱动动力元件（动力源）直接或经过机械传动系统驱动被控对象，完成所需要的机械运动。

机电伺服系统设计时，根据系统的目标需求，在初步完成传动系统方案构型设计后，考虑到机电一体化系统是由机械系统、传感检测系统、驱动系统和电子信息处理（控制）系统等子系统构成的，其输入和输出之间通常存在着不同的非线性关系，为此，需要了解被控对象的特点和构成系统各单元部件的特性，来对初步设计方案进行定量的分析计算，从而通过稳态设计和动态设计的计算和分析，实现机电参数的有机结合与匹配。

4.1　机电传动系统特性分析

机电传动系统中各子系统的输入与输出之间不一定呈比例关系，可具有某种频率特性（动态特性或传递函数），即输出可能具有与输入完全不同的性质。机械系统一般都具有非线性环节，机构通过线性和非线性变换就能产生各种各样的运动，在选择动力元件和给定运动指令时，一定要考虑伴随这些运动的动态特性。

4.1.1　机电传动系统的机械特性

机械系统一般是由轴、轴承、丝杠和连杆等机械零件构成，其功能是将一种机械量变换成与目的要求对应的另一种机械量。例如，有的连杆机构就是将回转运动变换为直线运动。机械系统在传递运动的同时还将进行力（或力矩）的传递。因此，机械系统的各构成零部件必须具有承受其所受力（或力矩）的足够强度和刚度的尺寸。但尺寸一大，质量和转动惯量就大，系统的响应就慢。

4.1.1.1　机构静力学特性

机构静力学特性主要包括：① 机构输出端所受负载（力或转矩）向输入端的换算；② 机

构内部的摩擦力(或转矩)对输入端的影响;③ 由上述各种力或重力加速度引起的机构内部各连杆、轴承等的受力。

1. 负载力(或转矩)向输入端的换算

在机构内部摩擦损失小时,应用虚功原理很容易进行这种换算。在图4.1所示的单输入-单输出系统中,设微小输入位移为 δ_x,由此产生的微小输出位移为 δ_y,则输入功为 $F_x \cdot \delta_x$,输出功为 $F_y \cdot \delta_y$,如忽略内部损失,就可得到 $F_x \cdot \delta_x = F_y \cdot \delta_y$。若机构的运动变换函数关系为 $y = f(x)$,则力的换算关系就可以写成 $F_x = (\delta_y/\delta_x)F_y = (d_y/d_x)F_y$。

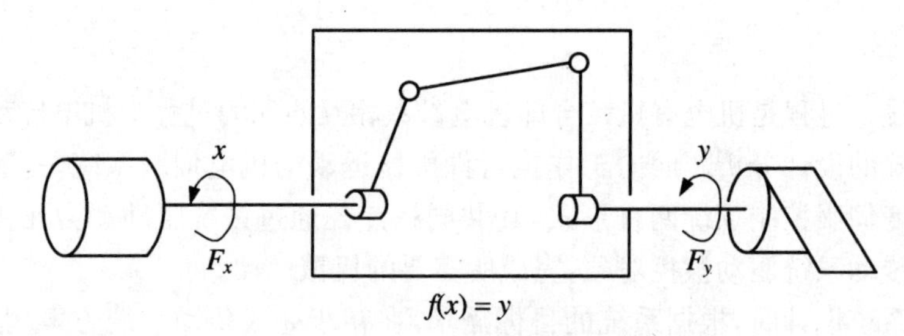

图4.1 单输入-单输出系统

在机构学中,将 $d_y = d_x = 0$ 的状态称为变点(方案点)。在 $d_y = d_x = \infty$ 附近,用很小的 F_x 就可得到很大的 F_y,将 $d_y/d_x = 0$ 时的状态称为死点,这种状态不论输入多大力(或转矩)也不会产生输出力(或转矩)。对于图4.2所示的多输入-多输出系统,也可用虚功原理导出输入与输出力(或转矩)的变换关系。设微小输入位移 $\boldsymbol{\delta}_x = (\delta\phi_1, \delta\phi_2, \cdots, \delta\phi_n)^{\mathrm{T}}$,则有微小的输出位移 $\boldsymbol{\delta}_y = (\delta_{\theta_1}, \delta_{\theta_2}, \cdots, \delta_{\theta_m})^{\mathrm{T}}$,则输入功的总和与输出功的总和分别为

$$\begin{cases}(\boldsymbol{F}_x, \boldsymbol{\delta}_x) = T_1\delta\phi_1 + T_2\delta\phi_2 + \cdots + T_n\delta\phi_n \\ (\boldsymbol{F}_y, \boldsymbol{\delta}_y) = M_1\delta\theta_1 + M_2\delta\theta_2 + \cdots + M_m\delta\theta_m\end{cases} \tag{4.1}$$

式中:$\boldsymbol{F}_x = (\partial f/\partial x)^{\mathrm{T}}\boldsymbol{F}_y$,$(\partial f/\partial x)^{\mathrm{T}}$ 为 $n \times m$ 矩阵;$\boldsymbol{F}_x = (T_1, T_2, \cdots, T_n)^{\mathrm{T}}$ 为输入转矩(或力);$\boldsymbol{F}_y = (M_1, M_2, \cdots, M_m)^{\mathrm{T}}$ 为输出转矩(或力)。

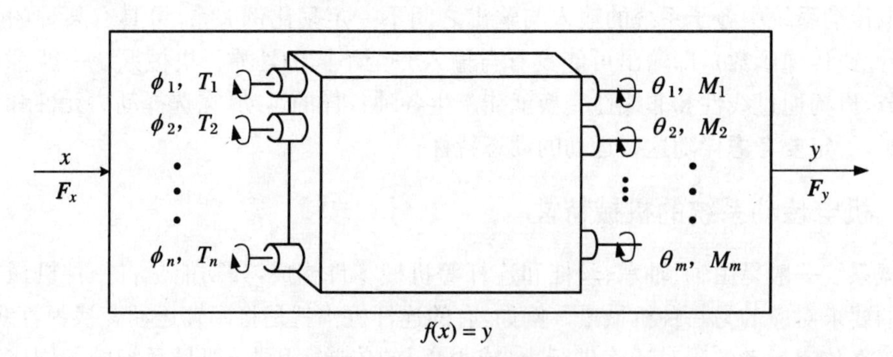

图4.2 多输入-多输出系统

忽略机构内部损失时,两式相等。由于 $\delta_{\phi_1}, \delta_{\phi_2}, \cdots, \delta_{\phi_n}$ 相互独立,则对第 i 个输入有

$$T_i = \frac{\delta\theta_1}{\delta\phi_i}M_1 + \frac{\delta\theta_2}{\delta\phi_i}M_2 + \cdots + \frac{\delta\theta_m}{\delta\phi_i}M_m = \left(\frac{\partial y}{\partial \phi_i}, \boldsymbol{F}_y\right) \tag{4.2}$$

$$(i = 1, 2, \cdots, n)$$

用 $\boldsymbol{F}_x$ 表示输入力(或力矩)时,可写成

$$\boldsymbol{F}_x = \left(\frac{\partial y}{\partial x}\right)^{\mathrm{T}} \boldsymbol{F}_y \tag{4.3}$$

式中:力(或力矩)的变换系数$(\partial y/\partial x)^{\mathrm{T}}$是 $n\times m$ 矩阵。

2. 机构内部摩擦力的影响

(1) 线性变换机构　图4.3所示的滑动丝杠副为线性变换机构,现以其为例分析滑动摩擦的影响。该机构的运动变换关系为 $y=(r_0\tan\beta)\phi$,其中 $2r_0$ 为丝杠螺纹中径,ϕ 为丝杠转角。

图4.3中 $T_x=P_x r_0$ 是使丝杠产生转动所需的转矩,$\boldsymbol{F}_y$ 为螺母所受的向上的推力。设摩擦系数为 μ,则沿螺纹表面丝杠对螺母的作用力(摩擦力)为 $\mu\boldsymbol{F}_n$,设 $\boldsymbol{F}_n$ 与 $\mu\boldsymbol{F}_n$ 在 x 向和 y 向的分力分别为 $\boldsymbol{F}_x$,$\boldsymbol{F}_y$,则

$$\begin{cases} \boldsymbol{F}_x = \boldsymbol{F}_n\sin\beta + \mu\boldsymbol{F}_n\cos\beta \\ \boldsymbol{F}_y = \boldsymbol{F}_n\cos\beta + \mu\boldsymbol{F}_n\sin\beta \end{cases} \tag{4.4}$$

由此可以推出

$$T_x = F_x r_0 = F_y r_0 \tan(\beta+\rho)$$

式中:$\rho=\arctan\mu$。从 F_y 向 T_x 的变换系数为 $r_0\tan(\beta+\rho)$,由于摩擦阻力的存在,该值会有变化,但不受输入转角 ϕ 的影响。

(2) 非线性变换机构　现以图4.4所示的曲柄滑块机构为例分析非线性变换机构中摩擦的影响。该机构的运动变换关系为

$$y = a\cos\phi + (b^2 - a^2\sin^2\phi)^{1/2}$$

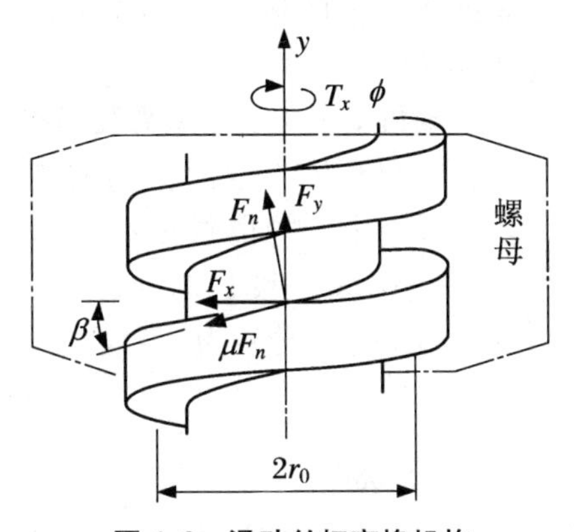

图4.3　滑动丝杠变换机构

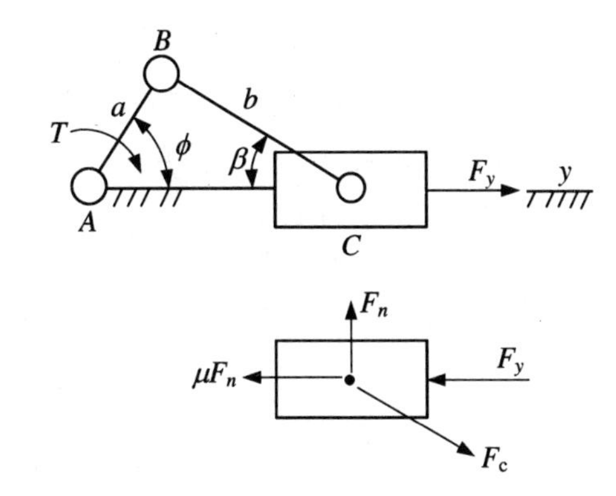

图4.4　曲柄滑块机构

设连杆 BC 作用于滑块的力为 F_c,固定杆 AC 作用于滑块的力为 F_n,摩擦力为 μF_n,外负载力为 F_y,则

$$F_n = F_c\sin\beta \tag{4.5}$$

$$F_y + \mu F_n = F_c\cos\beta \tag{4.6}$$

又由于

$$T = F_c a\sin(\phi+\beta) \tag{4.7}$$

则由式(4.5)、式(4.6)、式(4.7)可得

$$T = \frac{a\cos\rho\sin(\phi + \beta)}{\cos(\beta + \rho)}F_y \tag{4.8}$$

由式(4.8)知，由于摩擦力的存在，从 F_y 向 T 的变换系数与 ϕ 有关，但不是比例关系。在上式中，当 $\beta+\rho<\pi/2$ 时，T/F_y 的比值是有限的，但当 $\beta+\rho\approx\pi/2$ 时，其比值会非常大。在这种状态下，运动部件是不能动的。

一般来讲，由于摩擦的存在，非线性变换机构的变换关系不是一定的。固体摩擦的力学计算不但麻烦，而且会使机电传动系统的整体特性变差，因此要尽可能减少摩擦阻力。

4.1.1.2 机构动力学特性

机构动力学特性主要表现为构成机构要素的惯性和机构中各元、部件的刚性所引起的振动。

1. 平面运动机构要素的动态力及动态转矩

图 4.5 所示刚体是平面运动机构的一个要素。该刚体的平面运动可用平动 $\boldsymbol{r}=(x,y)$ 与转角 θ 来表示。当刚体受到来自其他连杆的作用力为 $\boldsymbol{F}_1,\boldsymbol{F}_2,\cdots,\boldsymbol{F}_n$ 时，其刚体重心 $\boldsymbol{r}(t)$、转角 $\theta(t)$与力之间的关系可用下式表示：

$$\boldsymbol{F}_{\mathrm{d}} = \sum_i \boldsymbol{F}_i = m \cdot \ddot{\boldsymbol{r}} \tag{4.9}$$

$$\boldsymbol{M}_{\mathrm{d}} = \sum_i \boldsymbol{r}_i \times \boldsymbol{F}_i = \boldsymbol{J}\ddot{\theta} \tag{4.10}$$

这是维持该机构要素的运动所必需的动态力 $\boldsymbol{F}_{\mathrm{d}}$ 和动态力矩 $\boldsymbol{M}_{\mathrm{d}}$。

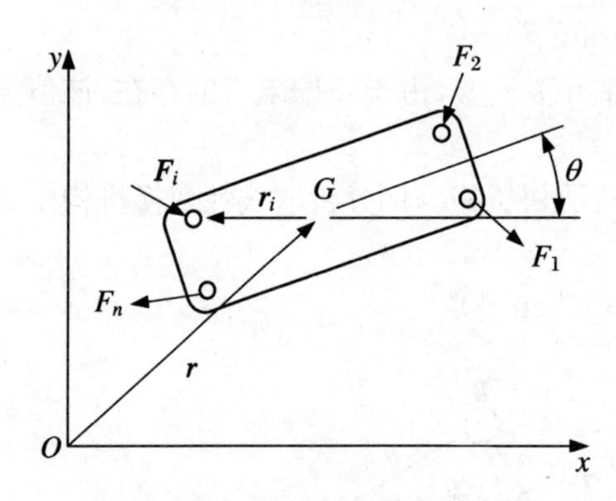

图 4.5 刚体平面运动的动力学

G:刚体重心； $\boldsymbol{r}$ 为:重心的位置矢量； θ:刚体回转角； $\boldsymbol{r}_i$:重心的位置矢量； m:刚体质量； $\boldsymbol{J}$:刚体绕其重心的转动惯量

2. 空间运动机构要素的动态力及动态转矩

图 4.6 所示的刚体为空间机构的刚体要素。空间运动可用重心的位置 $\boldsymbol{r}=(x,y,z)^{\mathrm{T}}$ 与刚体的姿态即绕 x_s, y_s 和 z_s 转动的姿态角表示，其动态力与动态转矩分别为

$$\boldsymbol{F}_{\mathrm{d}} = \sum \boldsymbol{F}_i = m\ddot{\boldsymbol{r}} \tag{4.11}$$

$$\boldsymbol{M}_{\mathrm{d}}^{(s)} = \sum \boldsymbol{r}_i^{(s)} \times \boldsymbol{F}_i^{(s)} = \boldsymbol{J}\dot{\boldsymbol{\omega}}^{(s)} + \boldsymbol{\omega}^{(s)} \times \boldsymbol{J}\boldsymbol{\omega}^{(s)} \tag{4.12}$$

与平面运动一样，刚体重心的运动 $\boldsymbol{r}$ 与回转运动 $\boldsymbol{\omega}$、$\dot{\boldsymbol{\omega}}$ 取决于机构的运动，力 $\boldsymbol{F}_{\mathrm{d}}$ 和转矩 $\boldsymbol{M}_{\mathrm{d}}$ 是刚体运动所必需的。这些力和转矩来源于与该刚体相连接的其他连杆。通过顺序连接的连杆最终可将所受负载转换成输入端所需的力(或转矩)。这种动态力(或转矩)向输入端的换算利用虚功原理或 lagrange 公式很容易实现。

3. lagrange 公式与动态力(或转矩)向输入端的换算

图 4.7(a)为一般的机构模型，图 4.7(b)为机构内部动态力框图。设机构要素重心位置矢量为 $\boldsymbol{r}$，绕重心的回转角速度为 ω，则该要素所具有的动能为 K。

$$K = \frac{1}{2}m\dot{\boldsymbol{r}}^2 + \frac{1}{2}\boldsymbol{\omega}^{\mathrm{T}}\boldsymbol{J}\boldsymbol{\omega} \tag{4.13}$$

式中：m 为要素的质量；J 为绕其重心的转动惯量矩阵。

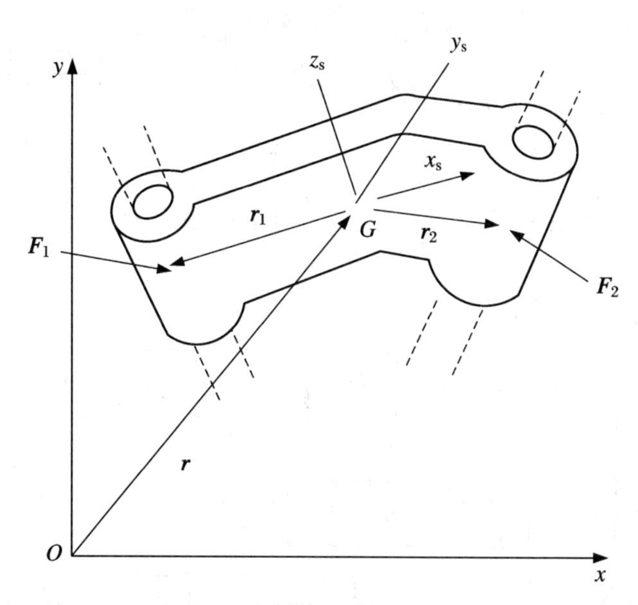

图 4.6 刚体空间运动的动力学

G：刚体重心； $\boldsymbol{r}$：重心的位置矢量； $G\text{-}x_s y_s z_s$：刚体的固定坐标系 Σ_s； $\boldsymbol{J}$：Σ_s 表示的惯性矩阵(3×3)；$\boldsymbol{\omega}^{(s)}$：$\Sigma_s$ 表示的刚体角速度矢量； F_i：刚体所受作用力； $F_i^{(s)}$：刚体所受作用力的 Σ_s 表示； $\boldsymbol{r}_i^{(s)}$：受力点从重心开始的位置矢量的 Σ_s 表示

该要素所具有的重力势能为

$$U = m(\boldsymbol{r},\boldsymbol{g}), \quad \boldsymbol{g} = (0,0,9.8)^{\mathrm{T}} \quad (\mathrm{m/s^2}) \tag{4.14}$$

设单输入系统输入的角位移为 ϕ_1，保持其运动所需要的力(或转矩)为 $\boldsymbol{T}_{di}$，则用 lagrange方程可求得

$$\boldsymbol{T}_{di} = \frac{\mathrm{d}}{\mathrm{d}t}\left(\frac{\partial K}{\partial \dot{\phi}_1}\right) - \frac{\partial K}{\partial \phi_1} + \frac{\partial U}{\partial \phi_1} \tag{4.15}$$

从机构的运动知

$$\boldsymbol{r} = \boldsymbol{r}(\phi_1), \quad \dot{\boldsymbol{r}} = (\mathrm{d}r/\mathrm{d}\phi_1)\dot{\phi}_1, \quad \boldsymbol{\omega} = E(\phi_1)\dot{\phi}_1 \tag{4.16}$$

将式(4.13)、式(4.14)和式(4.16)代入式(4.15)，可得

$$\begin{aligned}\boldsymbol{T}_{di} &= \left(\frac{\partial \dot{\boldsymbol{r}}}{\partial \dot{\phi}_1}, m\dot{\boldsymbol{r}}\right) + \left(\frac{\partial \boldsymbol{\omega}}{\partial \dot{\phi}_1}, \boldsymbol{J}\dot{\boldsymbol{\omega}}\right) + \left(\frac{\mathrm{d}\boldsymbol{r}}{\mathrm{d}\phi_1}, m\boldsymbol{g}\right) \\ &= \left(\frac{\mathrm{d}\boldsymbol{r}}{\partial \dot{\phi}_1}, m\ddot{\boldsymbol{r}} + m\boldsymbol{g}\right) + (\boldsymbol{E}, \boldsymbol{J}\dot{\boldsymbol{\omega}})\end{aligned} \tag{4.17}$$

从虚功原理也可导出与上述相同的结果，由于

$$\ddot{\boldsymbol{r}} = \frac{\mathrm{d}\boldsymbol{r}}{\mathrm{d}\phi_1}\ddot{\phi}_1 + \frac{\mathrm{d}^2\boldsymbol{r}}{\mathrm{d}\phi_1^2}\dot{\phi}_1^2, \quad \dot{\boldsymbol{\omega}} = \boldsymbol{E}\ddot{\phi}_1 + \frac{\mathrm{d}\boldsymbol{E}}{\mathrm{d}\phi_1}\dot{\phi}_1^2 \tag{4.18}$$

因 $\boldsymbol{T}_{di}$ 为 ϕ_1，$\dot{\phi}_1$ 和 $\ddot{\phi}$ 的函数，所以 $\boldsymbol{T}_{di}$ 可用下式表示：

$$\boldsymbol{T}_{di} = J_1(\phi_1)\ddot{\phi}_1 + J_2(\phi_1)\dot{\phi}_1^2 + J_3(\phi_1)\boldsymbol{g} \tag{4.19}$$

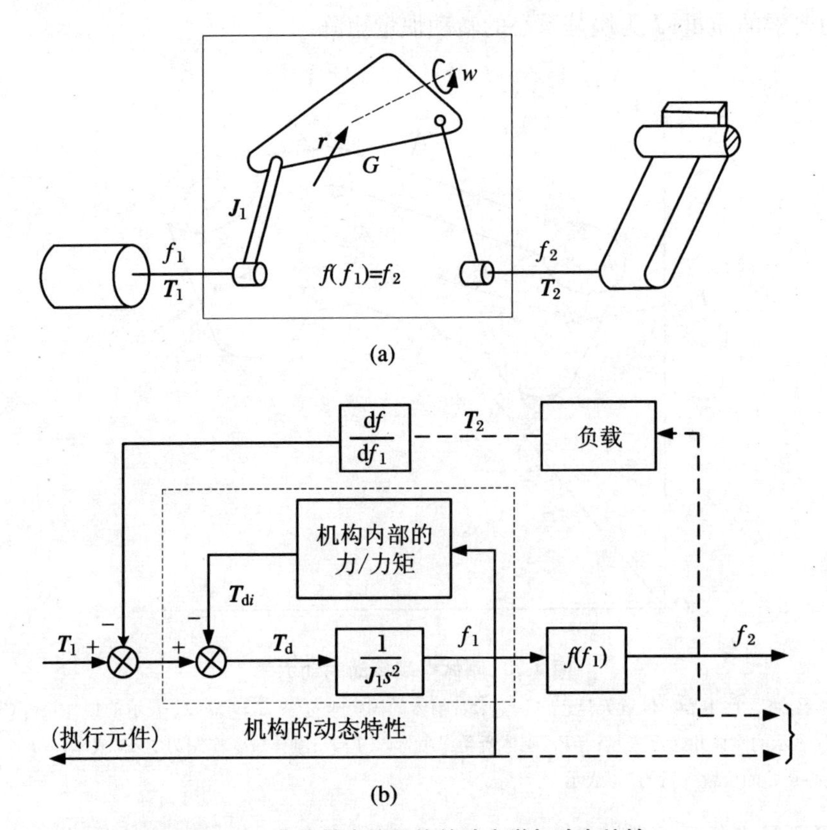

图 4.7　非线性变换机构的动力学与动态特性

对于多输入系统，设输入位移为 $\boldsymbol{\phi}=(\phi_1,\phi_2,\cdots,\phi_n)^{\mathrm{T}}$，各输入端输入力（或力矩）为 $\boldsymbol{T}_{\mathrm{d}i}=(T_{\mathrm{d1}},T_{\mathrm{d2}},\cdots,T_{\mathrm{d}n})^{\mathrm{T}}$，且 $\boldsymbol{r}$ 与 $\boldsymbol{\omega}$ 均为 $\boldsymbol{\phi}$、$\dot{\boldsymbol{\phi}}$ 的函数，即

$$\boldsymbol{r}=\boldsymbol{r}(\boldsymbol{\phi}),\quad \dot{\boldsymbol{r}}=\left(\frac{\partial \boldsymbol{r}}{\partial \boldsymbol{\phi}}\right)\dot{\boldsymbol{\phi}},\quad \boldsymbol{\omega}=\boldsymbol{E}(\boldsymbol{\phi})\dot{\boldsymbol{\phi}} \tag{4.20}$$

式中，$\partial \boldsymbol{r}/\partial \boldsymbol{\phi}$，$\boldsymbol{E}$ 均为 $3\times n$ 矩阵。

$$\boldsymbol{T}_{\mathrm{d}i}=\left(\frac{\partial \boldsymbol{r}}{\partial \boldsymbol{\phi}}\right)^{\mathrm{T}}(m\ddot{\boldsymbol{r}}+mg)\boldsymbol{E}^{\mathrm{T}}\{\boldsymbol{J}\dot{\boldsymbol{\omega}}+\boldsymbol{\omega}\times\boldsymbol{J}\boldsymbol{\omega}\} \tag{4.21}$$

设 $\boldsymbol{r}=(\boldsymbol{x}_{\mathrm{G}},\boldsymbol{y}_{\mathrm{G}},\boldsymbol{z}_{\mathrm{G}})^{\mathrm{T}}$，$\boldsymbol{\omega}=(\boldsymbol{E}_1,\boldsymbol{E}_2,\boldsymbol{E}_3)^{\mathrm{T}}\dot{\boldsymbol{\phi}}$，则

$$\ddot{\boldsymbol{r}}=(\ddot{\boldsymbol{x}}_{\mathrm{G}},\ddot{\boldsymbol{y}}_{\mathrm{G}},\ddot{\boldsymbol{z}}_{\mathrm{G}})^{\mathrm{T}} \tag{4.22}$$

$$\ddot{\boldsymbol{x}}_{\mathrm{G}}=\frac{\partial \boldsymbol{x}_{\mathrm{G}}}{\partial \boldsymbol{\phi}}\ddot{\boldsymbol{\phi}}+\dot{\boldsymbol{\phi}}^{\mathrm{T}}\frac{\partial^2 \boldsymbol{x}_{\mathrm{G}}}{\partial \boldsymbol{\phi}^2}\dot{\boldsymbol{\phi}} \tag{4.23}$$

$\ddot{\boldsymbol{y}}_{\mathrm{G}}$，$\ddot{\boldsymbol{z}}_{\mathrm{G}}$ 与此相同。

$$\dot{\boldsymbol{\omega}}=\boldsymbol{E}\ddot{\boldsymbol{\phi}}+\dot{\boldsymbol{\phi}}^{\mathrm{T}}\left(\frac{\partial \boldsymbol{E}_1}{\partial \boldsymbol{\phi}},\frac{\partial \boldsymbol{E}_2}{\partial \boldsymbol{\phi}},\frac{\partial \boldsymbol{E}_3}{\partial \boldsymbol{\phi}}\right)\dot{\boldsymbol{\phi}} \tag{4.24}$$

式中：$\partial^2\boldsymbol{x}_{\mathrm{G}}/\partial\boldsymbol{\phi}^2$ 为 $n\times n$ 矩阵，其 i，j 元为$\partial^2\boldsymbol{x}_{\mathrm{G}}/(\partial\boldsymbol{\phi}_i\partial\boldsymbol{\phi}_j)$，$\boldsymbol{E}_1$，$\boldsymbol{E}_2$，$\boldsymbol{E}_3$ 是将 $\boldsymbol{E}$ 阵的行变为列的形式，故$\partial\boldsymbol{E}_1/\partial\boldsymbol{\phi}$ 等均为 $n\times n$ 矩阵。将上述式(4.22)～式(4.24)代入式(4.21)，经整理可得如下表现形式：

$$T_{di} = J_1(\boldsymbol{\phi})\ddot{\boldsymbol{\phi}} + J_2(\boldsymbol{\phi},\dot{\boldsymbol{\phi}}) + J_3(\boldsymbol{\phi})\boldsymbol{g} \tag{4.25}$$

可以认为式(4.25)中的第一项为惯性力项,第二项为离心力和哥氏力项,第三项是重力项。如果从输入端来看,动态力(转矩)是变化的惯性转矩、与速度平方成比例的力和变化的重力共同的作用,系统具有非线性特性。

如图4.8(a)所示行星齿轮机构为线性变换机构,忽略重力项时,有

$$T_1 = T_d + T_2/i, \quad T_d = T_r\dot{\phi}_1, \quad J_r = J_S + \frac{1}{i_P^2}J_P + \frac{1}{i^2}J_C \tag{4.26}$$

式中:$i = 2(z_1 + z_2)/z_1$,$i_P = 2z_2/z_1$,J_S,J_P 和 J_C 分别为太阳轮、行星轮、系杆的转动惯量,J_r 为等效到输入轴上去的转动惯量。此时动态力(转矩)换算到输入轴上时是线性的。图4.8(b)是考虑机构内部动态力(或转矩)时的系统框图。

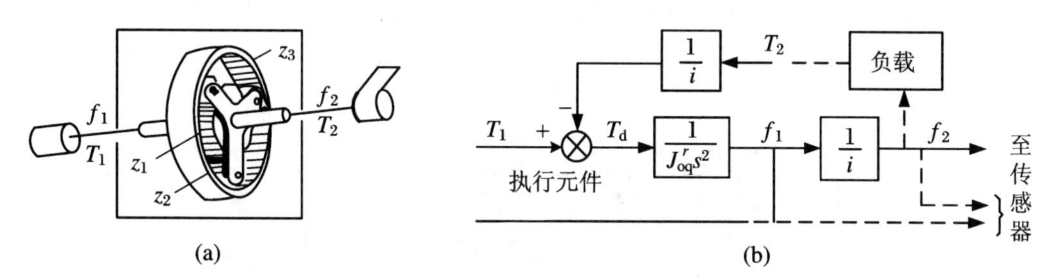

图4.8 线性变换机构的动力学及动态特性

4. 机构输出端的弹性与动态特性

机械零件不管是连杆还是轴承受力后都有一定的变形,设该变形量为 δ,其弹簧刚度为 $F/\delta = k$,则 $\delta/F = c$ 被称为柔度(compliance)。柔度是降低运动精度的原因之一,但更大的影响是在高速运动时产生振动。能够实现多大程度的高速度取决于系统内部的固有振动频率 ω_0(或固有振动周期 T_0)。当机构的运动周期(或频率)与 T_0 或 ω_0 一致时,将会引起共振,共振会导致机械破坏,这是系统设计中应避免的。周期运动的速度界限就是 T_0(或 ω_0)。在闭环系统中,其界限应大致取为 $\omega_0/2$(或 $2T_0$)。图4.9表示几种机构中的弹性。这种机构内的弹性有的能够换算到输出端,有的不能换算到输出端,多连杆机构的连杆弹性属于后者。这种弹性的处理相当复杂,常采用现代设计方法中的有限元分析方法进行计算。

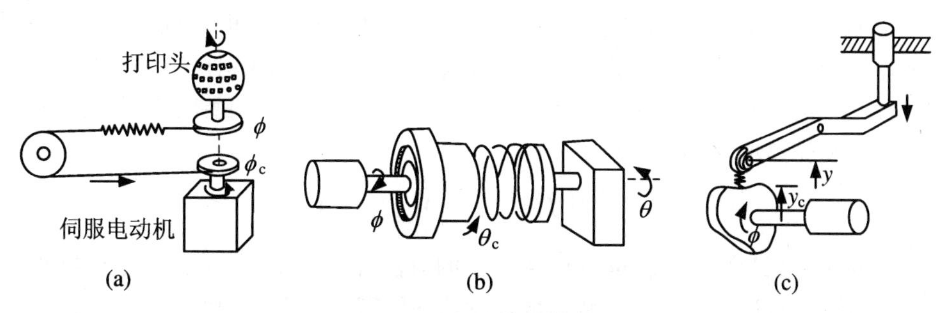

图4.9 机械输出端的弹性

图4.9所示的实例都能换算到输出端,可以将它们简化成图4.10所示的模型,其运动

方程为

$$F_x = m_1\ddot{x} + \frac{\mathrm{d}f}{\mathrm{d}x} \cdot F_y \tag{4.27}$$

$$F_y = m_2\ddot{y}_c + k(y_c - y) \tag{4.28}$$

$$m\ddot{y} + k(y - y_c) = 0 \tag{4.29}$$

设对动力元件的输入 F_x 的响应为 x,或设负载 m 的位移为 y,其动态特性的框图如图 4.10(b)所示。机构为非线性变换时,s,$1/s$ 分别表示微分和积分。

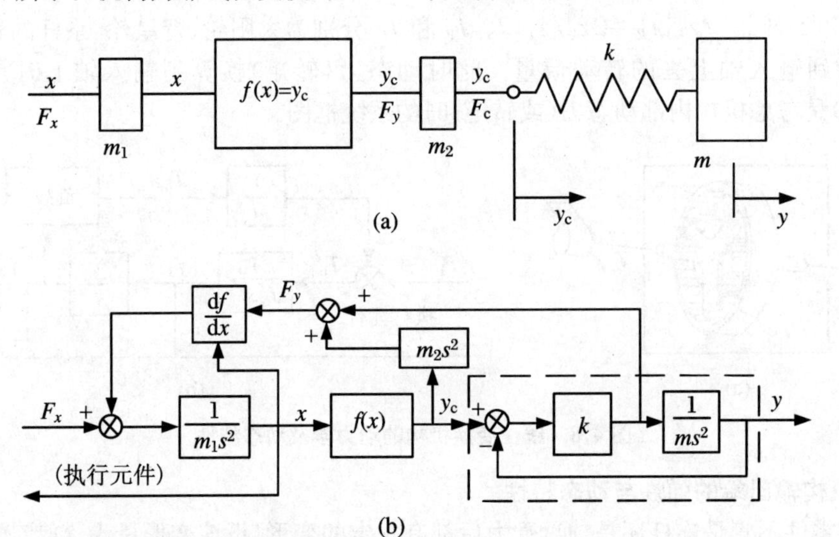

图 4.10　考虑机构输出端弹性的振动模型及动态特性

4.1.2　机电传动系统的匹配特性

动力元件与机械结构是相互影响的,其特性必须根据两者结合的形式来研究。根据机构的特性实现被控对象运动要求的控制方法有很多种,但这里不研究控制软件,只研究与机构有关的几个问题。

4.1.2.1　机械惯性阻力矩的匹配方法

图 4.11(a)为工作台伺服进给系统,电动机由恒定电流驱动。电动机输出转矩受限于电动机电流。要使工作台从静止位置 0 到终点位置 x_f 以最快速度移动,如何取滚珠丝杠的基本导程(螺距)是需要研究的问题。图 4.11(b)为电动机与工作台相结合的系统框图。该系统的运动方程从框图可知,即

$$T = \frac{2\pi}{l_0}\left[J + \left(\frac{l_0}{2\pi}\right)^2 M\right]\ddot{x} = A_m\ddot{x} \tag{4.30}$$

用额定转矩 T(最大值 T_m)进行快速定位的方法如图 4.12 所示。工作台行程的前一半,用最大加速度,其后一半用最大减速度。设移动所需时间为 t_s,则

$$0 \leqslant t \leqslant t_f/2: \ddot{x} = T_m/A_m$$

$$x = (T_m/A_m)(t^2/2) \tag{4.31}$$

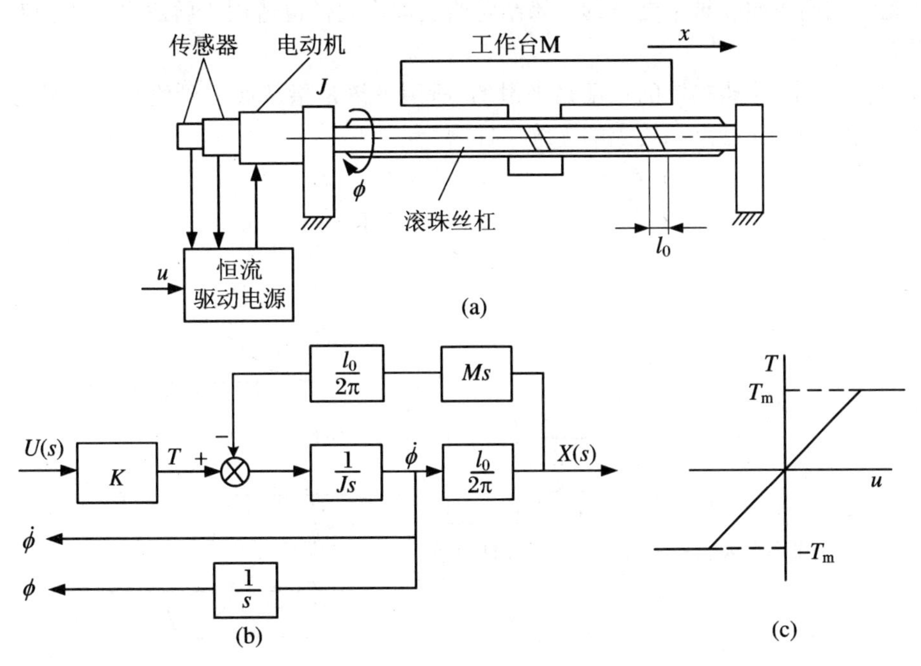

图 4.11　工作台丝杠进给装置的惯性阻力矩匹配

因 $t=t_f/2$ 时，$x=x_f/2$，将其代入式(4.31)，得

$$t_f = 2\sqrt{A_m x_f / T_m} \tag{4.32}$$

式中：$A_m=\left(\frac{2\pi}{l_0}\right)\left[J+\left(\frac{l_0}{2\pi}\right)^2 M\right]$。

t_f 随 l_0 的改变而改变。使 t_f 为最小的螺距 l_0 也就是使 M 为最小的螺距 l_0。上式的解为

$$l_0/(2\pi) = (J/M)^{1/2} \tag{4.33}$$

该解是令 J 与工作台等效到电动机轴上的转动惯量 $M(l_0/2\pi)^2$ 相等得到的，将此称为机械惯性阻力矩的匹配。此时的定位时间为

$$t_f = 2\sqrt{(2\pi x_f/l_0)J/T_m} \tag{4.34}$$

输入驱动电路的指令电压 u，在 $0\sim t_f$ 之间给予最大值，在 $t_f/2\sim t_f$ 之间给予负的最大值时，在 t_f 时刻，$x=x_f$，$\dot{x}=0$。

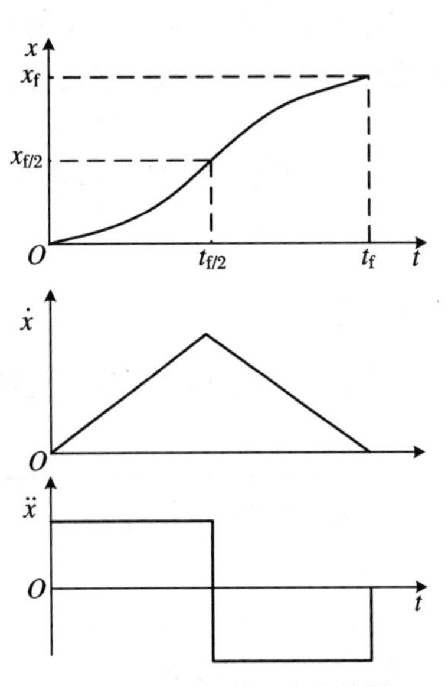

图 4.12　由额定转矩决定的最短时间控制方案

一般来说，如果电动机与减速器的转动惯量为 J_1、减速器输出端有惯性负载为 J_2，当减速比 $i=(J_2/J_1)^{1/2}$ 时，将能实现最快速定位。

4.1.2.2　凸轮曲线理论

将惯性负载从一静止点移动到另一静止点时，让其运动怎样随时间而变化的问题，在机

构学中是采用凸轮曲线理论处理的。该凸轮曲线理论同样也适用于解决电动机控制中的定位问题。

在图 4.13 中，希望物体的运动是平滑的，所谓平滑是指从始点到终点的位移、速度、加速度都是连续的。在始点和终点的连续条件为

$$t = 0, \quad x = 0, \quad \dot{x} = 0, \quad \ddot{x} = 0 \tag{4.35}$$

$$t = t_f, \quad x = x_f, \quad \dot{x} = 0, \quad \ddot{x} = 0 \tag{4.36}$$

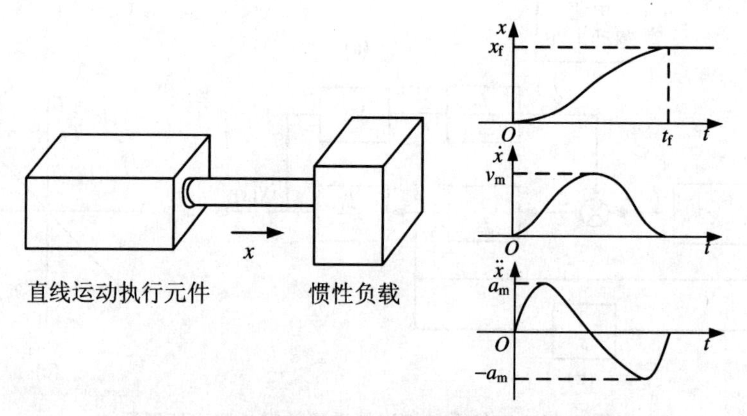

图 4.13　刚性联结惯性负载的定位与凸轮曲线

在惯性负载运动过程中，希望“加速度×转动惯量 = 力”中的力的最大值，即加速度的最大值要尽可能地小，设定位时间的变化为

$$t/t_f = T, \quad x/x_f = X \tag{4.37}$$

将 $x(t)$统一为 $X(T)$，再设 $dx/dT = V$，$d^2x/d^2T = A$，则有

$$\begin{cases} x = x_f X \\ \dot{x} = (x_f/t_f)V \\ \ddot{x} = (x_f/t_f^2)A \end{cases} \tag{4.38}$$

在上述条件下，有表 4.1 所示的各种凸轮曲线可供选用。

表 4.1　各种凸轮曲线(对称凸轮曲线)

名　称	加速度曲线	$A(T)$	A_m	名　称	加速度曲线	$A(T)$	A_m
等加速度		± 4	4	变形梯形		$A_m \cdot \sin(4\pi T)$ $(0 \leqslant T \leqslant 1/8)$ $A_m (1/8 \leqslant T \leqslant 3/8)$ $A_m \sin[4\pi(1/2 - T)]$ $(3/8 \leqslant T \leqslant 1/2)$	4.89
摆线		$2\pi\sin(2\pi T)$	6.28	5 次多项式		$120T^3 - 180T^2 + 60T$	5.77

续表

名　称	加速度曲线	$A(T)$	A_m	名　称	加速度曲线	$A(T)$	A_m
合成正弦		$3\pi/16 \cdot \sin(2\pi T) - 3\pi/8 \cdot \sin(6\pi T)$	5.13	变形正弦		$A_m \cdot \sin(4\pi T)$ $(0 \leqslant T \leqslant 1/8)$ $A_m \cdot \sin(4\pi/3 - T)$ $(1/8 \leqslant T \leqslant 1/2)$	5.53

等加速曲线中，虽有最大加速度为最小的曲线，但由于其加速度不连续，易产生振动。摆线的 A_m 相当大，但函数形式简单，产生的振动也小。变形梯形曲线的 A_m 较小，适用于高速驱动。凸轮曲线中有几种是非对称性的，这是用减小负加速度的最大值来代替从加速域到减速域的时间，其目的是为了尽可能抑制终点的振动。

4.1.2.3　残留振动分析

如图4.14所示，通过绳轮传动驱动打印头时，伺服电动机尽管按照指令，经 t_f 秒后应定位在 φ_f，但打印头仍在其定位目标值附近以 $a\sin(\omega_0 t+\gamma)$ 形式振动，这类振动被称为残留振动。

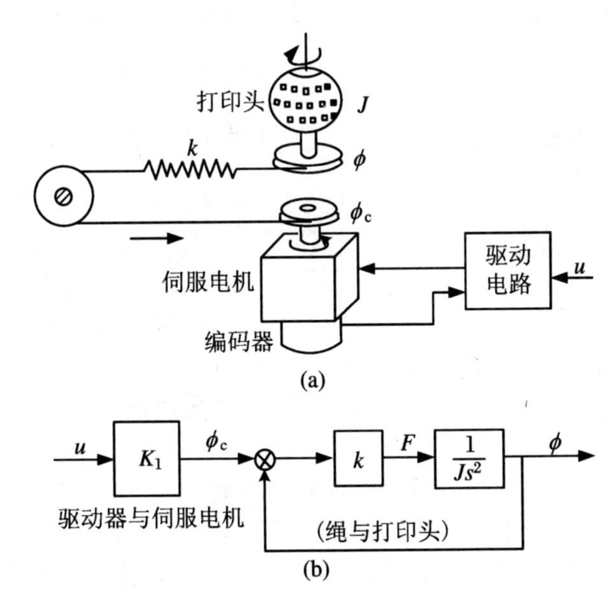

图4.14　打印头的选字机构与打印头的残留振动

这种振动一大，打出的字将偏离正确位置。适当地选择电动机转角 ϕ_c 的时间函数后，就可计算其残留振动的振幅 a。由图4.14(b)可写出下面的运动方程：

$$J\ddot{\phi} + k(\phi - \phi_c) = 0 \tag{4.39}$$

或设

$$\phi - \phi_c = Z, \quad \sqrt{K/J} = \omega_0 \tag{4.40}$$

则有

$$\ddot{Z} + \omega_0^2 Z = -\ddot{\phi}_c \tag{4.41}$$

如果 ϕ_c 为摆线，则

$$\ddot{\phi}_c = 2\pi(\phi_f/t_f^2)\sin(2\pi t/t_f) \tag{4.42}$$

在 $t=0, z=0, \dot{z}=0$ 的初始条件下，解式(4.41)，可得

$$\frac{Z}{\phi_f} = \frac{2\pi}{(2\pi)^2-(\omega_0 t_f)^2}\left\{\sin 2\pi\left(\frac{t}{t_f}\right)-\frac{2\pi}{\omega_0 t_f}\sin(\omega_0 t_f)\right\} \tag{4.43}$$

$$0 \leqslant t \leqslant t_f$$

设 $t=t_f$ 时的位移与速度为 $Z_1, \dot{Z}_1$，则

$$\frac{Z_1}{\phi_f} = \frac{-(2\pi)^2}{(2\pi)^2-(\omega_0 t_f)^2}\left(\frac{1}{\omega_0 t_f}\right)\sin(\omega_0 t_f)$$

$$\frac{\dot{Z}_1}{\phi_f} = \frac{(2\pi)^2}{(2\pi)^2-(\omega_0 t_f)^2}[1-\cos(\omega_0 t_f)] \tag{4.44}$$

$$t_f \leqslant t: \ddot{Z} + \omega_0^2 Z = 0$$

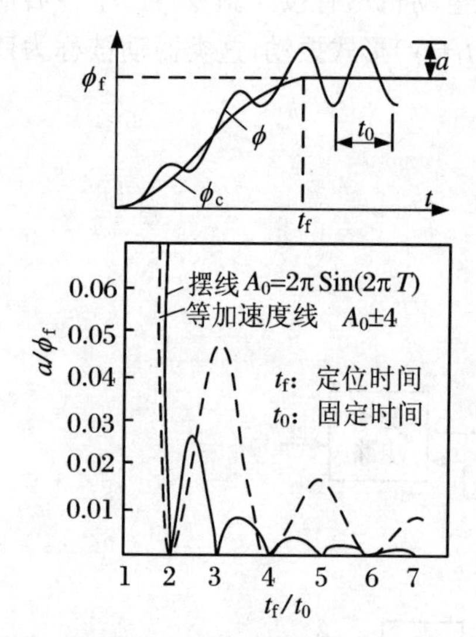

图 4.15　定位时间与残留振动振幅

在 $t=t_f, Z=Z_1, \dot{Z}=\dot{Z}_1$ 的初始条件下求解，可得残留振动公式为

$$Z = a\sin|\omega_0(t-t_f)+\gamma| \tag{4.45}$$

$$a = \sqrt{Z_1^2+[\dot{Z}_1/(\omega_0 t_f)]^2}$$

$$= \phi_f\left|\frac{1}{(t_f/t_0)-1}\left(\frac{t_0}{\pi t_f}\right)\sin\frac{\pi t_f}{t_0}\right| \tag{4.46}$$

式中，$t_0=2\pi/\omega_0$ 为系统的固有周期。

定位时间 t_f 与残留振动振幅 a 之间的关系如图 4.15所示。定位时间与固有振动周期的整数倍一致时，残留振动为 0，用这种方法选择 t_f，就不会产生残留振动。

另外，振幅极大值的包络线与 $(t_f/t_0)^{-3}$ 成比例。t_f/t_0 不为整数时，要将残留振动控制在移动量的 0.5% 以下，就必须使 $t_f/t_0>10$。当 ϕ_c 取为等加速度曲线时，其结果(计算过程略)如图 4.15 中的虚线所示。这种情况下包络线与 $(t_f/t_0)^{-2}$ 成比例，要想将振动控制在 0.5%以内，必须使 $t_f/t_0>30$，与摆线相比慢 3 倍以上。这意味着等加速度曲线不宜作定位曲线。

4.1.2.4　无残留振动的定位分析

在图 4.14 所示的打印头定位中，设电动机转角的时间函数 ϕ_c 为摆线，定位时间 t_f 为固有振动周期 t_0 的整数倍，则其残留振动为零。同样，也可以像给出打印头转角函数 $\phi_c(t)$ 那样，给出指令函数 $\phi(t)$，这时式(4.39)可改写为

$$\phi_c = \phi + (1/\omega_0^2)\ddot{\phi} \tag{4.47}$$

将目标函数 ϕ 用 $t/t_f=T$ 的多项式表示，并设

$$\phi = \phi_f(35T^4-84T^5+70T^6-20T^7) \tag{4.48}$$

$$\ddot{\phi} = (\phi_f/t_f^2)(420T^2 - 1\,680T^3 + 2\,100T^4 - 840T^5) \tag{4.49}$$

将式(4.48)和式(4.49)代入式(4.47)中，可得电动机的运动方程为

$$\phi_c = \phi_f[35T^4 - 84T^5 + 70T^6 - 20T^7 + (420T^2 - 1\,680T^3 + 2\,100T^4 - 840T^5)/(\omega_0 t_f)^2] \tag{4.50}$$

当 $\omega_0 = (K/J)^{1/2}$，$t_f/t_0 = \omega_0 t_f/(2\pi) = 2$ 时，所绘制的图形如图 4.16 所示。该运动中，因为是用有限的驱动转矩驱动电动机本身的惯性负载，所以伺服电动机的位移 ϕ_c 和速度 $\dot{\phi}_c$ 必定是连续的。因此，从式(4.47)可知，要求 $\ddot{\phi}(t)$ 应具有连续性。如果要求 $\ddot{\phi}_c$ 也具有连续性，那么就要求 $\phi(t)$ 的 4 阶微分也必须具有连续性。

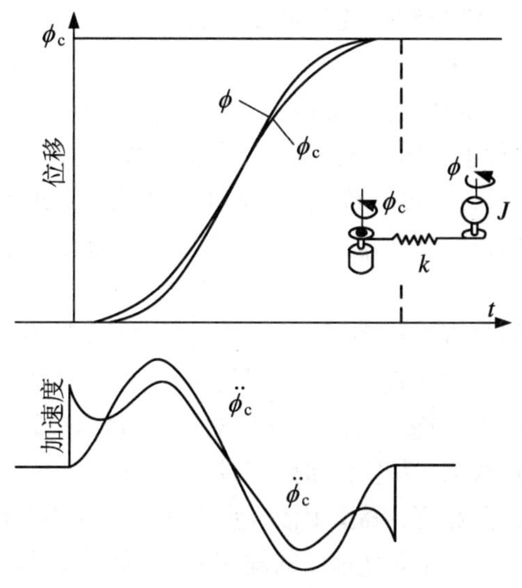

图 4.16　无残留振动定位弹簧端部惯性负载时电动机的运动

用上述方法设定运动需要高阶微分连续，因此仅在二阶微分以内连续的凸轮曲线不能用来设定运动。

4.2　机电传动系统设计方法

机电传动系统设计包括稳态设计和动态设计两个阶段，稳态设计是动态设计的基础，其设计的主要任务是运动和动力的计算，即：确定驱动机械运动构件的伺服电动机、控制电机与机械系统的参数匹配，一般在该阶段不计算控制电路参数和控制系统的动态性能参数。数控伺服系统通常有开环伺服系统、半开环伺服系统和闭环伺服系统，一般的具体内容包括：确定驱动（执行）元件（电机）的型号和参数、机械传动比、转动惯量、负载力矩，对于（半）闭环系统还需考虑检测元件的参数等。

4.2.1 机电传动系统稳态设计方法

4.2.1.1 负载分析

位置控制系统和速度控制系统的被控对象作机械运动时，该被控对象就是系统的负载，它与系统执行元件的机械传动联系有多种形式。机械运动是组成机电系统的主要组成部分，它们的运动学、动力学特性与整个系统的性能关系极大。

1. 典型负载

被控对象（简称负载）的运动形式有直线运动、回转运动、间歇运动等。具体的负载往往比较复杂，为便于分析，常将它分解为几种典型负载，结合系统的运动规律再将它们组合起来，使定量设计计算得以顺利进行。

所谓典型负载是指惯性负载、外力负载、弹性负载、摩擦负载（滑动摩擦负载、黏性摩擦负载、滚动摩擦负载等）。对于具体系统而言，其负载可能是以上几种典型负载的组合，不一定均包含上述所有负载项目。在设计系统时，应对被控对象及其运动作具体分析，从而获得负载的综合定量数值，为选择与之匹配的动力元件及进行动态设计分析打下基础。

2. 负载的等效换算

被控对象的运动，有的是直线运动，如机床的工作台 X、Y 及 Z 轴，机器人臂部的升降、伸缩运动，绘图机的 X、Y 方向运动；也有的是旋转运动，如机床主轴的回转、工作台的回转、机器人关节的回转运动等。动力元件与被控对象有直接连接的，也有通过传动装置连接的。动力元件的额定转矩（或力、功率）、加减速控制及制动方案的选择，应与被控对象的固有参数（如质量、转动惯量等）相互匹配。因此，要将被控对象相关部件的固有参数及其所受的负载（力或转矩等）等效换算到动力元件的输出轴上，即计算其输出轴承受的等效转动惯量和等效负载转矩（回转运动）或计算等效质量和等效力（直线运动）。下面以机床工作台的伺服进给系统为例加以说明。

图 4.17 所示系统由 m 个移动部件和 n 个转动部件组成。M_i，V_i 和 F_i 分别为移动部件的质量(kg)、运动速度(m/min)和所受的负载力(N)；J_j，$n_j(\omega_j)$ 和 T_j 分别为转动部件的转动惯量(kg·m²)、转速(r/min 或 rad/s)和所受负载转矩(N·m)。

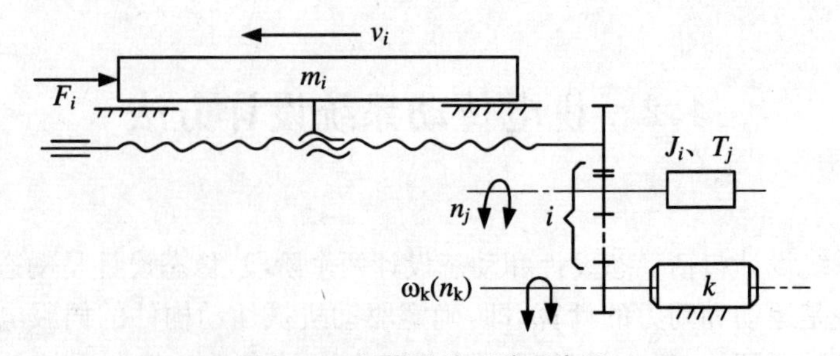

图 4.17 伺服进给系统示意图

(1) 求等效转动惯量$[J]^k$

该系统运动部件的动能总和为

$$E = \frac{1}{2}\sum_{i=1}^{m} M_i \cdot v_i^2 + \frac{1}{2}\sum_{j=1}^{n} J_j \cdot \omega_j^2 \tag{4.51}$$

设等效到动力元件输出轴上的总动能为

$$E_k = \frac{1}{2}[J]^k \cdot \omega_k^2 \tag{4.52}$$

由于 $E = E_k$，故

$$[J]^k = \sum_{i=1}^{m} M_i \left(\frac{v_i}{\omega_k}\right)^2 + \sum_{j=1}^{n} J_j \left(\frac{\omega_j}{\omega_k}\right)^2 \tag{4.53}$$

用工程上常用单位时，可将上式改写为

$$[J]^k = \frac{1}{4\pi^2}\sum_{i=1}^{m} M_i \left(\frac{v_i}{n_k}\right)^2 + \sum_{j=1}^{n} J_j \left(\frac{n_j}{n_k}\right)^2 \tag{4.54}$$

式中：n_k 为动力元件的转速(r/min)。

(2) 求等效负载转矩$[T]^k$

设上述系统在时间 t 内克服负载所作功的总和为

$$W = \sum_{i=1}^{m} F_i v_i t + \sum_{j=1}^{n} T_j \omega_j t \tag{4.55}$$

同理，动力元件输出轴在时间 t 内的转角为

$$\varphi_k = \omega_k t$$

则动力元件所作的功为

$$W_k = [T]^k \omega_k t \tag{4.56}$$

由于 $W_k = W$，故

$$[T]^k = \sum_{i=1}^{m} F_i \cdot v_i / \omega_k + \sum_{j=1}^{n} T_j \cdot \omega_j / \omega_k \tag{4.57}$$

采用工程上常用单位时，可将上式改写为

$$[T]^k = \frac{1}{2\pi}\sum_{i=1}^{m} F_i \cdot v_i / n_k + \sum_{j=1}^{n} T_j \cdot n_j / n_k \tag{4.58}$$

(3) 计算举例

设有一进给系统如图 4.18 所示。已知：移动部件(工作台、夹具、工件等)的总质量 $M_A = 400$ kg；沿运动方向的负载力 $F_L = 800$ N(包含导轨副的摩擦阻力)；电动机转子的转动惯量 $J_m = 4\times10^{-5}$ kg·m²，转速为 n_m；齿轮轴部件Ⅰ(包含齿轮)的转动惯量 $J_{\mathrm{I}} = 5\times10^{-4}$ kg·m²；齿轮轴部件Ⅱ(包括齿轮)的转动惯量 $J_{\mathrm{II}} = 7\times10^{-4}$ kg·m²；轴Ⅱ的负载转矩 $T_L = 4$ N·m；齿轮 Z_1 与齿轮 Z_2 的齿数分别为 20 与 40，模数为 1。

求等效到电动机轴上的等效转动惯量$[J]^m$ 和等效转矩$[T]^m$。

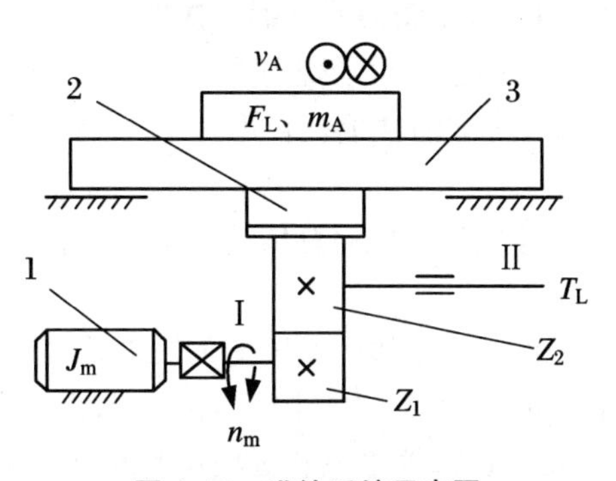

图 4.18　进给系统示意图

(⊙,⊗为工作台的运动方向)

1. 电机；　2. 齿轮齿条；　3. 工作台

解 ① 求$[J]^{m}$,根据式(4.54)可得

$$[J]^{m} = \frac{1}{4\pi^2}M_A\left(\frac{v_A}{n_m}\right)^2 + J_m + J_{Ⅰ} + J_{Ⅱ}\left(\frac{n_{Ⅱ}}{n_m}\right)^2$$

因为

$$V_A = n_m\frac{1}{i}\frac{\pi m Z_2}{1\,000} = n_m\frac{Z_1}{Z_2}\frac{\pi m Z_2}{1\,000} = n_m\pi m Z_1/1\,000,\quad n_{Ⅱ}/n_m = \frac{Z_1}{Z_2}$$

所以

$$[J]^{m} = \frac{1}{4\pi^2}\times 400\times\left(\frac{n_m\cdot\pi\times 1\times 20}{1\,000n_m}\right)^2 + 4\times 10^{-5} + 5\times 10^{-4} + 7\times 10^{-4}\times\left(\frac{20}{40}\right)^2$$

$$= 0.126\,4\ (\mathrm{kg\cdot m^2})$$

② 求$[T]^{m}$,根据式(4.58)可知

$$[T]^{m} = \frac{1}{2\pi}F_L\frac{V_A}{n_m} + T_L\cdot n_{Ⅱ}/n_m = \frac{1}{2\pi}\times 800\times\frac{n_m\pi m Z_1}{1\,000n_m} + 4\times\frac{Z_1}{Z_2} = 10\ (\mathrm{N\cdot m})$$

4.2.1.2 动力元件的匹配选择

伺服系统是由若干元部件组成的,其中有些元部件已有系列化商品供选用。为降低机电传动系统的成本、缩短设计与研制周期,应尽可能选用标准化商品。拟定系统方案时,首先确定动力元件的类型,然后根据技术条件的要求进行综合分析,选择与被控对象及其负载相匹配的动力元件。下面以电动机的匹配选择为例简要说明动力元件的选择方法。

被控对象由电动机驱动,因此,电动机的转速、转矩和功率等参数应与被控对象的需要相匹配,如冗余量大易使动力元件价格贵,使机电传动系统的成本升高,市场竞争力下降;在使用时,冗余部分用户用不上,易造成浪费。如果选用的动力元件的参数数值偏低,将达不到使用要求。所以,应选择与被控对象的需要相适应的动力元件。

例如,机床工作台的伺服进给运动轴所采用的动力元件(电动机)的额定转速 n(r/min)基本上应是所需最大转速,其额定转矩 T(N·m 或 N·cm)应大于(考虑机械损失)所需要的最大转矩,即 T 应大于等效到电动机输出轴上的负载转矩$[T]^{m}$,与克服惯性负载所需要的转矩 $T_{惯}=[J]^{m}\cdot\varepsilon_m$($\varepsilon_m$ 为电动机升降速时的角加速度(rad/s^2))之和。

1. 系统动力元件的转矩匹配

设伺服进给系统动力元件输出轴所承受的等效负载转矩(包括摩擦负载和工作负载)为$[T]^{m}$、等效惯性负载转矩为 $T_{惯}$,则电动机轴上的总负载转矩为

$$T_{\sum} = [T]^{m} + T_{惯} \tag{4.59}$$

考虑到机械的总传动效率时,则

$$T'_{\sum} = ([T]^{m} + T_{惯})/\eta \tag{4.60}$$

当机床工作台某轴的伺服电动机输出轴上所受等效负载转矩$[T]^{m}=2.5$ N·m,等效转动惯量为$[J]^{m}=3\times10^{-2}$ kg·m^2,由工作台某轴的最高速度换算为电动机输出轴角速度 ω_m 为 50 rad/s,等加速和等减速时间 $\Delta t=0.5$ s,机械传动系统的总传动效率为 0.85 时,则

$$T_{惯} = [J]^{m}\varepsilon_m = [J]^{m}\omega_m/\Delta t = 3\times 10^{-2}\times 50/0.5 = 3\ (\mathrm{N\cdot m})$$

因此

$$T'_{\sum} = (2.5+3)/0.85 = 6.471\ (\mathrm{N\cdot m})$$

若选用110BF003反应式步进电动机，其最大静转矩 $T_{jmax}=7.84\ N\cdot m$。当采用三相六拍通电方式，为保证带负载能正常起动和定位停止，电动机的起动和制动转矩 T_q 应满足下列要求：

$$T_q \geqslant T'_{\sum} \tag{4.61}$$

查表可知，$T_q/T_{jmax}=0.87$，$T_q=0.87\times T_{jmax}=6.82(N\cdot m)$。因为 $T_q > T'_{\sum}$，故可选用。

2. 系统动力元件的功率匹配(直流、交流伺服电动机)

从上述可知，在计算等效负载力矩和等效负载惯量时，需要知道电动机的某些参数。在选择电动机时，常先进行预选，然后再进行必要的验算。预选电动机的估算功率 P 可由下式确定：

$$P=\frac{([T]^m+[J]^m\varepsilon_m)n_{max}\lambda}{9.55}=T_{\sum}\omega_{max}\lambda \quad (W) \tag{4.62}$$

式中：n_{max}为电动机的最高转速(r/min)；ω_{max}为电动机的最高角速度(rad/s)；λ 为考虑电动机、减速器等的功率系数，一般取 $\lambda=1.2\sim2$，对于小功率伺服系统 λ 可达2.5。

在预选电动机功率后，应进行以下验算。

(1) 过热验算　当负载转矩为变量时，应用等效法求其等效转矩 T_{dx}，在电动机励磁磁通 Φ 近似不变时

$$T_{dx}=\sqrt{\frac{T_1^2\cdot t_1+T_2^2\cdot t_2+\cdots}{t_1+t_2+\cdots}} \quad (N\cdot m) \tag{4.63}$$

式中：$t_1,t_2,\cdots$为时间间隔，在此时间间隔内的负载力矩分别为 $T_1,T_2,\cdots$，则所选电动机不过热的条件为

$$\begin{cases}T_N \geqslant T_{dx}\\ P_N \geqslant P_{dx}\end{cases} \tag{4.64}$$

式中：T_N 为电机的额定转矩(N·m)；P_N 为电机的额定功率(W)；P_{dx}为由等效转矩 T_{dx} 换算的电机功率：

$$P_{dx}=(T_{dx}\cdot n_N)/9.55 \quad (W)$$

式中：n_N 为电机的额定转速(r/min)。

(2) 过载验算　即应使瞬时最大负载转矩 $T_{\sum max}$ 与电动机的额定转矩 T_N 的比值不大于某一系数，即

$$(T_{\sum max}/T_N)\leqslant k_m$$

式中：k_m 为电机的过载系数，一般在电机产品目录中给出。

4.2.1.3 减速比的匹配选择与各级减速比的分配

减速比主要根据负载性质、脉冲当量和机电传动系统的综合要求来选择确定。既要使减速比达到一定条件下最佳，要满足脉冲当量与步距角之间的相应关系，还要同时满足最大转速要求等，但要全部满足上述要求是非常困难的。

(1) 使加速度最大的选择方法　当输入信号变化快，加速度又很大时，应使

$$i=T_{LF}/T_m+[(T_{LF}/T_m)^2+J_L/J_m]^{1/2} \tag{4.65}$$

(2) 最大输出速度选择方法　当输入信号近似恒速变化,即加速度很小时,应使

$$i = T_{LF}/T_m + [(T_{LF}/T_m)^2 + f_2/f_1]^{1/2} \tag{4.66}$$

式中:f_1 为电动机的黏性摩擦系数;f_2 为负载的黏性摩擦系数。

(3) 满足送进系统传动基本要求的选择方法　即满足脉冲当量 δ、步距角 α 和丝杠基本导程 l_0 之间的匹配关系

$$i = \alpha l_0/(360\delta) \tag{4.67}$$

(4) 减速器输出轴转角误差最小原则　即 $\Delta\varphi_{max} = \sum_i^n \Delta\varphi_k / i_{(k-n)}$ 最小。

(5) 对速度和加速度均有一定要求的选择方法　当对系统的输出速度、加速度都有一定要求时,应按上述(1)选择减速比 i,然后验算是否满足 $i \cdot \omega_{Lmax} \leqslant \omega_m$,式中的 $\omega_{Lmax}(\dot{\theta}_{Lmax})$ 为负载的最大角速度;$\omega_m(\dot{\theta}_m)$ 为电机输出轴的角速度。

根据设计要求,通过综合分析,利用上述方法选择总减速比之后,就需要合理确定减速级数及分配各级的速比。

4.2.1.4　检测传感装置的匹配选择与设计

动力元件与机械传动系统确定之后,需要根据所拟系统的初步方案,选择和设计系统的其余部分,把初步方案逐步具体化。各部分的设计计算,必须从系统总体要求出发,考虑相邻部分的广义接口、信号的有效传递(防干扰措施)、输入/输出的阻抗匹配。总之,要使整个系统在各种运行条件下达到各项设计要求。伺服系统的稳态设计就是要从两头入手,即首先从系统应具有的输出能力及要求出发,选定动力元件和传动装置;其次是从系统的精度要求出发,选择和设计检测装置及信号的前向和后向通道;最后通过动态设计计算,设计适当的校正补偿装置、完善电源电路及其他辅助电路,从而达到机电传动系统的设计要求。

检测传感装置的精度(即分辨力)、不灵敏区等要适应系统整体的精度要求,在系统的工作范围内,其输入/输出应具有固定的线性特性,信号的转换要迅速及时、信噪比要大,装置的转动惯量及摩擦阻力矩要尽可能小,性能要稳定可靠等。

信号转换接口电路应尽量选用商品化的集成电路,要有足够的输入/输出通道,不仅要考虑与传感器输出阻抗的匹配,还要考虑与放大器的输入阻抗符合匹配要求。

伺服系统放大器的设计与选择主要考虑以下几个问题:

① 功率输出级必须与所用动力元件匹配,其输出电压、电流应满足动力元件的容量要求,不仅要满足动力元件额定值的需要,而且还应该能够保证动力元件短时过载、短时快速的要求。总之,输出级的输出阻抗要小,效率要高,时间常数要小。

② 放大器应为动力元件(如电动机)的运行状态提供适宜条件。例如,为大功率电动机提供制动条件,为力矩电动机或永磁式直流电动机的电枢电流提供限制保护措施。

③ 放大器应有足够的线性范围,以保证动力元件的容量得以正常发挥。

④ 输入级应能与检测传感装置相匹配。即它的输入阻抗要大,以减轻检测传感装置的负荷。

⑤ 放大器应具有足够的放大倍数,其特性应稳定可靠,便于调整。

伺服系统的能源(特别是电源)支持:在一个系统中,所需电源一般很难统一,特别是放

大器的电源常常为适应各放大级的不同需要而进行适应性设计。但是最关键的还是动力电源,它常常制约系统方案的形式。系统对电源的稳定度和对频率的稳定度都有一定要求,设计时要注意不要让干扰信号从电源引入,所使用电源应具有足够的保护措施,如过电压保护、掉电保护、过电流保护、短路保护等。抗干扰措施有滤波、隔离、屏蔽等。此外,要有为系统服务的自检电路、显示与操作装置。总之,系统设计牵涉的知识面较广,每一个环节均要给予充分注意。

4.2.1.5　系统数学模型的建立及主谐振频率的计算

在稳态设计的基础上,利用所选元部件的有关参数,可以绘制出系统框图,并根据自动控制理论基础课程所学知识建立各环节的传递函数,进而建立系统传递函数。现以工作台闭环伺服进给系统为例,分析在不同控制方式下的传递函数的建立方法。

1．半闭环控制方式

图4.19为检测传感器装在丝杠端部的半闭环伺服控制系统。它的系统框图如图4.20所示。

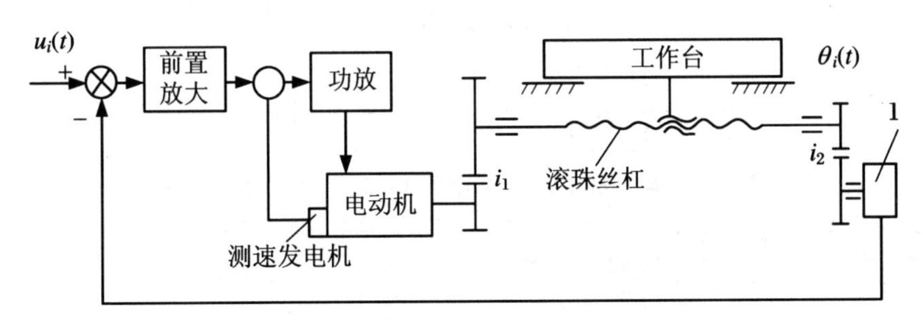

图4.19　用滚珠丝杠传动工作台的伺服进给系统

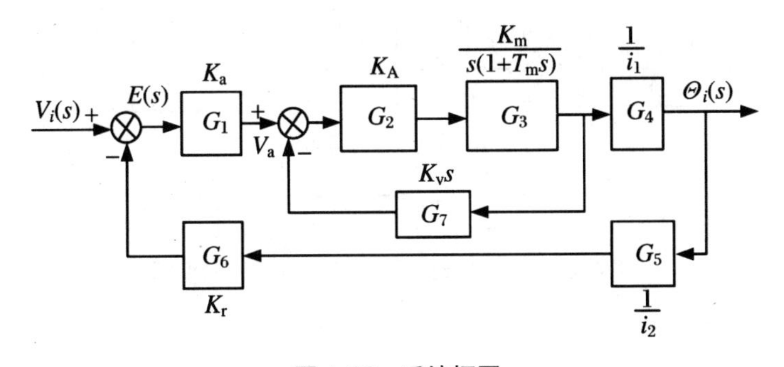

图4.20　系统框图

K_a:前置放大器增益；　K_A:功率放大器增益；　K_m:直流伺服电动机增益；　K_v:速度反馈增益；T_m:直流伺服电动机时间常数；　i_1, i_2:减速比；　K_r:位置检测传感器增益；　$V_i(s)$:输入电压的拉氏变换；　$\Theta_i(s)$:丝杠输出转角的拉氏变换

图4.20的传递函数为

$$G(s)=\frac{\Theta_i(s)}{V_i(s)}=\frac{G_1G_2G_3G_4}{1+G_2G_3G_7+G_1G_2G_3G_4G_5G_6}$$

$$= \frac{K_a K_A K_m / i_1}{s(1 + T_m s + K_A K_m K_v)s + K_a K_A K_r K_m / (i_1 i_2)}$$
$$= \frac{K}{T_m s^2 + (1 + K_A K_m K_v)s + KK_r / i_2} \tag{4.68}$$

式中:$K = K_a K_A K_m / i_1$。

当系统受到附加外扰动转矩 T_r(如摩擦转矩)时,图 4.20 就变为图 4.21。为分析方便,将图 4.21 改画成图 4.22,则传递函数为

$$G(s) = \frac{\Theta_i(s)}{V_D(s)} = \frac{K_m(R_0 + R_a)/(K_T i_1)}{T_m s^2 + (1 + K_A K_m K_v)s + K_a K_A K_r K_m / (i_1 i_2)} \tag{4.69}$$

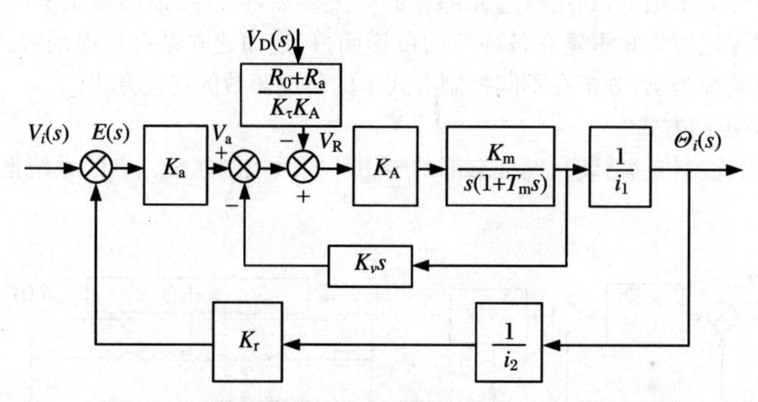

图 4.21 附加扰动力矩(以电压 V_D 表示)时的系统框图

K_T:直流伺服电动机的转矩常数; R_a:直流伺服电动机转子的绕组阻抗; R_0:功率放大器的输出阻抗;
V_D:对应于扰动力矩的等效扰动电压的拉氏变换

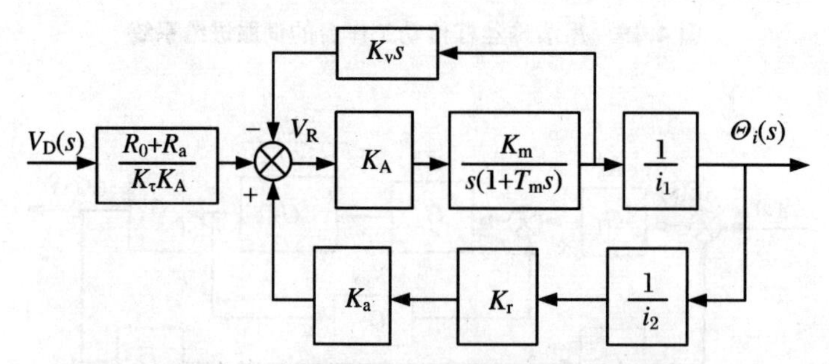

图 4.22 附加扰动力矩的等效电压后的框图

2. 全闭环控制方式

检测传感器安装在工作台动导轨上的直流伺服控制系统,如图 4.23 所示,其系统框图如图 4.24 所示。

系统的传递函数为

$$G(s) = \frac{X_i(s)}{V_i(s)} = \frac{K_a K_A K_m G_j(s)}{T_m s^2 + (1 + K_A K_m K_v)s + K_a K_A K_m K_b G_j(s)} \tag{4.70}$$

机械传动系统的传递函数 $G_j(s)$ 的建立方法如下。

如图 4.25 所示,伺服进给传动系统由齿轮减速器、轴、丝杠副及直线运动工作台等

组成。

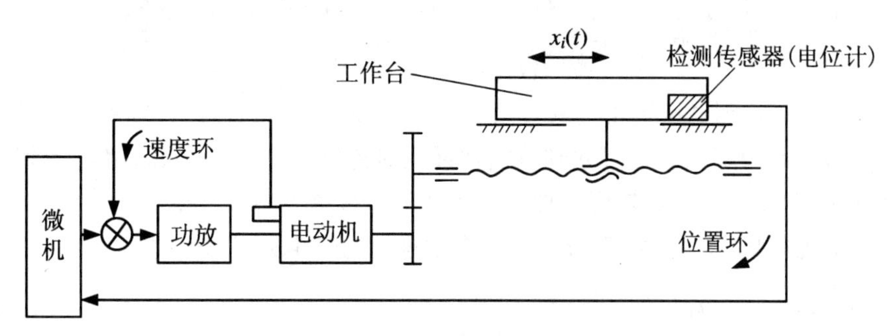

图 4.23　全闭环直流伺服控制系统组成

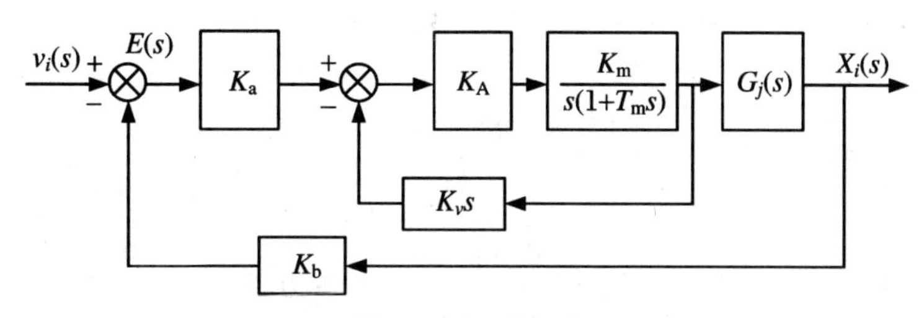

图 4.24　系统框图

$G_j(S)$:机械传动系统传递函数；　K_b:位移传感器的传递函数；　其余同图 4.20

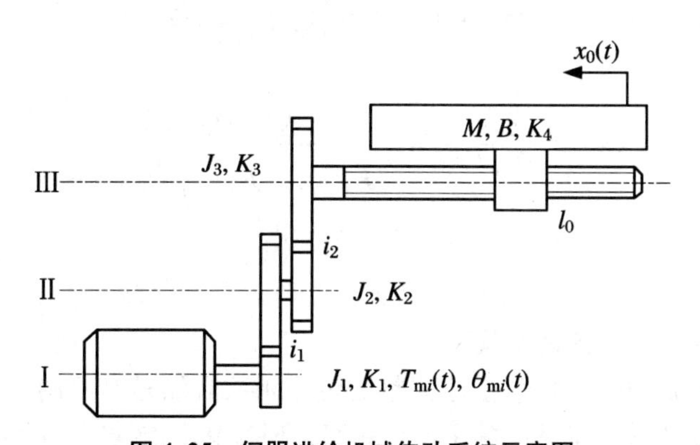

图 4.25　伺服进给机械传动系统示意图

$\theta_{mi}(t)$:伺服电动机输出轴转角(系统输入量)；　$x_0(t)$:工作台位移(系统输出量)；　i_1,i_2:减速器的减速比；　J_1,J_2,J_3:轴Ⅰ、Ⅱ、Ⅲ及其轴上齿轮的转动惯量；　M:工作台直线移动部件的总质量；　B:工作台直线运动的速度阻尼系数；　l_0:丝杠的基本导程(螺距)；　K_1,K_2,K_3:轴Ⅰ、Ⅱ、Ⅲ的扭转刚度；K_4:丝杠螺母副及螺母座部分的轴向刚度；　$T_{mi}(t)$:伺服电动机的输出转矩

设 $K_{\rm III}$ 为 K_3,K_4 换算到轴Ⅲ上的扭转刚度，则有

$$K_{\rm III} = \frac{1}{\dfrac{1}{K_3} + \dfrac{1}{\dfrac{l_0 K_4}{2\pi}}} = \frac{l_0 K_3 K_4}{2\pi K_3 + l_0 K_4} \tag{4.71}$$

设 K 为等效到电机轴上的总的扭转刚度，则有

$$K=\frac{1}{\dfrac{1}{K_1}+\dfrac{1}{\dfrac{K_2}{i_1^2}}+\dfrac{1}{K_{\mathrm{III}}\left(\dfrac{1}{i_1^2 i_2^2}\right)}}=\frac{K_1K_2K_{\mathrm{III}}}{K_2K_{\mathrm{III}}+K_1K_{\mathrm{III}}i_1^2+K_1K_2i_1^2i_2^2}\tag{4.72}$$

又有：$x_0(t)$等效到电机轴Ⅰ上的转角为 $i_1i_2[2\pi x_0(t)/l_0]$；$x_0(t)$等效到电机轴Ⅱ上的转角为 $i_2[2\pi x_0(t)/l_0]$；$x_0(t)$等效到电机轴Ⅲ上的转角为 $2\pi x_0(t)/l_0$；M 等效到Ⅲ轴上的转动惯量为 $M(l_0/2\pi)^2$；B 等效到Ⅲ轴上的速度阻尼系数为 $B(l_0/2\pi)^2$。

设作用在轴Ⅱ上的转矩为 $T_2(t)$，作用在轴Ⅲ上的转矩为 $T_3(t)$，则有

$$K\left[\theta_{\mathrm{m}i}(t)-i_1i_2\frac{2\pi}{l_0}x_0(t)\right]=T_{\mathrm{m}i}(t)$$

$$T_{\mathrm{m}i}(t)=J_1\frac{\mathrm{d}^2\left[i_1i_2\dfrac{2\pi}{l_0}x_0(t)\right]}{\mathrm{d}t^2}+\frac{T_2(t)}{i_1}$$

$$T_2(t)=J_2\frac{\mathrm{d}^2\left[i_2\dfrac{2\pi}{l_0}x_0(t)\right]}{\mathrm{d}t^2}+\frac{T_3(t)}{i_2}$$

$$T_3(t)=[J_3+M(l_0/2\pi)^2]\frac{\mathrm{d}^2\left[\dfrac{2\pi}{l_0}x_0(t)\right]}{\mathrm{d}t^2}+B(l_0/2\pi)^2\frac{\mathrm{d}\left[\dfrac{2\pi}{l_0}x_0(t)\right]}{\mathrm{d}t}$$

消去 $T_{\mathrm{m}i}(t)$，$T_2(t)$，$T_3(t)$，并进行拉氏变换，经整理得到系统的传递函数为

$$\frac{X_i(s)}{\Theta_{\mathrm{m}i}(s)}=K\bigg/\left\{\left[J_1+J_2/i_1^2+J_3/(i_1^2i_2^2)+M\left(\frac{l_0}{2\pi}\right)^2\bigg/(i_1^2i_2^2)\right]s^2+B\left(\frac{l_0}{2\pi}\right)^2\bigg/(i_1^2i_2^2)s+K\right\}$$

故

$$G_j(s)=\frac{X_i(s)}{\Theta_{\mathrm{m}i}(s)}=\frac{Kl_0/(2\pi i_1i_2)}{[J]^{\mathrm{m}}s^2+B\left(\dfrac{l_0i_1i_2}{2\pi}\right)^2s+K}\tag{4.73}$$

式中：

$$[J]^{\mathrm{m}}=J_1+J_2/i_1{}^2+J_3/(i_1i_2)^2+M(l_0/2\pi)^2/(i_1i_2)^2$$

3. 工作台进给系统的主谐振频率

对于带非刚性轴的传动系统，上述完整的传递函数必然是高阶的。而在控制系统应用中，往往感兴趣的是机械传动系统的主谐振频率。现就其主谐振频率的求法分析如下。

由图 4.26(b)、(c)可知

$$K=\frac{1}{\dfrac{1}{K_1}+\dfrac{1}{K_2/i_1^2}+\dfrac{1}{K_3/(i_1^2i_2^2)}+\dfrac{1}{K_4\bigg/\left(\dfrac{l_0}{2\pi i_1i_2}\right)^2}}$$

$$=\frac{K_1K_2K_3K_4l_0^2}{K_2K_3K_4l_0^2+K_1K_3K_4l_0^2i_1^2+K_1K_2K_4l_0^2i_1^2i_2^2+K_1K_2K_3i_1^2i_2^2(2\pi)^2}$$

$$J_0=J_2/i_1^2+J_3/(i_1^2i_2^2)+M\left(\frac{l_0}{2\pi}\right)^2\bigg/(i_1^2i_2^2)$$

$$B_0=\left(\frac{l_0i_1i_2}{2\pi}\right)^2B$$

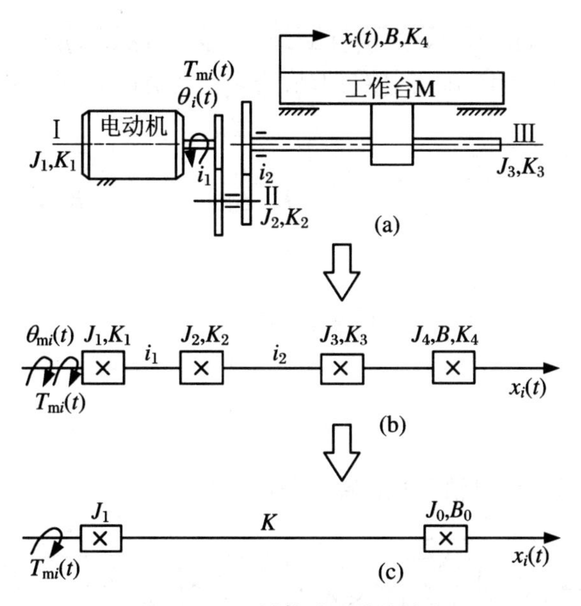

图 4.26　机械传动系统的简化

$T_{mi}(t)$:电动机输出转矩(N·m)；　$x_i(t)$:工作台位移(m)；　i_1,i_2:减速比；　K_1,K_2,K_3:轴Ⅰ、Ⅱ、Ⅲ的扭转刚度(N·m/rad)；　$\theta_{mi}(t)$:电动机输出轴角位移(rad)；　J_1,J_2,J_3:轴Ⅰ、Ⅱ、Ⅲ上运动零部件的总转动惯量(kg·m²)；　M_A:工作台上直线运动零部件的总质量(kg)；　l_0:丝杠的基本导程(m)；　J_0:轴Ⅱ、Ⅲ转动惯量以及工作台总质量 M 等效到电机的轴上的转动惯量(kg·m²)；　B_0:工作台直线运动速度阻尼系数 B 等效到电机轴上的等效阻尼系数(Nm/(m/s))；　K:机械传动系统的总扭转刚度(N·m/rad)

则可写出简化系统的动态方程

$$
\begin{aligned}
J_1\frac{\mathrm{d}^2\theta_{mi}(t)}{\mathrm{d}t^2} &= T_{mi}(t) - K\left[\theta_{mi}(t) - \frac{2\pi i_1 i_2}{l_0}x_i(t)\right]\\
J_0\left(\frac{2\pi i_1 i_2}{l_0}\right)\frac{\mathrm{d}^2 x_i(t)}{\mathrm{d}t^2} &= -K\left[\left(\frac{2\pi i_1 i_2}{l_0}\right)x_i(t) - \theta_{mi}(t)\right]\\
&\quad - B_0\left[\left(\frac{2\pi i_1 i_2}{l_0}\right)\frac{\mathrm{d}x_i(t)}{\mathrm{d}t}\right]
\end{aligned}
\tag{4.74}
$$

对上式进行拉氏变换得

$$
\begin{aligned}
J_1 s^2\Theta_{mi}(s) &= T_{mi}(s) - K[\Theta_{mi}(s) - X'_i(s)]\\
J_0 s^2 X_i(s) &= K[\Theta_i(s) - X'_i(s)] - B_0 sX'_i(s)
\end{aligned}
\tag{4.75}
$$

式中：$X'_i(s)=\dfrac{2\pi i_1 i_2}{l_0}X_i(s)=DX_i(s)$，其中 $D=\dfrac{2\pi i_1 i_2}{l_0}$。

根据式(4.75)，可画出简化系统的框图，如图 4.27 所示。

通过系统框图的简化可得系统的传递函数为

$$
\frac{X_i(s)}{T_{mi}(s)} = \frac{\dfrac{K}{J_1 s^2(J_0 s^2 + B_0 s + K)}}{D\left[1+\dfrac{Ks(J_0 s + B_0)}{J_1 s^2(J_0 s^2 + B_0 s + K)}\right]}
$$

$$= \frac{K}{Ds[J_1J_0s^3 + J_1B_0s^2 + (J_1 + J_0)Ks + B_0K]} \tag{4.76}$$

通常，在机械传动系统中，B_0 是比较弱的，故式(4.76)可近似用下式表示：

$$\frac{X_i(s)}{T_{mi}(s)} = \frac{l_0/(2\pi i_1 i_2)}{s([J]^m \cdot s + B_0)\left(\frac{J_1J_0}{K[J]^m}s^2 + 2\zeta\sqrt{\frac{J_1J_0}{K[J]^m}}s + 1\right)} \tag{4.77}$$

则阻尼比

$$\zeta = \frac{1}{2}\frac{B_0}{J_0}\sqrt{\frac{J_1J_0}{K[J]^m}}\left(1 - \frac{J_0}{[J]^m}\right)$$

主谐振频率

$$\omega_n = \sqrt{\frac{K[J]^m}{J_1J_0}}$$

式中：$[J]^m$ 为系统等效到电机轴上的总转动惯量。

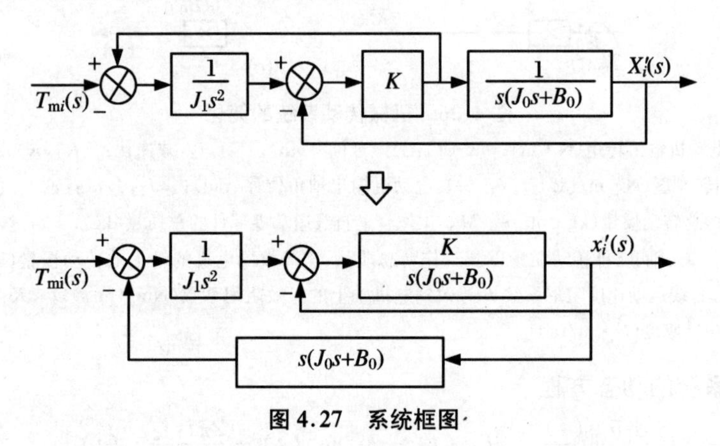

图 4.27　系统框图

从式(4.77)可以看出，由于系统存在一个等效速度阻尼系数 B_0，说明该系统不仅主谐振频率具有阻尼特性，且有一个纯积分转变为惯性环节。

例　由直流伺服电动机平动的全闭环系统，如图 4.28 所示，检测传感器安装在移动工作台导轨上。这种方式常用于不能采用大变速比的直流伺服电动机或 CNC 机床的连续切削控制等的驱动系统中。其构成条件如下。

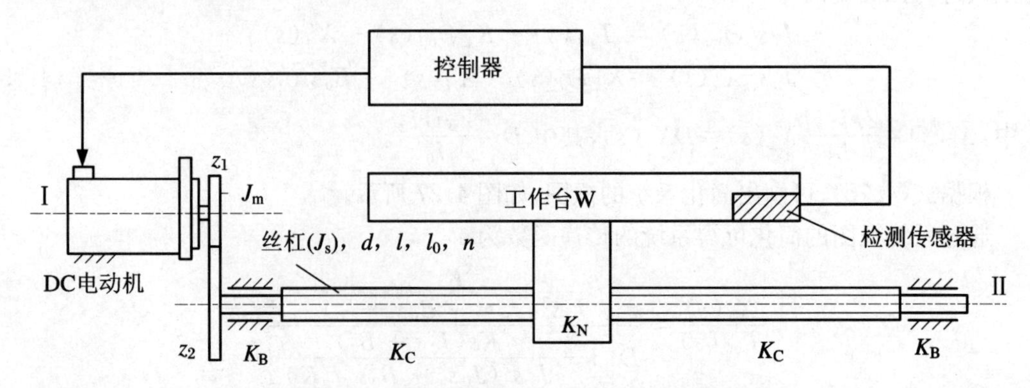

图 4.28　直流伺服电机驱动全闭环控制系统

已知：直流伺服电动机转速 $n = 1\,200$ r/min，功率 $P = 1.5$ kW，转子转动惯量 $J_m = 2\times10^{-4}$ kg · m²；齿轮箱的减速比 $i = 3$，$z_1 = 17$，$z_2 = 51$，模数 $m = 2$，齿轮宽度 $B = 15$ mm；滚珠丝杠的直径 $d = 60$ mm，长度 $l = 2.16$ m，基本导程 $l_0 = 12$ mm，丝杠转速 $n_s = 400$ r/min；工作台的移动部件总重 $W = 2\,000$ N，最大进给速度为 4.8 m/min，导轨摩擦系数 0.05。

求：该机械传动系统的主谐振频率和由于轴向刚度和齿轮传动间隙引起的失动量。

解　① 求主谐振频率 ω_n：

因为

$$J_1 = J_m + J_{z_1}, \quad J_{z_1} = \frac{\pi d_1^4 B\gamma}{32g}$$

取

$$\gamma = 7.8\times10^4\ \mathrm{N/m^3}, \quad g = 10\ \mathrm{m/s^2}$$

$$J_{z_1} = \frac{3.141\,6\times0.034^4\times0.015\times7.8\times10^4}{32\times10} = 1.535\times10^{-5}(\mathrm{kg\cdot m^2})$$

所以

$$J_1 = 1\times10^{-4} + 1.535\times10^{-5} = 1.153\,5\times10^{-4}(\mathrm{kg\cdot m^2})$$

又有

$$J_0 = J_s/i^2 + J_{z_2}/i^2 + \left(\frac{l_0}{2\pi}\right)^2\frac{W}{gi^2} = \frac{\pi d_s^4 l\gamma}{32gi^2} + \frac{\pi d_2^4 B\gamma}{32gi^2} + \left(\frac{l_0}{2\pi}\right)^2\frac{W}{gi^2}$$

$$= \frac{3.141\,6\times0.064^4\times2.16\times7.8\times10^4}{32\times10\times3^2} + \frac{3.141\,6\times0.102^4\times0.015\times7.8\times10^4}{32\times10\times3^2}$$

$$+ \left(\frac{0.012}{2\times3.141\,6}\right)^2\times\frac{20\,000}{10\times3^2}$$

$$= 2.38\times10^{-3} + 1.38\times10^{-4} + 8.11\times10^{-4} = 3.32\times10^{-3}(\mathrm{kg\cdot m^2})$$

从扭转刚度计算方法可知，轴Ⅰ与轴Ⅱ的扭转刚度为

$$K = \frac{\pi d_m^4 G}{32l}, \quad K_m = \frac{\pi d_m^4}{32l}G, \quad K_s = \frac{\pi d_s^4 G}{32l_s}$$

式中：K_m 为电机输出轴的扭转刚度；d_m 为电机输出轴的直径（设 $d_m = \varphi25$，变形长为 100 mm）；G 为钢的弹性模量（$G = 8.1\times10^{10}$ Pa）。则

$$K_{\mathrm{I}} = K_m = \frac{3.141\,6\times0.025^4\times8.1\times10^{10}}{32\times0.1} = 3.1\times10^4(\mathrm{N\cdot m/rad})$$

$$K_{\mathrm{II}} = K_s = \frac{3.141\,6\times0.06^4\times8.1\times10^{10}}{32\times2.16} = 4.8\times10^4(\mathrm{N\cdot m/rad})$$

因为机械系统的总扭转刚度 K_e 为

$$K_e = \frac{1}{1/K_m + 1/(K_s i^2)} = \frac{1}{\dfrac{1}{3.1\times10^4} + \dfrac{1}{4.8\times10^4\times9}} = 28\,890\ (\mathrm{N\cdot m/rad})$$

故由机械传动系统的扭转刚度引起的主谐振频率 ω_n 为

$$\omega_n = \sqrt{\frac{K_e[J]^m}{J_1J_0}} = \sqrt{\frac{K_e[J_1 + J_0]}{J_1J_0}} = \sqrt{\frac{28\,890\times(1.153\,5\times10^{-4} + 3.32\times10^{-3})}{1.153\,5\times10^{-4}\times3.32\times10^{-3}}}$$

$$= 16\,187\ (\mathrm{rad/s})$$

② 求由丝杠系统的轴向刚度和齿轮传动间隙引起的失动量Δx_0:

由于丝杠的两端由止推轴承支承,所以丝杠的轴向刚度,即压缩刚度K_c由下式求得

$$K_c = \frac{ES}{l} = \frac{E\pi d^2}{4l} = \frac{2.1 \times 10^{11} \times 3.14 \times 0.06^2}{4 \times 2.16} = 2.75 \times 10^8 (\text{N/m})$$

式中:E为纵弹性模量(2.1×10^{11} Pa);l为丝杠长度(m);d为丝杠直径(m)。

因为两端均由止推轴承支承,所以可取$l = 2.16/2 = 1.08$ (m),故$K_c = 5.5 \times 10^8$ N/m,如图4.28所示,止推轴承和滚珠丝母的刚度从有关资料中可以求出。这里取螺母的刚度$K_N = 2.14 \times 10^9$ N/m,止推轴承的刚度$K_B = 1.07 \times 10^9$ N/m。由于单个轴承的刚度与$l/2$长的丝杠串联,故

$$K' = \frac{1}{1/K_B + 1/K_C} = \frac{K_B K_C}{K_B + K_C}$$

又因为$l/2$长丝杠的并联作用,所以它们合成后的刚度是

$$K'' = \frac{2K_B K_C}{K_B + K_C} = \frac{2 \times 1.07 \times 10^9 \times 5.5 \times 10^8}{1.07 \times 10^9 + 5.5 \times 10^8} = 7.26 \times 10^8 (\text{N/m})$$

由于K''与螺母刚度K_N串联,故丝杠系统的总刚度为

$$K_e = \frac{K'' K_N}{K'' + K_N} = \frac{7.26 \times 10^8 \times 2.14 \times 10^9}{7.26 \times 10^8 + 2.14 \times 10^9} = 5.42 \times 10^8 (\text{N/m})$$

由于工作台起动时的摩擦阻力$F = 20\,000 \times 0.05 = 1\,000$ (N),所以到工作台开始移动,只压缩了$F/K_e = \Delta x_1$,又因为由压缩引起的失灵区是$2\Delta x_1$,所以

$$2\Delta x_1 = \frac{2F}{K_e} = \frac{2 \times 1\,000}{5.42 \times 10^8} = 9.22 \times 10^{-7}\ \text{m} = 0.9\ (\mu\text{m})$$

如果设滚珠丝杠轴端齿轮z_2和齿轮z_1之间的齿侧间隙为0.12 mm,那么由齿轮侧隙引起的工作台位移失动量Δx_2为

$$\Delta x_2 = \frac{0.12 l_0}{\pi Z_2 m} = \frac{0.12 \times 12}{3.14 \times 51 \times 2} = 0.004\,5\ (\text{mm}) = 4.5\ (\mu\text{m})$$

故

$$\Delta x_0 = 2\Delta x_1 + \Delta x_2 = 0.9 + 4.5 = 5.4\ (\mu\text{m})$$

4.2.2 机电传动系统动态设计方法

4.2.2.1 概述

机电传动系统的伺服系统的稳态设计只是初步确定了系统的主回路,还很不完善。在稳态设计基础上所建立的系统数学模型一般不能满足系统动态品质的要求,甚至是不稳定的。为此,必须进一步进行系统的动态设计。系统的动态设计包括:选择系统的控制方式和校正(或补偿)形式,设计校正装置,将其有效地连接到稳态设计阶段所设计的系统中去,使补偿后的系统成为稳定系统,并满足各项动态指标的要求。伺服系统常用的控制方式为反馈控制方式(即误差控制方式),也可采用前馈和反馈相结合的复合控制等方式。它们各具特点,需要按被控对象的具体情况和要求,从中选择一种适宜的方式。同样,校正形式也多种多样,设计者需要结合稳态设计所得到系统的组成特点,从中选择一种或几种校正形式,

这是进行定量计算分析的前提。具体的定量分析计算方法有很多，每种方法都有其自身的优点和不足。而工程上常用对数频率法即借助波德(Bode)图和根轨迹方法进行设计，这些方法作图简便，概念清晰，应用广泛。

对数频率法即波德图法，主要适用于线性定常最小相位系统。系统以单位反馈构成闭环，若主反馈系统不为1(单位反馈)，则需要等效成单位反馈的形式来处理。这是因为该方法主要用系统开环对数幅频特性进行设计，必须将各项设计指标反映到波德图上，并画出一条能满足要求的系统开环对数幅频特性曲线，并与原始系统(稳态设计基础上建立的系统)的开环对数幅频特性相比较，找出所需补偿(或校正)装量的对数幅频特性。然后根据此特性来设计校正(或补偿)装置，将该装置有效地连接到原始系统的电路中去，使校正(或补偿)后的开环对数幅频特性基本上与所希望系统的特性相一致。这就是动态设计的一般考虑方法和步骤。

4.2.2.2 系统的调节方法

在研究机电伺服系统的动态特性时，一般先根据系统组成建立系统的传递函数(即原始系统数学模型)，不易用理论方法求解的可用实验方法建立。进而可以根据系统传递函数分析系统的稳定性、系统的过渡过程品质(响应的快速性和振荡)及系统的稳态精度。

当系统有输入或受到外部干扰时，其输出必将发生变化，但由于系统中总是含有一些惯性或蓄能元件，其输出量也不能立即变化到与外部输入或干扰相对应的值，也就是说需要有一个变化过程，这个变化过程即为系统的过渡过程。

系统在阶跃信号作用下，过渡过程大致有以下三种情况：① 系统的输出按指数规律上升，最后平稳地趋于稳态值；② 系统的输出发散，即没有稳态值，此时系统是不稳定的；③ 系统的输出虽然有振荡，但最终能趋于稳态值。

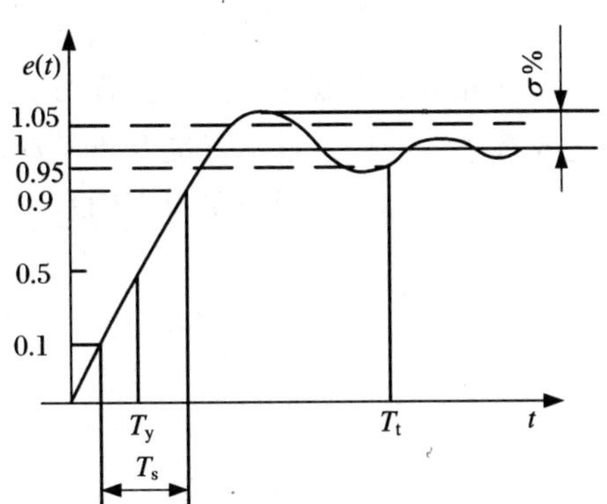

图4.29 单位阶跃响应过渡过程曲线

T_s：上升时间； T_y：延滞时间；
T_t：调整时间； $\sigma\%$：最大超调量

当系统的过渡过程结束后，其输出值达到与输入相对应的稳定状态，此时系统的输出值与目标值之差被称为稳态误差。具体表征系统动态特性好坏的定量指标就是系统过渡过程的品质指标，在时域内，这种品质指标一般用单位阶跃响应曲线(图4.29)中的参数表示。

当系统不稳定或虽然稳定但过渡过程性能和稳态性能不能满足要求时，可先调整系统中的有关参数：如仍不能满足使用要求就需进行校正(常采用校正网络)。所使用的校正网络多种多样，其中最简单的校正网络是比例-积分-微分调节器，简称PID调节器(P—比例、I—积分、D—微分)。

1. PID调节器及其传递函数

简单的调节器由阻容电路组成。这种无源校正网络衰减大，不易与系统其他环节相匹配。

目前常用的调节器是有源校正网络。它由运算放大器与阻容电路组成，其类型如图4.30所示。

（1）比例调节（P） 比例调节网络如图4.30(a)所示，其传递函数为

$$G_c(s) = -K_p \tag{4.78}$$

式中：$K_p = R_2/R_1$。它的调节作用的大小主要取决于增益 K_p（比例系数）的大小。K_p 越大，调节作用越强，但是存在调节误差，而且 K_p 太大会引起系统不稳定。

（2）积分调节（I） 积分调节网络如图4.30(b)所示，其传递函数为

$$G_c(s) = 1/(T_i s) \tag{4.79}$$

式中：$T_i = RC$。系统中采用积分环节可减少或消除误差，但由于积分调节器响应慢，很少单独使用。

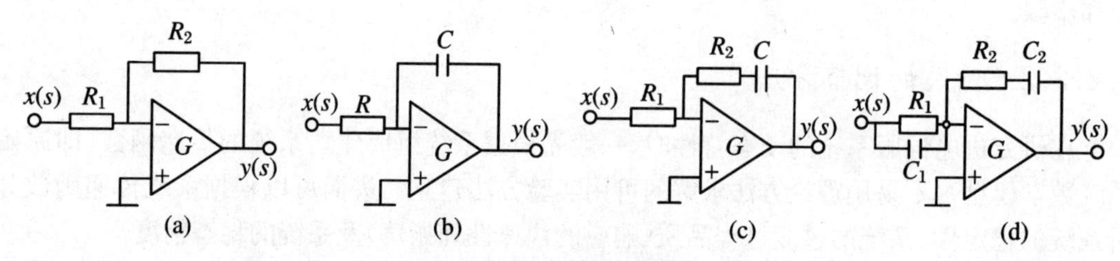

图4.30 有源调节器

（3）比例-积分调节（PI） 其网络如图4.30(c)所示，它的传递函数为

$$G_c(s) = -K_p[1 + 1/(T_i s)] \tag{4.80}$$

式中：

$$K_p = R_2/R_1, \quad T_i = R_2 C$$

这种环节既克服了单纯比例环节有调节误差的缺点，又避免了积分环节响应慢的弱点，既能改善系统的稳定性能又能改善其动态性能。

（4）比例-积分-微分调节（PID） 这种调节网络的组成如图4.30(d)所示，其传递函数为

$$G_c(s) = -K_p[1 + 1/(T_i s) + T_d s] \tag{4.81}$$

式中：

$$K_p = (R_1 C_1 + R_2 C_2)/(R_1 R_2)$$
$$T_i = R_1 C_1 + R_2 C_2$$
$$T_d = R_1 C_1 R_2 C_2/(R_1 C_1 + R_2 C_2)$$

这种校正环节不但能改善系统的稳定性能，也能改善其动态性能。但是，由于它含有微分作用，在噪声比较大或要求响应快的系统中不宜采用；PID调节器能使闭环系统更加稳定，其动态性能也比用PI调节器时更好。

有源校正，通常不是靠理论计算而是用工程整定的方法来确定其参数的。大致做法如下：在观察输出响应波形是否合乎理想要求的同时，按照先调 K_p，后调 T_i，再调 T_d 的顺序，反复调整这三个参数，直至观察到输出响应波形比较合乎理想状态要求为止（一般认为在闭环机电伺服系统的过渡过程曲线中，若前后两个相邻波峰值之比为4∶1，则响应波形较为理想）。

2. 调节作用分析

图 4.31 为闭环机电伺服系统结构图的一般表达形式。图中的调节器 $G_c(s)$ 是为改善系统性能而加入的。调节器有电子式、液压式、数字式等多种形式，它们各有其优、缺点，使用时必须根据系统的特性，选择具有适合于系统控制作用的调节器。在控制系统的评价或设计中，重要的是系统对目标值的偏差和系统在有外部干扰时所产生的输出（即误差）。

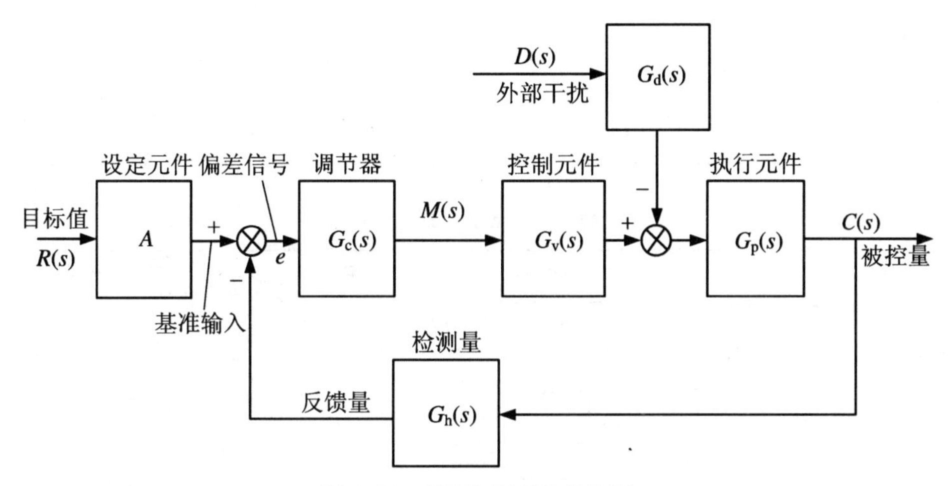

图 4.31　闭环伺服系统结构图

由图 4.31 可写出控制系统对输入和干扰信号的闭环传递函数分别为

$$\frac{C(s)}{R(s)}=\frac{AG_c G_v(s)G_p(s)}{1+G_c(s)G_v(s)G_p(s)G_h(s)} \tag{4.82}$$

$$\frac{C(s)}{D(s)}=\frac{G_p(s)G_d(s)}{1+G_c(s)G_v(s)G_p(s)G_h(s)} \tag{4.83}$$

系统在输入和干扰信号同时作用下的输出相函数为

$$\begin{aligned}C(s)&=\frac{AG_c(s)G_v(s)G_p(s)}{1+G_c(s)G_v(s)G_pG_h(s)}R(s)\\&\quad+\frac{G_p(s)G_d(s)}{1+G_c(s)G_v(s)G_p(s)G_h(s)}D(s)\end{aligned} \tag{4.84}$$

式中：$C(s)$ 为输出量的相函数；$R(s)$ 为输入量的相函数；$D(s)$ 为外部干扰信号的相函数；$G_c(s)$ 为调节器的传递函数；$G_v(s)$ 为控制元件的传递函数；$G_p(s)$ 为执行元（部）件的传递函数；$G_h(s)$ 为检测元件的传递函数；$G_d(s)$ 为外部干扰的传递函数。

调节器控制作用有三种基本形式，即比例作用、积分作用和微分作用。每种作用可以单独使用也可以组合使用，但微分作用形式很少单独使用，一般与比例作用形式或比例-积分作用形式组合使用。这些控制作用如表 4.2 所示。表中 m 为调节器的输出；e 为偏差信号；K_0 为比例增益；T_i 为积分时间常数；T_d 为微分时间常数。这些控制作用对阶跃、脉冲、斜坡及正弦波四种典型信号的响应如表 4.3 所示。

表 4.2　基本控制作用的种类

作用形式	符　号	说　明	公　式
单项作用	P	比例	$m = K_{\mathrm{p}} \cdot e$
	I	积分(复位)	$m = \dfrac{1}{T_{\mathrm{i}}}\int e\mathrm{d}t$
两项作用	PI	比例 + 积分	$m = K_{\mathrm{p}}\left[e + \dfrac{1}{T_{\mathrm{i}}}\int e\mathrm{d}t\right]$
	PD	比例 + 微分	$m = K_{\mathrm{p}}\left[e + T_{\mathrm{d}}\dfrac{\mathrm{d}e}{\mathrm{d}t}\right]$
三项作用	PID	比例 + 积分 + 微分	$m = K_{\mathrm{p}}\left[e + \dfrac{1}{T_{\mathrm{i}}}\int e\mathrm{d}t + T_{\mathrm{d}}\dfrac{\mathrm{d}e}{\mathrm{d}t}\right]$

表 4.3　典型信号的响应

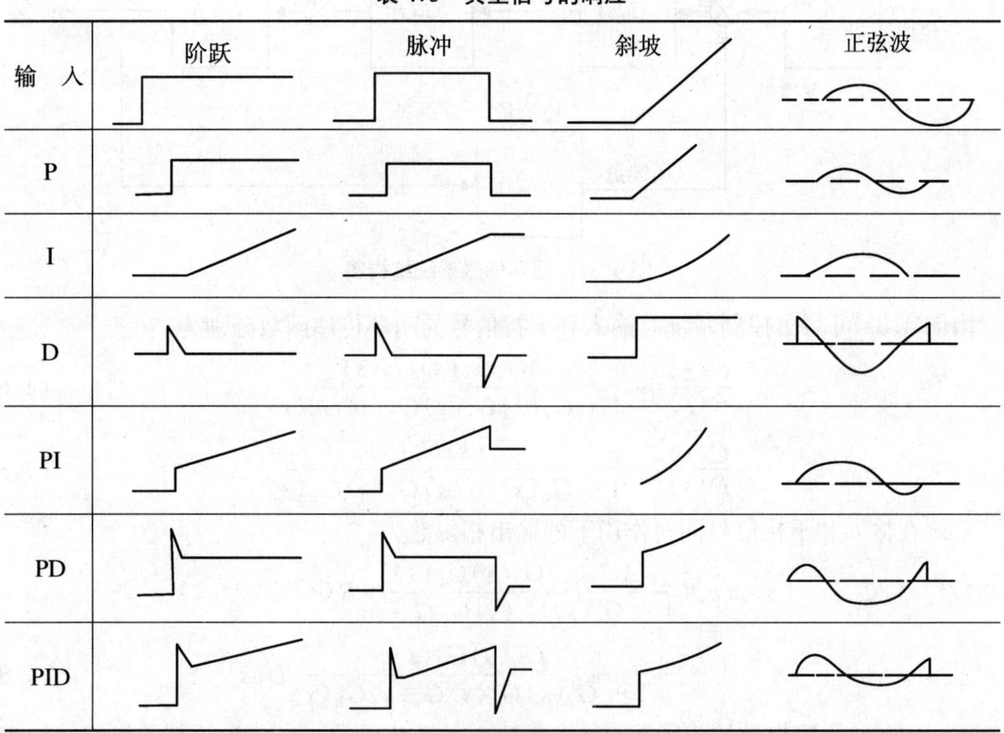

下面讨论各种控制作用对系统产生的控制结果。设图 4.31 中各传递函数表达式为

$$G_{\mathrm{p}}(s) = \frac{K_{\mathrm{p}}}{T_{\mathrm{d}}s + 1},\quad G_{\mathrm{d}}(s) = \frac{1}{K_{\mathrm{p}}}$$

$$G_{\mathrm{p}}(s) = K_{\mathrm{v}},\quad G_{\mathrm{h}}(s) = K_{\mathrm{h}}$$

(1) 应用比例(P)调节器的情况　应用比例作用时，其闭环响应为

$$C(s) = \frac{AK_0K_{\mathrm{v}}\dfrac{K_{\mathrm{p}}}{T_{\mathrm{d}}s + 1}}{1 + \dfrac{K_0K_{\mathrm{v}}K_{\mathrm{p}}K_{\mathrm{h}}}{T_{\mathrm{d}}s + 1}}R(s) + \frac{\dfrac{K_{\mathrm{p}} + 1}{T_{\mathrm{d}}s + 1}\dfrac{1}{K_{\mathrm{p}}}}{1 + \dfrac{K_0K_{\mathrm{v}}K_{\mathrm{p}}K_{\mathrm{h}}}{T_{\mathrm{d}}s + 1}}D(s) \tag{4.85}$$

即

$$C(s) = \frac{K_1}{\tau_1 s + 1} R(s) + \frac{K_2}{\tau_1 s + 1} D(s) \tag{4.86}$$

由式(4.86)知,输入信号 $R(s)$引起的输出为

$$C_r(s) = \frac{K_1}{\tau_1 s + 1} R(s) \tag{4.87}$$

扰动信号 $D(s)$引起的输出为

$$C_d(s) = \frac{K_2}{\tau_1 s + 1} D(s) \tag{4.88}$$

式中:

$$K_1 = \frac{AK_0 K_v K_p}{1 + K_0 K_v K_p K_h}$$

$$K_2 = \frac{1}{1 + K_0 K_v K_p K_h}$$

$$\tau_1 = \frac{T_d}{1 + K_0 K_v K_p K_h}$$

从以上推导知,系统加入具有比例作用的调节器时,其闭环响应仍为一阶滞后,但时间常数比原系统动力元件部分的时间常数小了,这说明系统响应快了。

设外部干扰信号为阶跃信号,其拉氏变换 $D(s) = D_0/s$(D_0 为阶跃信号幅值),根据拉氏变换的终值定理及式(4.88),可求出稳态($t \to \infty$)时扰动引起的输出为

$$\begin{aligned} C_{ssd} &= \lim_{t\to\infty} C_d(t) = \lim_{s\to 0} sC_d(s) = \lim_{s\to\infty} s \frac{K_2}{\tau_1 s + 1} D(s) \\ &= \lim_{t\to\infty} s \frac{K_2}{\tau_1 s + 1} \frac{D_0}{s} = K_2 D_0 \end{aligned}$$

系统在干扰作用下产生的输出 C_{ssd}对于目标值来说,全部都是误差。

设系统目标值阶跃变化(即输入信号为阶跃信号),其拉氏变换 $R(s) = R_0/s$(R_0 为输入信号幅值),则用同样方法可求出系统对输入信号的稳态输出为

$$C_{ssr} = \lim_{s\to 0} sC_r(s) = K_1 R_0$$

若取 $K_1 = 1$,即

$$A = (1 + K_0 K_v K_p K_h)/(K_0 K_v K_p)$$

则有 $C_{ssr} = R_0$,即输出值与目标值相等。

由以上可以看出,比例调节作用的大小,主要取决于比例系数 K_0,比例系数愈大,调节作用愈强,动态特性也愈好。但 K_0 太大,会引起系统不稳定。

比例调节的主要缺点是存在误差,因此,对于干扰较大、惯性也较大的系统,不宜采用单纯的比例调节器。

(2) 应用积分(I)调节器的情况 应用积分作用时,其闭环响应为

$$C(s) = \frac{A \dfrac{K_v K_p}{T_i s(T_d s + 1)}}{1 + \dfrac{K_v K_p K_h}{T_i s(T_d s + 1)}} R(s) + \frac{\dfrac{1}{T_d s + 1}}{1 + \dfrac{K_v K_p K_h}{T_i s(T_d s + 1)}} D(s)$$

$$= \frac{\frac{AK_{v}K_{p}}{T_{i}T_{d}}s}{s^{2}+\frac{1}{T_{d}}s+\frac{K_{v}K_{p}K_{h}}{T_{i}T_{d}}}R(s)+\frac{\frac{1}{T_{d}}s}{s^{2}+\frac{1}{T_{d}}s+\frac{K_{v}K_{p}K_{h}}{T_{i}T_{d}}}D(s)$$

通过计算可知,系统对阶跃干扰信号的稳态响应为零,即外部干扰不会影响该控制系统的稳态输出。

当目标值阶跃变化时,其稳态响应为

$$C_{ssr}=\lim_{s\to 0}sC_{r}(s)=\frac{A}{K_{h}}R_{0}$$

若取 $A=K_{h}$,则有 $C_{ssr}=R_{0}$,即稳态输出值等于目标值。

积分调节器的特点是:调节器的输出值与偏差 e 存在的时间有关,只要有偏差存在,输出值就会随时间增加而不断增大,直到偏差消除,调节器的输出值才不再发生变化。因此,积分作用能消除误差,这是它的主要优点。但由于积分调节器响应慢,所以很少单独使用。

(3) *应用比例-积分(PI)调节器的情况* 应用比例-积分(PI)调节器时,系统的闭环响应为

$$C(s)=\frac{\frac{AK_{0}K_{v}K_{p}(T_{i}s+1)}{T_{d}T_{i}}}{s^{2}+\frac{1+K_{0}K_{v}K_{p}K_{h}}{T_{d}}s+\frac{K_{0}K_{v}K_{p}K_{h}}{T_{d}T_{i}}}R(s)$$

$$+\frac{\frac{s}{T_{d}}}{s^{2}+\frac{1+K_{0}K_{v}K_{p}K_{h}}{T_{d}}s+\frac{K_{0}K_{v}K_{p}K_{h}}{T_{d}T_{i}}}D(s)$$

当外部干扰为阶跃信号时,其稳态响应为零,即外部扰动不会影响该系统的稳态输出。

当目标值阶跃变化时,其稳态输出值为

$$C_{ssr}=\frac{A}{K_{h}}R_{0}$$

这与应用积分作用的情况相同,但瞬态响应得到了改善。由以上分析可知,应用比例-积分调节器,既克服了单纯比例调节有稳态误差存在的缺点,又避免了积分调节器响应慢的缺点,即稳态和动态特性都得到了改善,所以应用比较广泛。

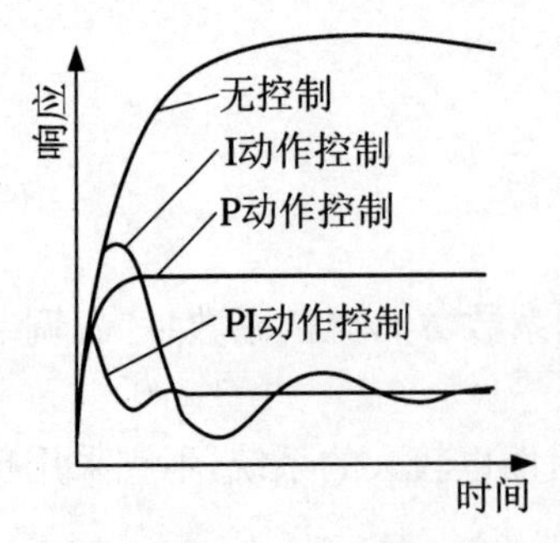

图 4.32 P、I、PI 作用系统对阶跃干扰信号的响应

(4) *应用比例-积分-微分(PID)器的情况* 对于一个PID三作用调节器,在阶跃信号作用下,首先是比例和微分作用,使其调节作用加强,然后再进行积分(见表4.3中PID控制器对阶跃输入的响应曲线),直到最后消除误差为止。因此,采用PID调节器无论从稳态,还是从动态的角度来说,调节品质均得到了改善,从而使PID调节器成为一种应用最为广泛的调节器。由于PID调节器含有微分作用,所以噪声大或要求响应快的系统最好不使用。加入各种调节器的系统在阶跃干扰信号作用下的响应如图4.32所示。

3. 速度反馈校正

在机电伺服系统中，电动机在低速运转时，工作台往往会出现爬行与跳动等不平衡现象。当功率放大级采用可控硅时，由于它的增益的线性相当差，可以说是一个很显著的非线性环节，这种非线性的存在是影响系统稳定的一个重要因素。为改善这种状况，常采用电流负反馈或速度负反馈。在伺服机构中加入测速发电机进行速度反馈就是局部负反馈的实例之一。

测速发电机的输出电压与电动机输出轴的角速度成正比，其传递函数 $G_c(s)=T_d s$，式中：T_d 为微分时间常数。设被控对象的传递函数为

$$G_0(s)=\frac{K}{s(Js+K)} \tag{4.89}$$

则采用测速发电机进行速度反馈的二阶系统的结构图如图 4.33 所示。

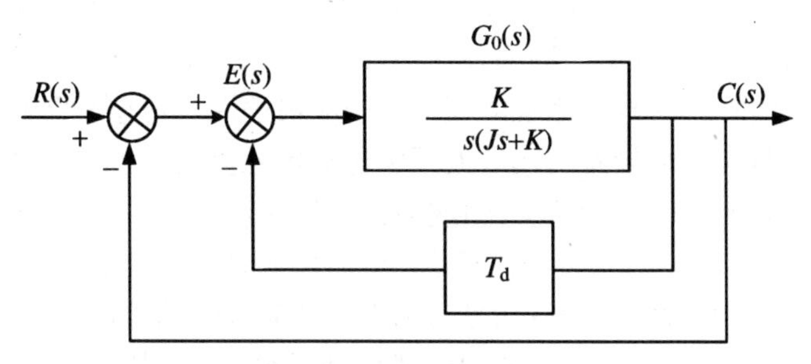

图 4.33　速度反馈校正

由图 4.33 可知，无反馈校正器时的控制系统的闭环传递函数为

$$\phi(s)=\frac{K}{Js^2+Fs+K} \tag{4.90}$$

用速度反馈校正后的闭环传递函数为

$$\phi'(s)=\frac{K}{Js^2+(F+T_dK)s+K} \tag{4.91}$$

式中：J 为二阶伺服系统的等效转动惯量；F 为系统的等效黏性摩擦系数；K 为 Ⅰ 型系统的开环增益。

比较式(4.90)和式(4.91)可知，用反馈校正后，系统的阻尼(由分母中第二项的系数决定)增加了，因而阻尼比 ζ 增大，超调量 σ 减小，相应地相角余量 γ 则会增加，故系统的相对稳定性得到改善。

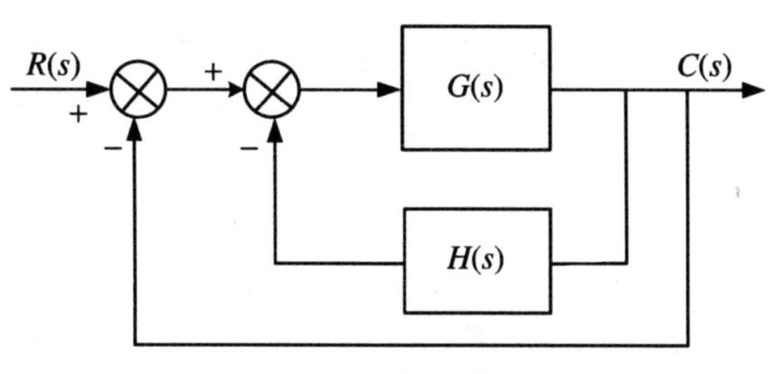

图 4.34　局部反馈校正

通常，局部反馈校正的设计方法比串联校正复杂一些。但是，由于它具有两个主要优点：① 反馈校正所用信号的功率水平较高，不需要放大，这在实用上有很多优点。② 如图 4.34 所示，当 $|G(s)H(s)|\gg 1$ 时，局部反馈部分的等效传递函数为

$$\frac{G(s)}{1+G(s)H(s)} \approx \frac{1}{H(s)} \tag{4.92}$$

因此,被局部反馈所包围部分的元件的非线性或参数的波动对控制系统性能的影响可以忽略。基于这一特点,采用局部速度反馈校正可以达到改善系统性能的目的。

4.2.2.3 机械结构弹性变形对系统的影响

1. 结构谐振的影响

由传动装置(或传动系统)的弹性变形而产生的振动,称为结构谐振(或机械谐振)。

为了使问题简化,在分析系统时,常假定系统中的机械装置为绝对刚体,即无任何结构变形。实际上,机械装置并非刚体,而是具有柔性。其物理模型是质量-弹簧系统。例如机床进给系统中,床身、电动机、减速箱、各传动轴都有不同程度的弹性变形,并具有一定的固有谐振频率。但一般要求不高且控制系统的频带也比较窄,只要传动系统设计的刚度较大,结构谐振频率通常远大于闭环上限频率,故结构谐振问题并不突出。

随着科学技术的发展,对控制系统的精度和响应快速性要求愈来愈高,这就必须提高控制系统的频带宽度,从而可能导致结构谐振频率逐渐接近控制系统的带宽,甚至可能落到带宽之内,使系统产生自激振荡而无法工作,或使机构损坏。

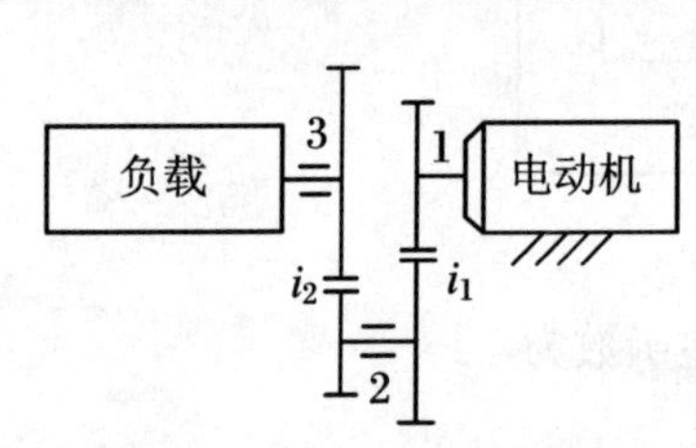

图 4.35 两级齿轮减速器

机械传动装置的弹性变形与它的结构、尺寸、材料性能及受力状况有关。现以最简单的两级齿轮传动(图 4.35)为例来讨论机械谐振对系统的影响。

图 4.35 中已知两级传动比分别为 i_1 和 i_2,电动机电磁转矩为 T_m,轴 1,2 和 3 分别承受的转矩为 T_1,T_2 和 T_3,且两端弹性扭转角分别为 θ_1,θ_2 和 θ_3。则有

$$T_1 = T_m, \quad T_2 = T_m i, \quad T_3 = T_m i_1 i_2 \tag{4.93}$$

根据弹性变形的胡克定律,轴的弹性扭转角 θ 正比于其所承受的扭转力矩,即

$$\theta = \frac{T}{K_T} = \frac{\pi d^4 GT}{32l} \tag{4.94}$$

式中:K_T 为轴的扭转刚度;G 为轴的扭转弹性模量;l 为力矩作用点间的距离;d 为轴的直径。

当已知轴的尺寸和受力情况时,便可计算每一根轴的弹性扭转角 θ_1,θ_2 和 θ_3。当 $l_1 = l_2 = l_3$,$G_1 = G_2 = G_3$ 时,将 θ_1,θ_2 都换算到输出轴 3 上,则总弹性扭转角为

$$\theta = \theta_3 + \frac{\theta_2}{i_2} + \frac{\theta_1}{i_1 i_2} = \theta_3 + \frac{\theta_3}{i_2^2} + \frac{\theta_1}{i_1^2 i_2^2} = \theta_3\left(1 + \frac{1}{i_2^2} + \frac{1}{i_1^2 i_2^2}\right) \tag{4.95}$$

可见,输出轴 3 的变形对系统的影响最大,轴 2 次之,轴 1 最小。

在机电伺服系统中,机械传动系统的结构形式多种多样,因此分析起来相当复杂。最简单的办法是将整个机械传动系统的弹性变形看成集中在系统输出轴即负载轴上,也就是都等效到输出轴上,如图 4.36 所示。

图 4.36 中 L_a,R_a 为电动机电枢回路的电感和电阻,J_m 为电动机电枢(转子)的转动惯量,若减速装置的转动惯量不能忽略时,也应将它换算到电机轴上。u_a 和 I_a 为电动机的电枢电压和电流,ω_m 为电动机输出轴的角速度,T_m 为电动机的电磁转矩,T 为输出轴的弹性

力矩,K_T 为扭转变形弹性系数,对具体的传动装置 K_T 为常数,θ_1 为弹性轴输入端角位移,θ_2 为弹性轴输出端角位移,J_L 为被控对象的负载惯量,B 为黏性阻尼系数,i 为减速器的减速比。由图 4.36 可写出下列方程组:

$$\begin{cases} U_a = K_a\omega_m + I_a(R_a + L_a s) \\ T_m = K_m I_a \\ T_m = J_m s\omega_m + \dfrac{T}{i} \\ \omega_m = is\theta_1 \\ T = K_T(\theta_1 - \theta_2) = K_T\theta \\ T = J_L s^2\theta_2 + Bs\theta_2 \end{cases} \tag{4.96}$$

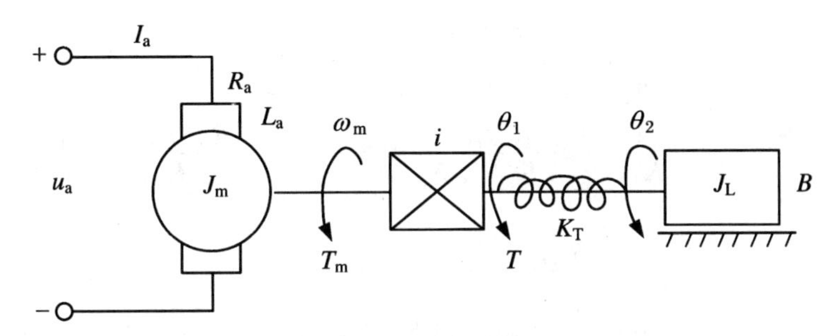

图 4.36 传动系统模型

根据上述方程组,可得图 4.37 所示的驱动系统结构图。

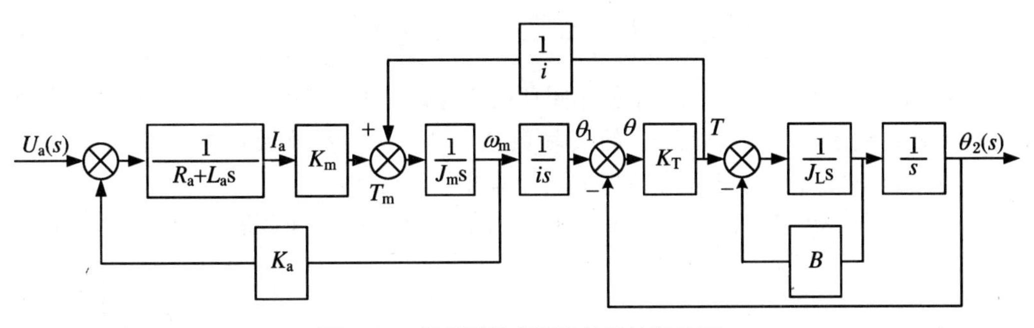

图 4.37 考虑弹性变形时的系统结构图

由此可知,考虑机械弹性变形时的系统结构图比刚性传动的系统结构图复杂得多。上图可简化成图 4.38 所示的形式,图 4.38 中,$\tau_a = L_a/R_a$ 为伺服电动机的电磁时间常数,$J_m' = J_m i^2$ 是从电动机输出轴折算到减速器输出轴上的等效转动惯量。

由图 4.38 可以看出,由于传动装置的弹性变形,不仅 θ_1 到 θ_2 之间存在一个振荡环节,而且在电动机的等效传递函数中,分子和分母都增加了高次项。只有当 $K_T = \infty$,即为纯刚性传动时,图 4.38 才与不考虑弹性变形时的系统结构相一致。由图 4.38 可写出其传递函数为

$$G(s) = \frac{\Theta_2(s)}{U_a(s)}$$

$$= \frac{K_m i}{R_a B} \Big/ \left\{ s\left[(\tau_a s + 1)\left(\frac{J_L + J'_m}{K_T B} s^3 + \frac{J'_m}{K_T} s^2 + \frac{J_L + J'_m}{B} + 1 \right) + \frac{K_m K_a i^2}{R_a B}\left(\frac{J_L}{K_T} s^2 + \frac{B}{K_T} s + 1 \right) \right] \right\} \tag{4.97}$$

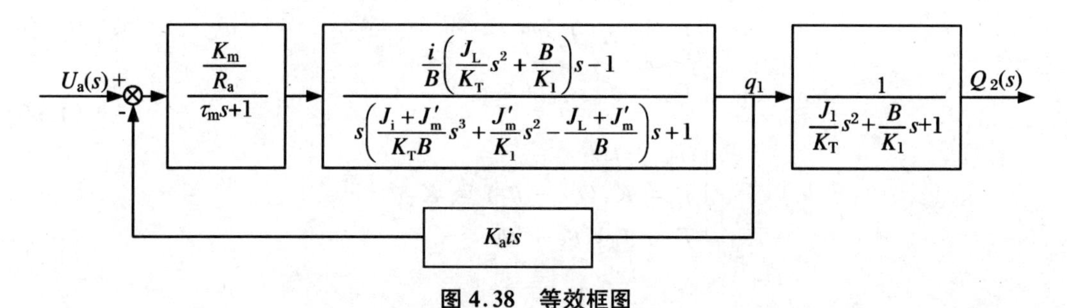

图 4.38　等效框图

当 L_a 与 B 可忽略不计时，式(4.97)可以简化为

$$G(s) = \frac{\Theta_2(s)}{U_a(s)} = \frac{1}{K_a i} \Big/ \left\{ s\left[\frac{R_a J_m}{K_a K_m} \frac{J_L}{K_T} s^3 + \frac{J_L}{K_T} s^2 + \frac{R_a(J_m i^2 + J_L)}{K_a K_m i^2} s + 1 \right] \right\}$$

$$= \frac{\frac{1}{K_a i}}{s[\tau_m \tau^2 s^3 + \tau^2 s^2 + (\tau_m + \tau_L)s + 1]} \tag{4.98}$$

式中：$\tau_m = R_a J_m/(K_a K_m)$为电机的机电时间常数；$\tau = (J_L/K_T)^{1/2}$，而 $1/\tau$ 为机械自振角频率；$\tau_L = R_a J_m/(K_a K_m i^2)$为被控对象的等效时间常数。

用根轨迹法对式(4.98)的分母进行因式分解，将其改写为

$$\frac{\Theta_2(s)}{U_a(s)} = \frac{1}{K_a i \tau_L s^2} \cdot \frac{\tau_L s}{(\tau_m s + 1)(\tau^2 s^2 + 1) + \tau_L s} \tag{4.99}$$

上式对应的框图和以 τ_L 为变量的小闭环根轨迹如图 4.39 所示。小闭环具有一个负实极点和一对共轭复极点。因为 τ_L 的实际数值不大，故小闭环极点的数值离开环极点 $-1/\tau_m, j/\tau, -j/\tau$ 不远。小闭环传递函数分母可以写成

$$(\tau_m s + 1)(\tau^2 s^2 + 1) + \tau_L s \approx (\tau'_m s + 1)(\tau'^2 s^2 + 2\zeta\tau' s + 1) \tag{4.100}$$

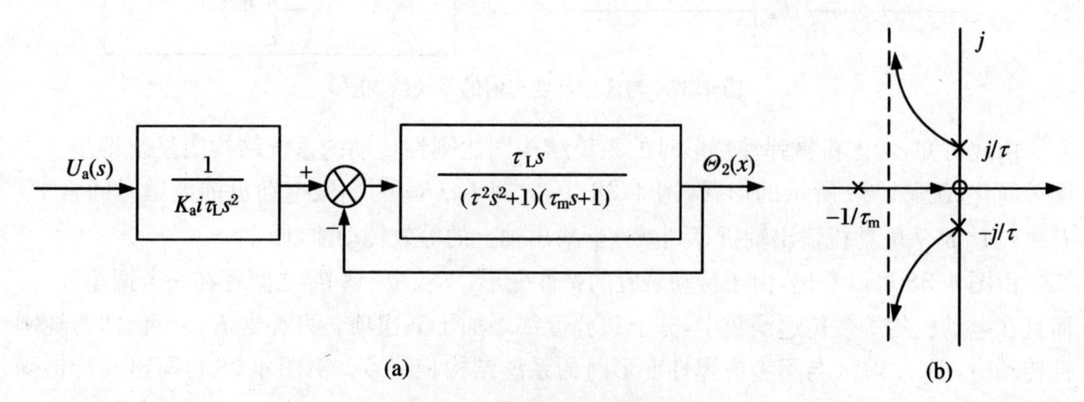

图 4.39　等效结构图及根轨迹

式中，τ'_m的数值与 τ_m 相近，τ'的数值与 τ 相近。因此，式(4.99)可近似写成如下形式：

$$G(s)=\frac{\Theta_2(s)}{U_a(s)}\approx\frac{1}{K_a i\tau_L s^2}\cdot\frac{\tau_L s}{(\tau' s+1)(\tau_m'^2 s^2+2\zeta\tau' s+1)}$$
$$=\frac{1}{K_a i}\Big/[s(\tau_m' s+1)(\tau'^2 s^2+2\zeta\tau' s+1)] \tag{4.101}$$

式(4.101)说明,考虑弹性变形时,电动机与减速器的传递函数除具有积分环节和惯性环节之外,还包含振荡环节。由于 $\tau'=1/\omega_n$ 与 $\tau=(J_L/K_T)^{1/2}$ 之值相近,因而这对共轭复根靠虚轴很近,相对阻尼比也很小,一般来讲,$0.01<\tau<0.1$。这样的振荡环节具有较高的谐振峰值。

若被控对象的负载惯量 J_L 不大,机械传动装置的刚性很好,即 K_T 值很大,则 $\tau=(J_L/K_T)^{1/2}$ 之值很小。由于 τ' 与 τ 相近,故结构谐振的谐振频率 $\omega_n=1/\tau'$ 很大,只要 ω_n 处在系统的通频带之外(即高频段),就可以认为结构谐振对整个伺服系统的动态性能没有影响,如图4.40中实线所示。反之,如果 J_L 很大,K_T 很小,故 τ 很大,相应的 ω_n 很小,当 ω_n 距 ω_c 很近,处于系统的中频段时(见图4.40中虚线),将会引起系统不稳定,机械谐振对伺服系统的影响就会很大,致使系统在 ω_n 附近产生自激振荡。对要求加速度很大、快速性能好的系统,其通频带必然较宽,因而容易出现自激振荡。

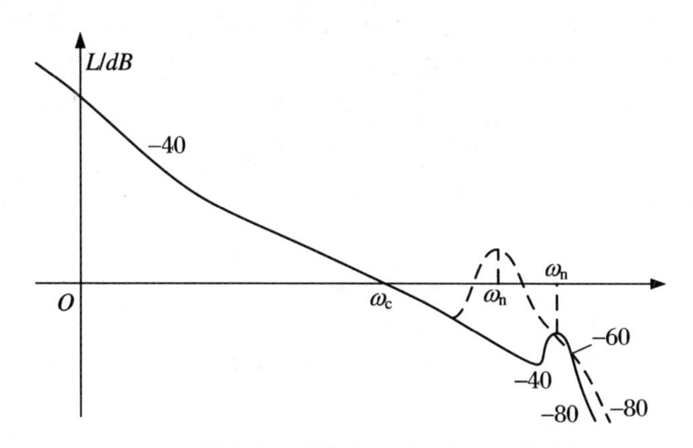

图4.40 传动装置弹性变形对系统稳定性的影响

若跟踪系统的位置反馈不是取自电动机输出轴,而是取自减速器输出轴,即相当于图4.37中的 θ_1 处取反馈,跟踪系统就少了一个机械振荡环节,电动机至 θ_1 的等效传递函数(忽略 L_a 时),可以近似写成

$$\frac{\Theta_1(s)}{U_a(s)}=\frac{\Theta_2(s)\Theta_1(s)}{U_a(s)\Theta_2(s)}\approx\frac{\frac{1}{K_a i}(\tau^2 s^2+2\eta\tau s+1)}{s(\tau_m' s+1)(\tau'^2 s^2+2\zeta\tau' s+1)} \tag{4.102}$$

式中:$\eta=B/(K_T J_L)^{1/2}$,又因 τ' 与 τ 相近,所以就可简化为

$$\frac{\Theta_1(s)}{U_a(s)}\approx\frac{\frac{1}{K_a i}}{s(\tau_m' s+1)} \tag{4.103}$$

即闭环系统基本上不会受结构谐振的影响。但是,结构谐振对被控对象的实际运动还是有影响的。

2. 减小或消除结构谐振的措施

工程上常采取以下几项措施来减小或消除结构谐振。

(1) *提高传动刚度* 提高传动刚度,可提高结构谐振频率,使结构谐振频率处在系统的通频带之外,一般使 $\omega_n \geqslant (8 \sim 10)\omega_c$,$\omega_c$ 为系统的截止频率。提高结构谐振频率的根本办法是增加传动系统的刚度、减小负载的转动惯量和采用合理的结构布置。例如,选用弹性模量高、比重小的材料。增加刚度主要是加大传动系统最后几根轴的刚度,因为末级轴的刚度对等效刚度的影响最大。或者采用无齿轮传动装置,因为齿轮传动中齿间隙会降低系统的谐振频率。减小惯性元件之间的距离也是提高传动系统刚度的一个措施。

(2) *提高机械阻尼* 提高机械阻尼是解决结构谐振问题的一种经济有效的方法。机械结构本身的阻尼是很小的,通常采用黏性联轴器,或在负载端设置液压阻尼器或电磁阻尼器,这都可明显提高系统阻尼。如界结构谐振频率不变,将阻尼比提高 10 倍,系统的带宽也可提高 10 倍。从图 4.38 中的传递函数

$$\frac{\Theta_2(s)}{\Theta_1(s)} = \frac{1}{\dfrac{J_L}{K_T}s^2 + \dfrac{B}{K_T}s + 1} = \frac{1}{\tau^2 s^2 + 2\zeta\tau s + 1} \tag{4.104}$$

式中:$\tau = (J_L/K_T)^{1/2}$;$\zeta = B/[2(J_L K_T)^{1/2}]$,可以看出,加大黏性阻尼系数 B,即增大相对阻尼比 ζ,就能有效地降低振荡环节的谐振峰值。只要使相对阻尼比 $\zeta \geqslant 0.5$,机械谐振对系统的影响就会被大大削弱。还可以看出,增大弹性系数 K_T,时间常数 τ 就会减小,使振荡频率处于系统通频带之外,从而减弱机械谐振对系统的影响。

(3) *采用校正网络* 在系统中串联图 4.41 所示的反谐振滤波器校正网络,该网络传递函数为

$$G(s) = \frac{\tau_1\tau_2 s^2 + (\tau_1 + \tau_2)s + 1}{\tau_1\tau_2 s^2 + (\tau_1 + \tau_2 + \tau_{12})s + 1} \tag{4.105}$$

式中:$\tau_1 = mRC$;$\tau_2 = nRC$;$\tau_{12} = RC$。图 4.42 为该网络频率特性,图中

$$\begin{cases} \omega_0 = \sqrt{\dfrac{1}{\tau_1\tau_2}} \\ d = \dfrac{\tau_1 + \tau_{12}}{\tau_1 + \tau_{12} + \tau_2} \\ b = 2(\tau_1 + \tau_{12} + \tau_2)\sqrt{1 - 2d^2} \end{cases} \tag{4.106}$$

由图 4.42 可知,该网络频率特性有一凹陷处,将此处对准系统的结构谐振频率,就可抵消或削平结构谐振峰值。

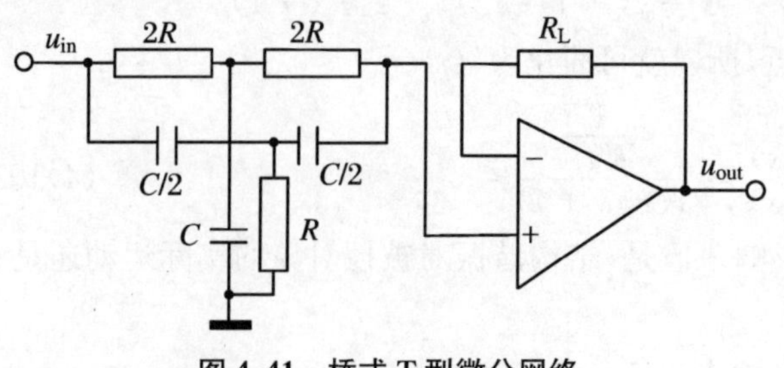

图 4.41 桥式 T 型微分网络

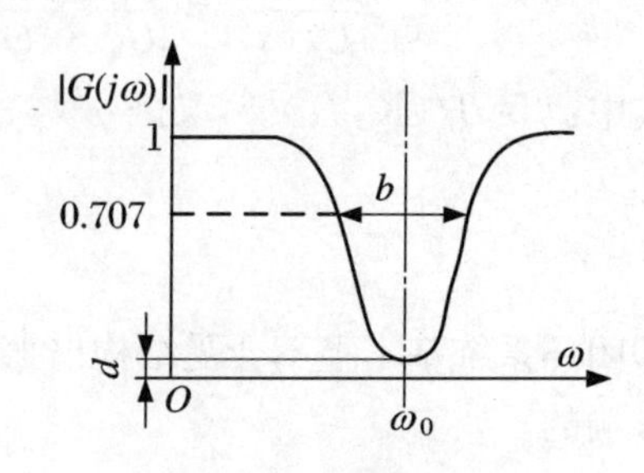

图 4.42 频率特性

(4) 应用综合速度反馈减小谐振 在低摩擦系统中,谐振的消除可以用测速发电机(T_G)电压与正比于电动机电流的综合电压来实现。这个综合电压由电容器滤波后,将其输出作为速度反馈信号,如图4.43所示。测速发电机电压u_T正比于电动机的输出转速,即

$$u_T = K_e\omega \tag{4.107}$$

式中:K_e为测速发电机比电势系数。当摩擦忽略不计时,电机电流正比于角加速度。从而可以写出:

$$u_s = A\frac{d\omega}{dt} \tag{4.108}$$

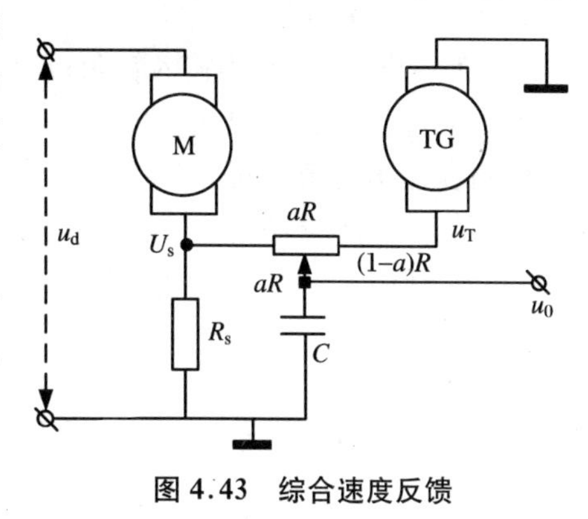

图4.43 综合速度反馈

式中:$A = R_sJ_L/K_T$。此时,已给电路在节点u_0处的拉氏变换方程式为

$$\frac{U_s(s) - U_0(s)}{\alpha R} + \frac{U_T(s) - U_0(s)}{(1-\alpha)R} - CsU_0(s) = 0 \tag{4.109}$$

对式(4.107)和式(4.108)进行拉氏变换,并与式(4.109)联立求解,得

$$U_0(s) = \frac{sA(1-\alpha) + \alpha K_e}{\alpha(1-\alpha)sRC + 1}\Omega(s) \tag{4.110}$$

为使$U_0(s)$正比于$\Omega(s)$,这就要求极点和零点两者有相同的数值,即

$$\alpha^2 = \frac{A}{K_eRC} = \frac{R(s)J_L}{K_eK_TRC} \tag{4.111}$$

这可以通过调节电位计来实现。将α值代入,此时

$$U_0(s) = \alpha K_e\Omega(s) \tag{4.112}$$

即电压$U_0(s)$正比于角速度$\Omega(s)$。应用综合速度进行速度反馈是有利的,因为在这种情况下,综合测速发电机电压和正比于电动机电流的电压,可以使结构谐振的影响降低到最低程度。但是,这种反馈也有不利的一面,那就是反馈的速度信号与转速不完全成正比,因此对速度调节不利,特别是在负载摩擦阻尼显著时更为明显。

值得注意的是,实际的机电传动系统的传动装置较复杂,结构谐振频率和谐振峰值不止一个,又由于系统的参数也可能变化,使谐振频率不能保持恒定,再加上传动装置存在传动间隙、干摩擦等非线性因素的影响,使得实际的结构谐振特性十分复杂。用校正(或补偿)方法只能近似地削弱结构谐振对伺服系统的影响。对于负载惯量大的伺服系统,由于其谐振频率低,严重影响获得系统应有的通频带,若对系统进行全状态反馈,可以任意配置系统的极点,特别是针对结构谐振这一复极点进行阻尼的重新配置,可以有效地克服结构谐振现象的出现。

4.2.2.4 传动间隙对系统性能的影响分析

1. 机械传动间隙

在伺服系统中,常利用机械变速装置将动力元件(电动机或液压马达)输出的高转速、低转矩转换成被控对象所需要的低转速、大转矩。应用最广泛的变速装置是齿轮减速器。理想的齿轮传动的输入和输出转角之间是线性关系,即

$$\theta_c = \frac{1}{i}\theta_r$$

式中：θ_c 为输出转角；θ_r 为输入转角；i 为齿轮减速器的传动比。

实际上，由于减速器的主动轮和从动轮之间间隙的存在和传动方向的变化，齿轮传动的输入转角和输出转角之间呈滞环特性，如图 4.44 所示。图中 2Δ 代表一对传动齿轮间的总间隙。当 $|\theta_r| < \Delta$ 时，$\theta_c = 0$；当 $|\theta_r| > \Delta$ 时，θ_c 随 θ_r 线性变化；当 θ_r 反向时，开始 θ_c 保持不变，直到 θ_r 减小 2Δ 后，θ_c 和 θ_r 才恢复线性关系。

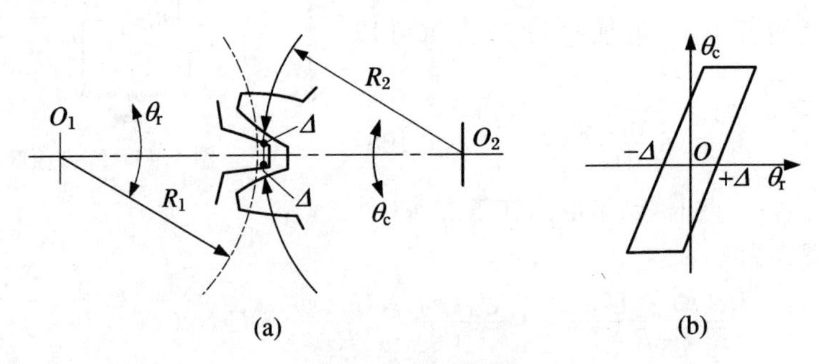

图 4.44 齿侧间隙

在伺服系统的多级齿轮传动中，各级齿轮间隙的影响是不相同的。设有一传动链为三级传动，R 为主动轴，C 为从动轴，各级传动比分别为 i_1, i_2, i_3，齿侧间隙分别为 $\Delta_1, \Delta_2, \Delta_3$，如图 4.45 所示。

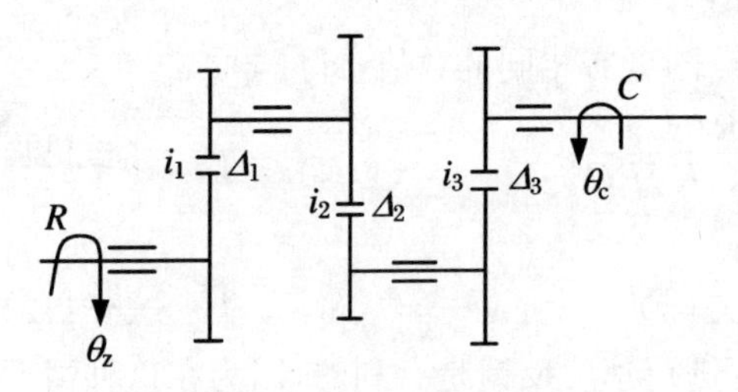

图 4.45 多级齿轮传动

因为每一级的传动比不同，所以各级齿轮的传动间隙对输出轴的影响也不一样。将所有的传动间隙都折算到输出轴 C 上，其总间隙 Δ_C 为

$$\Delta_C = \frac{\Delta_1}{i_2 i_3} + \frac{\Delta_2}{i_3} + \Delta_3 \tag{4.113}$$

如果将其折算到输入轴 R 上，其总间隙 Δ_R 为

$$\Delta_R = \Delta_1 + i_1 \Delta_2 + i_1 i_2 \Delta_3 \tag{4.114}$$

由于是减速运动，所以 i_1, i_2, i_3 均大于 1，故由式(4.113)、式(4.114)可知，最后一级齿轮的传动间隙 Δ_3 影响最大。为了减小其间隙的影响，除尽可能地提高齿轮的加工精度外，装配时还应尽量减小最后一级齿轮间隙。

2. 传动间隙的影响

齿轮传动装置在系统中的位置不同，其间隙对伺服系统的影响也不同。

① 闭环之内的动力传动链齿轮间隙影响系统的稳定性。设图 4.46 中的 G_2 代表闭环之内的动力传动链。若给系统输入一阶跃信号，在误差信号作用下，电动机开始转动。由于 G_2 存在齿轮传动间隙，当电动机在齿隙范围内运动时，被控对象（设为机床伺服进给系统的丝杠）不转动，没有反馈信号，系统暂时

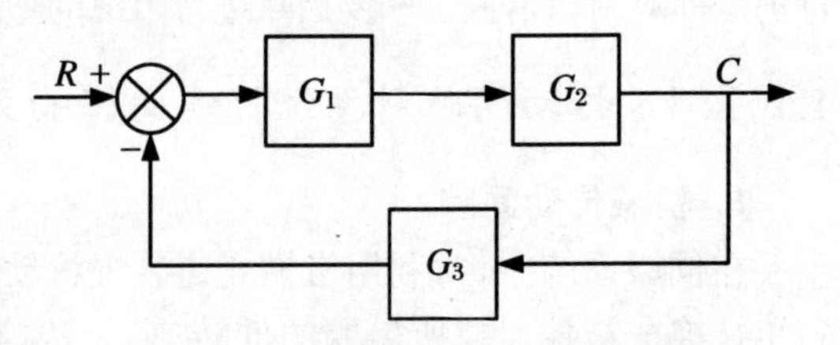

图 4.46 传动间隙在闭环内的结构图

处于开环状态。当电动机转过齿隙后，主动轮与从动轮产生冲击接触，此时误差角大于无齿轮间隙时的误差角，因此从动轮以较高的加速度转动。又因为系统具有惯量，当被控对象转角 θ_c 等于输入转角 θ_r 时，被控对象不会立即停下来，而靠惯性继续转动，使被控对象比无间隙时更多地冲过平衡点，这又使系统出现较大的反向误差。如果间隙不大，且系统中控制器设计得合理，那么被控对象摆动的振幅就愈来愈小，来回摆动几次就停止在 $\theta_c=\theta_r$ 平衡位置上。如间隙较大，且控制器设计得不好，那么被控对象就会反复摆动，即产生自激振荡。因此，闭环之内动力传动链 G_2 中的齿轮传动间隙会影响伺服系统的稳定性。

但是，G_2 中的齿轮传动间隙不会影响系统的精度。当被控对象受到外力矩干扰时，可在齿轮传动间隙范围内游动，但只要 $\theta_c \neq \theta_r$，通过反馈作用，就会有误差信号存在，从而将被控对象校正到 θ_r 所确定的位置上。

② 反馈回路上的传动链齿轮传动间隙既影响系统的稳定性又影响系统精度。设图4.46中反馈回路上的传动链 G_3 具有齿轮传动间隙，该间隙相当于反馈到比较元件上的误差信号。在平衡状态下，输出量等于输入量，误差信号等于零。当被控对象(在外力作用下)转动不大于 $\pm\Delta$ 时，因有齿轮传动间隙，连接在 G_3 输出轴上的检测元件仍处于静止状态，无反馈信号，当然也无误差信号，所以控制器不能校正此误差。被控对象的实际位置和希望位置最多相差 $\pm\Delta$，这就是系统误差。

G_3 中的齿轮传动间隙不仅影响系统精度，也影响系统的稳定性，其分析方法与分析 G_2 中的齿轮传动间隙对稳定性影响的方法相同。

4.2.2.5 机械系统实验模态参数识别分析

上面几部分主要介绍了可计算(传动系统)部分的动态分析方法。机电传动系统的机械系统(包括机械传动系统和机械支承系统)在系统内、外的变化载荷作用下，会表现出不同的动态响应特性。它会影响机电传动系统的正常工作，工程设计人员必须给予足够的重视。对不可计算的复杂机械系统的动态分析，通常采用实验模态分析方法。通过这种方法可识别机械系统的结构模态参数，如固有振动频率、振型、模态刚度、模态质量及模态阻尼等。从而建立用这些模态参数表示的机械结构系统的动态方程，通过分析找出其问题所在，以便采取提高刚度和阻尼效果的有效方法。

实验振动模态分析方法有时域法和频域法。时域法是直接从机械系统结构的时间域的响应求取模态参数。频域法是先将测试数据变换成频率域数据，然后进行模态分析进而确定模态参数，其具体分析方法请参阅有关资料。

第 5 章　支承与轴系设计

任一种轴都需要支承才能运转，轴上支承部分称为轴颈，用以支承和约束轴颈的结构称为轴承。轴承的选型及其本身的质量，对整机的精度、效率、寿命、成本都有直接影响。

在精密机械中，当要求零部件精确地绕某一轴线转动时，常常通过滑动摩擦支承、滚动摩擦支承、流体摩擦支承，以及它们之间的组合来实现，这种以支承为主体所形成的部件，称为精密轴系。它具有旋转精度高、工作载荷小和转速低等特点。

5.1　支 承 设 计

支承由两个基本部分组成。

(1) *运动件*　转动或在一定角度范围内摆动的部分。

(2) *承导件*　固定部分，用以约束运动件，使其只能转动或摆动。

当运动件相对于承导件转动或摆动时，两部分之间产生摩擦。按照摩擦的性质，将支承分为四类：① 滑动摩擦支承；② 滚动摩擦支承；③ 弹性摩擦支承；④ 流体摩擦支承。此外，还有并无机械摩擦的静电支承和磁力支承等。

5.1.1　滑动摩擦支承

5.1.1.1　圆柱面支承

圆柱面支承中，其承导件称为圆柱面轴承，轴承中与运动件相接触的零件，称为轴瓦或轴套，其运动件称为轴，轴与轴瓦相接触的部位称为轴颈。圆柱面支承是支承中应用最广的一种，在下述情况下应优先使用，即：

① 要求很高的旋转精度(通过精密加工达到)；

② 在重载、振动、有冲击的条件下工作；

③ 必须具有尽可能小的尺寸和要求有拆卸的可能性；

④ 低速、轻载和不重要的支承。

1. 圆柱面支承的结构和材料

(1) *轴颈的结构*　图 5.1 是轴颈的几种典型结构。轴颈可以和轴制成一体(图 5.1(a)

和(b)),也可单独制成后再装在轴上(图5.1(c)和(d))。通常,直径大于1 mm的轴颈多与轴制成一体;小于1 mm的,有时和轴制成一体,有时单独制成。当轴颈直径小于1 mm,并和轴制成一体时,为提高强度,可在轴颈和轴的衔接处制出较大的圆角(图5.1(b))。

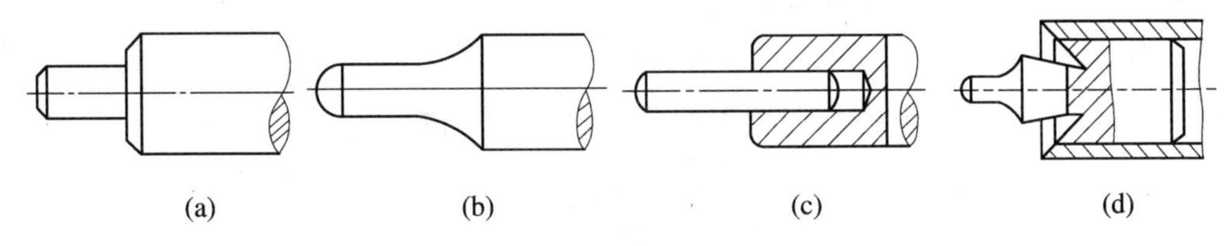

图5.1 轴颈的结构

(2) 整体式圆柱面支承的结构 整体式支承可以在机架或支承板上直接加工而成(图5.2(b));当机架或支承板的材料不宜用作轴承或其壁厚过薄时,也可单独制造轴套(或称轴瓦),然后用连接方法固定在机架或支承板上(图5.2(a)、(c)、(d)、(e))。

图5.2(c)是用铸造或压制的方法将轴套固定在机架或支承板上,轴套上的槽或外表面上的网状滚花用来防止轴套转动;图5.2(d)是用压入的方法将轴套固定在机架或支承板上,轴套压入端的外圆应有倒角,支承板上的孔,在压入轴套的方向上也相应制出倒角,以利于轴套的压入;图5.2(e)是用铆接的方法将轴套固定。轴承和轴套上常带有油孔用以储存润滑油(图5.2(a))。

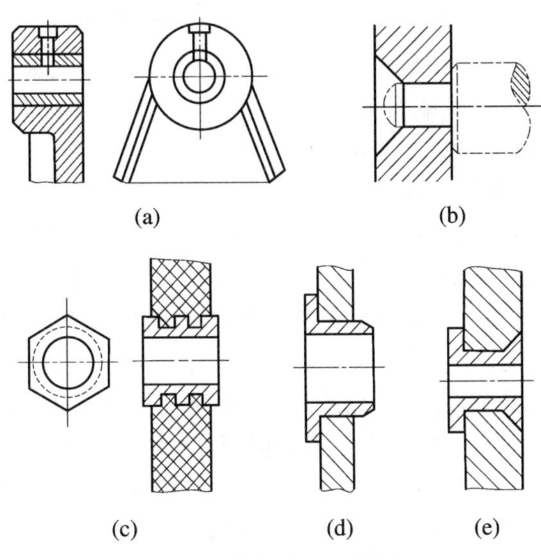

图5.2 整体式支承的结构

整体式支承的制造比较简单,但磨损后,间隙无法调整,影响轴的旋转精度和正常工作。因此,整体式支承只适用于间歇工作、低速和轻载的场合,如用于仪表和小功率传动系统。

(3) 剖分式圆柱面支承的结构 图5.3是一种普通的剖分式支承,由支承座、支承盖、剖分轴瓦和支承盖螺栓组成。支承盖和支承座的剖分面通常做成阶梯形,以使上盖和下座定位对中,同时还可以承受一些轴上的水平分力。轴瓦表面有油沟,油通过油孔、油沟而流向轴颈表面,轴瓦一般水平布置,也有倾斜布置。在剖分轴瓦之间装有一组垫片,轴瓦磨损时，调整垫片的厚度，就可以调整支承的径向间隙。

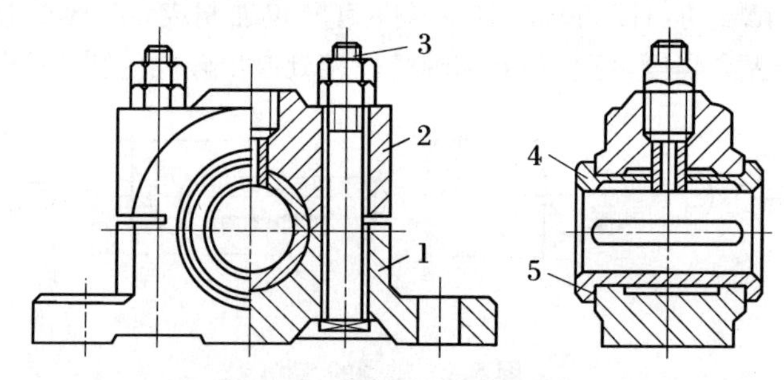

图 5.3 部分式支承的结构

1. 支承座； 2. 支承盖； 3. 支承盖螺栓； 4,5. 部分轴瓦

(4) 轴套和轴瓦的材料　轴套和轴瓦承受轴上载荷，并与轴颈有相对滑动，产生摩擦、磨损，引起发热和温升。因此，与轴颈表面相接触的轴套或轴瓦，应该用减摩材料制造。

常用的减摩材料主要有以下几类。

① 铸铁：普通灰铸铁和球墨铸铁，其耐磨性能较好。一般用于低速、轻载。

② 铜合金：青铜是常用的轴瓦材料，其中以锡青铜(ZQSn6-6-3)的减摩性和耐磨性较佳，可承受重载，应用较广但成本高。铝青铜(ZQAl9-4)和铅青铜(ZQPb30)是锡青铜的代用品。黄铜的价格虽低，但只宜于低速使用。

③ 轴承合金(又称巴氏合金或白合金)：它是锡(Sn)、铅(Pb)、锑(Sb)和铜(Cu)的合金，耐磨性和减摩性良好，但强度低，成本高。故通常都浇铸在材料强度较高的轴瓦表面，形成减摩层，称为轴承衬。这种轴瓦既有轴瓦材料的强度和刚度，又有轴承衬材料的耐磨性和减摩性，所以适合于中、高速和重载时使用。

④ 陶瓷合金：又称粉末合金，是以粉末状的铁或铜为基本材料，与石墨粉混合后，经压制和烧结，制成多孔性的成型轴瓦。孔隙中可贮存润滑油，工作时有自润滑作用(因摩擦发热和热膨胀作用，轴瓦材料内部的孔隙减小，润滑油从孔隙中被挤到工作表面)，故用陶瓷合金制成的轴承又称含油轴承。含油轴承常用于低速或中速，轻载或中载，润滑不便或要求清洁、不宜添加润滑油的场合。

⑤ 非金属材料：常用于制造支承的非金属材料是工程塑料，如尼龙 6、尼龙 66 和聚四氟乙烯等。塑料支承具有耐磨、耐腐蚀和自润滑性能等优点；缺点是承载能力较低，在高温下易产生较大的变形，导热性和尺寸稳定性差。因此，塑料支承常用于工作温度不高、载荷不大的场合。

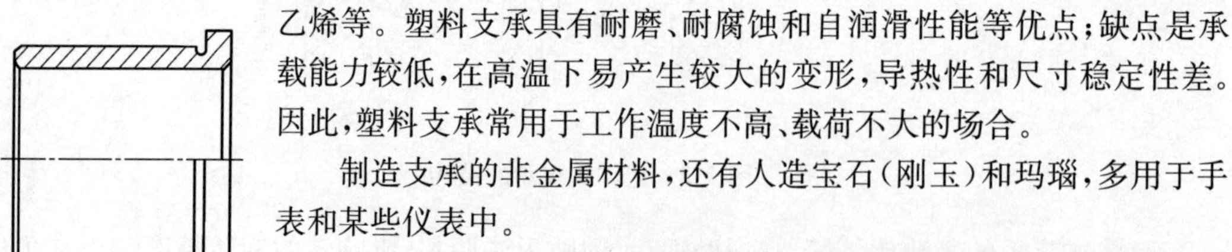

图 5.4 整体式轴瓦

制造支承的非金属材料，还有人造宝石(刚玉)和玛瑙，多用于手表和某些仪表中。

(5) 轴瓦的结构：常用的轴瓦有整体式(图 5.4)和对开式(图 5.5)两种结构。为了改善轴瓦表面的摩擦性质，常在其内表面上浇注一层或两层减摩材料，通常称为轴承衬。轴承衬的厚度应随轴承直径的增大而增大，一般由十分之几毫米到 6 毫米。

为了把润滑油导入整个摩擦面间，轴瓦或轴颈上须开设油孔和油槽(图 5.6)。油槽有轴向和周向两种，轴向油槽又分为单轴向和双轴向油槽。对于整体式径向轴承，轴颈单向转动时，油槽最好开在最大油膜厚度处，以保证润滑油从最小压力处输入。对开式径向轴承，常把油槽开在剖分处。通常轴向油槽应较轴承宽度短，以便在轴瓦两端留出封油面，防止润滑油从端部流失。周向油槽适用于载荷方向变动范围超过180°的场合，通常设在轴承宽度中部，把轴承分为两个独立部分。

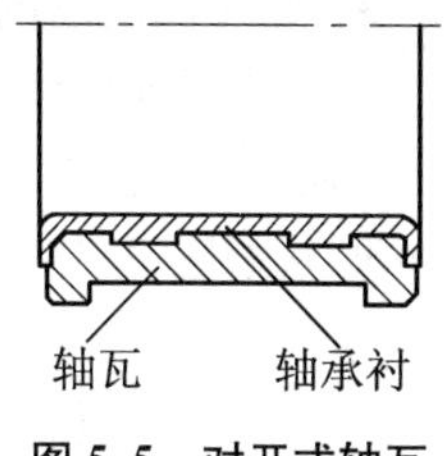
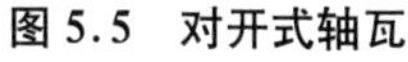

图5.5 对开式轴瓦

轴瓦和轴承座不允许有相对移动，为了防止轴瓦沿轴向和周向

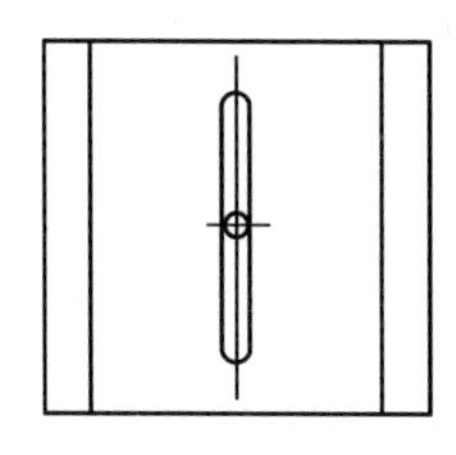
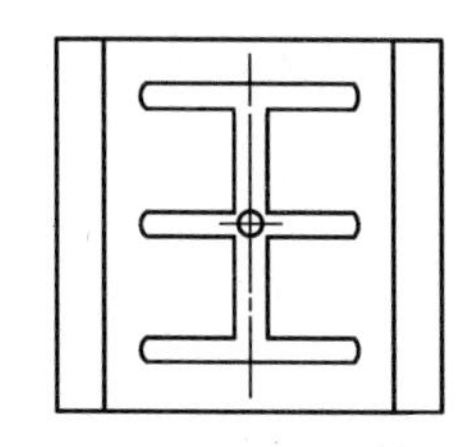
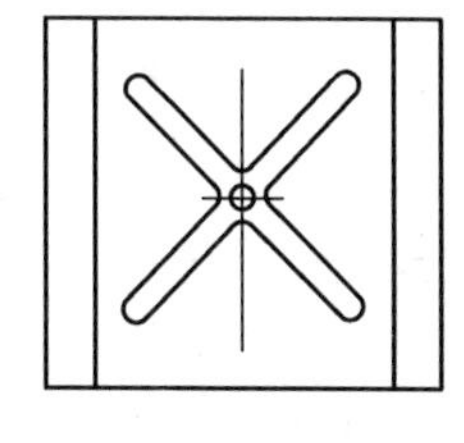

图5.6 油孔和油槽

移动，可将其两端做出凸缘来作轴向定位(图5.7(a))，也可以用紧定螺钉(图5.7(b))或销钉将其固定(图5.7(c))。

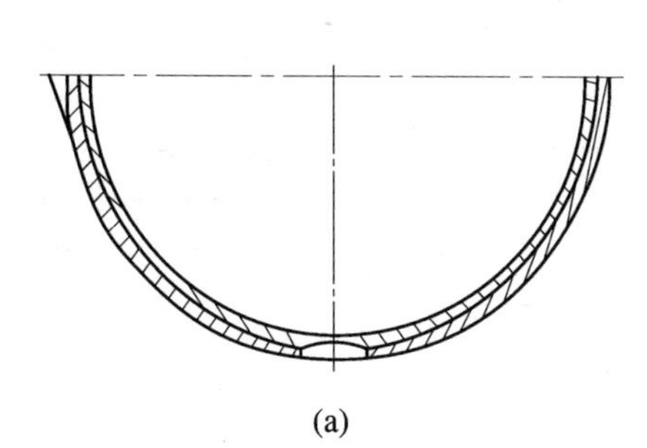

(a)

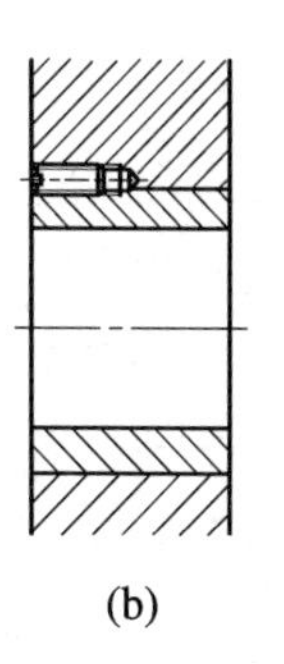

(b)

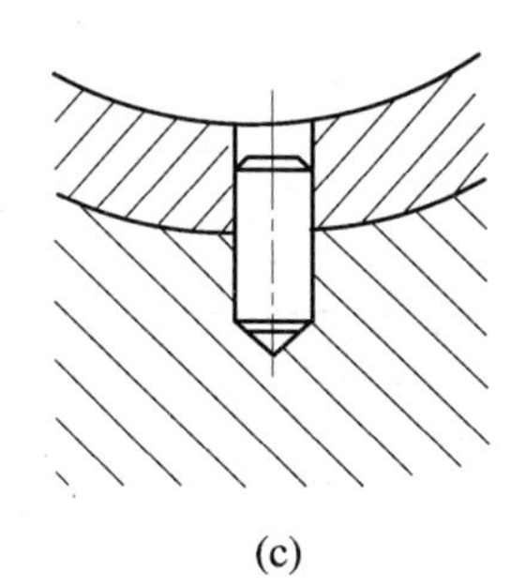

(c)

图5.7 轴瓦的轴向定位方法

2. 圆柱面支承的润滑

圆柱面支承的摩擦表面注入润滑剂，可避免(或减少)摩擦表面的直接接触，有利于减小摩擦和磨损，提高表面的抗腐蚀能力。在振动和冲击情况下，还具有一定的缓冲作用。

润滑油是圆柱面支承使用最多的润滑剂，当转速高、压力小时，应选黏度低的油，反之，当转速低、压力大时，应选黏度较高的油。

润滑脂是在润滑油中加稠化剂后形成的润滑剂，因流动性小，故不易流失。当支承的滑动速度很低(轴颈速度小于1～2 m/s)，比压很高和不便经常加油时，可采用润滑脂。

固体润滑剂可以在摩擦表面形成固体膜以减小摩擦阻力，通常用于一些有特殊要求的场合。如轴承在高温、低速、重载情况下工作，不宜采用润滑油或脂时可采用固体润滑剂，常用石墨、聚四氟乙烯、二硫化钼、二硫化钨等材料调配到油或脂中使用，或涂敷或烧结到摩擦表面使用，或渗入轴瓦材料或成型镶嵌在轴承中使用。

除采用润滑剂外，选用适当的润滑方式和润滑装置，也是保证支承获得良好润滑的重要方法。

3. 圆柱面支承的计算和设计

（1）条件性计算　混合润滑和固体润滑轴承常用条件性计算来确定轴承的尺寸，液体润滑轴承只能用它作为初步计算。常见的径向轴承轴颈形状如图5.8所示，推力轴承止推面的形状如图5.9所示。

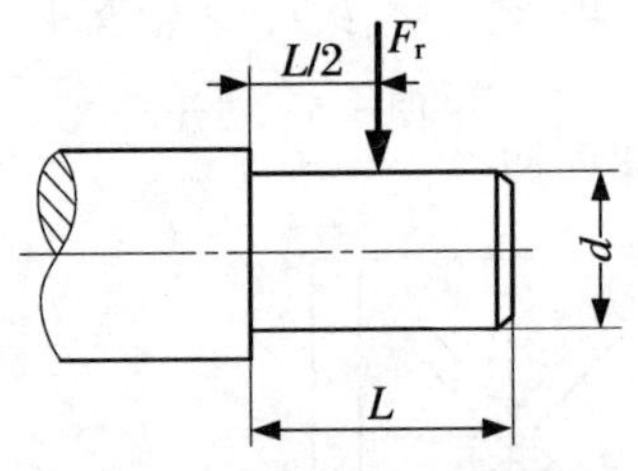

图5.8　径向轴承轴颈形状

① 限制轴承平均压强 p：为了不产生过渡磨损，应限制轴承的单位面积压力。

径向轴承：

$$p=\frac{F_r}{dL}\leqslant[p]\quad(\text{MPa})\tag{5.1}$$

推力轴承：

$$p=\frac{F_a}{\frac{\pi}{4}(d^2-d_0^2)z}\leqslant[p]\quad(\text{MPa})\tag{5.2}$$

式中：F_r 为轴承径向载荷(N)；F_a 为轴承轴向载荷(N)；d 为轴颈直径(mm)；L 为轴颈有效宽度(mm)；d_0 为轴颈内径(mm)；z 为轴环数；$[p]$为许用压强(MPa)。

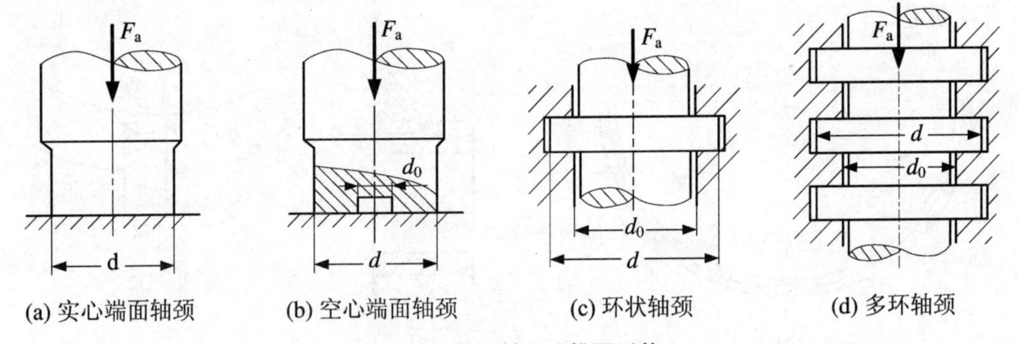

图5.9　推力轴承止推面形状

② 限制轴承 pv 值：对于速度较高的轴承，用限制 pv 值来限制轴承温升。

径向轴承：

$$pv\approx\frac{F_r n}{20\,000\,L}\leqslant[pv]\quad(\text{MPa}\cdot\text{m/s})\tag{5.3}$$

推力轴承：

$$pv\approx\frac{F_a n}{30\,000(d-d_0)z}\leqslant[pv]\quad(\text{MPa}\cdot\text{m/s})\tag{5.4}$$

式中：v 为径向轴承轴颈的圆周速度，推力轴承轴颈平均直径处的圆周速度(m/s)；n 为轴转速(r/min)。

③ 限制滑动速度 v：当压强 p 较小时，即使 p 和 pv 都在许用范围内，也可能由于滑动速度过高而加速磨损。

$$v=\frac{\pi dn}{60\times1\,000}\leqslant[v]\quad(\text{m/s})\tag{5.5}$$

（2）摩擦力矩的计算　圆柱面支承的摩擦力矩可用下式确定：

$$M_f = \frac{1}{2} f_v F_r d \tag{5.6}$$

式中：M_f 为摩擦力矩（N·mm）；F_r 为径向载荷（N）；d 为轴颈直径（mm）；f_v 为当量摩擦系数。

对于未经研配的支承：

$$f_v = \frac{\pi}{2} f = 1.57f$$

对于已经研配的支承：

$$f_v = \frac{4}{\pi} f = 1.27f$$

对于用宝石制造的支承

$$f_v = f$$

式中：f 为滑动摩擦系数。

如果支承除受径向载荷 F_r 外，同时承受轴向载荷 F_a，则当止推面是轴肩时（图5.1(a)），由轴向载荷 F_a 产生的摩擦力矩为

$$M_f = \frac{1}{3} f F_a \frac{d_1^3 - d_2^3}{d_1^2 - d_2^2} \tag{5.7}$$

式中：d_1 为轴肩的直径；d_2 为支承孔端面处的直径。

当止推面是轴的球端面时（图5.1(b)），摩擦力矩为

$$M_f = \frac{3}{16} \pi f F_a a \tag{5.8}$$

式中：a 的数值可用赫兹公式求出，即

$$a = 0.881 \sqrt[3]{F_a \left(\frac{1}{E_1} + \frac{1}{E_2} \right) r}$$

式中：E_1 为轴颈材料的弹性模量（N/mm^2）；E_2 为止推面材料的弹性模量（N/mm^2）；a 为接触面上的半径（mm）；r 为轴颈球面端部的半径（mm）。

当支承同时受轴向和径向载荷作用时，总的摩擦力矩等于两种载荷所产生的摩擦力矩之和。

滑动摩擦系数 f 的数值受材料、表面粗糙度、润滑情况等因素的影响。一般计算时，可由表5.1查取。

表5.1　摩擦系数

轴颈材料-支承材料	摩擦系数 f	轴颈材料-支承材料	摩擦系数 f
钢-淬火钢	0.16～0.18	钢-玛瑙，人造宝石	0.13～0.15
钢-锡青铜	0.15～0.16	钢-尼龙，（含石墨）	0.04～0.06
钢-黄铜	0.14～0.19	黄铜-黄铜	0.20
钢-硬铝	0.17～0.19	黄铜-锡青铜	0.16
钢-灰铸铁	0.19		

（3）圆柱面支承尺寸的确定　在支承受力较大，或支承受力虽小但要求轴颈的直径也较小时，可根据强度计算方法确定轴颈尺寸。

假设作用在轴颈上的载荷为 F_r,并认为 F_r 集中作用在轴颈的中部 $L/2$ 处(图 5.8),则轴颈的强度计算公式为

$$F_r \cdot \frac{L}{2} \leqslant [\sigma_b] W \tag{5.9}$$

式中:$[\sigma_b]$为许用弯曲应力(N/mm^2);W 为抗弯截面系数(mm^3)。

由于 $W \approx 0.1d^3$,因此

$$F_r \leqslant \frac{0.2[\sigma_b] d^3}{L}$$

令 $u = L/d$,代入上式,得

$$d \geqslant \sqrt{\frac{F_r \cdot u}{0.2[\sigma_b]}} \tag{5.10}$$

轴颈长度 L 和轴颈直径 d 的比值 L/d,称为长径比 u,其数值通常在 0.5～1.5 之间。按照结构条件选定 u 值后,根据支承的载荷和材料,利用式(5.10)即可求出所需的轴颈直径。

轴颈的尺寸确定后,轴承的尺寸也随之而定。通常,轴承直径与轴颈直径的公称尺寸相同,支承宽度 B 与轴颈长度 L 的公称尺寸也相同。

有些精密机械,支承的摩擦力矩直接影响其精度。这时,如果允许的摩擦力矩已知,可根据这个条件确定轴颈的尺寸。例如,圆柱面支承的摩擦力矩可用式(5.6)计算,轴颈的直径可按下式求得,即

$$d = \frac{2M_f}{f_v F_r} \tag{5.11}$$

(4) 圆柱面支承的技术条件　圆柱面支承的技术条件主要包括加工精度等级、配合种类、表面粗糙度、表面几何形状等。选择时,应考虑支承的旋转精度要求、受力情况和转速高低等因素,并参考有关手册和类似产品选定。

5.1.1.2　其他形式滑动摩擦支承

(1) 顶针支承　顶针支承由带有圆锥轴颈的顶针和具有沉头圆柱孔的支承所组成。顶针的圆锥角一般为 60°,而沉头孔的圆锥角一般为 90°。

顶针支承中轴颈和支承的接触面很小,因此,当支承轴线相对于轴颈有倾斜时,运动件仍能正常工作。但是较小的接触面积使其单位面积上的压力较大,润滑油常从接触面积处被挤出,磨损较快,因此这种支承只适用于低速和轻载的场合。此外,顶针支承产生摩擦处的半径较小,故摩擦力矩也较小。

为了能够调节支承中的间隙,通常把支承中的一个或两个支承的位置,设计成能够轴向调整(图 5.10(a)),调整后用螺母固定支承。图 5.10(b)是顶针支承能够作径向调整的一种结构,转动顶针,可以调整运动件的径向位置。支承调整后,用紧定螺钉固定顶针的位置。

顶针支承的轴颈常用 T10、T12 碳素工具钢制造,并将其淬硬到(50～60)HRC,支承材料常选用锡青铜和黄铜,有时,为减小摩擦和磨损,支承材料选用较轴颈硬的人造宝石。

(2) 轴尖支承　轴尖支承的运动件,称为轴尖,其轴颈呈圆锥形,轴颈的端部是一半径很小的球面,承导件称为垫座,是一个带有内圆锥孔的支承,支承底部为一较轴尖半径稍大

的内球面。这种支承既可用于垂直轴(图5.11(a)),又可用于水平轴(图5.11(b))。有时,支承不是内圆锥形,而是内球面(图5.11(c))。

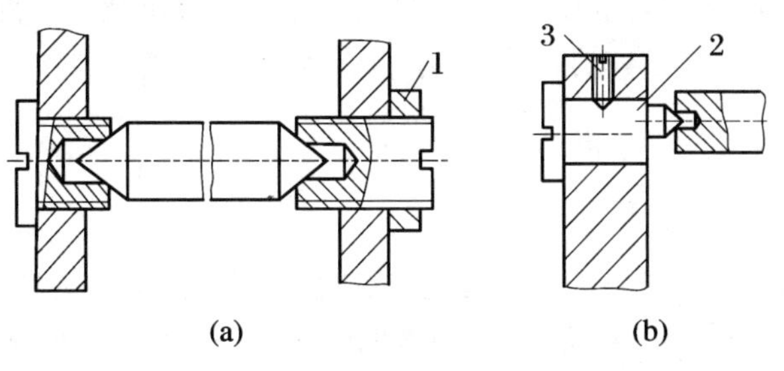

图5.10 顶针支承的结构

1. 螺母; 2. 顶针; 3. 螺钉

轴尖支承的置中精度和方向精度均不高,并且轴尖与垫座的接触面积很小,因此抗磨损的能力也较差,但是它具有摩擦力矩很小的优点。

图5.12是轴尖支承的典型结构。拧动镶有支承的螺钉可以调整支承中的轴向间隙。调整后用螺母锁紧,常用于电工仪表及航空仪表中。

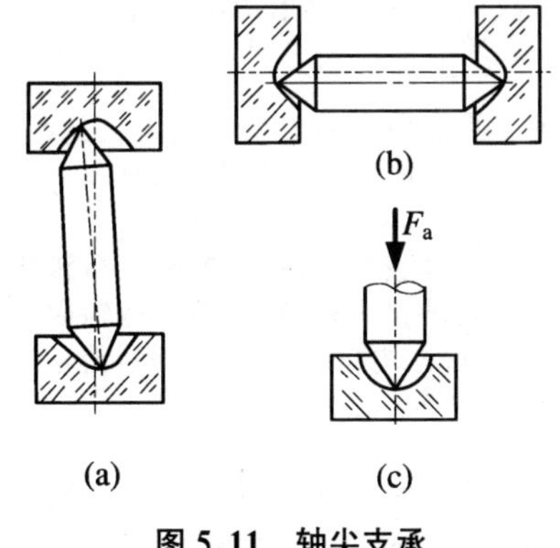

图5.11 轴尖支承

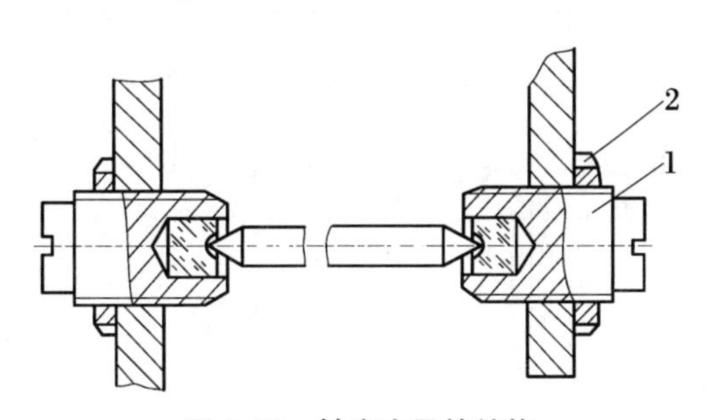

图5.12 轴尖支承的结构

1. 螺钉; 2. 螺母

5.1.2 滚动摩擦支承

滚动轴承通常由外圈、内圈、滚动体和保持架组成(图5.13)。

内圈常装在轴颈上,随轴一起旋转,外圈装在机架或机械的零部件上(有的轴承是外圈旋转,内圈起支承作用,个别情况下,内、外圈都可以旋转)。工作时,滚动体在内、外圈之间的滚道上滚动,形成滚动摩擦。保持架把滚动体均匀地相互隔开,以避免滚动体间的摩擦和磨损。滚动体分为钢球、圆柱滚子、圆锥滚子、滚针等形式。通常不同的滚动体构成不同类型的轴承,以适应各种载荷和工作情况。

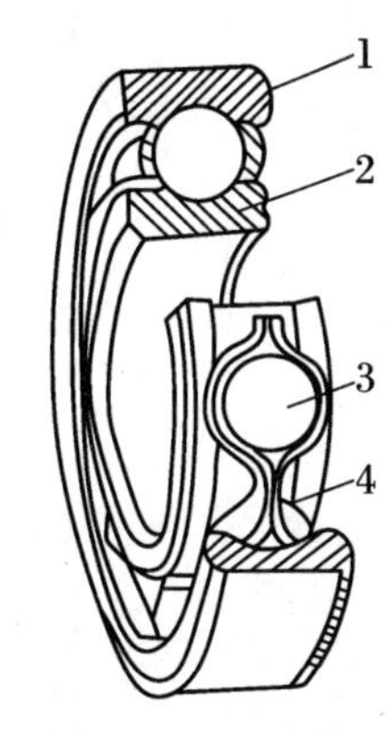

图5.13 滚动轴承

1. 外圈; 2. 内圈; 3. 滚动体; 4. 保持架

内、外圈和滚动体的表面硬度为HRC60～66,材料主要是GCr15、ZGCr15、GCr15SiMn等。保持架的材料通常为08F～30号优质碳素结构钢,也可用黄铜、青铜或塑料等其他材料。

滚动轴承的特点是:摩擦力矩小,允许转速高,磨损小,允许预紧,承载大,刚性好,旋转精度高,对温度变化不敏感,成本低。但外形尺寸较大,不易拆卸。

滚动轴承在各种机械中普遍使用,其类型和尺寸都已标准化。因此,对标准的滚动轴承已不需要自行设计,可根据具体的载荷、转速、旋转精度和工作条件等方面的要求进行选用。

5.1.2.1 滚动轴承的类型和选择

1. 滚动轴承的类型

滚动轴承有很多类,各类轴承的结构形式不同,按承载方向分为四类。

(1) 向心轴承　承受径向载荷,有的轴承也能承受一定量的轴向载荷。

(2) 推力轴承　仅能承受轴向载荷,不能承受径向载荷。

(3) 向心推力轴承　同时承受径向载荷和轴向载荷,以承受径向载荷为主。

(4) 推力向心轴承　同时承受径向载荷和轴向载荷,以承受轴向载荷为主。

精密机械中常用的几种滚动轴承的基本类型、特性及其应用,列于表5.2中。

表5.2　常用的几种滚动轴承的基本类型、特性及其应用

类型和代号	结构简图	能承受载荷的方向	额定动载荷比	极限转速比	性能及其应用
深沟球轴承6			1	高	主要承受径向载荷,也可承受不大的、任一方向的轴向载荷。承受冲击载荷的能力差。 适用于刚性较好、转速高的轴。高转速时可以代替推力球轴承,承受纯轴向载荷。工作时,内、外圈轴线的相对偏角应小于8′～16′
调心球轴承1			0.6～0.9	中	主要承受径向载荷,也可承受不大的、任一方向的轴向载荷。但在受轴向载荷后,会形成单列滚动体工作,显著影响轴承寿命,所以应尽量避免轴向载荷。 由于外圈滚道是以轴承中点为中心的球面,故能自动调心。允许内、外圈轴线的相对偏角达2°～3°。适用于刚性较差的轴以及轴承座孔的同轴度较差和多支点支承
外圈无挡边圆柱滚子轴承N			1.5～3	高	主要承受径向载荷,承载能力高。但对轴的偏斜或弯曲变形很敏感。内、外圈的相对偏角不得超过2′～4′。 内圈和外圈可以分别安装。工作时,允许内、外圈有较小的相对轴向位移。 使用时要求轴有较好的刚性和轴承座孔有较高的同轴度。 可在高速下使用

续表

类型和代号	结构简图	能承受载荷的方向	额定动载荷比	极限转速比	性能及其应用
滚针轴承NA			—	—	只能承受径向载荷，承载能力大。 结构上可以分成有内、外圈的，无内、外圈的和有外圈、无内圈的三种，其径向尺寸小。一般无保持架，因而滚针间有摩擦，轴承极限转速低，有保持架时，极限转速可以提高。 当无内、外圈时，与滚针接触的轴和孔要淬硬并磨光，并达到轴承内、外圈工作表面的技术要求。 适用于径向尺寸小，载荷较大的场合
角接触轴承7			1.0～1.4	高	可以同时承受径向载荷和单向的轴向载荷，也可以承受单向的纯轴向载荷。 滚动体与外圈滚道接触点法线与径向平面的夹角称为轴承接触角 a，a 愈大，承受轴向载荷的能力愈大。 通常成对使用，两轴承可以分别安装在两个支点上或安装在同一个支点上。 高速时，可用以代替单向推力球轴承
圆锥滚子轴承3			1.5～2.5	中	可以同时承受较大的径向载荷和轴向载荷。也可以承受单向的纯轴向载荷。 内、外圈可以分离，安装时可以分别安装，但要注意调整两者之间的间隙。 通常成对使用，两轴承可以分别安装在两个支点上，或安装在同一个支点上。 由于滚子端面与内圈挡边有滑动摩擦，故不宜在很高转速下工作。 要求轴有较高的刚性和轴承座孔有较高的同轴度
推力球轴承5			1	低	只能承受轴向载荷，单向推力球轴承和双向推力球轴承可以分别承受单向和双向的载荷。 两个轴套的孔径不一，小孔径者与轴装配称为紧圈；大孔径者与轴有间隙，并支承在支座上称为活圈。 高速时，因滚动体的离心力大，影响轴承的使用寿命，故只宜用在中速和低速的场合

注：① 额定动载荷比是指同一内径的各种类型滚动轴承的额定动载荷与深沟球轴承的额定动载荷的比值；对于推力轴承，则以单向推力球轴承的额定动载荷为其比较的基本单位。

② 极限转速比是指同一内径的各类滚动轴承的极限转速与其有同样保持架的深沟球轴承的极限转速的比值；表中所列的“高”、“中”、“低”相应的极限转速比分别为：“高”—100%～90%；“中”—90%～60%；“低”—60%以下。

③ 滚动轴承的类型名称和代号按GB/T 272—93。

2. 滚动轴承类型的选择

各类滚动轴承有不同的特性，适用于不同的使用情况，选用轴承时，应考虑下列因素。

(1) 载荷的方向和大小　载荷是选择轴承类型时应首先考虑的因素。载荷较大时宜选用线接触的滚子轴承，中等和较小载荷时应优先选用球轴承。当轴承受纯径向载荷 F_r 时，应选用深沟球轴承；当受纯轴向载荷 F_a，且转速不高时，宜选用推力轴承，如转速较高，则因离心力将使推力轴承寿命显著下降，因此宜选用角接触轴承；当轴承同时承受径向载荷 F_r 和轴向载荷 F_a 时，则应根据 F_a/F_r 的大小选择轴承类型，如 F_a/F_r 较小时，可选用深沟球轴承或接触角较小的角接触轴承，如 F_a/F_r 较大时，可同时采用深沟球轴承和推力轴承分别承受 F_r 和 F_a，或采用接触角较大的角接触轴承。

(2) 轴承的转速　轴承的转速应低于其极限转速。如高于极限转速，由于滚动体的离心力、发热和振动等原因，轴承的寿命将显著降低。通常，球轴承的极限转速高于滚子轴承；超轻、特轻、轻系列轴承的极限转速高于正常系列。

(3) 轴承的刚性　一般情况下，滚动轴承在载荷作用下的弹性变形是很微小的，对于大多数机械的工作性能没有影响。但是，对于某些精密机械，轴承微小的弹性变形，将影响其工作质量，这时，应选用刚性较高的轴承。滚子轴承的刚性高于球轴承，因为滚子与滚道的接触为线接触。

(4) 轴承的安装尺寸　轴承内圈孔径是根据轴的直径确定的，但其外径和宽度与轴承类型有关。当需要减小径向尺寸时，宜选用轻、特轻、超轻系列的深沟球轴承，必要时可选用滚针轴承；当需要减小轴向尺寸时，宜选用窄系列的球轴承或滚子轴承。

(5) 轴承的调心性能　当轴的中心线与轴承座中心线不同心(有角度误差)，或轴在受力后产生弯曲或倾斜时，可采用调心球轴承。这种轴承具有调心性能，即使轴产生倾斜，仍能正常工作。各类轴承的允许角度误差如表 5.3 所示。

表 5.3　轴承的允许角度误差

轴承类型	调心球轴承	深沟球轴承	圆柱滚子轴承	圆锥滚子轴承
允许角度误差	3°	$8'$	$2'$	$2'$

(6) 轴承的摩擦力矩　对于有摩擦力矩要求的轴承，只受径向载荷时，可选用深沟球轴承、短圆柱滚子轴承；只受轴向载荷时，可选用单向推力球轴承；同时承受径向和轴向载荷时，可选用接触角与载荷合力方向相接近的角接触球轴承。

5.1.2.2　滚动轴承的代号

滚动轴承代号是用字母加数字来表示滚动轴承的结构、尺寸、公差等级、技术性能等特征的产品符号。国家标准 GB/T 272—93 规定滚动轴承代号如表 5.4 所示。

表 5.4 滚动轴承代号排列规则

<table>
<tr><td rowspan="2">前置代号</td><td colspan="3" rowspan="2">基本代号</td><td colspan="8">后置代号</td></tr>
<tr><td>1</td><td>2</td><td>3</td><td>4</td><td>5</td><td>6</td><td>7</td><td>8</td></tr>
<tr><td rowspan="2">成套轴承分部件</td><td rowspan="2">类型代号</td><td>尺寸系列代号</td><td>内径代号</td><td rowspan="2">内部结构</td><td rowspan="2">密封与防尘、成套变型</td><td rowspan="2">保持架及其材料</td><td rowspan="2">轴承材料</td><td rowspan="2">公差等级</td><td rowspan="2">游隙</td><td rowspan="2">配合</td><td rowspan="2">其他</td></tr>
<tr><td colspan="2">配合安装特征尺寸表示</td></tr>
</table>

在表 5.4 中,滚动轴承代号由三部分组成:

前置代号　　基本代号　　后置代号

基本代号是滚动轴承代号的核心,表示轴承的基本类型、结构和尺寸;前置、后置代号当轴承的结构形状、尺寸、公差、技术要求等有特殊要求时才使用,是在其基本代号左右添加的补充代号,一般情况下可部分或全部省去。

1. 基本代号

轴承的基本代号包括三项内容:

类型代号　　尺寸系列代号　　内径代号

类型代号:用数字或字母表示不同类型的轴承,如表 5.5 所示。

表 5.5 常用滚动轴承类型代号

代　号	轴承类型	代　号	轴承类型
0	双列角接触球轴承	7	角接触球轴承
1	调心球轴承	8	推力圆柱滚子轴承
2	调心滚子轴承和推力调心滚子轴承	N	圆柱滚子轴承 双列或多列用字母 NN 表示
3	圆锥滚子轴承		
4	双列深沟球轴承	U	外球面球轴承
5	推力球轴承	QJ	四点接触球轴承
6	深沟球轴承		

注:在表中代号后或前加字母或数字表示该类轴承中的不同结构。

尺寸系列代号:由两位数字组成,前一位数字代表宽度系列(向心轴承)或高度系列(推力轴承),后一位数字表示直径系列,见表 5.6。直径系列表示内径相同,外径不同(宽度或高度也随之变化)的轴承系列。宽度系列(向心轴承)表示内、外径相同,宽度不同的轴承系列。对应尺寸系列的变化,轴承有不同的承载能力。

表 5.6　轴承尺寸系列代号

直径系列代号	向心轴承								推力轴承			
	宽度系列代号								高度系列代号			
	8	0	1	2	3	4	5	6	7	9	1	2
	尺寸系列代号											
7	—	—	17	—	37	—	—	—	—	—	—	—
8	—	08	18	28	38	48	58	68	—	—	—	—
9	—	09	19	29	39	49	59	69	—	—	—	—
0	—	00	10	20	30	40	50	60	70	90	10	—
1	—	01	11	21	31	41	51	61	71	91	11	—
2	82	02	12	22	32	42	52	62	72	92	12	22
3	83	03	13	23	33	—	—	—	73	93	13	23
4	—	04	—	24	—	—	—	—	74	94	14	24
5	—	—	—	—	—	—	—	—	—	95	—	—

在轴承代号中,尺寸系列也可以是一位阿拉伯数字,该数字是直径系列代号。宽度系列(向心轴承)或高度系列(推力轴承)可以缺省,但直径系列代号不可缺省。

内径代号:表示轴承公称内径的大小,用数字表示,见表 5.7。

表 5.7　轴承内径代号

轴承公称直径(mm)		内径代号	示　例
0.6 到 10 (非整数)		用公称内径毫米值直接表示,在其与尺寸系列代号之间用“/”分开	深沟球轴承 618/2.5 $d = 2.5$ mm
1 到 9 (整数)		用公称内径毫米值直接表示,对深沟球轴承及角接触球轴承 7、8、9 直径系列,内径与尺寸系列代号之间用“/”分开	深沟球轴承 625,618/5 $d = 5$ mm
10 到 17	10 12 15 17	00 01 02 03	深沟球轴承 6200 $d = 10$ mm
20 到 480 (22,28,32 除外)		公称直径除以 5 的商数,商数为个位数,需在商数左边加“0”,如 08	调心滚子轴承 23208 $d = 40$ mm
大于或等于 500 及 22,28,32		用公称内径毫米数直接表示,但在与尺寸系列之间用“/”分开	调心滚子轴承 230/500 $d = 500$ mm

基本代号编制规则:基本代号中当轴承类型代号用字母表示时,编排时应与表示轴承尺寸的系列代号、内径代号或安装配合特征尺寸的数字之间空半个汉字距。例:N 2210,N 为

类型代号;22为尺寸系列代号;10为内径代号。

2. 前置代号

用字母表示成套轴承分部件。

前置代号有F,L,R,WS,GS,KOW,KIW,LR,K等。详见轴承手册。

L为可分离轴承的内圈或外圈,如LN207。

R为不带可分离的内圈或外圈轴承,如RNU207(NU表示内圈无挡边的圆柱滚子轴承)。

K为滚子和保持架组件,如K81107。

WS,GS分别为推力圆柱滚子轴承的轴圈、座圈,如WS81107,GS81107。

3. 后置代号

后置代号共有8组。

用字母(或加数字)表示其内部结构、密封和防尘、外部形状变化、保持架结构、轴承零件材料、公差等级、游隙及配置等。详见轴承手册。

内部结构代号:用字母表示。如C,AC和B分别表示公称接触角$\alpha = 15^\circ, 25^\circ$和$40^\circ$;E代表增大承载能力进行结构改进的加强型;D为剖分式轴承;ZW为滚针保持架组件,双列。代号示例如7210B,7210AC,NU207E。

密封、防尘与外部形状变化代号的部分代号与含义如下。

K,K30:分别表示锥度1∶12和1∶30的圆锥孔轴承。代号示例如1210K,24122K30。

R,N,NR:分别表示轴承外圈有止动挡边、止动槽、止动槽并带止动环。代号示例如6210N。

-RS,-RZ,-Z,-FS:分别表示轴承一面有骨架式橡胶密封圈(接触式为RS、非接触式为RZ)、有防尘盖、毡圈密封。代号示例如6210-RS(同样轴承若两面有橡胶密封圈,则为6210-2RS)。

保持架代号:表示保持架在标准规定的结构材料外其他不同结构形式与材料。如A,B分别表示外圈和内圈引导;J,Q,M,TN则分别表示钢板冲压、青铜实体、黄铜实体和工程塑料保持架。

公差等级代号:由小到大依次为/P2,/P4(/UP),/P5(/SP),/$P6_x$,/P6,/P0等6个等级。2级精度最高,其中/P0级在标注时可忽略,/UP,/SP相当于/P4,/P5。代号示例如6203,6203/P6。

游隙代号:有/C1,/C2,/C0,/C3,/C4,/C5等6个代号,分别符合标准规定的游隙1,2,0,3,4,5组(游隙量自小而大),0组不标注。代号示例如6210,6210/C4。

公差等级代号和游隙代号同时表示时可以简化,如6210/P63表示轴承公差等级P6级、径向游隙3组。

配置代号:成对安装的轴承有三种配置形式(图5.14),/DB,/DF,/DT三种代号分别表示背对背安装、面对面安装和串联安装。代号示例如32208/DF,7210C/DT。

其他:在振动、噪声、摩擦力矩、工作温度、润滑等方面有特殊要求的代号可查阅有关标准。

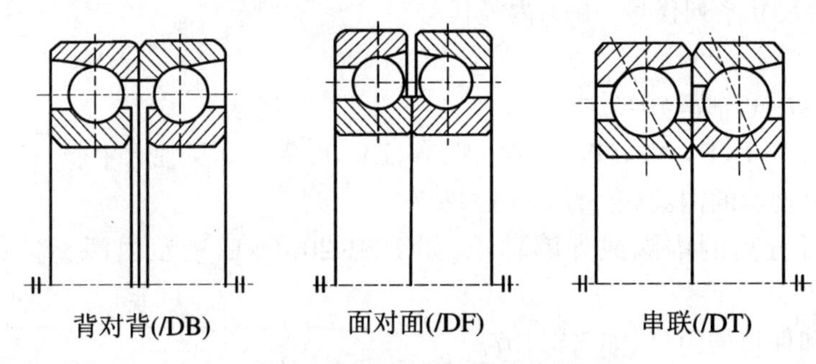

图 5.14　成对滚动轴承配置安装形式

例 5.1　试说明滚动轴承代号 62203 和 7312AC/P6 的含义。

说明如下：

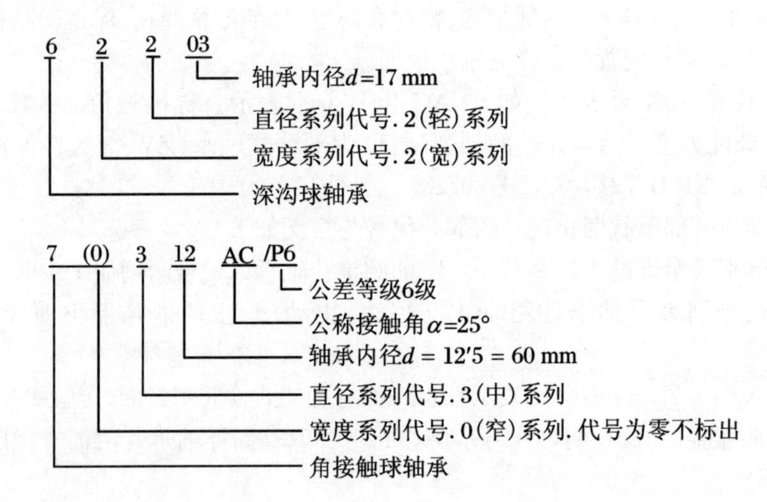

5.1.2.3　滚动轴承的载荷分布、失效形式和计算准则

1. 滚动轴承的载荷分布

当滚动轴承受通过轴承中心的纯轴向载荷时，在理想精度下，可认为此载荷由各滚动体均匀承受。

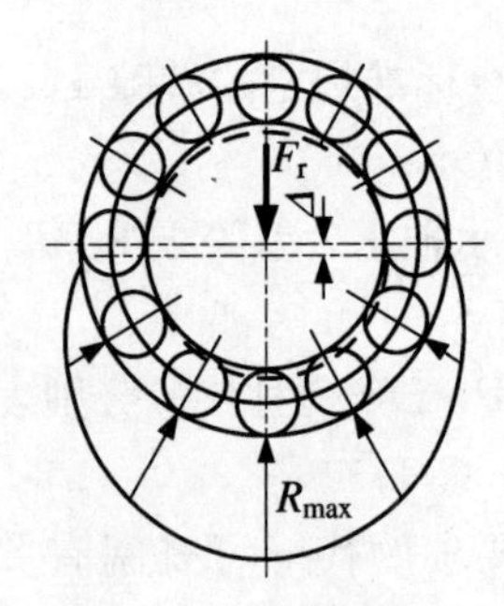

图 5.15　滚动轴承上的载荷分布

当滚动轴承受径向载荷时，各滚动体的受力情况如图5.15所示。在径向载荷 F_r 的作用下，由于各接触点的弹性变形，内、外圈沿 F_r 的作用方向产生相对位移 Δ，上半圈各滚动体并不承受载荷。在 F_r 作用线上的滚动体所受的载荷 R_{max} 为最大。根据各接触点处的变形规律，可确定各滚动体载荷的分布规律，如图 5.15 中的曲线所示。最大载荷 R_{max} 如下。

球轴承：

$$R_{max} \approx \frac{5}{z}F_r \tag{5.12}$$

滚子轴承：

$$R_{max} \approx \frac{4.6}{z} F_r \tag{5.13}$$

式中：z 为轴承中的滚动体个数；F_r 为轴承所受的径向力(N)。

2. 滚动轴承的失效形式

滚动轴承在工作过程中，滚动体和内圈或外圈有相对运动，滚动体既有自转又围绕轴承中心公转。因此，其滚道表面层的接触应力将按脉动循环变化。根据不同工作情况，滚动轴承的失效形式如下。

(1) *疲劳点蚀* 在上述交变应力的作用下，滚动体或滚道表面层下面的强度薄弱点发生微观裂纹。在轴承继续运转过程中，内部微观裂纹扩展到表面，形成表层金属微小的片状剥落即轴承的疲劳点蚀现象。轴承发生疲劳点蚀后，在运转中会引起噪音和振动，同时，还使轴承的旋转精度降低，摩擦阻力增大和发热，使轴承很快丧失工作能力。

(2) *塑性变形* 当轴承的转速很低或间歇摆动时，轴承不会产生疲劳点蚀，此时轴承失效是因为受过大载荷(称为静载荷)或冲击载荷，使滚动体或内、外圈滚道上出现大的塑性变形，形成不均匀的凹坑，从而加大轴承的摩擦力矩，引起噪音和振动，运动精度降低。

(3) *磨损* 在多尘条件下工作的轴承，虽然采用密封装置，滚动体和滚道表面仍有可能产生磨粒磨损。当润滑不充分时，滚动轴承内部有可能发生滑动摩擦，将会产生黏着磨损并引起摩擦表面发热、胶合，甚至使滚动体回火，速度越高，发热和黏着磨损越严重。

3. 滚动轴承的计算准则

决定轴承尺寸时，要针对主要失效形式进行必要的计算，其计算准则是：一般工作条件的滚动轴承，如轴承部件设计合理，类型和尺寸选择恰当，安装、润滑、密封和维护正常，滚动轴承的主要损坏形式是疲劳点蚀，应进行接触疲劳寿命计算和静强度计算；对于摆动和转速较低的轴承，只需作静强度计算；高速轴承由于发热而造成的黏着磨损、烧伤常是突出矛盾，除进行寿命计算外，还需核验极限转速。

此外，要特别注意轴承组合设计的合理结构、润滑和密封，这对保证轴承的正常工作往往起决定性的作用。

与主要失效形式相对应，滚动轴承具有三个基本性能参数：满足一定疲劳寿命要求的基本额定动载荷 C_r(径向)或 C_a(轴向)，满足一定静强度要求的基本额定静载荷 C_{0r}(径向)或 C_{0a}(轴向)和控制轴承磨损的极限转速 n_0。各种轴承的性能指标值 C，C_0，n_0 等可查阅有关手册。

5.1.2.4 滚动轴承的型号选择

1. 基本额定寿命和基本额定动载荷

大部分滚动轴承是由于疲劳点蚀而失效的。轴承的疲劳点蚀与滚动体表面所受的接触应力值和应力循环次数有关，即与轴承所受的载荷和工作转速或工作时间有关。轴承中任一元件首次出现疲劳点蚀之前所运转的总转数，或在一定转速下的工作小时数，称为轴承的寿命。

同样的一批轴承在相同的条件下运转，每个轴承的实际寿命大不相同，最高和最低寿命可能相差数十倍。对一个具体轴承很难预知其确切寿命，但一批轴承的寿命则服从一定的概率分布规律，用数理统计的方法处理数据可分析计算一定可靠度或失效概率下的轴承寿命。实际选择轴承时常以基本额定寿命为标准。轴承的基本额定寿命是指90%可靠度、常用材料和加工质量、常规运转条件下的寿命，以符号L_{10}(r)或L_{10h}(h)表示，通常把基本额定寿命作为轴承的寿命指标。

基本额定动载荷C是指基本额定寿命恰好为一个单位(10^6 r)时，轴承所能承受的最大载荷。对于深沟球轴承、角接触球轴承、向心滚子轴承，$C=C_r$(径向基本额定动载荷)；对于推力轴承，$C=C_a$(轴向基本额定动载荷)。各种型号轴承的C_r或C_a均列于轴承手册中，在有关设计手册的滚动轴承部分中也可查到。

2. 当量动载荷

当量动载荷是指轴承同时承受径向和轴向复合载荷时，经过折算后的某一载荷，在此载荷的作用下，轴承的寿命与实际复合载荷下所达到的寿命相同。同样，对于深沟球轴承、角接触球轴承、向心滚子轴承，$P=P_r$(径向当量动载荷)；对于推力轴承，$P=P_a$(轴向当量动载荷)。

当量动载荷P的计算公式为

$$P = XF_r + YF_a \tag{5.14}$$

式中：F_r为轴承上的径向载荷(N)；F_a为轴承上的轴向载荷(N)；X为径向载荷换算为当量动载荷的系数，又称径向系数；Y为轴向载荷换算为当量动载荷的系数，又称轴向系数。X，Y值可从表5.8中查取。

表5.8中e是一个界限，它是由F_a/F_r的比值决定的。试验证明，轴承$F_a/F_r \leqslant e$或$F_a/F_r > e$时其X和Y值是不同的。深沟球轴承和角接触球轴承的e值随F_a/C_{0r}的增大而增大。表5.8中的数据是在大量实验的基础上总结出来的。

表5.8　径向系数X和轴向系数Y

轴承类型	F_a/C_{0r}①	e	单列轴承				双列轴承			
			$F_a/F_r \leqslant e$		$F_a/F_r > e$		$F_a/F_r \leqslant e$		$F_a/F_r > e$	
			X	Y	X	Y	X	Y	X	Y
深沟球轴承	0.014	0.19	1	0	0.56	2.30	1	0	0.56	2.3
	0.028	0.22				1.99				1.99
	0.056	0.26				1.71				1.71
	0.084	0.28				1.55				1.55
	0.11	0.30				1.45				1.45
	0.17	0.34				1.31				1.31
	0.28	0.38				1.15				1.15
	0.42	0.42				1.04				1.04
	0.56	0.44				1.00				1

续表

轴承类型		F_a/C_{0r}[1]	e	单列轴承				双列轴承			
				$F_a/F_r \leqslant e$		$F_a/F_r > e$		$F_a/F_r \leqslant e$		$F_a/F_r > e$	
				X	Y	X	Y	X	Y	X	Y
角接触轴承	$\alpha=15^\circ$	0.015	0.38	1	0	0.44	1.47	1	1.65	0.72	2.39
		0.029	0.40				1.40		1.57		2.28
		0.058	0.43				1.30		1.46		2.11
		0.087	0.46				1.23		1.38		2
		0.12	0.47		155		1.19		1.34		1.93
		0.17	0.50				1.12		1.26		1.82
		0.29	0.55				1.02		1.14		1.66
		0.44	0.56				1.00		1.12		1.63
		0.58	0.56				1.00		1.12		1.63
	$\alpha=25^\circ$	—	0.68	1	0	0.41	0.87	1	0.92	0.67	1.41
	$\alpha=40^\circ$	—	1.14	1	0	0.35	0.57	1	0.55	0.57	0.93
双列角接触轴承	$\alpha=30^\circ$	—	0.8	—	—	—	—	1	0.78	0.63	1.24
四点接触球轴承	$\alpha=35^\circ$	—	0.95	1	0.66	0.60	1.07	—	—	—	—
圆锥滚子轴承		—	$1.5\tan\alpha$[2]	1	0	0.40	$0.4\cot\alpha$	1	$0.45\cot\alpha$	0.67	$0.67\cot\alpha$
调心球轴承		—	$1.5\tan\alpha$	—	—	—	—	1	$0.42\cot\alpha$	0.65	$0.65\cot\alpha$
推力调心滚子轴承		—	1/0.55	—	—	1.2	1	—	—	—	—

注：① 相对轴向载荷 F_a/C_{0r} 中的 C_{0r} 为轴承的径向基本额定静载荷，由手册查取。与 F_a/C_{0r} 中间值相应的 e，Y 值可用线性内插值法求得。

② 由接触角 α 确定的各项 e，Y 值也可根据轴承型号在手册中直接查取。

$\alpha=0^\circ$ 的圆柱滚子轴承与滚针轴承只能承受径向力，其当量动载荷 $P=F_r$；而 $\alpha=90^\circ$ 的推力轴承只能承受轴向力，其当量动载荷 $P=F_a$。

由于机械工作时常有振动和冲击，为此，轴承的当量动载荷应按下式计算：

$$P = f_P(XF_r + YF_a) \tag{5.15}$$

式中：f_P 为载荷系数，由表 5.9 选取。

表 5.9 载荷系数 f_P

载荷性质	机器举例	f_P
平稳运转或轻微冲击	电机、水泵、通风机、汽轮机	1.0～1.2
中等冲击	车辆、机床、起重机、冶金设备、内燃机	1.2～1.8
强大冲击	破碎机、轧钢机、振动筛、工程机械、石油钻机	1.8～3.0

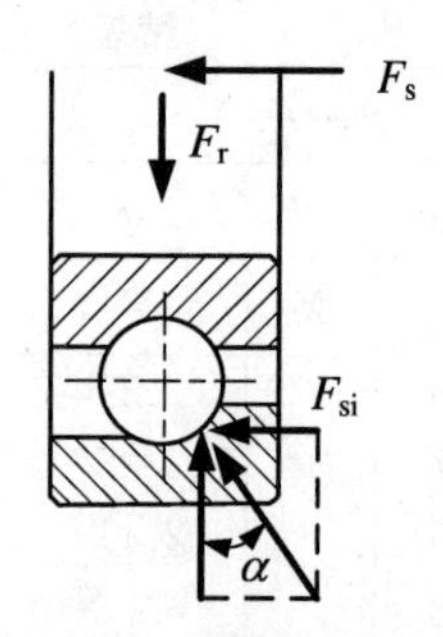

图 5.16　角接触滚动轴承的附加轴向力

在计算角接触轴承的当量动载荷时,要考虑由径向载荷产生的附加轴向力,如图 5.16 所示。当轴承受径向载荷 F_r 时,载荷区内各滚动体将产生附加轴向分力 F_{si},并可近似认为各 F_{si}的合力 F_s 通过轴承的中心线。角接触轴承由径向载荷产生的附加轴向力 F_s 见表 5.10。由图 5.16 还可看出,附加轴向力 F_s 使轴承套圈互相分离。为保证轴承正常工作,此类轴承常成对使用。如单独使用,其外加轴向力必须大于附加轴向力。

图 5.17 为角接触轴承反装配置方式,轴承接触角 α 向外侧倾斜。图 5.18 为角接触轴承正装配置方式,轴承接触角 α 向内侧倾斜。轴承Ⅰ、Ⅱ通常是同一型号(有时为不同型号)。

表 5.10　角接触球轴承、圆锥滚子轴承的附加轴向力 F_s

圆锥滚子轴承	角接触球轴承		
	$\alpha=15^\circ$(7000C 型)	$\alpha=25^\circ$(7000AC 型)	$\alpha=40^\circ$(7000B 型)
$F_s=F_r/(2Y)$ (Y 为 $F_a/F_r>e$ 时的轴向系数)	$F_s=eF_r$ (e 见表 5.8)	$F_s=0.68F_r$	$F_s=1.14F_r$

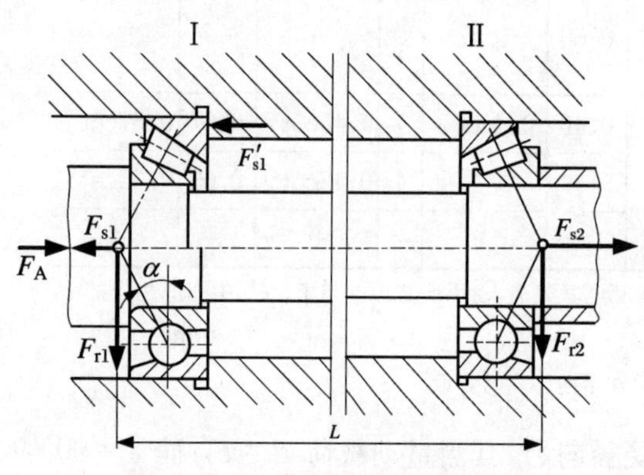

图 5.17　角接触轴承反装配方式

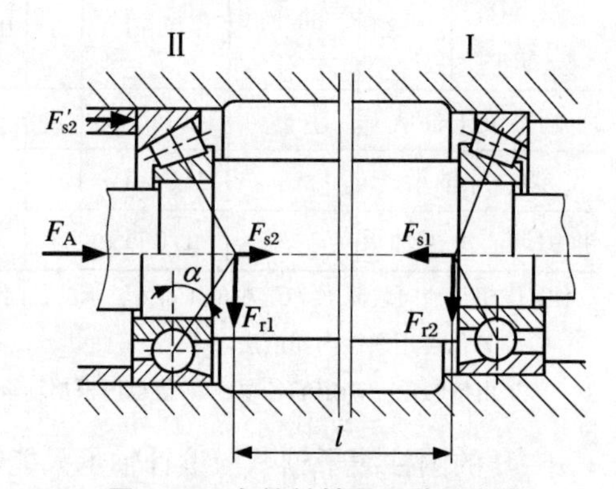

图 5.18　角接触轴承正装配方式

分析径向轴承Ⅰ、Ⅱ所受的轴向力,要根据具体受力情况,按力的平衡关系进行。下面分两种情况讨论。

① 当 $F_A+F_{s2}>F_{s1}$(图 5.17)时,轴有向右移动的趋势,根据力的平衡关系,轴承座Ⅰ上必将产生反力 F'_{s1},使

$$F_A + F_{s2} = F_{s1} + F'_{s1}$$

即

$$F'_{s1} = F_A + F_{s2} - F_{s1}$$

由此得两轴承上的轴向力 F_{a1},F_{a2}分别为

$$\left.\begin{aligned} F_{a1} &= F_{s1} + F'_{s1} = F_A + F_{s2} \\ F_{a2} &= F_{s2} \end{aligned}\right\} \tag{5.16}$$

② 当 $F_A + F_{s2} < F_{s1}$（图 5.18）时，轴有向左移动的趋势，同理，在轴承座Ⅱ上必将产生反力 F'_{s2}，使

$$F_A + F_{s2} + F'_{s2} = F_{s1}$$

即

$$F'_{s2} = F_{s1} - F_A - F_{s2}$$

因此两轴承上的轴向力 F_{a1}，F_{a2} 分别为

$$F_{a1} = F_{s1}$$

$$F_{a2} = F_{s2} + F'_{s2} = F_{s1} - F_A \tag{5.17}$$

确定轴向载荷 F_{a1} 和 F_{a2} 后，即可按下式计算其当量动载荷。即

$$P_{\mathrm{I}} = X_{\mathrm{I}} F_{r1} + Y_{\mathrm{I}} F_{a1} \tag{5.18}$$

$$P_{\mathrm{II}} = X_{\mathrm{II}} F_{r2} + Y_{\mathrm{II}} F_{a2} \tag{5.19}$$

3. 轴承寿命计算

滚动轴承的寿命随载荷增大而降低，寿命与载荷的关系曲线如图 5.19 所示，其曲线方程为

$$P^{\varepsilon} L_{10} = 常数 \tag{5.20}$$

式中：P 为当量动载荷（N）；L_{10} 为基本额定寿命，常以 10^6 r 为单位（当寿命为 10^6 r 时，$L_{10} = 1$）；ε 为寿命指数，球轴承 $\varepsilon = 3$，滚子轴承 $\varepsilon = 10/3$。

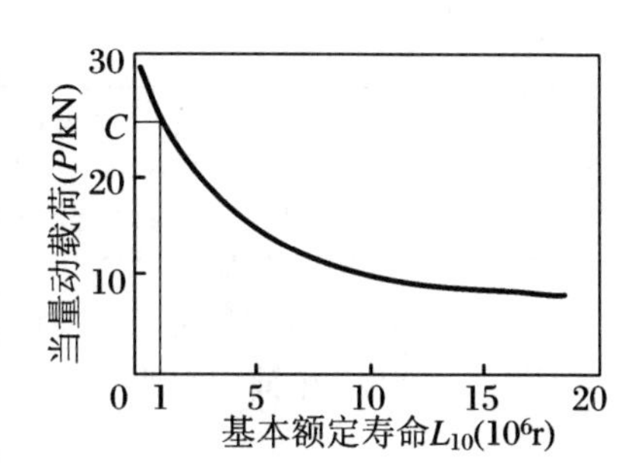

图 5.19　滚动轴承的 P-L 曲线

由手册查得的基本额定动载荷 C 是以 $L_{10} = 1$、可靠度 90% 为依据的。由此可列出当轴承的当量动载荷为 P 时以转数为单位的基本额定寿命 L_{10} 为

$$C^{\varepsilon} \times 1 = P^{\varepsilon} \times L_{10} \tag{5.21}$$

滚动轴承的寿命计算公式为

$$L_{10} = \left(\frac{C}{P}\right)^{\varepsilon} \quad (10^6 \mathrm{r}) \tag{5.22}$$

式中：C 为基本额定动载荷（N）。

若轴承工作转速 n 的单位为 r/min 时，可求出以小时数为单位的基本额定寿命

$$L_{10h} = \frac{10^6}{60n}\left(\frac{C}{P}\right)^{\varepsilon} = \frac{16\,670}{n}\left(\frac{C}{P}\right)^{\varepsilon} \quad (\mathrm{h}) \tag{5.23}$$

应取 $L_{10h} \geqslant L'_h$。L'_h 为轴承的预期使用寿命。通常参照机器大修期限决定轴承的预期使用寿命，表 5.11 中的推荐值可供参考。

表 5.11　推荐的轴承预期使用寿命 L'_h

使用场合	L'_h(h)
不经常使用的精密机械	500
经常使用的精密机械	2 000～6 000
短期或间断使用，中断使用不致引起严重后果的机械	4 000～8 000
间断使用的机械，中断使用将引起严重后果，如流水作业线的传动装置等	8 000～14 000

续表

使用场合	L'_h(h)
每天工作 8 h 的机械，如齿轮减速箱	14 000～30 000
连续工作的精密机械	20 000～60 000
24 h 连续工作，中断工作将引起严重后果的机械	>100 000

若已知轴承的当量动载荷 P 和预期使用寿命 L'_h，则可按下式求得相应的计算额定动载荷 C_j，它与所选用轴承型号的 C 值必须满足下式要求：

$$C_j = \frac{P}{f_t}\sqrt[\varepsilon]{\frac{n}{16\,670}L'_h} \leqslant C \tag{5.24}$$

式中：f_t 为温度系数，见表 5.12。

表 5.12　温度系数 f_t

轴承工作温度(℃)	≤100	125	150	175	200	225	250	300	350
f_t	1	0.95	0.9	0.85	0.8	0.75	0.7	0.6	0.5

按式(5.23)计算出的轴承寿命，其工作可靠度是 90%，但许多重要主机都希望轴承工作可靠度高于 90%，在轴承材料、使用条件不变的情况下，寿命计算公式为

$$L_{Rh} = f_R L_{10h} \tag{5.25}$$

式中：L_{10h}为可靠度是 90%时的轴承寿命，按式(5.23)计算；f_R 为可靠度寿命修正系数，如表 5.13 所示；L_{Rh}为任意可靠度时的寿命。

表 5.13　可靠性寿命修正系数 f_R

可靠度 R(%)	90	95	96	97	98	99
f_R	1.0	0.62	0.53	0.44	0.33	0.21

4. 滚动轴承的静强度计算

当轴承处于静止或以低速转动和缓慢摆动时，其失效形式主要是滚道表面产生过大的塑性变形，使轴承运转时有较大的振动和噪声，影响正常工作。

实践表明，当受力最大的滚动体和任一套圈滚道接触表面的塑性变形量之和不超过滚动体直径的万分之一时，通常不会影响轴承的正常工作。因此，对于每一尺寸的滚动轴承，可得到产生上述变形量的载荷，此载荷称为额定静载荷 C_0。对于深沟球轴承、角接触球轴承、向心滚子轴承，$C_0 = C_{0r}$（径向额定静载荷）；对于推力轴承，$C_0 = C_{0a}$（轴向额定静载荷）。C_0 表示轴承在低速运转时的承载能力，该值可由手册中查出。同样，当量静载荷是指轴承同时承受径向和轴向复合载荷时，经过折算的某一载荷，在此载荷作用下，轴承产生的永久变形量与实际载荷作用下相同。对于深沟球轴承、角接触球轴承、向心滚子轴承，$P_0 = P_{0r}$（径向当量静载荷）；对于推力轴承，$P_0 = P_{0a}$（轴向当量静载荷）。

低速转动或缓慢摆动的轴承，应按额定静载荷选择轴承型号。额定静载荷的计算值按

下式计算，即

$$C_{0j} = S_0 P_0 \leqslant C_0 \tag{5.26}$$

式中：C_{0j}为额定静载荷的计算值(N)；S_0为安全系数，按表5.14查取；P_0为当量静载荷(N)。

表5.14　安全系数S_0

使用要求及载荷性质	S_0	
	球轴承	滚子轴承
对旋转精度及平稳性要求较高，承受较大的冲击载荷	1.5～2	2.5～4
正常使用	0.5～2	1～3.5
对旋转精度及平稳性要求较低，没有冲击和振动	0.5～2	1～3

当量静载荷应按式(5.27)和式(5.28)计算，并取其中较大值：

$$P_0 = F_r \tag{5.27}$$

$$P_0 = X_0 F_r + Y_0 F_a \tag{5.28}$$

式中：X_0为径向系数，Y_0为轴向系数，由表5.15查取。

表5.15　径向系数X_0和轴向系数Y_0

轴承类型	接触角α	单列轴承		双列轴承	
		X_0	Y_0	X_0	Y_0
深沟球轴承		0.6	0.5	0.6	0.5
角接触球轴承	$\alpha=15°$ $\alpha=25°$ $\alpha=40°$	0.5 0.5 0.5	0.46 0.38 0.26	1 1 1	0.92 0.76 0.52
双列调心球轴承	$\alpha=35°$	0.5	0.29	1	0.58
双列调心滚子轴承	$\alpha=30°$	—	—	1	0.66
调心球轴承		0.5	$0.22\cot\alpha$	1	$0.44\cot\alpha$
圆锥滚子轴承		0.5	$0.22\cot\alpha$	1	$0.44\cot\alpha$

5. 滚动轴承的极限转速

滚动轴承转速过高时会使摩擦面间产生高温，影响润滑剂性能，破坏油膜，从而导致滚动体回火或元件胶合失效。

滚动轴承的极限转速是在一定载荷和润滑条件下所允许的最高转速。在轴承样本和手册中，给出了不同类型和尺寸的轴承在油润滑和脂润滑条件下的极限转速。这些数值只适用于当量动载荷$P\leqslant 0.1C$(C为基本额定动载荷)，润滑与冷却条件正常，向心轴承只受径向载荷，推力轴承只受轴向载荷，公差等级为0级的轴承。

当滚动轴承载荷$P>0.1C$时，接触应力将增大；轴承承受联合载荷时，受载滚动体将增加，这都会增大轴承接触表面间的摩擦，使润滑状态变坏。此时，极限转速值应修正，实际转速值应按下式计算：

$$[n] = f_1 f_2 n_{\lim} \tag{5.29}$$

式中：$[n]$为实际允许转速（r/min）；$n_{\lim}$为轴承极限转速；f_1 为载荷系数（图 5.20）；f_2 为载荷分布系数（图 5.21）。

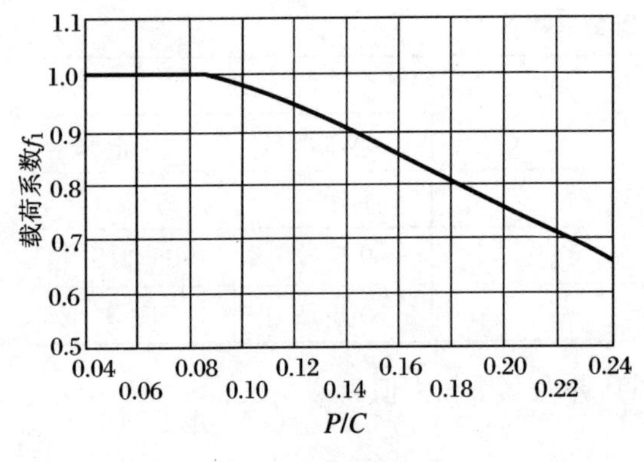

图 5.20　载荷系数 f_1

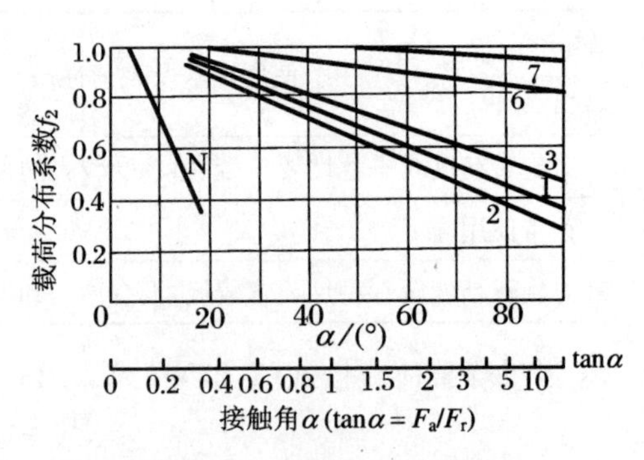

图 5.21　载荷分布系数 f_2

选择轴承时，轴承的工作转速不得超过实际允许的最高转速。

影响轴承极限转速除载荷因素外，还有许多因素，如轴承类型、尺寸大小、润滑与冷却条件、游隙、保持架的材料与结构等。如果所选用轴承的极限转速不能满足要求时，可以采取一些改进措施予以提高。如提高轴承的公差等级，适当加大游隙，改用特殊材料和结构的保持架，采用循环润滑、油雾润滑，增设循环冷却系统等可提高轴承的极限转速。

例 5.2　试选择某传动装置中用深沟球轴承。已知轴颈 $d = 35$ mm，轴的转速 $n =$ 2 860 r/min，轴承径向载荷 $F_r = 1\,600$ N，轴向载荷 $F_a = 800$ N，载荷有轻微冲击，预期使用寿命$L_h' = 5\,000$ h。

解　由于轴承型号未定，C_{0r}，e，X，Y 值都无法确定，必须进行计算。以下采取预选轴承的方法。

预选 6207 与 6307 两种深沟球轴承方案计算，由手册查得轴承数据如表 5.16 所示。

表 5.16　轴承数据

方　案	轴承型号	C_r（N）	C_{0r}（N）	D（mm）	B（mm）	$n_{\lim}$（r · min^{-1}）
1	6 207	25 500	15 200	72	17	8 500
2	6 307	32 200	19 200	80	21	8 000

计算步骤与结果列于表 5.17 中。

结论：经将各试选型号轴承的径向基本额定动载荷的计算值 C_j 与其径向基本额定动载荷值 C_r 相比较，6207 轴承的 C_j 小于 C_r，且两值比较接近，故 6207 轴承适用。6307 轴承虽然 C_j 也小于 C_r 值，但裕度太大，不宜选用。

表 5.17　计算步骤与结果

计算项目	计算内容	计算结果	
		6207 轴承	6307 轴承
F_a/C_{0r}	$F_a/C_{0r}=800/C_{0r}$	0.053	0.042
e	查表 5.8(用内插值法求出)	0.256	0.24
F_a/F_r	$F_a/F_r=800/1\,600$	$0.5>e$	$0.5>e$
X, Y	查表 5.8 (Y 值用内插值法求出)	$X=0.56$ $Y=1.74$	$X=0.56$ $Y=1.85$
载荷系数 f_P	查表 5.8	1.1	1.1
当量动载荷 P	$P=f_P(XF_r+YF_a)$ (式 5.15) $=1.1\times(1\,600X+800Y)$	2 517 N	2 614 N
计算额定动载荷 C_j	$C_j=\frac{P}{f_t}\sqrt[3]{\frac{L_h' n}{16\,670}}$ (式 5.24) $=\frac{P}{1}\sqrt[3]{\frac{5\,000\times 2\,860}{16\,670}}$	23 917 N $C_j<25\,500$	24 839 N $C_j<32\,200$
基本额定动载荷 C_r	查手册		

5.1.2.5　滚动轴承部件的结构设计

设计滚动轴承部件时，除了要正确选择类型和型号外，还要进行结构设计。轴承部件的结构设计包括：轴承的固定方法；轴承与轴和轴承座的配合；轴承游隙的调整和预紧；轴承的润滑和密封等。只有正确合理地进行轴承部件的结构设计，才能保证滚动轴承正常工作。

1. 轴承的固定

在滚动轴承部件中，轴和轴承在工作时，相对机座不允许有径向移动，轴向移动也应控制在一定限度之内。限制轴的轴向移动有两种方式。

(1) *两端固定*　使每一轴承都能限制轴的单向移动，两个轴承合在一起就能限制轴的双向移动。如图 5.22(a)所示，利用内圈和轴肩、外圈和轴承盖限制轴的移动。

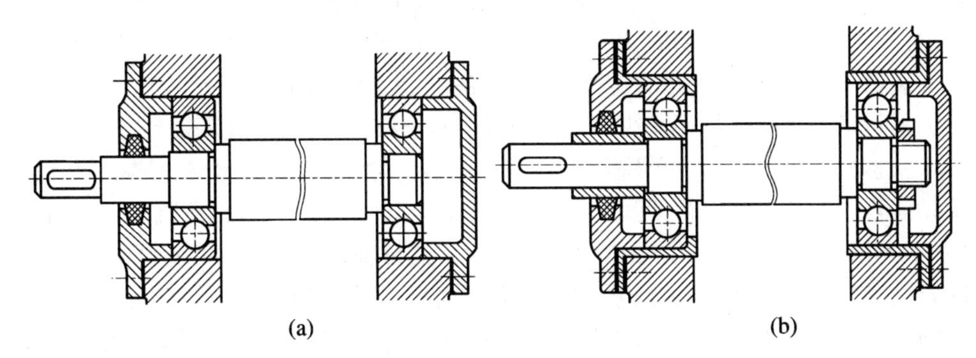

图 5.22　滚动轴承的固定方式

(2) *一端固定，一端游动* 使一个轴承限制轴的双向移动，另一个轴承可以游动。如图 5.22(b)所示。

对于工作温度较高的长轴，应采用第二种方式；对于工作温度不高的短轴，可采用第一种方式，但在外圈处也应留出少量的膨胀量，一般为 0.25～0.4 mm，以备轴的伸长。间隙的大小可用选择端盖端面处加垫片等办法控制。

2. 轴承的配合

滚动轴承与轴及轴承座的配合将影响轴承游隙。轴承未安装时的游隙称为原始游隙，装上后，由于过盈所引起的内圈膨胀和外圈收缩，将使轴承的游隙减小。

轴承游隙过大，不仅影响它的旋转精度，也影响它的寿命。只有当游隙为零时，图 5.15 所示的载荷分布规律才是正确的。如果游隙很大，在极限情况下，可能只有最下方的一个滚动体受力，轴承的承载能力将大大降低。

通常，回转圈的转速越高，载荷越大，工作温度越高，应采用较紧的配合；游动圈或经常拆卸的轴承则应采用较松的配合。轴承孔与轴的配合取(特殊的)基孔制，轴承外圈与孔的配合取基轴制。回转圈与机器旋转部分的配合一般用 n6，m6，k6，js6；固定圈和机器不动部分的配合则用 J7，J6，H7，G7 等。关于配合和公差的详细资料可参考有关手册。

3. 滚动轴承游隙的调整

轴承游隙 δ 过大，将使承受载荷的滚动体数量减少，轴承的寿命降低。同时，还会降低轴承的旋转精度，引起振动和噪音，当载荷有冲击时，这种影响尤为显著。轴承游隙过小，轴承容易发热和磨损，也会降低轴承的寿命。因此，选择适当的游隙，是保证轴承正常工作，延长使用寿命的重要措施之一。

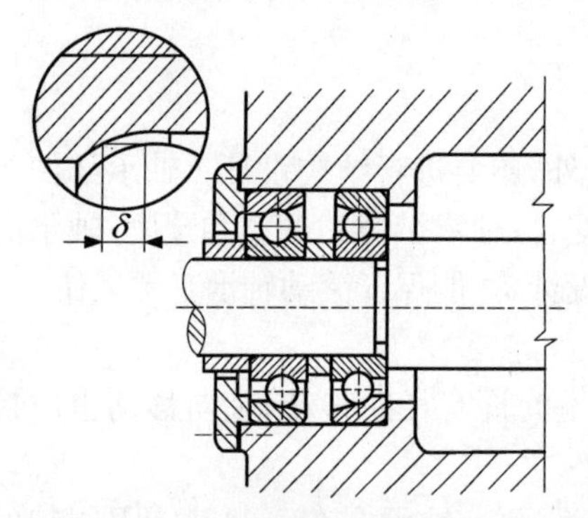

图 5.23　滚动轴承游隙的调整

许多轴承都要在装配过程中控制和调节游隙，方法是使轴承内、外圈作适当的相对轴向位移。如图 5.23所示，调整端盖处垫片的厚度，即可调节配置在同一支座上两轴承的游隙 δ。

4. 滚动轴承的预紧

当深沟球轴承或角接触轴承受轴向载荷 F_a 时，内、外圈将产生相对轴向位移(图 5.24(a))，因此，消除了内、外圈与滚动体间的游隙，并在内、外圈滚道与滚动体的接触表面产生弹性变形 λ。随着轴向载荷的增大，弹性变形也随之增大，但是，由于接触表面的面积也随之增大，所以弹性变形的增量随载荷的增加而减小，即轴承刚性将随载荷的增大而逐渐提高。

对于精密机械中的轴承，可根据上述载荷-变形特性，在装配轴承时，使轴承内、外圈滚道和滚动体表面保持一定的初始弹性变形，因而在工作载荷作用下，轴承既无游隙且产生的接触弹性变形又小，从而提高了轴承的旋转精度。这种在装配时使轴承产生初始接触弹性变形的方法，称为轴承的预紧。预紧时，轴承所受的载荷称为轴承的预加载荷。预加载荷的大小对轴承工作性能影响很大，太小时，对提高轴承刚性的作用不大；太大时，轴承容易发热和磨损，寿命降低。在重要的场合，预加载荷的大小应通过试验确定。

图 5.24(b)、(c)、(d)是产生滚动轴承预紧的几种典型结构。在两个轴承的内圈之间和

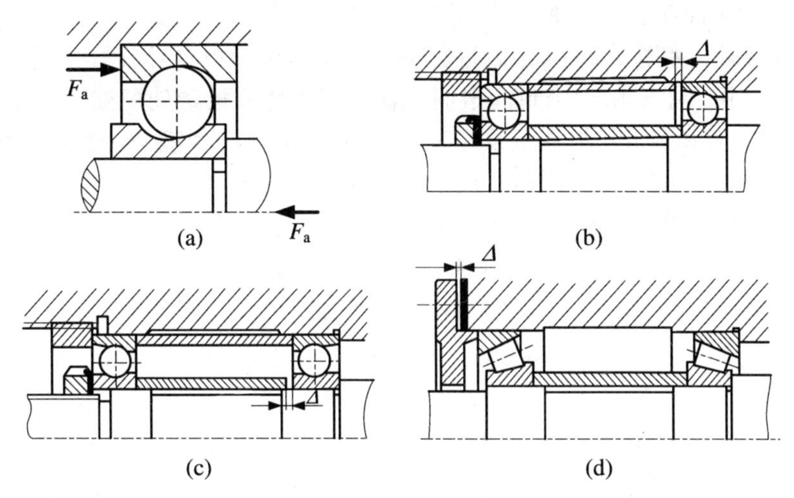

(a) (b)
(c) (d)

图 5.24 滚动轴承的预紧

外圈之间分别安装两个不同长度的套筒(图 5.24(b)、(c)),或控制轴承端盖上垫片的厚度(图 5.24(d)),安装时调整螺母或端盖使间隙 Δ 为零,都可产生一定的预加载荷。

成对双联角接触球轴承,是轴承厂磨窄其内圈或外圈、选配组合后,成套供应的。安装时,用外力使其内圈并紧(图 5.25(a))或外圈并紧(图 5.25(b)),即可使轴承预紧。

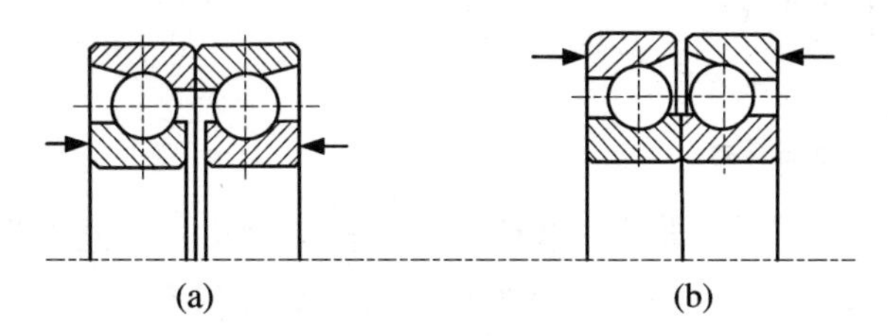
(a) (b)

图 5.25 成对双联角接触球轴承

5. 滚动轴承的润滑

为了减小摩擦和减轻磨损,滚动轴承必须维持良好的润滑。此外,润滑还具有防止锈蚀、加速散热、吸收振动和减小噪音等作用。

与圆柱面支承相同,用于滚动轴承的润滑,也可采用润滑脂、润滑油或固体润滑剂。

润滑脂不易渗漏,不需经常添加补充,密封简单,维护保养也较方便,且有防尘、防潮能力。但是,其内摩擦大,稀稠程度受温度变化的影响较大。所以润滑脂一般用于转速和温度都不很高的场合。轴承中润滑脂的充填量不宜过多,通常约占轴承内部空间的 1/3~1/2。

润滑油的内摩擦小,在高速和高温条件下仍具有良好的润滑性能。因此,高速轴承一般均采用润滑油润滑。缺点是易渗漏,需良好的密封装置。

当润滑脂和润滑油不能满足使用要求时,可采用固体润滑剂。最常用的固体润滑剂是二硫化钼,可用作润滑脂的添加剂;也可用粘接剂将其粘接在滚道、保持架和滚动体上,形成固体润滑膜;有时还可将其加入到工程塑料或粉末冶金材料中,制成有自润滑性能的轴承零件。

6. 滚动轴承的密封

为防止润滑剂的流失和外界灰尘、水分的侵入,滚动轴承必须采用适当的密封装置。

常用的密封装置有下列几种。

(1) 毡圈密封　如图5.26所示。这种密封装置结构简单,但因摩擦和毡圈磨损较大,故高速时不能应用。主要用于密封润滑脂。轴表面在毡圈接触处的圆周速度一般不超过4～5 m/s,当轴表面抛光和毡圈质量较好时,可达7～8 m/s,工作温度一般不得超过90 ℃。

(2) 皮碗密封　如图5.27所示。皮碗用耐油橡胶制成,借助其弹性压紧在轴上,可用于密封润滑脂或润滑油,轴表面与皮碗接触处的圆周速度一般不超过7 m/s,当轴表面抛光时,可达15 m/s,工作温度为-40～100 ℃。安装皮碗时应注意密封唇的方向,用于防止漏油时,密封唇应向着轴承(图5.27(a));用于防止外界污物侵入时,密封唇应背着轴承(图5.27(b))。

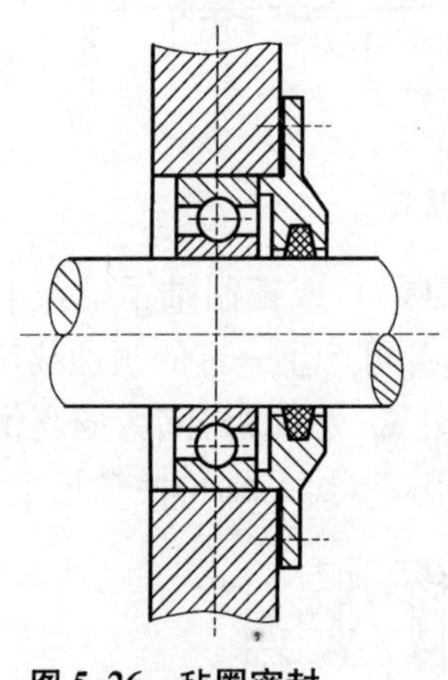

图5.26　毡圈密封

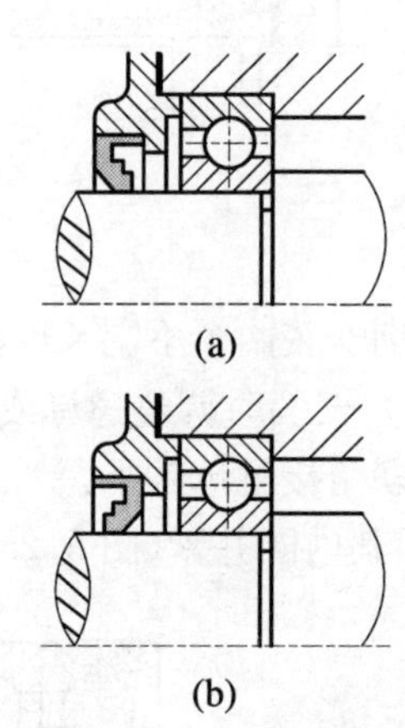

图5.27　皮碗密封

(3) 间隙密封　如图5.28所示。这种密封靠轴与轴承盖之间充满润滑脂的微小间隙(0.1～0.3 mm)实现(图5.28(a))。间隙密封如用于密封润滑油时,轴上应加工出沟槽(图5.28(b)),以便把沿轴向流出的油甩出后通过小孔流回轴承。

(4) 迷宫密封　如图5.29所示。这种密封装置是由转动件与固定件曲折的窄缝形成的,窄缝中注满润滑脂,可用以密封润滑脂或润滑油。迷宫密封的径向间隙一般为0.2～0.5 mm,轴向间隙为1～2.5 mm,轴径大时,间隙应较大。这种密封装置的效果最好,使用时不受圆周速度的限制,且圆周速度愈高,密封效果愈好。

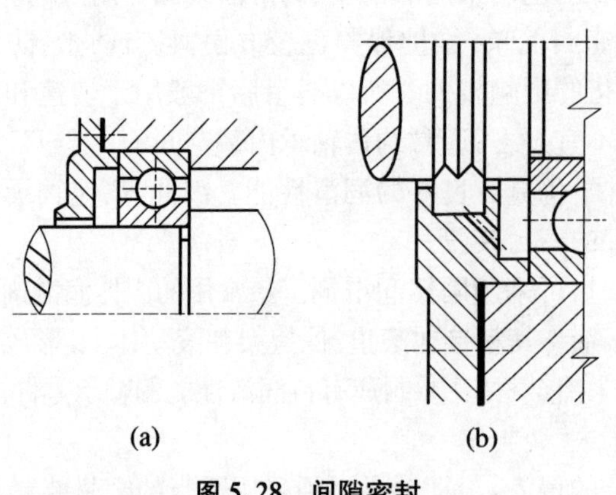

图5.28　间隙密封

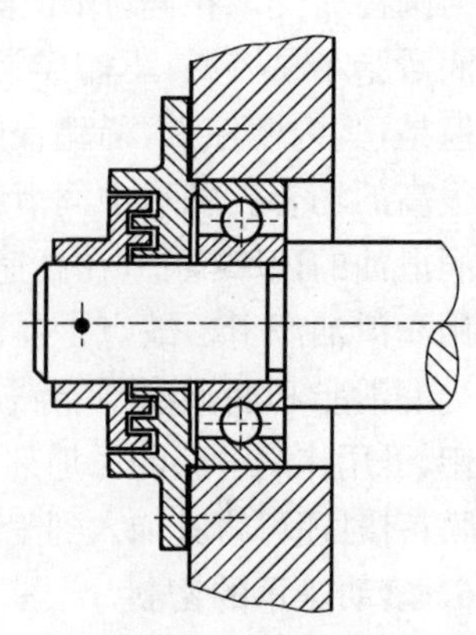

图5.29　迷宫密封

5.1.3　弹性摩擦支承

弹性摩擦支承，简称弹性支承，是一种只具有弹性摩擦的支承。因此，支承的摩擦力矩极小。在精密机械中，最常用的弹性支承形式有：

① 悬簧式(图5.30(a))；

② 十字形片簧式(图5.30(b))；

③ 张丝式(图5.30(c))；

④ 吊丝式(图5.30(d))。

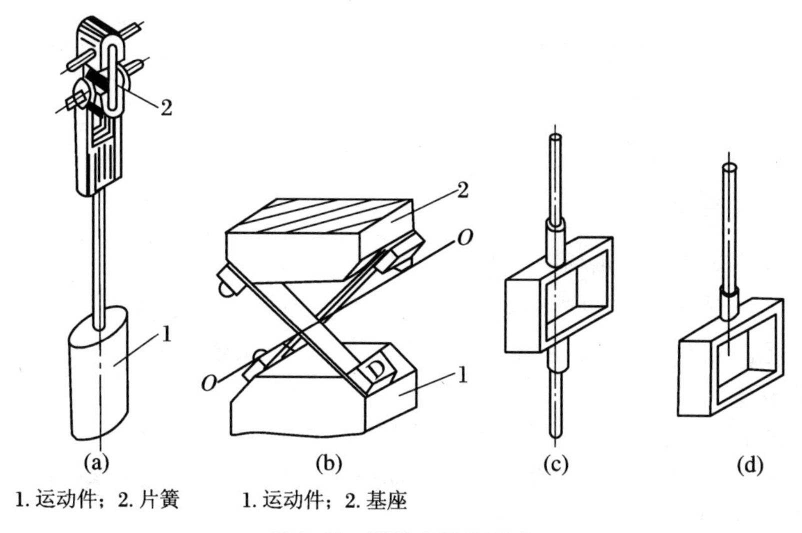

图5.30　弹性支承的形式

悬簧式弹性支承由片簧和夹持片簧的上夹与下夹组成，通常上夹固定在支座上，而下夹用来悬挂运动件。

十字形片簧式弹性支承(简称十字形弹性支承)由等长度、等宽度和厚度，并交叉成十字形的一对片簧所组成。这对片簧的两个端部与运动件相连，而另两个端部与基座相连。采用十字形弹性支承时，运动件的转动中心大致位于片簧的交叉轴线 OO 上。

张丝式和吊丝式弹性支承的主要组成部分是矩形或圆形截面的金属丝。运动件由两根金属丝(张丝)拉住或用一根金属丝(吊丝)悬挂起来，使其能绕金属丝的轴线转动。在这种弹性支承中，金属丝除起支承的作用外，常常是产生反作用力矩的弹性元件。此外，在电工测量仪表中，往往又用它作为导电元件。

张丝和吊丝通常经过一中间弹性元件，然后再固定在基座上(图5.31(a))。这样，可保护张丝和吊丝，使其在受到偶然动力作用时不致损坏。把张丝、吊丝固定在中间弹性元件或其他零件上时，可用钎焊的方法(图5.31(a))或锥销夹紧(图5.31(b))。用钎焊固定方法可获得很好的电接触性能，但钎焊时容易引起张丝和吊丝的末端退火，使其弹性变坏。用夹紧固定方法不会影响其弹性，但结构比较复杂，电接触性能不好。

弹性支承有下列优点：

① 弹性支承中只产生极小的弹性摩擦，因此，运动件与承导件之间几乎可认为没有

摩擦；

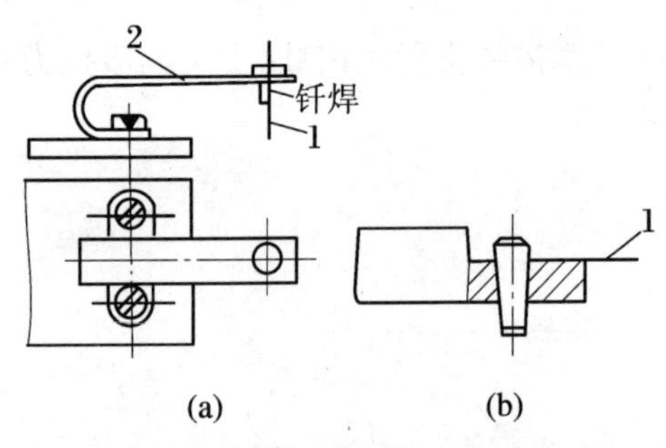

图 5.31　张丝和吊丝的固定结构

1. 张丝、吊丝；　2. 弹性元件

② 弹性支承中没有磨损，使用寿命长；

③ 支承中无间隙，不会给传动带来空回；

④ 支承中无相对滑动或滚动，因此不需施加润滑剂，维护简单；

⑤ 可在各种使用条件下工作，如真空、高温、高压和具有射线等；

⑥ 结构简单，成本低。

缺点是：

① 运动件转角有限制（一般不超过2π rad）；

② 转动中心是变化的（指悬簧式和十字形片簧式弹性支承）。

5.1.4　流体摩擦支承

流体摩擦支承，是指支承的运动件和承导件之间，具有一层流体膜，当运动件转动时，流体膜各层之间产生摩擦阻力的一种支承。

按流体膜形成方法的不同，流体摩擦支承可分为动压支承、静压支承和磁力支承等。

1. 动压支承

依靠运动件与承导件的相对转动形成流体膜。动压支承在起动、制动和低速状态下，往往不能形成流体膜，此时，支承中将出现半干摩擦和干摩擦，使支承的摩擦和磨损增大。因此，应用受到一定限制。

2. 静压支承

由外界供压设备供给一定压力的流体，在运动件和承导件之间形成流体膜。其形成与运动件的转速无关。静压支承可在各种工作条件下运转，应用较广。由于静压支承需要一套供压设备和过滤系统，因此成本较高。

按支承中流体的不同，流体摩擦支承又可分为：① 液体摩擦支承；② 气体摩擦支承。

液体静压支承是利用专门的供油泵，将润滑油加压后，输入轴承油腔，形成具有一定压力的润滑油层，使转轴浮悬。这种轴承使轴颈、轴承间的滑动摩擦改变为液体摩擦，因而具有下述特点：

① 摩擦阻力小、传动效率高；

② 使用寿命长；

③ 可适应较大的转速范围；

④ 抗振性能好；

⑤ 回转精度高；

⑥ 需要专用供油油泵或装置。

液体静压支承实际上是一个包括径向或轴向的静压轴承、保证供油恒流量的节流器、供油泵等组成部分的系统（图 5.32），其中静压轴承是核心，Ⅰ是轴承，Ⅱ是轴颈。在轴承的内圆柱面上，对称地开有用标号1,2,3,4标示的4个油腔。油从供油装置中加压输出后，按图中箭头所示方向，经节流器注入静压轴承油腔，填充于轴承与轴颈的间隙中，并使轴颈浮悬。

油从供油装置输出，经节油器，注入静压轴承，然后再沿油道返回供油装置，形成循环油路。

空荷时，由于各油腔与轴颈间的间隙相同，油压降亦同，各油腔内的实际油压相对平衡。轴颈浮悬，处于图5.32所示理想状态。

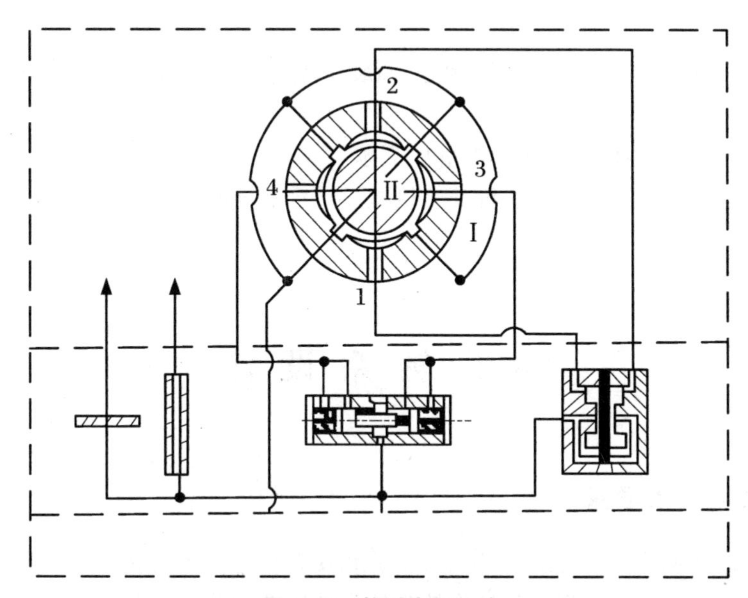

图5.32　静压支承系统

Ⅰ. 轴承；　Ⅱ. 轴颈；　1,2,3,4. 油腔

承荷时，在外加径向负荷 $\boldsymbol{F}_r$ 作用下，轴颈将沿负荷作用方向，产生微量位移 e。若各油腔空荷时的径向间隙为 h，承荷后，油腔1的间隙将减少为 $h-e$，油腔2的间隙将增大为 $h+e$。油腔间隙改变，若油量不变，必将引起油阻改变，形成油腔1与油腔2之间的油压差。通过节流器调节，使油压差与外加负荷平衡，则可使轴颈在偏心 e 的位置上稳定。由于轴颈仍浮悬于油层中，故其旋转时为液体摩擦而非固体滑动摩擦：工作状态下摩擦性质的改变，不仅减小了摩擦阻力，提高了传动效率，同时也减少了磨损，增长了使用寿命。由于轴颈的位移量与"轴颈"轴承的结构尺寸、节流器的参数有关，设计时，可以通过对这些参数的选择控制 e 的大小，保证轴的旋转精度。

静压支承系统的设计比较复杂，必要时可参考有关专著。

气体摩擦支承与液体摩擦支承相比，有下列特点：

① 气体的黏度较小，因此，气体摩擦支承具有较小的摩擦力矩和较高的工作转速，有的气体摩擦支承的转速可高达 $(4\sim5)\times10^5$ r/min；

② 气体的物理性能稳定，因此，支承可在高温或低温工作条件下运转；

③ 气体可直接由支承排入大气，对周围工作环境不会造成污染；

③ 一般地，空气压缩机的供气压力较低，因此，气体摩擦支承的承载能力较低。

3. 磁力支承

也叫磁悬浮轴承，是利用磁力作用将转子悬浮于空间，使转子与定子之间没有机构接触的一种新型高性能轴承。与传统滚珠轴承、滑动轴承以及油膜轴承相比，磁轴承不存在机械接触，转子可以达到很高的运转速度，具有机械磨损小、能耗低、噪声小、寿命长、无需润滑、无油污染等优点，特别适用于高速、真空、超净等特殊环境。可广泛用于机械加工、涡轮机械、航空航天、真空技术、转子动力学特性辨识与测试等领域，被公认为是极有前途的新型轴承。

衡量磁轴承质量的关键是看它的转速、回旋精度和支承刚度。转速高达每分钟几十万转，回转精度优于1 μm。

此外，还有用静电力作为支承力的静电支承。

上述类型支承的具体设计方法可参考机械设计手册或其他有关资料。

5.2 轴 系 设 计

5.2.1 轴系的基本要求

轴系(又称主轴系统)是由主轴、轴套、支承和安装在主轴上的传动件等组成的。它的主要作用是：带动工件、刀具或测量部件作精确的旋转运动或分度；承受工件、测量部件的重力作用或切削力作用；保证与其他部件的准确相对位置。由此可见，轴系设计是否合理，直接影响加工质量和测量精度。

精密轴系的要求如下。

(1) *旋转精度* 即轴系运转中的置中精度和方向精度。轴系的置中精度常用运动件某一截面中心的偏移量表示；轴系的方向精度常用运动件中心线的偏转角表示。

(2) *刚度* 刚度的大小将影响轴系的旋转精度，因此要求轴系有足够的刚度，通常轴系刚度用实验的方法测定。

(3) *转动的灵便性* 即转动灵活、平稳，没有阻滞现象。

轴系设计制造的主要目标是获取主轴在一定载荷与转速下一定的回转精度。为此围绕精度问题，对刚度、热变形、振动等提出了相应的要求。

5.2.1.1 主轴回转精度

主轴回转轴线是主轴回转速度为零的一条直线，它与主轴几何轴线(通过主轴各截面圆心的线)不同，只有主轴回转时才出现，与几何轴线不一定重合。

主轴回转轴线在理想状态下是不变的，但由于轴颈和轴套加工误差、装配不良、温度和润滑剂的变化、磨损、弹性变形等因素的影响，主轴回转轴线就会发生偏移。主轴回转精度是以主轴实际回转轴线的位置偏移量即主轴回转误差来表示的，偏移量大，主轴回转精度就差。主轴回转误差又分为轴向窜动误差和径向跳动误差。主轴实际回转轴线的位置作纯轴向偏移时称为主轴的轴向窜动误差；主轴实际轴线作纯径向偏移与由轴系轴线角摆动所引起的径向偏移之和称为径向跳动误差，它在主轴不同的轴线位置上测得的跳动量是不同的。对于高精度测角仪器，往往需要知道主轴在每个方向上的误差情况，所以又有单周径向晃动误差（主轴每旋转一周，晃动出现一次）、双周径向晃动误差（主轴每旋转二周，晃动出现一次）和偶然径向晃动误差（主轴晃动没有规则地出现）的提法。

主系回转误差对加工或测量精度影响很大。加工零件形状误差是机床回转误差“复印”的结果，特别在车削、镗削时零件的圆度主要取决于轴系一转中的“行动”轨迹，如图5.33、图5.34所示。由于液体和气体具有误差平均效应，故其“复印”程度较小。

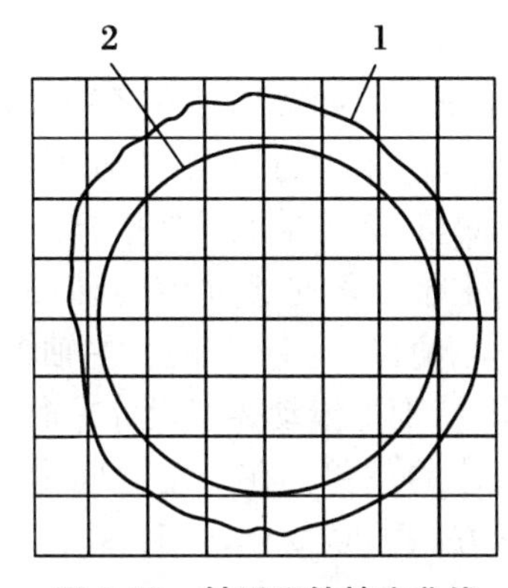

图5.33 轴系回转精度曲线

1. 滚动轴系； 2. 静压轴系

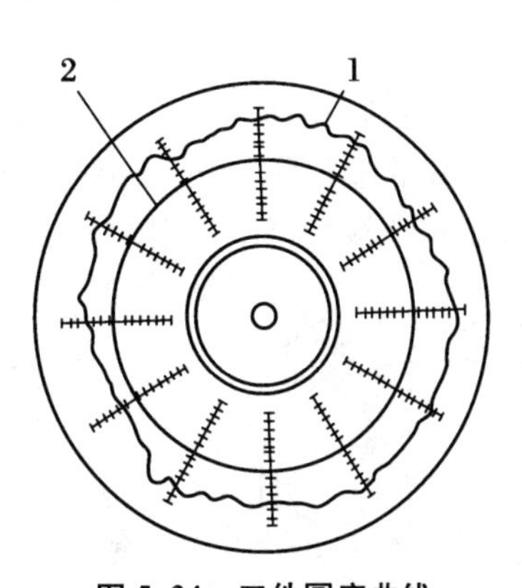

图5.34 工件圆度曲线

1. 滚动轴系； 2. 静压轴系

主轴回转精度与加工（测量）精度的关系分析如下。

如图5.35所示，设主轴（工件）和轴承外圈中心在 O 点，刀具或测量元件对工件的加工或测量点在 a 点（图5.35(a)）。如主轴无径向晃动，则主轴带动工件转过 θ 角后，加工或测量点将在 a' 点（图5.35(b)），工件没有角度误差。如轴承间隙造成主轴回转中心偏移，即从 O 点移到 O' 点（图5.35(c)），距离为 e、移动方向和加工或测量点的方位夹角为 α。此时，虽

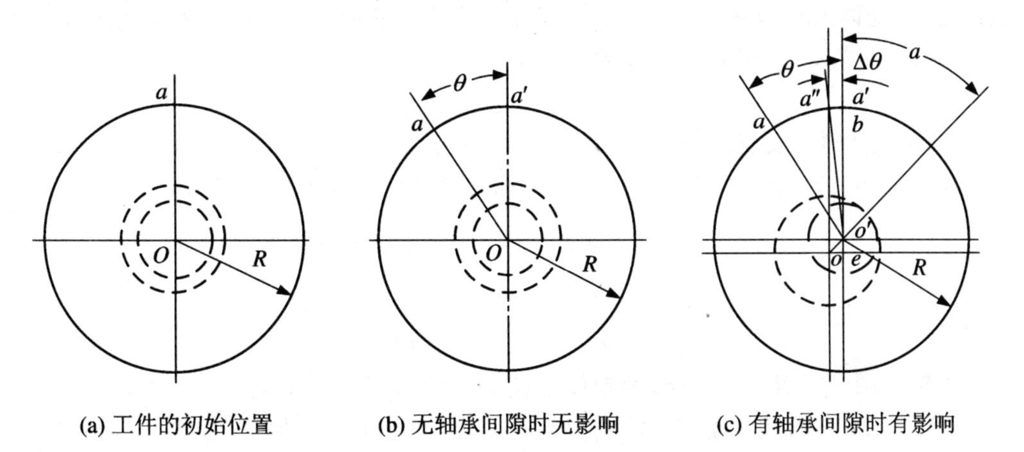

图5.35 轴承间隙对工件回转角度的影响

然主轴带动工件仍然转过 θ 角，但加工或测量点不在 a' 点而在 a'' 点，这样，工件实际转角 $\angle aO'a''=\theta-\Delta\theta$，其中转角误差 $\Delta\theta$ 可由下式求得：

$$\Delta\theta \approx \frac{e\sin\alpha}{R}(\mathrm{rad}) = 206\,265\frac{e\sin\alpha}{R} \quad ('')$$

式中：R 为工件加工或测量瞄准点的半径。

如果存在工件对主轴的安装偏心 e_1，则

$$\Delta\theta = 206\,265\frac{(e+e_1)\sin\alpha}{R} \quad ('')$$

设加工或测量点的半径 $R=70$ mm，则最大角度误差为

$$\Delta\theta_{\max} = \frac{206\,265e}{70\times 1\,000} \approx 3e \quad ('')$$

由此可见，减小轴承间隙可以获得较高的加工和测量精度。如要满足 0.2″精度，刻划半径为 70 mm 的圆光栅，轴承间隙必须小于 0.07 μm。显然，这么小的间隙，主轴不会灵活地旋转，甚至可能被“卡住”。因此，对高精度工件的加工或测量，必须采取其他措施。

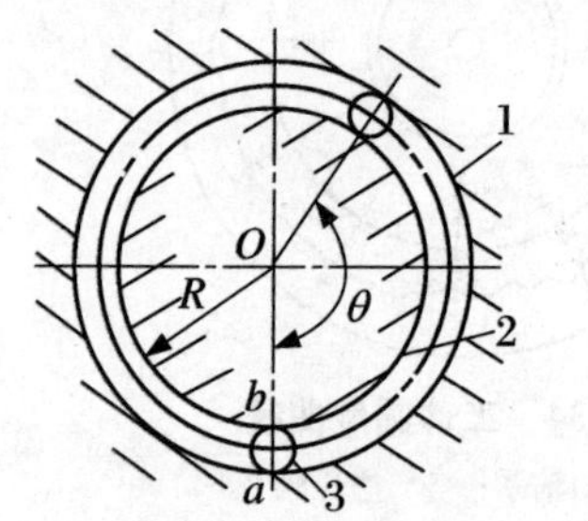

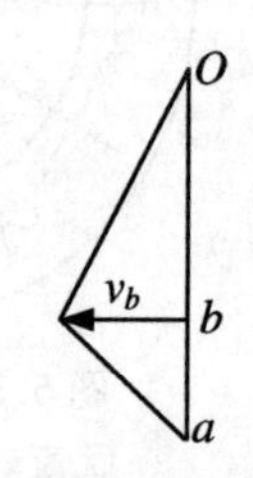

图 5.36　滚动体运动轨迹计算简图

1. 外圈滚道；2. 内圈滚道；3. 滚动体

滚动轴系的主轴一般是无间隙转动，避免了因间隙而造成的轴心偏移，但由于轴套、主轴轴颈及滚动体有形状误差，特别是滚动体有尺寸差时，主轴回转时将产生有规律的位移。在一定时间内，主轴轴心位移量和位移方向不断变化，这种变化习惯上称“飘移”。

如图 5.36 所示，设轴承外圈固定、内圈与主轴紧固。为了说明主轴“飘移”情况，取其中一个滚动体进行分析。当主轴带动滚动体自转和公转，主轴角速度为 ω_1，主轴轴颈半径为 R 时，滚动体沿轴套壁作纯滚动，主轴与滚动体的接触点 b 的线速度 v_b 相等，则 $v_b=\omega_1 R$。

由于滚动体沿轴套作纯滚动，滚动角速度为 ω_2，滚动体半径为 r，所以接触点 a 是滚动体的瞬心，滚动体圆心 O 的线速度 $v_0=\omega_2 r$，b 点的线速度 $v_b=2r\omega_2$，求得 $\omega_2=\omega_1 R/(2r)$。

滚动体转一周，主轴转过的角度为

$$\beta = \omega_1 t$$

式中：t 为滚动体转一周所需的时间。因为 $v_b t=2\pi r$，所以 $t=2\pi r/(\omega_1 R)$。

主轴转一周，滚动体中心绕主轴中心 O 转过的角度 θ 所对应的弧长为

$$s_0 = \int_0^{2\pi/\omega_1} v_0\,\mathrm{d}t = \int_0^{2\pi/\omega_1} \omega_2 r\,\mathrm{d}t = \pi R$$

所以

$$\theta = s_0/(R+r) = \pi R/(R+r)$$

设主轴轴颈半径 $R=12$ mm，滚动体半径 $r=3$ mm，则滚动体公转的角度 $\theta=4\pi/5=4\times180^\circ/5=144^\circ$。由此可得，当主轴回转 1、2、3、4、5 转时，滚动体绕主轴中心转过 144°、288°、432°、576°、720°。即主轴回转 5 转时，滚动体绕主轴中心公转 2 转，此时滚动体重回到原来位置。如滚动体有尺寸差和形状误差，则主轴每转一周，主轴回转中心便发生偏移，偏

移情况按上述规律进行，与图5.37所示的实测结果完全符合。从目前加工条件看，要想从提高滚动体、主轴轴颈和轴套内孔精度来达到0.1 μm以内的主轴回转精度是非常困难的。

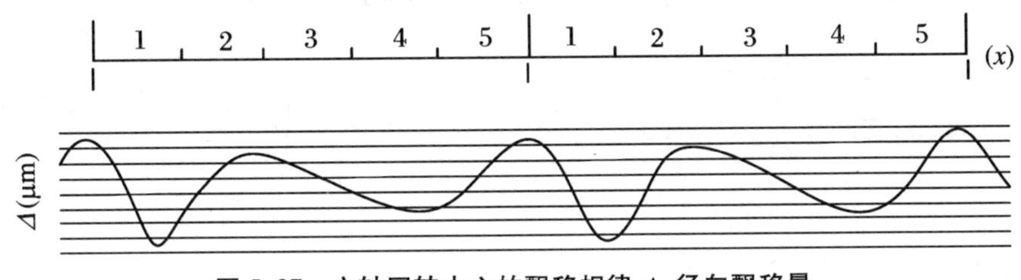

图5.37　主轴回转中心的飘移规律 Δ:径向飘移量

5.2.1.2　轴系刚度

轴系刚度是指在主轴某一测量点处的作用力 P 与主轴变形量（挠度）y 之比，即刚度 $K=P/y$，其倒数 y/P 称为柔度。刚度越大，柔度越小。

轴系刚度不高，直接影响加工质量和测量精度。轴系刚度是主轴、轴承和支承座刚度的综合反映。

如图5.38(a)所示，主轴前端的挠度 y_1 为

$$y_1 = \frac{Pa^3}{3EJ_1}\left(\frac{J_1}{J_2}+\frac{l}{a}\right)$$

式中：P 为主轴端的作用力(N)；l 为主轴两支承跨距(cm)；a 为主轴端悬伸长度(cm)；E 为主轴材料的弹性模量(N/cm^2)；J_1 为主轴两支承间横截面的惯性矩(cm^4)，$J_1=\pi(D_1^4-d^4)/64$；J_2 为主轴端悬伸部分横截面的惯性矩(cm^4)，$J_2=\pi(D^4-d^4)/64$；D_1 为主轴两支承间的主轴平均直径；D 为主轴悬伸部分的主轴平均直径(cm)；d 为主轴孔的平均直径(cm)。

由图5.38(b)所示几何关系求得由轴承和支承座的变形而引起主轴端的挠度 y_2 为

$$y_2 = \frac{P}{K_A}\left[\left(1+\frac{K_A}{K_B}\right)\frac{a^2}{l^2}+\frac{2a}{l}+1\right]$$

式中：$K_A=R_A/\delta A$，$K_B=R_B/\delta B$ 表示前后支承在反力 R_A，R_B 作用下产生径向弹性变形 δA，δB 时的前、后轴承径向刚度。

将上述 y_1 和 y_2 相加，即为主轴端部的总挠度 y（图5.38(c)）：

$$y = y_1 + y_2 = \frac{Pa^3}{3EJ_1}\left(\frac{J_1}{J_2}+\frac{l}{a}\right)+\frac{P}{K_A}\left[\left(1+\frac{K_A}{K_B}\right)\frac{a^2}{l^2}+\frac{2a}{l}+1\right] \tag{5.30}$$

由式(5.30)可知，第一项是由主轴本身的变形引起的，以柔度 y/P 为纵坐标、支承跨距与悬伸长度之比 l/a 为横坐标作图，可得到图5.39所示的斜线1，若 l/a 愈大，柔度 y_1/P 也愈大，则刚度愈小。第二项是由轴承和支承座的变形引起的，y_2/P 与 l/a 的关系如图5.39中的曲线2所示。当 l/a 很小时，柔度 y_2/P 随 l/a 增大而急剧降低，刚度急剧增大；当 l/a 较大时，刚度增加较慢。所以，两支承跨距的大小，对轴系刚度有很大的影响。合理确定两支承跨距的方法有很多，如将不同的 l/a 值代入式(5.30)并作图得曲线3，从而求得合理的支承跨距与悬伸长度之比，但此法工作量较大。

较为简便的方法是直接按式(5.30)取 y 极小值的条件计算。

令 $dy/dl=0$，这时的 l 应为最佳跨距 l_0，经整理后得

$$l_0^3-\frac{6EJ_1}{K_Aa}l_0-\frac{6EJ_1}{K_A}\left(1+\frac{K_A}{K_B}\right)=0$$

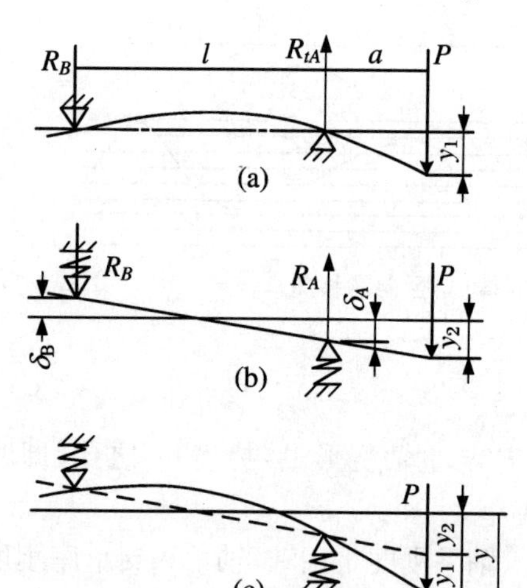

图 5.38 主轴端受力后的挠度

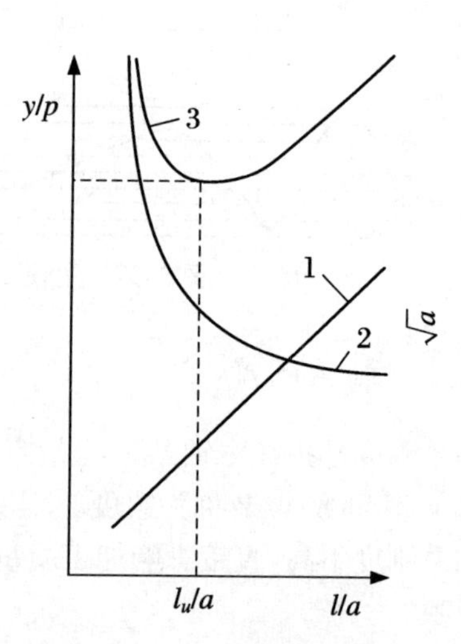

图 5.39 支承跨距与悬伸长度比的确定

令 $\eta=EJ_1/(K_Aa^3)$，代入上式后得

$$\eta=\left(\frac{l_0}{a}\right)^3\frac{1}{6\left[\frac{l_0}{a}+\left(1+\frac{K_A}{K_B}\right)\right]}$$

η 是一个无量纲量，它与主轴材料、两支承间横截面惯性矩，前、后支承径向刚度及主轴悬伸长度有关。同时它是比值 l_0/a 和 K_A/K_B 的函数，可以用 K_A/K_B 为参变量，l_0/a 为变量作出 η 的计算线图，如图 5.40 所示。

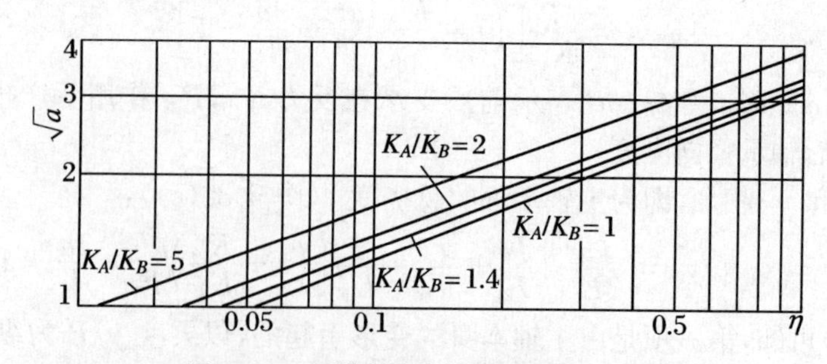

图 5.40 主轴支承最佳跨距计算线图

用查表法或计算法求出轴承刚度 K_A，K_B，并合理确定主轴结构尺寸后，便可算出 η，再从图 5.40 中很方便地查出比值 l_0/a。

从公式(5.30)可知，欲提高轴系刚度，除了合理选择支承跨距外，还应采取以下措施。

(1) 增大主轴直径 但这样做会使轴上零件也相应增大，以致机构庞大。机床钢质主轴前轴颈直径 D_1 可参考表 5.18 选取。为便于轴上零件的装配，主轴做成阶梯形的，后轴颈直径 D_2 常取 $D_2=(0.7\sim0.85)D_1$。

表 5.18 主轴前轴颈 D_1

机床轴系功率 N(kW)	1.47～2.5	2.6～3.6	3.7～5.5	5.6～7.3	7.4～11	12～14.7
车床前轴颈直径 D_1(mm)	60～80	70～90	70～105	95～130	110～145	140～165
外圆磨床轴颈直径 D(mm)	—	50～60	55～70	70～80	75～90	75～100

对于一些精密机床和仪器，主轴前端轴颈直径通常是取主轴内锥孔大端直径的 1.5～2 倍。如选用 4 号莫氏圆锥，$D_1=(1.5\sim2)\times31.267=46.9\sim62.543$(mm)。丝杠动态检查仪、光学分度头、外圆磨床等的前轴颈直径均在此范围内。

(2) 缩短主轴悬伸长度　这不仅可以提高轴系刚度和固有频率，还能减小顶尖处的振摆。精密机械设备可取 $a=(1/2\sim1/4)l_0$。

(3) 提高轴承刚度　经试验由机床轴承本身变形引起的挠度约占主轴端总挠度的 30%～50%。提高轴承刚度的措施有：选用黏度大的油液、减小轴承间隙、对滚动轴承进行预加载荷、提高静压轴承的油膜刚度等。

值得注意的是，上述轴系刚度的计算，还有很多因素未考虑进去，如驱动主轴的方式等。因此，计算结果应根据具体情况进行修正。

5.2.1.3 轴系的振动

影响轴系振动的因素有很多，如皮带传动时的单向受力，电动机轴与主轴连接方式不好，主轴上零件存在不平衡质量等。

对于高回转精度的主轴，不能采用皮带轮与滚动轴承组成的刚性连接的卸载轮传动，一般采用弹性元件并以力偶的方式传递，以避免主轴受驱动系统振动的影响，获得 0.1 μm 的主转回转精度。

(1) 用橡胶块连接传动　如图 5.41 所示，吸振性好，主轴与驱动轴的同轴度要求不高，但有空回程。

(2) 用金属弹性元件(金属薄膜或波纹管)连接传动　如图 5.42 所示，优点是吸振性好，有一定的传动力矩。但同样有空回程。

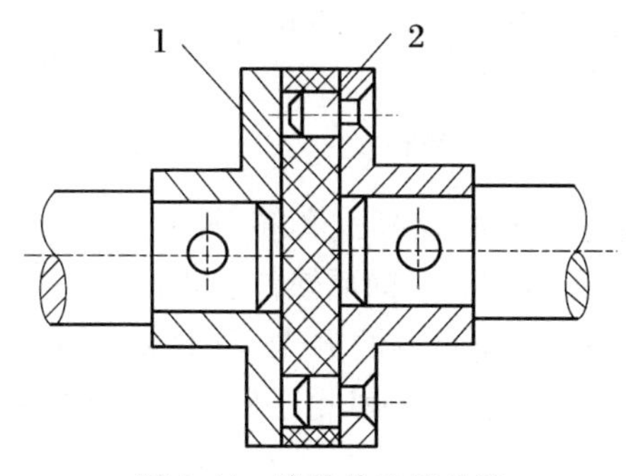

图 5.41 橡胶块连接传动

1. 橡胶块； 2. 销子

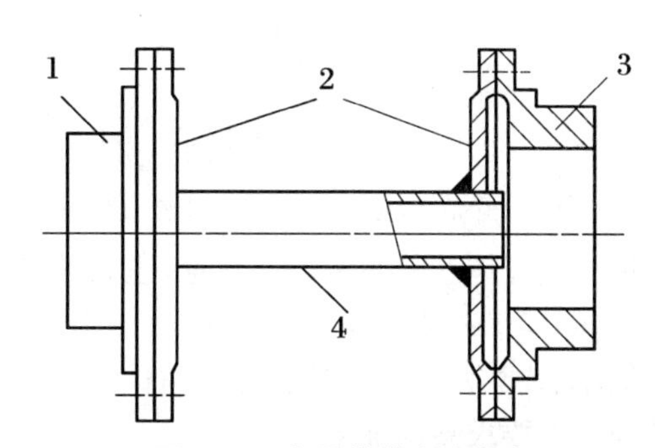

图 5.42 金属薄膜连接传动

1. 驱动轴套； 2. 金属薄膜；
3. 主轴套； 4. 金属薄壁管

(3) 用直流电动机直接传动　精密机械设备的主轴一般由转速可调的直流电动机或力矩电动机直接带动，因减少了产生振动的中间环节，同时电动机的转子与定子是非刚性接触，所以振动非常小，主轴旋转平稳，国外已普遍应用于高精度车床、转台及圆度测量仪轴系。国内较多的采用直流力矩电动机与直流高灵敏度测速机联用，同样能平稳地带动主轴旋转。

5.2.1.4　轴系的热变形

轴系发热的主要原因是传动件在运转中的摩擦。发热膨胀不仅使轴承间隙发生变化和主轴轴向伸长，而且使主轴箱因热膨胀变形，造成主轴回转轴线与其他部件的相对位置发生变化，影响加工和测量精度。因此必须控制温升在一定范围内，如坐标镗床主轴轴承的温升不得超过室温 10 ℃。

减小热变形及减小热变形影响的措施如下。

(1) 将热源与轴系分离　如将电动机或液压系统移至机床或仪器的外面。

(2) 减少热源的发热量　采用低黏度润滑油、锂基油或油雾润滑；提高轴承及齿轮的制造和装配精度等。

(3) 采用冷却散热装置　如冷却液从滚动轴承的最不易散热的滚子孔中流过，将部分热量带走。

(4) 缩短热变形量的计算长度　如图 5.43(a)所示，中心在水平位置偏离主轴 V 导轨，水平距离 l 和垂直距离 h 较大，相应热变形所引起的工件与刀具(或测量头)间的位置变化便越大。为此结构设计应尽可能减小这种偏离。采用如图 5.43(b)所示结构，$l=0$，$\Delta l=0$，即可使主轴的水平热位移得以消除。

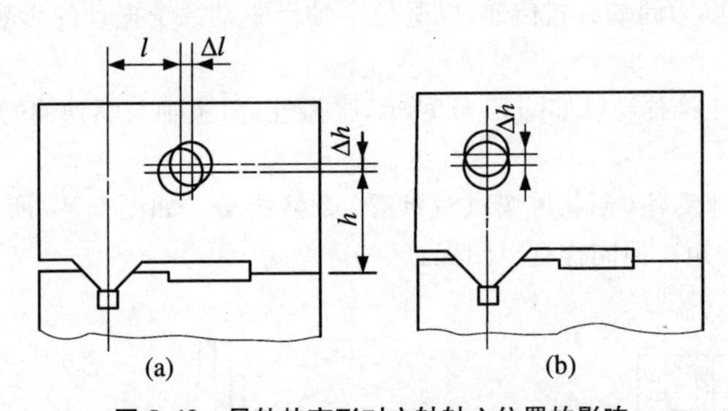

图 5.43　导轨热变形对主轴轴心位置的影响

(5) 采用热补偿结构　如图 5.44 所示，端面磨床主轴装在杯式套筒(轴承座)内，套筒以床头箱壳体的前端定位并固定，主轴的向前热伸长可被套筒的向后热伸长相抵消。

(6) 合理选择止推支承的位置　推力支承装在后径向支承的两侧(图 5.45(a))，虽然结构简单、装配方便，但主轴热伸长对主轴端的轴向精度影响较大，因此这种布局就不能用于轴向精度要求高的轴系。

推力支承装在前、后径向支承的外侧(图 5.45(b))，且滚动轴承的安装是大口朝外时，这种布局装配也很方便，但主轴受热伸长会引起轴向间隙增大，一般适用于短轴。

推力支承装在前径向支承的两侧(图 5.45(c))，减小了主轴受热向前伸长对轴向精度的

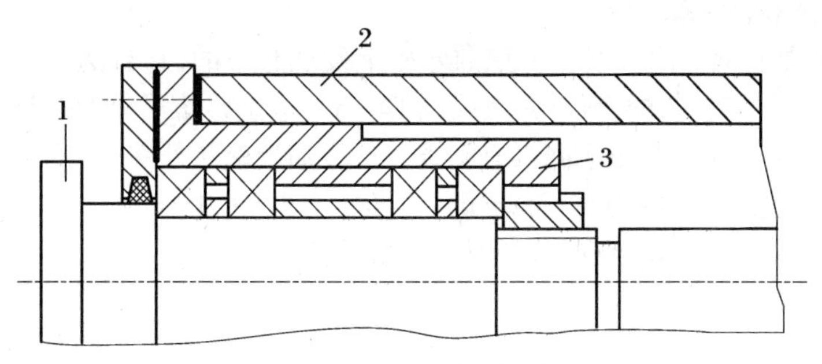

图 5.44 结构设计的热补偿

1. 主轴； 2. 壳体； 3. 套筒

影响，且轴向刚度较高。但主轴悬伸长度有些增加。

推力支承装在前径向支承的内侧（图 5.45(d)）或外侧，完全克服了上述缺点，所以很多机床采用这种布局，但装配较复杂些。

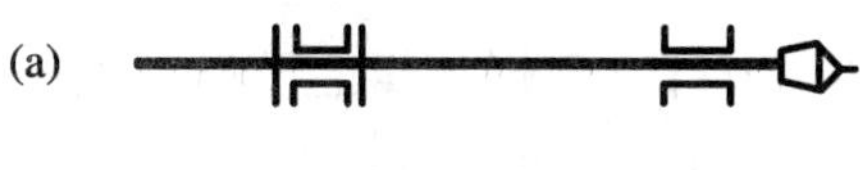

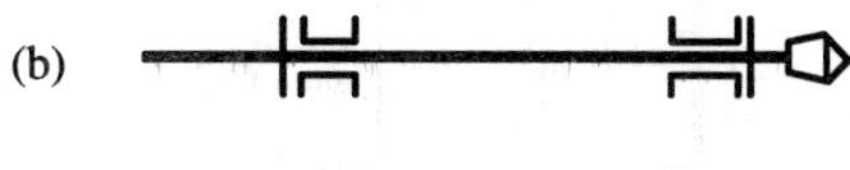

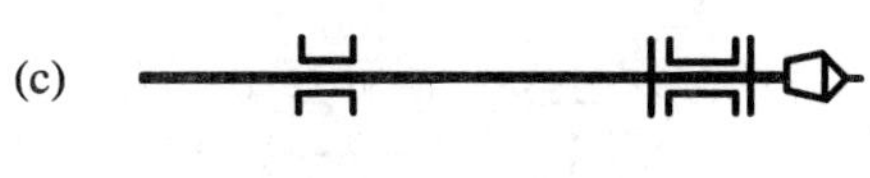

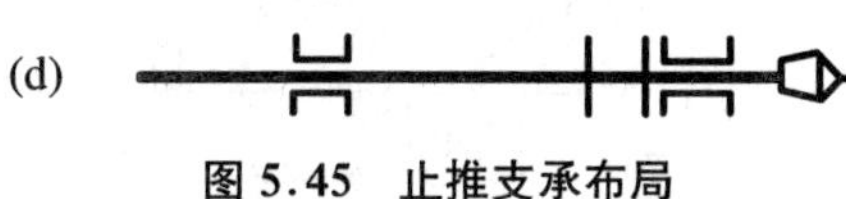

图 5.45 止推支承布局

5.2.2 滚动摩擦轴系

滚动摩擦轴系有两类，一是标准滚动轴承的轴系；二是非标准滚动轴承的轴系。

标准滚动轴承的规格已标准化、系列化，并由专门工厂大量生产出售，在机械结构设计中不需自己设计，而是根据具体的载荷、转速、旋转精度、刚度等要求选用。对于高精度轴系的设计，选择标准滚动轴承时，主要考虑轴承精度。

5.2.2.1 标准滚动轴承的轴系

1. 单列向心推力轴承的轴系

如图 5.46 所示为 CM6125B 型精密车床的轴系装配图。主轴前后支承均采用超高精度的滚动轴承，能同时承受径向和轴向载荷，用后支承的螺母可调整轴承间隙。采用这种轴承，主轴前端振摆在 5 μm 左右。

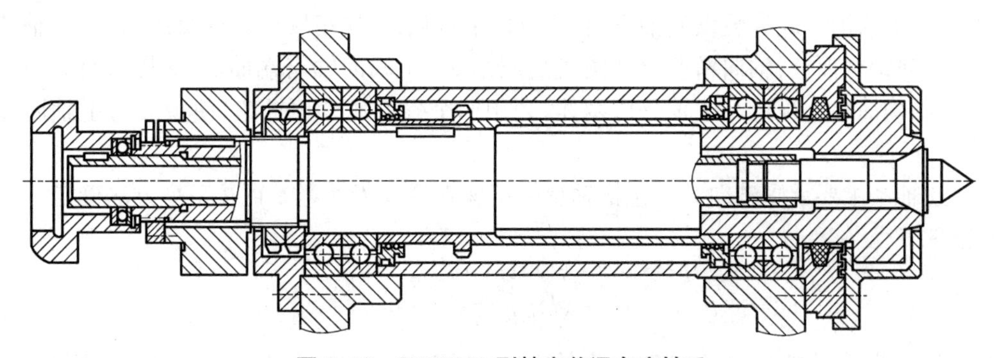

图 5.46 CM6125B 型精密普通车床轴系

2. Gamet 轴承的轴系

Gamet 轴承是在双列圆锥滚子轴承的基础上发展起来的，它有两个系列，H 系列用于前支承，P 系列用于后支承，配套使用。这种轴承与一般圆锥滚子轴承不同的地方是，滚子中空，保持架作整体加工并与滚子间没有间隙。这样油液就从外圈(图 5.47)中部的孔中进入，流过最不易散热的滚子的内孔，至滚子两端流出。此外，中空的滚子具有一定的弹性变形，可吸收一部分振动。前轴承间隙用螺母调整，后轴承靠弹簧预紧。

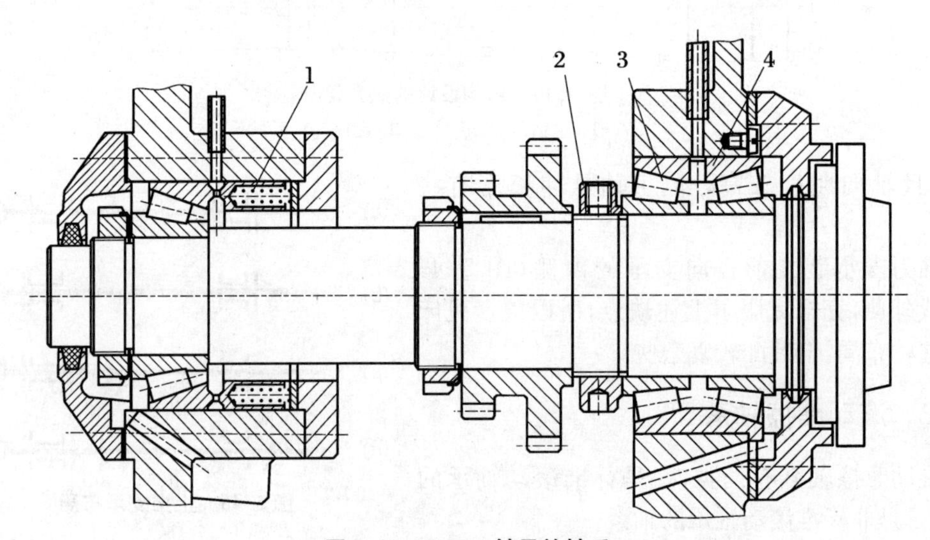

图 5.47 Gamet 轴承的轴系

1. 弹簧； 2. 螺母； 3. 滚子； 4. 外圈

5.2.2.2 非标准滚动轴承的轴系

非标准滚动轴承需要自行设计，用于标准滚动轴承不能满足要求时。它的主轴回转精度高、摩擦力矩小、结构简单，因而在精密机械设备(特别是低速轻载的精密仪器)中被广泛应用。

非标准滚动轴承的轴系分单列和密珠两种。

1. 单列滚动轴承的轴系

图 5.48 为渐开线齿轮仪的轴系，它具有以下特点：径向精度由基圆盘的内孔、主轴的外圆以及两列钢珠保证；轴向精度由基圆盘的端面 A、主轴的轴肩端面 B 及其中间的一列钢珠保证，结构简单。顶针与主轴分成两体，利用四个螺钉调节顶针座，使顶尖与主轴回转中心重合。

上述轴系主要承受轴向力。止推轴承的钢珠直径 d 及个数 z 可按下列方法确定。

钢珠直径

$$d = \sqrt{\frac{W_k}{9.8[p]}} \quad (\text{cm})$$

式中：$[p]$为钢珠材料的许用载荷强度，约为 8～10 MPa。W_k 为许用载荷，$W_k = W_1 a_1 a_2 a_3$ (N)；a_1 为座圈转动系数，内圈转动取 1、外圈转动取 1.1～1.4；a_2 为载荷情况系数，没有冲击取1、受轻冲击影响取1.2；a_3 为工作时间系数，1 000小时取1、2 500小时取1.32、5 000小时取20；W_1 为每个钢珠的承载能力，$W_1 = W/(zk)$，W 为最大轴向载荷，z 为钢珠个数，k 为承载系数，一般取0.80～0.85。

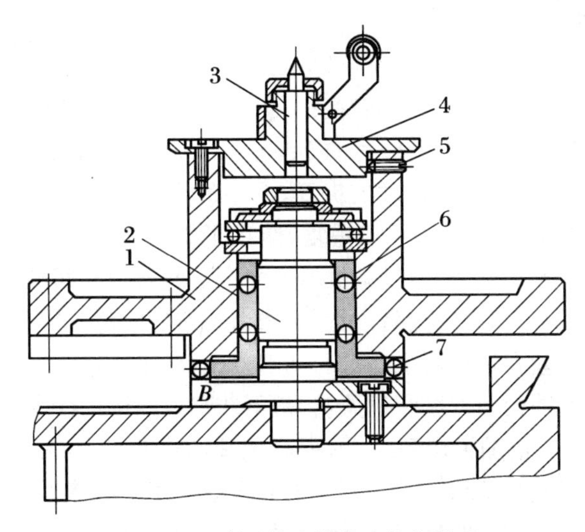

图5.48 渐开线小模数齿轮仪轴系

1. 基圆盘； 2. 主轴； 3. 顶针； 4. 顶针座； 5. 螺钉； 6. 两列钢珠； 7. 一列钢珠

根据上式钢珠强度计算结果，从有关设计手册选取标准的钢珠直径。然后即可算得钢珠变形量

$$\delta = 2 \times 0.76 \times \sqrt[3]{\frac{2W_1^2}{d}\left(\frac{1}{E_1} + \frac{1}{E_2}\right)^2} \quad (\text{cm})$$

式中：E_1，E_2 分别为钢珠和钢珠接触部分的材料弹性模量。

由上式看出，钢珠变形量 δ 与载荷 W_1 的2/3次方成正比、与钢珠直径 d 的1/3次方成反比，减小 W_1 对减小钢珠变形量的影响比减小 d 的影响大。为此，常设计成密珠轴承。不过钢珠直径过分减小，钢珠个数增多，这又增加了装配工作量和增大了摩擦力矩。因此在不影响主轴旋转灵活性的前提下，应取小的钢珠直径。钢珠直径不应小于按强度条件计算出来的值。

根据钢珠直径 d 和保持架的钢珠分布圆直径 D_0，求得钢珠个数为（图5.49）

$$z = \frac{180^\circ}{\arcsin \dfrac{t}{D_0}}$$

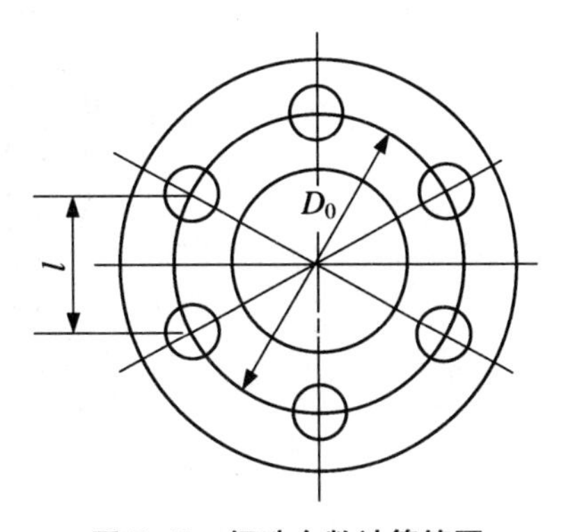

图5.49 钢珠个数计算简图

式中：t 为保持架两孔中心间距，一般取 $t = (1.2\sim1.5)d$。

对于径向轴承，钢珠在轴颈某一截面内排列的个数可按下式确定，即

$$z = 2^m n$$

式中：n 为棱圆度的波峰数；m 为指数，根据径向载荷、材料强度、驱动力矩等选择，可取1，

2,3…正整数。

例如,椭圆轴颈截面的钢珠,可等距排列成4、8、12、24个;三棱轴颈截面可排列成6、12、24个。

2. 密珠轴承的轴系

密珠轴承的轴系(下称密珠轴系)基本结构是由主轴、轴套和密集于二者间并具有过盈配合的钢珠组成。主轴、轴套和钢珠有较高的精度,并通过钢珠的密集分布与过盈配合,保证主轴有较高的回转精度;钢珠的密集有助于减小其误差对主轴轴心位置的影响,起着误差平均效应的作用,有利于主轴回转精度的提高;密集的钢珠按近似于多头螺旋线排列,每个钢珠公转时沿着自己的滚道滚动而不相重复,减小了滚道的磨损,主轴回转精度可长期保持。钢珠的过盈相当于预加载荷,通过微量的弹性变形起着消除间隙、减小几何形状误差的影响,不仅有利于主轴回转精度的提高,而且能增大轴系的刚度。因此,在严格控制轴套、钢珠及主轴的几何形状误差和钢珠间尺寸差的基础上,合理排列每个钢珠的位置,并根据轴系工作条件适当选择钢珠的密集程度和过盈量,是密珠轴系结构设计中的主要问题。

(1) 钢珠的密集度　增加钢珠数量,即提高钢珠的密集度,不仅钢珠变形量减小,而且单个或少数钢珠形状误差和钢珠间尺寸差对主轴前端的径向飘移影响不大,所以,提高钢珠的密集度是有好处的。但增加的过多,会使摩擦力矩增大,影响主轴运转的灵活性。

(2) 钢珠排列方式　钢珠排列,必须使每个钢珠的滚道互不重叠且尽量作中心对称配置。图5.50(a)所示的一秒数字式光栅分度头止推密珠轴承,钢珠装在尼龙保持架孔内,根

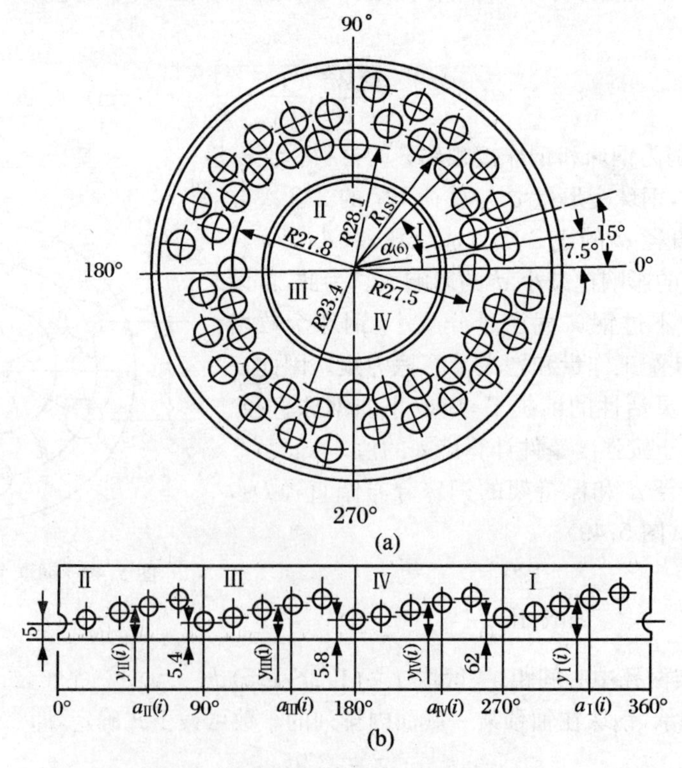

图5.50　密集轴承保持架孔的排列

据结构尺寸和计算，保持架共有48个孔，分布在四个象限内，按螺旋线排列，每个象限安放二排钢珠，每排相邻孔的径向中心线夹角 $\alpha=360°/24=15°$。如果取所有滚珠的相邻间距为0.3 mm，则每排相邻滚珠的滚道间距为 $0.3\times4=1.2$ mm。这样每排孔的中心坐标按表5.19计算即能满足上述要求。

表5.19　密珠止推轴承保持架每排孔的中心坐标值

象　限	第一排孔坐标	第二排孔坐标
第Ⅰ象限	$\alpha_{\text{I}(i)}=0°+15°i$ $R_{\text{I}(i)}=27.5+1.2i$	$\alpha_{\text{I}}'_{(i)}=7°30'+15°i$ $R_{\text{I}}'_{(i)}=34.7+1.2i$
第Ⅲ象限	$\alpha_{\text{III}(i)}=180°+15°i$ $R_{\text{III}(i)}=27.8+1.2i$	$\alpha_{\text{III}}'_{(i)}=187°30'+15°i$ $R_{\text{III}}'_{(i)}=35+1.2i$
第Ⅱ象限	$\alpha_{\text{II}(i)}=90°+15°i$ $R_{\text{II}(i)}=28.1+1.2i$	$\alpha_{\text{II}}'_{(i)}=97°30'+15°i$ $R_{\text{II}}'_{(i)}=35.3+1.2i$
第Ⅳ象限	$\alpha_{\text{IV}(i)}=270°+15°i$ $R_{\text{IV}(i)}=28.4+1.2i$	$\alpha_{\text{IV}}'_{(i)}=277°30'+15°i$ $R_{\text{IV}}'_{(i)}=35+1.2i$

注：$i=0,1,2,3,4$。

对于密集径向轴承保持架(图5.50(b)，尼龙制)，圆柱面上的20个孔的相邻孔径向中心线夹角 $\alpha=360°/20=18°$，取各排位置线的轴向最小间距为0.4 mm，则每排相邻滚珠的滚道间距为 $4\times0.4=1.6$ mm，从而求得各象限孔的中心坐标如下。

第Ⅰ象限：$\alpha_{\text{I}(i)}=0°+18°i$，$y_{\text{I}(i)}=5+1.6i$；

第Ⅲ象限：$\alpha_{\text{III}(i)}=180°+18°i$，$y_{\text{III}(i)}=5.4+1.6i$；

第Ⅱ象限：$\alpha_{\text{II}(i)}=90°+18°i$，$y_{\text{II}(i)}=5.8+1.6i$；

第Ⅳ象限：$\alpha_{\text{IV}(i)}=270°+18°i$，$y_{\text{IV}(i)}=6.2+1.6i$。

其中，$i=0,1,2,3,4$。

(3) 过盈量　在钢珠对称分布的情况下，过盈量

$$\Delta=2(\delta_1+\delta_2) \tag{5.31}$$

式中：δ_1 为单个钢珠与轴颈的接触变形量；δ_2 为单个钢珠与轴套的接触变形量。

式(5.31)的过盈量是通过轴套、轴颈与钢珠之间的压缩弹性变形来实现的。因此，在选取合理过盈量的设计中，应从控制轴套、轴颈的尺寸和受力后的压缩弹性变形量这两方面入手。一般是根据钢珠的实际尺寸和轴套内孔的实际尺寸通过配磨轴颈来实现预定过盈量。

因钢珠在滚动时，开始总是与凸出的少数几个点接触，将这些少数点磨损，然后接触面积增大，磨损减小，经一段时间后，滚道被压平。为防止滚道压平后出现间隙并保持一定刚度，所以对中等以上载荷的轴系，最小过盈量可取：

$$\Delta_{\min}=2\Delta_1+4\Delta_2+2\Delta_3$$

式中：Δ_1，Δ_2，Δ_3 分别为轴颈、钢珠、轴套表面的微观不平度。

对于轻载的轴系，最小过盈量可取：

$$\Delta_{\min}=\frac{2\Delta_1+4\Delta_2+2\Delta_3}{2}=\Delta_1+2\Delta_2+\Delta_3$$

最大过盈量要考虑材料的机械强度、驱动主轴的力矩，并要考虑不致引起爬行或回转不灵活。

5.2.3 滑动摩擦轴系

滑动轴承的轴系分为干摩擦或半干摩擦的滑动轴承的轴系（简称普通滑动轴系）、液体摩擦动压轴承的轴系（简称液体动压轴系）、液体摩擦静压轴承的轴系（简称液体静压轴系）及空气摩擦静压轴承的轴系（简称空气静压轴系）等。

5.2.3.1 圆柱形轴系

典型结构如图5.51所示。轴套用螺母压紧在支承座上，轴系的柱形轴在轴套内旋转，而度盘又以轴套的外圆为承导面作旋转运动。轴系的轴向载荷由滚珠承受，螺钉用以防止柱形轴的轴向窜动。为便于制造和装配，以及减小轴系的摩擦力矩，通常将轴套的中部切深，以减小接触面积。这种轴系的特点是结构简单，容易得到较高的制造精度。

影响圆柱形轴系旋转精度的因素，主要是柱形轴和轴套之间的间隙、几何形状误差和温度变化等。

1. 间隙的影响

柱形轴和轴套之间的间隙，使柱形轴转动时，其轴线有可能产生偏转，偏转角 $\Delta\psi$（图5.52）可用下式求出

$$\Delta\psi = \frac{\Delta}{L}k_s \tag{5.32}$$

式中：Δ 为柱形轴和轴套之间的间隙(mm)；L 为轴套的工作长度(mm)；k_s 为将弧度化为秒的换算系数，其值为 $k_s = 206\,265''/\text{rad}$。

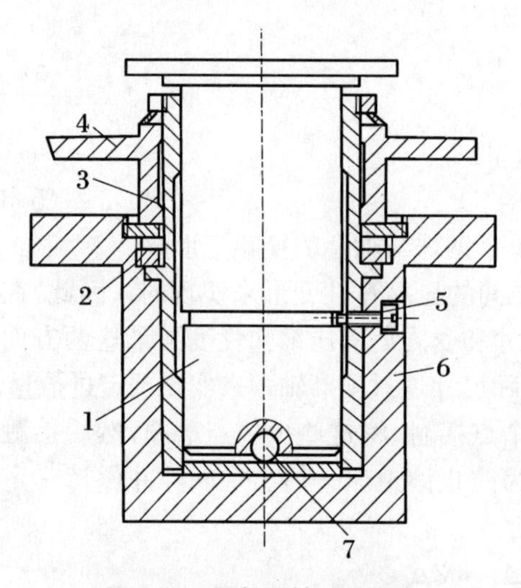

图5.51 圆柱形轴系的结构

1. 柱形轴； 2. 螺母； 3. 轴套； 4. 度盘；
5. 螺钉； 6. 支承座； 7. 滚珠

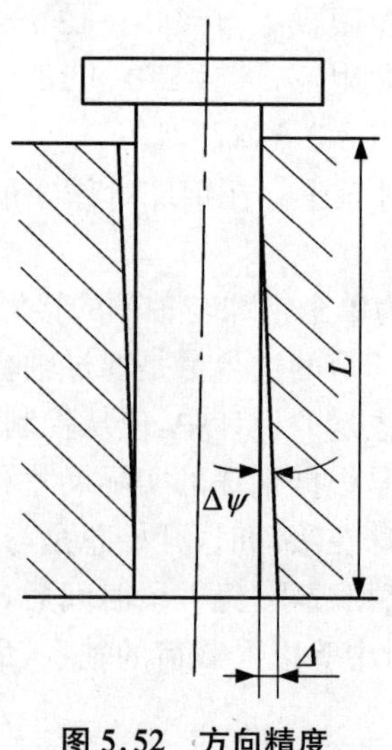

图5.52 方向精度计算简图

由于柱形轴可以向左右两个方向偏转,所以偏转角也可用 $\pm\Delta\psi$ 表示。由式(5.32)可见,要提高轴系的方向精度,可减少柱形轴和轴套之间的间隙 Δ 或增大其工作长度。但是,减小间隙受到精密加工工艺水平的限制,当轴和轴套的表面几何形状误差较大时,间隙过小,将使轴系转动不灵便。

2. 零件圆度的影响

圆度对轴系旋转精度的影响如图5.53所示。O'为柱形轴的中心,a_1,b_1 为柱形轴的长径和短径;O 为轴套的中心,a,b 为轴套的长径和短径。通常圆度和间隙是同时存在的。

由图5.53可见,柱形轴中心在 x 轴方向上的偏移量为

$$\Delta C_x = \frac{a - a_1}{2} \tag{5.33}$$

在 y 轴方向上的偏移量为

$$\Delta C_y = \frac{b - b_1}{2} \tag{5.34}$$

在 x 轴方向上的偏转角为

$$\Delta\psi_x = \frac{a - a_1}{L}k_s \tag{5.35}$$

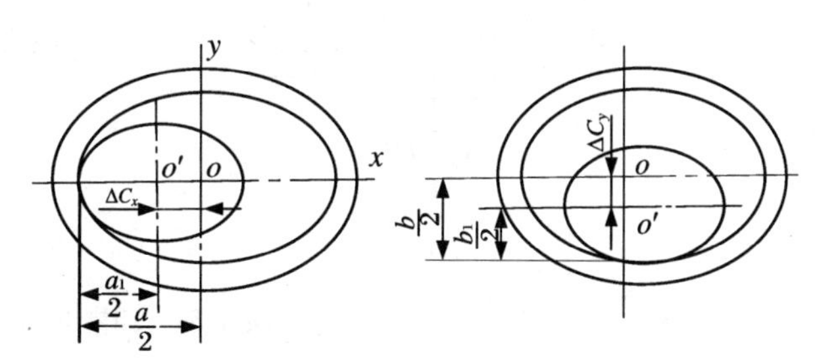

图5.53　椭圆度对轴系精度的影响

在 y 轴方向上的偏转角为

$$\Delta\psi_y = \frac{b - b_1}{L}k_s \tag{5.36}$$

3. 温度的影响

温度变化时,轴和轴套之间的间隙也将发生变化,因此其截面中心的偏移量可用下式计算:

$$\Delta C = \frac{\Delta + d(a_1 - a_2)(t - t_0)}{2} \tag{5.37}$$

式中:d 为柱形轴的公称直径(mm);Δ 为制造、装配后,柱形轴和轴套之间的间隙(mm);t_0 为轴系制造时的温度(℃);t 为轴系工作时的最高或最低温度(℃);a_1,a_2 为柱形轴和轴套材料的线膨胀系数(/℃)。

温度变化时,如间隙增大,则偏移量也随之增大;如间隙减小,将影响轴系转动的灵便性。

5.2.3.2　圆锥形轴系

圆锥形轴系由锥形轴和带圆锥孔套,以及其他的零件所组成(图5.54)。在精密机械中,圆锥形轴系通常用作竖轴,且主要承受轴向载荷。

当锥形轴和轴套之间有间隙,以及锥形轴和轴套有椭圆度误差时,将影响轴系的置中精度和方向精度。锥形轴截面中心的偏移量 ΔC(图5.55),可用下式求得:

$$\Delta C \approx \frac{\Delta d_k + \Delta d_z}{2} + \frac{\Delta n}{2\cos\alpha} \tag{5.38}$$

式中:Δd_k 为锥孔的椭圆度误差;d_z 为锥形轴的椭圆度误差;Δn 为轴套和轴之间的法向间

隙；α 为轴和轴套的圆锥半角。

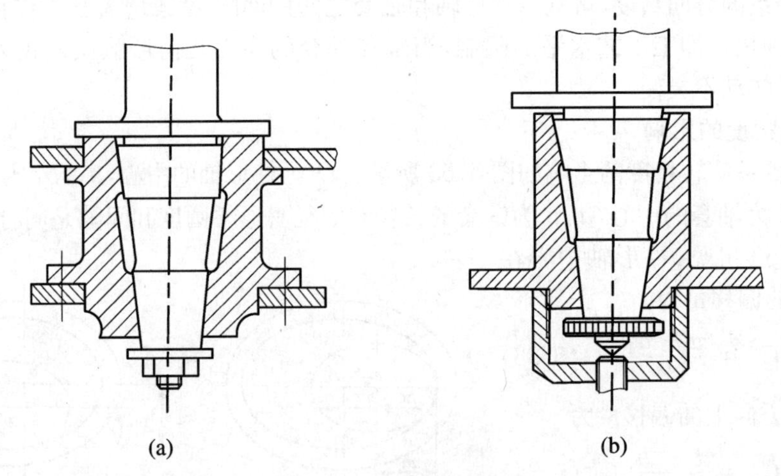

图 5.54 圆锥形轴系

锥形轴的偏转角可用下式求得：

$$\Delta\psi = \frac{\Delta C}{L}k_s \tag{5.39}$$

从式(5.38)和式(5.39)中可看出，在其他条件相同的情况下，锥角越小，则轴系的方向精度和置中精度越高。通常，其圆锥半角 α 在 $2^\circ50'\sim6^\circ$ 范围内选取。

圆锥形轴系受轴向载荷 F_a 时，作用在接触面上的法向压力 $2F_n$(图 5.56)应为

$$2F_n = \frac{F_a}{\sin\alpha} \tag{5.40}$$

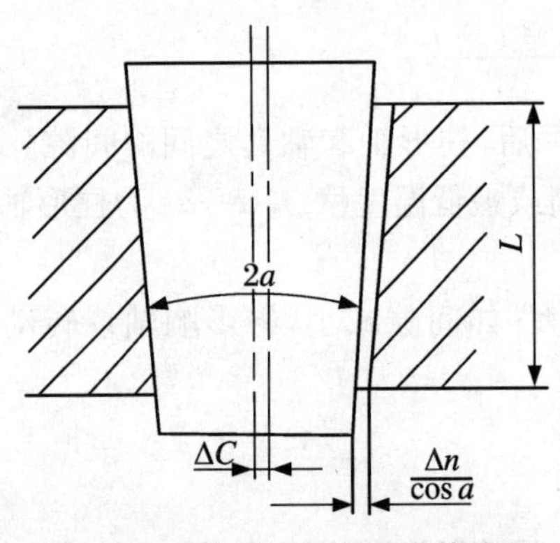

图 5.55 圆锥形轴系精度计算简图

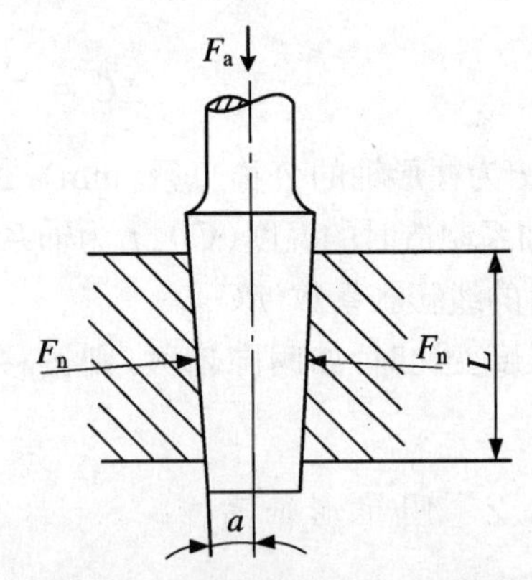

图 5.56 圆锥形轴系力的分解简图

由于圆锥形轴系的锥角选取较小，即使轴向载荷不大，也会在接触面间产生很大的压力，增大轴系的摩擦和磨损。为了改善这种情况，常利用附加的轴肩(图 5.54(a))或止推螺钉(图 5.54(b))等承受轴向载荷，这时锥形表面主要用来保证旋转精度。

圆锥形轴系的主要优点是其间隙可以调整，当锥形轴和轴套的形状误差极小时，轴系可通过调整间隙得到较高的置中精度和方向精度。

图5.54(b)中,止推螺钉的位移 S 与轴系间隙变化的关系式为

$$S = \frac{\Delta - \Delta'}{\tan \alpha} \tag{5.41}$$

式中:Δ 为调整前轴系的间隙(mm);Δ'为调整后轴系的间隙(mm)。

5.2.4 流体摩擦轴系

5.2.4.1 液体动压轴系

如图5.57所示,动压滑动轴承的工作特点是利用主轴轴颈旋转,把具有一定黏度的油液带入轴颈与轴瓦之间的楔形隙缝(简称油楔)中,由于油楔由宽(h_2)到窄(h_1),使油压升高,从而使主轴浮起,避免轴颈与轴套工作面接触。动压轴承的基本理论已在有关基础技术课做了详细的介绍,这里仅介绍轴系的承载能力和结构实例。

1. 承载能力

三油楔轴承的径向承载能力为

$$W = \frac{0.26Dn\mu B^2 L}{h_0^2} \frac{\left(\frac{1}{2} - \frac{a}{a^2 - 1}\ln a\right)^2}{\ln a - \frac{2(a-1)}{a+1}} \frac{1}{1 + \left(\frac{B}{L}\right)^2}\left[\frac{1}{(1-0.5\varepsilon)^2} - \frac{1}{(1+\varepsilon)^2}\right] \quad (\mathrm{N})$$

式中:D 为轴颈直径(cm);n 为主轴转速(r/min);μ 为油液动力黏度(N·s/cm^2);B 为轴瓦长度(cm);L 为轴瓦宽度(cm);h_0 为轴承半径间隙(cm);a 为间隙比;$a = h_1/h_2$;ε 为相对偏心率,$\varepsilon = e/h_0$。

由此可见,三油楔轴承径向承载能力,除与几何尺寸 D,B,L 等有关外,还与 μ,n,Δ 有关。主轴转速愈高,轴承直径间隙愈小,油液黏度愈大,径向承载能力愈大。

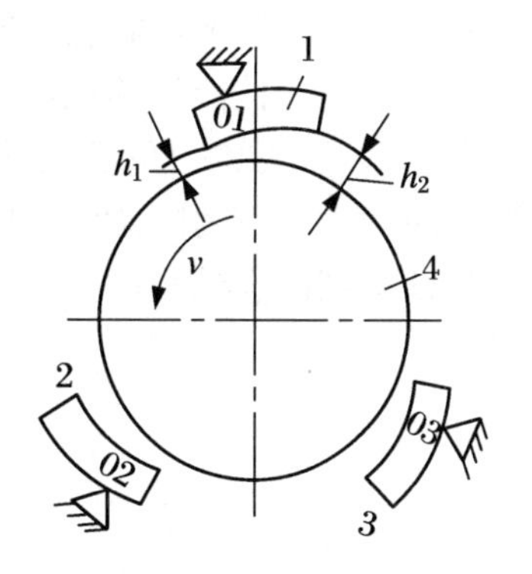

图5.57 三油楔动压轴承工作原理简图

1,2,3. 轴瓦; 4. 轴颈

2. 结构举例

动压轴承结构形式有很多,但归总起来主要有自动调位多油楔轴承、薄壁弹性变形轴承、加工成形的多油楔轴承。

(1) 自动调位多油楔轴承的轴系　这种轴系的轴承由一组各自独立的扇形瓦块和支承组件组成。其主要特点是:在径向平面内轴瓦能自动调位而形成油楔,油膜压力较高、主轴旋转精度稳定、装配调整方便、维修容易。故广泛应用于磨床砂轮架轴系。

图5.58所示的MG1432万能外圆磨床砂轮架轴系,前后支承均采用短三块自调油楔轴承,瓦块用球头螺钉调节,轴承直径间隙为0.01~0.02 mm。轴向止推装置是单向的,布置在主轴后端,这样主轴悬伸短,对提高刚度有利。

对轴承向隙的调整,可采用三个球头螺钉使扇形块位移来实现,这种调整方法,对箱体孔要求较低,但螺纹接触部分的支承刚度较差,主轴受力后,轴承间隙易发生变化。如果将扇形块背部与箱体孔壁接触,轴承间隙由箱体孔尺寸保证,接触刚度较好,但对箱体孔的尺

寸精度和位置精度要求很高。为克服上述缺点，一般采用两个扇形瓦块固定，一个扇形瓦块可调。

(2) *薄壁变形轴承的轴系* 图 5.59 为薄壁变形轴承。其结构特点是：主轴位于一薄壁圆柱形轴套内，轴套是靠一对滚子和一个活动块支承，轴套与壳体之间形成密封油池 R。

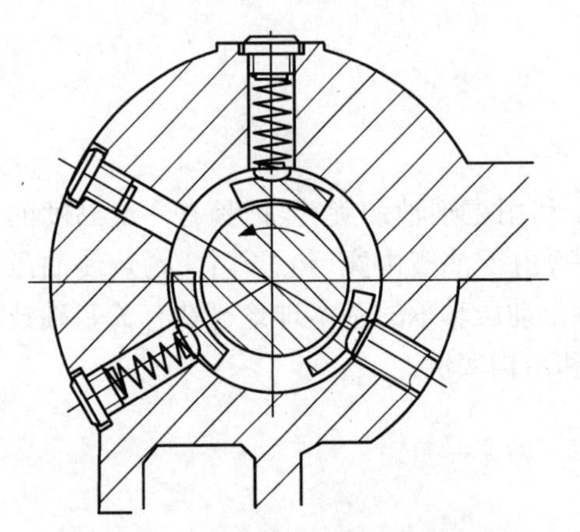

图 5.58 MG1432 型万能外圆磨床砂轮架轴系

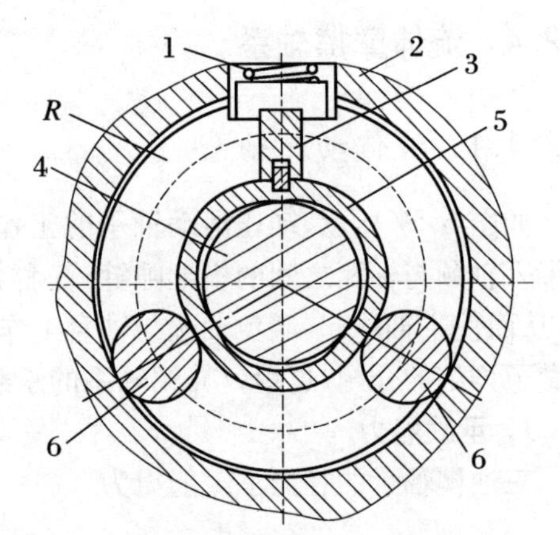

图 5.59 薄壁变形轴承

1. 弹簧； 2. 壳体； 3. 活动块；
4. 主轴； 5. 轴套； 6. 滚子

在自由状态下，轴套内径仅比主轴大几十微米。调整时需要知道轴承间隙，并需使轴承间隙达到最佳液体动压特性状态，然后由弹簧并通过活动块对轴套施加静态预紧力使轴套变形，呈等边三角形，这样轴套内壁就有三条线压在主轴上，成了三个油楔。为了把润滑油从油池 R 引入油楔内，在轴套上开有普通油槽。这样的调整，主轴在三个支承点上分别受到静态的径向力 P_s 的作用(图 5.60(a))，这个静态的径向力称为预应力或预加载荷。

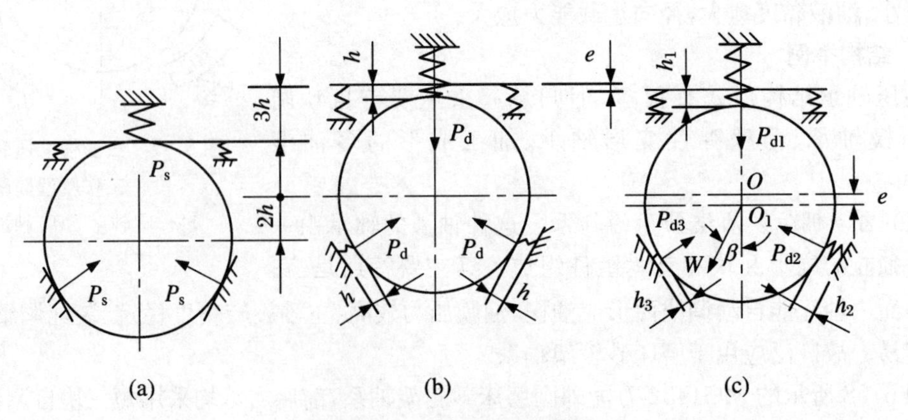

图 5.60 主轴受力平衡简图

当主轴空转，产生液体动压效应，使轴套与主轴间油压升高，轴套在油膜压力作用下产生弹性变形，迫使上部活动支承块推压具有预紧力的弹簧轴套截面形状将由等边三角形恢复成圆形，油膜厚度(即轴承间隙)均为 h(图 5.60(b))，动压力为 P_d，这时静态的径向力 P_s 与动压力 P_d 平衡，假定在此平衡状态下，其轴心位置不变，主轴就浮在液体中旋转。

在加工过程中，外载荷是不断变化的，它使主轴旋转中心偏离了轴套的圆心 O，移到 O_1 位置后重新平衡，这时三个支承处的油膜厚度及动压力将发生变化。设其动压力分别为 P_{d1}，P_{d2}，P_{d3}，这三个力与外载荷 W 平衡，其平衡方程可用下式表达：

$$W + P_{d1}\cos\beta = P_{d2}\cos(60^\circ + \beta) + P_{d3}\cos(60^\circ - \beta)$$

上式说明了轴承内部各力数量上的关系，根据计算可确定轴套所需要的刚度及相应参数，以便获得轴承的承载能力和回转精度的最佳值。

整个装置都是自动调节达到动态平衡的，而且保持液体润滑。由于轴套受到的机械作用力很小，故可用钢、黄铜等材料制造。此轴承已应用于精密磨床砂轮架的轴系上。

(3) 加工成形的多油楔轴承的轴系　这种轴系的轴套内表面，用机械加工方法形成油楔。依靠加工而形成的油楔，主轴回转精度较高，且加工调整好后，主轴回转精度及油膜参数稳定，性能可靠，但油楔的加工较困难。

英国 Rank Taylor Hobson 公司生产的 Talyrond73 型圆度仪轴系，主轴前支承采用液体动压半球轴承、后支承采用液体动压锥轴承。前支承结构见图 5.61(a)。凸球和凹球浸在油液里工作。凹球面上等分成 0011、2233、4455 三个区域(图 5.61(b))，加工逐渐深至 0.3 μm，这样两球面间就形成了三个油楔。后支承的圆锥套内表面同样等分成三个区域，形成三个油楔。采用这种新的结构轴承，主轴回转精度达 ± 0.025 μm。

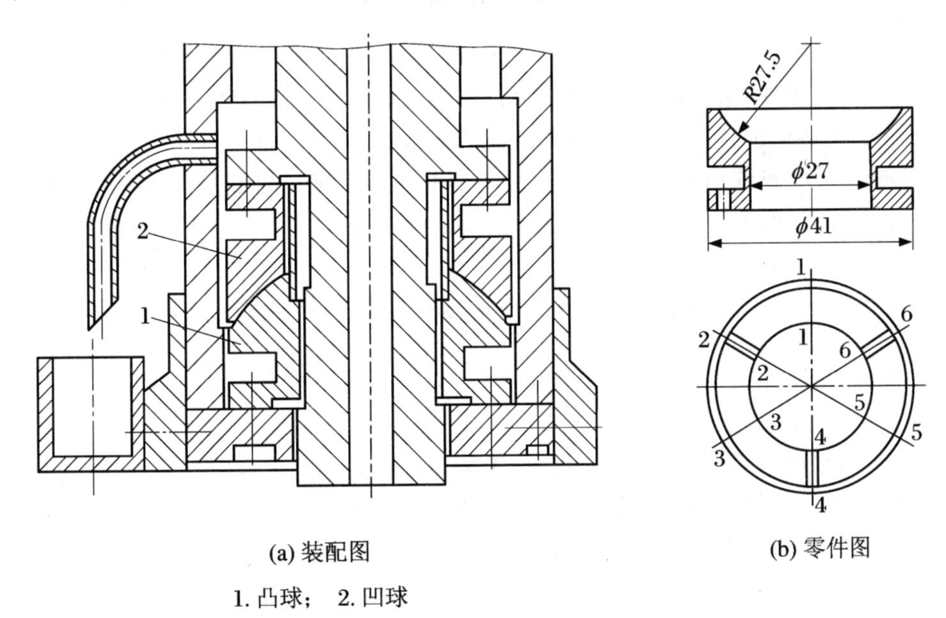

(a) 装配图　　(b) 零件图

1. 凸球；　2. 凹球

图 5.61　英国 Talyrond73 型圆度仪前轴承结构

5.2.4.2　液体静压轴系

液体静压轴承具有刚度大、精度高、抗振性好、摩擦阻力小等优点，故广泛应用于低、高速，轻、重载的高精度机械设备。如主轴回转精度高达 0.025 μm 的超精车床、质量为 500～2 000 t 天文台光学望远镜的旋转部件及食品加工机械等。

1. 工作原理

液体静压轴系的轴承结构组合形式，有圆柱与止推、双圆锥、双圆球、圆锥与圆球等。现以圆锥轴承为例，介绍静压轴系的工作原理。

如图 5.62 所示，设轴承内锥角为 θ，内锥表面开有四个油腔（上下对称），每个油腔有适当宽度的封油面。空载时（指主轴未承受载荷，且不考虑主轴本身的重量）轴承间隙均为 h_0，各个节流器的液阻相等。

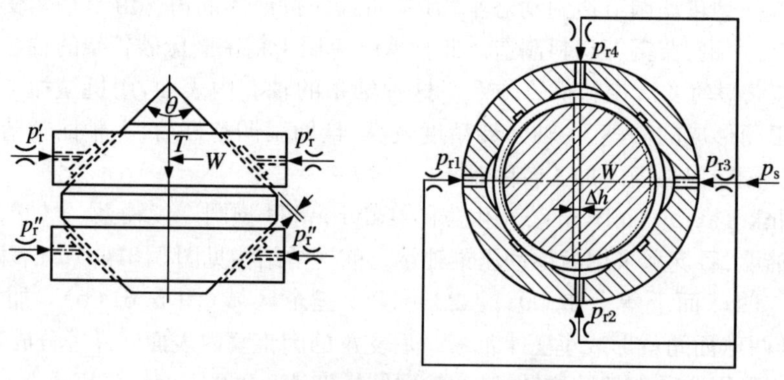

图 5.62 液体静压轴系工作原理

经溢流阀后压力调节为 p_s（称供油压力）的压力油，流过节流器后进入上下四个油腔，压力下降为 p_{r0}。油腔中的油经过轴承间隙流回油池。由于空载时各油腔压力均相等，故主轴与轴套被一层薄薄的油膜隔开，主轴便在液体摩擦状态下旋转。

当主轴受到轴向载荷（包括主轴自重）T 作用时，下油腔的轴承间隙减小，微小间隙所形成的液阻（称间隙液阻）增大，油腔压力升高；上油腔的轴承间隙、液阻和油腔压力则相反。

这样上下油腔就产生一个与载荷方向相反的压力差，而且满足下式，主轴在液体摩擦状态下旋转。

$$T = 4(Ap''_r - Ap'_r)\sin\frac{\theta}{2} = 4A(p''_r - p'_r)\sin\frac{\theta}{2}$$

式中：p'_r，p''_r 为轴承上、下对应油腔的压力；A 为油腔轴向等效承载面积。

当主轴受到径向载荷 W 作用时，同理，主轴向左移动，左油腔压力 p_{r4} 升高、右油腔压力 p_{r2} 降低，若其压差能满足下式，主轴同样是在液体摩擦状态下旋转。

$$W = (A'p_{r4} - A'p_{r2})\cos\frac{\theta}{2} = A'(p_{r4} - p_{r2})\cos\frac{\theta}{2}$$

式中：A' 为油腔径向等效承载面积。

油腔压力为 p_r，支承间隙液阻为 R_h，节流器入口压力为 p_s，节流器液阻为 R_g。流经支承间隙和流经节流器的流量为同一流量 Q。

$$Q = \frac{p_r}{R_h} = \frac{p_s - p_r}{R_g}$$

式中：液阻的物理意义是，单位流量的液体，流过支承间隙或节流器时所产生的压力降。

上式经变换后油腔压力为

$$p_r = \frac{p_s}{1 + \dfrac{R_g}{R_h}}$$

当主轴受轴向载荷作用时，上油腔压力

$$p'_r = \frac{p_s}{1 + \dfrac{R'_g}{R'_h}}$$

下油腔压力

$$p''_r = \frac{p_s}{1 + \dfrac{R''_g}{R''_h}}$$

因为 $R''_h > R'_h$，故 $p''_r > p'_r$。如果节流器液阻同时发生变化，即 $R''_g < R'_g$，则 $p''_r \gg p'_r$，主轴位移可以很小，甚至为零，即静压轴承刚度无穷大。

设 $\lambda = R_g / R_h$ 为任意状态下的液阻比，则

$$p_r = \frac{p_s}{1 + \dfrac{R_g}{R_h}} = \frac{P_s}{1 + \lambda}$$

为了进一步分析，上式又可改写为

$$p_r = \frac{p_s}{1 + \dfrac{R_{g0}}{R_{h0}} \dfrac{R_{h0}}{R_{g0}} \dfrac{R_g}{R_h}} = \frac{p_s}{1 + \lambda_0 \left(\dfrac{R_{h0}}{R_h} \dfrac{R_g}{R_{g0}} \right)} \tag{5.42}$$

式中：λ_0 为设计状态下的液阻比；R_g / R_{g0} 为节流器在某一状态下的节流液阻与设计状态下的节流液阻之比，它表示载荷变化所引起的节流液阻的变化程度；R_{h0} / R_h 为支承在设计状态下的间隙液阻与在某一状态下的间隙液阻之比，它表示载荷变化所引起的间隙液阻的变化程度。

当 $R_{h0} = R_h$，$R_{g0} = R_g$ 时，即主轴没有载荷作用时的油腔压力为

$$p_{r0} = \frac{p_s}{1 + \lambda_0}$$

设节流比

$$\beta_0 = \frac{p_s}{p_{r0}}$$

则

$$\lambda_0 = \beta_0 - 1$$

2. 节流器

从上述工作原理可知，定压供油的静压轴承，在每一个油腔的进油口之前，必须有一个节流器，否则轴承就失去承载能力。例如，如果轴承上下油腔没有串联节流器，即 $h_g = 0$，则主轴受轴向载荷作用后，尽管上下油腔间隙发生变化，相应的间隙液阻 R_h 和 R'_h 也发生变化，但

$$p_r'' = \frac{p_s}{1 + 0/R_h''} = p_s$$

$$p_r' = \frac{p_s}{1 + 0/R_h'} = p_s$$

压力差

$$\Delta p = p_r'' - p_r' = 0$$

这时主轴便浮不起来。因此，节流器对静压轴承的工作性能影响很大。

对节流器的要求是：反应要灵敏，使轴承有足够的刚度，不易堵塞，便于制造。常用的节流器有以下几种。

(1) 固定节流器　节流器的液阻不随油腔压力(或载荷)的变化而变化的称为固定节流器。常用的有小孔节流器和毛细管节流器。

小孔节流器如图5.63所示。由于节流器的孔 d_0 大于小孔长度 l_0，油流过小孔几乎不存在摩擦损失。其流量为

$$Q_g = \alpha A\sqrt{\frac{2\Delta p}{\rho_t}}$$

式中：α 为流量系数，一般取0.8～0.9；A 为节流器的小孔面积，$A = \pi d_0^2/4$(d_0 为小孔直径)；ρ_t 为油液密度；Δp 为节流器前后的压力差，$\Delta p = p_s - p_r$。

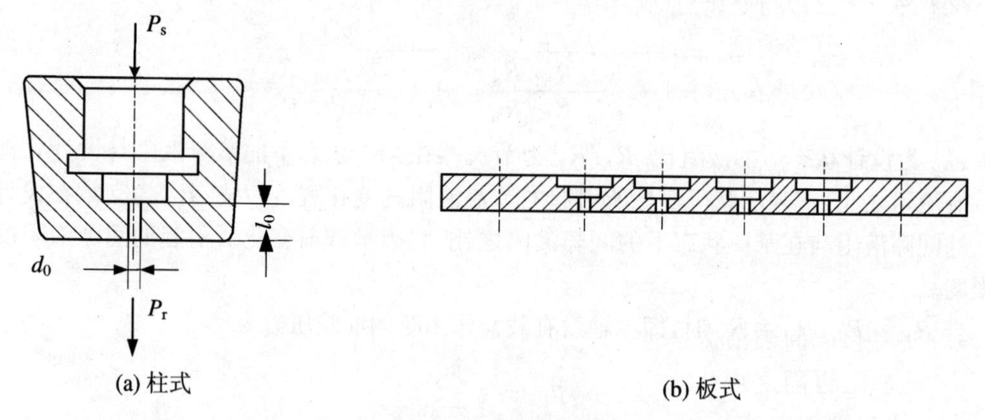

图5.63　小孔节流器

小孔节流器的液阻为

$$R_{g0} = \frac{\Delta p}{Q_g} = \frac{\rho_t Q_g}{2\alpha^2 A^2} = \frac{8\rho_t Q_g}{\pi^2 \alpha^2 d_0^4}$$

由此可知，小孔节流器的液阻与油的黏度无关，保证节流器液阻不受温度变化的影响。如图5.63(a)所示为柱式小孔节流器，图5.63(b)为板式小孔节流器。图5.63(b)所示的结构不仅便于装卸、清洗及加工，而且各孔直径和长度易于保证一致。因此，生产中常用这种结构形式。

图5.64为毛细管节流器。图5.64(a)为针式，一般用医用注射针管焊在管接头上即可使用。为缩短节流通道的长度，也可做成螺旋式，如图5.64(b)所示。当管长 l_0 与孔径 d_0

之比 $l_0/d_0>20$，油液呈层流状态，这时液阻与油的密度 ρ_t 无关，流量公式为

$$Q_g = \frac{\pi d_0^4 \Delta p}{128\mu l_0}$$

毛细管的液阻为

$$R_{g0} = \frac{\Delta p}{Q_g} = \frac{128\mu l_0}{\pi d_0^4}$$

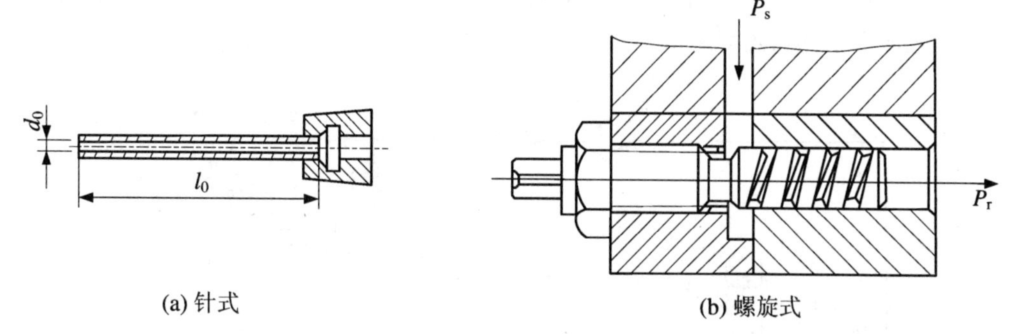

图 5.64　毛细管节流器

(2) 可变节流器　可变节流器的液阻随油腔压力(或外载荷)的变化而变化。图 5.65 为薄膜反馈节流器结构图。当压力油从直径为 d_c 的凸台中心孔进入并沿直径为 d_{c1} 凸台的径向流出时，便产生压力降($\Delta p = p_s - p_r$)。

薄膜由于具有一定的弹性，当其两边压力不等时就会发生变形，这样两边的间隙也随之改变，使两边的出油压力不同。所以薄膜节流器属于可变液阻节流器，当主轴受力后，轴承间隙改变将引起间隙液阻的变化，同时薄膜节流器的液阻也随之变化，更促使油腔压力差增大，使主轴轴向或径向位移很小甚至为零。

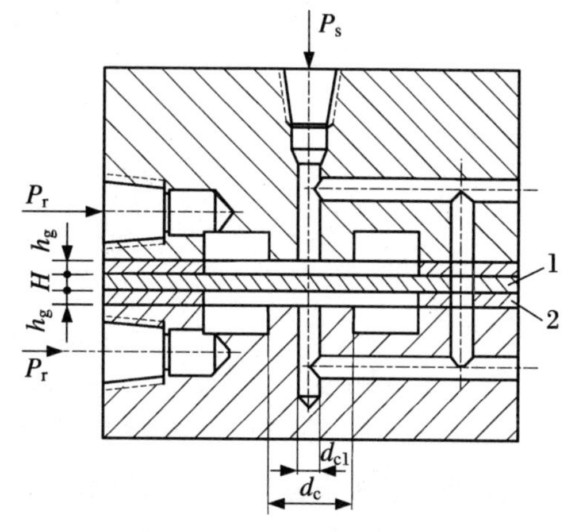

图 5.65　薄膜反馈节流器

1. 薄膜；　2. 铜片

薄膜反馈节流器的流量公式为

$$Q_g = \frac{\pi h_g^3 \Delta p}{6\mu \ln \dfrac{d_{c1}}{d_c}}$$

节流器液阻为

$$R_g = \frac{\Delta p}{Q_g} = \frac{6\mu \ln \dfrac{d_{c1}}{d_c}}{\pi h_g^3}$$

节流器壳体的结合面和圆凸台是加工成同一平面的，然后将铜片垫在结合面处即可得到所需的间隙 h_g。

薄膜一般用65Mn弹簧钢(轧制)制造,淬火后硬度要求HRC=45～50。

固定节流器结构简单,但刚度低于可变节流器,因此多用于小、中型精密机械的轴系,其中小孔节流器的液阻与油的黏度变化无关,适用于较高转速的主轴;毛细管节流器的液阻与黏度变化有关,适用于低转速主轴。可变节流器结构比固定节流器复杂,但刚度大,故适用于重载荷或变载荷的高精度轴系。

3. 供油系统

静压轴承(轴系)一般采用集中供油系统,如图5.66所示,主要由油泵、滤油器、溢流阀、安全保护装置和油路管道等组成。

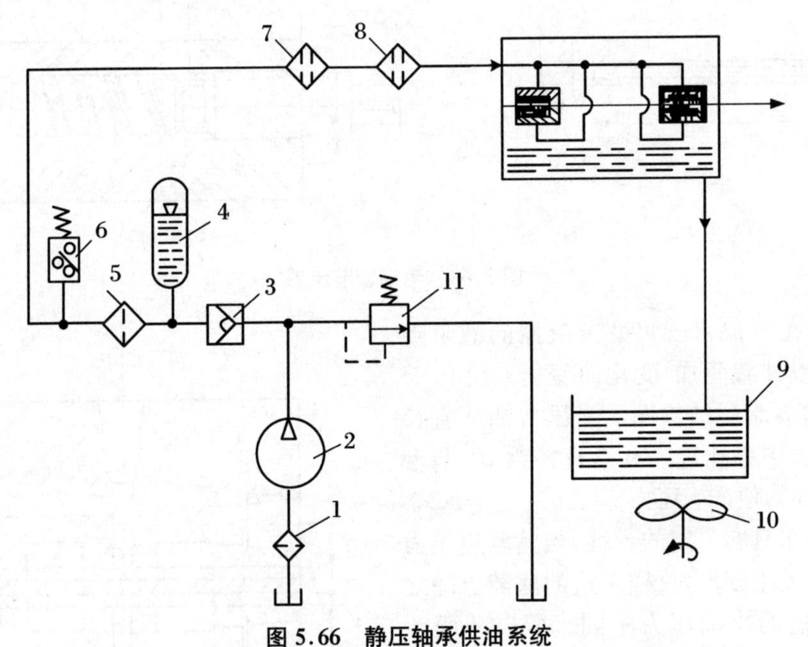

图5.66 静压轴承供油系统

1. 吸油过滤器; 2. 油泵; 3. 单向阀; 4. 蓄能器; 5. 粗过滤; 6. 安全保护装置; 7. 线隙式滤油器; 8. 精滤油器; 9. 热交换器; 10. 风扇; 11. 溢流阀

滤油器是将油液过滤,防止节流器堵塞。对于精密轴系,最好进行三级过滤,即吸油过滤、粗过滤和精过滤。吸油过滤器(滤油网)防止油箱中杂物吸入油泵。精滤油器将油中微小杂质过滤掉,为防止节流器孔被堵塞,要求滤油器精度为0.005～0.030 mm,常用纸质滤油器。为了提高精滤油器的使用寿命,可增加一个线径为0.4 mm、线隙为0.2～0.3 mm的线隙式滤油器。

油泵主要作用是将机械能转换成油液的压力能。一般用齿轮泵或叶片泵,对超高精度轴系最好用螺杆泵,因压力脉动小。

静压轴承在使用过程中,应先供给一定压力的油液,使主轴浮起,然后启动电动机使主轴旋转,为此设有压力继电器安全保护装置,是利用供油系统的液体压力控制电器触点,从而将压力信号转变为电器信号,以实现液电联锁,这就保证了轴承内没有压力时就不能启动主轴旋转。常用的有DP-63型薄膜式压力继电器,调压范围为0.1～6.3 MPa;DP-10型调压范围为0～1 MPa。

单向阀和蓄能器是防止突然停电或供油系统发生故障时，仍保证有一定的压力油供给静压轴承，使主轴在惯性下旋转时能保持液体摩擦。此外，蓄能器还有缓冲油压脉动的作用。

溢流阀用来调节供油压力 p_s，并使压力保持不变。

热交换器由电动机带动风扇进行鼓风冷却。主轴箱的回油及溢流阀流出的油都经热交换器，然后流回油箱，以减小油液温升的变化对主轴热变形的影响。

油管应具有足够的强度和流通面积，易于弯曲成型。一般用紫铜管或无缝钢管，也有用尼龙管的，其耐压可达 2.5～10 MPa。

油管直径可按下列公式计算：

$$d = 4.6\sqrt{Q/v}$$

进油管的油液允许流速为 $v=1$ m/s 以下（也可根据所选油泵的进油口直径选取进油管内径）；压力油管 $v=2\sim4$ m/s；回油管 $v=0.5$ m/s 以下。

连接节流器与轴承油腔之间的油管，为避免压力损失过大，选取油管内径应比计算出的要大些。为使油腔压力保持相等，节流器至轴承各油腔的油管长度应尽量相等。

4. 设计计算

现以薄膜反馈式圆柱径向轴承为例，介绍静压轴承的设计方法。

(1) 流量

图 5.67 为具有四油腔圆柱径向轴承，每个油腔的流量是切向流量和轴向流量之和，切

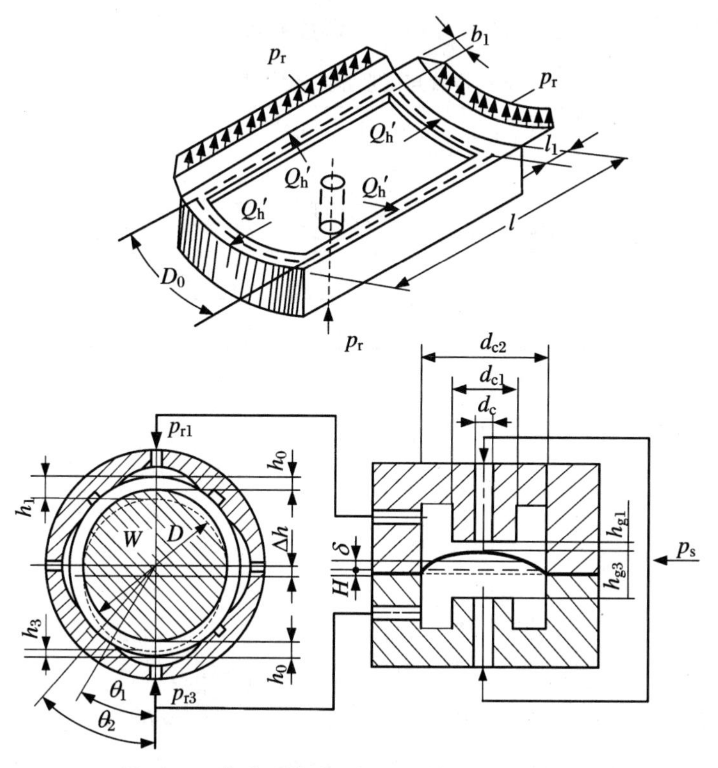

图 5.67　薄膜反馈式圆柱径向轴承油流计算图

向流量和轴向流量按流体力学平行平板缝隙流量公式换算求得。同时，只要中心角 θ_1 不超过 60°，其承载能力及刚度很接近平行平板缝隙支承，这样空载时流过一个油腔的流量为

$$Q_0 = \frac{p_{r0}}{R_{h0}} = \frac{Rh_0^3}{6\mu l_1}\left(\frac{ll_1}{Rb_1} + 2\theta_1\right)p_{r0}$$

式中：R 为轴颈半径；l_1 为轴向封油面宽度；b_1 为周向封油面宽度；R_{h0} 为支承间隙液阻。

$$R_{h0} = \frac{6\mu l_1}{Rh_0^3\left(\frac{ll_1}{Rb_1} + 2\theta_1\right)}$$

液阻比

$$\lambda_0 = \frac{R_{g0}}{R_{h0}} = \frac{R\left(\frac{ll_1}{Rb_1} + 2\theta_1\right)\ln\frac{r_{c1}}{r_c}}{\pi l_1}\left(\frac{h_0}{h_{g0}}\right)^3$$

薄膜在压力差 Δp 作用下产生变形，其各点的节流间隙均不等，故取薄膜平均变形量，根据薄膜弹性变形理论，求得平均变形量

$$\delta = \frac{(d_{c2}^2 - d_b^2)^2}{1\,024} \cdot \frac{12(1-\gamma)^2}{EH^3}\Delta p = k(p_{r3} - p_{r1})$$

由于薄膜平均变形处直径 d_b 与凸台直径 d_{c1} 很接近，故

$$\delta = \frac{(d_{c2}^2 - d_{c1}^2)^2}{1\,024} \cdot \frac{12(1-\gamma)^2}{EH^3}\Delta p = k(p_{r3} - p_{r1}) \tag{5.43}$$

式中：k 为薄膜变形系数，当材料弹性模量 E、泊桑比 μ（一般取 0.28）、薄膜节流器腔内直径 d_{c2} 及凸台直径 d_{c1} 确定后，便可得到 k 与薄膜厚度 H 的试验测定值。如表 5.20 所示。

表 5.20　薄膜厚度与变形系数对照表（材料：弹簧钢）

薄膜厚度 H(cm)	0.10	0.11	0.12	0.13	0.14	0.15	0.16	0.17	0.18	0.19	0.20
凸台尺寸(cm)	$d_{c2}=3.3\quad d_{c1}=1.6\quad d_c=0.25$										
变形系数 k(10^{-5} cm³/N)	0.65	0.48	0.37	0.31	0.23	0.20	0.18	0.15	0.13	0.12	0.10
凸台尺寸(cm)	$d_{c2}=3.0\quad d_{c1}=1.5\quad d_c=0.3$										
变形系数 k(10^{-5} cm³/N)	0.52	0.40	0.32	0.26	0.19	0.17	0.15	0.12	0.11	0.10	0.08

(2) 油腔压力

由式(5.42)求得主轴受力后上下油腔压力为

$$p_{r3} = \frac{p_s}{1 + \lambda_0\left(\frac{R_{h0}}{R_{h3}}\frac{R_{g3}}{R_{g0}}\right)},\quad p_{r1} = \frac{p_s}{1 + \lambda_0\left(\frac{R_{h0}}{R_{h1}}\frac{R_{g1}}{R_{g0}}\right)}$$

式中：

$$R_{g3}/R_{g0} = (h_{g0}/h_{g3})^3,\quad R_{g1}/R_{g0} = (h_{g0}/h_{g1})^3$$
$$h_{g1} = h_{g0} - \delta,\quad h_{r3} = h_{g0} + \delta R_{h0}/R_{h3} = (h_3/h_0)^3$$
$$R_{h0}/R_{h1} = (h_1/h_0)^3,\quad h_3^3 = (h_0 - e\cdot\cos\theta_1)^3 = h_0^3(1 - \varepsilon\cdot\cos\theta_1)^3$$
$$h_1^3 = (h_0 + e\cdot\cos\theta_1)^3 = h_0^3(1 + \varepsilon\cdot\cos\theta_1)^3\quad（偏心率\ \varepsilon = e/h_0）$$

当 $\varepsilon \leqslant 0.3$ 时，由载荷方向不同所引起的承载能力的差别很小。因此得到

$$p_{r3} = \frac{p_s}{1 + \lambda_0 \dfrac{(1 - \varepsilon \cdot \cos\theta_1)^3}{1 + \left(\dfrac{\delta}{h_{g0}}\right)^3}}, \quad p_{r1} = \frac{p_s}{1 + \lambda_0 \dfrac{(1 + \varepsilon \cdot \cos\theta_1)^3}{1 - \left(\dfrac{\delta}{h_{g0}}\right)^3}}$$

(3) 承载能力

$$W = p_s A \left[\frac{1}{1 + \lambda_0 \dfrac{(1 - \varepsilon \cdot \cos\theta_1)^3}{1 + \left(\dfrac{\delta}{h_{g0}}\right)^3}} - \frac{1}{1 + \lambda_0 \dfrac{(1 + \varepsilon \cdot \cos\theta_1)^3}{1 - \left(\dfrac{\delta}{h_{g0}}\right)^3}} \right]$$

在式(5.43)中，p_{r3}最大值为 p_s，p_{r1}最小值为0，故

$$\delta_{max} = k(p_{r3} - p_{r1}) = kp_s$$

令 $\delta_{max}/h_{g0} = z$，$h_{g0} = \delta_{max}/z = kp_s/z$，则

$$\frac{\delta}{h_{g0}} = \frac{k(p_{r3} - p_{r1})}{\dfrac{kp_s}{z}} = \frac{zA(p_{r3} - p_{r1})}{Ap_s} = z\frac{W}{Ap_s} = z\omega$$

式中：ω 为承载系数，且

$$\omega = \frac{W}{Ap_s} = \frac{1}{1 + \lambda_0 \dfrac{(1 - \varepsilon \cdot \cos\theta_1)^3}{1 + (z\omega)^3}} - \frac{1}{1 + \lambda_0 \dfrac{(1 + \varepsilon \cdot \cos\theta_1)^3}{1 - (z\omega)^3}}$$

将上式化简并略去 ε 的高次项后得

$$\varepsilon = \frac{\omega\{[1 - (z\omega)^2]^3 + 2\lambda_0[1 - 3z + z^2(3 - z)\omega^2] + \lambda_0^2\}}{6\lambda_0\cos\theta_1[1 - 3z(1 - z)\omega^2 - z^3\omega^4]}$$

当承载系数 ω 很小($\omega \leqslant 0.3$)时，略去 ω 的高次项，则

$$\varepsilon = \frac{\omega[1 + 2\lambda_0(1 - 3z) + \lambda_0^2]}{6\lambda_0\cos\theta_1} = \frac{\omega}{\cos\theta_1}\left[\frac{(1 + \lambda_0)^2}{6\lambda_0} - z\right] = \frac{\omega}{\cos\theta_1}\left[\frac{\beta_0^2}{6(\beta_0 - 1)} - z\right] \tag{5.44}$$

(4) 油膜刚度

油膜平均刚度

$$K = \frac{W}{\Delta h} = \frac{W}{\varepsilon h_0}$$

由式(5.44)可知：

① 当 $z > \beta_0^2/[6(\beta - 1)]$时，$\varepsilon$ 为负值，表示主轴的位移与载荷方向相反，则油膜刚度为负值，这时薄膜的反馈过分强烈，负位移易产生自激振动，工作往往不稳定，一般应避免过大的负位移。

② 当 $z < \beta_0^2/[6(\beta - 1)]$时，$\varepsilon$ 为正值，表示主轴的位移与载荷方向相同，则油膜刚度为正值。

③ 当 $z = \beta_0^2/[6(\beta - 1)]$时，$\varepsilon$ 为零，表示载荷在某一额定值时，主轴位移为零，油膜刚度为无穷大。因为 $z = kp_s/h_{g0}$，故要使 $z = {\beta_0}^2/[6(\beta - 1)]$，必须改变 k，p_s，h_{g0} 多个参数组。另外从下式：

$$\frac{kp_s}{h_{g0}} = \frac{\beta_0^2}{6(\beta_0 - 1)}$$

$$1-\frac{6(\beta_0-1)kp_s}{\beta_0^2 h_{g0}}=0$$

得 $\beta_0=1.26$ 或 4.73 时，可满足上式，同时当 $\beta_0=2$ 时，$kp_s/h_{g0}=2/3$ 为极小值，这样可画出 kp_s/h_{g0} 与 β_0 间的关系图。

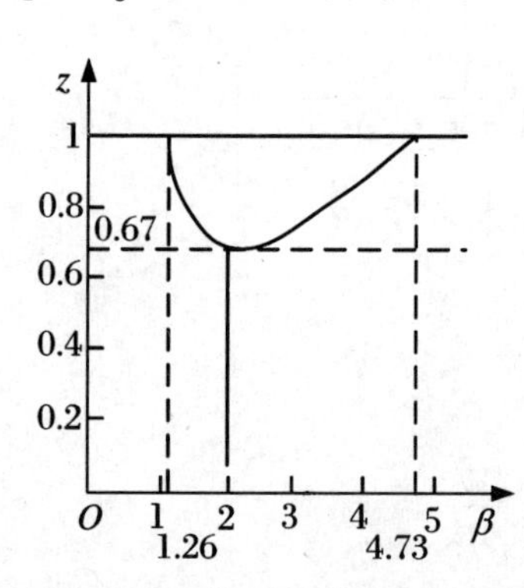

图 5.68 轴承刚度与参数的关系

设纵坐标为 z，横坐标为 β，画成图 5.68 所示，曲线上任意点的坐标即为无穷大刚度，曲线以下即表示正刚度区域，曲线以上表示负刚度区域。

一般情况下，取 $\beta_0=1.7\sim2$ 可保证薄膜反馈式圆柱径向轴承的工作系统有较好的稳定性和工作可靠性。

(5) *薄膜厚度*

由无穷大刚度条件 $kp_s/h_{g0}=2/3$，将

$$k=\frac{(d_{c2}^2-d_{c1}^2)^2}{1\,024}\cdot\frac{12(1-\gamma)^2}{EH^3}$$

代入，即可求得薄膜厚度

$$H=\sqrt[3]{\frac{3}{2}\,\frac{(d_{c2}^2-d_{c1}^2)^2}{1\,024h_{g0}}\cdot\frac{p_s 12(1-\gamma)^2}{E}}$$

也可由表 5.20 直接查得薄膜厚度。

5. 计算举例

设计一薄膜反馈式圆柱径向轴承，已知主轴轴颈 $D=7$ cm，轴承跨距 $l_0=24$ cm，离主轴端悬伸长 $a=14.5$ cm 处的额定载荷 $W=600$ N，选用 10 号机械油，黏度 $\mu=8.9\times10^{-3}\,\mathrm{P_a\cdot s}$。

(1) *确定轴承结构参数*

轴承长度 $L=(1\sim1.5)D$，现取 $L=1.4\times70=9.8$ (cm)。

封油面宽度对承载能力有一定影响，取 $l_1=b_1=D/10=7/10=0.7$ (cm)。

回油槽宽 $c=D/15=7/15=0.47$ (cm)，取 0.4 (cm)。

回油槽深 $t_1=(0.5\sim1.5)c=0.25\sim0.75$ (cm)，取 0.4 (cm)。

初定轴承间隙，对于主轴轴颈 $D=6\sim10$ cm，轴承直径间隙为 $2h_0=0.004\sim0.008$ (cm)，取 0.006 cm。

(2) *确定供油压力*

以四油腔轴承为例，油腔中心线与其封油面中心线的夹角

$$\theta=45^\circ-\frac{(c+b_1)/2}{\pi D}\times360^\circ$$

$$=45^\circ-\frac{(4+7)/2}{3.14\times70}\times360^\circ=36^\circ=0.628\text{ rad}$$

每个油腔的有效承载面积

$$A=(L-l_1)D\sin\theta=(9.8-0.7)\times7\times\sin36^\circ$$
$$=37\text{ cm}^2$$

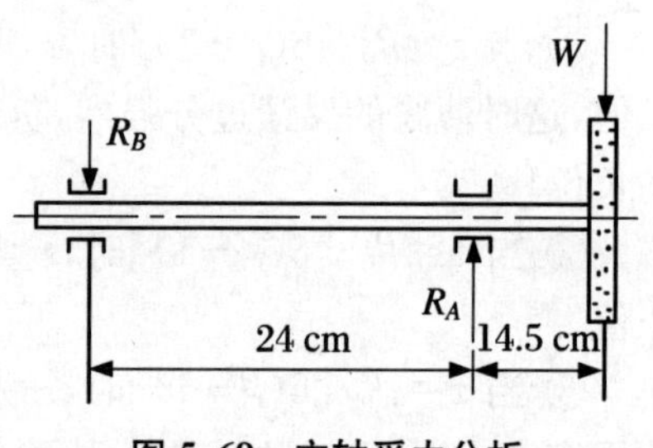

图 5.69 主轴受力分析

前轴承支承反力(图 5.69)

$$R_A=W(l_0+a)/l_0=600(24\times14.5)/24=960\text{ (N)}$$

后轴承支承反力

$$R_B = Wa/l_0 = 600 \times 14.5/24 = 360\ (\mathrm{N})$$

供油压力 $P_s = R_A/A\omega$，取 $\omega = 0.3$，$p_s = 960/(37\times10^{-4}\times0.3) = 0.86\ (\mathrm{MPa})$。

(3) 确定节流器间隙

当主轴没有受力时，$h_1 = h_3 = h_0$，$h_{g1} = h_{g3} = h_{g0}$。

油腔压力

$$p_{r1} = p_{r3} = p_{r0} = \frac{p_s}{1+\lambda_0} = \frac{1}{1+\dfrac{R\left(\dfrac{ll_1}{Rb_1} - 2\theta_1\right)}{\pi l_1}\ln\dfrac{r_{c1}}{r_c}\left(\dfrac{h_0}{h_{g0}}\right)^3} = \frac{p_s}{1+X\left(\dfrac{h_0}{h_{g0}}\right)^3}$$

节流比

$$\beta_0 = p_s/p_{r0} = 1+\lambda_0$$

取 $\beta_0 = 2$ 时

$$\lambda_0 = 1,\quad p_{r0} = p_s/\beta_0 = 0.86/2 = 0.43\ (\mathrm{MPa})$$

节流器尺寸没有统一标准，现取 $d_{c2} = 3\ \mathrm{cm}$，$d_{c1} = 1.5\ \mathrm{cm}$，$d_c = 0.3\ \mathrm{cm}$。

轴承油腔角度

$$\theta_1 = 45^\circ - \frac{\left(\dfrac{c}{2}+b_1\right)360^\circ}{\pi D} = 45^\circ - \frac{\left(\dfrac{0.4}{2}+0.7\right)360^\circ}{3.14\times7} = 30.27^\circ = 0.528\ \mathrm{rad}$$

求得

$$X = \frac{R\left(\dfrac{ll_1}{Rb_1}+2\theta_1\right)}{\pi l_1}\ln\frac{r_{c1}}{r_c} = \frac{3.5\left(\dfrac{8.4\times0.7}{3.5\times0.7}+2\times0.528\right)}{3.14\times0.7}\ln\frac{1.5}{0.3} = 8.8$$

因为 $\beta_0 = 1+X(h_0/h_{g0})^3$，所以 $h_{g0} = \sqrt[3]{8.8}\times3\times10^{-3} = 6.2\times10^{-3}\ (\mathrm{cm})$。

(4) 确定薄膜厚度

按刚度最大条件求得变形系数

$$K = \frac{\beta_0^2 h_{g0}}{6(\beta_0-1)p_s} = \frac{2^2\times6.2\times10^{-3}}{6(2-1)0.86\times10^6\times10^{-4}} = 4.6\times10^{-5}\ (\mathrm{cm^3/N})$$

由表5.18查得薄膜厚度 $H = 0.14\ \mathrm{cm}$。

(5) 确定轴承总流量

每个油腔的流量

$$\begin{aligned}Q_0 &= \frac{Rh_0^3}{6\mu l_1}\left(\frac{ll_1}{Rb_1}+2\theta_1\right)p_{r0}\\ &= \frac{3.5(3\times10^{-3})^3}{6\times8.9\times10^{-3}\times0.7}\left(\frac{8.4\times0.7}{3.5\times0.7}+2\times0.528\right)10^6\\ &= 3.8\ (\mathrm{cm^3/s}) = 228\ (\mathrm{cm^3/min})\end{aligned}$$

前后径向轴承共八个油腔，总流量

$$Q_\Sigma = 228\times8 = 1\,824\ (\mathrm{cm^3/min}) = 1.824\ (\mathrm{L/min})$$

根据计算出的供油压力和流量并适当地增大后选取油泵。

5.2.4.3 空气静压轴系

空气静压轴承具有摩擦阻力及温升很小，主轴回转精度高等优点，故广泛应用于精密机床、仪器以及医疗和核工程等。

1. 工作原理

空气静压轴系工作原理与液体静压轴系相类似。

如图 5.70(a)所示，轴承间隙内的气体压力由外部气源供给，然后流经沿轴套圆周均匀分布的两排(或多排)气孔进入，使轴承间隙内得到所需要的压力。当主轴受到径向载荷 W 作用后(图 5.70(b))，上下两侧的间隙不相等，产生压力差，如果两侧压力差乘以有效承载面积能平衡外载荷，主轴便处于气体摩擦状态下旋转。

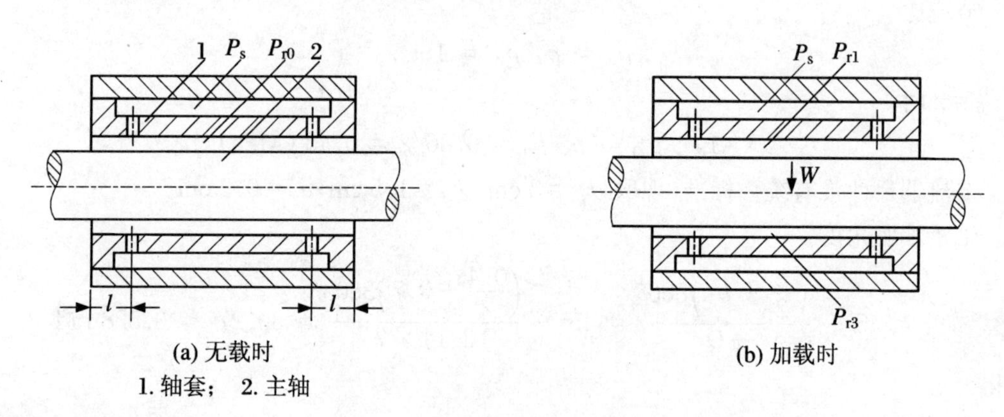

图 5.70 空气静压轴承工作原理

2. 设计计算

(1) 气体的质量流量　对于图 5.70 所示双排孔的每个气腔的流量为

$$Q_{mh} = \frac{(p_{r0}^2 - p_0^2)\pi D h_0^3}{12\mu n R T l}$$

式中：p_{r0}为气腔压力(P_a)；p_0 为周围环境压力(P_a)；D 为轴承直径(cm)；h_0 为轴承半径间隙(cm)；μ 为气体动力黏度，对于空气，$\mu = 1.8\times10^{-5}\ \mathrm{P_a\cdot s}$；$R$ 为气体常数，对于空气，$R = 2.927\times10^{-5}\ \mathrm{cm^2/s^2\cdot K}$；$T$ 为气体热力学温度(K)；l 为轴向封气面长度(cm)。

(2) 小孔节流器流量　空气静压轴承一般采用小孔节流器。空气流过轴套上的一排或二排节流小孔进入轴承间隙。设供气压力为 p_s，流过小孔节流器后的轴承间隙压力(即气腔压力)为 p_{r0}(轴受载后为 p_r)，此时通过节流器小孔的质量流量为

$$Q_{mg} = \alpha A \rho_r \upsilon$$

式中：α 为流量系数，通常取 0.8；A 为节流器的小孔截面积；ρ_r 为小孔节流器出口处的空气密度，$\rho_r = \rho_s(p_{r0}/p_s)^{1/r}$($\rho_s$ 为小孔节流器进口处的空气密度)；υ 为通过小孔节流器的空气流速，即

$$\upsilon = \sqrt{\frac{2RT\gamma}{\gamma-1}\left[1-\left(\frac{p_{r0}}{p_s}\right)^{\frac{\gamma-1}{\gamma}}\right]}$$

式中：γ 为气体比热比，$\gamma = c_p/c_r$(c_p 为等压比热，c_r 为等容比热)，对于空气，$\gamma = 1.401$。

因此得出

$$Q_{mg} = \alpha A\rho_s(2RT)^{1/2}\sqrt{\frac{\gamma}{\gamma-1}\left[\left(\frac{p_{r0}}{p_s}\right)^{\frac{\gamma}{2}}-\left(\frac{p_{r0}}{p_s}\right)^{\frac{\gamma+1}{\gamma}}\right]} = \alpha A\rho_s(2RT)^{1/2}\cdot F\left(\gamma\cdot\frac{p_{r0}}{p_s}\right)$$

对 $F(\gamma p_{r0}/p_s)$求导并令其为零,可求得喷嘴阻塞的条件为

$$\frac{p_{r0}}{p_s} \leqslant \left(\frac{2}{\gamma+1}\right)^{\frac{\gamma}{\gamma-1}} \tag{5.45}$$

(3) 气腔压力　根据流量连续性原理,即 $Q_{mg}=Q_{mh}$,求得进气孔时的压力为

$$\frac{p_{r0}-p_0}{p_s-p_0} = \frac{12\mu nRTl\alpha A\rho_s\sqrt{2RT}\sqrt{\frac{\gamma}{\gamma-1}\left[\left(\frac{p_{r0}}{p_s}\right)^{\frac{2}{\gamma}}-\left(\frac{p_{r0}}{p_s}\right)^{\frac{\gamma+1}{\gamma}}\right]}}{\left(\frac{p_{r0}}{p_s}+\frac{p_0}{p_s}\right)\left(1-\frac{p_0}{p_s}\right)p_s\pi Dh_0^3} \tag{5.46}$$

设比压比

$$K_{g0} = (p_{r0}-p_0)/(p_s-p_0) = 1/\beta_0 \quad (\beta_0 \text{ 为节流比}) \tag{5.47}$$

将式(5.45)的 $p_{r0}\leqslant\left(\frac{2}{\gamma+1}\right)^{\frac{\gamma}{\gamma-1}}p_s$ 代入式(5.47)求得不产生阻塞的节流比应为

$$\beta_0 \leqslant \frac{1-\frac{p_0}{p_s}}{\left(\frac{2}{\gamma+1}\right)^{\frac{\gamma}{\gamma-1}}-\frac{p_0}{p_s}} \tag{5.48}$$

当轴受载荷作用后,轴颈沿周向各处的间隙为

$$h = h_0\left(1\pm\frac{\Delta h}{h_0}\cos\theta\right)$$

式中:θ 为主轴受载后某处间隙的中心连线与载荷作用线的夹角;"+"号用于间隙增大;"-"号用于间隙减小。此时气腔压力从 p_{r0}变为 p_r,式(5.46)便可改写成:

$$K_g = \frac{p_r-p_0}{p_s-p_0}$$

$$= \frac{12\mu nRTl\alpha A\rho_s\sqrt{2RT}\sqrt{\frac{\gamma}{\gamma-1}\left[\left(\frac{p_r}{p_s}\right)^{\frac{2}{\gamma}}-\left(\frac{p_r}{p_s}\right)^{\frac{\gamma+1}{\gamma}}\right]}}{\left(\frac{p_r}{p_s}+\frac{p_0}{p_s}\right)\left(1-\frac{p_0}{p_s}\right)p_s\pi Dh_0^3\left(1\pm\frac{\Delta h}{h_0}\cos\theta\right)^3}$$

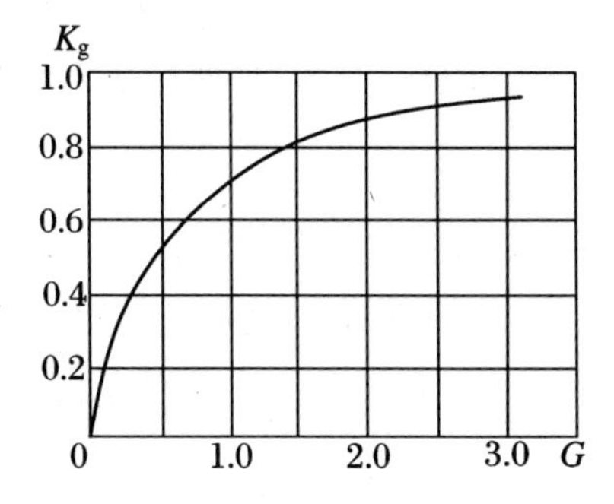

图 5.71　因子 G 与比压比 K_g 的关系

从这个式子看出,气腔压力 p_r 的计算很复杂,实际应用时可简化并制成计算图,如图 5.71 所示。简化式为

$$K_{g0} = G_0(1-K_{g0})^{1/2} \tag{5.49}$$

$$K_g = G(1-K_g)^{1/2} \tag{5.50}$$

式中:G_0,G 为设计状态和非设计状态时的小孔因子。

$$G_0 = \frac{p_0/p_s}{(1+p_0/p_s)(1-p_0/p_s)^{1/2}}\cdot\frac{12\mu(2RT)^{1/2}}{p_0}\ \frac{nl\alpha A}{\pi Dh_0^3} \tag{5.51}$$

$$G = \frac{p_0/p_s}{(1+p_0/p_s)(1-p_0/p_s)^{1/2}} \cdot \frac{12\mu(2RT)^{1/2}}{p_0} \frac{nl\alpha A}{\pi D h_0^3\left(1-\frac{\Delta h}{h_0}\cos\theta\right)^3}$$

由于 $G/G_0 = 1/[1-(\Delta h/h_0)\cos\theta]^3$，因此，只要对设计状态小孔因子 G_0 进行计算，就可求得 G，相应的 K_g 即可从式(5.50)求得或从图 5.71 中查得，这样对任何偏心率的每个气腔压力均可求出。

(4) 承载能力　现以 8 个节流小孔的径向轴承为例，介绍其计算方法。

如图 5.72 所示，气体从节流小孔进入，沿轴承间隙流出，这样轴承两端的压力降与液体静压轴承一样，呈抛物线状。在轴承长度为 L 的一个间隙狭缝中，空气所产生的径向作用力为

$$p_i = (p_r - p_0)(L-2l)D\sin\frac{2\pi}{n} + 2\left[\frac{2}{3}(p_r - p_0)lD\sin\frac{2\pi}{n}\right] \tag{5.52}$$

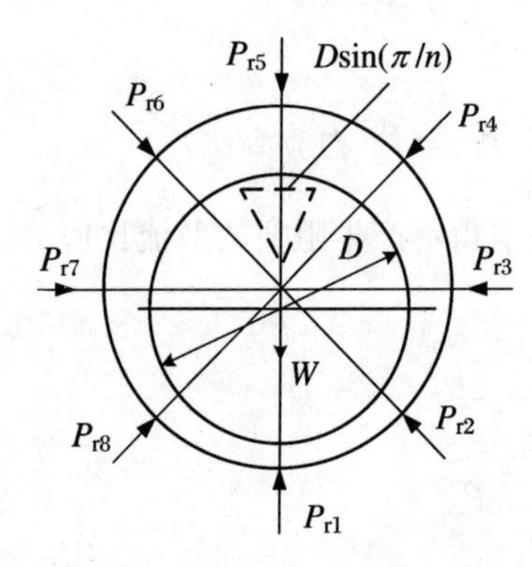

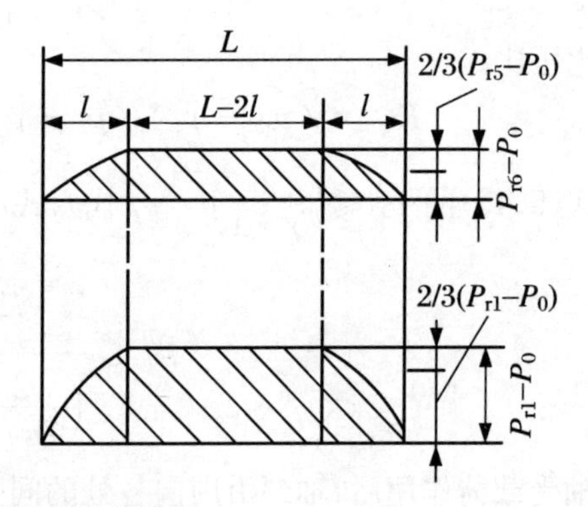

图 5.72　承载能力计算简图

将各气腔的径向作用力沿载荷作用线方向分解后相加，即等于所支承的径向载荷，即

$$W = P_1 - P_5 + 2(P_2 - P_4)\cos(2\pi/n) \tag{5.53}$$

将式(5.52)的 P_i 变换成 P_1, P_2, P_4, P_5；p_r 变换成 $p_{r1}, p_{r2}, p_{r4}, p_{r5}$，并代入式(5.52)后得

$$W = LD\left(1-\frac{2l}{3L}\right)\sin\frac{2\pi}{n}\left\{(p_{r1}-p_0)-(p_{r5}-p_0)+2[(p_{r2}-p_0)-(p_{r4}-p_0)]\cos\frac{2\pi}{n}\right\}$$

为了便于计算，可将上式改变成无量纲的形式，即将两边除以 $p_s - p_0$ 后得承载能力为

$$W = LD\left(1-\frac{2l}{3L}\right)\sin\frac{2\pi}{n}(p_s - p_0)\left[K_{g1} - K_{g5} + 2(K_{g2} - K_{g4})\cos\frac{2\pi}{4}\right] \tag{5.54}$$

式(5.54)表示承载能力与比压比之间的关系。但求得的承载能力比实际上所能达到的要大，这是因为空气离开小孔时的扩散效应，使空气来不及填满轴承间隙；另外，上式是假设空气纯轴向流动，实际上空气还有周向流动，径向压力分布不一致而使压力差减小。这样实际承载能力为

$$W' = c_1 c_2 W$$

式中：c_1 为载荷扩散系数；c_2 为流量扩散系数。

(5) 气膜刚度　气体静压轴承的平均刚度为

$$k = \frac{W'}{\Delta h} = \frac{W'}{\varepsilon h_0}$$

式中：ε 为轴承间隙相对偏心率，$\varepsilon=\Delta h/h_0$，在气体静压轴承中，往往以 $\varepsilon=0\sim0.5$ 作为平均刚度的依据，此时刚度为

$$k_{0.5}=2W'/h_0 \tag{5.55}$$

3．设计举例

已知 5 kg 质量的主轴，由两个直径 $D=40$ mm 的径向轴承承受，主轴转速 $n=1\,170$ r/min，要求每个轴承的承载能力 $W'\geqslant300$ N。试设计小孔节流器空气静压轴承。

选择双排供气，设计步骤及计算结果列于表5.21中。

表5.21　空气静压径向轴承设计计算

序　号	符　号	计算项目	公式与数据	计算结果	单　位
1	D	轴承直径	已知	4	cm
2	n	主轴转速	已知	1 170	r/min
3	W'	承载能力	已知	$\geqslant300$	N
4	m	一个轴承承受轴的质量	已知	5/2	kg
5	L	轴承长度	$1/2<L/D\leqslant2$，取 $L/D=1$	4	cm
6	l	轴向封气面长度	$1/8\leqslant l/D\leqslant1/4$，取 $l/D=1/2.8$	1.5	cm
7	z	供气孔数	$z=6\sim12$，取 $z=8$	8	
8	μ	空气黏度	常数	18×10^{-10}	$\mathrm{N\cdot s/cm^2}$
9	R	气体常数	常数	2.927×10^{-5}	$\mathrm{cm^2/s^2\cdot K}$
10	P_s	供气压力	一般 $p_s\leqslant0.6\sim0.7$	0.7	MPa
11	P_0	环境压力	已知	0.1	MPa
12	β_0	节流比	参考液体支承，β_0 的最佳值为1.71，实际应用时 $\beta_0=1.4\sim2.7$，但需满足不阻塞条件，由式(5.48)求得 $\beta_0\leqslant2.2$	1.7	
13	G_0	设计状态小孔因子	由式(5.49)，$G_0=K_{g0}/(1-K_{g0})^{1/2}$，其中 $K_{g0}=1/\beta_0=1/1.7=0.588$	1.427	
14	h_0	轴承半径间隙	参考液体静压轴承，适当减小	1.5×10^{-3}	cm
15	A	小孔截面积	由式(5.51)求得	8.10×10^{-4}	$\mathrm{cm^2}$
16	d_0	小孔直径	$d_0=(4A/\pi)^{1/2}$	0.032	cm
17	t	气腔深度	$t>d_0/4-h_0$	$>6.5\times10^{-3}$	cm
18	d	气腔直径	$d\leqslant[(0.05\cdot4DLh_0)/nt]^{1/2}$	$\leqslant0.30$	cm
19	ε_{max}	最大相对偏心率	$\varepsilon_{max}\leqslant0.5$		

续表

序 号	符 号	计算项目	公式与数据	计算结果	单 位
20	G_1 G_2 G_3 G_4 G_5	非设计状态小孔因子	$G_i=G_0[1/(1-\varepsilon\cos\theta_i)^3]$ $\theta=0°$时 $\theta=45°$时 $\theta=90°$时 $\theta=135°$时 $\theta=180°$时	 11.416 5.285 1.427 0.575 0.423	
21	p_{r0}	设计状态气腔压力	$p_{r0}=K_{g0}(p_s-p_0)+p_0$ $=0.588(0.7-0.1)+0.1$	0.45	MPa
22	C_1	载荷扩散系数		0.90	
23	C_2	流量扩散系数		0.7	
24	K_{gi} K_{g1} K_{g2} K_{g4} K_{g5}	比压比	式(5.50) $K_{gi}=(-G_i^2+\sqrt{G_i^4+4G_i^2})/2$ $G_i=G_1=11.416$ $G_i=G_2=5.285$ $G_i=G_4=0.575$ $G_i=G_5=0.423$	 0.992 0.966 0.433 0.342	
25	W'	承载能力	式(5.54)　$W=450\ \text{N}>300\ \text{N}$	450	N
26	K	气膜刚度	式(5.55) $k_{0.5}=(2\times450)/(1.5\times10^{-3})$	60	N/μm
27	n_0	共振转速	$n_0=\frac{1}{2\pi}\sqrt{\frac{k\cdot g}{m}}$ $=\frac{1}{2\pi}\sqrt{\frac{6\times10^4\times980\times2}{5}}$ $n_0\neq n$ 稳定	772	r/min
28	Q_0	一个轴承气体体积流量	$Q_0=\frac{Q_{mn}}{p_r}=\frac{(p_{r0}^2-p_0^2)\pi Dh_0^3}{12\mu p_0 l}$	208	cm^3/s

4. 结构举例

(1) 美国超精车床球轴系　如图 5.73 所示，主轴的右端固定着直径为 70 mm、长为 60 mm的凸球。具有一定压力的气体从两个凹球的 12 个小孔节流器(直径为 0.3 mm)进入球轴承间隙(为 12 μm)，使主轴浮起，并承受一定的轴向和径向载荷。主轴左端是长27 mm、直径为 22 mm 的圆柱径向轴承，气体同样通过 12 个小孔节流器进入轴承间隙(为 18 μm)。为使左右二端轴承易于对中，特将圆柱径向轴套的外圆做成凸球面并与凹球配对，当气体进入凹球 5 的气孔后即可将圆柱径向轴承对中调整，对中后停止供气，此时在弹簧的作用下，凹球面与凸球面接触固定。

当主轴转速为 200 r/min 时，主轴径向振摆为 0.03 μm，轴向窜动为 0.01 μm，径向刚度为 25 N/μm，轴向刚度为 80 N/μm。用金刚石刀具加工铝和铜件，可获得表面最大不平度高度为 0.01～0.02 μm 的无划痕镜面。

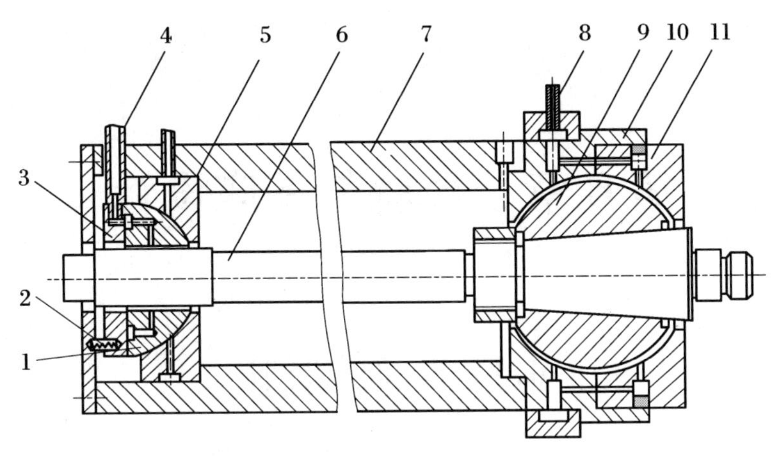

图 5.73　美国超精车床球轴系

1. 圆柱径向轴套；2. 弹簧；3. 支承板；4,8. 进气口；5,10,11. 凹球；6. 主轴；7. 体壳；9. 凸球

(2) 联邦德国转台双半球轴系　如图 5.74 所示，两个半球的直径为 268 mm，球心距离为 250 mm，球轴承间隙为 0.01～0.015 mm，凹球座 2 上下各有 18 个孔径为 0.14 mm 的小孔节流器，气腔直径为 4 mm、深为 0.14 mm。球的形状误差为十分之几微米，整个轴系在供气压力为 3 个大气压、无载荷状态下，主轴回转精度达 0.01 μm。

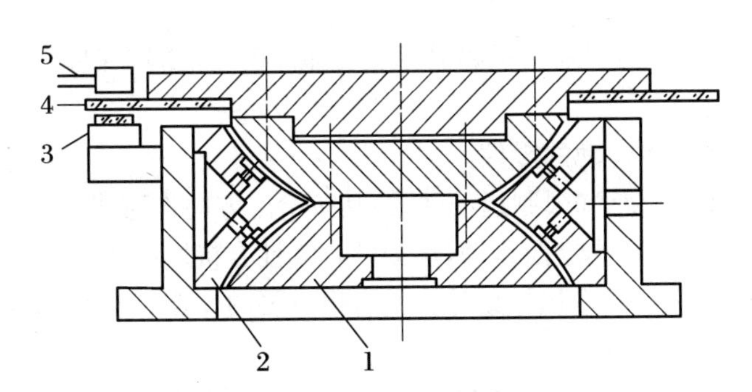

图 5.74　联邦德国转台双半球轴系

1. 半球；2. 凹球座；3. 指示光栅；4. 圆光栅；5. 玻璃纤维光导管

此轴系配有 162 000 条线的圆光栅、指示光栅、玻璃纤维光导管等精密分度系统，用于精密角度测量。仪器分辨率为 0.01″，示值误差为 0.1″。

第6章　导轨与基座设计

6.1　导 轨 设 计

导轨由承导件和运动件组成,其功用是导向和承载,即保证运动件按给定的方向获得精确的直线位移或角位移。

各种机床和仪器都有导轨。在导轨面上安装工作台、头架及尾座等部件。导轨的作用是不仅承受这些部件的载荷,而且还保证各部件的相对位置和相对运动精度。

6.1.1　概述

直线运动导轨的作用是用来支承和引导运动部件按给定的方向作往复直线运动。导轨的基本组成部分是:

① 运动件——作直线运动的零件。

② 承导件——用来支承和限制运动件,使其按给定方向作直线运动的零件。

由于动导轨沿着静导轨作定向运动,运动的直线性直接影响加工或测量精度。因此,导轨部件与主轴部件一样,在精密机械设计中具有很重要的作用。导轨部件与主轴部件相比,具有以下特点:

① 工作运动速度低。如精密外圆磨床的工作台移动速度一般为 4 m/min;激光比长仪的工作台速度为 0.03～0.06 m/min,有些设备工作速度更低。设计时要考虑低速爬行问题。

② 导轨的工作部分刚性较差。如机床和仪器的工作台导轨,既长又薄,是机床和仪器刚性最薄弱的环节。

③ 受力较复杂,计算较困难。

④ 导轨加工的工作量较大,需要专门机床加工(如导轨磨床)或手工刮研。

6.1.1.1　导轨的导向原理

按照机械运动学的原理,一个刚体在空间有六个自由度,即沿 x,y,z 轴移动和绕它们转动(图 6.1(a))。对于直线运动导轨,必须限制运动件的五个自由度,仅保留一个方向移动的自由度。

导轨的导向面有棱柱面和圆柱面两种基本形式。

以棱柱面相接触的零件只有一个方向移动的自由度，图6.1(b)、(c)、(d)所示的棱柱面导轨，运动件只能沿 x 方向移动。棱柱面由几个平面组成，但从便于制造、装配和检验出发，平面的数目应尽量少，如图6.1所示的棱柱面导轨由两个窄长导向平面组成。

限制运动件自由度的面，可以集中在一根导轨上，为提高导轨的承载能力和抵抗倾覆力矩的能力，绝大多数情况采用两根导轨。

以圆柱面相配合的两个零件，有绕圆柱面轴线转动及沿此轴线移动的两个自由度，在限制转动这一自由度后，则只有沿其轴线方向移动的自由度(图6.1(e))。

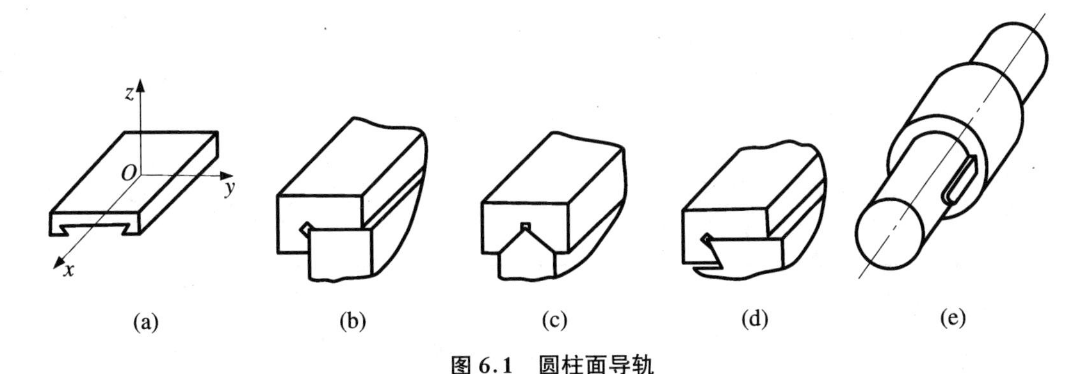

图6.1　圆柱面导轨

6.1.1.2　导轨的分类

按摩擦性质，导轨可分为滑动摩擦导轨、滚动摩擦导轨、弹性摩擦导轨、流体摩擦导轨(气体静压导轨和液体静压导轨)等。

按结构特点，导轨又可分为力封式(开式)和自封式(闭式)两类。力封式导轨必须借助于外力(例如重力或弹力)才能保证运动件和承导件导轨面间的接触，从而保证运动件按给定方向作直线运动；自封式导轨则依靠导轨本身的几何形状保证运动件和承导件导轨面间的接触。

6.1.1.3　导轨的基本要求

导轨的要求是：导向精度高、刚度大、耐磨性好、精度保持性好、运动灵活平稳且低速下不产生爬行，结构简单、工艺性好。

对一些精度很高的导轨，还要求导轨的承载面与导向面严格分开；对承载大的动导轨需设置卸荷装置；设计导轨的支撑时必须符合运动学原理或误差平均原理。

6.1.2　滑动摩擦导轨

滑动摩擦导轨的运动件与承导件直接接触。其优点是结构简单、接触刚度大。缺点是摩擦阻力大、磨损快、低速运动时易产生爬行现象。

6.1.2.1　滑动摩擦导轨的类型及结构特点

按导轨承导面的截面形状，滑动导轨可分为圆柱面导轨和棱柱面导轨(表6.1)。其中凸形导轨不易积存切屑、脏物，但也不易保存润滑油，故宜作低速导轨，例如车床的床身导轨。凹形导轨则相反，可作高速导轨，如磨床的床身导轨，但需要有良好的保护装置，以防切屑、脏物掉入。

表 6.1　滑动摩擦导轨截面形状

	棱柱形				圆　形
	对称三角形	不对称三角形	矩　形	燕尾形	
凸形	45°　45°	90°　15°~30°		55°　55°	
凹形	90°~120°	65°~70°　90°		55°55°	

1．圆柱面导轨

圆柱面导轨的优点是导轨面的加工和检验比较简单，易于达到较高的精度；缺点是对温度变化比较敏感，间隙不能调整。

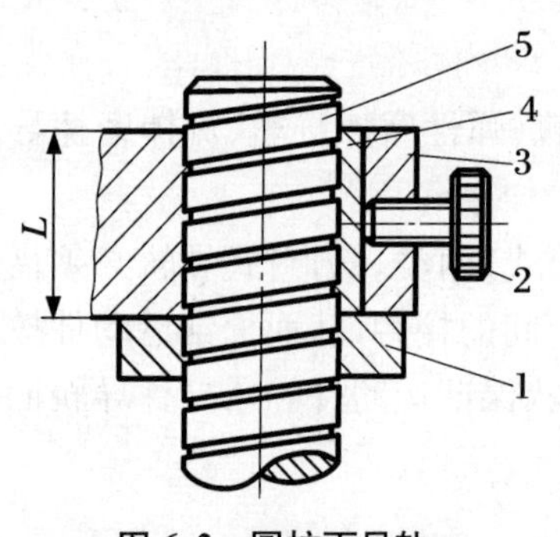

图 6.2　圆柱面导轨

1. 螺母；2. 螺钉；3. 支臂；4. 垫块；5. 立柱

在图 6.2 所示的结构中，支臂和立柱构成圆柱面导轨。立柱的圆柱面上加工有螺纹槽，转动螺母即可带动支臂上下移动，螺钉用于锁紧，垫块用于防止螺钉压伤圆柱表面。

对于圆柱面导轨，在多数情况下，运动件的转动是不允许的，为此，可采用各种防转结构。最简单的防转结构是在运动件和承导件的接触表面上作出平面、凸起或凹槽。图 6.3(a)、(b)、(c)是防转结构的几个例子。利用辅助导向面可以更好地限制运动件的转动(图 6.3(d))，适当增大辅助导向面与基本导向面之间的距离，可减小由导轨间的间隙所引起的转角误差。当辅助导向面也为圆柱面时，即构成双圆柱面导轨(图 6.3(e))，它既能保证较高的导向精度，又能保证较大的承载能力。

为了提高圆柱面导轨的精度，必须正确选择圆柱面导轨的配合。当导向精度要求较高时，常选用 H7/f7 或 H7/g6 配合。当导向精度要求不高时，可选用 H8/f7 或 H8/g7 配合。若仪器在温度变化不大的环境下工作，可按 H7/h6 或 H7/js6 配合加工，然后再进行研磨，直到能够平滑移动时为止。

导轨的表面粗糙度可根据相应的精度等级决定。通常，被包容件外表面的粗糙度小于包容件内表面的粗糙度。

2．棱柱面导轨

常用的棱柱面导轨有三角形导轨、矩形导轨、燕尾形导轨以及它们的组合式导轨。

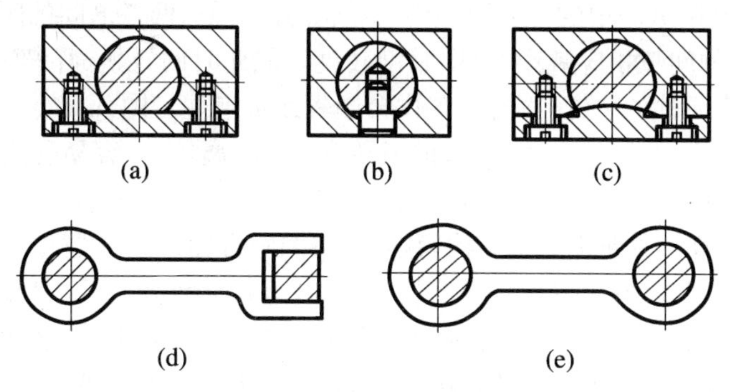

图6.3 有防转结构的圆柱面导轨

(1) 三角形导轨 如图6.4(a)所示。两条导轨同时起着支承和导向作用,故导轨的导向精度高,承载能力大,两条导轨磨损均匀,磨损后能自动补偿间隙,精度保持性好。但这种导轨的制造、检验和维修比较困难,因为它要求四个导轨面都均匀接触,刮研劳动量较大。此外,这种导轨对温度变化比较敏感。

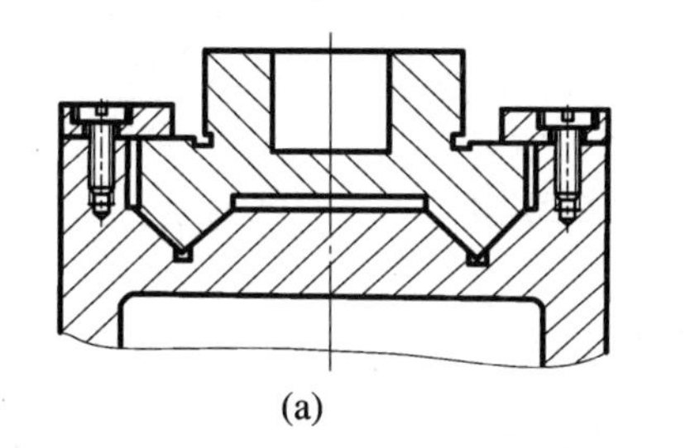

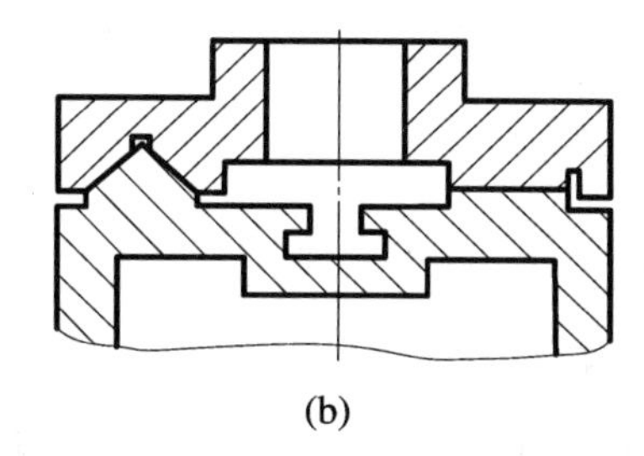

图6.4 三角形导轨

(2) 三角形-平面导轨 如图6.5(b)所示。这种导轨保持了三角形导轨导向精度高、承载能力大的优点,避免了由于热变形所引起的配合状况的变化,且工艺性比三角形导轨大为改善,因而应用很广。缺点是两条导轨磨损不均匀,磨损后不能自动调整间隙。

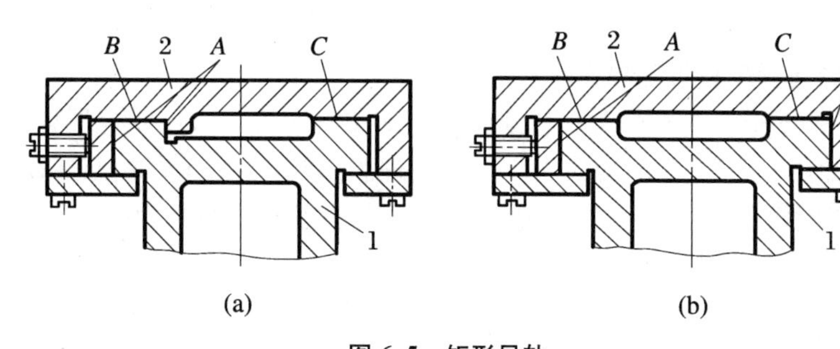

图6.5 矩形导轨

A. 导向面; B,C. 承载面; 1. 运动件; 2. 承导件

(3) 矩形导轨 矩形导轨可以做得较宽,因而承载能力和刚度较大。优点是结构简单,制造、检验、修理容易。缺点是磨损后不能自动补偿间隙,导向精度不如三角形导轨。

图6.5所示结构是将矩形导轨的导向面与承载面分开,从而减小导向面的磨损,有利于

保持导向精度。图 6.5(a)中的导向面是同一导轨的内外侧,两者之间的距离较小,热膨胀变形较小,可使导轨的间隙相应减小,导向精度较高。但此时两导轨面的摩擦力将不相同,因此应合理布置动力元件的位置,以避免工作台倾斜或被卡住。图 6.5(b)所示结构以两导轨面的外侧作为导向面,克服了上述缺点,但因导轨面间距离较大,容易受热膨胀的影响,要求间隙不宜过小,从而影响导向精度。

(4) 燕尾形导轨　主要优点是结构紧凑,调整间隙方便。缺点是几何形状比较复杂,难以达到很高的配合精度,并且导轨中的摩擦力较大,运动灵活性较差,因此,通常用在结构尺寸较小及导向精度与运动灵便性要求不高的场合。图 6.6 为燕尾形导轨的应用举例,其中图 6.6(c)所示结构的特点是把燕尾槽分成几块,便于制造、装配和调整。

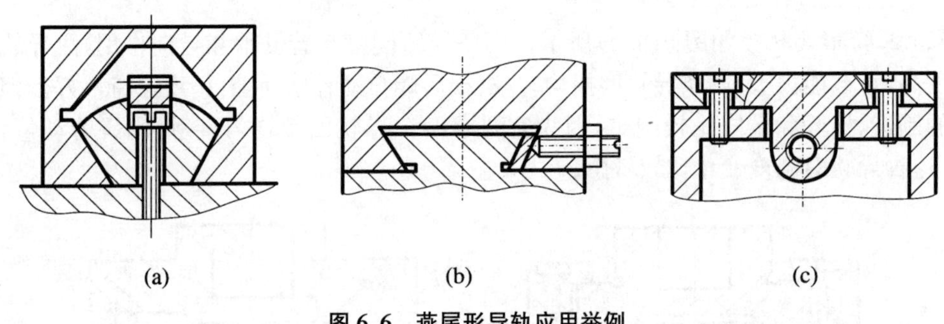

图 6.6　燕尾形导轨应用举例

6.1.2.2　导轨精度及影响导轨精度的因素

导轨的导向精度是导轨副重要的质量指标。导向精度是指运动件按给定方向作直线运动的准确程度,它主要取决于导轨本身的几何精度及导轨配合间隙。运动件的实际运动轨迹与给定方向之间的偏差愈小,则导向精度愈高。

影响导轨导向精度的主要因素有:导轨的结构类型;导轨面间的间隙;导轨的几何精度、几何参数和接触精度;导轨和机座的刚度;导轨的油膜厚度和刚度;导轨的耐磨性;导轨和机座的热变形等。

1. 导轨的导向精度和接触精度

(1) 导轨在垂直平面和水平面内的直线度　如图 6.7(a)、(b)所示,理想的导轨面与垂直平面 $A-A$ 或水平面 $B-B$ 的交线均应为一条理想直线,但由于存在制造误差,致使交线的实际轮廓偏离理想直线,其最大偏差量 Δ 即为导轨全长在垂直平面(图 6.7(a))和水平面(图 6.7(b))内的直线度误差。

对于圆柱面加工或测量的精密设备,水平面内的直线度误差对工件直径的加工精度影响较大,而垂直平面内的直线度误差对工件直径的加工精度的影响却很小。例如,对于外圆磨床(图 6.8(a)),当砂轮半径 $R=200$ mm,工件半径 $r=20$ mm,在垂直平面内的误差 $\Delta=0.03$ mm 时,工件半径误差

$$\Delta r=\frac{\Delta^2}{2(R+r)}=\frac{0.03^2}{2(200+20)}=0.002\ (\mu\mathrm{m})$$

对于车床(图 6.8(b)),工件的半径误差

$$\Delta r = \frac{\Delta^2}{2r} = \frac{0.03^2}{2 \times 20} = 0.023\ (\mu\text{m})$$

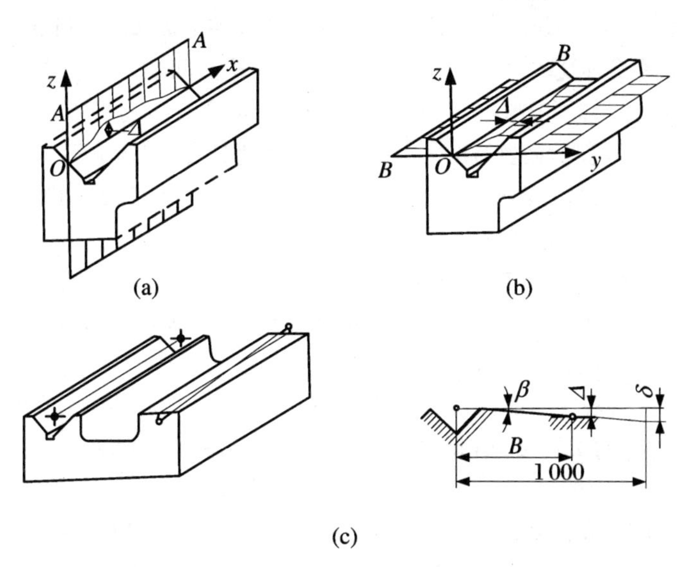

图 6.7　导轨的导向精度

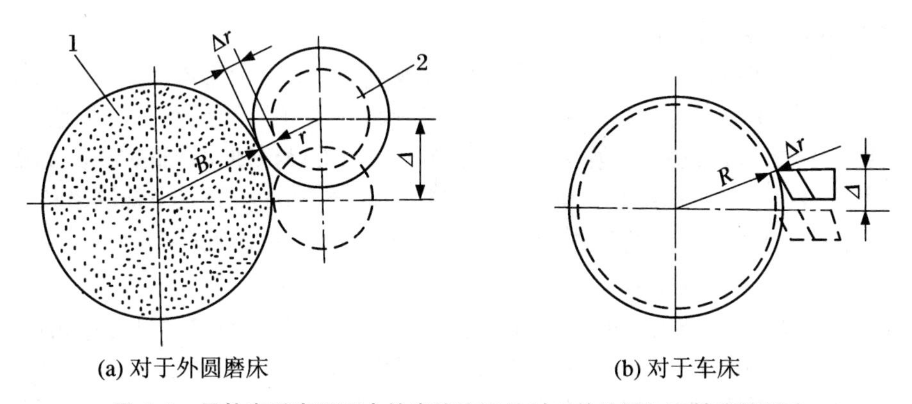

(a) 对于外圆磨床　　(b) 对于车床

图 6.8　导轨在垂直平面内的直线度误差对工件外圆加工精度的影响

对于平面加工或测量的精密设备,导轨在垂直平面内的直线度误差对平面工件的加工精度影响较大。如图 6.9 所示,设静导轨在垂直平面内的直线度误差是按抛物线 M 分布

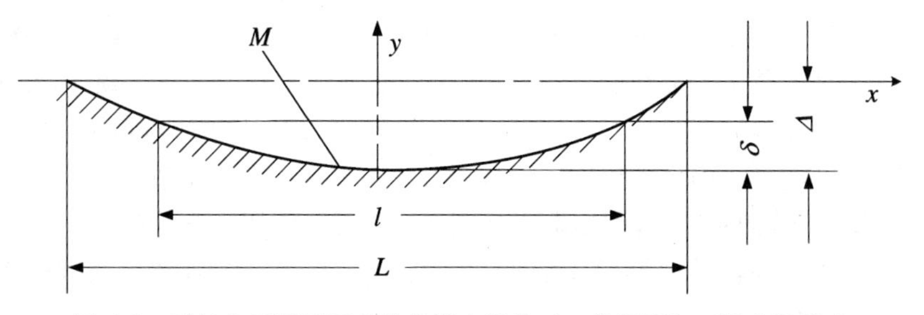

图 6.9　导轨在垂置平面内的直线度误差对工件平面加工精度的影响

的，全长直线度误差为Δ。动导轨刚度较差，它紧贴在静导轨上运动，则跟动导轨一起运动的工件误差$\delta=\Delta(l/L)^2$。按此公式即可求出在静导轨全长$L=1\ 500$ mm，直线度误差$\Delta=0.03$ mm，工件长度$l=500$ mm时的工件直线度误差$\delta=0.003\ 3$ mm。

(2) 导轨面间的平行度和垂直度　图6.7(c)为导轨面间的平行度误差。设V形导轨没有误差，平面导轨纵向有倾斜，由此产生的误差Δ即为导轨间的平行度误差。导轨间的平行度误差一般以角度值表示，这项误差会使运动件运动时发生“扭曲”。

除了要求单方向导轨精度外，还要求两个方向的导轨之间有较高的垂直精度(或角度精度)。如图形发生器和三坐标测量机等，导轨间垂直度的误差会造成明显的仪器误差。

实际上动导轨运动时的误差是很复杂的，是上述几项误差的综合，使运动件沿x,y,z轴平移或微小转动。导轨的综合误差是精密机械设备总误差的主要部分。因此，提高运动部件的运动精度，一般应从提高导轨的制造精度着手，这是最根本的措施。

(3) 接触精度　精密仪器的滑(滚)动导轨，在全长上的接触应达到80%，在全宽上应达70%。刮研导轨表面，每$25\times25\ \text{mm}^2$的面积内，接触点数不少于20点。一般对导轨接触精度检查采用着色法。

精密仪器动导轨的表面粗糙度$R_a=1.6\sim0.8\ \mu\text{m}$，支承导轨的$R_a=0.80\sim0.20\ \mu\text{m}$。对于淬硬导轨的表面粗糙度，应比上述$R_a$的值提高一级。滚动导轨的表面粗糙度应小于$R_a=0.20\ \mu\text{m}$。

2. 影响导轨精度的因素

(1) 导轨的几何参数　导轨的类型及几何参数对导轨的导向精度有影响。例如导轨的长宽比L/b愈大，导轨的导向精度愈高。三角形导轨的顶角α愈小，则导向性愈好。

(2) 导轨和机座的刚度　导轨受力产生变形，其中有自身变形、局部变形和接触变形。

导轨的自身变形是由作用在导轨面上的零部件重量造成的，如三坐标测量机的横梁导轨；导轨局部变形在载荷集中的地方，如立柱与导轨接触部位；接触变形是由于平面微观不平度，造成实际接触面积仅是名义接触面积的很小一部分。

在载荷的作用下，导轨的变形不应超过允许值。刚度不足不仅会降低导向精度，还会加快导轨面的磨损。刚度主要与导轨的类型、尺寸以及导轨材料等有关。

为了确保导轨受力后的变形量在允许范围内，一般将导轨面先加工成中凸，以补偿横梁导轨的弯曲变形。也可用机械、光学或液压的方法校正。如大型三坐标测量机，就是采用机械方法来校正纵、横梁的弯曲变形。其校正方法如图6.10所示。

纵梁固定在两条立柱上，横梁通过滚动轴承和小车的两个滚轮支承在纵梁上，并可沿纵梁导轨移动。紧固在纵梁下面的校正板的上面和纵梁下面有很多互相对应的螺孔，根据纵梁导轨弯曲变形情况装上所需要的螺杆，旋转螺杆使纵梁和校正板相互顶开，便可减小纵梁导轨的变形。为了提高校正效果，螺杆数量应取多些，同时两螺杆的距离l最好满足式$l=c/(n-1)$(c为小车两滚轮的距离，n为两滚轮距离内的螺杆个数)。

(3) 耐磨性　导轨的初始精度由制造保证，而导轨在使用过程中精度保持性与导轨面的耐磨性密切相关。导轨的耐磨性主要取决于导轨的类型、材料、导轨表面的粗糙度及硬度、润滑状况和导轨表面压强的大小。

(4) 运动平稳性　导轨运动的不平稳性主要表现为低速运动时导轨速度的不均匀，使运动件出现时快时慢、时动时停的爬行现象。爬行现象不仅影响工作台稳定移动，同时也影响工作台的定位精度。爬行现象主要取决于导轨副中摩擦力的大小及其稳定性，减小动、静摩擦力之差，减轻运动件的重量可有效地消除导轨的低速爬行现象。

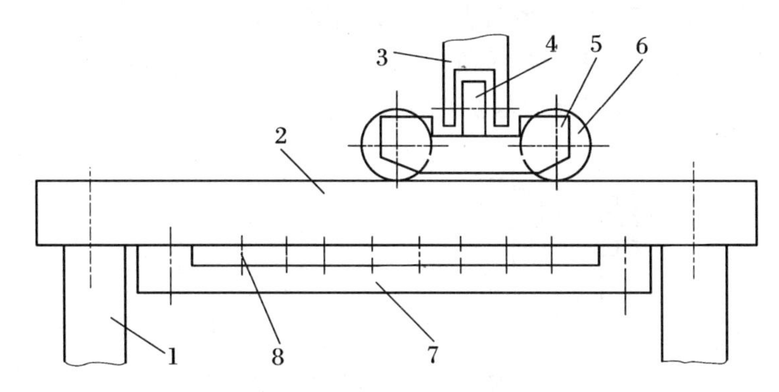

图6.10　横梁导轨弯曲变形的校正方法

1. 立柱；　2. 纵梁；　3. 横梁；　4. 滚动轴承；　5. 小车；　6. 滚轮；　7. 校正板；　8. 螺杆

(5) 温度变化的影响　滑动摩擦导轨对温度变化比较敏感。由于温度的变化，可能使自封式导轨卡住或造成不能允许的过大间隙。为减小温度变化对导轨的影响，承导件和运动件最好用膨胀系数相同或相近的材料。

如果导轨在温度变化大的条件下工作(如大地测量仪器或军用仪器等)，在选定精度等级和配合以后，应对温度变化的影响进行验算。

为了保证导轨在工作时不致卡住，导轨中的最小间隙 Δ_{min} 应大于或等于零。

导轨的最小间隙可用下式计算：

$$\Delta_{min} = D_{2min}[1 + \alpha_2(t - t_0)] - D_{1max}[1 + \alpha_1(t - t_0)] \tag{6.1}$$

式中：D_{2min} 为包容件在制造温度时的最小直径或最小直线尺寸；D_{1max} 为被包容件在制造温度时的最大直径或最大直线尺寸；α_1，α_2 为被包容件与包容件材料的线膨胀系数；t_0 为导轨制造时的温度；t 为导轨工作时的最高或最低温度。

为保证导轨的工作精度，导轨副中的最大间隙 Δ_{max} 应小于或等于允许间隙 $[\Delta_{max}]$，即

$$\Delta_{max} \leqslant [\Delta_{max}] \tag{6.2}$$

导轨中的最大间隙可用下式计算：

$$\Delta_{max} = D_{2max}[1 + \alpha_2(t - t_0)] - D_{1min}[1 + \alpha_1(t - t_0)] \tag{6.3}$$

式中：D_{2max} 为包容件在制造温度时的最大直径或最大直线尺寸；D_{1min} 为被包容件在制造温度时的最小直径或最小直线尺寸。

6.1.2.3　导轨间隙的调整

为保证导轨正常工作，导轨滑动表面之间应保持适当的间隙。间隙过小会增大摩擦力，间隙过大又会降低导向精度。为此常采用以下方法，以获得必要的间隙。

1. 采用磨、刮相应的结合面或加垫片的方法

采用这种方法以获得合适的间隙。图6.6(a)为生物显微镜的燕尾导轨，为了获得合适的间隙，可在零件1与2之间加上垫片或采取直接铲刮承导件与运动件的结合面 A 的办法达到。

2．采用平镶条调整

如图 6.11 所示。平镶条为一平行六面体，其截面形状为矩形（图 6.11(a)）或平行四边形（图 6.11(b)）。调整时，只要拧动沿镶条全长均匀分布的几个螺钉，便能调整导轨的侧向间隙，调整后再用螺母锁紧。平镶条制造容易，但镶条在全长上只有几个点受力，容易变形，故常用于受力较小的导轨。缩短螺钉间的距离（l），加大镶条厚度（h）有利于镶条压力的均匀分布，当 $l/h=3\sim4$ 时，镶条压力基本上均匀分布（图 6.11(c)）。

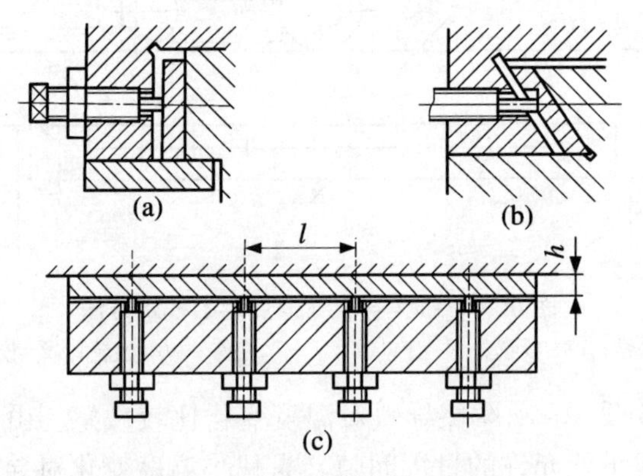

图 6.11　平镶条调整导轨间隙

3．采用斜镶条调整

如图 6.12 所示。斜镶条的侧面磨成斜度很小的斜面，导轨间隙是用镶条的纵向移动来调整的，为了缩短镶条长度，一般将其放在运动件上。

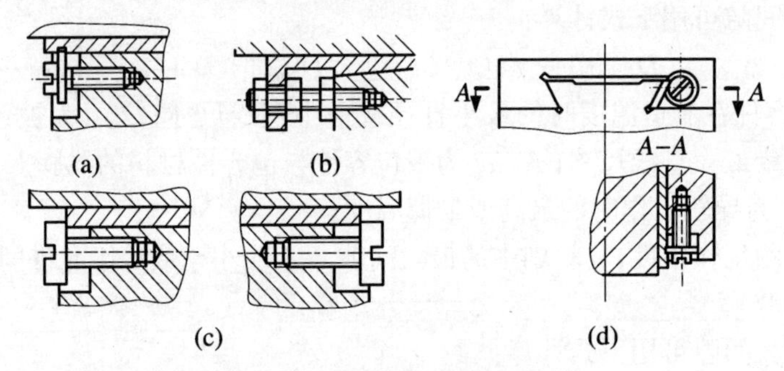

图 6.12　用斜镶条调整导轨间隙

图 6.12(a)的结构简单，但螺钉凸肩与斜镶条的缺口间不可避免地存在间隙，可能使镶条产生窜动。图 6.12(b)的结构较为完善，但轴向尺寸较长，调整也较麻烦。图 6.12(c)为由斜镶条两端的螺钉进行调整，镶条的形状简单，便于制造。图 6.12(d)为用斜镶条调整燕尾导轨间隙的实例。

斜镶条愈长，斜度应愈小，以免一端过薄，表 6.2 可供参考。

表 6.2　斜镶条的斜度

斜镶条长度(mm)	<500	500～700	>750
斜镶条斜度	1∶50	1∶75	1∶100

6.1.2.4 驱动力方向和作用点对导轨工作的影响

设计导轨时，必须合理地确定驱动力的方向和作用点，使导轨的倾覆力矩尽可能小。否则，将使导轨中的摩擦力增大，磨损加剧，从而降低导轨运动灵便性和导向精度，严重时甚至使导轨卡住而不能正常工作。

如图 6.13 所示，驱动力作用在通过导轨轴线的平面内，驱动力 F 的方向与导轨运动方向的夹角为 α，作用点离导轨轴线的距离为 h，为便于计算，略去运动件与承导件间的配合间

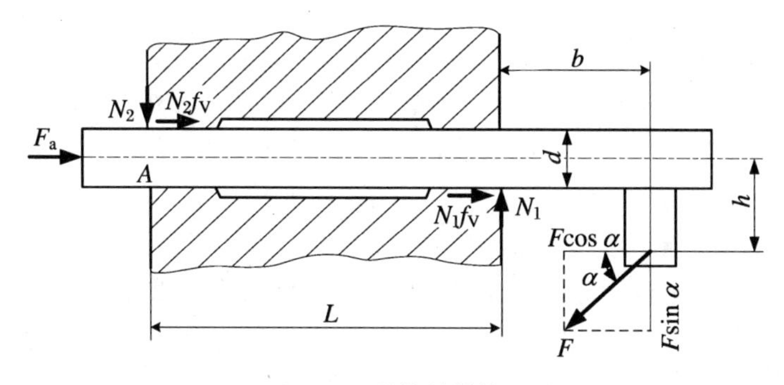

图 6.13 导轨计算简图

隙和运动件重力的影响。由于驱动力 F 将使运动件倾转，可以认为运动件与承导件的两端点压紧，正压力分别为 N_1, N_2，相应的摩擦力为 $N_1 f_V, N_2 f_V$。如果载荷为 F_a，则力系的平衡条件为

$$\sum F_x = 0 \quad (N_1 + N_2) f_V + F_a - F\cos\alpha = 0 \tag{6.4}$$

$$\sum F_y = 0 \quad N_2 - N_1 + F\sin\alpha = 0 \tag{6.5}$$

$$\sum M_A = 0 \quad (L + b) F\sin\alpha + hF\cos\alpha + N_2 f_V \frac{d}{2} - N_1 f_V \frac{d}{2} - LN_1 = 0 \tag{6.6}$$

由式(6.5)和式(6.6)解得

$$N_1 = \frac{F(2L + 2b - f_V d)\sin\alpha + 2Fh\cos\alpha}{2L}$$

$$N_2 = \frac{F(2b - f_V d)\sin\alpha + 2Fh\cos\alpha}{2L}$$

将 N_1, N_2 代入式(6.4)，得

$$F = \frac{F_a}{\left(1 - f_V \dfrac{2h}{L}\right)\cos\alpha - f_V\left(1 + \dfrac{2b}{L} - \dfrac{f_V d}{L}\right)\sin\alpha} \tag{6.7}$$

欲能驱动运动件，驱动力 F 应为有限值。因此，保证运动件不被卡住的条件是

$$\left(1 - f_V \frac{2h}{L}\right)\cos\alpha - f_V\left(1 + \frac{2b}{L} - \frac{f_V d}{L}\right)\sin\alpha > 0$$

当 d/L 很小时，上式 $f_V d/L$ 项可略去，则有

$$\tan\alpha < \frac{L - 2f_V h}{f_V(L + 2b)} \tag{6.8}$$

当 $h=0$ 时,即驱动力 F 的作用点在运动件的轴线上,由式(6.8)可得运动件正常运动的条件为

$$\frac{L}{b}>\frac{2f_{\mathrm{V}}\tan\alpha}{1-f_{\mathrm{V}}\tan\alpha} \tag{6.9}$$

当 $\alpha=0$ 时,即驱动力 F 平行于运动件轴线,由式(6.8)可得

$$2f_{\mathrm{V}}\frac{h}{L}<1$$

为了保证运动灵活,建议设计时取

$$2f_{\mathrm{V}}\frac{h}{L}<0.5 \tag{6.10}$$

当 h 和 α 均为零时,即驱动力 F 通过运动件轴线,由式(6.7)可得 $F=F_{\mathrm{a}}$,此时驱动力不会产生附加的摩擦力,导轨的运动灵活性最好,设计时应力求符合这种情况。

上述公式中,f_{V} 为当量滑动摩擦系数,对于不同的导轨,f_{V} 值为

$$\left.\begin{array}{ll}\text{矩形导轨} & f_{\mathrm{V}}=f\\ \text{燕尾形和三角形导轨} & f_{\mathrm{V}}=f/\cos\beta\\ \text{圆柱面导轨} & f_{\mathrm{V}}=4f/\pi=1.27f\end{array}\right\} \tag{6.11}$$

式中:f 为滑动导轨系数;β 为燕尾轮廓角或三角形底角。

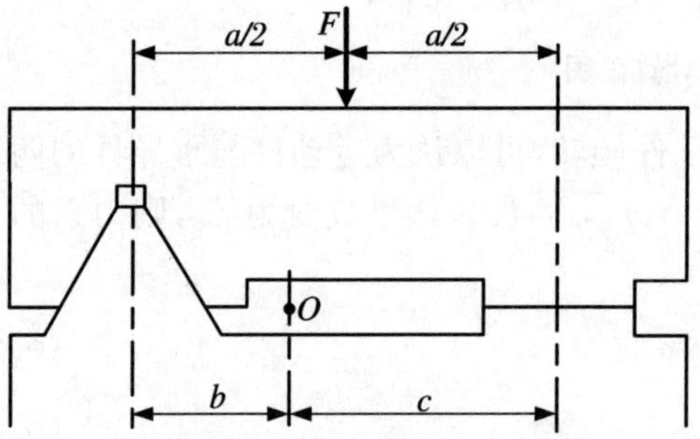

图 6.14　三角形-平面导轨

对于不同截面形状的组合导轨,由于两根导轨的摩擦力不同,驱动运动件的动力元件(螺旋副、齿轮-齿条或其他传动装置)的位置应随之不同。例如对图 6.14 所示的三角形-平面组合导轨,因三角形导轨上的摩擦力要比平面导轨大,摩擦力的合力作用在 O 点,且 $c>b$,因此,动力元件的位置应该设在 O 点,从而消除运动件移动时转动的趋势,使运动件移动平稳而灵活。

6.1.2.5　提高导轨耐磨性的措施

为使导轨在较长的使用期间内保持一定的导向精度,必须提高导轨的耐磨性。由于磨损速度与材料性质、加工质量、表面压强、润滑及使用维护等因素直接有关,故要提高导轨的耐磨性,必须从这些方面采取措施。

1. 合理选择导轨的材料及热处理

用于导轨的材料,应耐磨性好,摩擦系数小,并具有良好的加工和热处理性质。常用的材料如下。

(1) 铸铁　如 HT200、HT300 等,均有较好的耐磨性。采用高磷铸铁、磷铜钛铸铁和钒钛铸铁作导轨,耐磨性比普通铸铁分别提高 1～4 倍。

铸铁导轨的硬度一般为 180～200 HBS。为了提高其表面硬度,采用表面淬火工艺,表面硬度可达 55 HRC,导轨的耐磨性可提高 1～3 倍。

(2) 钢　常用的有碳素钢(40、50、T8A、T10A)和合金钢(20Cr、40Cr)。淬硬后钢导轨的

耐磨性比一般铸铁导轨高5～10倍。要求高的可用20Cr制成，渗碳后淬硬至56～62 HRC；要求低的用40Cr制成，高频淬火硬度至52～58 HRC。钢制导轨一般做成条状，用螺钉及销钉固定在铸铁机座上，螺钉的尺寸和数量必须保证良好的接触刚度，以免引起变形。

(3) 有色金属　常用的有黄铜、锡青铜、超硬铝(LC_4)、铸铝(ZL_6)等。

(4) 塑料　聚四氟乙烯具有良好的减摩、耐磨和抗振性能，工作温度适用范围广(－200～＋280 ℃)，静、动摩擦系数都很小，是一种良好的减摩材料。以聚四氟乙烯为基体的塑料导轨性能良好，它是一种在钢板上烧结球状青铜颗粒并浸渍聚四氟乙烯塑料的板材，如图6.15所示。导轨板的厚度为1.5～3 mm，在多孔青铜颗粒上面的聚四氟乙烯表层厚为0.025 mm。这种塑料导轨板既具有聚四氟乙烯的摩擦特性，又具有青铜和钢铁的刚性与导热性，装配时可用环氧树脂粘结在动导轨上。这种导轨用在数控机床、集成电路制板设备上，可保证较高的重复定位精度和满足微量进给时无爬行的要求。

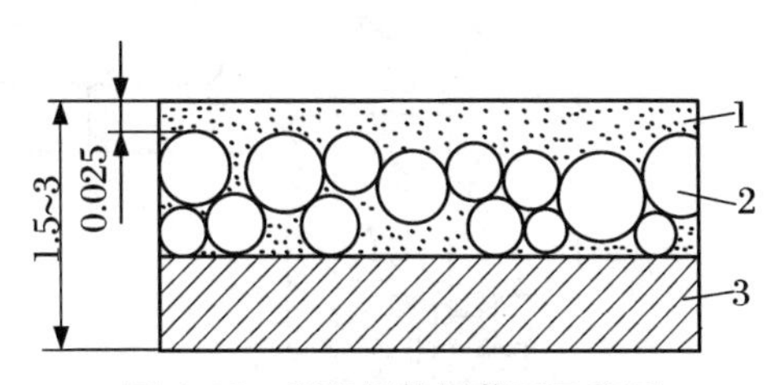

图6.15　塑料导轨板截面示意图

1. 聚四氟乙烯；　2. 球状青铜颗粒；　3. 钢板

在实际应用中，为减小摩擦阻力，常用不同材料匹配使用。例如圆柱面导轨一般采用淬火钢-非淬火钢，青铜或铸铝；棱柱面导轨可用钢-青铜，淬火钢-非淬火钢，钢-铸铁等。

导轨经热处理后，均需进行时效处理，以减小其内应力。

2. 减小导轨面压强

导轨面的平均压强越小，分布越均匀，则磨损越均匀，磨损量越小。导轨面的压强取决于导轨的支承面积和负载，设计时应保证导轨工作面的最大压强不超过允许值。为此，许多精密导轨常采用卸载导轨，即在导轨载荷的相反方向给运动件施加一个机械的或液压的作用力(卸载力)，抵消导轨上的部分载荷，从而达到既保持导轨面间仍为直接接触，又减小导轨工作面的压力。一般卸载力取为运动件所受总重力的2/3左右。

(1) 静压卸载导轨　如图6.16所示。在运动件导轨面上开有油腔，通入压力为P_s的液压油，对运动件施加一个小于运动件所受载荷的浮力，以减小导轨面的压力。油腔中的液压油经过导轨表面宏观与微观不平度所形成的间隙流出导轨，回到油箱。

(2) 水银卸载导轨　如图6.17所示。在运动件下面装有浮子，并置于水银槽中，利用水银产生的浮力抵消运动组件的部分重力。这种卸载方式结构简单，缺点是水银蒸气有毒，故必须采取防止水银挥发的措施。

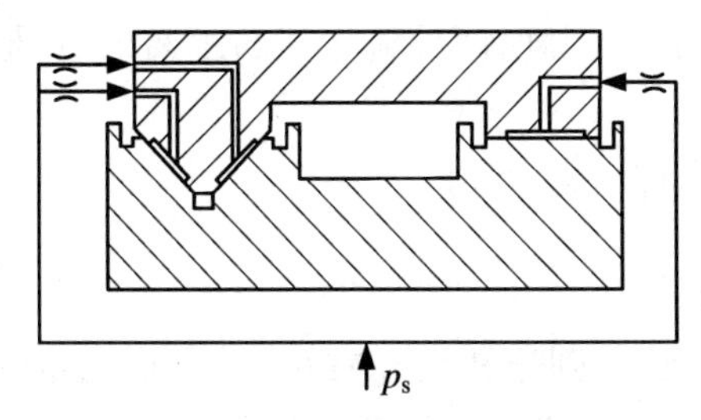

图6.16　静压卸载导轨原理

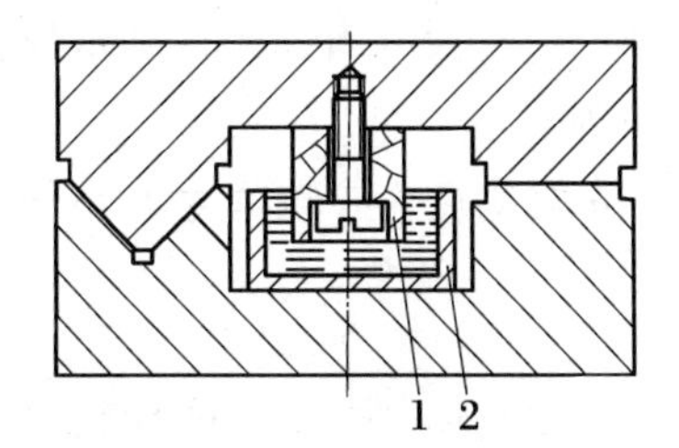

图6.17　水银卸载导轨原理

1. 浮子；　2. 水银槽

(3) 机械卸载导轨　如图 6.18 所示。选用刚度合适的弹簧,并调节其弹簧力,以减小导轨面直接接触处的压力。

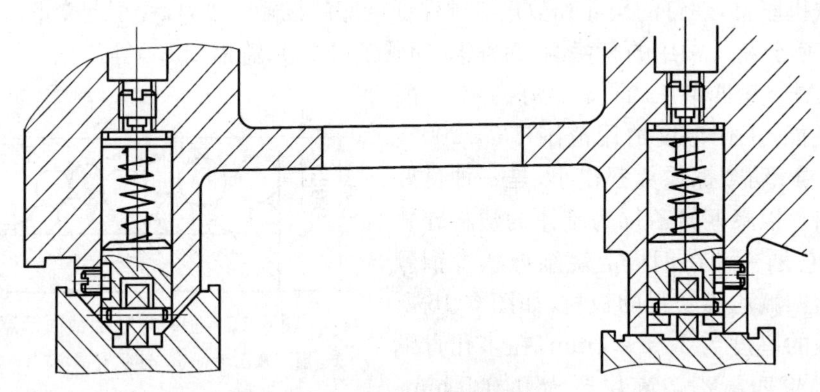

图 6.18　机械卸载导轨

3. 保证导轨良好的润滑

保证导轨良好的润滑,是减小导轨摩擦和磨损的另一个有效措施。这主要是润滑油的分子吸附在导轨接触表面,形成厚度约为 0.005～0.008 mm 的一层极薄的油膜,从而阻止或减少导轨面间直接接触的缘故。

选择导轨润滑油的主要原则是载荷越大,速度越低,则油的黏度应越大;垂直导轨的润滑油黏度,应比水平导轨润滑油的黏度大些。在工作温度变化时,润滑油的黏度变化要小。润滑油应具有良好的润滑性能和足够的油膜强度,不浸蚀机件,油中的杂质应尽量少。

对于精密机械中的导轨,应根据使用条件和性能特点来选择润滑油。常用的润滑油有机油、精密机床液压导轨油和变压器油等。还有少数精密导轨,选用润滑脂进行润滑。

4. 提高导轨的精度

提高导轨精度主要是保证导轨的直线度和各导轨面间的相对位置精度。导轨的直线度误差都规定在对导轨精度有利的方向上,如精密车床的床身导轨在垂直面内的直线度误差只允许上凸,以补偿导轨中间部分经常使用产生向下凹的磨损。

适当减小导轨工作面的粗糙度,可提高耐磨性,但过小的粗糙度不易贮存润滑油,甚至会产生"分子吸力",以致撕伤导轨面。粗糙度一般要求 $R_a \ngtr 0.32\ \mu m$。

6.1.2.6　导轨主要尺寸的确定

导轨的主要尺寸有运动件和承导件的长度、导轨面宽度、两导轨之间的距离、三角形导轨的顶角等。

(1) 导轨宽度　导轨宽度 B 可根据载荷 F 和允许压力 $[p]$ 求出。

$$B = \frac{F}{[p]L} \tag{6.12}$$

(2) 两对导轨中心距　两导轨之间的距离 a 减小,则导轨尺寸减小,但导轨稳定性变差。设计时应在保证导轨工作稳定的前提下,减小两导轨之间的距离。

(3) V 导轨角度　V 导轨角度一般取 90°角,因为刮研导轨的方形研具刚度大,制造和检修方便。

取小于 90°角可以提高导向性，但少量磨损会急剧降低两对导轨副的等高精度，过小还会使工作台移动时有楔紧作用，增大摩擦阻力。

取大于 90°角可以增加承载面积，减小比压，但导向性差。

(4) 运动件和承导件的长度　增大导轨运动件的长度 L，有利于提高导轨的导向精度和运动灵活性，但却使工作台的尺寸和重量加大。因此，设计时一般取 $L=(1.2\sim1.8)a$，其中 a 为两导轨之间的距离。如结构允许，则可取 $L\geqslant 2a$。承导件的长度则主要取决于运动件的长度及工作行程。

取长的动导轨，有利于改善导向精度和工作的可靠性。如图 6.19(a)所示，当存在导轨间隙 Δ 时，运动部件的倾斜角($\alpha\approx\Delta/L$)与动导轨长度 L 有关，L 越长，α 越小，间隙对导向精度影响越小。另外，当牵引力 T 与导轨副摩擦力的合力 F 相距 x 时(图 6.19(b))，力矩 M ($=Tx$)将使运动部件倾斜，并以力 N 作用于静导轨上，此时 $N=Tx/L$。可见 L 愈长，N 愈小，运动部件可靠性越好。

由上可知，取长的动导轨比较有利，但动导轨过长，工作台将很庞大。

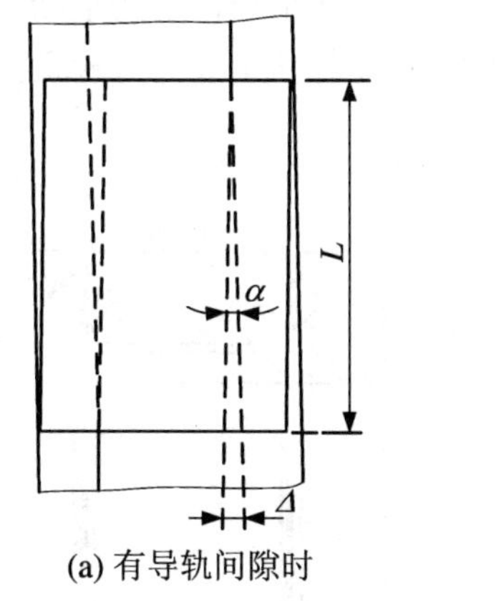

(a) 有导轨间隙时

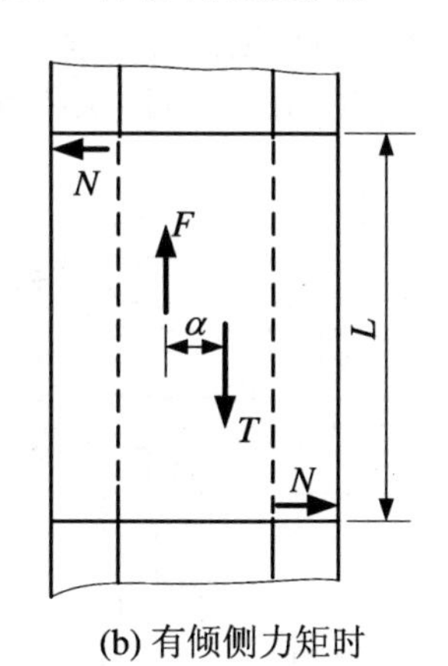

(b) 有倾侧力矩时

图 6.19　动导轨长度对导向精度和工作可靠性的影响

6.1.2.7　技术要求

导轨的技术条件主要依据结构特点、工作精度和使用时温度的变化范围而定。它包括配合种类、精度等级、表面粗糙度和配合面的几何形状误差等。

对于方向精度要求较高的圆柱面导轨，常采用 g6 或 f7 的间隙配合。

若导轨副工作的环境温度变化不大，可采用 h6 的间隙配合或按照第四种过渡配合加工，然后研配到平滑移动时为止。

对于棱柱面导轨，按 h5、g5 或 h6、g6 等配合加工。

若导轨的方向精度要求不高，可采用 h7 或 h8 等间隙配合。

根据相应的精度等级确定表面粗糙度，被包容件的外表面比包容件的内表面粗糙度高一级。

6.1.3 滚动摩擦导轨

滚动摩擦导轨是在运动件和承导件之间放置滚动体(滚珠、滚柱、滚动轴承等),使导轨运动时处于滚动摩擦状态。

与滑动摩擦导轨相比较,滚动导轨的特点是:① 摩擦系数小,并且静、动摩擦系数之差很小,故运动灵便,不易出现爬行现象;② 定位精度高,一般滚动导轨的重复定位误差约为0.1~0.2 μm,而滑动导轨的定位误差一般为10~20 μm,因此,当要求运动件产生精确的移动时,通常采用滚动导轨;③磨损较小,寿命长,润滑简便;④ 结构较为复杂,加工比较困难,成本较高;⑤ 对脏物及导轨面的误差比较敏感。

6.1.3.1 滚动导轨的类型及结构特点

滚动摩擦导轨按滚动体的形状可分为滚珠导轨、滚柱导轨、滚动轴承导轨等。

1. 滚珠导轨

图6.20和图6.21是滚珠导轨的两种典型结构形式。在V形槽(V形角一般为90°)中安置着滚珠,隔离架用来保持各个滚珠的相对位置,固定在承导件上的限动销与隔离架上的限动槽构成限动装置,用来限制运动件的位移,以免运动件从承导件上滑脱。

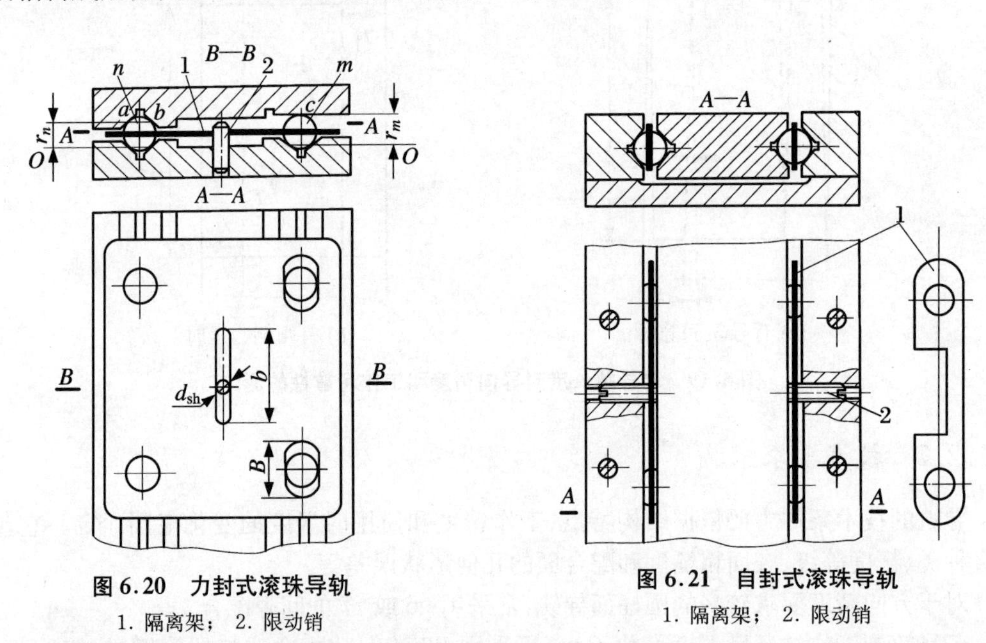

图6.20 力封式滚珠导轨

1. 隔离架; 2. 限动销

图6.21 自封式滚珠导轨

1. 隔离架; 2. 限动销

图6.20中的OO轴为滚珠的瞬时回转轴线,由于a,b,c三点速度与运动件的速度相等,但c点的回转半径r_m大于a,b两点的回转半径r_n,因此,右排滚珠的速度小于左排滚珠的速度。为了避免由于隔离架的限制而使滚珠产生滑动,把隔离架右排的分珠孔制成平椭圆形。

V形滚珠导轨的优点是工艺性较好,容易达到较高的加工精度,但由于滚珠和导轨面是点接触,接触应力较大,容易压出沟槽,如沟槽的深度不均匀,将会降低导轨的精度。为了改善这种情况,可采取如下措施:

① 预先在 V 形槽与滚珠接触处研磨出一窄条圆弧面的浅槽,从而增加了滚珠与滚道的接触面积,提高了承载能力和耐磨性,但这时导轨中的摩擦力略有增加。

② 采用双圆弧滚珠导轨(图 6.22)。这种导轨是把 V 形导轨的 V 形滚道改为圆弧形滚道,以增大滚动体与滚道接触点综合曲率半径,从而提高导轨的承载能力、刚度和使用寿命。双圆弧导轨的缺点是形状复杂,工艺性较差,摩擦力较大,当精度要求很高时不易满足使用要求。

为使双圆弧滚珠导轨既能发挥接触面积较大、变形较小的优点,又不至于过分增大摩擦力,应合理确定双圆弧滚珠导轨的主要参数(图 6.22(b))。根据使用经验,滚珠半径 r 与滚道圆弧半径 R 之比常取 $r/R=0.90\sim0.95$,接触角 $\theta=45^\circ$。

导轨两圆弧的中心距 C 为

$$C = 2(R-r)\sin\theta$$

图 6.23 是滚珠导轨的另一种结构,其中的 A,B,C 是三对淬火钢制成的圆杆,圆杆经过仔细的研磨和检验,以保证必要的直线度。运动件下面固定的矩形杆也用淬火钢制成。这种导轨的优点是运动灵便性较好,耐磨性较好,圆杆磨损后,只需将其转过一个角度即可恢复原始精度。

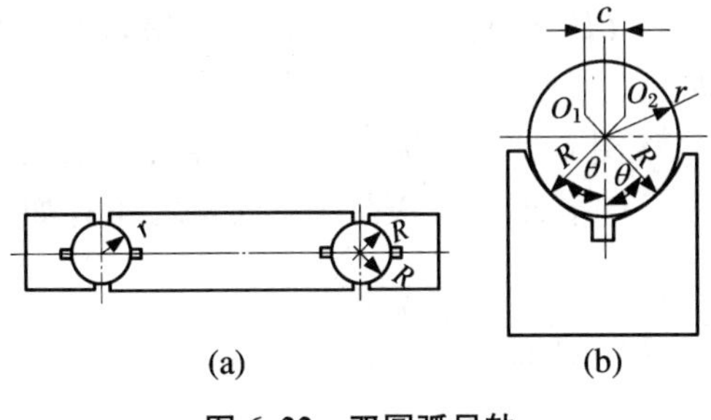

图 6.22　双圆弧导轨

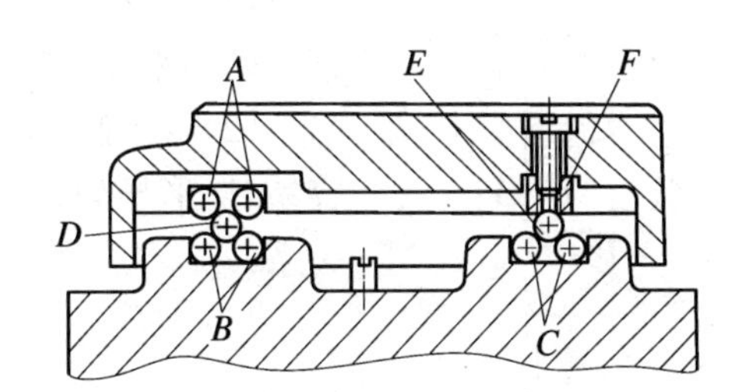

图 6.23　滚珠导轨

A,B,C. 圆杆;　D,E. 滚珠;　F. 矩形杆

当要求运动件的行程很大时,可采用滚珠循环式导轨,即直线滚珠导轨。图 6.24 是这种导轨的结构简图,它由运动件、滚珠、承导件和返回器组成。运动件上有工作滚道和返回滚道,与两端返回器的圆弧槽面滚道接通,滚珠在滚道中循环滚动,行程不受限制。

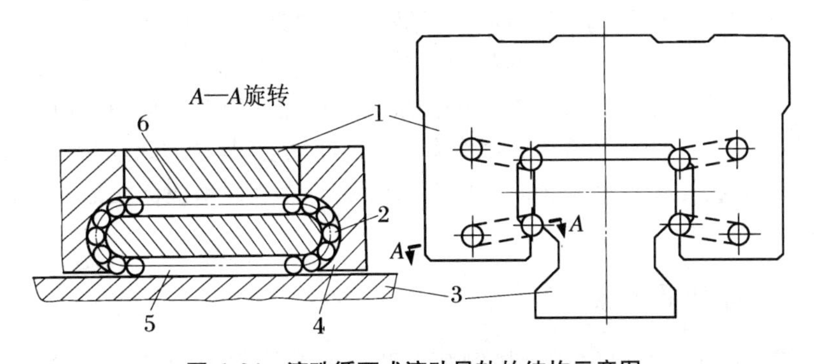

图 6.24　滚珠循环式滚动导轨的结构示意图

1. 运动件;　2. 滚珠;　3. 承导件;　4. 返回器;　5. 工作滚道;　6. 返回滚道

为了保证滚珠导轨的运动精度和各滚珠承受载荷的均匀性，应严格控制滚珠的形状误差和各滚珠间的直径差。例如19JA万能工具显微镜横向滑板滚珠导轨，滚珠间的直径不均匀度和滚珠的圆度误差均要求在0.5 μm以内。

2. 滚柱导轨与滚动轴承导轨

为了提高滚动导轨的承载能力和刚度，可采用滚柱导轨或滚动轴承导轨。这类导轨的结构尺寸较大，对导轨面的局部缺陷不太敏感，但对V形角的精度要求较高，常用在比较大型的精密机械上。

(1) 交叉滚柱V-平导轨　如图6.25(a)所示，在V形空腔中交叉排列着滚柱，这些滚

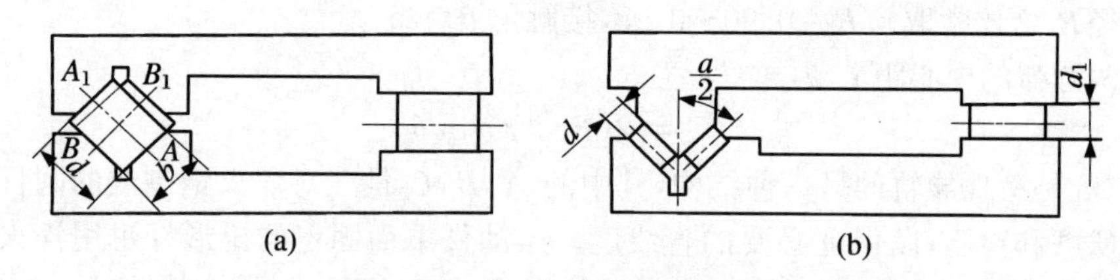

图 6.25　滚柱导轨

柱的直径 d 略大于长度 b，相邻滚柱的轴线互相垂直交错，单数号滚柱在 AA_1 面间滚动(与 B_1 面不接触)，双数号滚柱在 BB_1 面间滚动(与 A_1 不接触)，右边的滚柱则在平面导轨上运动。

(2) V-平滚柱导轨　如图6.25(b)所示。这种导轨加工比较容易，V形导轨滚柱直径 d 与平面导轨滚柱直径 d_1 之间有如下关系：

$$d = d_1 \sin \frac{\alpha}{2}$$

式中：α 为V形导轨的V形角。

若把滚柱取出，上、下导轨面正好可互相研配，所以加工较方便。

(3) 滚动轴承导轨　在滚动轴承导轨中，滚动轴承不仅起着滚动体的作用，而且本身还代替了运动件或承导件。这种导轨的主要特点是摩擦力矩小，运动灵活，调整方便。万能工具显微镜纵向导轨结构，是滚动轴承导轨应用的典型实例。

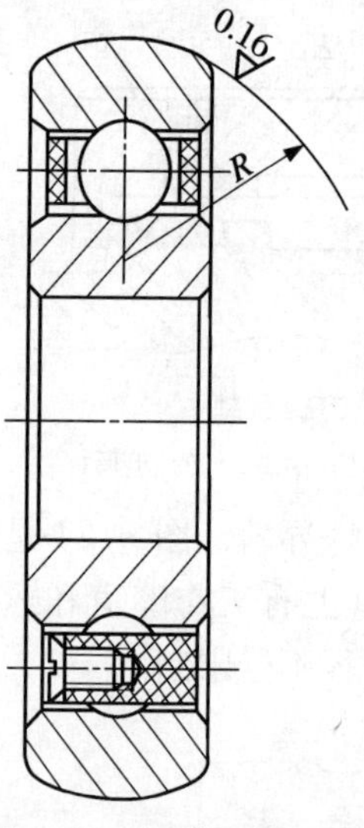

图 6.26　万能工具显微镜纵向导轨

用作导轨的滚动轴承一般为非标准深沟球轴承，如图6.26所示，其内圈固定，外圈旋转。用作导向的滚动轴承，其径向跳动量应小于0.5 μm；用作支承的滚动轴承，其径向跳动量应小于1 μm。为减小变形，轴承的内、外圈要比标准轴承厚些，轴承的外圈表面磨成圆弧形曲面，以保证与导轨接触良好。

6.1.3.2　滚动导轨的预紧

使滚动体与滚道表面产生初始接触弹性变形的方法称为预紧。预紧导轨的刚度比无预紧导轨的刚度大，在合理的预紧条件下，导轨磨损较小，但导轨的结构较复杂，成本较高。

1. 采用过盈装配形成预加负载

如图6.27(a)所示。装配导轨时，根据滚动体的实际尺寸 A，刮研压板与滑板的接合面或在其间加上一定厚度的垫片，从而形成包容尺寸 $A-\Delta$（Δ 为过盈量）。

过盈量有一个合理的数值，达到此数值时，导轨的刚度较好，而驱动力又不致过大，过盈量一般每边约为5～6 μm。

2. 用移动导轨板的方法实现预紧

如图6.27(b)所示。预紧时先松开导轨体2的连接螺钉（图中未画出），然后拧动侧面螺钉，即可调整导轨体1和2之间的距离而预紧。此外，也可用斜镶条来调整，这样，导轨的预紧量沿全长分布比较均匀，故推荐使用。

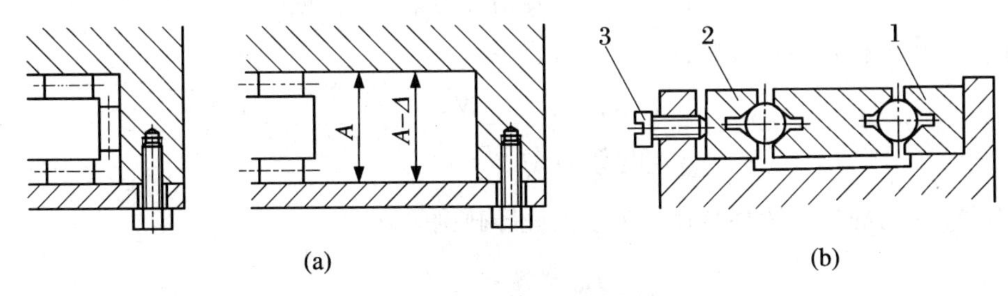

图6.27 滚动导轨预紧方法

6.1.3.3 导轨主要参数的确定

1. 摩擦阻力的计算

设工作台、滚柱是绝对刚体（图6.28），则在重量 W 的作用下，床身产生接触弹性变形，宽度为 $2c$。根据力的平衡条件：

$$P = F_d$$

$$Pd = \frac{W}{2}c$$

$$P = \frac{Wc}{2d} = \frac{W}{2}f_d$$

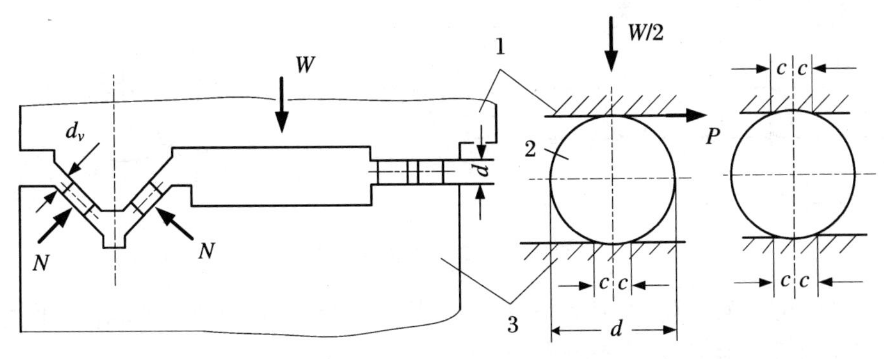

图6.28 滚动轴承摩擦系数计算简图

1. 工作台； 2. 滚柱； 3. 床身

式中：P 为滚动体推力；F_d 为滚动摩擦力；c 为弹性变形接触宽度的一半；d 为滚柱直径；f_d 为滚动摩擦系数，$f_d = c/d$。

c 可根据下式计算：

$$c = 1.6\sqrt{pd\left(\frac{1-v_1^2}{E_1}+\frac{1-v_2^2}{E_2}\right)}$$

式中：p 为滚柱单位长度上的压强，$p = W/(2nl)$（n 为滚柱数目，l 为滚柱长度）；v_1，v_2 为滚柱和导轨材料的泊桑比；E_1，E_2 为滚柱和导轨材料的弹性模量。

滚动摩擦系数为

$$f_d = \frac{c}{d} = 1.6\sqrt{\frac{W}{2nld}\left(\frac{1-v_1^2}{E_1}+\frac{1-v_2^2}{E_2}\right)}$$

对于 V 形滚柱，导轨摩擦力可按下式计算：

$$F_{Vd} = 2Nf_{Vd} = \frac{0.8W}{\sin\frac{\alpha}{2}}\sqrt{\frac{W}{4nld_V\sin\frac{\alpha}{2}}\left(\frac{1-v_1^2}{E_1}+\frac{1-v_2^2}{E_2}\right)} \tag{6.13}$$

式中：d_V 为 V 形导轨的滚柱直径。为了保证导轨副等高，有

$$d_V = d\cdot\sin\frac{\alpha}{2}$$

2. 滚动体最大载荷的计算

由于导轨的结构形式和受力情况不同，滚动体最大载荷的计算也不同，如一条导轨中点有一垂直力 W 和力矩 M 的作用（图 6.29），则受力最大的应是最外侧滚动体，其最大载荷可按下式计算：

$$P_{\max} = \frac{6M}{Lz} + \frac{W}{z} \tag{6.14}$$

式中：z 为一条动导轨长度内滚动体个数（奇数）；L 为滚动体有效长度。

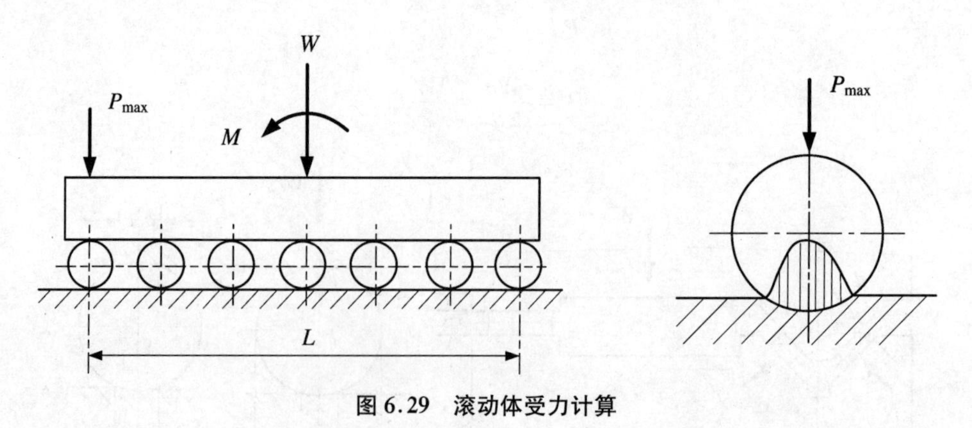

图 6.29　滚动体受力计算

式(6.14)中的 $6M/(Lz)$ 是在力矩 M 的作用下最外侧滚动体所受的载荷；W/z 是在垂直力作用下每个滚动体所受到的载荷。

3. 滚动体许用载荷的计算

在一个滚动体上的许用载荷 P 按下式计算：

对于滚柱导轨

$$P = [p_1]ld\xi \tag{6.15}$$

对于滚珠导轨

$$P = [p_2]d^2\xi \tag{6.16}$$

式中：p 为滚动体截面上的当量许用应力，对于淬火钢滚柱导轨，$[p_1]\approx 1\,400\sim 2\,000\ \mathrm{N/cm^2}$；对于淬火钢滚珠导轨，$[p_2]=60\ \mathrm{N/cm^2}$；对于铸铁滚柱导轨，$[p_1]\approx 133\sim 200\ \mathrm{N/cm^2}$；对于铸铁滚珠导轨，$[p_2]\approx 2\ \mathrm{N/cm^2}$。$\xi$ 为导轨材料的硬度系数，对于铸铁导轨，HB = 170～180、200～210、230～240 时，$\xi=0.75$、1、1.2；对于淬火钢导轨，HRC = 50～60，$\xi=0.52\sim 1.0$。

设计时，最大载荷 $P_{\max}$ 应小于许用载荷 P，即

$$P_{\max} < P = [p_1]ld\xi \quad (\text{滚柱导轨})$$

$$P_{\max} < P = [p_2]d^2\xi \quad (\text{滚珠导轨})$$

若不能满足上式，可增大滚动体直径和滚柱长度，也可增加滚动体数量来减小最大载荷。

4. 保持架长度的计算

保持架长度

$$L = L_d + l/2 \tag{6.17}$$

式中：L_d 为动导轨长度；l 为动导轨的行程长度。第二项为 $l/2$，是由于滚动体带动保持架移动速度是动导轨移动速度的一半。

5. 运动件的长度

在满足导轨最大位移 $S_{\max}$ 的前提下，应尽可能减小运动件的长度 L。由图 6.30 可知

$$L = e + l + ab$$

而

$$ab = a'b' = a'c + cb' = e + S_{\max}/2$$

因此

$$L = 2e + l + \frac{S_{\max}}{2} \tag{6.18}$$

式中：L 为运动件的最短长度；e 为保险量，一般取 $e = 5\sim 10$ mm。

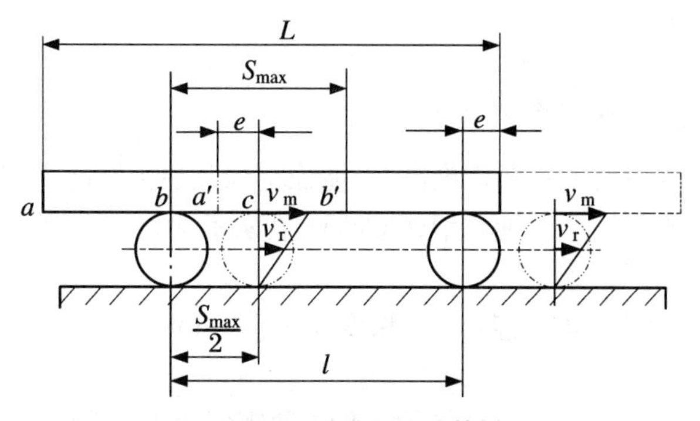

图 6.30　运动件长度计算简图

6. 隔离架限动槽长度 b 和平椭圆长度 B

如图 6.30 所示，隔离架的速度与左边滚道滚珠中心的移动速度相同，为运动件移动速

度的一半。当运动件移动 S_{max}时,隔离架只移动 $S_{max}/2$。因此

$$b = \frac{1}{2}S_{max} + d_{sh} \tag{6.19}$$

式中:d_{sh}为限动销的直径。

$$B = d + 0.1S_{max} \tag{6.20}$$

式中:d 为滚珠直径。

6.1.3.4 滚动体的大小和数量

滚动体的大小和数量应根据单位接触面积上的容许压力计算确定。在结构允许的条件下,应优先选用直径较大的滚动体。这是因为:

① 增大滚动体直径可以提高导轨的承载能力。对于滚珠导轨,其承载能力与滚珠数目 z 及滚珠直径 d 的平方成正比,因此增大滚珠直径 d 比增加滚珠数目 z 有利;而对于滚柱导轨,增大滚珠直径 d 与增加滚珠数目 z 的效果相同。

② 增大滚动体直径,有利于提高导轨的接触刚度。对于滚柱导轨,为减小导轨横截面积内平行度误差及滚柱圆柱度误差对接触刚度的影响,滚柱的长度 b 不应超过 30 mm,长径比 $b/d<1.5$。

③ 增大滚动体的直径,可以减小导轨的摩擦阻力。因此滚柱直径最好不小于 6 mm,并尽可能不用滚针导轨,如需采用,滚针直径应不小于 4 mm。

如滚动体的数目 z 太少,会降低导轨的承载能力,制造误差将显著地影响运动件的位置精度;滚动体数目太多,则会增大负载在滚动体上分布的不均匀性,反而会降低刚度。实验表明,为使各滚动体承受的载荷比较均匀,合理的滚动体数目为:

对于滚柱导轨

$$z < G/(4b)$$

对于滚珠导轨

$$z \leqslant G/(9.5\sqrt{d})$$

式中:G 为导轨所承受的移动组件的重力(N);b 为滚柱长度(mm);d 为滚珠直径(mm)。

6.1.3.5 滚动导轨的材料和热处理

对滚动导轨材料的主要要求是硬度高、性能稳定以及加工性能良好。

滚动体的材料一般采用滚动轴承钢(GCr15),淬火后硬度可达到 60～66 HRC。

常用的导轨材料如下。

(1) 低碳合金钢　如 20Cr,经渗碳(深度 1～1.5 mm)淬火后,渗碳层硬度可以达到 60～63 HRC。

(2) 合金结构钢　如 40Cr,淬火后低温回火,硬度可达 45～50 HRC。加工性能良好,但硬度较低。

(3) 合金工具钢　如铬钨锰钢(CrWMn)、铬锰钢(CrMn),淬火后低温回火,硬度可达 60～64 HRC。这种材料的性能稳定,可以制造变形小、耐磨性高的导轨。

(4) 氮化钢　如铬钼铝钢(38CrMoAlA)或铬铝钢(38CrAl),经调质或正火后,表面氮化,可得很高的表面硬度(850 HV),但硬化层很薄(0.5 mm 以下),加工时应注意。

(5) 铸铁　例如某些仪器中采用铬钼铜合金铸铁,硬度可达 230～240 HBS,加工方便,滚动体用滚柱,一般可满足使用要求。

6.1.4　弹性摩擦导轨

图 6.31 所示结构是应用于显微硬度 9 计上的弹性导轨。它的支承由厚度为 0.2～0.3 mm 的两片弹簧组成。只有当运动件移动距离很小时(一般小于 0.2 mm)才认为它近似直线运动。

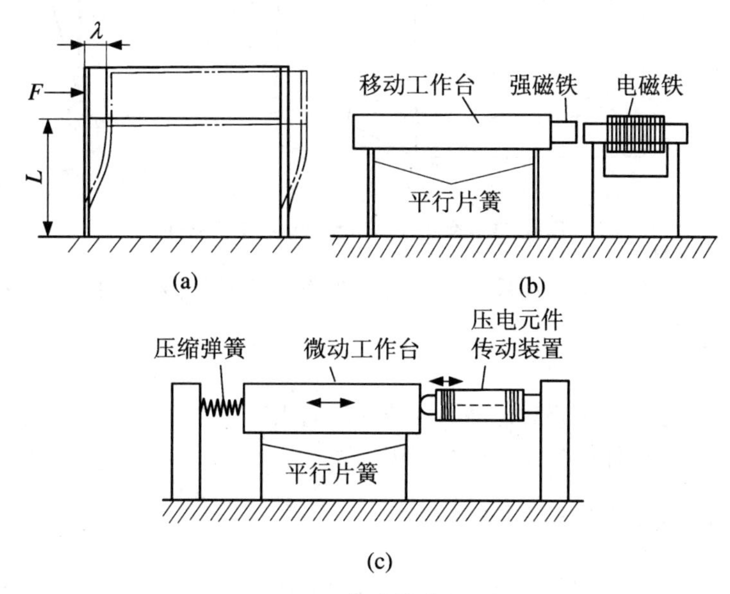

图 6.31　平行片簧弹性导轨

图 6.31(a)所示是弹性摩擦导轨的一种结构形式,工作台(运动件)由一对相同的平行片簧支承,当受到驱动力 F 作用时,片簧产生变形,使工作台在水平方向产生微小位移 λ。

设片簧的工作长度为 L、宽度为 b、厚度为 h,则弹性导轨在运动方向上的刚度 F 为

$$F' = \frac{2bh^3E}{L^3} \tag{6.21}$$

式中:E 为片簧材料的弹性模量($\mathrm{N/mm^2}$);L, b, h 的单位均为 mm。

图 6.31(b)、(c)分别为平行片簧导轨在电磁驱动和电致伸缩驱动微动工作台的应用举例。

图 6.32 是用于显微硬度计上的一种弹性导轨结构,其中杆下端有金刚夹头,被片弹簧夹持着,受外力后可沿轴线方向作微小位

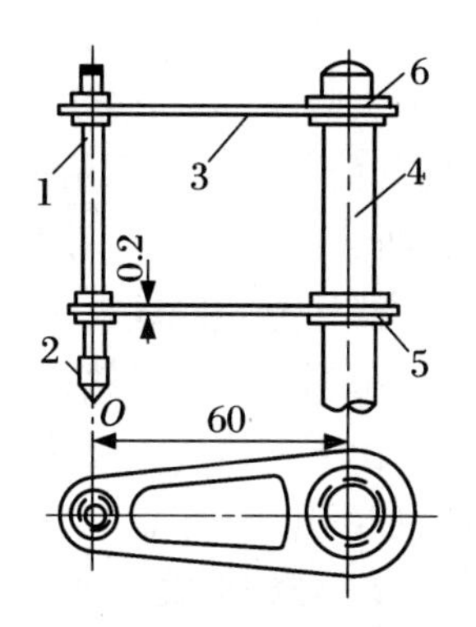

图 6.32　弹性摩擦导轨

1. 杆;　2. 金刚夹头;　3. 片弹簧;　4. 立柱;　5,6. 连接件

移，因此位移量很小，故其运动接近于直线运动。

图6.33(a)是另一种结构形式的弹性摩擦导轨。在一块板材上加工出孔和开缝，使圆弧的切口处形成弹性支点(即柔性铰链)与剩余的部分成为一体，组成一平行四边形机构。当在 AC 杆上加一力 F，由于四个柔性铰链的弹性变形，使 AB 杆(与运动件相连)在水平方向产生位移 λ(图6.33(b))。这种结构的弹性导轨在微动工作台中得到广泛的应用。

弹性导轨的优点是：① 摩擦力极小；② 没有磨损，不需润滑；③ 运动灵便性高；④ 当运动件的位移足够小时，精度很高，可以达到极高的分辨率。

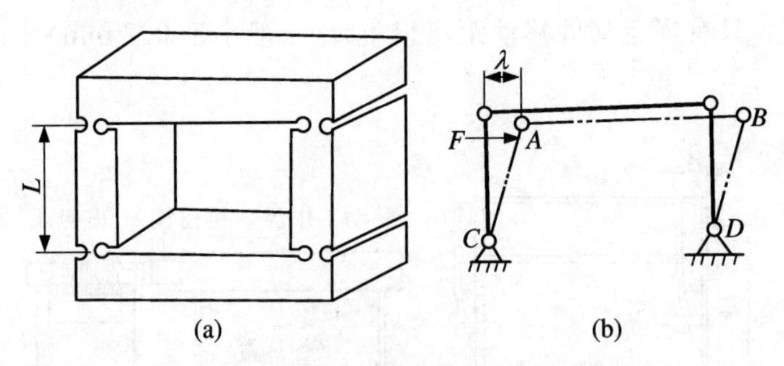

图6.33　柔性铰链弹性导轨的工作原理

弹性导轨的主要缺点是运动件只能作很小的移动，这就大大地限制了其使用范围。

6.1.5　流体摩擦导轨

液体摩擦导轨是在两个相对运动的导轨面间通入压力油或压缩空气，使运动件浮起，以保证两导轨面间处于液体或气体摩擦状态下工作。

6.1.5.1　液体静压导轨副的设计

液体静压导轨副是在两个相对运动的导轨面间通入压力油，使运动部件浮起，这样运动部件在液面上移动，即使导轨面有些高低不平，仍能平稳地运动。

液体静压导轨的优点是：① 摩擦系数很小(启动摩擦系数可小至0.000 5)，可使驱动功率大大降低，运动轻便灵活，低速时无爬行现象；② 导轨工作表面不直接接触，基本上没有磨损，能长期保持原始精度，寿命长；③ 承载能力大，刚度好；④ 摩擦发热小，导轨温升小；⑤ 油液具有吸振作用，抗振性好。

静压导轨的缺点是：结构较复杂，需要一套供油设备，油膜厚度不易掌握，调整较困难，这些都影响静压导轨的广泛应用。

由于液体静压导轨副与液体静压轴承具有相同的优点，故广泛用于中、大型机床和仪器，如磨床、镗床、三坐标测量机、圆度仪上。

1. 结构形式

根据导轨副受力的情况不同，其结构形式分为开式静压导轨(图6.34(a))和闭式静压导轨(图6.34(b))。

开式静压导轨是在动导轨面上开油腔(平导轨不能少于二个、V导轨不能少于四个)；闭式静压导轨不仅是在动导轨面上下，甚至是在两侧也开油腔。

2. 工作原理

液体静压导轨副(特别是闭式静压导轨)的工作原理与液体静压轴承很相似。闭式静压导轨上下、左右油腔相当于静压轴承的上下、左右油腔。供油系统也完全相同。

开式静压导轨的工作原理如图6.34(a)所示,由液压泵输出压力油,经溢流阀调节油压,流入导轨油腔后,产生浮力将运动件浮起,浮力与载荷 F 平衡,油膜将运动件与承导件完全隔开,载荷的变化引起运动件与承导件间隙的变化,使得所形成的浮力重新与载荷平衡,从而将运动件的下沉限制在一定的范围内,保证导轨在液体摩擦状态下工作。开式静压导轨结构简单,但承受倾覆力矩的能力较差。

闭式静压导轨的工作原理如图6.34(b)所示,由液压系统输出压力油经节流阀后,分别进入承导件的上下承导面。当运动件受到向下的载荷作用时,上部的间隙减小而压力增加,下部的间隙增大而压力减小,载荷的变化会引起运动件与承导件的上下间隙的变化,进而造成上下承导面的油压变化,使得所形成的浮力重新与载荷平衡,从而保证导轨在液体摩擦状态下工作。

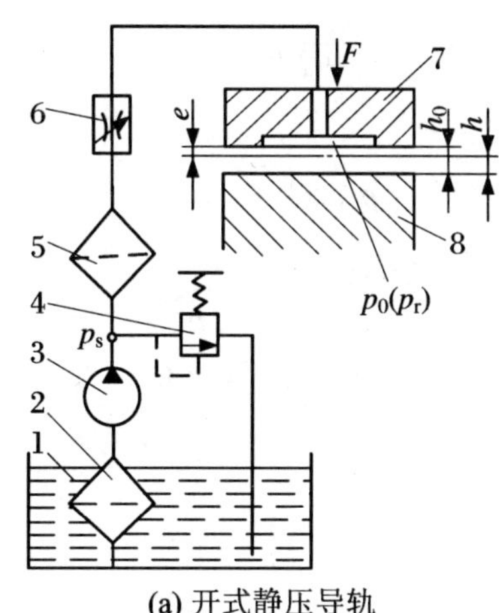

(a) 开式静压导轨

1. 邮箱; 2,5. 过滤器; 3. 泵; 4. 溢流阀; 6. 节流阀; 7. 运动件; 8. 承导件

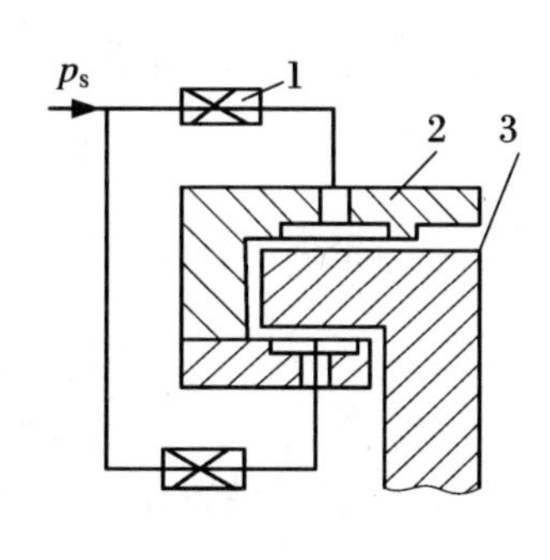

(b) 闭式静压导轨

1. 节流阀; 2. 运动件; 3. 承导件

图6.34　液体静压导轨工作原理

3. 导轨结构参数的确定

(1) 油腔参数　直线运动静压导轨的油腔应开在动导轨面上,以保证油腔不外露。旋转运动静压导轨的油腔则开在静导轨面上,这样供油方便。

油腔数目根据载荷大小及分布情况而定。

油腔形状一般采用"口"、"工"和"王"字形,如图6.35所示。这几种形状虽然不同,但只要尺寸 L,B,l,b 相等,它们便具有同样大小的承载能力,即具有相等的有效承载面积。

油腔尺寸与封油面大小有关,封油面太小,油腔压力难以建立;过大则油腔有效承载面积减小,承载能力降低。油腔尺寸一般可参考式 $(L-l)/(B-b)=1\sim2$ 确定。

(2) 导轨间隙(即油膜厚度) h_0　取小的导轨间隙,可提高油膜刚度和运动的平稳性,但受到导轨加工精度、表面粗糙度、节流器的节流尺寸的限制。对于中、小型设备,导轨间隙

h_0 可取 0.015～0.025 mm。导轨的平行度、直线度和平面度均不得超过导轨间隙的 1/4～1/3(在动导轨长度范围内)。

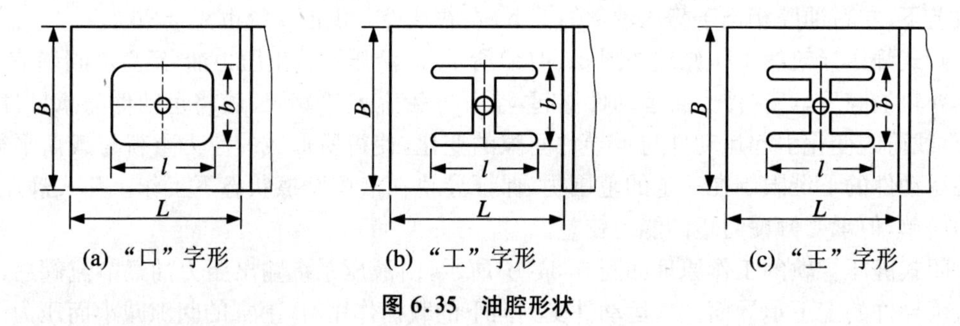

(a)"口"字形 (b)"工"字形 (c)"王"字形

图 6.35 油腔形状

4. 节流器参数的确定

以毛细管节流器为例,介绍开式静压导轨的设计计算方法。

(1) 流经导轨间隙的流量 流经导轨间隙的流量为

$$Q_h = \frac{h_0^3 p_{r0}}{3\mu}\left(\frac{l}{B-b} + \frac{b}{L-l}\right)$$

(2) 流经毛细管节流器的流量

$$Q_g = \frac{\pi d_0^4}{128\mu l_0}(p_s - p_{r0})$$

(3) 油腔压力 根据流体连续性原理,即 $Q_h = Q_g$,得

$$p_{r0} = \frac{p_s}{1 + \frac{128 l_0 h_0^3}{3\pi d_0^4}\left(\frac{l}{B-b} + \frac{b}{L-l}\right)} = \frac{p_s}{1+C}$$

式中:C 为尺寸参数,它与导轨和节流器的尺寸有关。

$$C = \frac{128 l_0 h_0^3}{3\pi d_0^4}\left(\frac{l}{B-b} + \frac{b}{L-l}\right) \tag{6.22}$$

工作台上加载后的油腔压力为

$$p_r = \frac{p_s}{1 + \frac{128 l_0 h_0^3}{3\pi d_0^4}\left(\frac{l}{B-b} + \frac{b}{L-l}\right)} \tag{6.23}$$

因为 $h = h_0 - \Delta h$,节流比 $\beta_0 = p_s/p_{r0} = 1 + C$,所以

$$p_r = \frac{p_s}{1 + \frac{128 l_0 (h_0 - \Delta h)^3}{3\pi d_0^4}\left(\frac{l}{B-b} + \frac{b}{L-l}\right)} = \frac{p_s}{1 + C\left(1 - \frac{\Delta h}{h_0}\right)^3}$$

$$= \frac{p_s}{1 + (\beta_0 - 1)\left(1 - \frac{\Delta h}{h_0}\right)^3}$$

(4) 每个油腔的承载能力 导轨封油面的压力,实际上应按图 6.36(a)所示分布进行计算,现为了简化,可设想按图 6.36(b)分布,等效承载面积为 A_0。每个油腔的承载能力为

$$W = A_0 p_r = \frac{A_0 p_s}{1 + (\beta_0 - 1)\left(1 - \frac{\Delta h}{h_0}\right)^3} \tag{6.24}$$

式中：A_0 为每个油腔等效承载面积。

$$A_0 = B'L' \approx \left(\frac{B+b}{2}\right)\cdot\left(\frac{L+l}{2}\right)$$

即

$$A_0 \approx (B+b)(L+l)/4$$

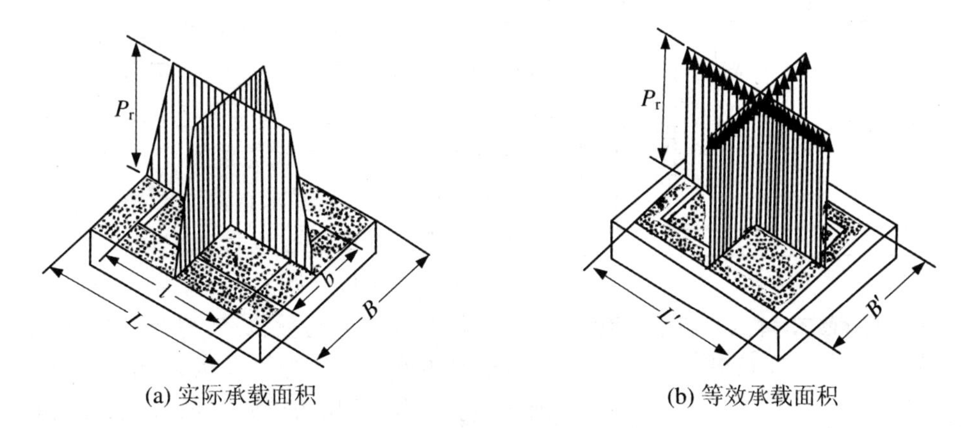

(a) 实际承载面积　　(b) 等效承载面积

图 6.36　油腔及封油面的压力分布

(5) 支承刚度　每个油腔的支承刚度为

$$k = \frac{\partial W}{\partial \Delta h} = \frac{3(\beta_0 - 1)p_s A_0}{h_0 \beta_0^2} \tag{6.25}$$

由最佳刚度条件$\partial W/\partial \beta_0 = 0$，求得 $\beta_0 = 2$，则导轨的支承刚度为

$$k = 0.75 p_s A_0 / h_0$$

由上式可知，供油压力及油腔等效面积愈大，导轨间隙愈小，导轨支承刚度愈大。

(6) 毛细管节流器有效长度　由式(6.22)及最佳刚度时 $\beta_0 = 2$ 知

$$k = \frac{128 l_0 h_0^3}{3\pi d_0^4}\left(\frac{l}{B-b} + \frac{b}{L-l}\right) = \beta_0 - 1 = 1$$

毛细管节流器的有效长度为

$$l_0 = \frac{3\pi d_0^4}{128 h_0^3\left(\dfrac{l}{B-b} + \dfrac{b}{L-l}\right)} \tag{6.26}$$

若计算出的毛细管节流器有效长度很长，可做成螺旋式结构，但其截面尺寸要换算成圆孔直径后，再代入上式。

6.1.5.2　气体静压导轨副的设计

气体静压导轨与液体静压导轨一样，在各种精密机械设备中被广泛地应用。

气体静压导轨的优点是：① 工作平稳、运动精度高；② 无发热现象，不会像液体静压导轨那样因静压油引起发热；③ 摩擦和摩擦系数极小，因气体黏性极小；④ 由于使用经过过滤的压缩空气，故导轨内不会浸入灰尘和液体，同时可用于很宽的温度范围。

气体静压导轨的缺点是：① 承载能力低；② 刚度低；③ 需要一套高质量的气源；④ 对振动的衰减性差。

气体静压导轨按结构形式的不同可分为开式、闭式和负压吸浮式气垫导轨三种。

1. 工作原理

气体静压导轨与液体静压导轨的工作原理基本相同。如图 6.37 所示，龙门架由气垫支承并保证垂直方向的导向精度；侧向气垫保证水平方向的导向精度。当龙门架移动时，假如受水平载荷 T 作用而产生平移或扭转，两侧气垫导轨间隙将发生变化，利用两侧气压差的作用可达到新的平衡状态，保持在气体摩擦状态下运动。但这种结构的气膜厚度受到两侧导轨面的平行度和直线度的影响，两侧导轨面工艺要求很高。若将其中一个气垫 4 与龙门架之间的连接设计成弹簧浮动，则侧导轨面的工艺要求可以降低。

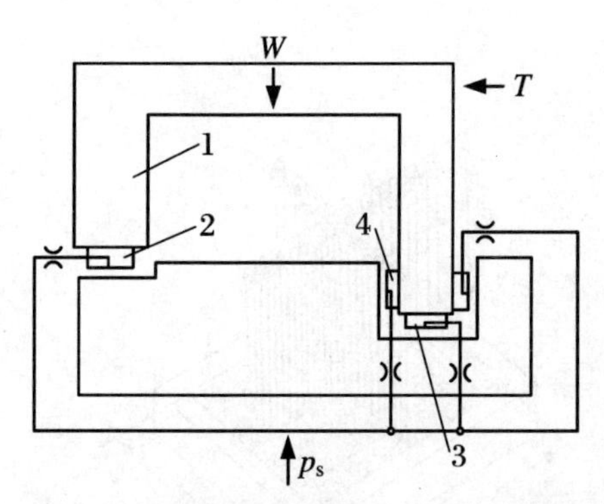

图 6.37 气体静压导轨工作原理示意图

1. 龙门架； 2,3. 气垫； 4. 侧向气垫

负压吸浮式气垫导轨是一种适用于高精度、高速度轻载的新型空气静压导轨，工作原理如图 6.38 所示，它是利用负压吸浮式平面气垫在工作面上不同区域同时存在正压（浮力）和负压（吸力）的特点，在运动件和承导件之间形成一定厚度的

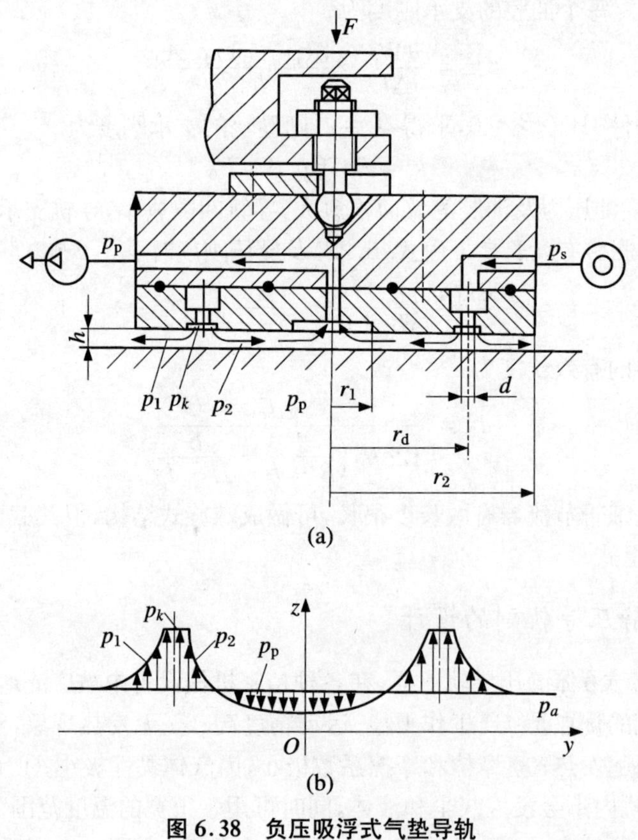

图 6.38 负压吸浮式气垫导轨

气体膜，使气垫与导轨面既不接触，又不脱开。同样，负载的变化会引起气膜厚度的变化，气

体作用力也随之变化，这样气体支承导轨又处于相对平衡状态。

2. 结构形式

气垫的结构形式很多，按工作面形状来分，有圆形气垫（图 6.39(a)、(b)、(c)、(d)）和方形气垫（图 6.39(e)、(f)）；按进气孔数量分，有单孔和多孔。其中单孔耗气量小、多孔耗气量大，但承载能力和刚度较大。

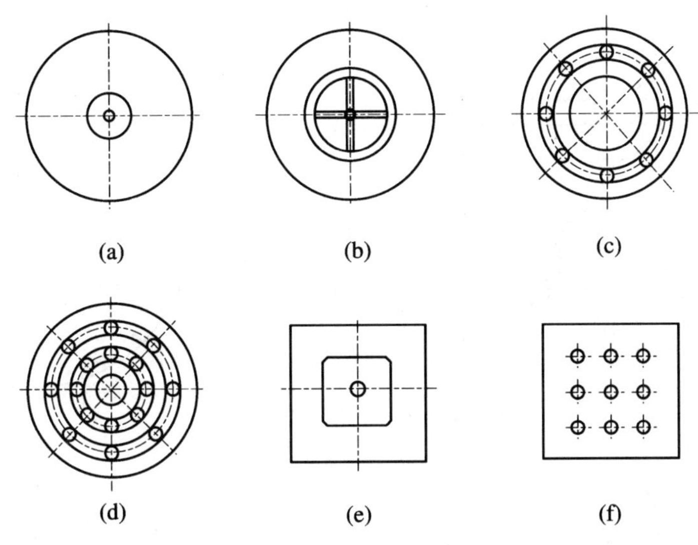

图 6.39 气垫结构形式简图

圆形气垫不仅用于导轨，还用于止推轴承。图 6.40 为圆形气垫导轨的结构。

3. 流量计算

对于流经单孔圆形气垫导轨间隙（图 6.40(a)）的空气质量流量为

$$Q_{\mathrm{m}} = \int_0^h \rho v \mathrm{d}A$$

式中：ρ 为气体密度，$\rho = p/(RT)$；v 为某点气体流速，$v = \frac{1}{2\mu}\frac{\mathrm{d}p}{\mathrm{d}r}y(y-h)$；$\mathrm{d}A$ 为环形截面积，$\mathrm{d}A = 2\pi r\mathrm{d}y$，则

$$Q_{\mathrm{m}} = \int_0^h \rho \frac{1}{2\mu}\frac{\mathrm{d}p}{\mathrm{d}r}y(y-h)2\pi r\mathrm{d}y = -\frac{\pi r\rho h^3}{12\mu}\frac{\mathrm{d}p}{\mathrm{d}r} \tag{6.27}$$

或者

$$\frac{\mathrm{d}p}{\mathrm{d}r} = -\frac{12\mu Q_{\mathrm{m}}RT}{\pi r p h^3} \tag{6.28}$$

式子右边的“－”号表示压力是沿气体流动方向而下降的。从式(6.27)看出，气体流量与液体静压导轨、空气静压轴系和液体静压轴系一样，它也与间隙 h^3 成正比关系。

将式(6.28)写成

$$p\mathrm{d}p = -\frac{12\mu Q_{\mathrm{m}}RT}{\pi h^3}\frac{\mathrm{d}r}{r}$$

积分后得

$$p_{\mathrm{r}}^{2}-p_{\mathrm{a}}^{2}=-\frac{12\mu Q_{\mathrm{m}}RT}{\pi h^{3}}\ln\left(\frac{b}{a}\right)$$

或者

$$Q_{\mathrm{m}}=-\frac{(p_{\mathrm{r}}^{2}-p_{\mathrm{a}}^{2})\pi h^{3}}{12\mu RT}\frac{1}{\ln\left(\frac{b}{a}\right)} \tag{6.29}$$

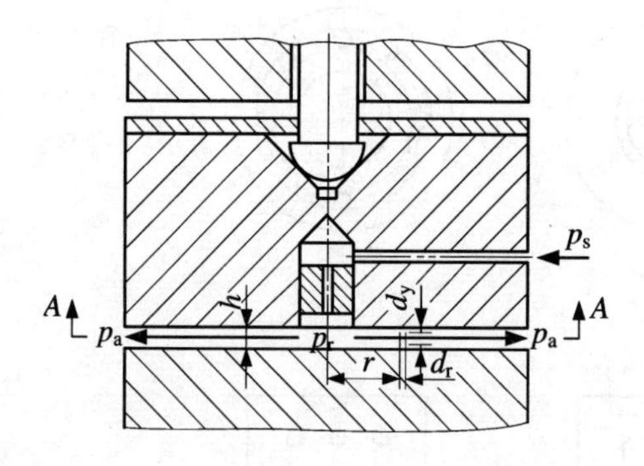

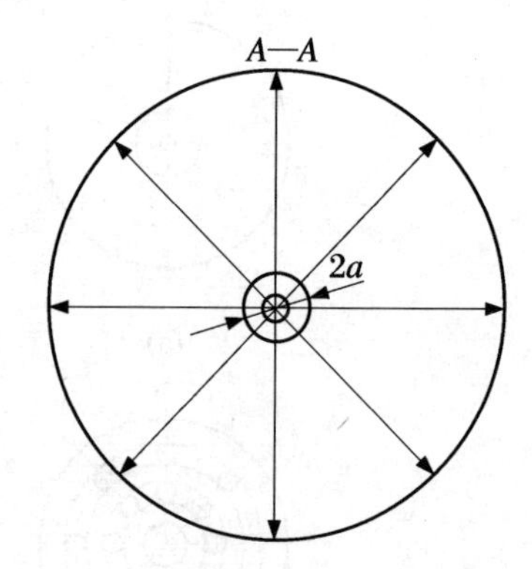

(a) 单孔圆形气垫导轨

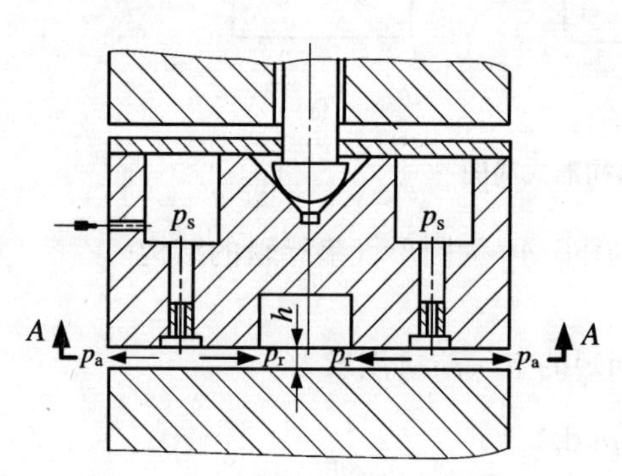

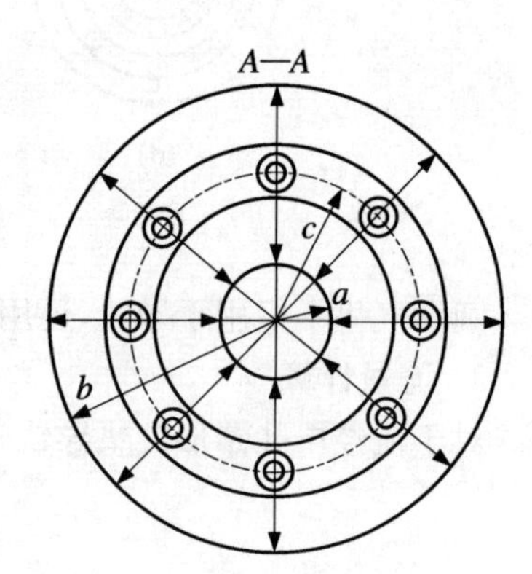

(b) 多孔单槽气垫导轨

图 6.40　气垫导轨结构

对于流经多孔环形槽气垫导轨间隙(图 6.40(b))的空气质量流量,是向外和向内流出的流量之和。只要将式(6.29)中的 $\ln(b/a)$ 变换成 $\ln(b/c)$ (向外流出部分)和 $\ln(c/a)$ (向内流出部分),就可得到总流量,即

$$\begin{aligned}Q_{\mathrm{m}}&=\frac{(p_{\mathrm{r}}^{2}-p_{\mathrm{a}}^{2})\pi h^{3}}{12\mu RT}\frac{1}{\ln\left(\frac{b}{c}\right)}+\frac{(p_{\mathrm{r}}^{2}-p_{\mathrm{a}}^{2})\pi h^{3}}{12\mu RT}\frac{1}{\ln\left(\frac{c}{a}\right)}\\&=\frac{(p_{\mathrm{r}}^{2}-p_{\mathrm{a}}^{2})\pi h^{3}}{12\mu RT}\left[\frac{1}{\ln\left(\frac{b}{c}\right)}+\frac{1}{\ln\left(\frac{c}{a}\right)}\right]\end{aligned} \tag{6.30}$$

若满足 $b/c=c/a$ 或 $c^{2}=ab$,则向外和向内流动的气体流量相等,这是环形槽静压气垫的基本设计条件。

根据流量连续性原则及液体和气体静压轴系计算方法,同样可计算出气体静压导轨的比压比、承载能力及刚度等。

6.2 基座设计

精密机械设备中的支承件有床身、立柱、底座(基座)、工作台等,它们都是用来支承一定零件和部件的,其中有的是相互固定联结的,有的则是彼此作相对运动的;它们之间都有一定的相互位置要求。支承件的特点是:尺寸较大,结构复杂,有较多加工面和孔。因此,支承件的结构设计很重要。

6.2.1 基座的结构特点

6.2.1.1 刚度

支承件的刚度按其所受载荷性质的不同,分为静刚度和动刚度。结构设计时必须保证支承件具有足够的刚度,使其变形最小。研究和提高静刚度就必须研究并减小支承件因受力而产生的变形。支承件所受的力,一般来说,有切削力,零、部件和工件的自重及夹紧力等。精密机床和仪器,切削力很小或无切削力,主要是零、部件和工件的自重。如坐标镗床或大型坐标测量机,横梁和工作台的刚度一般较差,当进行孔系加工或测量时,便将会因主轴箱或工件在不同位置上的重力作用而产生不同的变形,而造成工件孔系坐标误差。如果所设计的支承件刚度不足,所造成的几何精度偏差有可能大于其制造误差,尤其是大、重型设备,因重力作用而产生的变形往往非常明显。因此,设计大、重型精密设备,刚度是一个很重要的问题,必须进行合理的结构设计。

1. 保证支承件刚度的措施

(1) 选择合理的截面形状和尺寸　精密机械设备的床身等支承件,主要受到本身的重量以及其他零件重量的作用而产生压缩或拉伸、弯曲和扭曲变形。受压、拉时,变形量与截面积大小有关,而与截面积的形状无关。设计时必须选择合理的尺寸。受弯、扭时,变形量不但与截面积大小有关,而且与截面积的形状有关。对弯曲变形量 Y 和扭曲变形量 φ 可用公式表示为

$$Y = K_1/I_W,\quad \varphi = K_2/I_n$$

式中:K_1,K_2 分别为抗弯系数和抗扭系数,与材料弹性模量、载荷以及尺寸有关;I_W,I_n 分别为零件截面抗弯惯性矩和抗扭惯性矩,它与零件的截面形状有关,I_W,I_n 越大,Y,φ 越小。

图6.41为截面积相等而截面形状不同的等截面梁的抗弯和抗扭惯性矩的比较。

由图6.41看出:

① 封闭空心圆形和空心方形截面有较高的抗扭惯性矩,封闭空心矩形有较高的抗弯惯性矩。

② 加大外形尺寸、减小壁厚,可提高抗弯、抗扭惯性矩。

③ 封闭空心截面的刚度比封闭实心的刚度大,封闭截面的刚度比不封闭截面的刚度大。

④ 改变截面形状尺寸(高 H 与宽 B),其惯性矩也随之改变。如受弯曲为主的床身和立柱,为提高抗弯刚度,应使 $H/B>1$。

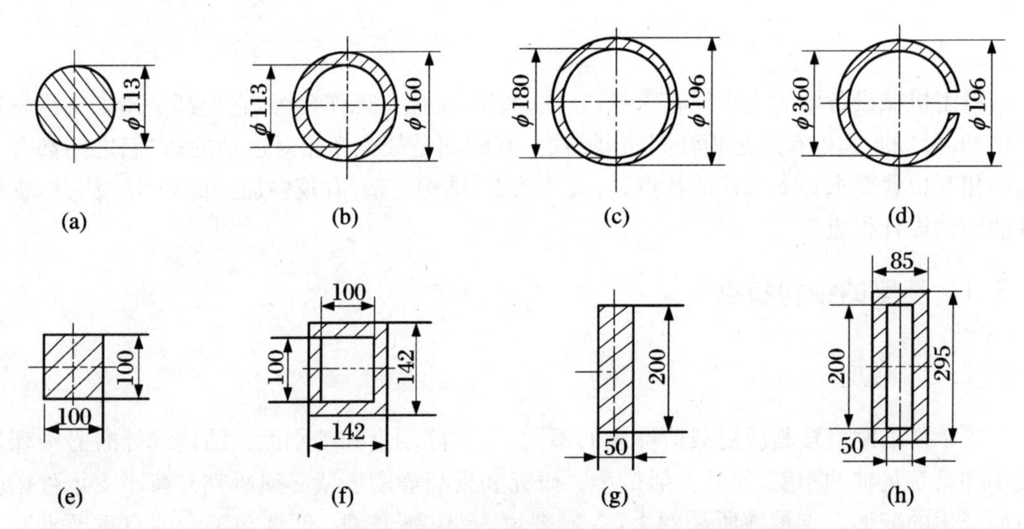

图 6.41 各种截面形状的等截面梁抗弯、抗扭惯性矩的比较

截面抗弯、抗扭惯性矩的相对值对于(a)分别为 1.0,1.0;对于(b)为 3.04, 2.9;(c)为 5.04, 5.04;(d)为极小,0.07;(e)为 1. 04, 0. 83;(f)为 3.21, 1.27;(g)为 4.17, 0.43;(h)为 7.35, 0.82

(2) 选择合理的肋板和肋条　很多机械设备的支承件,由于使用和工艺上的需要,不能做成全封闭的形状,而且需开设大小不等的“窗口”,这从结构刚度来看是不利的,必须采取加设肋板或肋条来提高其刚度,其效果比增加壁厚更为显著。

肋板一般是指固定连接两壁的内壁,其连接位置对零件刚度影响较大。图 6.42 所示的正方形截面的零件,当绕 $x-x$ 轴的惯性矩为 $l^3b/12$(垂直肋板)和 $lb^3/12$(水平肋板)时,两者之比为 l^2/b^2,显然,垂直肋板的抗弯刚度远大于水平肋板。

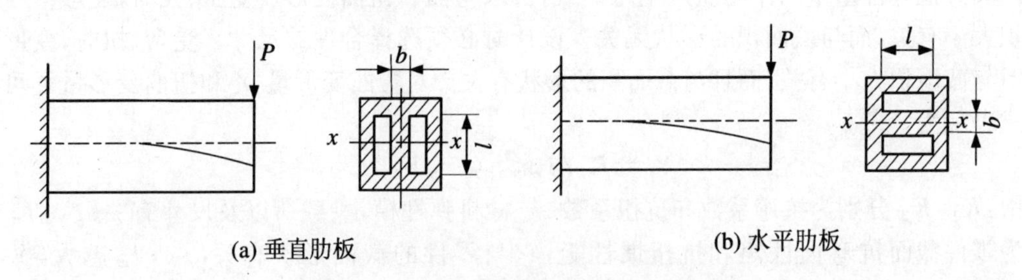

图 6.42 肋板连接位置对抗弯刚度的影响

增设横向肋板能有效地阻止零件翘曲和畸变,从而提高抗扭刚度。增设斜向肋板可更有效地提高抗扭和抗弯刚度。

图 6.43 为磨床床身下部几种肋板形状简图。经刚度模型试验得到以下结果:

①“+”、“×”和“<”形肋板床身在垂直载荷下的抗弯刚度差不多。

②“+”形肋板床身在水平方向的抗弯刚度比“×”和“<”形肋板大。但精密设备床身主要受垂直方向载荷，而水平载荷很小，因此不少机床(如外圆磨床)床身下部采用“+”形肋板，这样既保证一定刚度，又保证铸造工艺简单。

③“×”形肋板铸造工艺较复杂，但刚度最好，目前国内外一些大型机床(如M1450A外圆磨床)和精密仪器(如丝杠动态检查仪、自动比长仪、测长机等)的床身均采用这种肋板。

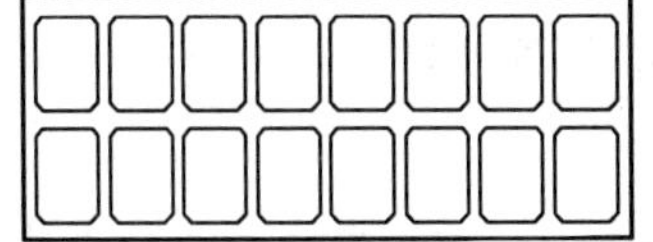

图6.43　磨床床身肋板形状

对于中、大型精密机床和仪器，除了床身下部增设肋板外，床身上部的导轨也应加肋条以增加刚度。导轨肋的形状一般采用直杆肋(图6.44(a))和人字肋(图6.44(b))。

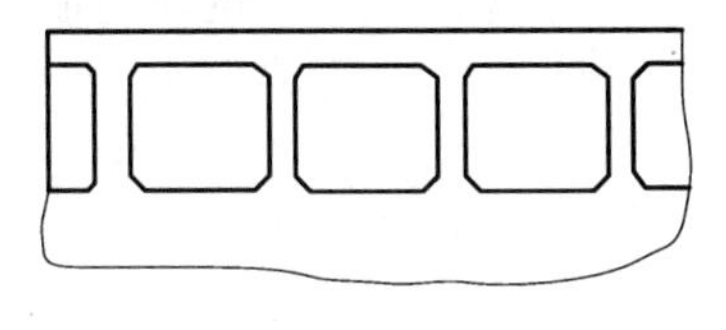

(a) 直杆肋

(b) 人字肋

图6.44　导轨肋的形状

从刚度模型试验得知，这两种肋条的变形量与受力状态有关。如表6.3所示，当受垂直方向均布载荷或水平方向集中载荷作用时，直杆肋导轨比人字肋导轨变形小；受垂直方向集中载荷或水平方向扭矩时，则人字肋变形小。

表6.3　直杆肋与人字肋导轨变形量

受力状态	变形量(μm)		刚度比较
	直杆肋	人字肋	
垂直集中载荷	12.5	10.5	人字肋好些
垂直均布载荷	5.5	7.5	直杆肋好些
水平载荷	18	20.5	直杆肋好些
扭矩	47.2	35.7	人字肋好些

将直杆肋和人字肋组合，即“个”字肋，将大大提高床身导轨的抗扭和抗弯刚度。图6.45所示的HYQ028A型丝杠动态检查仪等大型精密仪器的床身，就是采用这种肋条。

通过上述措施，支承件受力变形虽然可以减小，但工作台运动过程中，由于位置的改变、重心的转移，床身或基座微小的变形还是不能完全避免。床身或基座微小的变形还会传递到与床身或基座相连的零、部件上去，并且可能得到放大，使被加工(测量)工件与工具(测头)的相对位置发生变化，对于高精度的精密机械设备是不可忽略的。

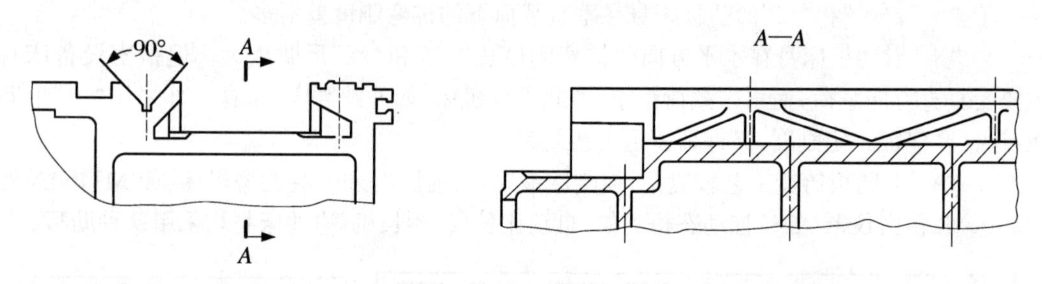

图 6.45 HYQ028A 型丝杠动态检查仪床身导轨"个"字形肋

2. 减小受力变形影响的结构

为了减小床身变形的影响,很多精密大型仪器采用了工作台、床身、基座三层三点支承结构形式。

如图 6.46 所示,工作台在床身的滚动导轨上可以左右移动,床身由基座上的三个钢球座 A、B、C 支承;基座则用三个支撑 a、b、c 支承,钢球座和支撑是对应重合的。三个钢球座结构各不相同。座 A 由两个 V 形槽(其方向与基座纵方向相平行)与钢球组成,座 B 由两个平面与钢球组成,座 C 由两个内锥坑与钢球组成。

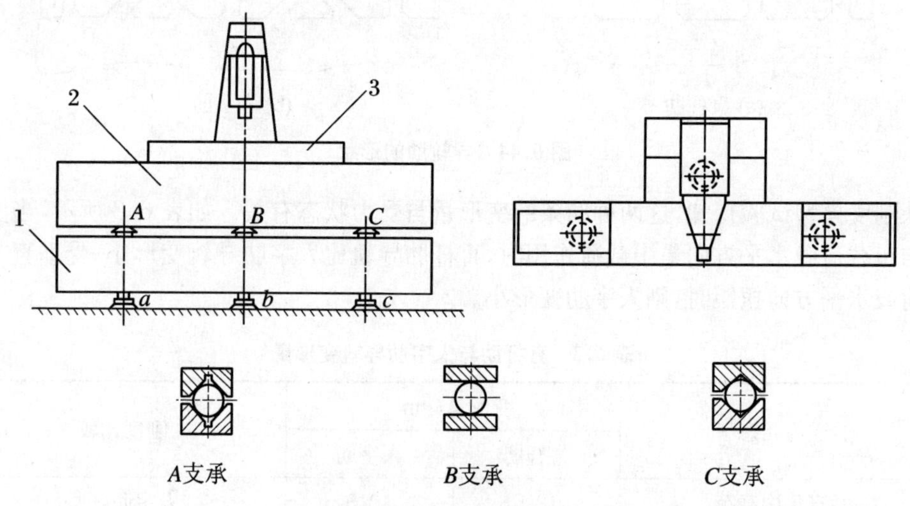

图 6.46 工作台、床身、基座三层三点支承结构

1. 基座; 2. 床身; 3. 工作台

这种结构的好处是:

① 无论工作台怎样移动,工作台和床身的重量始终通过三个钢球座作用在基座上,即基座受到的三个垂直力只有大小的变化而无方向和位置的变化,而且这三个垂直力又通过基座底下的三个相对应的支撑而作用在地基上。这样,在工作过程中基座不会有新的变形,固定在基座上的立柱等也就不会受到影响。

② 采用图 6.46 所示的三个钢球座结构后,床身的安装完全符合运动学设计原理,而且不会因温度变化而限制床身相对基座的自由伸缩。这种机构在大型精密设备中,诸如激光量块干涉仪、激光定位长光栅动态投影光刻机、激光比长仪中应用较广,并对高精度机床也

有参考价值。

6.2.1.2　热变形

由于对机床和仪器的精度要求越来越高，热变形已成为加工和测量误差的一个越来越重要的影响因素。如当床身腹部上、下面存在温差 $\Delta t = 1$ ℃时，在垂直平面内，上导轨面将产生中凹或中凸（图 6.47），设床身导轨部分的长度为 1 000 mm，床身腹部高度 H 为 500 mm，材料为铸铁，则床身导轨的最大凹量或凸量

$$\Delta = \frac{\alpha L^2 \Delta t}{8H} = \frac{11.1 \times 10^{-6} \times 1\,000^2 \times 1}{8 \times 500} = 0.003\,(\text{mm})$$

式中：α 为床身材料线胀系数，对于铸铁，$\alpha = 11.1 \times 10^{-6}\ \text{K}^{-1}$。

上面仅是床身单面受热后的变形情况，实际上机床或仪器各支承件在内外热源的影响下，由于其热源分布不均匀和结构的复杂性，各部分的温度与热变形是不一致的，从而必然使工件与刀具或测量装置的相对位置发生改变，降低加工或测量精度。

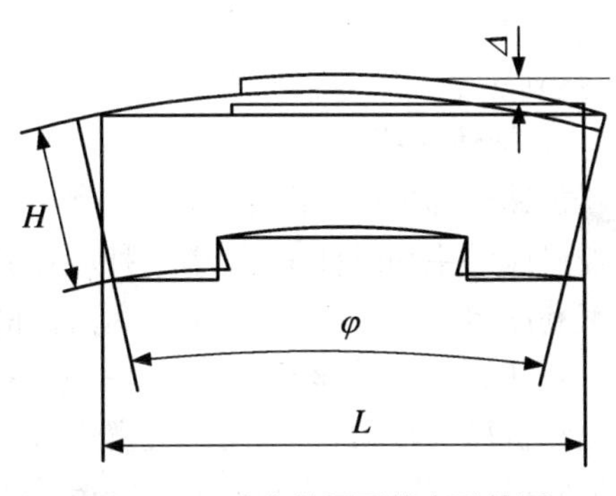

图 6.47　床身单面受热变形简图

与热变形有关的还有关于热平衡时间的长短问题。由于各支承件的形状和尺寸不同，各支承件达到热平衡所需的时间也各不相同。假如各支承件都处于均匀受热状态，这时热容量大的床身、立柱等，热平衡所需的时间较长，热容量较小的支架、工作台、主轴箱等所需的时间较短。曾实测一台高精度仪器，恒温 12 小时还不能使其各支承件的温度达到平衡，热容量大的基座一直处于升温的过程，热容量小的支架则经过很短时间便可与室温保持平衡。因此，如果恒温时间不足，在各支承件处于温度不平衡状态下使用机床或仪器，则就会因结构尺寸的变化而带来加工误差和测量误差。

由上述理论计算和实践经验得知，温差是支承件热变形的根本原因，它是由于电动机、液压系统、机械传动系统和导轨面发热以及光照明等原因引起的。对于超高精度工件的加工，人体热源的影响是不能忽略的，它的发热强度约为 23.6 W，可使光栅刻线机膨胀 0.002 5 μm。因此必须采取有效措施将温差控制在一定的范围内。

1. 均衡热源

曾对三台平面磨床进行过实测。① 仿苏的平面磨床，油池放在床身下面，由于油液发热，使床身导轨面中凹 0.265 mm。② 意大利 ZOCCA 平面磨床，油池不放在床身里面，油液发热对导轨变形的影响减小了，但由于导轨摩擦、导轨液压润滑油、操纵箱和油压筒等所产生的热量均在床身上部，结果床身上部温升高于下部，反而造成床身导轨面中凸 0.213 mm。③ 国产 M7150A 平面磨床，将油池放在床身外面，如图 6.48 所示。在床身下部设有热补偿油沟，利用油箱中回油的“余热”，提高床身下部温度，这样床身上下部温差显著减小，经测量，床身导轨中凹仅 0.052 mm。

2. 附加热源

床身等大件的热容量大，热平衡所需的时间也就长，为了迅速达到热平衡，采取预热的

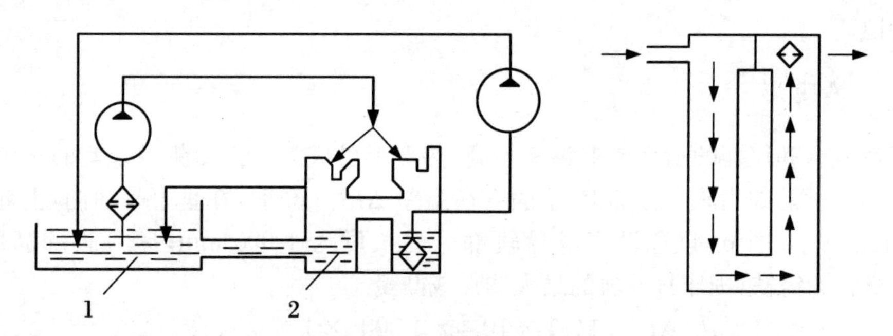

图 6.48　M7I50A 型平面磨床的油循环简图

1. 油箱；2. 油沟

方法，即在床身等大件的适当部位设置附加热源，在机床或仪器开动的一段时间内予以加热，达到热平衡后停止供热。

3. 加速冷却

加速冷却也能使温差减小，通常可用电扇等风冷装置或用冷却液冷却装置等。例如在数控机床的主轴组件中，使用一种利用氟利昂的冷却装置，低沸点的氟利昂加在润滑油中，当氟利昂蒸发时，便吸收轴承和润滑油的热量，达到降温的目的。

在 T4163 单柱坐标镗床上，除电动机设置隔热罩外，立柱后壁及底座下部均开有气窗。当电动机风扇转动，空气便从气窗进入，经发热的电动机向上流出(图 6.49)。该镗床采用上述措施后，主轴横向热变形由 42 μm 降至 8 μm。

4. 采用热对称约束热变形的结构

图 6.50(a)所示的单立柱卧式镗床，由于主轴箱发热而使立柱前后产生温差，从而使立柱变形，影响主轴的定位精度。采用图 6.50(b)所示的双立柱约束热变形结构，立柱受热后主轴轴线仅产生垂直方向的平移，左右方向的热变形就很微小。

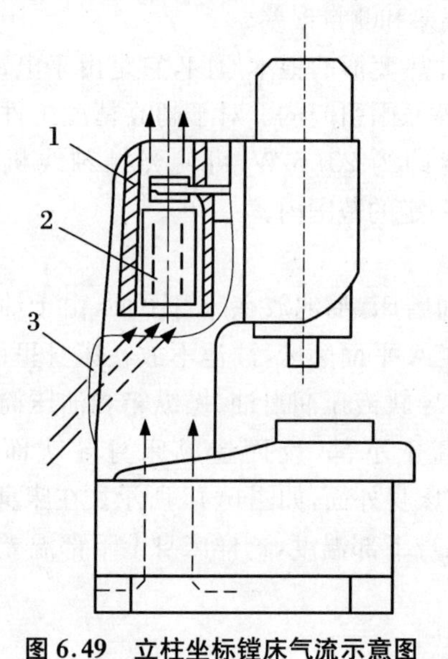

图 6.49　立柱坐标镗床气流示意图

1. 隔热罩；2. 电动机；3. 气窗

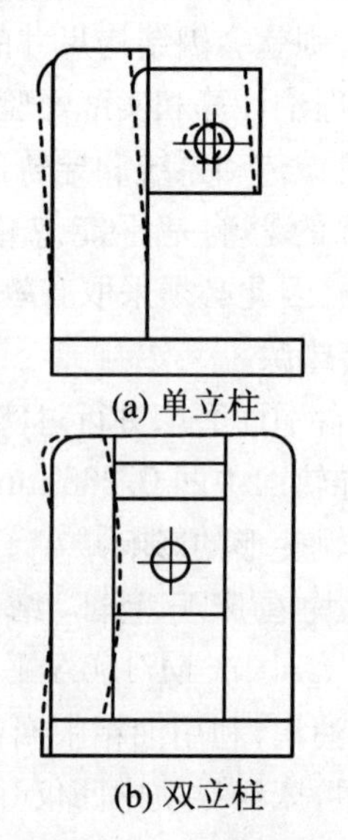

(a) 单立柱

(b) 双立柱

图 6.50　机床立柱的热变形

6.2.1.3　抗振性

精密机床或仪器对振动的反应很敏感，外来的振动通过底座或床身传递到各零、部件，影响工作的进行，降低设备的使用精度，缩短使用寿命。

当床身或底座受迫振动时，除了整机作整体振动外，床身上各部件间还会产生相对振动。如果立柱上的刀具或测头与工件（假定固定在床身上）间的相对振动的最大值超过某一规定值，它就不能正常工作。

提高支承件的抗振性主要从提高静刚度、减轻重量和加大阻尼三个方面着手。精密机械设备上振源的频率一般是不太高的，提高静刚度和减轻重量可提高支承件的固有频率，使其不易与激振力的频率重合而发生共振。如前所述，合理设计支承件截面形状、尺寸及合理布置肋板、肋条可提高静刚度。在不影响或较小影响刚度的条件下，采取薄壁铸件或钢质焊接件可减轻重量。

6.2.1.4　结构工艺性

支承件结构设计时应同时考虑铸件和机械加工工艺的可能性。

① 为了保证铸件的铸造质量，铸件壁厚应当合理，太薄了会使液态金属难于充满铸型，引起浇注不足和冷膈；太厚了则易产生缩孔、组织疏松、重量增加、材料浪费。铸铁铸件，尺寸在 $200\times200\sim500\times500\ \mathrm{cm}^2$ 时，壁厚取 6～10 mm；大型设备的床身壁厚可取大些。

② 为了使铸件均匀冷却，避免产生缩孔、疏松、变形或裂纹等缺陷，壁厚应均匀一致。如果因结构所限不能满足壁厚均匀，则需在过渡处设计成圆角或楔形，使其均匀过渡。如果某些部位厚度较大，不能使壁厚均匀，应考虑在浇注时有放冷铁的地方。对于肋相交处较厚，如图 6.51(a)所示，容易产生缩孔，应改成如图 6.51(b)的结构，即在相交处开一个孔，或错开排列，可使壁厚及肋厚均匀。

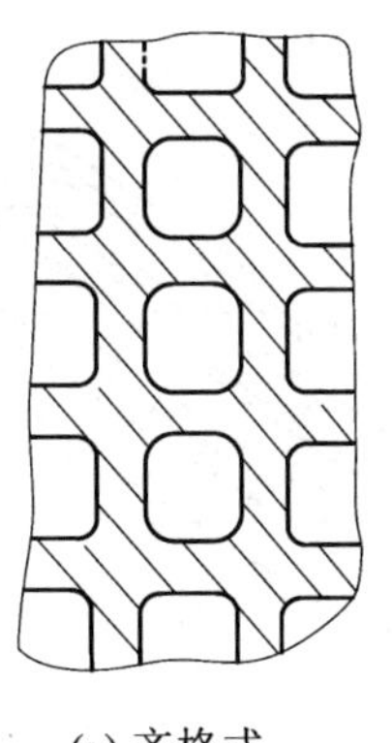
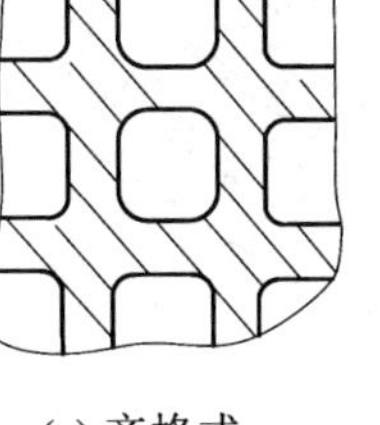

(a) 齐格式

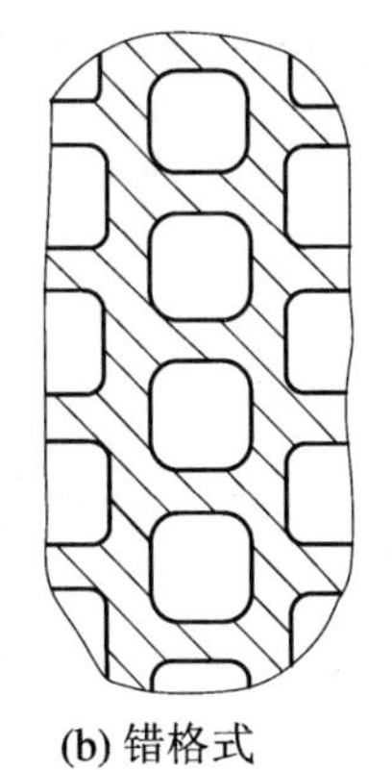

(b) 错格式

图 6.51　肋的布局

③ 为了便于清砂，必须开足够大的清砂口或几个清砂口。但不能影响支承件所必需的强度、刚度和抗振性等设计要求。

④ 为了提高机械加工效率，铸件表面的加工面应处于同一平面内，如图 6.52(b)所示的加工面一次即可刨出或铣出，而图 6.52(a)所示不同高度的加工面则需分两次加工。

⑤ 为了便于机械加工，保证加工精度，对于背面呈弯形的立柱（图 6.53），必须铸出并加工好工艺凸台 A，然后以它作为基准来加工导轨面 B。

⑥ 为了便于床身、立柱等大件起吊，应设置起吊孔，如因床身内部作为油箱或装配其他部件而不能开起吊孔，应铸出起吊钩或加工出螺纹以装吊螺纹环。

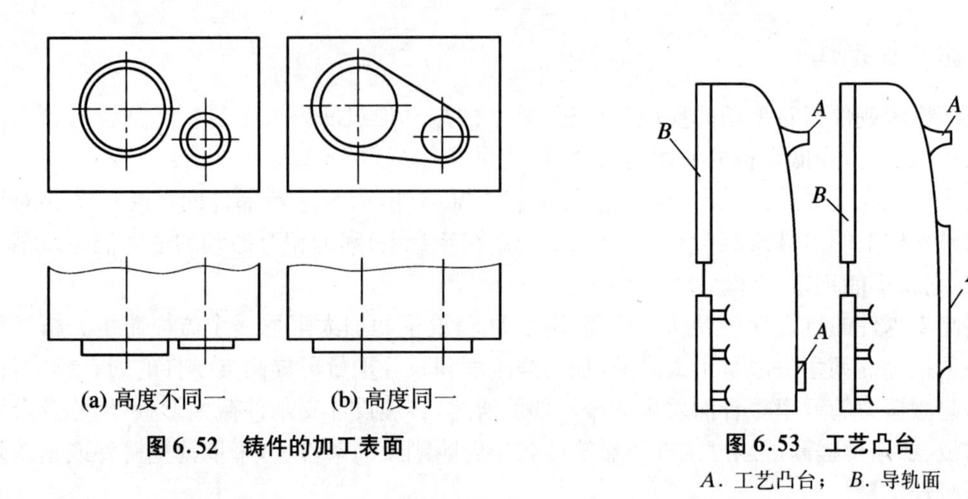

图 6.52 铸件的加工表面

图 6.53 工艺凸台

A. 工艺凸台； B. 导轨面

6.2.1.5 使用性能

支承件结构设计除了上述要从刚度、热变形、抗振性、结构工艺性方面考虑问题外，还必须从设备的使用性能方面去考虑问题。

例如，为了保证加工(测量)精度和工作可靠性，工作台的台面必须具有一定的直线度、平面度、平行度和耐磨性。

为了固定工件、部件或附件，机床工作台开有 T 形槽(图 6.54(a))或备有螺孔。精密仪器的小型台面平整光洁，为了避免工件与台面因分子引力作用而吸住，台面应开有小的交叉直槽或环形槽(图 6.54(b))。

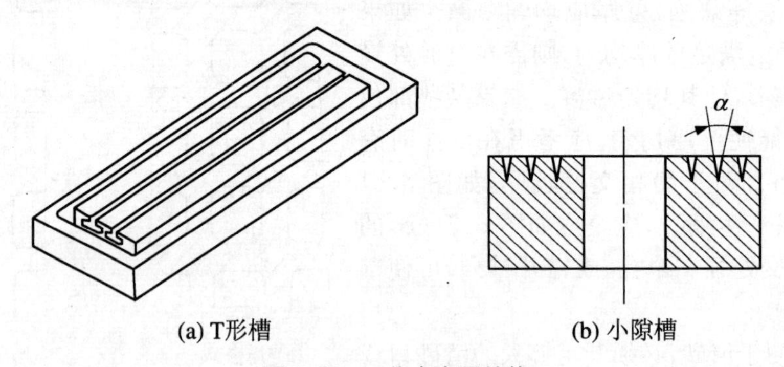

图 6.54 工作台台面结构

为使工件能相对其他部件或刀具移动并精确调整，工作台还应具有手动或自动调整机构。

6.2.2 基座的材料选择

精密机床和仪器的支承件所用的材料，要求有较大的强度、耐磨性以及良好的铸造性或焊接性等。

采用的材料有下述的普通铸铁、高磷铸铁、钢板和花岗石等。

1. 铸铁

铸铁的工艺性能好，易于浇铸成结构复杂的支承件，而且吸振性好、价格便宜。但需做木模，制造周期长。用于支承件的铸铁材料如下。

(1) HT20－40 习惯称Ⅰ级铸铁。抗弯、抗压应力较大，但流动性能较差，适用于结构简单的支承件。

(2) HT15－32 称为Ⅱ级铸铁。流动性能好，适用于外形结构复杂的支承件，但机械性能较差。

(3) 高磷铸铁、钒钛铸铁和铜磷钛铸铁 耐磨性比普通铸铁高2～3倍，适用于大、中型精密机械设备的床身等支承件。

2. 钢板

钢板是用来制造焊接支承件的，其弹性模量比铸铁大，在同样载荷下，壁可做得比铸铁薄，重量轻，故很适用于可移动的龙门框架。焊接件的制造周期比铸件短，并且经济。根据受力情况来焊接筋板或筋条，造型简单迅速。劳动条件比铸造好，因此对单件小批量生产的支承件，钢板焊接代替铸件已是一种趋势，在美国不仅批量小的大型机床采用焊接结构，就连有一定批量的中型机床也采用钢板焊接，如美国卡尼·特雷克(Kearney & Trecker)公司生产的MM200型加工中心机床，其床身、立柱、刀库、辅助装置等大件均采用焊接结构。除美国外，日本、联邦德国在发展焊接件方面速度也很快，西德瓦格纳(Wagner)公司生产的4×12 m龙门铣床，除工作台是铸件外，其余支承件几乎都是焊接件。

3. 花岗石

近十几年来，花岗石已广泛应用在精密机床、精密测量仪器、天文、航天、地震等方面的先进技术中。欧美各国和日本已采用花岗石制造精密机床、三坐标数控测量仪的导轨和基座等。如美国Lawrence Livermore实验室设计制造的金刚石车床(No. 3)，加工直径为2.1 m、质量为4.1 t的工件，床身由一块尺寸为6.4×4.6×1.5 m、质量为80 t的花岗石制成。在国内，不少工厂已研制成功各种高精度的花岗石平板、导轨、底座、横梁、立柱等。

花岗石能应用在高精尖技术领域中，是由于它具有下列优良性能：

① 性能稳定，精度可长期保持。这是由于花岗石是由地壳深处的岩浆凝结而成的，属火成岩，它的主要成分是石英、长石和云母。花岗石在自然界中，已存在了几十万年以上，经历了无数次的地壳变动、寒暑变化、日晒雨淋的天然时效处理，残余应力已接近消失，内部组织特别稳定，变形甚微。

② 外表美观，色泽花纹鲜艳，组织细密坚实。

③ 密度比铸铁小，耐磨性比铸铁强5～10倍。线胀系数小，不要求苛刻的恒温条件。弹性模量大，刚性好。例如“泰山青”花岗石的弹性模量为1 210～1 280 MPa；肖氏硬度为79.8；线胀系数为5.7～7.3×10^{-6} K^{-1}；密度为3.07 g/cm^3；抗压强度为2.622 MPa；抗弯强度为37.48 MPa。

④ 抗振。内阻尼系数比钢大15倍，因此对振动有严格要求的精密机床和仪器，用它作为底座能抗振、防振和消振。

⑤ 无磁性。不会和金属产生黏合和磁化。

⑥ 耐磨蚀。能抵抗一般酸、碱性气体和溶液的浸蚀，不需涂任何防锈油脂，保养

简便。

⑦ 无毛刺,即使表面破缺损伤,不影响周围的平面性和直线性。

⑧ 加工简便。不像金属件需经复杂的翻砂或锻造和热处理等工艺,只要经过一般机械加工,再精研抛光,很容易获得较高要求的表面粗糙度和精度。

花岗石也有缺点:

由于花岗石是多种矿物晶体的混合体,晶粒比钢铁粗大,研磨后,在显微镜下能看到各晶粒间有 0.2 μm 左右的间隙,当遇到油或水时,这些液体就从缝隙中渗进花岗石内而产生微小的变形。国外曾做过实验,把 1 μm 花岗石浸入油或水中,两周后接近饱和状态,这时它的变形最大,达 5 μm。但当油或水烘干或挥发后,变形随之消失。因此,不要用液体溶剂去擦洗花岗石零件表面。另外,花岗石脆性较大,不能承受撞击和敲打。

第7章　常用精密机构设计

常用装置(机构)包括微动装置、锁紧装置、示数装置、隔振装置和误差校正装置等。在某些情况下,它们往往是构成精密机械和仪器不可缺少的组成部分或重要部件。

7.1 微动装置

微动装置一般用于精确、微量地调节某一部件的相对位置,或作特定的微量进给运动。如在显微镜中,调节物体相对物镜的距离(即"调焦"),使物像在视场中清晰,便于观察;在仪器的读数系统中,调整刻度尺的零位;在万能测长仪中,用摩擦微动装置调整刻度尺的零位;还可用于仪器工作台的微调,如万能工具显微镜中工作台的微调装置。

微动装置的设计要求是:降速比大;传动件的刚度高;微量位移值精确、稳定、无空程;具有较高的方向精度,制动后能保持稳定的位置;结构简单,使用方便。

常用的微动装置,按照它们的传动原理不同,可分为机械传动式、热变形传动式、磁致伸缩传动式、弹性变形传动式和压电传动式等多种结构形式。

7.1.1 机械传动式微动装置

这种装置应用广泛,结构形式多样。常用的有螺旋机构、齿轮机构、斜面机构、凸轮机构和杠杆机构以及由上述机构组合而成的机构。

1. 螺旋微动装置

螺旋微动装置结构简单,制造较方便,在精密机械中应用广泛。

图7.1为万能工具显微镜工作台的微动装置。它由螺母、调节螺母、微动手轮、螺杆和滚珠等组成。整个装置固定在测微外套上。旋转微动手轮时,螺杆顶动工作台,实现工作台的微动。

螺旋微动装置的最小微动量 $S_{\min}$ 为

$$S_{\min} = P\frac{\Delta\varphi}{360^\circ} \tag{7.1}$$

式中:P 为螺杆的螺距;$\Delta\varphi$ 为人手的灵敏度,即人手轻微旋转手轮一下,手轮的最小转角。在良好的工作条件下,当手轮的直径为 $\phi15\sim\phi60$ mm 时,$\Delta\phi$ 为 $1^\circ\sim0.25^\circ$,手轮的直径大,灵敏度也高些。若 $P=1$ mm，则运动件的微量位移可达 0.001 4 mm。

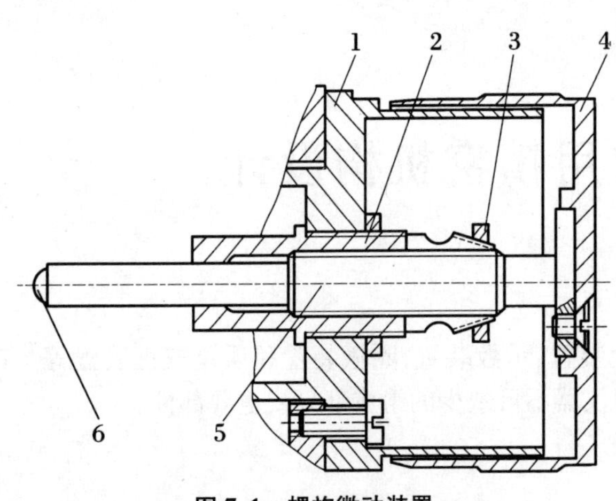

图 7.1　螺旋微动装置

1. 测微外套；2. 螺母；3. 调节螺母；4. 微动手轮；5. 螺杆；6. 滚珠

由式(7.1)可知，为进一步提高螺旋微动装置的灵敏度，可以增大手轮或减小螺距。但手轮太大，不仅使微动装置的空间体积增大而且由于操作不灵便反而使灵敏度降低；若螺距太小，则加工困难，使用时也易磨损。因此在某些仪器中，采用差动螺旋、螺旋-斜面或螺旋-杠杆等传动，来提高微动装置的灵敏度。

图 7.2 是在电接触量仪中应用的差动螺旋微动装置。图 7.2 中螺杆为主动件，从动件为可移动螺母及与其连接在一起的滑杆。螺杆上有两段螺纹 A 和 B，其螺距分别为 P_1，P_2（$P_2>P_1$）。若两段螺纹均为右旋，则可移动螺母的真正位移为

$$s=(P_2-P_1)\cdot n \tag{7.2}$$

式中：n 为螺杆的转数。

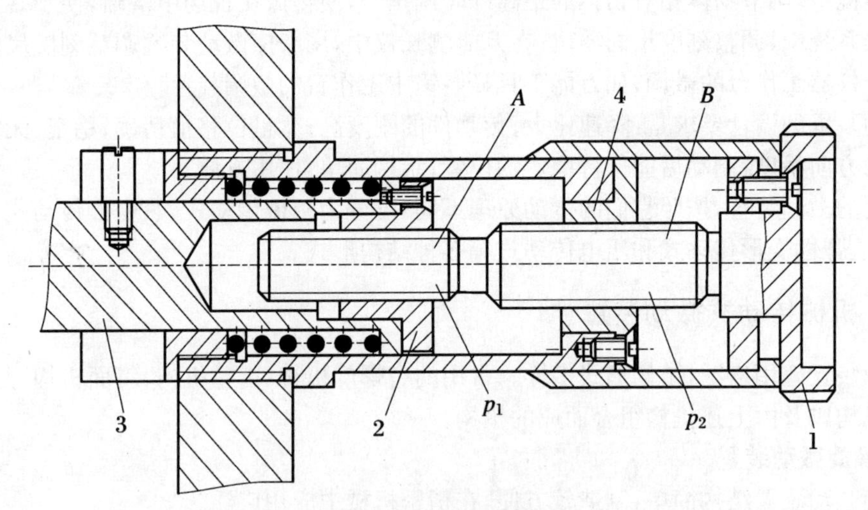

图 7.2　差动螺旋微动装置

1. 螺杆；2. 可移动螺母；3. 滑杆；4. 固定螺母；A，B. 螺纹；P_1，P_2：螺距

例如，$P_1=1$ mm，$P_2=1.5$ mm，手轮的圆周刻度分划为 100 格(3.6°/格)，则手轮转动 1 格时，运动件的位移量为 0.005 mm。

图 7.2 中的压力弹簧用来消除螺杆与螺母间的轴向间隙，使传动过程中不会产生空回。

2. 螺旋-斜面微动装置

图 7.3 为检定测微计精度的螺旋斜面微动装置示意图。图 7.3 中，拉力弹簧使斜面体

与测微螺旋可靠地接触。当螺旋测微器移动 S 距离时,被检测微计的测杆位移量 S'为

$$S' = S\tan\alpha \tag{7.3}$$

式中:α 为斜面体的倾斜角。

S 可在螺旋测微器上读出。α 越小,测微螺杆螺距越小,则微动灵敏度越高,若取 $\tan\alpha = 1/50$,则当螺旋测微器的微分每转动一格,使测微螺杆轴向位移 0.01 mm 时,被检测微计测杆位移量 S'为 $0.01\ \text{mm}\times 1/50 = 0.000\,2\ \text{mm}$。在该装置中,螺旋测微器微分筒的转角与测微计测杆的位移,应严格成正比例关系。所以,斜面体的斜角 α 应准确,其上下平面和基准的上平面均应精细加工,斜面体移动的方向精度也要求较高,否则将影响检定精度。

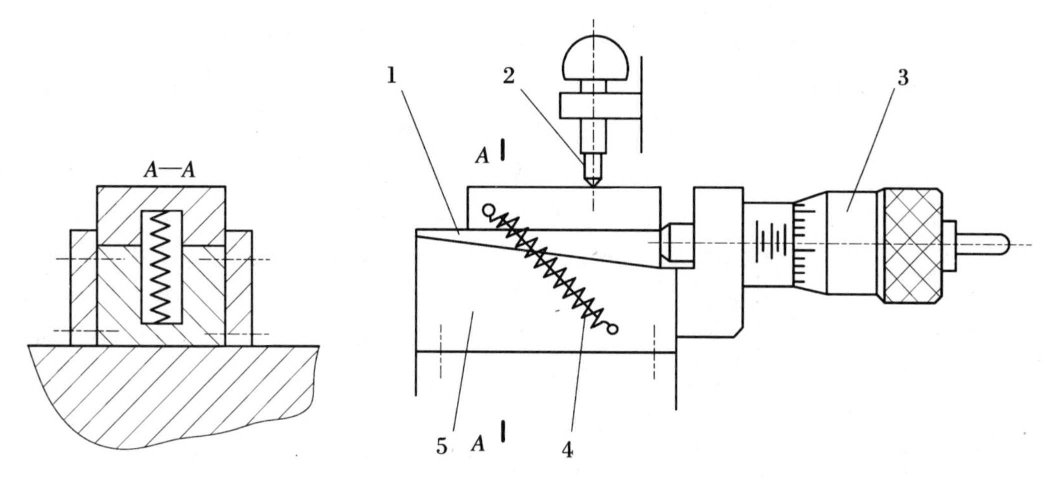

图 7.3　螺旋-斜面微动装置

1. 标准斜面体；　2. 被检测微计；　3. 螺旋测微器；　4. 拉力弹簧；　5. 基准

3. 螺旋-杠杆微动装置

图 7.4 所示为测角仪上应用的螺旋杠杆微动装置。仪器回转部分的摆动杆的末端,放在滑动套筒和螺杆之间。转动与螺杆相连接的手轮,摆杆便绕其中心偏转。因摆杆回转中心在仪器回转部分的轴线上,所以摆杆偏转时,仪器回转部分也随之微量转动。

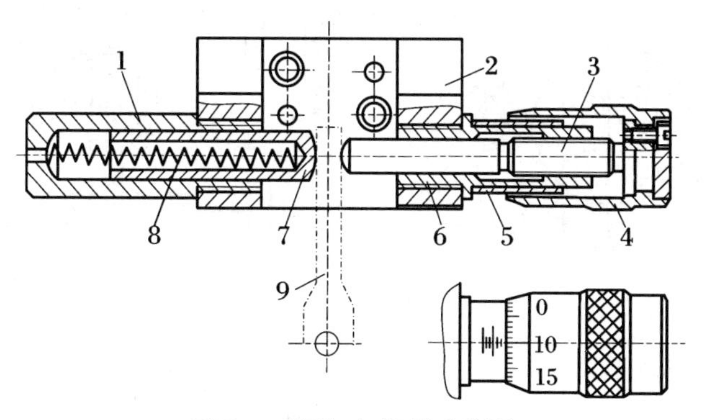

图 7.4　螺旋-杠杆微动装置

1. 固定套筒；　2. 支架；　3. 螺杆；　4. 读数手轮；　5. 读数分划筒；
6. 带导向套的螺母；　7. 滑动套筒；　8. 弹簧；　9. 摆动杆

在不动的读数分划筒上刻有测定手轮整转的粗读分划线，在读数手轮上则刻有分转数的精读分划线。压缩弹簧的恢复力可用来消除螺杆、螺母间的轴向间隙。

在某些仪器中，常用微动手轮直接读数。现以此装置为例，讨论分度值的计算方法。

设摆动杆臂长 $L=102$ mm，测微螺杆的螺距 $P=0.3$ mm，试计算读数手轮的分度值。

由于螺杆转动一圈时，它就沿轴向移动了一个螺距 $P=0.3$ mm，这样，摆动杆将对原始位置偏转 α 角的正切为

$$\tan\alpha=\frac{P}{L}=\frac{0.3}{102}=0.0029$$

所以偏转角 $\alpha\approx10'$。也就是说，读数套筒的分度值为 $10'$。

将读数手轮一周分为 60 格，由于读数手轮转动一圈时为 $10'$，因而在转动一格时将等于 $10''$。读数手轮的分度值就为 $10''$。

微动装置的全读数，等于读数手轮的整转数加上读数手轮转动的分数值。

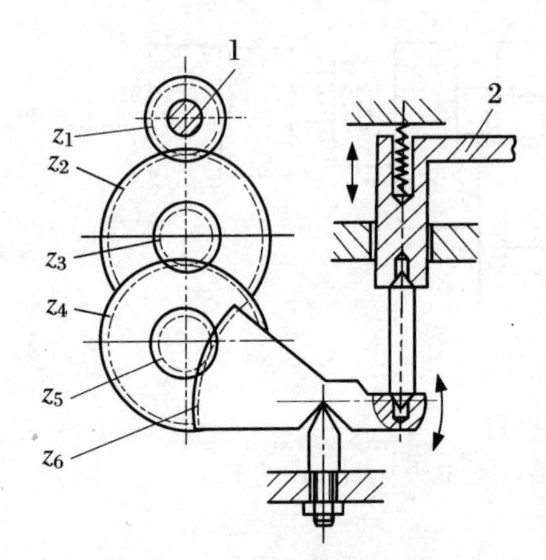

图 7.5　齿轮-杠杆微动装置

1. 手柄轴；　2. 工作台；　$Z_1\sim Z_6$. 齿轮

4. 齿轮-杠杆微动装置

图 7.5 所示的齿轮-杠杆微动装置用于显微镜工作台的轴向微动，以实现高倍率物镜的精确调焦。原动部分是带有小齿轮（Z_1）的手柄轴，转动手柄时，通过三级齿轮减速，带动扇形齿轮（Z_6）的微小转动，再通过杠杆机构将扇形齿轮的微小转动，变为工作台的上下微动。工作台内的压缩弹簧所产生的推力，可用以消除齿轮副的间隙所产生的空回误差。

5. 凸轮式微动装置

利用凸轮曲线的微小变化来实现运动件的微量位移比螺旋机构更容易。

图 7.6(a)是凸轮式微动装置的结构原理图。砂轮架的进给是由凸轮使砂轮架绕支点摆动而实现的。图 7.6(b)为该类装置的应用示例。砂轮架可绕轴 O 作摆动，滚轮固定在砂轮架上。当工作进给油缸工作时，经齿条带动安装

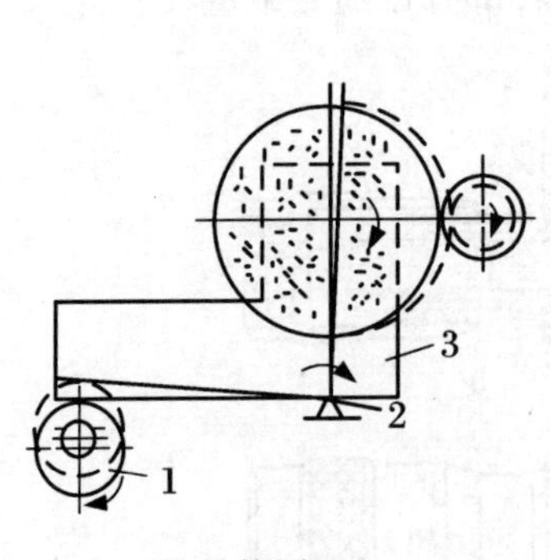

(a) 结构原理

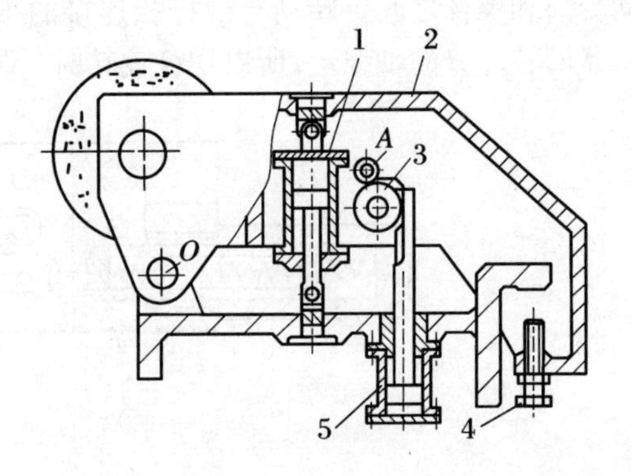

(b) 应用实例

图 7.6　凸轮式微动装置

在机座上的齿轮转动，再经同轴安装的凸轮与滚轮作用而使砂轮架作摆动。快速进退油缸的两端用铰链连接于砂轮架和机座上。螺钉用于限位调节。

利用凸轮实现微量进给具有传动链短、刚性好的优点。由于砂轮架只作摆动，微量进给的精确度与导轨副的摩擦力无关，但凸轮式微动装置的进给范围较小。

6. 组合式微动装置

在精密机械、仪器上常利用各种机械传动机构的特点，组合构成不同的微动装置。

图7.7为用于磨床工作台上的螺旋-锥轮式微动装置。手轮与螺杆相连，锥轮与螺母相连，工作台上的锥轮在弹簧作用下与锥轮保持接触。转动手轮使螺母产生轴向位移，由斜面作用使工作台产生微量位移。该装置具有结构简单、摩擦损失小的特点。

图7.8为蜗轮-凸轮微动装置。利用蜗轮传动机构（由蜗杆、轴、蜗轮组成）与凸轮机构（由凸轮、滚轮和滑板组成）组合而成的微动装置，具有降速比大，微量位移读数较方便的优点，但在结构设计中应考虑采用消隙机构或调整机构，以消除或减少传动的啮合间隙。

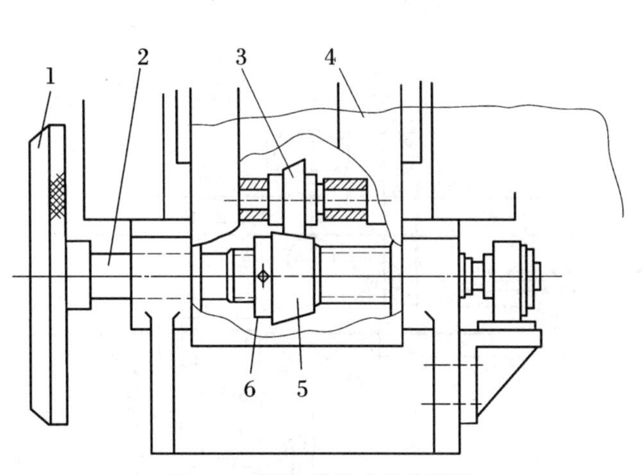

图7.7　螺旋-锥轮式微动装置

1. 手轮；　2. 螺杆；　3,5. 锥轮；　4. 工作台；　6. 螺母

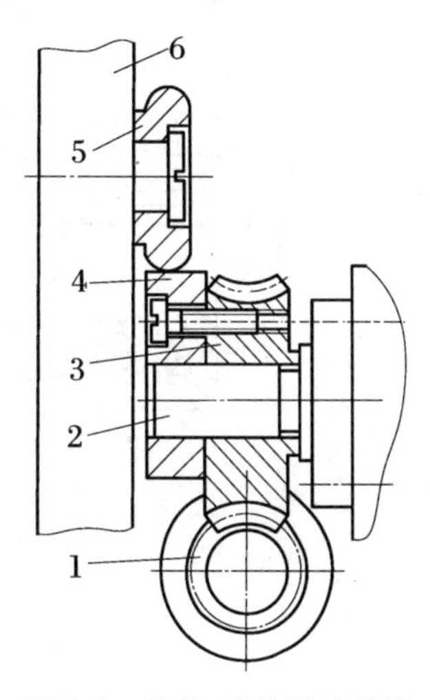

图7.8　蜗轮-凸轮微动装置

1. 蜗杆；　2. 轴；　3. 蜗轮；
4. 凸轮；　5. 滚轮；　6. 滑板

图7.9为正弦尺-行星齿轮微动装置，其最小进给量可达0.05 μm。该机构用于磨床砂轮架上。当砂轮架快速趋近工件后，油缸推动正弦尺运动，正弦尺推动行星齿轮箱使之摆动，从而使齿轮产生微量转动，经丝杠螺母机构推动砂轮架作微量进给。改变正弦尺的倾角就可实现不同的微量进给。

图7.10为大型工具显微镜中的摩擦传动式微动装置示意图。工作台的运动有大位移和微量位移之分。需要实现大位移时，按动开关使电磁铁通电，吸动杆使滚轮与滑杆脱离接触，工作台即可实现大位移运动。当电磁铁失电时，弹簧迫使滑杆被滚轮夹住，旋转手轮经蜗轮副带动滚轮，由于滚轮与滑杆之间的摩擦作用而使工作台作微量位移。

上述的各种机械传动式微动装置中，一些由齿轮副、丝杠螺母副等传动件组成的传统进给系统在很多场合下已不适应精确的微小位移量要求。因为从动件的位移量越微小，传动链的长度就可能越长；装置中各传动件的接触变形较大，间隙不易消除，传动刚度较低，容易产生“爬行”现象。所以较难实现 1 μm 以下的微量进给。为此，除了设法缩短传动链长度，采用高放大比的机械传动系统外，还可应用一些高刚度、无间隙、小摩擦、低惯性的新型微动装置。

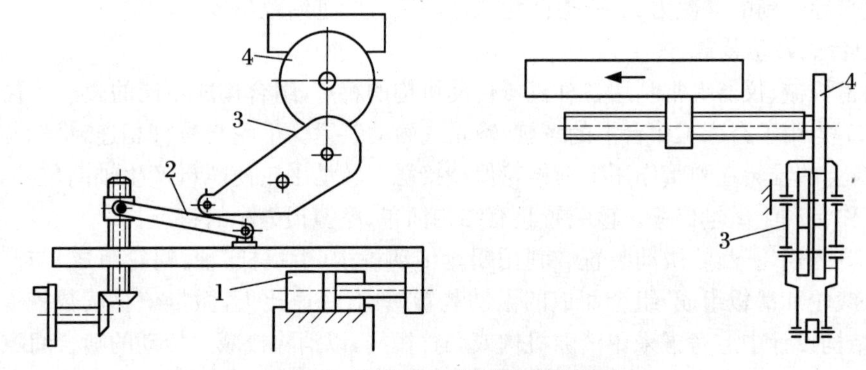

图 7.9　正弦尺-行星齿轮微动装置

1. 油缸；　2. 正弦尺；　3. 齿轮箱；　4. 齿轮

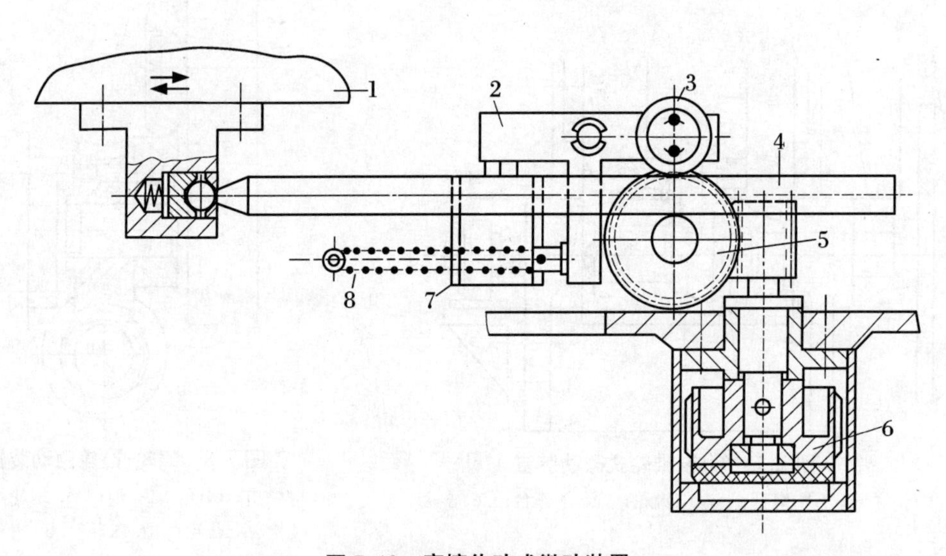

图 7.10　摩擦传动式微动装置

1. 工作台；　2. 吸动杆；　3,5. 滚轮；　4. 滑杆；　6. 手轮；　7. 电磁铁；　8. 弹簧

7.1.2　热变形式微动装置

热变形传动的原理如图 7.11 所示。传动杆的一端固定在机座上，另一端固定在沿导轨作微量位移的零件或部件上。当线圈通电加热时，使传动杆受热伸长，其伸长量为

$$\Delta L = \alpha L(t_1 - t_0) = \alpha L \Delta t \tag{7.4}$$

式中：α 为传动杆材料的线胀系数；L 为传动杆的长度；t_1 为加热时的温度；t_0 为加热前的温度。

例如，一根 100 mm 长的钢棒，从20 ℃加热到 100 ℃时其热变形伸长量为 0.092 mm。

当传动杆由于热变形伸长而产生的力大于导轨副中的静摩擦阻力时，运动件就开始移

动。理想的情况是传动件的伸长量等于运动件的位移量。但是由于导轨副摩擦力的性质有变化、位移速度有快慢、运动件的质量有大小以及系统阻尼的大小等原因，往往不能达到理想的情况。实际上，当传动杆伸长量为 ΔL 时，运动件的位移量为

$$s = \Delta L \pm \frac{c}{k}$$

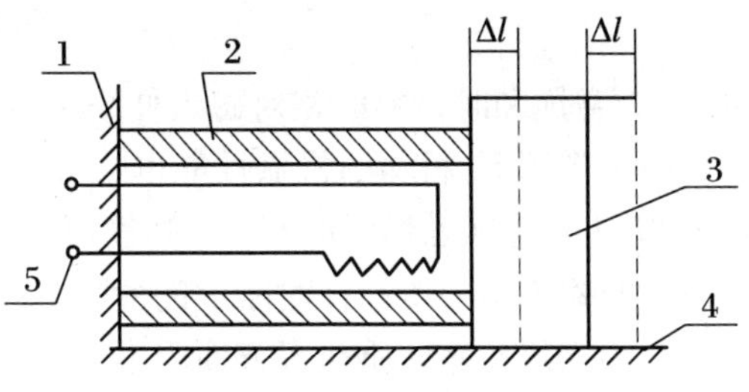

图 7.11　热变形传动原理图

1. 机座； 2. 传动杆； 3. 运动件； 4. 导向件； 5. 加热丝

式中：c 为考虑到摩擦阻力、位移速度和系统中阻尼的系数(N)；k 为与传动件材料的弹性模量(E)、单位长度截面积(A/L)有关的系数，$k = EA/L$。

位移的相对误差为

$$\frac{s - \Delta L}{\Delta L} = \pm \frac{c}{EA\alpha \Delta t}$$

由此可见，为减少微量位移的相对误差，应选择线胀系数和弹性模量较高的材料制成传动杆。

传动件可以通过杆外或杆腔内的电阻丝进行加热，也可以直接将大电流接入传动件进行加热，这种方法热惯性和热损失较小，结构较简单。

利用调节变阻器的电阻、变压器的电压等方法可调节传动件的加热速度，以实现对位移速度和微进给量的控制。用压缩空气或乳化液流经传动件的内腔进行冷却，可使传动件恢复到原来的位置。

7.1.3　磁致伸缩式微动装置

这类装置的工作原理如图 7.12 所示。磁致伸缩棒的左端固定在机座上，右端与运动件相连。绕在伸缩棒外的线圈通电激磁后，在磁场的作用下，伸缩棒产生变形而使运动件实现微量位移。改变磁场强度可以得到不同的位移进给量。

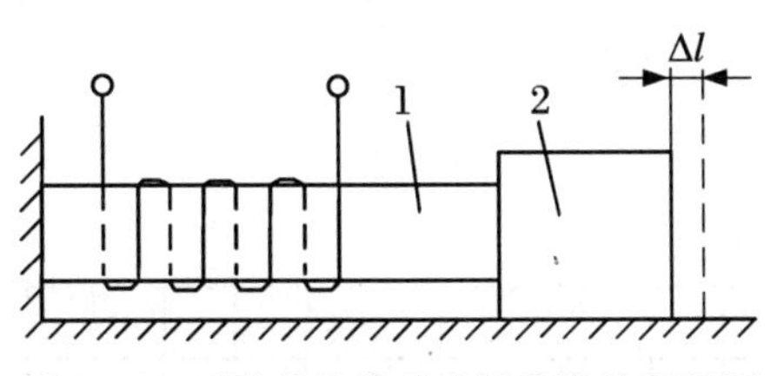

图 7.12　磁致伸缩传动式微量进给原理图

1. 磁致伸缩棒； 2. 运动件

在磁场的作用下，伸缩棒伸长变形的，称正磁致伸缩；而缩短变形的，称负磁致伸缩。

在磁场作用下，伸缩棒的变形量为

$$\Delta l = \pm \varepsilon l \quad (\mu\text{m}) \tag{7.5}$$

式中：ε 为材料的相对磁致伸缩系数(μm/m)；l 为伸缩棒被磁化部分的长度(m)。

当伸缩棒变形时产生的伸缩力克服运动件导轨副的静摩擦力 F_0 时，运动件便产生位移。最小位移量

$$\Delta l_{\min} > \frac{F_0}{k} \tag{7.6}$$

式中：k 为伸缩棒的纵向刚度。

伸缩棒的最大位移量受材料的磁致伸缩性质的影响，其大小

$$\Delta l_{\max} \leqslant \varepsilon_s l - \frac{F_d}{k}$$

式中：ε_s 为磁饱和时材料的相对磁致伸缩系数；F_d 为导轨副的动摩擦力。

在磁场作用下，材料的机械性能也会发生变化。如图 7.13 所示，镍棒在磁饱和状态（磁场强度 H 达到饱和磁场强度 H_s）时弹性模量增加约 10%。所以在评定微量进给的精度时，必须考虑伸缩棒作为传动杆时刚度的变化。

材料的磁致伸缩性质与多方面因素有关：

① 与合金材料的成分配比准确度有关。图 7.14 是不同成分铝合金的相对磁致伸长量。

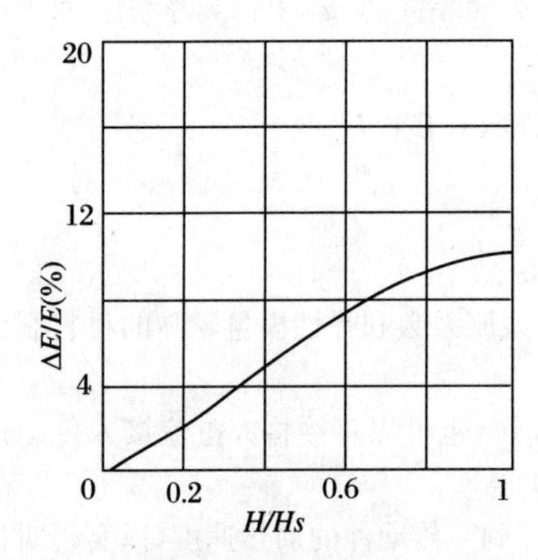

图 7.13　磁场强度对弹性模量的影响

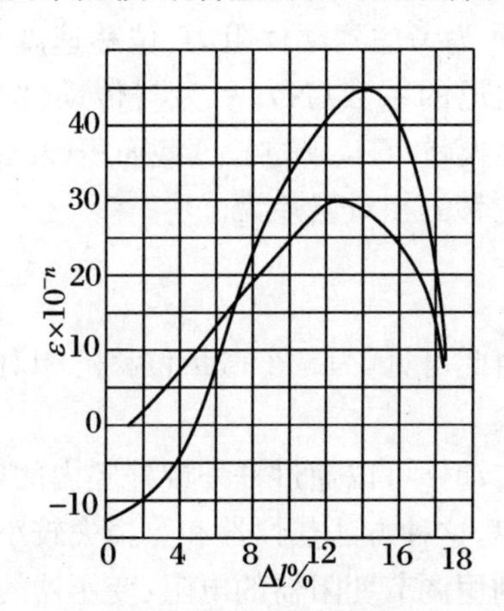

图 7.14　铝合金的相对磁致伸长量

1. 88×10^3 A/m；　2. 0.4×10^3 A/m

② 与伸缩棒的温度变化有关。图 7.15 是在不同温度下镍棒的 ε_s 值。在磁场强度较小或温度变化不大时，这个影响不严重，但随着机构工作时间的延续，线圈的发热会引起棒的附加伸长，如图 7.16 所示。这个附加伸长在电流强度较大时更为显著，因而必须对激磁线圈的激磁电流密度加以限制，通常应限制在 2 A/mm² 以内。

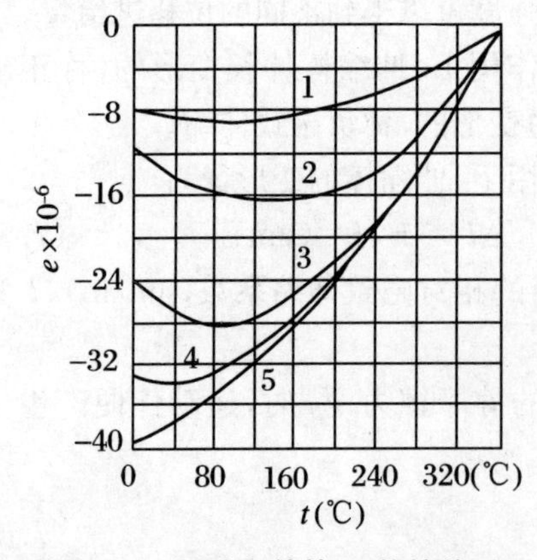

图 7.15　温度与镍棒 ε_s 值的关系

1. 15.9 A/m；　2. 239 A/m；　3. 3.18 kA/m；

4. 111 kA/m；　5. 589 kA/m

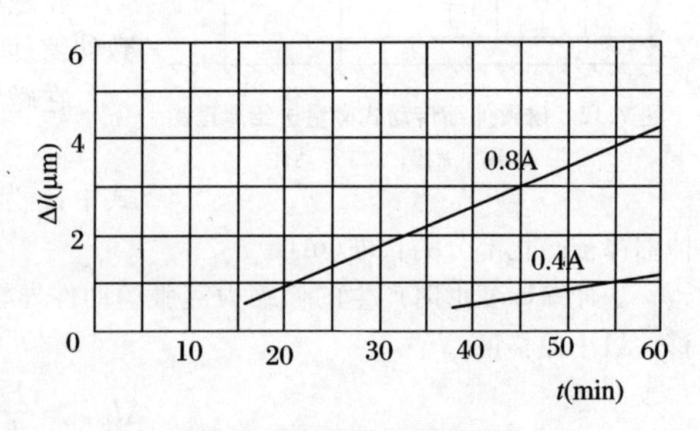

图 7.16　工作时间与热伸长

③ 与外载荷的变化有关。图7.17为有载荷及无载荷情况下的磁致伸缩曲线的比较。图7.18说明在一定磁场强度下，随着轴向力的增加，伸缩棒的位移按比例下降。

此外，很多材料由于机械加工和热处理的原因，也会引起相对磁致伸缩量的极限值增加，如一些冷轧材料的 ε_s 值会增加1.5倍。

磁致伸缩式微动装置具有重复位移精度高、无间隙、刚性好、转动惯量小、工作稳定性好、结构简单紧凑等优点。该装置适用于精确位移调整、切削刀具的磨损补偿、温度变形补偿及自动调节系统等。

在磁场作用下，即使是理想的材料，其磁致伸缩量也是有限的。如100 mm长的铁钴钒棒，只能伸长7 μm。为了能实现较大位移的进给或步进进给，可采用图7.19所示的机构。粗位移用传动箱经丝杠螺母副传动，微量位移则可由装在螺母与工作台之间的磁致伸缩棒实现。此机构用于精密坐标工作台的调整。

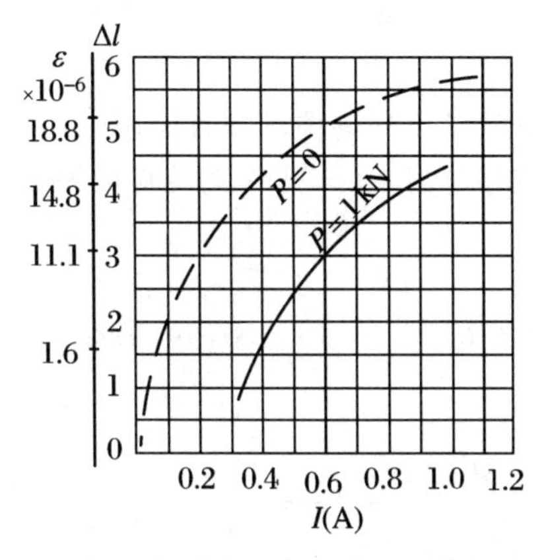

图7.17　载荷对磁致伸缩的影响

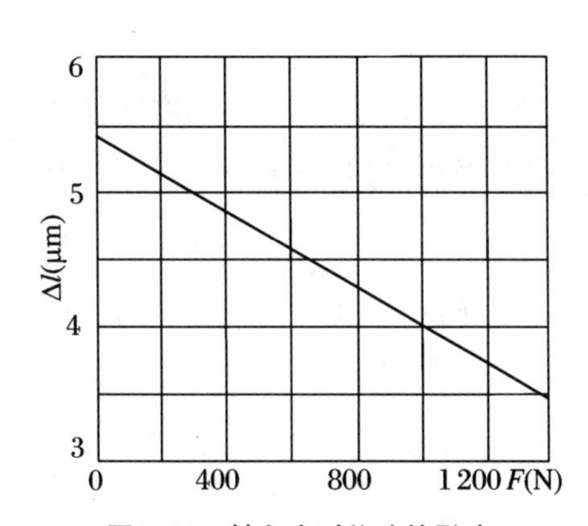

图7.18　轴向力对位移的影响

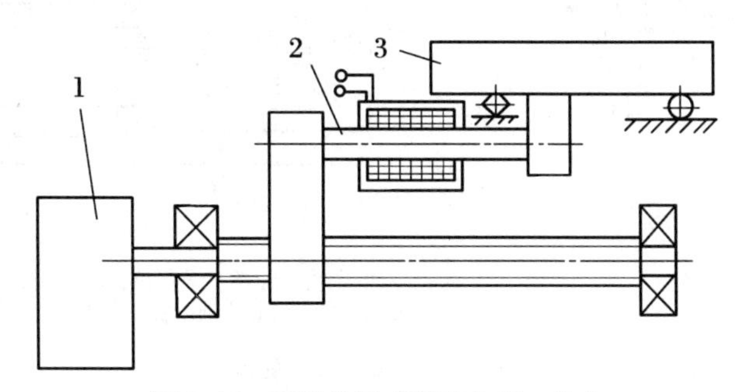

图7.19　磁致伸缩式精密坐标工作台

1. 传动箱；　2. 磁致伸缩棒；　3. 工作台

7.1.4　弹性变形式微动装置

这类装置是利用推动机构使弹性元件或运动件本身产生弹性变形来实现微量位移的。在构件的弹性限度内，只要精确地控制所施加的力就能得到稳定的弹性变形，实现所需的微量进给。

图7.20(a)为砂轮架受活塞杆的推动产生弹性变形，而使砂轮实现微量进给。图

7.20(b)所示的则是在砂轮架支点之间施加一垂直作用力 P，以使支承在床身上的砂轮架产生弹性变形，实现砂轮与工件之间的相对微量位移。

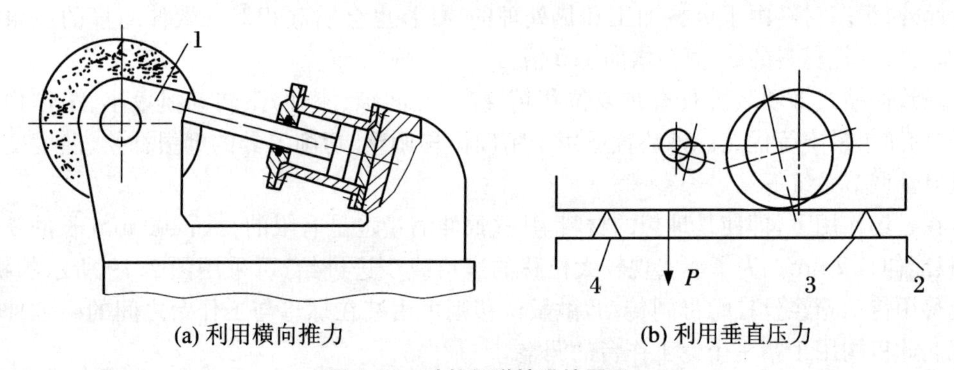

(a) 利用横向推力　　(b) 利用垂直压力

图 7.20　砂轮架弹性进给原理

1. 砂轮架；2. 床身；3,4. 支点

图 7.21(a)为用两个不同刚度的弹性元件来产生微量位移的微动装置原理图。弹性元件的原始长度分别为 x_1, x_2。在 P 力作用下，板 B 位移量为 Δx_2，板 A 的位移量为 Δx_1，则

$$\Delta x_1 = \Delta x_2 \frac{k_2}{k_1 + k_2} \tag{7.7}$$

如 $k_1 \gg k_2$，则 $\Delta x_1 \ll \Delta x_2$。当 $k_1 = 1\ 000\ \mathrm{kN/\mu m}$，$k_2 = 10\ \mathrm{kN/\mu m}$，$\Delta x_2 = 5\ \mu\mathrm{m}$ 时，$\Delta x_1 \approx 0.05\ \mu\mathrm{m}$。

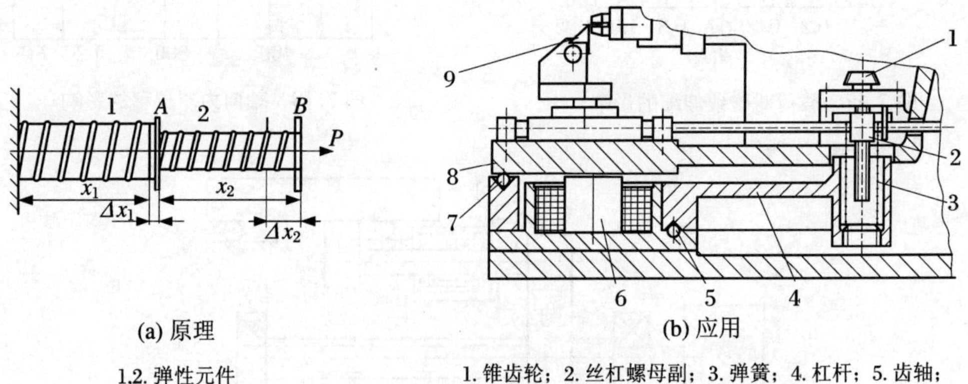

(a) 原理　　(b) 应用

1,2. 弹性元件

1. 锥齿轮；2. 丝杠螺母副；3. 弹簧；4. 杠杆；5. 齿轴；6. 电磁铁；7. 转轴；8. 工作台；9. 刀具

图 7.21　弹性微动装置

图 7.21(b)为应用上述原理实现微量位移的超薄切片机工作台结构简图。放置刀架的工作台的右下端与机座制成一体，相当于一悬臂平板。转动手轮(图中未画出)经锥齿轮及丝杠螺母副的运动传递、转换，使弹簧受压变形。因弹簧装在一个以转轴为支点的杠杆的右端孔座内，弹簧受压后的弹力使杠杆以钢球为旋转中心产生顺时针方向的微量转动，杠杆左端的位移经钢球而作用在工作台的左端，使工作台产生向上的弯曲变形，实现了工作台上刀具向被切样品的微量进给。装在杠杆孔内的电磁铁通电时，吸动工作台克服弹簧的弹力，使工作台产生向下的弯曲变形，实现了刀具的微量退刀运动。

图7.22是应用弹性变形的光栅分度头机械细分测微装置的结构简图。三片指示光栅固定在上片上,8片弹簧钢片将上片和下片连接成一体,组成了一个测微弹性鼓。下片又紧固在光栅分度头的本体上。这样上片相对于下片而言,它的抗弯刚度较好,而抗扭刚度较差。当外力推动上片时,较容易产生相对于下片的少量扭转。在弹性鼓的切向安装了一个压力弹簧,它的右端垫柱与上片用一个支架相联,左端的滚轮与安装在壳体侧面的端面凸轮上的阿基米德型曲面相接触。测微手轮(图中未画出)与端面凸轮同轴联成一体。旋转手轮带动凸轮、压缩弹簧,并切向推动上片,使上片相对于下片作微量扭转,实现了指示光栅对主光栅的微量角位移。该弹性测微装置可使指示光栅相对于主光栅转动0.1″。

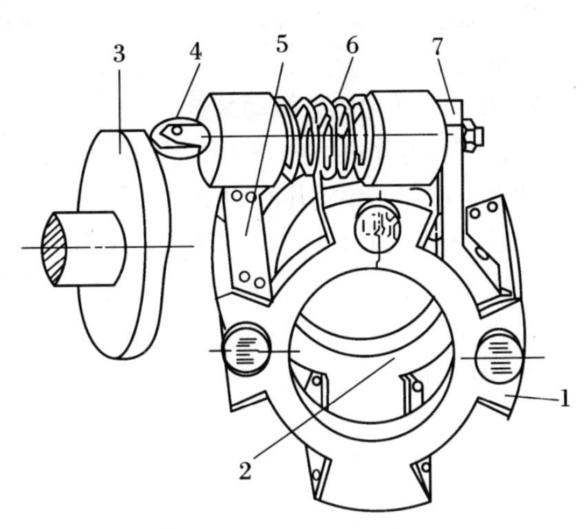

图7.22 弹性测微装置

1. 上片; 2. 下片; 3. 凸轮; 4. 滚轮; 5. 钢片; 6. 弹簧; 7. 支架

利用零件或部件的弹性变形实现微量进给,具有传动链短、摩擦力小、易获得精确微量位移等优点。设计时,应注意选择合适的弹性元件并解决加力的方法。常用的弹性元件有压缩弹簧、板弹簧。加力的方法有机械方法、液压或气动方法等。利用两个刚度相差较大的弹性元件进行力与变形的转换,可达到降速比大的要求。

7.1.5 压电式微动装置

压电陶瓷(PZT)是一种新型的压电材料,它具有从机械能转变成电能或从电能转变成机械能的压电效应。经极化处理后的压电陶瓷在外力作用下,发生机械变形,在其表面上产生电荷,这个现象称作正压电效应。反之,在压电陶瓷上加直流电场,改变了陶瓷体的极化强度,其形状尺寸也会产生变化,则称此现象为逆压电效应。

利用压电陶瓷的逆压电效应来实现微量位移,就不必像传统的传动系统那样通过机械传动机构把转动变为直线运动,因而避免了机械结构造成的误差。具有位移分辨率极高(可达千分之几微米)、结构简单、尺寸小、发热少、无杂散电磁场和便于遥控的特点。

压电式微动装置可按压电陶瓷的结构形式不同而分为圆管式、叠片式、尺蠖式和蚯蚓式等。

1. 圆管式压电陶瓷微动装置

外形为圆管状的压电陶瓷用在微动装置中,具有结构简单、行程小的特点。图7.23为一刀具补偿机构的结构图。材料为PZT-5型的圆管状压电陶瓷的尺寸为$\phi24\times\phi27\times48$ mm,内外壁为电极。当压电陶瓷通上正向直流电压后,向左伸长,推动装在刀体中的滑柱、方形楔块和圆形楔块,借助于楔块的斜面克服压板弹簧的弹力,将固定镗刀的刀套顶起,实现了镗刀的一次微量位移。而当压电陶瓷通上反向直流电压时,向右收缩,楔块的右端出现空隙,在弹簧的作用下楔块向下位移,填补压电陶瓷收缩时所产生的空隙。因而对压电陶瓷通上正反向交替变化的直流脉冲电压，就可以连续地实现镗刀的径向补偿，刀尖总位移量为0.1 mm。

2．叠片式压电陶瓷微动装置

叠片式压电陶瓷是由许多相同的压电陶瓷片串联而成的。使用时，电场以并联方式加到每片上。相邻的陶瓷片有相反的极化方向，但每片的极化方向与电场方向都一致。加上电场以后，每片均有相同的伸长量 Δ_s，总伸长量 $\Delta s = n \cdot \Delta_s$，$n$ 是叠片的片数。图 7.24 为叠片式压电陶瓷及其接法的简图。当压电陶瓷的一端固定，另一端就可以推动负载产生微量位移。叠片式压电陶瓷具有位移量大的优点，如用 50 片 1 mm 厚的片子，叠加起来后，只需 2 000 V 的电压就可得到 50 μm 的总位移量。

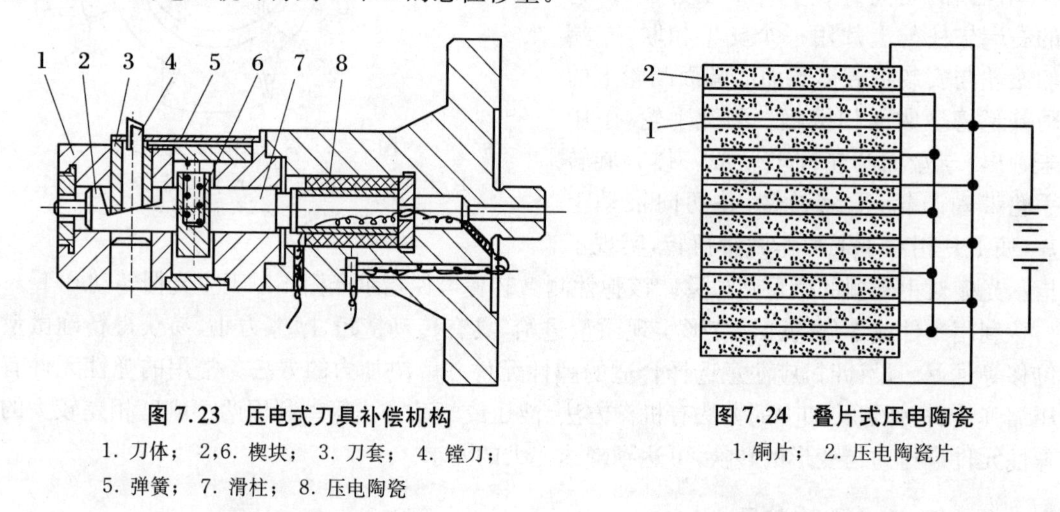

图 7.23　压电式刀具补偿机构

1. 刀体；2,6. 楔块；3. 刀套；4. 镗刀；5. 弹簧；7. 滑柱；8. 压电陶瓷

图 7.24　叠片式压电陶瓷

1. 铜片；2. 压电陶瓷片

3．尺蠖式压电陶瓷微动装置

图 7.25 是尺蠖式压电陶瓷微量位移装置的动作原理图。这种形式装置的优点是行程大，可达到几个厘米。

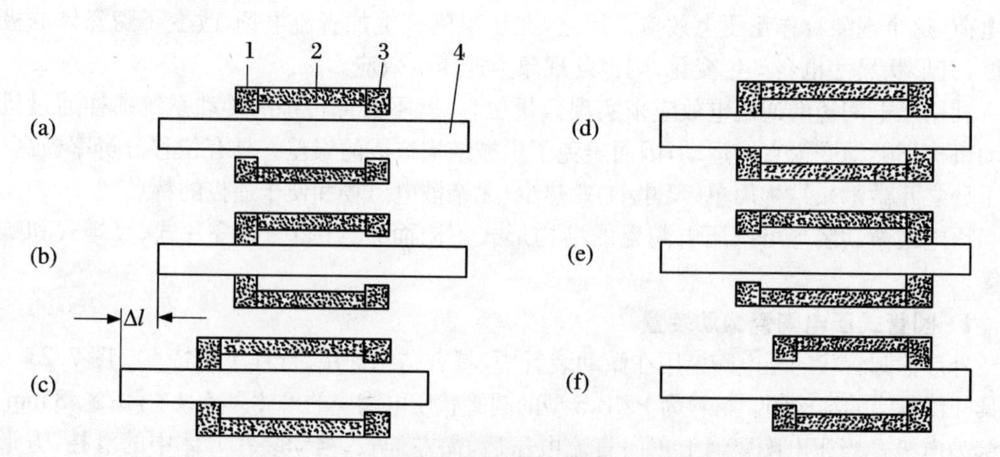

图 7.25　尺蠖式压电陶瓷微量位移装置原理图

1,2,3. 陶瓷元件　4. 轴

该装置由三个互相绝缘，各自单独控制的圆管式压电陶瓷元件联结而成。其中 2 产生

轴向位移，1和3产生径向伸缩，即对轴夹紧和放松。若3的轴向位置固定，则2的伸张变形通过轴的移动使运动件产生微量位移。

图7.25(a)是不工作状态；图7.25(b)是元件1夹紧、2松开；图7.25(c)是元件2轴向伸张，经元件1带动轴移动；图7.25(d)是元件3夹紧；图7.25(e)是元件1松开；图7.25(f)是元件2缩回到原状。按上述步骤不断重复，这样就像磁致伸缩式步进进给机构一样，实现运动件像尺蠖虫爬行那样的移动。该装置的位移线性好，在元件2上每加2 V电压便可得到0.006 μm的位移量，移动速度为0.05～50 μm/s。

4. 蚯蚓式压电陶瓷微动装置

图7.26为蚯蚓式压电陶瓷微量位移装置结构简图。在一个圆管状压电陶瓷的外表面上镀有8个隔开的环状银电极，陶瓷管与杆之间配合过盈量为0.5 μm。杆兼作电极，接地。若负的电压加在其中一个或两个银电极上，这一段的陶瓷径向膨胀，对杆的夹紧力减小，同时产生的轴向伸张，对前一段陶瓷有推动，而对后一段则产生回弹。如果依次从一端到另一端加上脉冲电压，陶瓷管就相对于杆产生了轴向位移，就像蚯蚓的爬行一样。每步的位移为0.05～2 μm。位移量与同一时刻通电的陶瓷段数、负载大小和方向有关。该装置具有良好的位移线性度。

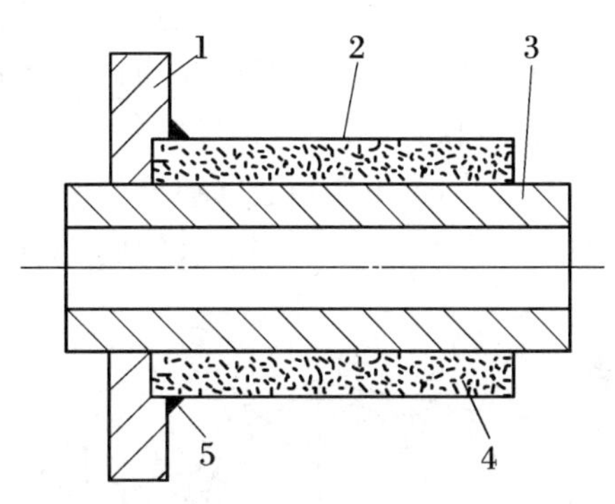

图7.26　蚯蚓式压电陶瓷微动装置

1. 机架；2. 电极；3. 杆；
4. 陶瓷管；5. 连接

7.2　锁 紧 装 置

锁紧装置是利用摩擦力或其他方法，把精密机械上某一运动部件紧固在所需位置的一种装置。在精密机械的使用过程中，往往把精密机械的某一部件调到所需要的合适位置后，要用锁紧装置锁紧。例如在使用某些类型的工具显微镜测量工件时，需先调整显微镜筒的高低位置以进行粗调焦，在大致差不多时就需锁紧悬臂，以使粗调焦后的位置固定下来，进行微调动作。

7.2.1　设计时应满足的基本要求

① 锁紧时，被锁部件的正确位置不被破坏。

② 锁紧后的工作过程中，被锁部件不会产生微动走位现象。

③ 锁紧力应均匀，大小可以调节。

④ 结构简单，操作方便，制造修理容易。

7.2.2 常用锁紧装置

常见的锁紧装置有径向受力和轴向受力两种。

1. 径向受力的锁紧装置

图 7.27 是精密机械中常见的顶紧式径向受力锁紧装置。拧紧锁紧螺钉,通过垫块压紧轴,从而把支架锁紧在轴上。垫块的作用是为了避免锁紧螺钉损伤轴的表面。该锁紧装置的缺点是被锁紧的零件单面受力。锁紧时,由于轴和支架之间的间隙被挤到一边,所以被锁紧件的轴线会微量移动。而且当中间轴为薄壁筒时,锁紧力还会造成中间薄壁筒的变形。

图 7.28 是夹紧式径向受力锁紧装置。当拧紧锁紧螺母时,带有开口的支架夹紧轴,实现锁紧的目的。由于这种锁紧装置的锁紧力比较均匀地分布在整个圆周上,因此,即使中间轴是薄壁筒,也不会引起薄壁筒的变形。但是,由于支架和轴之间存在间隙,故销紧时,支架相对于轴会产生不大的相对转动。支架的中心相对于轴的中心也会产生微量移动。

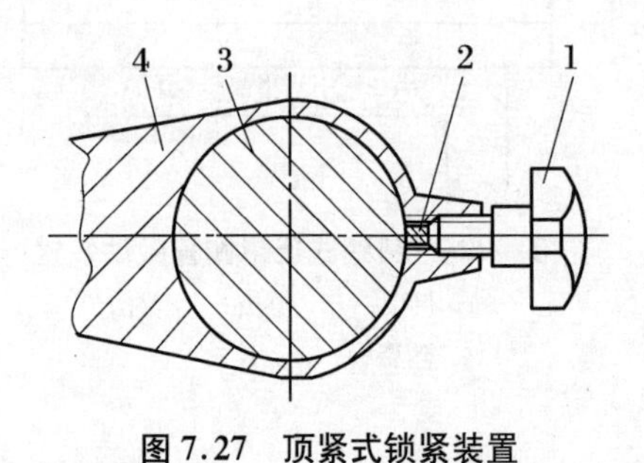

图 7.27 顶紧式锁紧装置

1 锁紧螺钉; 2. 垫块; 3. 轴; 4. 支架

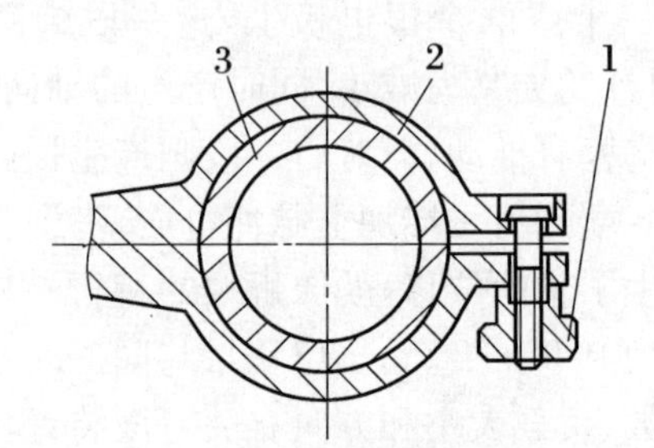

图 7.28 夹紧式锁紧装置

1. 锁紧螺母; 2. 支架; 3. 轴

以上两种锁紧装置共同的优点是结构简单,制造容易,但由于锁紧时,被锁部件会产生微动,所以不能用于要求锁紧定位精度较高的地方。

图 7.29 是用在 1″光学分度头上的“三点自位均匀收缩薄壁套”锁紧装置。它克服了上述两种锁紧装置的缺点。

这种装置由两个圆环组成,其中一个薄壁套固装在分度头壳体的前盖上,与主轴回转中心线同轴,分度头主轴就套在此薄壁套的孔内。其配合间隙很小,但应使主轴能在薄壁套内灵活转动。另一个是锁紧环(它可以在径向浮动),它的内孔上有三条等分的槽,各嵌有一块锁紧块,三个锁紧块均和薄壁套的外圆接触,其中一块被锁紧环上的螺钉顶住。这样,旋紧锁紧手轮时,就能通过螺钉顶紧锁块。由于锁紧环是浮动的,因此当螺钉前进时,锁紧环在相反的方向上带动另外两块锁紧块同时压向薄壁套,这样就能通过三个位置上的锁紧块均匀地压缩薄壁套,使它产生径向收缩,将主轴锁紧。由于锁紧作用是靠薄壁套弹性变形获得的,因此锁紧摩擦力矩均匀地分布在主轴上,同时,三个夹紧点均匀自位、同步地向心收缩,因而能避免锁紧时的主轴微转现象和单面受力改变主轴回转轴线的现象。这种锁紧装置性能稳定,能符合 1″光学分度头的精度要求。

2. 轴向受力锁紧装置

图 7.30 是光学经纬仪上用来把横轴和横轴固定微动板紧固在一起的轴向受力锁紧装置。锁紧时,转动手柄,螺杆被旋入固定螺母,并用其末端顶推横轴固定轴柄向左移动,使轴

柄压向摩擦板。同时,与螺母连接在一起的固定微动板向右移动,从而推动涨圈也压向摩擦板,这两个作用的结果是把摩擦板和固定微动板紧固在一起,从而实现锁紧横轴的目的。

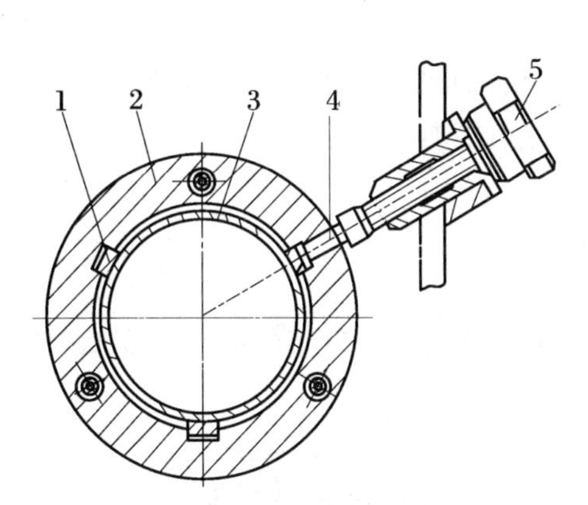

图7.29 三点自位均匀收缩薄壁套锁紧装置

1. 锁紧块; 2. 锁紧环; 3. 薄壁套; 4. 螺钉; 5. 锁紧手轮

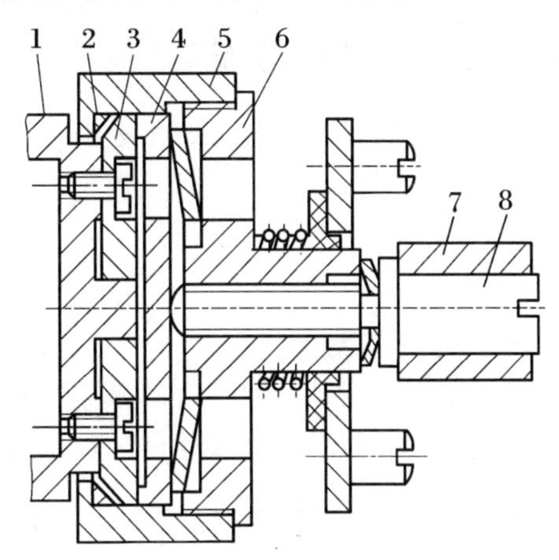

图7.30 轴向受力锁紧装置

1. 横轴; 2. 涨圈; 3. 摩擦板; 4. 轴柄; 5. 固定微动板; 6. 螺母; 7. 手柄; 8. 螺杆

在锁紧装置中,除了可以采用螺旋传动产生锁紧力外,还可采用凸轮、楔块、弹簧、液压和电磁等其他方法。在设计时可根据需要和可能条件选用。

7.3 示数装置

示数装置用来指示工作结果数据或引入给定数据。例如各种测量仪器的示数装置用来指示测量的结果;各种计算仪器的示数装置用来指示计算的结果;照相仪器的快门示数装置则用来引入所需的曝光时间等。示数装置的这些作用,使它成为仪器的重要组成部分。

7.3.1 设计时应满足的基本要求

① 保证足够的精度。由示数装置读取或引入的数据必须足够精确,否则会给仪器带来过大的误差。一般示数装置的精度是根据仪器总精度提出的,并与总精度相适应。

② 读数方便、迅速。应能直接读出被测物理量或引入量的数值,而无需任何换算。

③ 保证零点位置准确,并具有零位调整的可能性。

④ 结构简单、工艺性好,便于制造、安装和调整。

按工作原理不同,示数装置可分为机械式、光学机械式、电子式或光电式示数装置。由于光电数字显示的示数装置显示精度高、反应速度快,故随着电子技术和光电技术的迅速发展,在一些精密机械中已被大量采用。但是由于机械式示数装置的原理和结构简单、使用可靠,故目前仍得到广泛的应用。

按示数性质不同，示数装置常见有三种类型，即标尺指针（指标）示数装置、自动记录装置和计数装置。

7.3.2　标尺指针示数装置

标尺指针（指标）示数装置主要由标尺和指针（或指标）组成。利用标尺与指针（指标）的相对运动来完成示数工作。其示数特点是读取被测量的瞬时值。

7.3.2.1　标尺

1. 标尺的类型

标尺是标尺指针示数装置的基本零件之一，也是示数装置示数的基准件。常见的标尺类型有直标尺、圆盘标尺、鼓轮标尺及螺旋标尺等（图 7.31）。

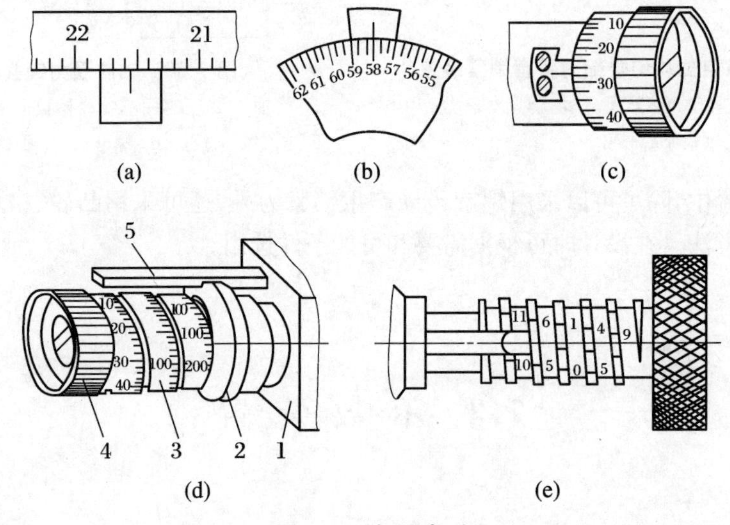

图 7.31　标尺类型

直标尺是按直线排列分度的标尺，它与指针（或指标）之间的相对运动为直线运动（图 7.31(a)）。

圆盘标尺通常称为度盘，是在平面上按圆周或圆弧分度的标尺（图 7.31(b)）。有时在同一度盘上有若干排标尺，以表示不同的量程或用来测量不同的参数。标尺与指针（指标）之间的相对运动为转动。

圆柱标尺是将标尺呈环状刻在圆柱面或圆锥面上（图 7.31(c)），标尺与指针（或指标）之间的相对运动为转动。

螺旋标尺是将标尺呈螺旋状刻在圆柱面上。工作时一般为标尺转动，指标平行于圆柱母线作相应移动（图 7.31(d)）。指标的内部有一销钉被卡在标尺的螺旋槽内，标尺转动时，指标由于受导杆的限制，只沿标尺的轴线移动，指标指示的标尺上的数值，即为读数。此外，也有指标不动而标尺既转动又作相应移动的结构（图 7.31(e)）。

2. 标尺的基本参数及其选定

(1) 标尺的基本参数　如果用 A 表示被测量的大小，用 φ 和 l 分别表示相应的指针转角(圆盘标尺)和指标位移(直标尺),则标尺参数可定义如下。

示值下限——标尺的开始标线所代表的被测量的最小值(A_{min})。在大多数仪器中,$A_{min}=0$,但也有些仪器的最小被测量不等于零,这时称为无零标尺。

示值上限——标尺最后标线所代表的被测量的最大值(A_{max})。

示值范围——标尺上全部刻度所代表的被测量的数值($A_{max}-A_{min}$)。

标度角——对应于示值范围的指针转角,即开始标线与最后标线之间的夹角(φ_{max})。

标度长度——指针末端(或指标)对应示值范围的线位移,即开始标线与最后标线之间的弧距或距离(l_{max})。

分度——标尺上相邻两标线的间隔。通常分度也称为刻度或分划,而标线也称为刻线、分划线或格线。

分度值——标尺上每一个分度(即一格)所代表被测量的数值。分度值也称为刻度值、分划值或格值。分度值的大小等于示值范围除以标尺的分度数 n,即

$$\Delta A=\frac{A_{max}-A_{min}}{n}$$

分度尺寸——标尺上两相邻标线间的实际夹角或距离。分度尺寸也称为分划间隔,对于角度以 $\Delta\varphi$ 表示,对于直线距离以 Δl 表示。

等分分度和不等分分度——在标尺中,若所有分度尺寸相等(图7.32(a)、(b)),即

$$\left.\begin{aligned}\Delta\varphi_1&=\Delta\varphi_2=\cdots=\Delta\varphi=\frac{\varphi_{max}}{n}\\ \Delta l_1&=\Delta l_2=\cdots=\Delta l=\frac{l_{max}}{n}\end{aligned}\right\}\tag{7.8}$$

称为等分分度(线性分度);若分度尺寸彼此不相等(图7.32(c)),即

$$\left.\begin{aligned}\Delta\varphi_1\neq\Delta\varphi_2\neq\Delta\varphi_3\neq\cdots\\ \Delta l_1\neq\Delta l_2\neq\Delta l_3\neq\cdots\end{aligned}\right\}\tag{7.9}$$

则称为不等分分度(非线性分度或不均匀分度)。

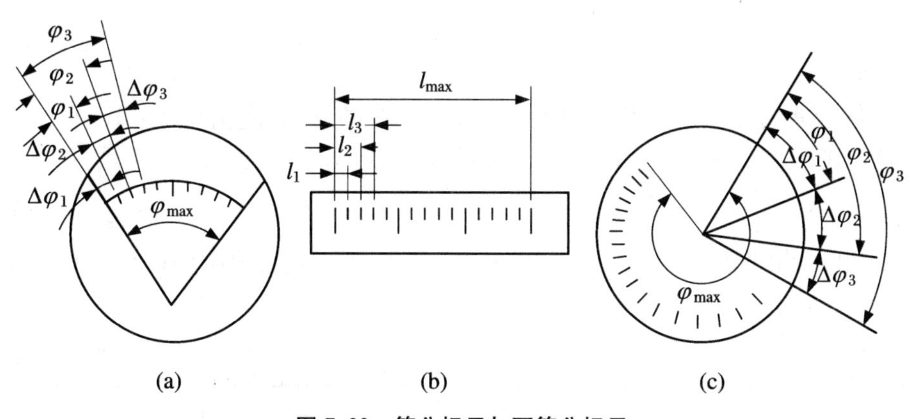

图7.32 等分标尺与不等分标尺

在设计仪器的示数装置时,常希望得到等分分度的标尺,因其读数方便,且在整个标度范围内,读数精度一致,此外,制造也比较简单。但是,并不是所有仪器都是等分分度的标

尺,这是由于有的仪器难于获得等分分度标尺,或者在某些情况下,需要把标尺某一区域的分度放大,以便在这个区域中可以更准确地读数。

(2) *基本参数的选定* 对于任何一种标尺,均包含如下基本参数,即分度尺寸、标线尺寸、分度值、标度角或标度长度。下面分别阐述这些参数的选择。

① 分度尺寸的选定。分度尺寸的大小是影响读数误差和标尺几何尺寸的重要因素,当分度尺寸太小时,读数非常困难,同时,读数误差亦显著增大。当分度尺寸小于 1 mm 时,读数误差将增长得很快。分度尺寸过大时,标尺长度随之增大。一般情形可取分度尺寸 $\Delta l=1\sim2.5$ mm,而经常采用 $\Delta l=1$ mm。

在精密仪器中,常需要在较小的标尺上刻出很多的分度,因此,分度尺寸很小。为了便于读数并保证足够的读数精度,可采用光学放大装置将标尺的分度尺寸放大,放大后的分度尺寸的影像,也应根据前述原则考虑。例如在光学比较仪中,标尺的分度尺寸等于 0.08 mm,而标尺的影像则被目镜放大 12 倍,因此,见到的分度尺寸是 $0.08\times12\approx1$ (mm)。

② 分度值的选定。标尺的分度值应根据仪器的允许误差来选择。分度值不应比仪器的允许误差大得太多,否则不能足够准确地读取示数。反之,分度值取得过小,只是在读数时可读得精细一些,但仪器的误差并不因此而改变。因此,在仪器误差一定时,把分度值定得过小是没有意义的。一般来说,分度值 ΔA 可取等于或略大于仪器允许误差。例如,当 $\Delta l=1\sim2.5$ mm 时,可取

$$\Delta A = 2\Delta Y$$

式中:ΔY 为仪器的允许误差。

应该指出,取 $\Delta A=2\Delta Y$ 是根据指针处于两标线之间时,操作人员能估读到一个分度的 1/2,即能估读出的值为 $\Delta A/2$,为使估读值与仪器精度匹配,故取 $\Delta A/2=\Delta Y$,即 $\Delta A=2\Delta Y$ 完全能与仪器精度相适应。当分度尺寸较小时,则可取 $\Delta A=\Delta Y$。而对于分度尺寸较大的标尺,由于估读精度高,分度值也可取得大些。实际上一般操作人员的估读精度可达一个分度的 1/5,因此,在这个范围内适当把分度值取得大些,仍然是合理的。此外,为了读数方便和不致读错,分度值最好从下列数值中选取:

$$1\times10^n;\quad 2\times10^n;\quad 5\times10^n$$

其中,n 为任意正、负整数或零。

图 7.33 为具有不同分度值的几种标尺,其中图(a)的分度值为 $1\times10^0=1$,图(b)为 $2\times10^1=20$,图(c)为 $5\times10^{-1}=0.5$,图(d)则为分度值不正确的标尺。

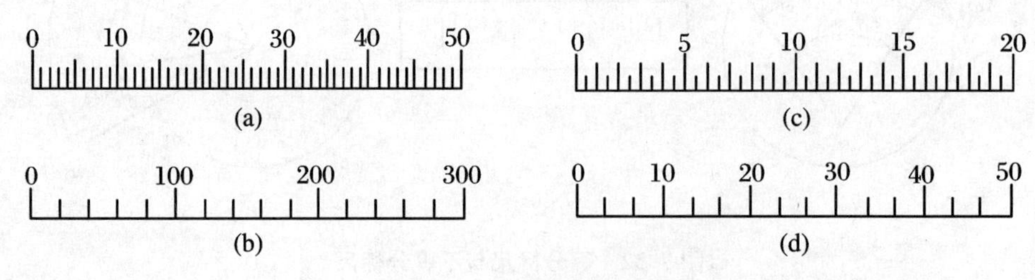

图 7.33 标尺分度值举例

③ 标线尺寸的选定。标线宽度应根据分度尺寸来选择。当指针(或指标)位于两个相

邻标线之间时，读数需要用眼来估计。此时，读数误差将取决于标线宽度与分度尺寸的关系，当标线宽度为分度尺寸的10%时，平均读数误差最小。因此，标线宽度最好取为分度尺寸的10%左右。远距离读数的，则应适当地增加标线宽度。

为了读数方便，标线常取不同的长度。例如，逢“5”的标线较一般标线长，而逢“10”的标线更长一些(图7.33(a))。一般情况下，短、中、长三种标线长度之比可取为1∶1.5∶2或1∶1.3∶1.7；若只有两种标线长度，则可取为1∶1.5或1∶2。其中最短标线长度可取为分度尺寸的两倍。

④ 标度角或标度长度的确定。当分度值 ΔA 选定后，标尺的总分度数 n 可由下式求出：

$$n = \frac{A_{\max} - A_{\min}}{\Delta A}$$

根据上式求出总分度数 n，并选定分度尺寸 Δl 后，可用下式算出标度长度：

$$l_{\max} = n \cdot \Delta l$$

标度角可由下式求得：

$$\varphi_{\max} = l_{\max}/r \tag{7.10}$$

式中：r 为标度圆半径，即由指针末端到其转动中心的距离。

此外，为了读数方便，在多数标尺上标有相应的数字，即每隔若干分度有一附有数字的标线，数字标线间的分度数通常取为5或10。数字笔划宽度不得小于0.01 mm，一般等于标线宽度。分度数值很大的标尺，可在标尺上部或下部刻上“×100”等字样，这样，标尺标线上的数字就可以比较简单。

3．标尺的材料和精饰

对标尺材料的要求，主要是良好的耐腐蚀和加工性能，以及较高的抗变形能力。此外，在有抗磁性要求的仪器中，还要求材料具有抗磁性能。

常用的标尺材料有铝合金、黄铜、青铜、锌白铜、银、结构钢和不锈钢、玻璃、纸等。其中，银(含铜6%左右)、锌白铜(镍为15%，锌约20%，余为铜)和光学玻璃，均可用作高精度标尺的材料。特别是光学玻璃(K7、K10、BaK7、BaF1等)制造的度盘，与金周盘比较，由于可获得更细的标线和达到更高的精度，照明条件亦好，所以在中等精度以上的仪器中广泛采用光学玻璃度盘。

标尺的表面精饰不仅是为了防腐和美观，更主要是便于读数。标尺表面不应反光，标尺记号要明显。根据标尺材料不同，常用的方法有喷砂、涂漆、氧化、镀镍、镀铝和镀银等。标尺的颜色不应太鲜艳，常见的有黑色、白色、灰色、褐色和乳黄色等。特殊记号和标线可用红色和黄色。为了便于读数，标线的颜色与标尺的颜色应成强烈对比。在照明条件良好的情况下，可用白底黑字；照明条件不好时，可用黑底白字；夜间使用又不能照明的仪器，标线应涂以发光材料。须涂发光材料的标线，截面建议是矩形的，宽度和深度都应不小于0.5 mm。

7.3.2.2　指针

1．指针应满足的要求

根据使用情况，指针应满足下列要求：

① 具有明显的端部，保证读数方便、迅速、准确。

② 足够的强度和刚度，以使指针工作稳定和受到冲击时不产生永久变形。

③ 指针对其转动轴的转动惯量应尽可能小，以减小阻尼时间。

2. 指针尺寸

对精度较高的仪器，为保证足够的读数精度，指针(或指标)末端的宽度一般与标线的宽度相等。如果小于标线宽度，则指针在标线宽度范围内的移动不易看出，反之，若大于标线宽度，则当指针落于两标线之间时，估读精度将会降低。

指针的长度取决于标尺的尺寸。为了读数方便，指针不应全部覆盖最短标线，一般覆盖长度取为最短标线长度的1/4～3/4。而指标线的长度则随标尺线的类型不同而不同。当标尺标线只有一种长度时，指标线的长度取为等于标尺标线长度；当有两种长度时，取为两种标线长度的平均值；当有三种长度时，取为中等长度标线的长度。

3. 指针的形状和材料

指针形状应随仪器的精度及读数时的距离大小而定。需临近精读的仪器，可采用刀形末端指针(图7.34(a))；需在一定距离(0.5～1 m)外读数时，可采用矛形(图7.34(b))和杆形(图7.34(c))。指标的形状，则多采用图7.34(d)所示的标线形或尖三角形。

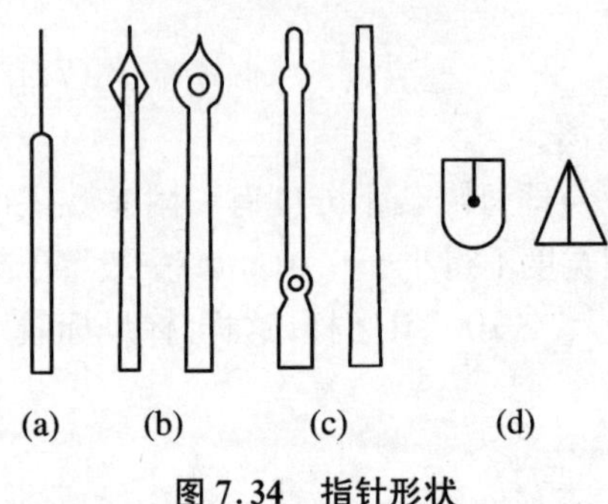

图7.34 指针形状

指针不仅应具有足够的强度和刚度。为了减小阻尼时间，还应使指针的转动惯量尽可能小。为此，指针断面形状常采用如图7.35所示的形状。同时，采用密度较小的材料，如铝或铝合金等，也可采用塑料、有机玻璃等非金属材料制造。

指针的固定，应考虑装拆和调整的方便。常用的固定方法有圆锥面配合或用紧定螺钉连接(图7.36)。由于指针一般很薄，故通常把指针铆在指针套管上，通过套管再回装在指针轴上。

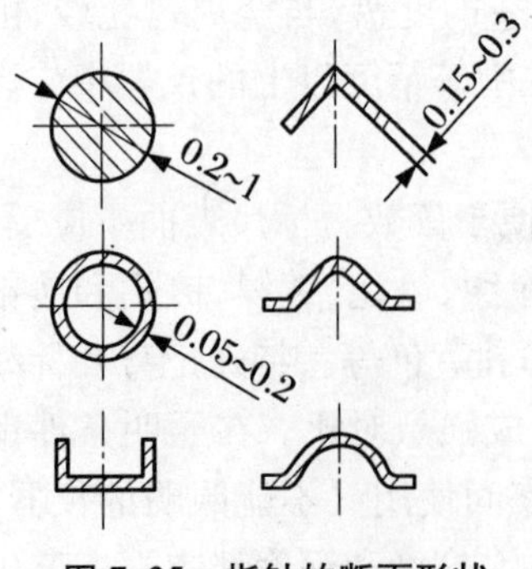

图7.35 指针的断面形状

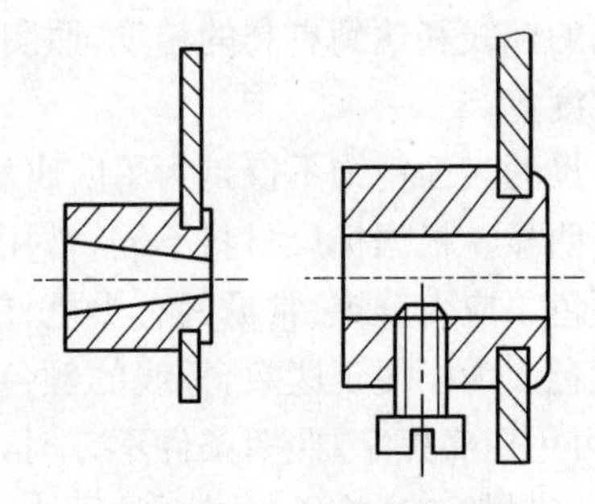

图7.36 指针的固定

7.3.2.3 示数装置的误差及减小误差的方法

示数装置的误差是仪器误差的一部分，设计时应根据仪器的精度提出对示数装置误差大小的要求,一般来说,示数装置误差不超过仪器总误差的1/3。

根据误差产生的原因不同,示数装置误差主要有两类。

一类是由于标尺和指针等制造不准确引起的误差。例如:a. 标尺分度不准确;b. 标线粗细不一致或有偏斜;c. 指针形状不准确(如指针弯曲变形);d. 度盘偏心等。

另一类是由读数时产生的视差而引起的误差。

度盘偏心和视差常是引起示数误差的诸多因素中的主要因素。

1. 度盘偏心所引起的误差

如图7.37(a)所示,设指针的回转中心B与度盘中心A不相重合,两者间有一偏心距e,度盘的半径为R。当指针转动φ角时,由于存在偏心距e,在度盘上指示的角度为$\angle DAC$,两者之差$\Delta\varphi$即为示数误差。在$\triangle ABD$中,由正弦定理得

$$\frac{e}{\sin\Delta\varphi}=\frac{R}{\sin(180^\circ-\varphi)}$$

通常$\Delta\varphi$很小,$\sin\Delta\varphi\approx\Delta\varphi$,而$\sin(180^\circ-\varphi)=\sin\varphi$,故

$$\Delta\varphi=\frac{e}{R}\sin\varphi \tag{7.11}$$

由式(7.11)看出,为减小偏心所引起的误差,可采取以下两种方法。

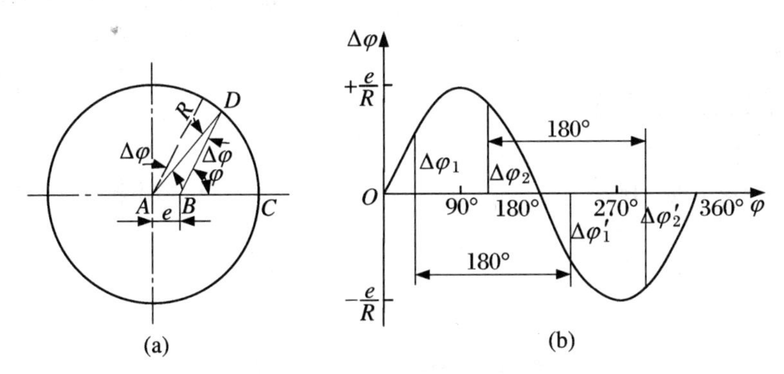

图7.37　度盘偏心所引起的误差

(1) *减小偏心距e和增大度盘半径R*　这就要求提高度盘和指针的加工和装配精度,在结构上应使度盘有定位对中装置,并且尽可能地增大度盘半径。但这种办法受到工艺和结构尺寸条件的限制。

(2) *采用双边读数法*　由图7.37(b)可看出,度盘偏心引起的示数误差相隔180°处的数值大小相等,方向相反,例如$\Delta\varphi_1=-\Delta\varphi_1'$,$\Delta\varphi_2=-\Delta\varphi_2'$,等等。因此,如果在度盘上相隔的两处读数,并取这两个读数的算术平均值作为最后读数,就可消除度盘偏心引起的误差。在一些精密仪器中,如经纬仪、光学分度头和测角仪等,常用这种方法来消除偏心的影响。

2. 视差

指针与标尺不在同一平面的情况下,由于读数时视线不与标尺垂直而引起的误差称为视差。由图7.38可得

$$\Delta x=h\tan\alpha$$

式中：Δx 为由于视差引起的读数误差；h 为指针末端到标尺平面的距离；α 为视线与标尺法线的夹角。

由于视差所引起的读数误差，决定于指针末端到标尺平面的距离 h 和视线与标尺法线间夹角 α 的大小。因此，为减小或消除视差常用下述两种方法：

① 在设计示数装置的结构时，尽量使指针靠近标尺。如在计量尺上为使尺的厚度 h 减小，常制成斜坡式(图 7.39(a))。有的仪器还采用指针和标尺在同一平面的结构(图 7.39(b))。

② 读数时，应尽可能使视线沿标尺的法线方向。为此，有些仪器采用反视差结构的示数装置。例如带镜标尺(图 7.39(c))就是典型的例子。当观察到指针与其在反射镜中的影像重合时再进行读数，便能保证视线沿标尺的法线方向。

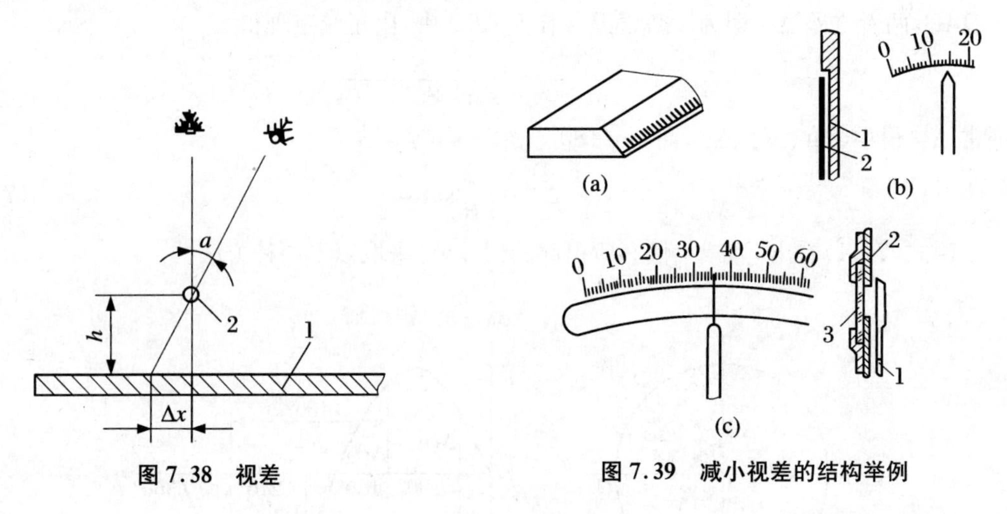

图 7.38　视差

图 7.39　减小视差的结构举例

7.4 隔振装置

各种精密机械在使用过程中，常常受到振动的作用，而不能正常工作。例如，高精度等级的天平，如果环境振动的振幅超过 0.6 μm，会使测量结果受到影响。此外，在振动的作用下，会使零部件磨损加剧，甚至损坏。在这种情况下，可以采取隔振措施。通常，隔振措施可分为两类：

① 积极隔振隔离产生振动的机械(即振动源)，使振动源传出的振动减小。

② 消极隔振隔离不产生振动的机械，使外界振动源传入的振动减小。

精密机械常用的隔振措施，大部分属于消极隔振。在精密机械和安装基座之间，加入某种带有弹性元件的装置。这种装置与精密机械形成有一定固有频率的振动系统(简称隔振系统)。只要经过正确的设计，即可隔离外界振动，消除或减弱其影响。这种装置被称为隔振器。

7.4.1 消极隔振原理

被隔振设备的振动情况与安放隔振系统的基础或支承结构所受到的环境干扰振动有关，可进行理论计算。

7.4.1.1 消极隔振系统的振动特性

消极隔振系统可视为一个质量-弹簧-阻尼系统，并可用图7.40所示的力学模型来表示。被隔振设备及隔振台可视作集中在一个质块上，其质量为m；隔振器可视作有阻尼的弹簧。质块通过隔振器安装在基础上。若基础受简谐振动的干扰，其振动规律为

$$z_0 = A_z \sin \omega_e t \tag{7.12}$$

式中：z_0为基础瞬时振动位移；A_z为z向振动幅值；ω_e为干扰振动圆频率；t为时间。

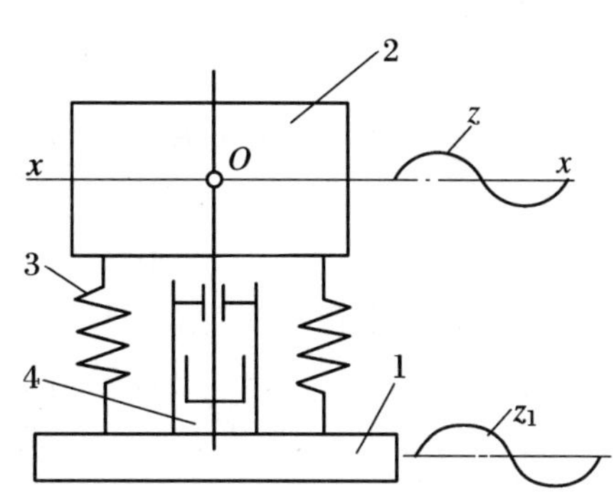

图7.40　消极隔振系统的力学模型

1. 机座；2. 质量块；3. 弹簧；4. 阻尼

取质块的静平衡位置为坐标原点，作oz轴并规定方向向上为正。在任意瞬间，质块运动到位置z处，这时作用在质块上有三个力，若考虑到力在坐标轴上的投影方向，则得：

(1) 重力

$$P = -mg$$

(2) 阻尼力　根据黏滞阻尼理论，在速度很小的情况下，阻尼力F_d与运动速度成正比：

$$F_d = -c(\dot{z} - \dot{z}_0)$$

式中：c为黏滞阻尼系数；$\dot{z}$为质量m某一瞬时的振动速度；$\dot{z}_0$为同一瞬时的基础的振动速度。

(3) 弹性力　根据胡克定律，在弹性范围内，弹性力F与变形成正比。

$$F = -k(z - \lambda_s - z_0)$$

式中：k为弹簧刚度，即隔振器的刚度；λ_s为弹簧的静变形量。

由于$P + k\lambda_s = 0$，因而质块的运动微分方程为

$$m\ddot{z} = P + F_d + F = -c(\dot{z} - \dot{z}_0) - k(z - z_0)$$

即

$$m\ddot{z} + c\dot{z} + kz = c\dot{z}_0 + kz_0 \tag{7.13}$$

式中：$\ddot{z}$为加速度；$m\ddot{z}$为惯性力。

将式(7.12)代入式(7.13)得

$$m\ddot{z} + c\dot{z} + kz = A_z(c\omega_e \cos \omega_e t + k\sin \omega_e t) \tag{7.14}$$

对式(7.14)右边进行变换，令$c\omega_e = a\sin\beta$，$k = a\cos\beta$，则$\tan\beta = c\omega_e/k$，$a = (k^2 + c^2\omega_e{}^2)^{1/2}$，所以

$$c\omega_e \cos \omega_e t + k\sin \omega_e t = a\sin(\omega_e t + \beta) = \sqrt{k^2 + c^2\omega_e^2}\sin(\omega_e t + \beta)$$

于是式(7.14)变为

$$m\ddot{z} + c\dot{z} + kz = A_s\sqrt{k^2 + c^2\omega_e^2}\sin(\omega_e t + \beta) \tag{7.15}$$

再令

$$\frac{c}{2m} = \varepsilon, \quad \frac{k}{m} = \omega_n^2, \quad \frac{A_z}{m}\sqrt{k^2 + c^2\omega_e^2} = H$$

代入式(7.15),则得到强迫振动的微分方程的标准形式:

$$\ddot{z} + 2\varepsilon\dot{z} + \omega_n z = H\sin(\omega_e t + \beta) \tag{7.16}$$

式(7.16)是一个非齐次的二阶常系数线性方程,它的通解由两部分组成,即

$$z(t) = z_1(t) + z_2(t)$$

齐次解为

$$z_1 = Be^{-\varepsilon t}\sin(\sqrt{\omega_n^2 - \varepsilon^2}\,t + \varphi)$$

式中:B,φ 为待定常数(由初始条件决定);ε 为阻尼振动衰减系数;ω_n 为隔振系统固有频率。

特解为

$$z_2 = A\sin(\omega_e t + \beta - \theta) = A\sin(\omega_e t + \varphi_z) \tag{7.17}$$

式中:A 为环境干扰振动引起质块的强迫振动振幅;φ_z 为环境干扰振动引起质块的强迫振动的相位角差。$\varphi_z = \beta - \theta$,$\theta$ 由初始条件决定。

将式(7.17)代入式(7.16)后,可求得

$$A = \frac{H}{\sqrt{(\omega_n^2 - \omega_e^2) + 4\varepsilon^2\omega_e^2}} = A_z\sqrt{\frac{1 + 4\xi^2u^2}{(1 - u^2)^2 + 4\xi^2u^2}} \tag{7.18}$$

$$\tan\varphi_z = \frac{-2\xi u^2}{1 - u^2 + 4\xi^2u^2}$$

式中:u 为频率比,$u = \omega_e/\omega_n$;ξ 为阻尼比,$\xi = c/(2m\omega_n) = \varepsilon/\omega_n$。

式(7.16)的全解为

$$z = z_1 + z_2 = Be^{-\varepsilon t}\sin(\sqrt{\omega_n^2 - \varepsilon^2}\,t + \varphi) + A\sin(\omega_e t + \varphi_z) \tag{7.19}$$

式(7.19)第一项是按指数规律变化的衰减振动,由于阻尼的存在很快就消失了;第二项是强迫振动,其振幅不随时间而改变。

7.4.1.2 振幅隔振的效果

被隔振设备的振幅 A 和基础振幅 A_z 之比称为振幅隔振系数,由式(7.18)得到

$$\eta = \frac{A}{A_z} = \sqrt{\frac{1 + 4\xi^2u^2}{(1 - u^2)^2 + 4\xi^2u^2}} \tag{7.20}$$

消极隔振的隔振系数 η 表示系统对外界振动位移的隔离程度,只有当 $\eta<1$ 时,隔振才有效果。为了说明隔振效果,取

$$E = (1 - \eta)100\%$$

式中:E 为隔振效率,η 越小,隔振效率愈高。

由式(7.20)所确定的函数曲线(图 7.41)称为隔振系数曲线,它表示阻尼比 ξ 和频率比 u 变化时对应的 η 变化规律,从曲线图得出下述结论:

① 当 $u<1$,即 $\omega_e<\omega_n$ 时,$\eta>1$,隔振效率是负值,表明隔振系统不起减振作用,反而放大了振动干扰。在这种情况下使用隔振器没有好处。

② 当 $u \approx 1$，即 $\omega_e = \omega_n$ 时，η 值增大；特别是阻尼很小时，设备的振幅很大，产生共振。为了求得 η 的最大值，取 $d\eta/du = 0$，得到

$$u = \frac{\sqrt{-1+\sqrt{1+8\xi^2}}}{2\xi}$$

将上式代入式(7.20)中，得到

$$\eta_{max} = \frac{4\xi^2}{\sqrt{16\xi^4 - 8\xi^2 - 2 + 2\sqrt{1+8\xi^2}}}$$

由上式得出如图7.42所示的曲线，应用时根据试验得出的 η_{max} 可直接从图中查得阻尼比 ξ。

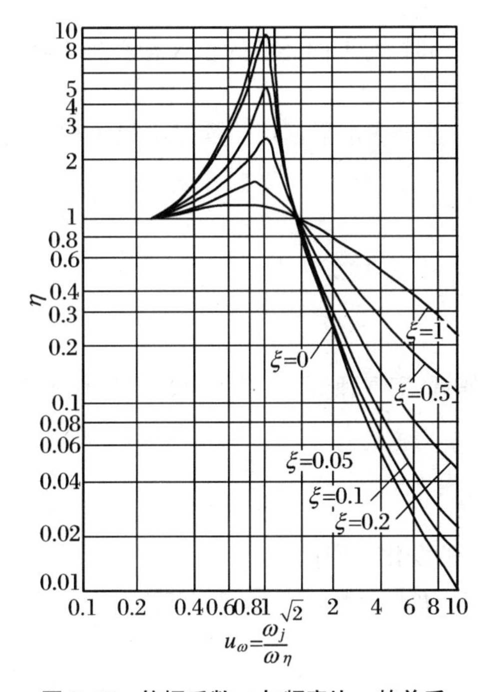

图7.41　偏振系数 η 与频率比 u 的关系

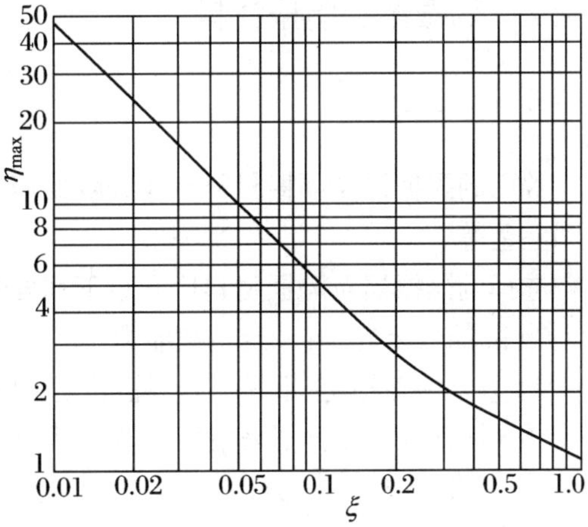

图7.42　共振点隔振系数 η_{max} 与阻尼比 ξ 的关系

当 $\xi < 0.1$，且 $u = 1$ 时，从式(7.20)得到

$$\eta \approx 1/(2\xi) \tag{7.21}$$

这时 η 与 ξ 成反比，这一关系式在估算隔振器的最大隔振系数时颇为有用。

③ 当 $u = 2^{1/2}$ 时，不论阻尼比 ξ 是什么值，η 都等于1，故 $u = 2^{1/2}$ 是减振与不减振的临界点。$u < 2^{1/2}$ 的区间称为放大区，$u > 2^{1/2}$ 的区间称为隔振区。

④ 当 $u > 2^{1/2}$ 时(隔振区内)，阻尼大，η 也大，因阻尼对隔振效率有不利的影响。但对阻尼的要求必须多方面综合考虑。在有冲击干扰时，会引起设备的自由振动，当阻尼很小时，自由振动不能迅速衰减至零，而增加阻尼能使自由振动很快消失。尤其当被隔振对象在起动和停止过程中经过共振区，阻尼显得更加重要。被隔振对象的允许振动的振幅是极有限的，如果振幅稍大，对于允许振动幅值很小的金属弹簧隔振器，被隔振对象就会撞击隔振器中的弹性限位器(隔振器变成振动-冲击转换器)，而承受的动载荷大大增加，因此在设计隔

振器时，必须加入阻尼。

⑤ u 越大，η 越小，隔振效率 E 愈高。但当 $u>5$ 以后，E 提高甚微，要增加 u，必须降低 ω_n，当采用降低弹簧刚度 k 以降低 ω_n 时，由于 $\omega_n=(k/m)^{1/2}$，因此 ω_n 的降低没有 k 的降低显著。降低 k 以降低 ω_n 将导致隔振器成本的提高和结构尺寸的增大。此外，在冲击时还会产生较大的变形。如采用增加隔振台的质量来降低 ω_n 时，也将增加隔振台及隔振器的投资。故在实用上一般取频率比 $u=2.5\sim5$。当 $\xi=0$ 时，与上述 u 相应的隔振效率 $E=81\%\sim96\%$。

若不考虑阻尼影响，即阻尼比 $\xi=0$，则根据式(7.20)可知

$$\eta=\left|\frac{A}{A_z}\right|=1\Big/\left|1-\frac{\omega_e^2}{\omega_n^2}\right| \tag{7.22}$$

在单自由度消极隔振系统中，考察质块的绝对运动时，对不同类型的输入有不同的幅频特性。

当地基振动的频谱很宽时，从地基传到隔振台的垂直或水平振动的隔振系数由相应的共振频率时的幅频特性来表示。

7.4.2 隔振器和隔振材料

7.4.2.1 概述

常用的隔振器及隔振材料有橡胶隔振器、金属弹簧、空气弹簧、泡沫乳胶、橡胶、海绵、软木和毛毡等。

选择的隔振器及隔振材料应满足下列要求：

① 隔振效果好，有一定承载能力。

② 力学性能稳定，不易因外界温度、湿度等条件的变化而变化。

③ 耐久性好(弹簧不易疲劳断裂、橡胶不易老化)，抗酸、碱、油类侵蚀的性能好。

④ 价格经济，供应方便。

⑤ 制造、维修、拆换方便。

7.4.2.2 金属弹簧隔振器

1. 特点

① 承载能力大、弹性大、力学性能稳定，耐久性及耐蚀性好，可在高低温、油污等恶劣环境下工作，不易老化。

② 动刚度和静刚度的计算值与试验值都很接近，误差小于5%，而且弹簧可以做得非常软(接近2 Hz)，也可以做得很硬，刚度变化范围很大。

③ 当工作应力低于屈服应力时，弹簧不会产生蠕变。但是当应力超过屈服应力时，即使是瞬时，也会使弹簧产生永久变形。因此，使用时应保证动态应力不超过弹性限。

④ 阻尼很小，阻尼比 $\xi<0.005$；黏滞阻尼系数 $c=0.01$。抵抗水平振动的能力较抵抗垂直振动的能力差，无法克服系统的低频(固有频率)晃动。此外，弹簧本身也不能吸收噪声。在通过共振区时，设备会产生过大的振幅，有时需另加阻尼或在金属隔振器中加入橡胶

垫层、金属丝网以增加阻尼。

⑤ 弹簧的设计与计算资料比较成熟，有定型生产的商品。

2. 种类

金属弹簧按形状特点划分有圆柱形弹簧、板形弹簧、圆锥形弹簧、盘形弹簧等，其中圆柱形弹簧应用最广。

钢弹簧适用于允许振动较大的设备的积极隔振及无内振源设备的消极隔振。如设备以振幅为衡量指标，钢弹簧就不太合适，若以速度和加速度为指标，则用钢弹簧是可行的。为加快隔振系统因偶然激发产生的自由振动的衰减过程，应增加阻尼。常与橡胶块或橡胶隔振器串联或并联使用。并联时，隔振效果较好，但构造稍复杂；串联时，对抵抗高频、冲击振动及通过共振以及吸收噪声有一些好处，结构较简单些。

(1) 金属圆柱形螺旋弹簧隔振器　金属圆柱形螺旋弹簧隔振器的特性曲线——力和变形之间的关系是符合线性规律的，如图7.43所示的直线 A。载荷愈大，系统的固有频率就愈低，如图7.44所示的曲线 A。

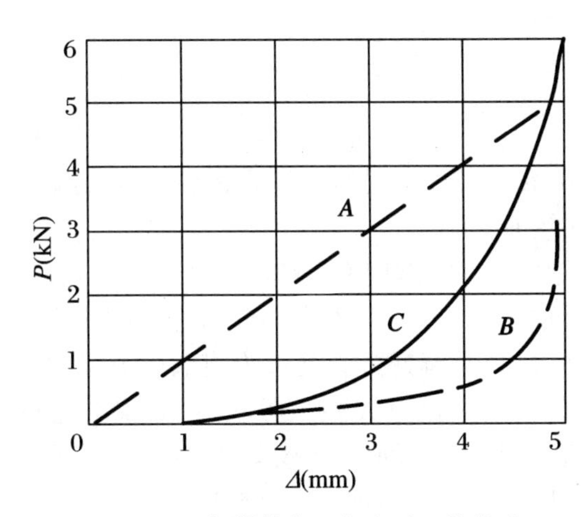

图7.43　隔振器载荷 P 与变形 Δ 的关系

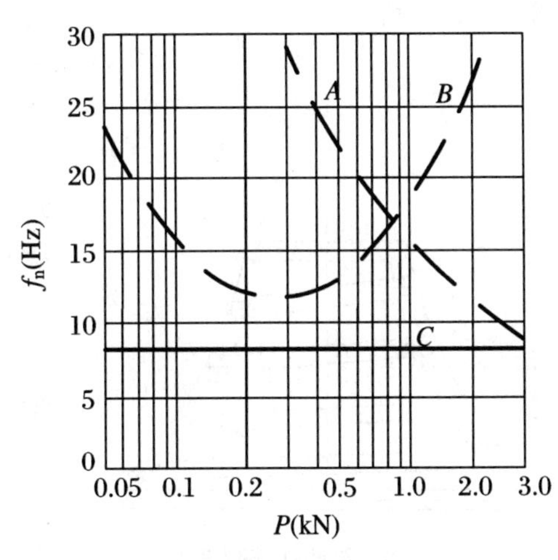

图7.44　隔振器载荷 P 与固有频率 f_n 的关系

根据受力情况及隔振器的布置，可采用单弹簧隔振器(图7.45(a))，也可采用双弹簧(图7.45(b))或把两个或四个弹簧装在一个弹簧盒内的隔振器(图7.45(c))。

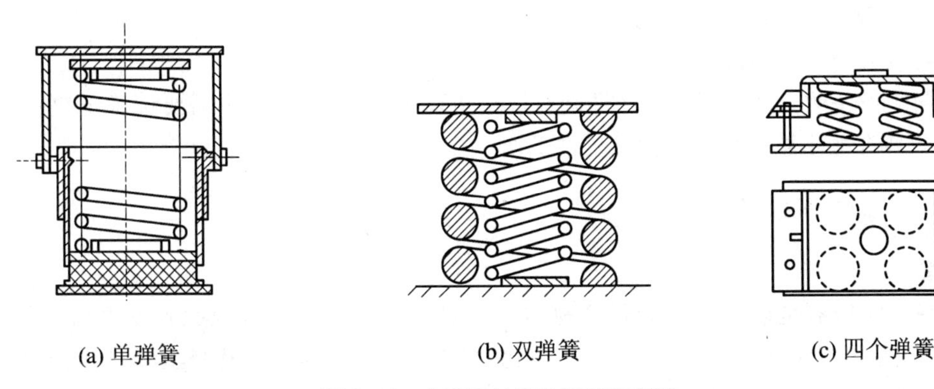

图7.45　金属圆柱螺旋弹簧隔振器

(2) 金属非圆柱形螺旋弹簧隔振器　金属非圆柱形螺旋弹簧隔振器的特点是力和变形的关系不成正比，是非线性的，如图7.43所示的曲线 B。一般情况下，作用于非线性隔振器上的载荷愈大，频率就愈低（通常非线性隔振器常工作在这部分曲线上，如图 7.44 所示的曲线 B），但达到某一极值后，若再增加载荷，就会使固有频率增高。

非线性弹簧隔振器的计算，在微振幅情况下可用线性弹簧隔振器的计算方法来处理。如隔振器振动较小，隔振器工作点在特性曲线上的变动范围也就较小，工作点的曲线斜率 k（弹簧刚度）可看作一个常数，即 $k = \mathrm{d}P/\mathrm{d}z$（其中 P 为载荷，z 为变形）。因此，隔振器的固有频率

$$\omega_{\mathrm{n}} = \sqrt{\frac{k}{m}} = \sqrt{\frac{g\mathrm{d}P/\mathrm{d}z}{P}}$$

即

$$f_{\mathrm{n}} = \frac{1}{2\pi}\sqrt{\frac{g\mathrm{d}P/\mathrm{d}z}{P}}$$

对上式积分，得

$$\int_{z_0}^{z}\frac{4\pi^2 f_n^2}{g}\mathrm{d}z = \int_{P_0}^{P}\frac{\mathrm{d}P}{P}$$

$$P = P_0\mathrm{e}^{A(z-z_0)} \tag{7.23}$$

式中：$A = 4\pi^2 f_{\mathrm{n}}^2/g$；$z_0$ 是当设备重量为 P_0 时隔振器所对应的变形。

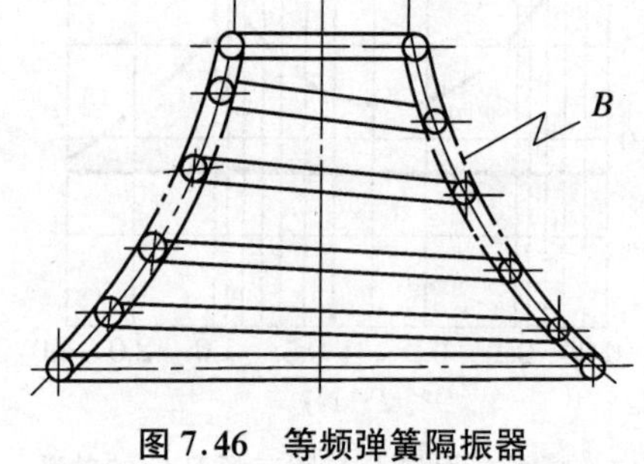

图 7.46　等频弹簧隔振器

由式(7.23)可知，固有频率 f_{n} 一定的（等频）弹簧隔振器的工作特性——载荷与变形之间的关系是指数关系，所以等频螺旋弹簧称为指数函数型螺旋弹簧，其外形呈半径为 R 的圆弧状（图 7.46），它的弹性特性为图 7.43 所示的曲线 C；频率与载荷关系为图 7.44所示的水平直线 C。其机理可由圆柱形弹簧刚度分析式中推知：弹簧平均直径越小，圈数越少，则刚度越大。等频隔振器弹簧受压时，接近底部平均直径较大的几圈变形最大，随着载荷增加，它逐渐被压到底座上，并失去弹性作用，使有效圈数减少，弹簧刚度增大，从而使固有频率保持不变。这种隔振器的优点是：

① 可以大大减少隔振器的品种。

② 简化设备的安装。因为不必精确地根据载荷选择隔振器，也不需要精确地决定其安装位置，只要在额定载荷范围内就可正常工作。

7.4.2.3　橡胶隔振器

1. 特点

① 橡胶隔振器是以橡胶作为弹性材料，以金属作为支撑骨架，橡胶弹性良好、成型简单、加工方便，可以制成各种不同形状和不同受力状态的几何体，是一种较理想的隔振材料，对隔离噪声也有好处，因而使用广泛。

② 橡胶材料具有较大的阻尼，对高频振动的能量吸收尤有特效，一般在50～60 Hz以上吸收效果已相当明显。使用橡胶隔振器的动力机器在通过共振区时，不会产生过大的振幅，故不需另加阻尼。

③ 常用隔振橡胶的阻尼比见表7.1。阻尼比ξ随橡胶硬度增大而增加。假如隔振器长时间处于共振状态，橡胶可能发生蠕变而使阻尼失效，故在外界环境偶然引起系统共振的情况下使用橡胶隔振器是最合适的。它也适合于静位移小而瞬时位移可能很大的冲击。

表7.1　隔振橡胶、钢的阻尼比和动刚度系数

材　料	阻尼比ξ	动刚度系数n_d
钢	0.005	≈1
天然橡胶	0.025～0.075	1.2～1.6
氯丁橡胶	0.075～0.15	1.5～2.5
丁腈橡胶	0.075～0.15	1.4～2.8

④ 橡胶在动载荷下的弹性模量比在静载荷下大，两者比值一般在1～2之间，随着硬度上升及频率增加，动态弹性模量也增加。动态情况下的固有频率与用静态力学性质求得的固有频率不同。这是由于橡胶具有弹性后效特性，即当橡胶受力时其变形总是滞后于作用力，作用力改变时橡胶的变形并不马上改变，所以橡胶的动刚度k_d比静刚度k_s大，设计隔振器时必须考虑这一因素。$k_d = n_d \cdot k_s$，n_d为动刚度系数。

⑤ 橡胶的性质受环境条件影响大，久用会老化，耐久性及耐蚀性能比钢弹簧差。

橡胶分天然橡胶与合成橡胶两种，其性能与成分、硬度有关。硬度为每1 cm^2面积的橡胶受外力作用时保持其形状的能力。一般用肖氏硬度HS表示。当硬度低时，机械性能削弱，阻尼变小；硬度大则强度高，变形小，阻尼值大，但弹性变差，耐久性降低。一般隔振用橡胶的肖氏硬度HS为30～80，常用40～60。橡胶是一种非线性弹性材料，由于有不同的胶种，且每种胶种中有多种硬度，所以其弹性模量变化范围很大。橡胶块的形状、温度对弹性模量都有影响，计算时要加以考虑。

此外，天然橡胶耐油性差，对酸、臭氧和光的反应敏感，容易老化，上述部分缺点已被人工橡胶克服，例如，丁腈橡胶可在油中使用，氯丁橡胶可防臭氧，硅橡胶使用温度可达115 ℃。

2. JG型剪切橡胶隔振器

这是一种采用丁腈合成橡胶制成的剪切受力的隔振器。橡胶用无缝钢管冲压成的金属板包住，外形如图7.47所示。

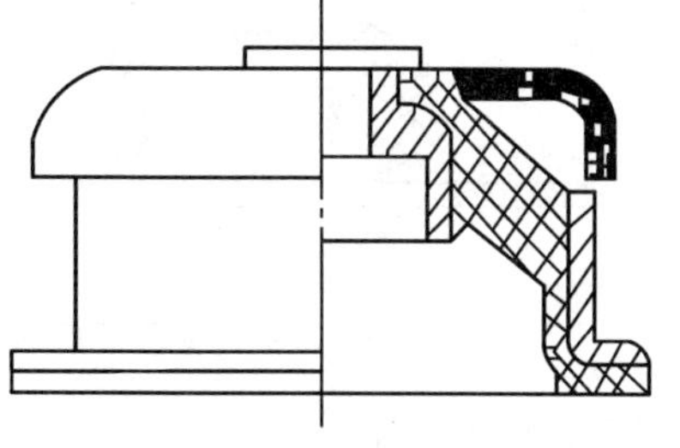
图7.47　JG型隔振器

JG型隔振器共分4类，每类有7种，共28种。按橡胶硬度的不同，HS只从40～82，每种相差7。

两只性能相同的隔振器以其小端对接串联使用时，在同样载荷下，变形增大一倍，刚度降低一半，固有频率为原来的$2^{-1/2}$。

3. Z 系列圆锥形橡胶隔振器

Z 系列产品有五种规格,结构外形如图 7.48 所示,它的性能特点如下:

① 锥角选用 30°,使垂直和水平方向的弹簧刚度相差不大,可以认为三个方向刚度相等。

② 橡胶倾斜受力,既受剪又受压,不易与金属支撑的骨架脱落。

③ 可成对串联使用以减低隔振系统的固有频率。

④ 动刚度系数 $n_d = 1.3 \sim 2.2$,一般取 1.75。

⑤ 超载时不允许大于额定载荷的 20%。

表 7.2 列出了它的性能参数。

表 7.2　Z 系列圆锥形橡胶隔振器的性能参数

型　号	额定载荷(N)		静刚度(N/cm)		动刚度(N/cm)		额定载荷下固有频率(Hz)	
	垂直	横向	垂直	横向	垂直	横向	垂直	横向
Z-1	1 000	1 000	3 800	3 550	6 600	6 250	12.5	12.5
Z-2	2 000	2 000	3 900	4 000	7 100	8 100	9.5	10
Z-3	3 500	3 500	4 400	4 400	8 800	8 800	8.0	8
Z-4	6 000	6 000	7 000	6 700	15 500	—	8.0	—
Z-5	10 000	10 000	10 500	9 500	19 800	—	7.0	—

4. 6JX 型橡胶隔振器

图 7.49 为 6JX 型隔振器的结构图,这是一种等频隔振器。其静刚度为

$$k_s = 2.3cP$$

动刚度为

$$k_d = n_d k_s = 2.3cn_d P \quad (\text{N/cm})$$

式中:P 为载荷(N);c 为常数 cm^{-1};n_d 为动刚度系数,一般取平均值 1.35。

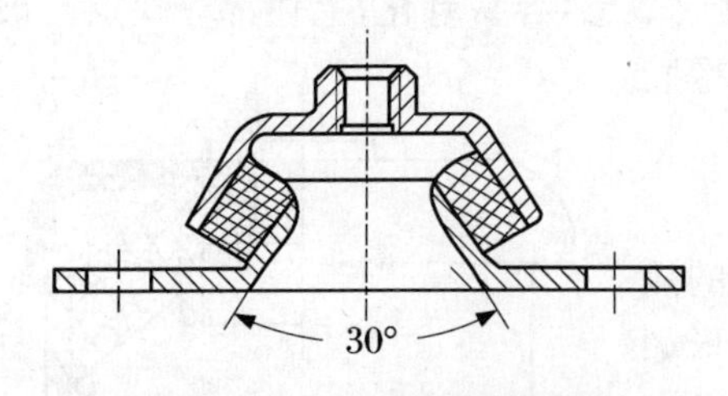

图 7.48　Z 系列橡胶隔振器

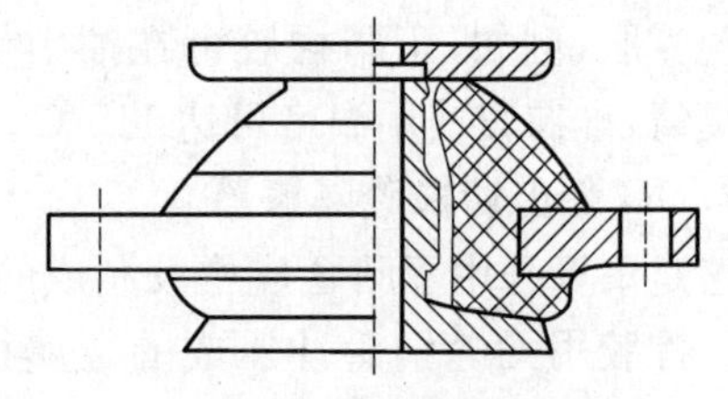

图 7.49　6JX 型橡胶隔振器

固有频率为

$$f = \frac{1}{2\pi}\sqrt{\frac{k_d g}{P}} = \frac{1}{2\pi}\sqrt{2.3cn_d g} \quad (\text{Hz})$$

式中:g 为重力加速度(cm/s^2)。

在一定变形量范围内,上式频率为常数,与载荷大小无关。以 6JX400 型为例,它的额定

载荷范围为1 800～4 000 N。上述有关参数见表7.3。

表7.3　6JX400型隔振器性能参数

载荷 P(N)	1 800	2 000	2 500	3 000	3 500	4 000
变形 λ_s(cm)	5±1	6±1.5	8.3±2	10±2.5	11.7±3	13±3.5
静刚度 k_s(N/cm)	1 820	2 030	2 530	3 040	3 540	4 050
常数 c(cm^{-1})	0.44±15%					

由于这种隔振器是非线性的，所以承载范围大，而且隔振性能较好。在额定载荷下固有频率为(6±1)Hz。

7.4.2.4　空气弹簧隔振器

空气弹簧隔振器(又称气垫)是一种比较理想的高效隔振器，它是在橡胶制的柔性密闭容器中加入具有一定压力的空气，利用空气的可压缩性实现隔振的，具有良好的弹性。现已在精密机床、电子显微镜、激光仪器、三坐标测量机、精密光栅刻划机、集成电路制版设备等精密设备上广泛应用。

1. 工作原理

空气弹簧隔振器由主气室、辅助气室和高度控制阀(进气阀、排气阀)等部分组成(图7.50)。主气室由橡胶膜(用压环压紧)、孔板及气垫罩组成，通过节流孔与辅助气室沟通。辅助气室与高度控制阀1、6之间有管路相通。高度控制进气阀固定在底盘上，并与气源接通；高度控制排气阀固定在气垫罩上，并与大气接通。当空气弹簧上的载荷增加时，设备和气垫罩下降，进气阀被螺栓顶开，压力空气经进气阀流入辅助气室及主气室，设备和气垫罩即逐渐回升，进气阀被逐渐关闭，直至恢复原位。当空气弹簧上的载荷减小时，设备上升，排气阀被挡块顶开，气室内的压力空气经排气阀排至大气，直到设备降到原有高度，排气阀才被完全关闭。

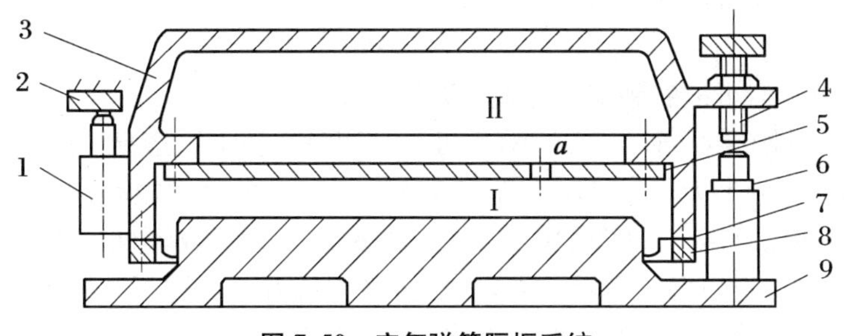

图7.50　空气弹簧隔振系统

1. 排气阀；2. 挡块；3. 气垫罩；4. 螺栓；5. 孔板；6. 进气阀；7. 橡胶膜；8. 压环；9. 底盘；Ⅰ. 主气室；Ⅱ. 辅助气室；a. 节流孔

空气弹簧固有频率计算，如图7.51所示，空气弹簧在平衡状态时有

$$pA = mg$$

式中：p 为气压；A 为活塞面积；m 为空气弹簧上承载物的质量。

气室中空气状态的变化规律为

$$pV^{\alpha} = 常数$$

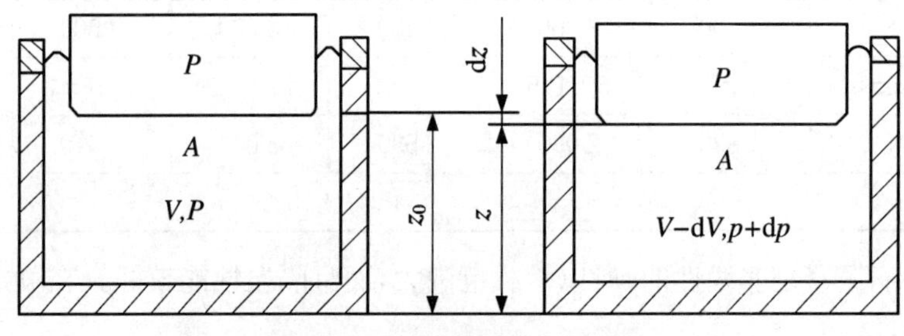

图 7.51　空气弹簧的工作原理

式中：α 为空气的多变指数，决定于变化过程的流动速度。对于等温过程，$\alpha=1$；对于绝热过程，$\alpha=1.4$，空气弹簧气室工作状况可视作绝热过程考虑。

对上式微分，得

$$\frac{\mathrm{d}(pV^{\alpha})}{\mathrm{d}t} = p\alpha V^{\alpha-1}\frac{\mathrm{d}V}{\mathrm{d}t} + \frac{\mathrm{d}p}{\mathrm{d}t}V^{\alpha} = 0$$

因承载物位移 $\mathrm{d}z$ 时，体积变化为 $\mathrm{d}V=A\mathrm{d}z$，故

$$\mathrm{d}p = -p\alpha\mathrm{d}V/V = -p\alpha A\mathrm{d}z/V$$

空气弹簧刚度

$$k = -A\mathrm{d}p/\mathrm{d}z = \alpha pA^2/V$$

不考虑阻尼时，承载物的单自由度自由振动方程为

$$m\ddot{z} + kz = 0$$

故空气弹簧的固有圆频率 ω_{n} 及固有频率 f_{n} 分别为

$$\omega_{\mathrm{n}} = \sqrt{k/m} = \sqrt{\alpha gA/V}$$

$$f_{\mathrm{n}} = \omega_n/2\pi = \sqrt{\alpha gA/V}\cdot(1/2\pi)$$

即仅与体积 V 及活塞面积 A 有关。

2. 特点

从上述工作原理，可以看到空气弹簧具有以下特点：

① 空气弹簧的刚度，不管载荷大小，都可通过调节气压加以选择。因此，根据需要可将刚度选得很低，固有频率为 1～4 Hz，可隔离低频振动和吸收高频振动，隔音性能也好。

② 对于同一规格的空气弹簧，当内压力 p 改变时，可以得到不同的承载能力，这使得同一规格空气弹簧可以适应多种载荷的要求，经济效果较好。通过调节高度控制阀可以使空气弹簧在一定载荷下具有不同的高度。因此，能适应多种结构上的要求。

③ 可以利用高度控制阀，使空气弹簧在载荷变动时保持一定的工作高度。这一点对具有移动部件的精密机械设备保持良好的水平度是十分有利的。

④ 空气弹簧的刚度是随载荷改变的，而在不同载荷下的固有频率却几乎不变。通过改变附加气室的容积可以改变其固有频率。

⑤ 在空气弹簧的主气室和附加气室之间加设一节流孔，就能获得阻尼，起到衰减振动的作用。改变节流孔的大小，即可调节阻尼，如果节流孔的大小选择适当，可大大提高隔振效果。

⑥ 空气弹簧承受垂直载荷的同时，也能承受横向和纵向载荷，故能起多方向的隔振作用。

⑦ 装置复杂，设备费用较高，要增加供应压缩空气的设备费和维持费；须严防漏气。

3. 分类

空气弹簧大致可分为囊式和膜式两类。

囊式的如图7.52所示，膜式的如图7.50所示。囊式优点是寿命长，制造工艺简单。缺点是刚度大，固有频率高，要得到比较低的固有频率，需要另加较大的附加空气室。囊式空气弹簧可设计成单曲、双曲或多曲式，理论上，同样容积，曲数愈多，刚度愈低。但曲数多，制造比较复杂、弹性稳定性也较差，故一般不超过四曲。图7.53为某台衍射光栅刻划机所用的一种曲囊式空气弹簧的隔振系统。

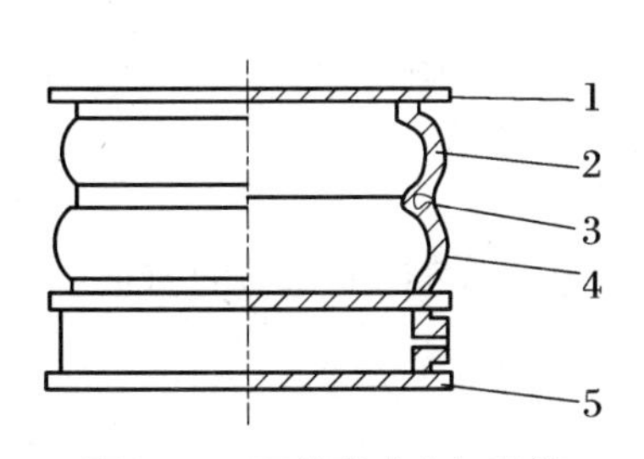

图7.52　双曲囊式空气弹簧

1. 上盖；2. 橡胶囊；3. 腰环；4. 帘线；5. 下盖(底座)

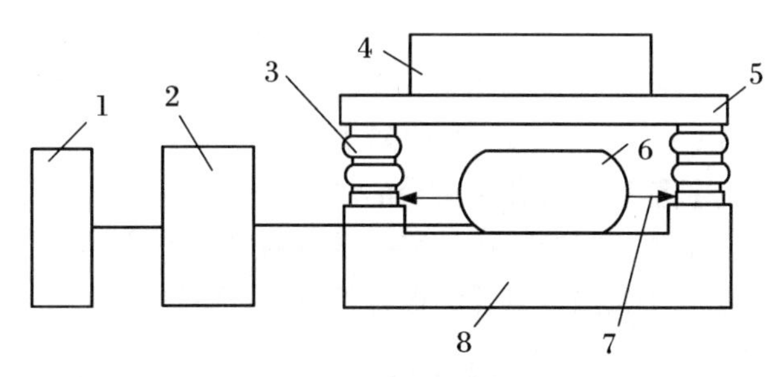

图7.53　囊式空气弹簧隔振系统

1. 气源；2. 过滤系统；3. 空气弹簧；4. 设备；5. 隔振台；6. 辅助气室；7. 阻尼管；8. 基础

膜式空气弹簧优点是刚度小，固有频率低，振动特性曲线的形状容易控制。缺点是由于橡胶膜的工作情况较为复杂，耐久性比囊式差。

7.4.3　消极隔振的设计计算

为减小支承结构(或基础)的振动对被隔振精密设备的影响，需在精密设备或隔振台和支承结构之间设置隔振器(图7.54)。

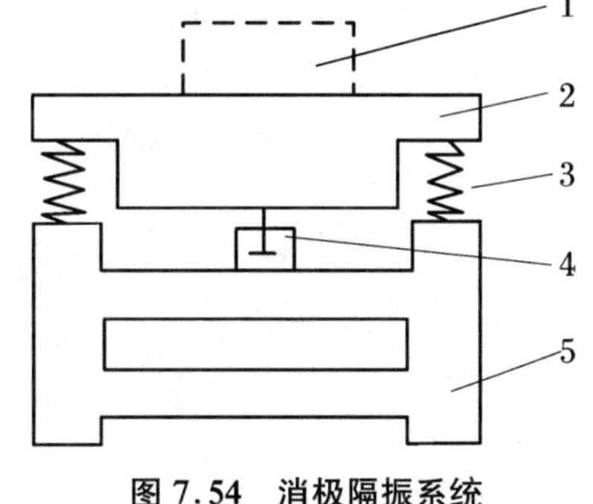

图7.54　消极隔振系统

1. 精密设备；2. 隔振台；3. 隔振器；4. 阻尼器；5. 支承结构

消极隔振的任务在于根据精密设备的允许振动和周围振动情况，选择适当的隔振形式和隔振参数，以满足精密设备的隔振要求。同时需要了解精密设备对振动的敏感方向和应控制的振动参数(振幅、速度或加速度)。

精密设备如无内振源时，隔振系统的振幅只取决于地面干扰振动的频率 ω_e 与隔振系统固有频率 ω_n 之比，在共振区则主要取决于隔振系统的阻尼。因此，如果在构造上没有要求，可不设置隔振台。对于有内振源的设备，为了减小内扰力的影响，应设置隔振台。隔振台的质量则根据内扰力的大小确定。

隔振系统的计算主要包括两方面：一方面是通过计算确定系统的固有频率；另一方面是计算系统在各个方向上的振动参量，计算结果应满足小于精密设备允许振动值的条件。

7.4.3.1 计算假设

① 被隔振设备(包括隔振台)的质心与隔振器组在垂直方向支承力的合力在同一铅垂线上,或与隔振器组三向支承力的合力交点重合。交点坐标(x_k,y_k,z_k)可按下式计算:

$$x_k = \frac{1}{k_z}\sum_{i=1}^{n} k_{zi}x_{ik}$$

$$y_k = \frac{1}{k_z}\sum_{i=1}^{n} k_{zi}y_{ik}$$

$$z_k = \frac{1}{k_x}\sum_{i=1}^{n} k_{xi}y_{ik}\left(=\frac{1}{k_y}\sum_{i=1}^{n} k_{yi}z_{ik}\right)$$

式中:k_{xi},k_{yi},k_{zi}为每个隔振器在x,y,z方向的刚度;k_x,k_y,k_z为隔振系统在x,y,z方向的总刚度;x_{ik},y_{ik},z_{ik}为每个隔振器在三个方向的坐标;n为隔振器数目。

② 被隔振设备和隔振台的刚度远比隔振器刚度大,可视为刚体。

③ 隔振器尺寸远比被隔振设备的尺寸小,计算时只考虑刚度,不考虑隔振器的质量。

④ 对于共振区以外的振幅计算,可不考虑阻尼影响。

7.4.3.2 计算步骤与方法

1. 确定隔振系统的固有频率

根据精密设备的允许振动(振幅[A]、振动速度[v]、振动加速度[a])及环境振动(A,v,a),确定隔振系数,可按下式计算:

$$\eta_A = \frac{[A]}{A};\quad \eta_v = \frac{[v]}{v};\quad \eta_a = \frac{[a]}{a}$$

在一定圆频率ω_e的干扰振动下,隔振系数与频率比$u=\omega_e/\omega_n$之间有确定的关系。采用一般隔振器时,$\eta_A=\eta_v=\eta_a=D_1/D_2$。解上式即可求得隔振系统的固有频率$\omega_n$。

2. 计算隔振系统的质量

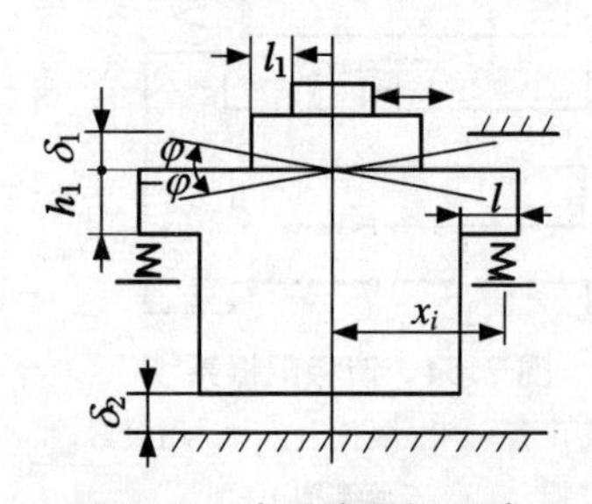

图 7.55 支承式隔振系统

对于有运动部件而安装水平又有一定精度要求的精密设备,可采用有高度控制阀的空气弹簧隔振。否则在用一般隔振器时,应按精密设备的水平度允许变动值φ及隔振系统的固有频率f_{nz}来确定系统的质量m。

如图 7.55 所示支承式隔振系统,安装在隔振台上的精密设备有一移动工作台,在工作台处于中间位置时,设将水平校至零位,当工作台左右各移动相同距离时,此设备将随同隔振台左右倾斜角$\varphi('')$,其值可按下式计算:

$$\pm\varphi = 206\,264\frac{m_1 g l_1}{\sum x_i^2\cdot k_{zsi}} = 206\,264\frac{m_1\cdot l_1\cdot n\cdot g\cdot n_d}{\sum x_i^2\cdot m(2\pi f_{nz})^2}\quad ('')$$

或

$$m = 51.55\times10^5\frac{m_1\cdot l_1\cdot n_d}{f_{nz}^2\cdot\varphi\cdot(\sum x_i^2/n)}\quad (\text{kg}) \tag{7.24}$$

式中：m 为隔振系统总质量(kg)；m_1 为移动部件的质量(kg)；l_1 为工作台左右移动距离(cm)；g 为重力加速度(cm/s^2)；x_i 为各隔振器 x 向的坐标距离(cm)；f_{nz} 为隔振系统 z 向固有频率(Hz)；k_{zdi} 为每个隔振器的垂直动刚度(N/cm)，$k_{zdi}=m(2\pi f_{nz})^2$；k_{zsi} 为每个隔振器的垂直静刚度(N/cm)，$k_{zsi}=k_{zdi}/n_d$；n_d 为隔振器的动刚度系数，参见不同的隔振器资料；n 为隔振器个数。

从式(7.24)可见，φ 值确定后，只需根据具体情况确定隔振器的布置、个数、结构尺寸 x_i，就可算出 m，然后减去精密设备本身质量 m''，即可求得隔振台的质量 $m'=m-m''$。

根据隔振台的质量及水平方向结构尺寸可以定出隔振台的竖向尺寸。支承式隔振台四周伸出的翼板搁在隔振器上。翼板悬伸尺寸 l 的大小应能安放隔振器，但又不宜大于50 cm；其他结构尺寸可按下式确定：

$h_1\approx(0.5\sim0.75)l$，而 δ_1 与 δ_2 宜取 $\geqslant 2\Delta H$(ΔH 为隔振器的静变形)。

3. 计算隔振系统总动刚度及选择隔振器

系统的总质量 m 及固有频率 f_{nz} 确定后，可按下式计算系统的总动刚度 k_{zd}：

$$k_{zd}=m\omega_{nz}^2=4\pi^2 mf_{nz}^2$$

根据总质量 m 及隔振器承载能力确定隔振器个数 n，应使 $nk_{zsi}\leqslant k_{zs}$。否则重选隔振器，直至满足此条件。

7.5 误差校正装置

精密机械设备的工作精度不但与基准元件的精度有着密切的关系，而且与主要零、部件的运动精度和刚度有关。但是要使基准元件的精度和主要零、部件的运动精度及刚度都能达到理想的程度是有较大困难的。由于在使用过程中机构要产生磨损和变形，又由于工作环境不稳定，因此要保持精度的稳定性和持久性也是困难的。若采用按误差正负变化作反向补偿的装置，即误差校正装置，则可使设备的大部分零、部件在按经济加工精度设计的情况下，有效地提高设备的工作精度，保持良好的精度稳定性，取得较好的技术经济效果。

对误差校正装置的要求有：结构简单；制造和装配调整方便；灵敏度高；能有效地消除或减小误差。

误差校正装置的类型，按校正的内容可分为：校正基准元件误差的装置；校正传动链传动误差的装置；校正机械构件变形的装置。按校正装置的工作原理可分为：机械式；光学式；电气式等。其中以机械式的应用较为广泛。

下面分别介绍几种不同的误差校正装置的工作原理和特点。

7.5.1 丝杠螺母副误差校正装置

在直线位移机构中应用较多的是丝杠螺母副。丝杠、螺母的精度对直线位移的精确程度有直接的影响。要求：① 丝杠转一周，螺母与丝杠相对位移一个导程值；② 相对位移量与丝杠的转角值相对应。

丝杠上的螺纹存在如下误差：① 螺距偶然误差。主要是由于加工丝杠时刀具的运动速度不稳定、振动等偶然因素而引起的。② 螺距相邻误差。这是由于加工机床的主轴轴向窜动和径向跳动、母丝杠的轴向窜动和径向跳动、内联系传动链的传动误差等因素的影响而产生的。③ 螺距累积误差。主要是由母丝杠的制造误差和温度变化所造成的。上述这些误差的存在，使丝杠的各段螺距不一样，机构的位移精度受到影响。

图 7.56 所示的工作台的位移准确性与丝杠螺母副的误差有关。如果要求工作台位移 50 mm，丝杠的螺距 $t=5$ mm，则手轮应转动 10 周。假设丝杠因制造或磨损而产生的螺距累积误差为 $\sum\Delta t=-0.1$ mm，那么当丝杠转 10 周时，工作台的位移量就是 49.9 mm 而不是 50 mm，要补偿这个误差，使其达到所需的位移量，这就需要采用误差校正装置，它由校正尺、杠杆 5、6 和游标盘组成。校正尺安装在工作台的侧面，当校正螺距相邻误差时，需将尺上的工作面按照丝杠螺距相邻误差曲线放大一定比例做成曲面。而当校正螺距累积误差（有规律的线性变化）时，则需将校正尺工作面做成平面，并相对丝杠轴线倾斜 β 角。当工作台移动时，与校正尺尺面始终相接触的杠杆 7 便产生微量转动，并带动游标盘，使游标盘上的零刻线相对手轮上的刻度转过一个角度。若手轮上的刻度共有 100 格，每格刻度值就是 0.05 mm。当手轮转了 10 周后，校正工作面使游标盘的零刻线不与手轮度盘的起始刻线重合，而是相对转过一个角度（零刻线向手轮转动方向转过了 2 格），此时继续转动手轮，使游标盘的零刻线与手轮度盘的起始刻度线重合，即手轮多转动了 2 格刻度，工作台的位移即达到所需的 50 mm，补偿了 0.1 mm 的螺距误差。

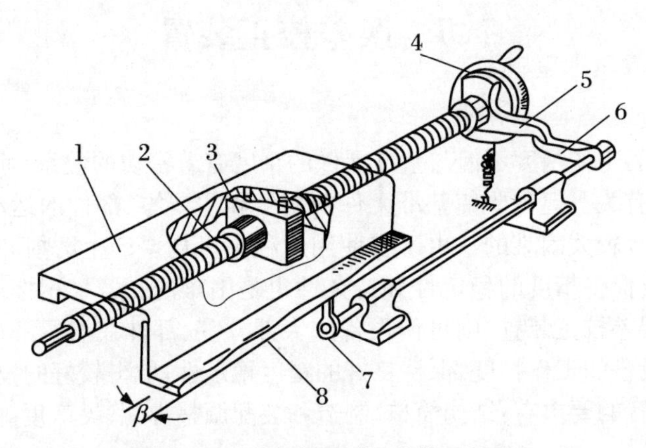

图 7.56 丝杠螺母副误差校正原理

1. 工作台； 2. 丝杆； 3. 螺母； 4. 手轮、游标盘； 5,6,7. 杠杆； 8. 校正尺

7.5.2 蜗杆蜗轮副误差校正装置

对于角位移分度机构——蜗杆蜗轮副的转角误差，其校正原理与图 7.56 相似，但它不是由丝杠或螺母的附加运动来进行校正的，而是由蜗杆的轴向移动或附加转动来进行校正的，如图 7.57 所示。由于蜗杆、蜗轮加工存在的周节累积误差和相邻误差，造成蜗杆转 1 周后，蜗轮不是转过 k/z 转，而是 $(k/z)\pm\Delta\varphi$ 转（k 为蜗杆头数，z 为蜗轮齿数）。为了校正 $\Delta\varphi$ 误差，可以设法使蜗杆作附加的轴向位移 Δs（图 7.57(a)）或使蜗杆作附加转动 Δn

(图 7.57(b))以达到补偿 $\Delta\varphi$ 误差和提高蜗轮的角位移精度的目的。

图 7.58 所示为光栅刻划机中蜗轮副误差校正装置简图。蜗轮与校正盘同轴安装在母丝杠上,校正盘的周边曲面是按照蜗轮副的周节误差曲线放大后制成的。当蜗杆带动蜗轮转动时,校正盘上的曲面推动杠杆摆动,使蜗杆产生附加轴向位移,蜗轮就得产生一个与原来转向相同或相反的附加转动,达到消除周节误差的目的。校正盘的安装方位应与误差曲线的方位一致,校正盘周边曲面的放大比例与杠杆比、蜗杆支架的摩擦性质有关。

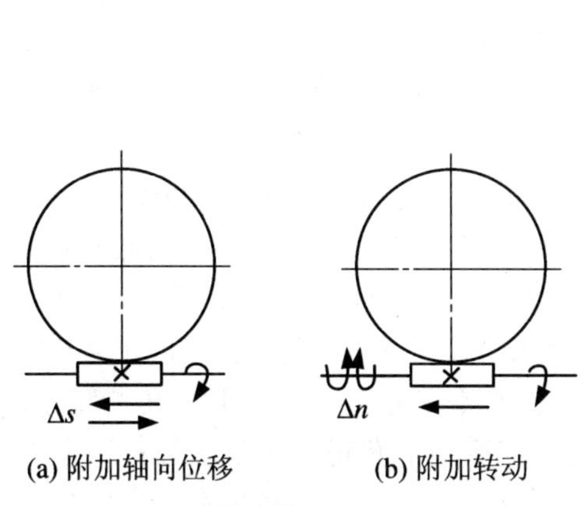

图 7.57　蜗杆蜗轮副误差校正原理

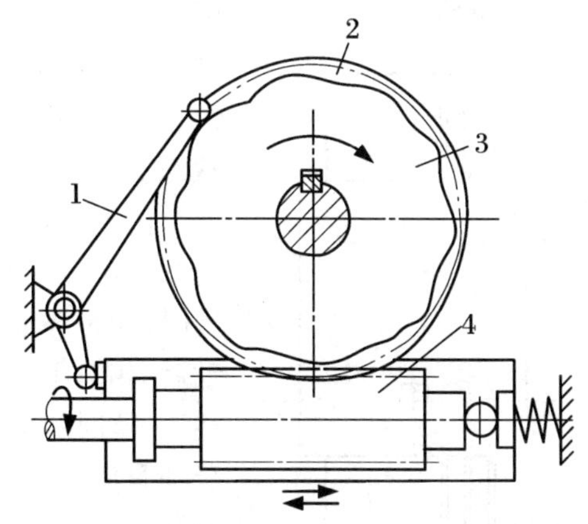

图 7.58　光栅刻划机蜗轮副误差校正装置

1. 杠杆；2. 蜗轮；3. 校正盘；4. 蜗杆

图 7.59 所示为滚齿机传动误差校正装置传动系统图。校正盘安装在工作台下与蜗轮同轴转动(也可安装在其他位置,通过传动机构使其与工作台同步回转)。当工作台在蜗轮驱动下转动时,校正盘周边曲线通过杠杆、齿条、齿轮、差动挂轮、蜗轮副,使运动合成机构的从动齿轮 z_1 得到一个附加转动,这个附加转动又经分度挂轮传到蜗杆,使蜗轮得到一个附加转动,补偿从刀具到工作台之间的传动链的传动误差。

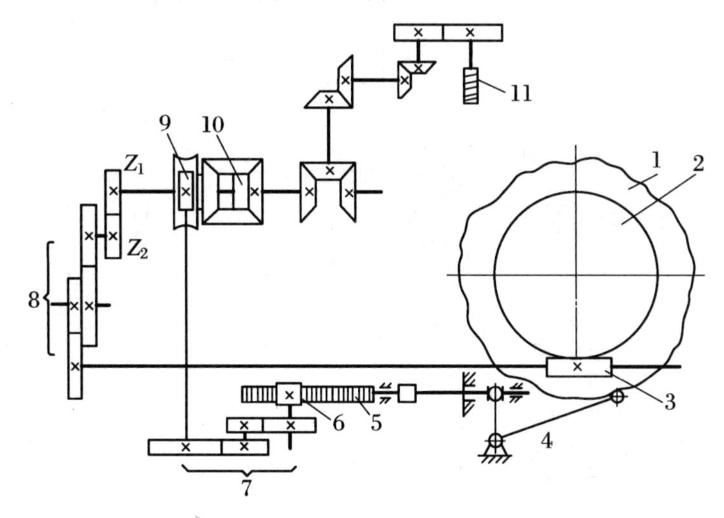

图 7.59　滚齿机传动误差校正装置

1. 校正盘；2. 蜗轮；3. 蜗杆；4. 杠杆；5. 齿条；6. 齿轮；7. 差动挂轮；8. 分度挂轮；9. 蜗轮副；10. 运动合成机构；11. 刀具

7.5.3 导轨副误差校正装置

图7.60为高精度一米激光两坐标测量机工作台运动误差自动校正原理图。

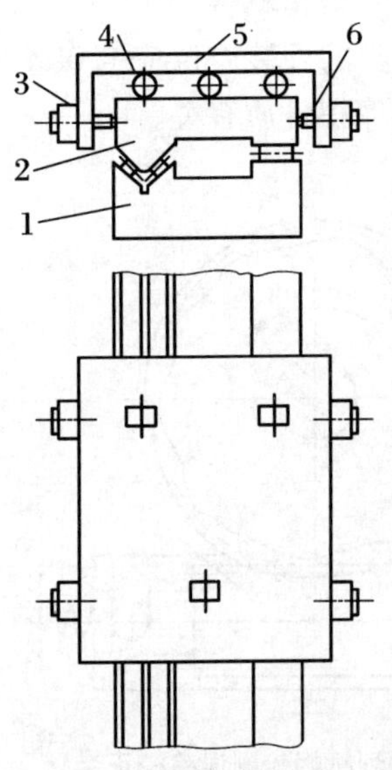

图7.60 工作台运动误差自动校正原理

1. 基座； 2、5. 下、上工作台； 3. 顶尖； 4. 轴承； 6. 组合体

在基座的上面装有双层工作台。下工作台在基座的滚柱导轨上作纵向运动，上工作台由下工作台上面的三个滚珠轴承所支承。上工作台的门形框板两侧面上分别有两个孔：右侧的两个孔内各装有压电陶瓷组合体，左侧的两个孔内各装有弹性顶块，顶块的预紧力约5～10 N，使下工作台侧面与压电陶瓷组合体保持接触。这样的配置方法，使上工作台处于刚性浮动状态。

由测量环节、放大运算环节和动力元件等几个部分组成的自动伺服校正装置，如图7.61(a)所示。工作台在任意的起始位置时，测量环节定为零输出。由于导轨副的制造误差，工作台移动后，相对于起始位置就有一定的水平移动或转角(并且有方向性)。这时两个测量系统(水平平移测量系统和转角测量系统)分别有信号输出，经放大运算环节获得一个反映被控对象与测量基准之间偏差的驱动电压，将这个电压施加在压电陶瓷组合体上，使驱动电压转换为机械长度的变化量，以推动上工作台，迫使它纠正到测量信号为零输出为止，即工作台始终保持在起始位置的那条直线上，校正了导轨副的误差影响。图7.61(b)为工作台运动水平位移校正的光路简图。

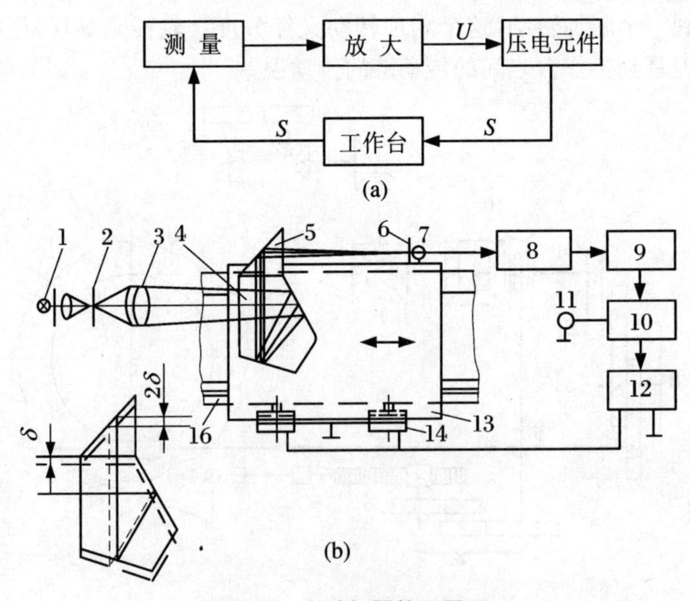

图7.61 自动伺服校正原理

1. 光源； 2. 细丝分划板； 3. 透镜； 4. 棱镜； 5. 反射镜； 6. 狭缝； 7. 光电元件； 8. 光电显微镜电箱； 9. 前级放大器； 10. 积分器； 11. 积分开关； 12. 直流升压器； 13. 工作台； 14. 压电陶瓷； 15. 基座

7.5.4　线纹尺位移检测误差校正装置

为了补偿线纹尺的刻线误差和机械变形等引起的位移综合误差，校正装置可采用机械式校正装置和光学式校正装置。

1. 机械式校正装置

如图7.62所示，按位移检测装置实测的位移误差曲线放大制成的校正尺与线纹尺平行安放。杠杆的一端与千分丝杆相联，另一端上的滚子紧靠在校正尺的曲面上。由于校正尺的曲面是按误差曲线放大制成的，所以当工作台移动时，校正尺曲面上的高低变化使千分丝杆产生一个附加微量转动，从而推动线纹尺产生附加位移，这个附加位移量的大小与误差值相同，而方向相反，达到补偿误差的目的。

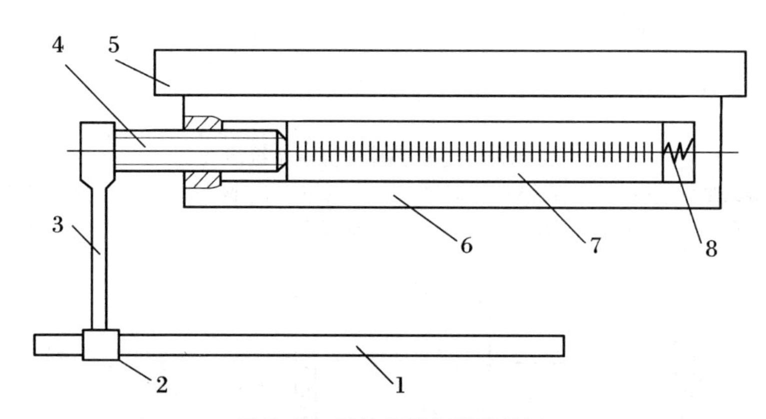

图7.62　线纹尺的机械式校正

1. 校正尺；2. 滚子；3. 杠杆；4. 千分丝杆；5. 工作台；6. 尺座；7. 线纹尺；8. 弹簧

采用这种装置的校正方法的不足之处：① 校正过程中，线纹尺在尺座中不停地作微量附加位移，不能固定在工作台上，对位移检测装置的精度有影响；② 装置中的弹簧虽然有消隙作用，但机械摩擦力的存在会影响校正装置的灵敏度。

2. 光学式校正装置

图7.63为坐标镗床的光学系统图。光源发出的光经聚光镜、反光镜、遮光板、物镜前组及平板校正玻璃以后，射向安装在工作台底部的金属线纹尺的尺面上。由尺面反射的光线再经平板校正玻璃、物镜前组、反光镜、物镜后组及反光镜10、11，使尺面上的线纹成像在光屏读数装置上。

将光路中的平板校正玻璃按需要转动一个微小角度就能达到校正误差的目的，其校正的原理如下：

当平板校正玻璃与线纹尺的尺面平行时，尺面上的线纹A（图7.64(a)）成像在光屏上为A'；若平板校正玻璃转动一个微小角度（图7.64(b)），则线纹A成像在A''处，而不是在A'处。$A'A''=\Delta s$这一距离的大小与平板校正玻璃的转角、厚度和折射率有关。当厚度、折射率为已定值时，Δs与转角成正比。因而只要能控制平板玻璃的转角，使线纹尺的每条线纹在光屏上的像能够向误差的相反方向移动，并使这一移动量Δs与误差值相等，就可以达到补偿位移综合误差的目的。

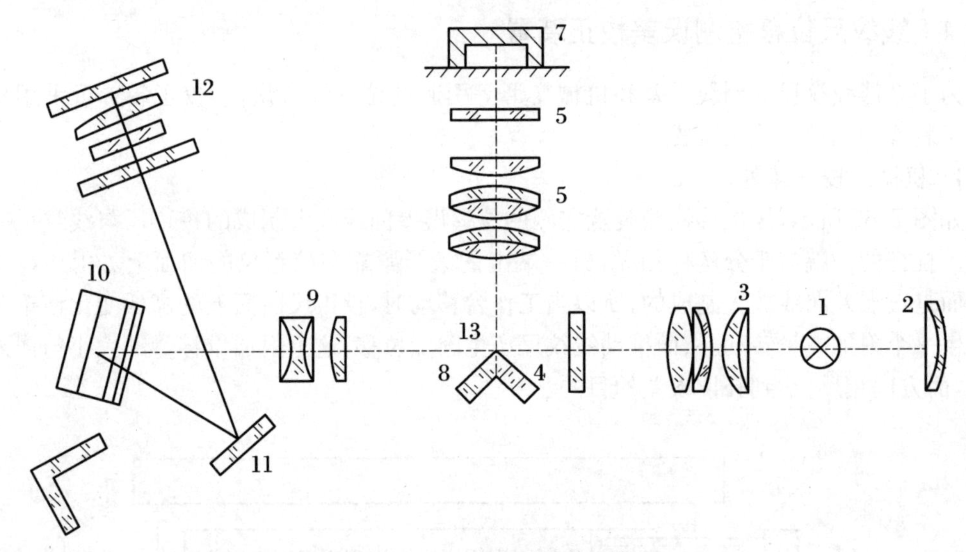

图 7.63　坐标镗床的光学系统图

1. 光源；2. 凹面镜；3. 聚光镜；4,8,10,11. 反光镜；5. 物镜前组；6. 平板校正玻璃；7. 线纹尺；9. 物镜后组；12. 读数设置；13. 遮光板

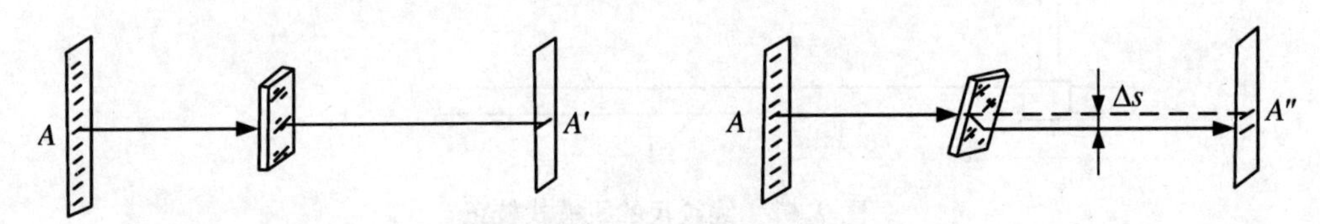

图 7.64　线纹尺的光学式校正

图 7.65 为光学校正机构简图。平板校正玻璃固定在镜架上，并与杠杆联成一体，可绕支点转动。触头在弹簧的作用下始终与按实测位移误差曲线放大而制成的校正尺的曲面相接触。校正尺随工作台一起移动，则曲面使平板玻璃产生微量转动，实现对误差的校正。

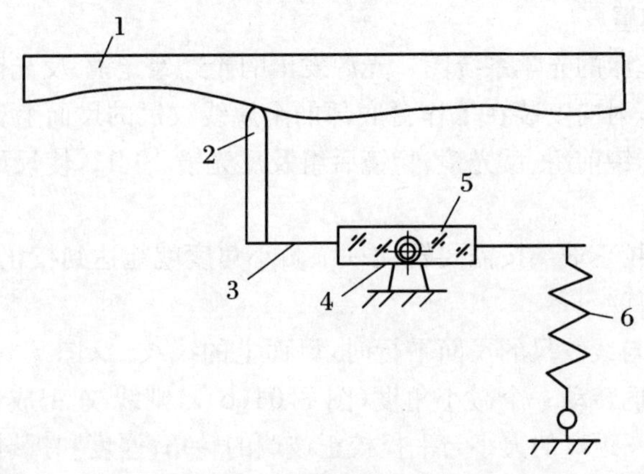

图 7.65　光学校正机构简图

1. 校正尺；2. 触头；3. 杠杆；4. 支点；5.校正玻璃；6. 弹簧

光学式校正装置具有如下特点：① 结构简单，体积小；② 线纹尺固定在工作台上，可以保持检测系统的精度；③ 平板校正玻璃转动灵活，工作可靠。

7.5.5　感应同步器误差校正装置

感应同步器位移检测装置在精密机械设备上应用较多，尤其适用于大位移场合。但往往由于导轨的不直、机械变形及存在阿贝误差而达不到理想的测量精度。为了提高检测精度可采用机械式、电气式、机电式来校正，当检测装置配有电子计算机时还可以采用软件来校正。现就机械式校正法说明如下。

感应同步器的校正尺与丝杠螺母副的校正尺相似。在全行程范围内，按实测的误差曲线放大一定比例后制成的校正尺固定在机座上，如图7.66所示。滑尺用弹性支架与运动件作半固定安装。当运动件带动滑尺移动时，滚轮紧靠在校正尺的工作面移动，工作面的高度变化经杠杆传递使滑尺作微量的附加位移，即使滑尺与定尺之间的相对位移量产生变化，补偿了感应同步器位移检测装置的误差。

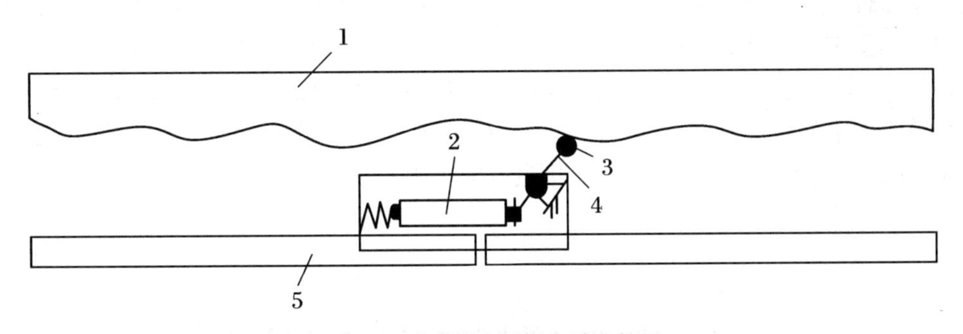

图7.66　感应同步器的机械式校正

1. 校正尺；　2. 滑尺；　3. 滚轮；　4. 杠杆；　5. 定尺

机械式校正机构的工作原理简单，但滑尺的附加位移量很微小（这个位移量的大小与校正尺的工作面形状、滚轮位置和杠杆比有关），虽说杠杆有放大作用，但对校正尺和机构的加工精度要求仍是较高的。同时，滑尺的半固定安装方式对系统的可靠性不利。

在配有微型计算机的机械设备中，可以把实测的误差数据，预先送入微型计算机内寄存起来。工作时，微型计算机自动把误差从位移检测数据中消去，获得高精度的位移检测结果，然后进行计算或输出。为了在计算机内进行误差计算与校正，位移检测系统必须具有固定的零点。

微型计算机校正不仅适用于感应同步器位移检侧装置的误差校正，而且也适用于光栅、磁栅等数字显示式的检测装置。

第8章　机械零件制造工艺设计

机械零件结构设计的评价标准之一就是其可制造性，不仅仅是指该零件是否能加工出来，还包括设计精度和表面质量获得的方便性和经济性等，因此，零件制造工艺设计是机器设计中的重要环节之一。

机器零件制造工艺规程的设计，是运用机械制造工艺学的基本理论和生产实践知识，正确地解决零件在加工中的定位、夹紧，基准选定以及工艺路线安排，工艺尺寸确定等问题，来保证零件的加工质量，提高劳动生产率，以实现良好的经济效益。通过零件加工工艺规程的设计，进一步掌握机器零件设计中设计基准的确定和尺寸的标注，加工精度和表面粗糙度以及其他技术要求的确定原则；同时，还应进一步了解零件结构设计和机器结构设计之间的相互关系，从而为机械系统的综合设计打下良好的基础。

8.1　机械零件制造工艺规程设计

在社会生活和生产中被广泛使用的机器（包括机械设备、仪器等）都是人类按照市场需求，运用掌握的知识和技能，并借助手工或可以利用的客观物质工具，采用有效的方法将原材料转化为最终物质产品，并投放市场的全过程。因此，机器制造不仅仅是指机械加工，也包括市场调研和预测，产品的研发和设计、试制、试验和定型、生产准备、工艺设计和生产加工以及机器装配、质量保证和生产过程管理、市场营销和服务以及报废后的处理等产品寿命循环周期的全部活动。

一般地，将原材料或半成品转变为成品的各有关劳动过程的总和就称为生产过程。产品的生产过程是相当复杂的，对于一台机器或机械设备来说，其生产过程主要包括以下几个方面。

(1) *生产技术准备过程*　产品投入生产前的各项准备工作，包括产品试验研究和设计，工艺设计和工艺装备的设计与制造，各种生产资料的准备、生产组织准备等。

(2) *毛坯制造过程*　如铸造、锻造、冲压和焊接等成型工艺方法。

(3) *零件制造过程*　包括各种机械加工方法、热处理和其他特种加工方法等。

(4) *产品装配过程*　包括部装、总装，制成品的调试、检测以及油漆和包装等工作。

(5) *生产服务活动* 原材料、半成品、工量具的供应、运输和保管，设备维修和动力供应配置等工作。

8.1.1 工艺过程及其基本组成

在生产过程中，能使被加工对象的尺寸、形状和性能产生一定变化，使之成为成品或半成品的劳动过程，则称为工艺过程(也可称为直接生产过程)。如毛坯制造过程、零件制造过程、产品装配过程。而不能使被加工对象产生变化的生产技术准备过程、生产服务活动等劳动过程就称为辅助生产过程。

工艺过程是制造某种产品的方法和途径，对于机械产品来说，按完成的先后顺序可分为：毛坯成型、材料或零件的热处理、零件的机械加工、产品的装配。在目前的生产技术条件下，大多数机械产品中的零件多需要用机械加工方法来获得所需的尺寸、形状和表面精度；众多合格零件也是通过选取一定的方法才得以组装成所需的机器设备。因此，零件的机械加工工艺和机器的装配工艺不仅在很大程度上决定了产品质量，对保证质量，提高生产效率等都有着重要的影响。

机械加工工艺过程就是用金属切削刀具或磨料工具直接改变毛坯的尺寸、形状和材料性能，使其成为具有一定精度和表面质量的合格零件的生产过程。完成一个机械零件的制造工艺过程往往是相当复杂的，它需要根据被加工对象的结构特点、技术要求等条件，来选取不同的设备和方法，逐步地将毛坯转变为所需的成品。

为了描述和分析机械加工工艺过程，可将工艺过程按一定的顺序和功用细化成一些较简单的单元。其基本组成如下。

(1) *工序* 工序是工艺过程的基本单元。它是指一个(或一组)工人在一台机床(一个工作地点)上，对一个(或同时对几个)工件所连续完成的那部分工艺过程。

(2) *安装和工位* 在某一工序中，有时工件的加工需要进行多次装夹，因此，工件经一次装夹(定位和夹紧)后所完成的那部分工序工作就称为安装。

另外，有时为了减少多次安装带来的加工误差和辅助时间的损失，在某一工序中，可使用转位或移位工作台或夹具，一次安装后，工件经过若干位置依次得到加工，所以，工件在机床所占的每一个位置上所完成的那部分工序则称为工位。

(3) *工步和走刀* 在一个工序(或一次安装或一个工位)中，可能需要加工若干个表面，也可能对某一表面需要用若干把刀具，或是需要使用不同的切削用量来完成加工，为此，将切削加工表面、切削刀具、切削速度和进给量均不变条件下所完成的那部分工序工作称为工步。

在某一工步中，有时由于加工余量较大，需要用同一把刀具，同一切削用量下，对同一表面进行多次切削来完成加工，如此，就将刀具对工件进行的每一次切削称为一次走刀。

8.1.2 机械加工工艺规程的制订

8.1.2.1 机械加工工艺规程

在生产活动中，为了保证产品质量、稳定生产秩序和组织生产，将机械加工工艺过程的内容和操作方法，按一定格式确定下来作为指导生产的技术文件，就称其为工艺规程。

1. 工艺规程的作用

合理的工艺规程是人们在长期生产实践的基础上，根据工艺理论和工艺试验进行的经验总结。它既是指导生产的主要技术文件，又是生产技术积累和改进的重要资料，同时，还是组织生产和管理工作的基本依据，也是新产品研制和改变生产规模以及成本核算等工作的基本资料。

2. 工艺规程制订基本要求和原则

工艺规程是用来指导生产的，所以制订工艺规程的基本要求就是要满足产品生产的基本原则，即质量、生产率和经济性的有机统一。也就是在满足产品(零件)精度、使用性能和寿命要求的前提下，能用最短的时间和最小的消耗(人力和物力的投入)来获取最好的经济效益。

在一定的生产条件下，为了及时、有效、可靠地加工出图纸规定的各项技术要求合格的零件，制订工艺规程的一般性原则有：一是加工质量的可保证性；二是技术上的先进性；三是经济上的合理性；四是劳动环境和条件的优良性。

3. 制订工艺规程所需的资料

所需的主要资料有：产品的装配图和零件工作图，产品质量的验收标准，产品的生产类型，毛坯的生产和质量情况，现有的生产条件，国内外工艺技术的发展现状以及有关工艺技术的手册和资料等。

8.1.2.2 制订工艺规程的内容和基本步骤

1. 计算产品的生产纲领，确定零件的生产类型

生产类型与工艺过程的设计有着密切的关系。它不仅能反映生产的产量，还能指示出产品的品种、生产过程的可调性和稳定性。

生产纲领通常是指产品的年产量，对于其中的机器零件来说，它还应包括所需的备品率和生产中可能出现的废品率。其计算方法可按下式进行：

$$N = Qn(1+\alpha)(1+\beta) \tag{8.1}$$

式中：N 为零件的生产纲领；Q 为机器产品的生产纲领；n 为每一产品中该零件的数量；α 为备品率；β 为平均废品率。

零件的生产纲领确定后，就可以根据产品类型(重型、中型和轻型)的年生产量，机器零件的大小、特征，生产地点(或企业、车间等)的专业化程度等来确定其生产类型。一般地，可将机械制造业分为单件生产、成批生产和大量生产三种类型，其中成批生产又可分为小批生产、中批生产和大批生产，根据它们对应的工艺特征的相似性，一般可简称为：单件小批生产(产品的种类多，同一产品的产量很小，工作地点的加工对象完全不重复或很少重复)；批量生产(工作地点的加工对象周期性地进行轮换)；大批量生产(产品数量很大，大多数工作地点长期进行某一零件的某一道工序的加工)。

表 8.1 仅给出单件小批生产的工艺特征(其他生产类型可参阅有关的资料书籍)。

表 8.1 单件小批生产的工艺特征

工艺过程的特点	生产类型
	单件小批生产
加工对象	经常变换,很少重复
机床设备和布置形式	通用机床,机群式布置
工艺装备	通用夹具、量具和标准刀具
工件的安装方法和工作性质	划线找正法安装,试切法加工
零件的互换性	互换性差,需钳工试配
毛坯制造情况	可用木模铸件或自由锻件毛坯,精度低,加工余量大;小件或一般件可用型材,大件可用组合焊接毛坯
工人的技术水平要求	较高
工艺规程的要求	仅需简单的工艺过程综合卡
生产率	较低
成本	较高
发展趋势	采用成组工艺,数控加工和柔性单元加工,提高和保证精度,提高效率

2. 分析和研究产品的装配图和零件工作图

主要目的是熟悉产品的性能、用途和工作条件,明确各个零件的装配关系和作用,从而加深了解零件的结构特征和主要技术要求,并从工艺的角度来对零件工作图进行分析。

主要工作有:

① 检查零件工作图图纸的完整性和正确性,即视图数量和表达完善情况,尺寸、形位公差等是否齐全和合理;

② 审查零件材料选择是否合适;

③ 零件技术要求的分析,主要内容有:

加工表面的尺寸精度;

主要加工表面的形状精度;

主要加工表面之间的位置精度;

各加工表面粗糙度以及表面质量的其他要求;

热处理要求及其他要求(如零件的动平衡等)。

这样根据加工精度、表面质量及其他相关技术要求分析,初步了解并估计该零件的大致加工方法和最终能达到要求的加工方法。

④ 零件的结构工艺性分析,包括可加工性和加工的经济性两个方面的内容。

由于各零件使用要求和实际功能的不同需要,其形状和尺寸是千变万化的,从零件的形体和结构加以分析。了解各功能表面的基本特性和组成,并根据现有的加工手段和技术,认真分析各特征表面是否可以获得，或是否可以获得所要求的精度以及获取的经济性。因此，一般从下面几个方面来审查零件的结构工艺性：

被加工表面的加工可能性；

保证加工位置精度的可能性(同轴度、垂直度、平行度等)；

零件加工过程中安装时应有方便的定位基面；

加工面的尺寸、形状及位置应便于加工，包括结构布局、加工面的位置、多个加工在加工尺寸的位向要素的一致性、结构尺寸形状与刀具的关系、缩短加工工作行程的长度、提高零件加工部分的刚度，等等。

减少加工面，包括减少加工面的尺寸、减少加工面的数量、减少个别加工的表面、减少结构中零件的个数(从而减少加工量)，等等。

3. 选取毛坯

毛坯的选择除了考虑生产类型和现有生产条件外，还需要从材料的工艺性能和结构力学性能要求的角度，审查毛坯的材料和成型方法的合理性；从保证质量、提高生产率、节约材料和降低成本的角度，选取合适的毛坯形状、尺寸以及精度。毛坯选取一般如下。

(1) *铸件*　适用于形状复杂的零件毛坯。

(2) *锻件*　适用于强度要求较高、形状较简单的零件毛坯。

(3) *冷冲压件*　适用于形状复杂的板料类、中小尺寸零件的批量和大批量生产的毛坯。

(4) *焊接件*　适用于结构较复杂的大件的单件小批生产的零件毛坯。

(5) *型材*　适用于一般要求的中小型零件的单件小批和批量生产的毛坯。

4. 拟定工艺路线

工艺路线的拟定是工艺规程编制中最重要的一步。它包括两方面的内容：一方面是工艺基准的选择；另一方面是确定加工方法、加工阶段、加工顺序和工序组合形式。两者之间有着紧密的关系，例如，加工方法不同，同一零件加工时可以选用的基准将有所不同；不同加工阶段(如粗加工和精加工)、加工顺序不同时，零件上可以作为基准的面将会有所差别。因此，在设计过程中需要同时综合分析。

(1) *工艺基准的选择*　所谓基准，就是零件上用来确定其他点、线、面位置所依据的点、线、面。实际应用中事实上为一些面，故又可称为"定位基面"。工件在加工过程中使用的基准主要有定位基准、测量基准。定位基准是指工件在机床或夹具中占据正确位置时的基准。测量基准是对工件进行检验时所用的基准。

机械加工工艺基准的合理选择，主要工作有：确定定位基面的数量；确定定位基面(主定位面、导向面和支承面)；按照保证精度的优先权(优先考虑空间位置精度，再考虑尺寸精度)来选择。另外，不仅要考虑加工方法、加工顺序，还要考虑毛坯的情况。从而合理地确定粗基准定位面、精基准定位面和辅助基准定位面。

(a) 粗基准的选择原则

选取不需加工的表面；选取重要的表面；选取加工余量最小的表面；选取较平整和加工面积较大的表面；作为粗基准的表面只能使用一次。

(b) 精基准的选择原则

基准重合原则：尽量选用设计基准作为定位基准，以减少基准不重合误差。

基准统一原则：用一组基准，尽可能完成较多表面或多工序的加工，以减少误差，节省辅助装夹时间和工装费用。

互为基准原则：对于精度要求高，特别是空间相互位置精度要求较高时，采用互为基准、反复加工的方法来达到要求。

自为基准原则：对于精度要求高，加工余量小，且对表面去除量有均匀性要求的表面，可用其本身作为定位基准，以保证精度，提高加工效率。

上述的粗基准或精基准的选择原则，在实际应用中通常难以全部满足，甚至相互之间有冲突，因此，实际选用时需要根据具体零件和技术、精度等要求来综合平衡。

(2) *加工方法的确定* 在确定加工定位基准的同时，必须选择好待加工表面的加工方法，一般情况下，加工方法的选取依据有：工件的材料、形状和重量；生产类型和现有生产条件；零件各表面的技术要求（精度和表面质量）等。即在保证加工质量的前提下，充分考虑生产效率和经济性，因此，通常都按照"经济精度"来选择加工方法。表8.2为典型表面的加工方法、工艺路线及其经济精度，表8.3为常用加工方法的形状和位置经济精度，表8.4为常用机床加工的形状和位置经济精度。

所谓经济精度是指在正常加工条件下（机床、刀具、工人等）所能达到的加工精度。因为任何一种加工方法，可以获得的加工精度和表面质量都是有一定范围的，而在某一个范围内，其（精度）不仅比较容易（不需施加特殊手段）获得，而且加工费用最便宜。

例如普通车床加工外圆柱面可以达到的精度为IT 8～9，R_a2.5～1.25；若车床精心调整后，且操作工人技术较高，则可达到IT 6～7，R_a0.63～1.25。

不过需要注意的是，"经济精度"是一个具有发展性的概念，即一定时期内，需用特殊的方法和较昂贵的设备才能实现的精度，随着科学技术的进步，加工方法和技术的成熟与推广，设备和使用成本的降低，原本较难以实现的不太"经济"的精度等级也可以方便经济地获得。例如，数控电火花线切割工艺方法的普及应用。

表8.2 典型表面的加工方法和经济精度

(a) 平面的加工

序号	加工方法	经济精度 IT	表面粗糙度 R_a(μm)	适用范围
1	粗车（回转体端面）	10～11	12.5～8.3	未淬硬钢、铸铁和有色金属
2	粗车-半精车	8～9	8.3～3.2	
3	粗车-半精车-精车	6～7	1.6～0.8	
4	粗车-半精车-磨削	7～9	0.8～0.2	钢、铸铁
5	粗刨（或粗铣）	12～14	12.5～8.3	未淬硬的平面
6	粗刨（粗铣）-半精刨（半精铣）	11～12	8.3～1.6	
7	粗刨（粗铣）-精刨（精铣）	7～9	8.3～1.6	
8	粗刨（粗铣）-半精刨（半精铣）-精刨（精铣）	7～8	3.2～1.6	

续表

序　号	加工方法	经济精度 IT	表面粗糙度 R_a(μm)	适用范围
9	粗铣-拉削	6～9	0.8～0.2	大量生产未淬硬小平面
10	粗刨(粗铣)-精刨(精铣)-宽刃刀精刨	6～7	0.8～0.2	未淬硬的钢、铸铁和有色金属等
11	粗刨(粗铣)-半精刨(半精铣)-精刨(精铣)-宽刃刀低速精刨	5	0.8～0.2	
12	粗刨(粗铣)-精刨(精铣)-刮研	5～6	0.8～0.2	表面质量要求高的零件
13	粗刨(粗铣)-半精刨(半精铣)-精刨(精铣)-刮研	5～6	0.8～0.1	
14	粗刨(粗铣)-精刨(精铣)-磨削	6～7	0.8～0.2	未淬硬或淬硬的黑色金属
15	粗刨(粗铣)-半精刨(半精铣)-精刨(精铣)-磨削	5～6	0.4～0.2	
16	粗铣-精铣-磨削-研磨	< 5	<0.1	

(b) 内圆柱面的加工

序　号	加工方法	经济精度 IT	表面粗糙度 R_a(μm)	适用范围
1	钻	12～13	12.5	用于实体、孔径小于15～20 mm的未淬硬钢、铸铁和有色金属
2	钻-铰	8～10	3.2～1.6	
3	钻-粗铰-精铰	7～8	1.6～0.8	
4	钻-扩	10～11	12.5～8.3	用于实体、孔径大于15～20 mm的未淬硬钢、铸铁和有色金属
5	钻-扩-粗铰-精铰	7～8	1.6～0.8	
6	钻-扩-铰	8～9	3.2～1.6	
7	钻-扩-机铰-手铰	6～7	0.4～0.1	
8	钻-扩-拉	7～9	1.6～0.1	大量生产或异形孔
9	粗镗(或扩孔)	11～13	12.5～8.3	已有预孔(铸或锻)的未淬硬钢和铸铁
10	粗镗(扩孔)-半精镗(精扩)	9～10	3.2～1.6	
11	扩(镗)-铰	9～10	3.2～1.6	
12	粗镗(扩)-半精镗(精扩)-精镗(铰)	7～8	1.6～0.8	
13	镗-拉	7～9	1.6～0.1	
14	粗镗(扩)-半精镗(精扩)-精镗-浮动镗刀块精镗	6～7	0.8～0.4	

续表

序　号	加工方法	经济精度 IT	表面粗糙度 R_a(μm)	适用范围
15	粗镗-半精镗-磨孔	7～8	0.8～0.2	淬硬或未淬硬钢
16	粗镗-半精镗-粗磨-精磨	6～7	0.2～0.1	
17	粗镗-半精镗-精镗-金刚镗	6～7	0.4～0.05	有色金属的精加工
18	钻-扩-粗铰-精铰-珩磨 钻-扩-拉-珩磨 粗镗-半精镗-精镗-珩磨	6～7	0.2～0.025	黑色金属、高精度的较大孔的加工
19	同18,但以“研磨”代替“珩磨”	<6	<0.1	
20	钻(粗镗)-扩(半精镗)-精镗-金刚镗-滚挤	6～7	0.1	有色金属或精度要求高的较小孔

(c) 外圆柱面的加工

序　号	加工方法	经济精度 IT	表面粗糙度 R_a(μm)	适用范围
1	粗车	11～13	25～8.3	用于除淬火钢以外的各种金属
2	粗车-半精车	8～10	8.3～3.2	
3	粗车-半精车-精车	6～9	1.6～0.8	
4	粗车-半精车-精车-滚压(或抛光)	6～8	0.2～0.025	
5	粗车-半精车-磨削	6～8	0.8～0.4	用于未淬硬或淬硬钢
6	粗车-半精车-粗磨-精磨	5～7	0.4～0.1	
7	粗车-半精车-粗磨-精磨-超精加工	5～6	0.1～0.012	
8	粗车-半精车-精车-精磨-研磨	<5	<0.1	
9	粗车-半精车-粗磨-精磨-超精磨(镜面磨)	<5	<0.05	
10	粗车-半精车-精车-金刚石车	5～6	0.2～0.025	用于有色金属

(d) 螺纹表面的加工

加工方法		公　差	加工方法	公　差
车削螺纹	外螺纹	4～6 h	梳形螺纹铣刀铣螺纹	6～8 h
	内螺纹	5～7 H	旋风铣切螺纹	6～8 h
成形车螺纹	外螺纹	4～6 h	搓丝板搓螺纹	6 h
	内螺纹	5～7 H	滚丝模滚螺纹	4～6 h
丝锥攻内螺纹		4～7 H	单线或多线砂轮磨螺纹	4 h 以上
圆板牙套外螺纹		6～8 h	研磨螺纹	4 h

续表

(e) 齿形表面的加工

加工方法			精度等级	加工方法		精度等级
多头滚刀滚齿（$m=1\sim20$ mm）			8～10	模数铣刀成形铣齿		9 级以下
单头滚刀滚齿（$m=1\sim20$ mm）	滚刀精度等级	AAA	6	磨齿	成形法	5～6
		AA	7		单砂轮展成法	3～6
		A	8		双砂轮展成法	3～6
		B	9		蜗杆砂轮展成法	4～6
		C	10	珩齿		6～7
盘形刀插齿（$m=1\sim20$ mm）	插齿刀精度等级	AA	6	用铸铁研磨轮研齿		5～6
		A	7	刨齿（直齿圆锥齿轮）		8
		B	8	刀盘铣齿（弧形圆锥齿轮）		8
盘形刀剃齿（$m=1\sim20$ mm）	剃齿刀精度等级	A	5	蜗轮模数滚道滚蜗轮		8
		B	6	热扎齿轮（$m=2\sim8$ mm）		8～9
		C	7	冷扎齿轮（$m\leqslant1.5$ mm）		7

(f) 型面的加工

加工方法		按样板手动加工	机床加工	按划线刮/刨	按划线铣	靠模铣床		靠模车	成形车	仿形磨
						机控	电控			
径向形状精度(mm)	经济的	0.2	0.1	2.0	3.0	0.4	0.06	0.4	0.1	0.04
	可达到的	0.06	0.04	0.4	1.6	0.16	0.02	0.06	0.02	0.02

(g) 花键表面的加工

花键最大直径(mm)	花键轴(mm)				花键孔(mm)			
	滚铣刀铣削		成形磨		拉削		推削	
	花键宽	底圆直径	花键宽	底圆直径	花键宽	底圆直径	花键宽	底圆直径
18～30	0.025	0.05	0.013	0.027	0.013	0.018	0.008	0.012
30～50	0.040	0.075	0.015	0.032	0.016	0.026	0.009	0.015
50～80	0.050	0.10	0.017	0.042	0.016	0.030	0.012	0.019

(h) 螺纹、齿形和花键加工的表面粗糙度

加工方法	螺纹加工						齿轮和花键的加工									
	切削加工				滚轧加工		切削加工								滚轧加工	
	板牙丝锥	车或铣	磨	研磨	搓丝模	滚丝模	粗滚	精滚	精插	精刨	拉削	剃齿	磨齿	研齿	热轧	冷轧
表面粗糙度 R_a(μm)	3.2～0.8	8.3～0.8	0.8～0.2	0.8～0.05	1.6～0.8	1.6～0.2	3.2～1.6	1.6～0.8	1.6～0.8	3.2～0.8	3.2～1.6	0.8～0.2	0.8～0.1	0.4～0.2	0.8～0.4	0.2～0.1

表 8.3　常用加工方法的形状和位置经济精度

(a) 直线度和平面度的经济精度

加工方法	粗加工	半精加工	精加工	精密加工	超精密加工
	各种方法	车、铣、刨、插	车、铣、刨、拉、粗磨	车、磨、研、刮	磨、研、刮
公差等级	11～12	9～10	7～8	5～6 (3～4)	1～2

(b) 圆度和圆柱度的经济精度

加工方法	粗加工	半精加工	精加工	精密加工	超精密加工
	车、镗、钻	车、镗、铰、拉、精扩及钻	车、镗、磨、铰	车、磨、研、珩磨、金刚镗	磨、研、金刚镗
公差等级	9～10	7～8	5～6	3～4	1～2

(c) 平行度和垂直度的经济精度

加工方法	粗加工	半精加工	精加工	精密加工	超精密加工
	各种加工方法	车、镗、铰、铣、刨、粗磨、导套钻	车、镗、铣、刨、磨、刮、珩、坐标镗	车、磨、研、珩磨、刮	磨、研、刮、金刚石加工
公差等级	11～12	8～10	5～7	3～4	1～2

(d) 同轴度、圆跳动和全跳动的经济精度

加工方法	粗加工	半精加工	精加工	精密加工	超精密加工
	车、镗、钻	车、镗、铰、拉、粗磨	车、磨、坐标镗	车、磨、研、珩磨	磨、研、珩磨、金刚石加工
公差等级	10～12	7～9	5～6	3～4	1～2

表 8.4　常用机床加工的形状和位置经济精度

(a) 车床加工的经济精度

机床类型	最大加工直径(mm)	圆度(mm)	圆柱度(mm/mm)	平面度(mm/mm)
卧式车床	250	0.01	0.015/100	0.015/≤200
	320			0.02/≤300
	400			0.025/≤400
精密车床	250/320/400	0.005	0.01/150	0.01/200
高精度车床	250/320/400	0.001	0.002/100	0.002/100
立式车床	≤1000	0.01	0.02	0.04
车床上镗孔		两孔轴心线的距离误差或自孔轴心线到平面的距离误差(mm)		
按划线加工		1.0～3.0		
在弯板上装夹		0.1～0.3		

续表

(b) 钻床加工的经济精度

台、立、摇臂钻床	轴线的垂直度	轴线的位置度	平行孔轴线、轴线至平面的距离差	孔与端面的垂直度
按划线钻孔(mm)	0.5～1.0/100	0.5～2	0.5～1.0	0.3/100
用钻模钻孔(mm)	0.1/100	0.5	0.1～0.2	0.1/100

(c) 铣床加工的经济精度

机床类型	加工范围	平面度(mm)	平行度(加工面对基：mm/mm)	垂直度(加工面之间：mm/mm)
升降台铣床	立式	0.02	0.03	0.02/100
	卧式	0.02	0.03	0.02/100
龙门铣床	加工长度		0.03	0.02/300
	<2～5 m		0.04	0.02/300

铣床上镗孔	镗垂直孔轴线的垂直度(mm)	镗垂直孔轴线的位置度(mm)
用回转工作台	0.02～0.05/100	0.1～0.2
用回转分度头	0.05～0.1/100	0.3～0.5

(d) 磨床加工的经济精度

机床类型	加工直径(mm)	圆度(mm)	圆柱度(mm/mm)	平面度(mm/mm)
外圆磨床	≤200	0.005	0.006/≤500	0.01/300
	≤320	0.005/0.003	0.008/≤1000	
内圆磨床	<100	0.003	0.003/50	
	>100	0.005	0.005/100	
无心磨床	≤30	0.002	砂轮宽度 <100 0.002	
	>30	0.003	砂轮宽度 <200 0.003	

平面磨床	平行度(加工面对基面：mm/mm)			垂直度(加工面间：mm/mm)	
卧轴矩台	0.005/300				0.01/300
精密卧轴矩台	0.01/1 000			0.005	0.005/300
立轴矩台	0.015/1 000				0.01/300
卧轴圆台	工作台直径	≤500	0.005		0.01/300
立轴圆台		<1 000	0.010		0.05/300

续表

(e) 刨、插、拉床加工的经济精度

机床类型	加工长度(mm)	平面度(mm)	平行度(加工面对基面:mm/mm)	垂直度(mm/mm)	
				加工面对基面	加工面之间
牛头刨床	200～500	0.02	0.02	0.01	0.04
龙门刨床		0.02/2 000	0.03/2 000		0.02/300
插床	200～320	0.015		0.02	0.02
卧式拉床	—			孔轴线对基面	拉削面对基面
				0.08/200	
立式拉床				0.06/200	0.04/300

(f) 镗床加工的经济精度

机床类型	镗杆直径(mm)	圆度(mm)		圆柱度 mm/mm	平面度(凹:mm/mm 直径)	平行度(孔系间:mm/mm)	垂直度(孔与端面:mm/mm)
卧式镗铣床	≤100	外圆	0.025	0.03/200	0.04/300		
		内圆	0.02				
	100～160	外圆	0.025	0.03/300	0.05/500	0.055/300	0.05/300
		内圆	0.025				
立式金刚镗床		0.03		0.04/300			0.03/300

加工方法		垂直孔轴线的垂直度(mm)	垂直孔轴线的位置度(mm)	平行孔轴线、轴线至平面的距离差(mm)
卧式镗铣床	按划线	0.5～1.0/100	0.5～2	0.4～0.6
	用镗模	0.04～0.2/100	0.02～0.06	0.05～0.08
	用回转工作台	0.06～0.3/100	0.03～0.08	
	用游标尺	由机床精度决定	由机床精度决定	0.2～0.4
	用程控装置			0.04～0.05
	按定位样板			0.08～0.20
	按定位器指示读数			0.04～0.06
坐标镗床				0.004～0.015
金刚镗床				0.008～0.02

(3) 加工阶段的划分　为了既满足加工质量的要求,又便于组织生产和合理使用设备,根据零件的技术要求、大小、重量和生产类型以及毛坯情况,有时还将工件分为几个阶段来进行加工。

(a) 阶段划分的种类

粗加工:以去除大量多余材料、接近形状为主要目的,并为后续加工做出基准面。此阶段的主要问题是保证有较高的生产率。

半精加工:以完成次要表面的加工,并为精加工做准备为目的(如精加工前对精度和加工余量的要求)。

精加工:保证各主要表面达到规定的质量要求。

另外,有时还可能需要如下加工。

光整加工:以实现表面质量(表面粗糙度很小)要求高的表面的加工;如用研磨、珩磨、抛光等方法来降低表面粗糙度,提高表面层物理机械性质的加工,主要用来解决表面质量问题,不能提高位置精度(可以提高尺寸和形状精度)。

精密和超精密加工:主要用来满足精度和表面质量要求都很高的表面的加工。如现阶段常用的金刚石刀具切削有色金属,超精密研磨和磨削硬脆材料(钢、陶瓷)。

(b) 阶段划分的理由

保证加工质量:粗加工阶段切除金属多,产生的切削力、切削热较大,所需夹紧力也很大,因而产生的内应力和变形也较大,加工误差也因此较大,粗、精分开后,各阶段间隔的自然时效,有助于内应力的消除,产生的误差也可通过半精加工、精加工来逐步纠正,从而有利于加工质量的保证。

合理的使用设备:粗加工时可采用功率大、刚度好、精度较低的高效机床来提高生产率,而精加工相应地使用高精度的机床,以确保零件的精度要求,同时也充分发挥了设备的特点,并延长高精度机的使用寿命(保持高精度)。

便于组织生产:主要是指在加工工序中安排处理工序,从而与精加工更好地配合达到最合理的工艺过程,如某些精密要件,粗加工后进行去应力时效处理,减少内应力时精加工的影响,半粗精加工后安排淬火处理,满足使用性能要求,并可以通过精加工来消除淬火变形来获得高质量。

及时发现缺陷避免浪费:粗、精加工分开,毛坯的缺陷可以通过粗加工及时发现而报废修补,避免继续加工而带来浪费。

保证精加工的表面不被破坏:精加工安排在最后,可以防止或减少由于加工而使已加工表面受到损伤。

(c) 阶段划分的依据

加工阶段的划分,首先考虑零件的技术要求:加工精度要求低,刚性好的可以不划分;一般零件可分为粗、精两阶段;要求高的可分为粗、半精、精、精密,甚至是超精度阶段。

其次是分析年生产纲领和生产条件:大批量生产时,加工阶段可以划分较细,单件小批生产,粗、精加工可不明确划分,而自动化生产(如加工中心等)通常要求在一次安装尽可能加工完毕,可以将粗加工、精加工混编;另外,还需要考虑零件的毛坯:毛坯质量好,如型材等质量较好,余量较小,阶段划分可以少一点或不划分,而普通铸、锻毛坯往往质量较差,余量多,特别是外表面很差时,可先安排荒加工,再安排粗、精等加工阶段。

再者还可以根据零件的大小来考虑:如大型、重型零件,运输和安装不方便时,可以考虑粗、精加工在同一工作地进行,在粗加工后松开夹紧机构,待变形消除和应力重新分布后,再夹紧进行精加工。

（4）加工顺序的安排　为了使工件加工过程得以顺利进行，还要对各表面的加工顺序作出合理的安排，主要如下。

机械加工工序安排的基本原则是：根据零件的功用和技术要求采用“先主后次原则”，即先加工主要表面后加工次要面；按照加工阶段来考虑则是“先粗后精原则”，即先进行粗加工后进行精加工；从定位基准面选用的角度来安排则是“先精基准面，后其他面”，即先加工将用来作为（半）精基准的表面后加工其他表面。

热处理工序的安排，通常由零件的材料、用途和加工要求来确定。预备热处理以改善材料的切削加工性能和消除内应力为主要目的，通常在加工前或粗加工后进行；最终热处理则是用来提高材料的综合性能或表面性能，一般安排在最终加工前来完成。

检验工序和其他辅助工序通常安排在各工序或各阶段变换的前后来进行。

（5）工序组合的确定　拟定工艺路线中，在选定了各表面加工方法和阶段划分后，就需要将同一阶段，各表面的加工组合成若干工序，组合可采用工序集中和工序分散两个基本原则。

工序集中原则，就是每个工序中包括尽可能多的加工内容；工序分散原则，则是每个工序的加工内容较少，工艺过程的工序数目较多。随着现代制造技术的发展和加工质量要求的提高，不仅是单件小批生产普遍采用工序集中原则，就是批量和大批量生产也越来越多地使用工序集中原则来组合工序。

5. 确定各工序所需的工艺装备

机械加工工艺装备主要是指机械加工中所必需的机床、夹具、刀具和量具等，其选取的原则分别如下。

（1）机床的选择　机床的规格应与加工零件的尺寸相适应；机床的精度应与工序要求的精度相适应；机床的生产率应与零件的生产类型相适应；机床的确定应与生产现场的实际情况相适应。

（2）夹具的选择　主要从生产类型和工序要求精度两个方面来考虑：单件小批生产应尽量选用通用夹具；批量和大批量生产可考虑采用生产率较高的专用夹具；夹具的精度应与工序加工精度要求相适应，特殊情况下，可根据工序的要求，提出并设计制造专用夹具。

（3）刀具的选择　主要根据工序的加工方法、工件的材料、加工表面的尺寸和精度以及生产率等要求来考虑。一般情况均采用标准刀具；特殊情况下（如工序集中的组合机床加工），可选用高效的复合刀具或专用刀具。

（4）量（仪）具的选择　对于量具的选用有两种不同的选择方法。

一是以计量器具的不确定度为依据来选择：首先根据被测工件（或工序尺寸）的公差，由表8.5可得到对应精度可使用计量器具的不确定度允许值（δ_0）；再由表8.6的常用量具测量不确定度（δ），按照 $\delta \leqslant \delta_0$ 的原则就可确定可以选用的量具（仪）。

二是以计量器具测量方法的极限误差为依据来选择：首先根据工件（或工序尺寸）的公差等级（T），由表8.7得到对应的精度系数（K）；再计算可使用计量器具测量方法的极限误差：$\Delta_{\lim} = K \cdot T$；最后，就可根据表8.8的常用量具的测量极限误差选择对应的测量器具。

根据上述两种方法确定使用的量(仪)具后，在规程中给出其名称和规格(分辨率)。

表 8.5　零件精度及其允许使用计量器具的不确定度(单位:mm)

零件的公差		安全裕度 A	计量器具不确定度允许值 δ_0(=0.9A)
大于	至		
0.009	0.018	0.001	0.000 9
0.018	0.032	0.002	0.001 8
0.032	0.058	0.003	0.002 7
0.058	0.100	0.006	0.005 4
0.100	0.180	0.010	0.009
0.180	0.320	0.018	0.016
0.320	0.580	0.032	0.029
0.580	1.000	0.060	0.054
1.000	1.800	0.100	0.090

表 8.6　常用量具的测量不确定度(单位:mm)

量具名称	测量范围	分度值	不确定度值(δ)
游标卡尺	0～150	0.05	0.050
	0～300	0.02	0.020
外径百分尺	0～50	0.01	0.004
	50～100		0.005
	100～500		0.006～0.013 (每 50 mm 增加 0.001)
内径百分尺	0～150	0.01	0.008
	150～300		0.013
	300～450		0.020
百分表	0～315	0.01	0.010(0 级 1 转内) 0.018(0 级全程,1 级 1 转内) 0.030(1 级全程)
千分表	0～115	0.001	0.005(0 级全程) 0.010(1 级全程)
比较仪	0～40	0.001	0.001 0
	0～25/25～40	0.000 5	0.000 6/0.000 7

表 8.7　零件公差等级的精度系数

零件公差等级	IT5	IT6	IT7	IT8	IT9	IT10	IT11～IT16
精度系数 K(%)	32.5	30.0	27.5	25.0	20.0	15.0	10.0

表 8.8　常用量具的测量极限误差

量　具	刻度值(mm)	用　途	测量方法	尺寸范围(mm)					
				1～10	10～50	50～80	80～120	120～180	180～260
				测量极限误差±(μm)					
游标卡尺	0.05	测外尺寸	绝对测量	80	80	90	100	100	100
		测内尺寸			100	130	130	150	150
	0.02	测外尺寸		40	40	45	45	45	50
		测内尺寸			50	60	60	65	70
游标深度尺	0.05	测深度		100	100	150	150	150	150
	0.02	测外尺寸		60	60	60	60	60	60
外径百分尺	0.01	测内尺寸		7	8	9	10	12	15
内径百分尺	0.01	测深度			16	18	20	22	25
深度百分尺	0.01			22	25	30	35		
杠杆千分尺	0.002	测外尺寸	相对测量	3	4				
百分表卡规	0.01	测外尺寸		7	7	7.5	8		
杠杆卡规	0.002	测外尺寸		3	3	3.5	3.5		
内径百分表	0.01	测内尺寸		16	16	17	17	18	19
杠杆百分表	0.01	0.1 mm 内		8	8	9	9	9	10
钟表百分表	0.01	0.1 mm 内		15	15	15	15	15	16
千分表	0.001	标准段内		1.0	1.2	1.4	1.5	1.6	2.2
		0.1 mm 内		3.0	3.0	3.5	4.0	5.0	6.0
比较仪	0.005	1 级量块		2.0	2.2	2.5	2.5	3.0	3.5
各式比较仪和测微表	0.001	0 级量块		0.5	0.7	0.8	0.9	1.0	1.2
		1 级量块		0.6	0.8	1.0	1.2	1.4	2.0

6. 确定或计算各工序的加工余量和工序尺寸以及公差

加工余量的大小与表面的加工精度和加工方法有关，确定的方法有分析计算法、查表修正法和经验估计法三种。目前，使用较多的是查表修正法和经验估计法，前者是根据生产实践和试验研究积累的有关数据，总结汇编而成的技术资料，以供工艺编制人员使用；后者是工艺人员根据所在企业的具体情况和经验来进行确定余量的一种方法。

工件的加工过程，是各加工表面本身尺寸以及相互之间的尺寸都在不断变化的过程。这种变化可能在一个工序内，也可能在工序之间，因此，这些变化的尺寸之间都有一定的内在联系，并相互影响，进而会影响最终设计要求尺寸和公差。为此，用基准和尺寸链理论，以及零件工作图上可能被引用的设计尺寸和公差，根据加工阶段和顺序来计算工序加工过程中的工序尺寸和公差。从而使加工过程中各工序之间得以衔接，直至完成全部加工的要求。

7. 确定和计算各工序的切削用量和工时定额

合理的确定切削用量是保证质量和科学管理生产的重要前提之一，也是确定工时定额的必要依据。但是，现阶段对于单件小批生产和大部分企业来说，都不规定切削用量，而由操作者结合具体生产情况来选取；仅对有生产节拍要求的流水线和自动线生产，才科学、严格地计算并规定各工序(工步、工位)的切削用量。

虽然工时定额是组织生产和成本核算的重要依据，但目前一般也很少采用计算方法来确定，而主要是按经过生产实践验证积累的统计资料(有关行业的《工时定额手册》)来查表确定，有时也需要根据技术的进步和实际加工情况作相应的调整。

8. 确定各工序的技术要求和检验方法

各工序内容确定后，不仅要计算确定工序尺寸及公差，还要确定对应表面的质量和其他精度的要求，同时，还要确定相应的检验方法和所需的检测器具。一般情况下，技术要求和检测方法的确定，根据工序的精度和零件的结构特征，并结合工序尺寸计算中的基准转换情况来规定。

9. 工艺过程的技术经济分析

拟订零件的加工工艺过程，在满足加工精度和表面质量等技术要求的情况下，往往可能有多种不同的方案，为了选出技术上先进、经济上合理的方案，就需要对几个方案进行比较分析。一般从技术和经济两个方面来考察：技术上，主要比较质量的可保证性、稳定性；经济上，则根据工艺成本和投资回收期来综合评价。

10. 填写工艺文件

在工艺过程的全部内容确定后，就可根据需要编制工艺文件。通常是将工艺规程的内容，填入一定格式的卡片中，使其成为生产准备和施工依据的纪律性技术文件。目前这种文件没有统一的固定格式，各企业根据零件复杂程度和生产类型自行确定，一般有如下三个卡片。

(1) *工艺过程卡片(工艺过程综合卡片)*　主要列出整个零件加工所经过的工艺路线(包括毛坯、机加、热处理)，它反映该零件加工的全貌，各工序中的说明不具体，另有工序的内容，用来帮助了解零件加工流向，故一般不能直接指导工人操作，多在生产管理方面使用，但是，对于单件小批生产，通常不编制详细的工艺文件，则可用它来进行指导生产。

(2) *机械加工工艺卡片*　以工序为单位详细说明整个工艺过程的工艺文件，它给出了零件加工的工艺特性，如材料、重量、加工表面及精度表面质量，毛坯性质以及各工序的具体加工内容和加工要求(要求达到的尺寸和公差)。从而用其指导工人生产和帮助管理人员掌握整个加工过程以及所需的车间、机床、工装及加工时间等。

(3) *机械加工工序卡片*　在大批量生产中，要求有完整详细的工艺文件来具体指导工人进行对应各工序各工作地点的加工操作，即对每一工序应如何进行安装、工步、起刀、切削，从而以工序图形式给出定位及基准的选择，工件安装的方法，工序尺寸及公差的大小以及完成本工序的形状、尺寸、公差、加工使用机床、工装、切削用量和每次起刀的工时定额等。对于多加工和多工位加工，还应给出工序布置简图和工件与刀具的相对位置。对于半自动和自动机床还要有机床调整卡片，对检验工序要有检验工序卡片。因此广泛应用于大批量生产和成批生产中重要零件的工序加工。

8.2　数控加工工艺规程设计

8.2.1　概述

数控(Numerical Control，NC)加工就是利用数字控制机床来进行机器零件的加工，它是计算机应用技术、自动控制、精密测量和机械工程等领域的先进技术在机器零件制造中的综合应用。它的出现和发展，有效地解决了多品种、小批量生产精密、复杂机器零件的加工，同时，也给机器零件的加工工艺带来了变革。数控加工具有如下一些显著特点。

(1) *生产率和自动化程度高*　对于一般数控机床(数控车、铣、钻、镗、磨和齿轮加工机床等)，除了零件的装卸和刀具的装夹以及零件和刀具初始位置的对准需要由人工来完成以外，其他的所有工作过程都是由加工程序控制机床自动完成的。而对于可自动换刀的数控加工中心机床(如镗铣加工中心、车削加工中心等)，不仅刀具的更换和装夹是自动完成的，而且由于配备了刀库，能完成多种加工任务，从而可达到很高的自动化程度。

(2) *零件的加工质量高*　由于在数控机床上加工零件时，零件和刀具之间的相对运动是由数字控制系统分配给各运动轴的脉冲数来实现的，当脉冲当量足够小时(如现阶段已较容易取得 0.001 mm/脉冲)，从原理上说，机床的移动精度就是一个脉冲当量；同时，数控机床一般还有刀具半径补偿功能等，因此，其加工质量一般可以说要比普通机床的加工质量高。

(3) *可以节省工艺装备*　数控机床的加工，特别是数控加工中心机床加工复杂零件时，工件的一次装夹后，可以加工完成零件的大部分或全部加工内容，与普通单机加工的多台、多道工序加工相比，可以节省很多工装夹具，同时，也能减少因工件的多次定位、夹紧带来的误差，从而进一步有利于加工质量的提高。

(4) *促进零件结构设计的优化*　由于数控机床控制技术的进步和加工轨迹数学处理的完善，数控加工可以完成对于普通机床加工来说，因形状复杂、加工工艺性差和其他原因而难以加工的零件制造。从而更有利于机器零件的受力情况和结构需求以及材料选择等多方面的优化设计。

8.2.2　数控加工工艺规程设计

数控加工工艺规程设计在原理上与普通机床加工的工艺设计是相似的，但是，根据数控加工的特点,数控加工工艺规程的设计也有自己的特点和要求。特别是在加工的工序组合方面多尽量采用"工序集中"原则,这与普通机床的多台、多道工序的工序分散原则相比有着许多不同之处。因此,其NC工艺设计都具有两个显著特点:一是工序少、工步多;二是工序和工步内容必须特别详细。

如图8.1所示是数控加工的工作流程,图中虚线框内的内容是零件加工过程设计的工作,主要包括三个方面的内容。

(1) 工艺处理　工艺方案的确定,机床的选择,零件的装夹方式,刀具、夹具的选择和切削用量的确定等。

(2) 数学处理　确定并计算刀具路径和各刀位点的坐标,并生成刀位文件。

(3) 后置处理　将刀位文件转化成数控系统能接受的加工指令。

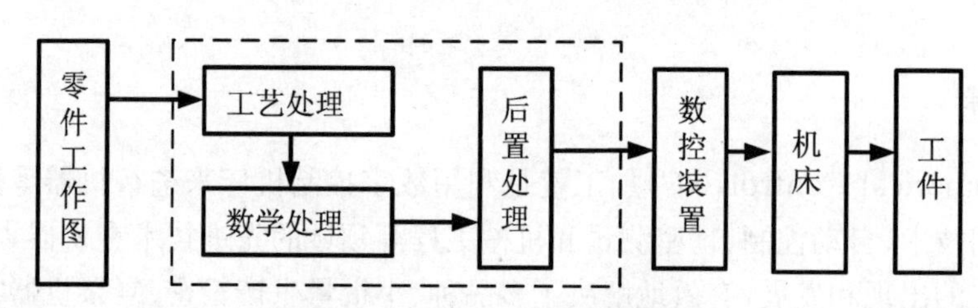

图8.1　数控加工的工作流程

因此,数控加工工艺设计(即图8.1中的"工艺处理")必须在加工程序编制之前进行,否则可能会由于工艺方面的考虑不周详使程序出错,而使零件的加工出错。一般地,数控加工工艺设计主要包括的内容有:

① 选择并决定零件数控加工的内容。

② 零件的数控加工工艺性分析。

③ 数控加工的工艺路线和工序设计。

④ 数控加工技术文件的编写。

下面结合这几部分内容来简要介绍数控加工工艺设计的主要步骤和注意事项。

1. 确定零件进行数控加工的内容

当要确定对某个零件进行数控加工时,并不一定是要把该零件所有的加工内容都用数控机床来完成,而可能只是对其中的一部分进行数控加工,这时必须对零件图进行仔细的工艺分析,选择出那些最合适、最需要进行数控加工的内容和工序。在作出决定时,应结合本单位的实际,立足于保证质量和提高生产效率,充分发挥数控加工的优势。一般可结合如下内容来考虑:

① 通用机床无法加工的内容为优先。

② 通用机床难加工、质量也难保证的内容作为重点。

③ 通用机床加工效率低、工人手工操作劳动强度大的内容。

一般不考虑用数控加工的有:

① 需要通过较长时间占用机床调整的加工内容。如铸、锻件零件毛坯和一些零件的粗加工,因定位面或基准平面的确定较困难。

② 必须按专用工装协调其他加工的内容。主要原因是采集编程的数据有困难。

③ 按某些特定的制造依据(如样板、样件或模胎等)加工的型面轮廓。主要原因是获得数据难,易与检验依据发生矛盾,增加编程的难度。

④ 不能在一次安装中加工完成的其他零星部位。采用数控加工很繁杂,效果不明显。

2. 对零件进行数控加工工艺性分析

在决定零件数控加工内容的过程中,就必须根据零件工作图进行工艺性分析,在分析时,应与编程人员一起密切配合,根据数控加工的基本特点以及所使用的数控机床的功能和实际工作经验,仔细、认真、扎实地进行,尽可能地减少失误和返工。对于数控加工的工艺性,涉及面很广,下面仅从数控加工的可能性和方便性两个角度来提出一些必须分析和审查的主要内容。

(1) 零件图中的尺寸标注方法是否适用于数控加工的特点　对于数控加工来说,最倾向于以同一基准引注尺寸或直接给出坐标尺寸。如此标注法,既便于编程,也便于尺寸之间的相互协调,给在保证设计、制造、检验基准与编程原点设置的一致性方面带来很大方便。零件设计人员有时在尺寸标注中过多地考虑装配基准等使用特性,而不得不采取局部分散的标注方法时,这样虽然会给加工工序安排和数控加工工艺设计带来不便,但是,由于数控加工的精度和重复定位精度很高,在进行基准换置时不会有较大的累积误差,因此,也可以在进行数控工艺设计时,考虑将局部分散标注转变为集中引注或坐标式标注方法。

(2) 零件图样中构成轮廓的几何元素是否充分　由于零件设计人员在设计过程中考虑不周或忽略,不能考虑数控加工时的特殊需要,常常会使构成零件轮廓的几何元素条件不充分或模糊不清。如圆弧与直线的相切和相交、相离的状态不清,使编程无从下手,有时给数控编程的数学处理和节点计算带来困难,因此,在编程之前,就要对构成轮廓的所有几何元素进行定义,并计算每一个节点坐标,从而有利于自动编程的实现。

(3) 定位基准的可靠性　数控加工工艺设计特别强调零件的定位,尤其是需要多面加工的零件,采用同一基准定位是十分必要的。否则很难保证两次定位安装加工后的轮廓位置及尺寸协调。如对于需要正反两面加工的零件,最好选用其上的通孔作为定位基准孔;如零件上没有合适的孔,也要设置一个工艺孔来作为定位基准,如零件上无法加工工艺孔,可以考虑在零件轮廓的基准边或毛坯上增加工艺凸缘,再在其上加工工艺孔,定位加工后再除去工艺凸缘的方法。

(4) 零件所要求的加工精度是否都可以得到保证　数控机床尽管比普通机床加工的精度要高,与普通加工一样,在加工过程中也会有受力变形或受热变形等因素影响加工精度。因此,在加工工艺设计时,更要考虑周详,如对薄壁类、刚性差的零件,一定要注意加强零件定位夹紧和加工部位的刚性,防止变形的产生。

(5) 零件毛坯的工艺性分析　在对零件图样进行工艺性分析后,还应该结合数控加工的特点,对所用毛坯进行工艺性分析,一般从两个方面来考虑:一是审查毛坯的加工余量是否充分,毛坯的余量是否稳定、均匀。二是分析毛坯在安装定位方面的适应性,考虑毛坯安装定位的可靠性与方便性,并尽可能使工件在一次安装中完成较多表面的加工。

3. 数控机床和加工方法的选择

(1) 机床的选择　不同类型的零件应在不同的数控机床上进行加工,要根据零件的设计要求选择机床。数控车床适于加工形状比较复杂的轴类零件和复杂曲线回转形成的模具

内型腔;数控立式镗铣床和立式加工中心适于加工箱体、箱盖、平面凸轮、样板、形状复杂平面和立体零件以及模具的内外型腔;数控卧式镗铣床和卧式加工中心适于加工各种复杂的箱体类零件、泵体、阀体和壳体等;多坐标联动的卧式加工中心还可用于各种复杂的曲线、曲面、叶轮和模具等的加工。

(2) *平面轮廓的加工方法*　常用的有数控铣削、线切割和数控磨削等。数控铣削加工适用于除淬火钢以外的各种金属零件;数控线切割加工可用于各种金属零件的成形;数控磨削加工适宜除有色金属以外的各种金属零件。对于内轮廓加工,当曲率半径较小时,采用数控线切割加工较好,因为数控铣削加工受到铣刀直径和最小曲率半径的限制,如铣刀直径过小,则刚度不足;对于加工精度和表面质量要求较高的轮廓表面,可在数控铣削后,再进行数控磨削加工。

(3) *立体曲面轮廓的加工方法*　主要是数控铣削,多用"球头铣刀"等,以"行切法"加工,根据曲面形状、刀具形状以及精度要求等,通常采用二轴半或三轴联动控制加工。

4. 工件的安装和夹具的选择

在数控机床上进行零件的加工,工件的定位夹紧应力求使设计基准、工艺基准与编程计算的基准同一;尽量减少工件的装夹次数,尽可能做到在一次安装后能加工出全部待加工表面;另外,工件的安装还应考虑尽可能避免采用占机装夹与人工调整时间较长的方案。

根据数控加工的特点,要求夹具:一是要保证夹具的坐标方向与机床的坐标方向相对固定;二是要能协调零件与机床坐标系的尺寸;三是夹具要开敞,其定位、夹紧机构元件不能影响加工中的走刀;四是夹紧力应尽量靠近被加工面和刚性较好的部位;五是工件装卸要方便、可靠。另外还要考虑,当零件加工批量很小时,尽量采用组合夹具、可调夹具和其他通用夹具。

5. 加工刀具的选择

数控机床加工的主轴转速均较普通机床要高 1～2 倍,刀具的强度和耐用度是至关重要的,同时,还要有良好的韧性和自动断屑性能。现阶段,数控车床一般采用机夹式刀具(硬质合金刀片);数控加工中心类机床一般选用立铣刀和镶硬质合金刀片(可用不重磨)端铣刀来加工平面;用球头刀、环形刀和鼓形刀、锥形刀等来加工曲面或变斜角轮廓外形;为了进一步提高性能,在数控加工中心机床上,也已广泛使用涂层刀具、立方氮化硼、陶瓷刀具和金刚石刀具。

6. 工序组合的选取

数控加工工序组合也可分为工序集中和工序分散两种情形;但是,根据数控加工的特点,在数控机床上进行零件加工时,一般均按工序集中原则来划分工序。划分方法主要如下。

(1) *刀具集中分序法*　就是按所用刀具划分工序,即将同一把刀具完成的那部分工艺过程定义为一个工序。用同一把刀具加工完成零件上所有可以完成的部位;再用第二把、第三把刀具完成他们可以完成的其他部位,如此可以减少换刀次数,压缩空行程时间,减少不必要的定位误差;但加工程序的编制和检查的难度较大。

(2) *加工部位分序法*　对于加工内容很多的零件,可按其结构特点将加工部位分成几个部分,即完成相同型面加工的那部分工艺过程取为一个工序。如内形、外形、曲面或平面等，一般先加工平面、定位面，后加工孔；先加工简单的几何形状，再加工复杂的几何形状；先加工精度较低的部位，再加工精度要求较高的部位。

(3) *粗、精加工分序法*　对于易发生加工变形的零件，由于粗加工后可能发生变形而需要进行校形，一般将粗、精加工各自完成的那部分工艺过程划分不同的工序。

综上所述，在划分工序时，一定要视零件的结构与工艺性，机床的功能，零件上需进行数控加工内容的多少，安装次数以及本单位生产组织状况来灵活掌握，力求合理。

7. 加工顺序的安排

零件的加工工序通常包括切削加工工序、热处理工序和辅助工序等，合理的安排将直接影响零件的加工质量和生产率。在编排时，要根据零件的加工内容(普通机床和数控机床各自完成的内容)，注意各工序加工的衔接，以免产生矛盾。即应根据零件的结构和毛坯的状况以及定位、安装与夹紧的需要来考虑，一般原则是：

① 上道工序的加工不能影响下道工序的定位与夹紧，特别是数控加工工序中间穿插有通用机床加工工序时要予以考虑。

② 先完成内腔的加工内容，后安排外形加工工序。

③ 采用相同定位、夹紧方式或同一把刀具进行加工的工序，最好接连进行，以减少重复定位次数、换刀次数和改变夹紧次数。

④ 在同一次安装中进行的多道工序，应先安排对工件刚性破坏较小的工序。

8. 对刀点和换刀点的确定

对刀点是数控加工中刀具相对工件运动的起点，在编程时不论是刀具相对工件移动，还是工件相对刀具移动，都是把工件看作静止，刀具运动。通常对刀点也称为程序原点，它可以设在被加工零件上(如零件的定位孔中心至机床工作台或夹具表面的某一点处)；也可以设在与零件定位基准有固定尺寸关系的夹具的某一位置上。其原则是：找正容易，编程方便，对刀误差小，加工时检验方便、可靠。对刀时应使对刀点与刀位点重合，所谓刀位点是指刀具的定位基准点，对于各种立铣刀，一般取刀具轴线与刀具底端面的交点。车刀为刀尖，钻头为钻尖。

换刀点是为加工中心、数控车床等多刀具机床编程而设置的，因为它们在加工过程中间要自动换刀，为防止换刀时碰伤零件或夹具，换刀点常设在被加工零件的外面，并要有一定的安全余量。

9. 进给路线的确定

进给路线是指数控加工过程中刀具相对工件的运动轨迹和方向。加工路线的合理选择是非常重要的，它与零件加工精度、表面质量和加工效率等密切相关，不仅包括每一工步的内容，也反映每一个工步的加工顺序，更是编写程序的主要依据之一。因此，在进行工序设计时，一般先画一张工序简图，将已经拟订的进刀路线画出来(包括进、退刀路线)，从而减少编程时可能出现的错误。进给路线的确定和工步顺序安排的一般性原则是：

① 保证零件各表面的加工精度。

② 寻求最短加工路线，减少空刀时间来提高加工效率。

③ 方便数值计算，以减少编程工作量，从而尽量减少程序段。

④ 保证工件轮廓表面加工的粗糙度，最后轮廓应通过一次连续走刀来完成。

⑤ 刀具的进退(切入和切出)路线的确定,既要减少在轮廓处停刀(切削力变化)而留下刀痕,也要避免在工件轮廓面上垂直进刀而划伤工件。

其中对于如下情形应予以重视:孔加工时如孔的位置精度要求较高,应注意路线安排时,不能将机床进给机构的反向间隙带入;铣削内外轮廓面时,要将刀具从切向进入轮廓,加工结束时,不能在切点处取消刀补和退刀,要有一段沿切向切出的辅助路线;对于型腔(是指以封闭曲线为边界的平底或曲底凹坑)的加工,一般是第一步加工内腔;再切轮廓,并分粗加工和精加工两次进行。

10. 切削用量的确定

数控加工的切削用量主要有主轴转速、进给量和切削深度,其确定一般应根据机床的性能和实际经验来进行。但与普通机床加工不同的是,各部位的加工和使用刀具要对应,并应建立一个切削用量表,以方便编程时用。还应该注意,切削用量的确定要保证刀具能加工完一个零件,或一个(半个)工作班次的作业时间;应根据工艺系统的刚度,尽可能使切削深度等于零件的加工余量,以减少走刀次数,提高效率。

11. 数控加工编程的数学处理

数学处理的主要内容是根据零件几何形状和确定的刀具进给路线计算各个刀位点的坐标。对于轮廓加工,计算任务是获得直线、圆弧任意组合时的交点或切点坐标;对于曲线和曲面加工,大多用多段直线来进行逼近加工(刀具进给路线为直线段)。因此,在编程的数学处理时控制其可能产生的误差,对数控加工来说是一个重要问题。一般地,误差主要由三个部分构成。

(1) *逼近误差*　用近似方法逼近零件轮廓时产生的误差。一般较难确定其大小。

(2) *插补误差*　用直线或圆弧段逼近零件轮廓曲线或曲面时产生的误差。通常可以采用加密插补点(将增加刀位点的数量)的方法来提高轮廓加工的插补精度。

(3) *圆整化误差*　在编程时将零件尺寸换算成数控机床的脉冲当量,由于圆整而产生的误差。一般采用四舍五入的方法进行圆整,因此,当采用绝对尺寸编程时,圆整误差最大值为二分之一个脉冲当量;当用相对尺寸编程时(每个程序段给出的刀位点坐标是相对前一刀位点的增量值),应以段累计方式进行四舍五入,而不能分别对每个增量值进行,从而将圆整误差控制在脉冲当量的一半以内。

8.2.3 数控加工技术文件的编写

所谓数控工艺就是在NC(或CNC)机床上加工零件的工艺。数控加工技术文件是加工的依据、产品验收的依据,也是操作者必须遵守的规程。目前,它还没有一个统一的规范,因此,标准化是推广数控加工的重要任务之一。

现阶段一般的共识是NC工艺技术文件应包括两个文件:一是NC工艺文件,供NC机床操作人员作为配置刀具、调整机床和观察加工过程是否正常的依据;另一个是格式化工艺过程文件,是一个系统内部文件,它包括各待加工表面的类型代号,每次切削的类型代号,切削参数和切削长度等。这两个文件与待加工表面的几何坐标数据文件共同组成NC加工程序自动生成模块的输入,即是NC加工程序生成的基本依据。主要有以下几种。

(1) *数控加工工序卡片*　它与普通工序卡相近,是操作和编制加工程序的指导性技术文件。包括加工工步顺序、工步内容、各工步所用刀具和切削用量等。由于在数控机床上利用NC加工程序来进行加工，其每一个动作都要有NC工艺文件与之相对应。因此，NC加工工艺要求加工顺序、刀具路径、切削参数等规定必须特别详细，即刀具或工件在每次切削过程的动作都需要详尽的描述。当加工内容较多和复杂时，还可用工序加工图来表示。但不同的是，工序图中应注明编程的原点和对刀点以及切削参数和必要的编程说明(如加工过程中间测量所需的计划停车或更换夹紧点)等。

(2) *数控加工刀具卡片*　这是组装刀具和调整刀具的依据，包括刀具号、刀具名称、刀柄型号、刀具的直径和长度等。

(3) *数控加工进给路线图*　主要用来反映加工过程中刀具的运动轨迹，一方面便于编程，另一方面便于操作人员了解刀具的进给轨迹。如起切位置、终切位置，并便于确定夹紧位置和控制夹紧元件的高度。

另外，根据具体单位的不同和生产类型的不同，有时还须提供“数控加工程序单”，以便于机床操作人员调整机床和观察加工过程是否正常。

第9章 典型零件制造工艺分析

9.1 轴类零件的加工

9.1.1 轴类零件的功用与结构

轴类零件是机械加工中的典型零件之一。在机器中,它主要用来支承传动零件和传递扭矩,并保证安装在其上的元件具有一定的回转精度。轴类零件是旋转体零件,其结构特点是长度大于直径($L/d<12$ 为刚性轴,$L/d>12$ 为挠性轴),加工表面通常有内、外圆柱面,圆锥面,以及螺纹、花键、键槽、横向孔、沟槽等。根据结构形状则可分为光轴、空心轴、阶梯轴和异形轴(包括花键轴、半轴、十字轴、偏心轴、曲轴、凸轮轴等)四类。

9.1.1.1 轴类零件的技术要求

1. 尺寸精度和几何形状精度

轴类零件的尺寸精度通常是指直径和长度的精度,一般地有配合要求(如轴颈)的直径比长度的要求要严格得多。主要轴颈的直径精度根据使用要求通常为 IT6～IT9,甚至为 IT5;轴颈的几何形状精度(主要是指圆度、圆柱度)应限制在直径公差范围之内(一般地可取轴颈尺寸公差的 1/2,对于精度要求高的轴颈则可取其尺寸公差的 1/4),并可在零件图上规定和标注允许的偏差。轴向的尺寸精度和非重要的轴肩(端面)的形状精度一般要求不高,也比较容易控制而取得较好的质量。

2. 相互位置精度

主要包括轴的内、外表面的同轴度,定位端面对其轴线的垂直度;同时,保证配合轴颈(装配传动件的轴颈)对支承轴颈(装配轴承的轴颈)的同轴度也是轴类零件相互位置精度的普遍要求;另外,轴上重要表面(内、外)的径向圆跳动和支承轴肩的端面跳动也是有较高要求的,如普通精度轴,配合轴颈对支承轴颈的径向圆跳动一般为 0.01～0.03 mm,高精度轴的圆跳动为 0.001～0.005 mm。

3. 表面粗糙度

一般地,支承轴颈的表面粗糙度 R_a 值为 0.63～0.16 μm,配合轴颈的表面粗糙度 R_a 值为 2.5～0.63 μm。其他表面的质量要求相对较低。随着现代机器对高精度和高速度要求的提高,轴类零件各表面(特别是主要配合表面)的粗糙度值要求也越来越小。

9.1.1.2 轴类零件的材料和毛坯

合理选用材料和进行热处理，对保证和提高轴类零件的使用性能有着重要意义。材料选用和热处理方法的确定，不仅要考虑轴的强度、刚度（如材料的力学性能，淬火或调质等热处理）方面的要求，还应注意表面（特别是配合面）的物理机械性能（如耐磨性、抗腐蚀性，表面淬火或渗碳、氮等热处理）。

1. 轴类零件的材料

一般轴类零件常用45号钢，并根据不同的工作条件采用不同的热处理规范（如正火、调质、淬火等），以获得一定的强度、韧性和耐磨性；对于中等精度而转速较高的轴类零件，可选用40Cr等合金结构钢，这类钢经调质和表面淬火处理后，具有较高的综合机械性能；精度较高的轴，有时还用轴承钢GCr15和弹簧钢65Mn等材料，它们通过调质和表面淬火处理后，具有更高的耐磨性和耐疲劳性能；对于在高转速、重载荷等条件下工作的轴，可选用20CrMnTi、20Mn2B、20Cr等低碳合金钢或38CrMoA1A氮化钢。低碳合金钢经渗碳淬火处理后，具有很高的表面硬度、耐冲击韧性和心部强度，但热处理变形较大。而氮化钢经调质和表面氮化后，有很高的心部强度、优良的耐磨性和耐疲劳性能，热处理变形也很小。

2. 轴类零件的毛坯

毛坯的获得方法与生产类型有关，目前轴类零件最常用的毛坯是圆棒料和锻件，只有某些大型的、结构复杂的轴，才采用铸件。单件小批生产时，多用型材的棒料，而对于比较重要的轴，可采用锻件毛坯，这是因为毛坯经过加热锻打后，能使金属内部纤维组织沿表面均匀分布，从而可以提高轴的抗拉、抗弯以及扭转强度。另外，可由轴的结构形状和大小来选取，光轴、直径相差不大的阶梯轴或尺寸较小的轴可使用热轧棒料和冷拉棒料，结构复杂、直径相差较大、要求较高或有生产批量的轴一般可选用锻件毛坯。根据生产规模的不同，毛坯的锻造方式有自由锻造和模锻两种。自由锻造的毛坯精度较差，加工余量较大，不适宜锻造形状复杂的毛坯，多用于中小批生产。模锻的毛坯制造精度高，加工余量少，生产率高，可以锻造形状复杂的毛坯，而且材料经模锻后，纤维组织的分布更有利于提高零件的强度。但模锻需要昂贵的设备，又要制造专用锻模，因而适用于批量生产。

9.1.2 轴的加工工艺分析

轴类零件的加工工艺因其用途、结构形状、技术要求、产量大小的不同而有所差异。在日常的工艺工作中遇到的大量工作是一般轴的工艺编制。下面就以较重要的，也是最有代表性的机床主轴的加工为例，来分别分析普通精度和高精度主轴的加工工艺。

9.1.2.1 普通精度机床主轴加工工艺分析

普通车床主轴的零件简图如图9.1所示，普通车床主轴为空心主轴零件，工艺路线较长，加工难度较大，是最有代表性的轴类零件之一，对其进行工艺分析，将涉及轴类零件加工的许多基本工艺问题。

1. 主轴的技术条件分析

由图9.1所示的车床主轴零件简图可以看出，主轴的支承轴颈是主轴部件的装配基准，它的制造精度直接影响主轴部件的旋转精度。当支承轴颈不同轴时，将引起主轴的径向圆跳动，从而影响零件的加工质量，故对它提出了很高的要求。

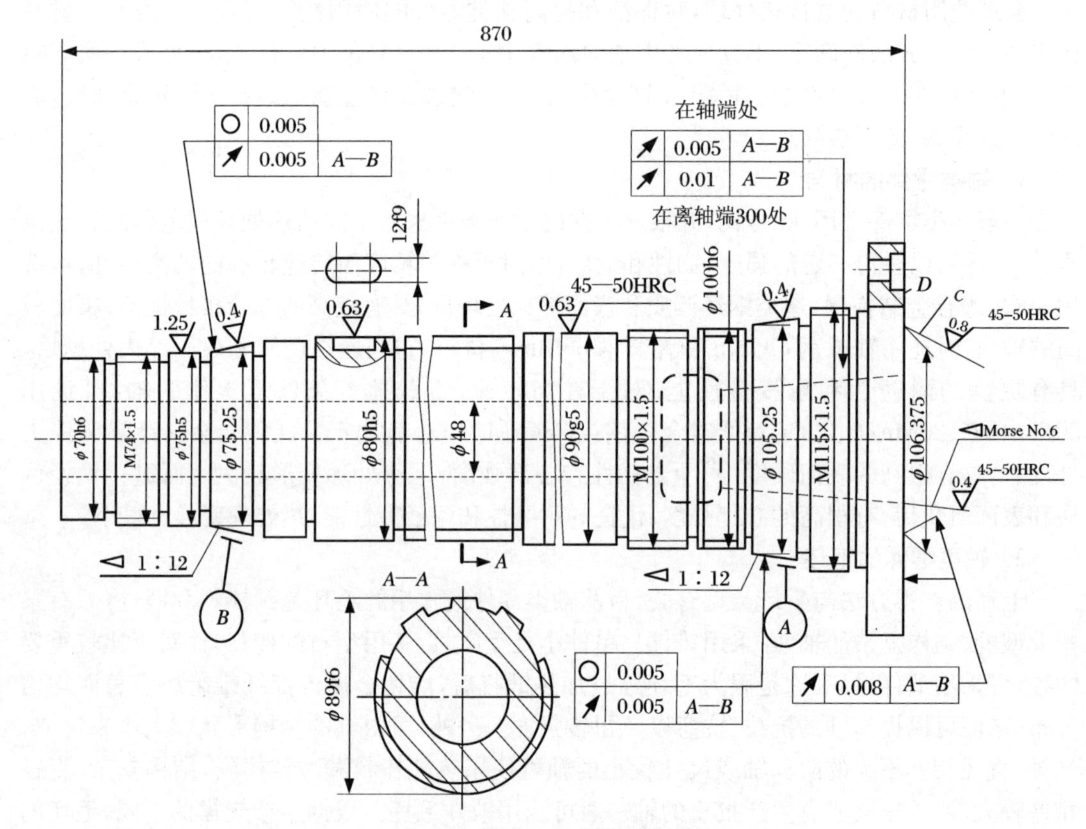

图 9.1　普通车床主轴零件简图

主轴锥孔是用来安装顶尖或工具锥柄的，其中心线必须与支承轴颈的中心线严格同轴，否则会使工件产生圆度、同轴度等误差。

主轴前端圆锥面和端面是安装卡盘的定位表面。为了保证卡盘的定心精度，这个圆锥面必须与支承轴颈同轴，而端面必须与主轴的旋转中心线垂直。

当主轴上的螺纹表面中心线与支承轴颈中心线歪斜时，会引起主轴部件上锁紧螺母的端面跳动，导致安放在支承轴颈上的滚动轴承内圈中心线倾斜，从而会引起主轴的径向圆跳动。因此，在加工主轴螺纹时，必须控制其中心线与支承轴颈中心线的同轴度。

主轴轴向定位面与主轴旋转中心线不垂直，会使主轴产生周期性的轴向窜动。当加工轴类工件的端面时，就会影响工件端面的平面度及其对中心线的垂直度。当加工螺纹时，就会造成螺距误差。

由上面分析可知，主轴上的支承轴颈、配合轴颈、锥孔、前端圆锥面及端面、锁紧螺母的螺纹等表面加工要求较高，是主要表面。而其中支承轴颈本身的尺寸精度、几何形状精度以及其他表面与其的相互位置精度要求都更高，这是在主轴加工中需要特别关注的。

2. 主轴加工工艺过程分析

经过对主轴的结构特点、技术要求进行深入分析以后，即可根据生产批量、设备条件等考虑主轴的工艺过程。在拟定主轴零件工艺过程时,应考虑下列一些共性的问题。

(1) 定位基准选择　轴类零件的定位基准是其轴线,但最常用的是通过两顶尖孔作为定位基面来实现。因为轴类零件各外圆表面、锥孔、螺纹表面的同轴度,以及端面对旋转轴线的垂直度是其相互位置精度的主要项目,而这些表面的设计基准一般都是轴的中心线,用两顶尖孔定位,符合基准重合的原则。而且,用顶尖孔作为定位基准面,能够最大限度地在一次安装中加工出多个外圆和端面,也符合基准统一的原则。所以,应尽量采用顶尖孔作为轴类零件加工的定位基准。

当不能用顶尖孔时(如加工轴的锥孔时),或是粗加工时为了提高零件的刚度,可采用轴的外圆表面作为定位基面,或是以外圆表面和顶尖孔共同作为定位基面。例如在本节所给的主轴加工工艺过程中,半精车、精车、粗磨和精磨各外圆及端面,铣花键及车螺纹等工序,都是以顶尖孔作为定位基准的;而在车、磨锥孔时,都是以两端的外圆表面作为定位基面的。

在精加工孔(如磨锥孔)时,一般多选择主轴的装配基准——以前后支承轴颈作为定位基准,这样可消除基准不重合所引起的定位误差,使锥孔的径向跳动易于控制。

由于主轴是带通孔的零件,在其加工过程中,作为定位基准的顶尖孔将因钻出通孔而消失。为了在通孔加工以后还能用顶尖孔作定位基准,一般都采用带有顶尖孔的锥堵或锥套心轴。当主轴孔的锥度比较小时(如本车床主轴的锥孔的锥度为莫氏 6 号),就使用锥堵(图 9.2(a));当锥孔的锥度较大(例如铣床主轴的锥度为 7∶24)或为圆柱孔时,则可用锥套心轴(图 9.2(b))。采用锥堵定位应注意以下问题:锥堵应具有较高的精度,锥堵的顶尖孔既是锥堵本身制造的定位基准,又是磨削主轴的精基准,所以必须要保证锥堵上锥面与顶尖孔有较高的同轴度。其次是使用锥堵过程中,应尽量减少锥堵安装次数,其原因是工件锥孔与锥堵上锥角不可能完全一致,重新安装会引起安装误差。所以对于中小批来说,锥堵安装后一般中途不更换。

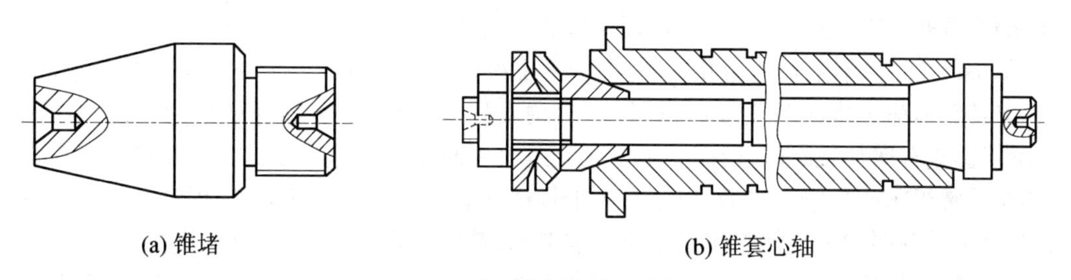

(a) 锥堵　　(b) 锥套心轴

图 9.2　孔用锥堵和锥套心轴

从上面的分析来看,主轴工艺过程可以这样考虑安排:首先,以外圆面作粗基准铣端面、打顶尖孔,为粗车外圆准备了定位基准;而粗车外圆又为深孔加工准备了定位基准;此后,为了给半精加工和外圆准备定位基准,又要先加工好前后锥孔,以便安装锥堵。最后,由于支承轴颈是磨锥孔的定位基准,所以终磨锥孔之前必须磨好轴颈表面。

(2) 预加工中的问题　车削轴类零件的第一道工序就是轴类机械加工的预备阶段。预加工内容如下。

① 校直:由于细长轴的弯曲变形会造成加工余量不足,需增加校直工序。

② 切断:对于直接用棒料为毛坯的轴,需要增加切断工序。另外有些批量较小的轴,经

锻造后两端有较多的加工余量也必须切断。

③ 切端面和打顶尖孔:对于直径较大、长度较长的轴,需要在车削外圆之前预先加工两端面的顶尖孔。单件小批量生产的主轴可以经过划线在摇臂钻床上加工顶尖孔;成批生产的主轴则可以采用专用机床铣两端面,同时钻两端顶尖孔。

(3) *热处理工序的合理安排* 在主轴加工的整个过程中,应安排足够的热处理工序,以保证主轴的机械性能及加工精度要求,并改善工件的切削加工性能。

一般地,在主轴毛坯锻造后,首先需安排正火处理,以消除锻造应力,改善金属组织,细化晶粒,降低硬度,改善切削性能。在粗加工后,安排第二次热处理——调质处理,获得均匀细致的回火索氏体组织,提高零件的综合机械性能;也便于在后续的表面淬火时,能得到均匀致密的硬化层,并使硬化层的硬度由表面向中心逐步降低;同时,索氏体晶粒结构的金属组织经加工后,可以获得的表面粗糙度较小。最后,对有相对运动的轴颈表面和经常装卸工具的前锥孔进行表面淬火处理,以提高其耐磨性。

(4) *加工阶段的划分* 由于主轴是多阶梯带通孔的零件,切除大量的金属后,会引起内应力重新分布而变形。因此,在安排工序时,应将粗、精加工分开,先完成各表面的粗加工,再完成各表面的半精加工和精加工,而主要表面的精加工则放在最后进行。这样主要表面的精度就不会受到其他表面加工或内应力重新分布的影响。

对于本主轴加工工艺过程,就是以主要表面(特别是支承轴颈)的粗加工、半精加工和精加工为骨干,适当穿插其他表面的加工工序而组成的。阶段的划分是:表面淬火以前的工序,为各主要表面的粗加工阶段;表面淬火以后的工序,为半精加工和精加工阶段,要求较高的支承轴颈和莫氏6号锥孔的精加工,则放在最后进行。

(5) *工序顺序安排* 经过上述几个问题的分析,对主轴加工工序安排大体如下:准备毛坯—正火—切端面打顶尖孔—粗车—调质—半精车—精车—表面淬火—粗、精磨外圆表面—磨内锥孔。在安排工序顺序时,还应注意下面几点:

① 深孔加工:本主轴为通孔,相对孔径来说可以认为是深孔。因此,加工时必须注意以下两点:第一,应安排在调质以后进行,因为调质处理变形较大,深孔产生弯曲变形没法纠正,不仅影响车床加工时较长棒料的通过,而且会引起主轴高速转动的不平衡;第二,深孔应安排在外圆粗车或半精车之后,以便有一个较精确的轴颈作定位基面,以保证孔对外圆的同轴,并使主轴壁厚均匀。如果仅从定位基准考虑,希望始终用顶尖孔定位,避免使用锥堵,深孔加工安排到最后为好,但是深孔加工属于粗加工(去除多余材料),发热量大,将会破坏外圆加工的精度,所以深孔只能在半精加工阶段进行。

② 外圆表面的加工顺序:先加工大直径外圆,再加工小直径外圆,以免降低工件的刚度。

③ 次要表面加工安排:主轴上的花键、键槽等次要表面的加工,一般都放在外圆精车或粗磨之后、精磨外圆之前进行。如果在精车前铣出键槽,一方面,在精车时,由于断续切削而产生振动,既影响加工质量,又容易损坏刀具;另一方面,也难控制键槽的尺寸要求。但是,它们的加工也不宜放在主要表面精磨以后进行,以免破坏主要表面已有的精度和表面质量。另外,主轴上的螺纹均有较高的要求,如安排在淬火前加工,则淬火后产生的变形,会影响螺纹和支承轴颈的同轴度误差。因此,车螺纹宜安排在主轴局部淬火之后进行。

(6) *主轴锥孔的磨削*　主轴锥孔对主轴支承轴颈的径向跳动是机床的主要精度指标，因此，锥孔的磨削是主轴加工的关键工序之一。主轴锥孔磨削一般均采用专用夹具，夹具由底座、支架及浮动夹头三部分组成(具体可参阅有关资料图册)，作为工件定位基准的两轴颈外圆放在位于底座上的支架的两个V形块上，V形块镶有硬质合金，以提高耐磨性，并减少对主轴锥孔的接触精度。后端的浮动卡头用锥柄装在磨床主轴的锥孔内，工件尾端插于弹性套内，用弹簧把浮动卡头外壳连同主轴向左拉，通过钢球压向镶有硬质合金的锥柄端面，限制工件的轴向窜动。采用这种连接方式可以保证主轴支承轴颈的定位精度不受内圆磨床床头回转误差的影响，也可减小机床本身振动对加工质量的影响。

3. 普通车床主轴加工工艺过程

某车床主轴加工工艺过程如表9.1所示。

表9.1　车床主轴加工工艺过程

工序号	工序名称	工序内容	定位基准	设　备
1	锻造	精锻毛坯		立式精锻机
2	热处理	正火		
3	铣端面、钻中心孔		外圆柱面	专用机床
4	荒、粗车	车各外圆面	外圆和顶尖孔	普通车床CA6140
5	热处理	调质：HB 220～240		
6	车大端各部	车外圆短锥端面及台阶 $R_a8.3$	两端顶尖孔	普通车床CA6140
7	仿形车小端各部	车小端各外圆 $R_a8.3$	两端顶尖孔	仿形车床CE7120
8	钻通孔	钻 $\phi48$ 通孔(全长)$R_a8.3$	夹小端，支顶大端	深孔钻床
9	车大端锥孔、外端面	镗大端锥孔(莫氏6号)，配锥堵，车外短锥 C 及端面 D	夹小端，支顶大端	普通车床CA6140
10	车小端锥孔	镗小端锥孔，配锥堵(1∶20)$R_a3.2$	夹大端，支顶小端	普通车床CA6140
11	钻大端面孔	钻大端端面法兰孔 $R_a8.3$	外圆或外端面 D	钻床Z550，钻模
12	热处理	高频淬火前、后锥孔和轴颈以及 ϕ90g5 外圆		
13	精车各外圆	精车各外圆并切槽 $R_a3.2$	两端锥孔	数控车床CSK6163
14	粗磨外圆	粗磨 ϕ100h6，ϕ90g5，ϕ75h5	两端锥孔	外圆磨床M1420
15	磨莫氏锥孔	磨大端莫氏6号锥孔 $R_a1.25$(另配锥堵)	支承为 ϕ100h6，ϕ75h5 外圆	内圆磨床M2120
16	铣花键	粗精铣花键 $R_a1.6$	两端锥孔	花键铣床YB6016

续表

工序号	工序名称	工序内容	定位基准	设　备
17	铣键槽	铣 ϕ80h5 外圆键槽 $R6$，$R_a3.2$	ϕ80h5 外圆和 F 面	铣床 X5132
18	车螺纹	车三段外螺纹(并配螺母)，车大端内侧端面	两端锥孔和大端外端面 D	通用车床 CA6140
19	精磨外圆和两轴肩	精磨外圆和轴肩(E,F) $R_a0.8$	两端锥孔和端面 D	外圆磨床 M1420
20	粗精磨圆锥面	粗精磨三圆锥面及 C 端面 $R_a0.4$	两端锥孔	组合磨床(专用)
21	精磨莫氏 6 号锥孔	精磨大端莫氏 6 号锥孔 $R_a0.4$	ϕ100h6，ϕ80h5	专用磨床
22	钳工	去毛刺，清理		
23	检验	按图纸技术要求综合检查		

9.1.2.2　精密主轴加工工艺特点

对于精密机床的主轴不仅一些主要表面的精度和表面质量要求很高(几何形状精度和相互位置精度高达 0.001 mm，表面粗糙度 $R_a = 0.15 \sim 0.01\ \mu m$)，而且要求精度比较稳定。这就使得精密主轴在材料选择、工艺安排、热处理等方面都具有一些特点。下面结合高精度磨床砂轮主轴(图 9.3)的加工来讨论精密主轴加工的一些工艺特点。

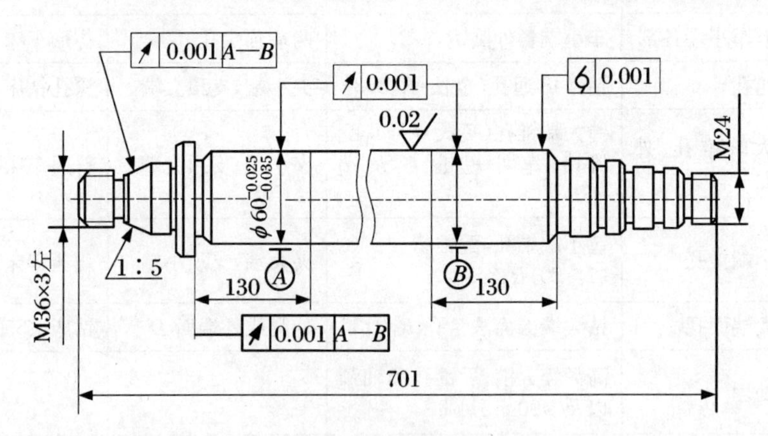

图 9.3　高精度磨床砂轮主轴简图

1. 主要技术要求

① 支承轴颈的尺寸精度为 $\phi\,60^{-0.025}_{-0.035}$ mm，其圆度和圆柱度为 0.001 mm，两轴颈相对径向圆跳动 0.001 mm；表面粗糙度 R_a 值为 0.02 μm。

② 安装砂轮的 1∶5 锥面相对支承轴颈的径向跳动 0.001 mm；锥面涂色检验时，应均匀着色，接触面积不得小于 80%。

③ 前轴肩的端面跳动：0.001 mm。

④ 材料38CrMoAlA，氮化硬度：HRC 65。

2. 加工工艺路线

① 锻造毛坯；

② 毛坯退火处理；

③ 粗车外圆(全长弯曲应小于0.2 mm)；

④ 调质(全长弯曲应小于1 mm)；

⑤ 割试样(M36×3左端割取)，并在零件端面和试样外圆作相同编号；

⑥ 平磨试样两端，将试样送淬火车间进行金相检查，待检查合格后，零件方可转下道工序加工。试样由淬火车间保存，备氮化检查；

⑦ 精车外圆(外圆径向跳动小于0.1 mm)，留磨削加工余量0.7～0.8 mm；

⑧ 铣键槽至尺寸深度；

⑨ 去应力处理；

⑩ 研磨顶尖孔，表面粗糙度为R_a<0.63 μm，并用标准顶尖着色检查，接触65%；

⑪ 磨外圆，留精磨加工余量0.06～0.08 mm；

⑫ 氮化处理HRC 65，深度0.3 mm，氮化后进行磁力探伤，各外圆径向跳动不大于0.03 mm，键槽应加保护，不能渗氮；

⑬ 研磨顶尖孔，表面粗糙度为R_a=0.32 μm，接触面积65%；

⑭ 半精磨外圆，加工余量不大于0.01 mm；

⑮ 磨螺纹；

⑯ 精研顶尖孔，表面粗糙度为R_a=0.32 μm，接触面积75%；

⑰ 精磨外圆(在恒温室内进行)，尺寸达公差上限；

⑱ 研顶尖孔，表面粗糙度为R_a=0.32 μm，接触面积80%(用磨床顶尖检查)；

⑲ 终磨外圆(磨削过程中允许研顶尖孔)，在恒温室进行，室温(20±10)℃，充分冷却，表面粗糙度和精度达到图样要求；

⑳ 检验(按技术要求终检)。

3. 精密主轴加工工艺路线的特点

① 主要表面的加工工序分得很细，如支承轴颈φ60 mm表面经过粗车、精车、粗磨、精磨和终磨等多道工序，其中还穿插一些热处理工序，以减少由内应力所引起的变形。

② 为了保证支承轴颈φ60 mm表面几何形状精度及相互位置精度，十分重视定位基准——顶尖孔的修研。加工中先后安排了四次修研顶尖孔工序，而且逐步降低顶尖孔的表面粗糙度以及提高接触精度，最后一次以终磨外圆的磨床顶尖检验顶尖孔的研磨。

③ 为了保证氮化处理的质量和主轴精度的稳定，要合理地安排热处理工序。从工艺角度考虑，氮化处理前需安排调质和消除应力两道热处理工序。调质处理对氮化主轴非常重要。因为对于氮化主轴来说，不仅要求调质后能获得均匀细致的索氏体组织，还要求距离表面8～10 mm的表面层内的铁素体含量不得超过5%，表层铁素体的存在会造成氮化脆性，而使表面质量降低。因此，氮化主轴在调质后，必须每件割试样进行金相组织的检查，不合格者不得转入下道工序加工。

④ 消除应力处理(高温回火或低温退火)工序以消除切削加工引起的残余应力为主要目的。表面氮化主轴由于氮化层一般较薄,氮化前如果主轴内应力消除不好,氮化后会出现较大的弯曲变形,以致氮化层的厚度不够磨削加工时弯曲变形。所以精密主轴氮化处理前,必须安排除应力工序。对于一般经过表面淬火的非氮化主轴(例如65Mn、GCr15及40Cr等主轴),由于淬硬层较深,磨削加工余量较大,对弯曲变形要求不高,工艺安排中可以省略去应力处理。对于非氮化的精密主轴,虽然表面淬火前不必安排去应力处理,但是,在淬火及粗磨后,为了稳定淬硬钢中残余奥氏体组织,使工件尺寸稳定和消除加工应力,往往需要安排人工时效处理,而时效的次数则视零件的精度和结构特点而定。

⑤ 精密主轴上的螺纹一般要求也较高,常常对螺纹部分进行淬火处理。但已车好的螺纹淬火时会因为应力集中而产生裂纹,因此精密主轴上的螺纹多不采用车削,而是在淬火、粗磨外圆后用螺纹磨床直接磨出。

⑥ 精密主轴的支承轴颈,表面粗糙度要求很小,往往在精磨后还需经过光整加工。

9.2 套筒类零件的加工

9.2.1 套筒零件的功用和结构

套筒类零件是机械加工中应用范围很广的一种零件。机器中的套筒零件,通常起支承或导向作用。由于功用不同,套筒零件的结构和尺寸有着很大的差别,但仍有许多共同的特点,即:零件的主要表面为同轴度要求较高的内、外旋转表面;与内孔轴线有垂直度要求的端面;零件的壁厚较小,加工时易变形;零件的长度一般大于直径等。

1. 套筒零件的技术要求

(1) *内孔* 内孔是套筒零件起支承或导向作用最主要的表面,它通常与运动的轴、刀具或活塞等相配合。内孔直径的尺寸精度一般为IT7,精密轴套有时取IT6,对于液压油缸(套)由于与其相配的活塞上有密封圈,要求较低,一般取IT9。内孔的形状精度,应控制在孔径公差以内,精密轴套控制在孔径公差的1/2～1/3,甚至更严。对于长套筒除了圆度要求外,还应注意孔的圆柱度。为了保证零件的功用和提高其耐磨性,内孔表面质量要求较高,一般取表面粗糙度 R_a 值为2.5～0.16 μm,有的要求更高,达到 $R_a=0.04$ μm。

(2) *外圆表面* 一般是套筒零件的支承表面,常以过盈配合或过渡配合与箱体或机架上的孔相连接。尺寸精度通常为IT6～IT7;形状精度控制在外圆直径公差以内;表面粗糙度 R_a 为5～0.63 μm。

(3) *表面间的位置精度* 对于内外圆表面之间的同轴度(有时要求径向圆跳动),当内孔的最终加工是在装配前完成时,则要求较高,一般为0.01～0.05 mm;而当内孔的最终加工是在装配后完成时,则要求较低。对于孔的轴线与端面的垂直度(或端面跳动),套筒的端面(包括凸缘端面)如工作中承受轴向载荷,或虽不承受载荷但加工中作为定位面时,端面与孔轴线的垂直度要求较高，一般为 0.02～0.05 mm。

2. 套筒零件的材料与毛坯

套筒零件一般用钢、铸铁、青铜或黄铜等材料制成。有些滑动轴承采用双金属结构，即用离心铸造法在钢或铸铁套的内壁上浇注巴氏合金等轴承合金材料，这样既可节省贵重的有色金属，又能提高轴承的寿命。

套筒零件的毛坯选择与其材料、结构和尺寸等因素有关。孔径较小(如 $d<20$ mm)的套筒一般选择热轧或冷轧棒料，也可采用实心铸件。孔径较大时，常采用无缝管或带孔的铸件和锻件。大量生产时可采用冷挤压和粉末冶金等先进的毛坯制造工艺，提高生产率，节约金属材料。

9.2.2　套筒类零件加工工艺分析

套筒类零件由于功用、结构形状、材料、热处理以及尺寸大小的不同，其在工艺上差别很大。就结构形状来分，大体上可以分为短套筒与长套筒两类。这两类由于形状的差别，工件装夹及加工方法都有一定的差别。但仍有一些共性，下面来分析一下它们的工艺特点。

1. 加工方法的选择和加工阶段的划分

套类零件的主要加工表面是孔和外圆，外圆表面的加工可根据加工精度和表面质量要求来选择(粗、精)车削或磨削加工；孔的加工方法选择较为复杂，需要考虑其结构特点、孔径的大小、长径比、加工精度、表面质量以及生产类型等多种因素，但是，一般都要首先加工端面，以保证钻孔时不会受到“引偏”的影响；当加工精度要求较高时，对孔的加工通常需要多种方法结合进行。套类零件加工时加工阶段的划分，一般根据生产类型和加工质量的要求以及材料来选择，对于精度要求较高的黑色金属类，通常划分较细，淬火前为粗车和半精车的粗加工阶段，精加工则采用磨削方法；对于有色金属类，阶段划分没有严格的规律，而是用精车(镗)和精细车(镗)来获得高精度。

2. 保证套筒表面位置精度的方法

从套筒零件的技术要求可知，其主要位置精度是内外表面之间的同轴度及端面与孔轴线的垂直度要求。通常采用下列方法：

① 在一次装夹中完成内外表面及端面全部加工，这种方法消除了工件的装夹误差，可获得很高的相对位置精度。但是，这种方法的工序比较集中，对于尺寸较大(尤其是长径比大)的套筒来说装夹较困难，故多用于尺寸较小轴套的车削加工。

② 套筒主要表面加工分在几次装夹中进行，先加工孔，然后以孔为精基准终加工外圆。这种方法由于所用夹具(心轴)结构简单，定心精度高，可保证较高的位置精度，应用甚广。

③ 套筒主要表面加工分在几次装夹中进行，先加工外圆，然后以外圆为精基准最后加工孔，采用本方法时，虽然工件装夹迅速可靠，但需结构较复杂的夹具，加工精度较差。欲获得较高的同轴度，则必须采用定心精度高的夹具。

3. 防止加工中套筒变形的措施

套筒是薄壁类零件，加工中因切削力和切削热等因素的影响而易产生变形。为此，应注意：

① 为了减少切削力与切削热的影响，粗、精加工应分开，使粗加工产生的变形能在精加

工中得到纠正。

② 减少夹紧力的影响，工艺上可以采取的措施有两类，一是改变夹紧力的方向，即将径向夹紧改为轴向夹紧，并用“找正法”利用外圆或内孔的“找正”来获取回转轴线；二是无法进行轴向夹紧时，用过渡套或弹性套来装夹工件，在径向尽可能使夹紧力均匀，或者在工艺上，采用增加工艺凸台(近似于法兰型)，最后再将其切除等方法。

③ 减少热处理的影响，热处理对变形和已加工表面都有一定的影响，因此，如需热处理应将其安排在粗、半精加工之后，精加工之前，并根据材料和结构可能产生的变形，适当增加精加工时的加工余量。

4. 短套筒零件加工工艺过程

图 9.4 为两种不同材料的套筒类零件，图 9.4(a)所示套筒材料为 45＃，整体淬火 HRC 45～50。图 9.4(b)为锡青铜。单件小批生产加工工艺过程如表 9.2、表 9.3 所示。

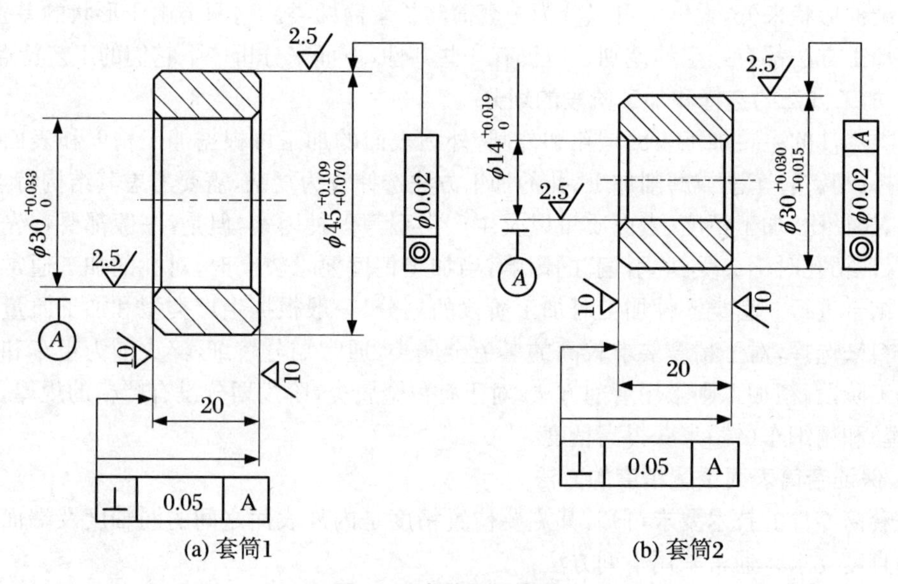

图 9.4　套筒零件简图

表 9.2　套筒 1 加工工艺过程

工序号	工序名称	工序内容	定位基准	设　备
1	下料	50×40 mm (或取多件合一的长度)		
2	车外圆、端面,钻、车镗内孔	车端面、表面粗糙度 $R_a = 10\ \mu$m，钻、镗孔 ϕ30 mm，留磨量 0.3 mm，车外圆 ϕ45 mm，留磨量 0.3 mm，倒角，切断	外圆	通用车床 CA6140
		调头；车端面，保证尺寸 20 mm，表面粗糙度 $R_a = 10\ \mu$m，倒角	外圆及端面	通用车床 CA6140

续表

工序号	工序名称	工序内容	定位基准	设　备
3	热处理	淬火，硬度 HRC 45～50		
4	磨内孔	磨孔 ϕ30 mm 至图样要求	外圆	内圆磨床 M2120
5	磨外圆	磨外圆 ϕ45 mm 至图样要求	孔	外圆磨床 M1420
6	检验	按图样检验入库		

表 9.3　套筒 2 加工工艺过程

工序号	工序名称	工序内容	定位基准	设　备
1	下料	35×40 mm （或取多件合一的长度）		
2	车外圆、端面，钻镗孔	车端面、车外圆 ϕ30 mm 至尺寸 30.5 mm，钻孔 ϕ14 mm 至尺寸 13 mm，内外圆倒角	外圆	通用车床 CA6140
		车端面，镗孔 ϕ14 mm 处至尺寸 ϕ13.8±0.05 mm，倒角，机铰至图纸要求	外圆	通用车床 CA6140
		车端面，保证尺寸 20 mm，倒角，切断	外圆及端面	
3	精车	精车外圆 ϕ30 mm 至图样要求 R_a2.5	孔	CM6132
4	检验	按图纸检验，入库		

5. 长套筒零件加工工艺过程

长套筒零件与短套筒零件的加工方法基本上是相同的，只是在加工时应尽可能选取产生径向力较小的方法（如浮动铰孔、珩磨等）。因此，对于它的加工，需要对零件的装夹方式予以注意。

对于较长的套类零件，为了能保证内外圆表面的位置精度，外圆加工时，通常用两端顶尖或一端夹紧一端用中心架（或跟刀架）的安装方式；内孔的加工，近似深孔加工，采用一端夹紧、一端用中心架支撑外圆的安装方式。

图 9.5 为一液压油缸的零件工作简图，其主要技术要求如下：内孔必须光洁，且无纵向刻痕。内孔圆柱度误差不大于 0.04 mm。内孔轴线的直线度误差不大于 0.01/1 000 mm。内孔轴线与端面的垂直度误差不大于 0.03 mm。内孔对两端支承外圆（ϕ82h6）的同轴度误差不大于 0.025 mm。其加工工艺过程如表 9.4 所示。

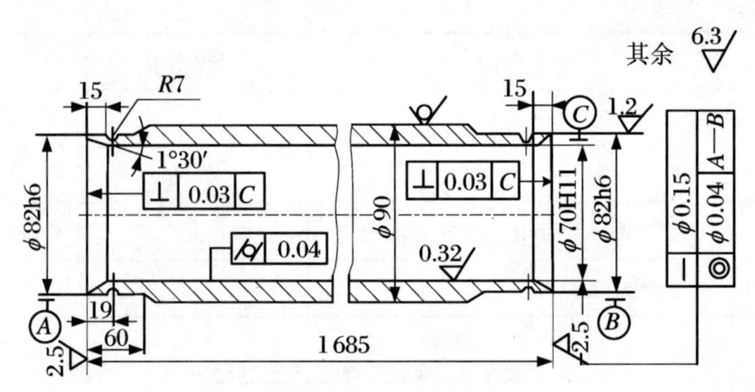

图 9.5　液压缸简图

表 9.4　液压缸加工工艺路线

工序号	工序名称	工序内容	定位与夹紧	设　备
1	备料	无缝钢管切断 ϕ90×1 690		
2	车削	车 ϕ82 mm 外圆到 ϕ88 mm 及并车 M88×1.5 mm 螺纹(工艺用)	三爪卡盘夹一端,大头顶尖顶另一端	通用车床 CA6140
		车端面及倒角	三爪卡盘夹一端,搭中心架托 ϕ88 mm 处	通用车床 CA6140
		调头车 ϕ82 mm 外圆到 ϕ84 mm	三爪卡盘夹一端,大头顶尖顶另一端	通用车床 CA6140
		车端面及倒角取总长 1 686 mm(留加工余量 1 mm)	三爪卡盘夹一端,搭中心架托 ϕ88 mm 处	通用车床 CA6140
3	深孔推镗	半精推镗孔到 ϕ68 mm	一端用 M88×1.5 mm,螺纹固定在夹具中,另一端搭中心架	专用机床或镗床
		精推镗孔到 ϕ69.85 mm		
		精铰(浮动镗刀镗孔)到 ϕ70 + 0.20 mm,表面粗糙度 R_a 值为 0.25 μm		
4	滚压孔	用滚压头滚压孔至 ϕ70H11,表面粗糙度 R_a 值为 0.32 μm	一端螺纹固定在夹具中,另一端搭中心架	通用车床 CA6140
5	精车	车去工艺螺纹,车 ϕ82h6 到尺寸,车切 2 - R7 槽	软爪夹一端,以孔定位顶另一端	通用车床 CA6140
		镗一端内锥孔 1°30′及车端面	软爪夹一端,中心架托另一端(百分表找正孔)	通用车床 CA6140
		调头,车 ϕ82h6 到尺寸	软爪夹一端,顶另一端	通用车床 CA6140
		镗另一端内锥孔 1°30′及车端面取总长 1 685 mm	软爪夹一端,中心架托另一端(百分表找正孔)	通用车床 CA6140
6	检验	按图纸检验		

9.3 齿轮的加工

9.3.1 齿轮的功用及结构

齿轮传动在现代机器和仪器中应用极为广泛,其功用是按规定的速比传递运动和动力。齿轮的结构由于使用要求不同而有各种不同的形状。从制造工艺的角度来看,可将其构成分为齿圈(齿形)和轮体两部分。按照齿圈上轮齿的分布形式,又可分为直齿、斜齿和人字齿轮等;按轮体的结构特点来分,有盘形齿轮、套筒齿轮、轴齿轮和齿条等,其中,以轮体呈盘形齿轮(或称为圆柱齿轮)应用最广。盘形齿轮的内孔多为精度较高的圆柱孔或花键孔,其轮缘有一个或几个齿圈。单齿圈齿轮的结构工艺性最好,可采用任何一种齿形加工方法加工;双联或三联等多齿圈齿轮,当其轮缘间的轴向距离较小时,小齿圈齿形加工方法通常只能选插齿。如果小齿圈精度要求较高,需要精滚或磨齿加工,而轴向距离在设计上又不允许加大时,则需要将该多齿圈齿轮设计成单齿圈齿轮的组合结构,以改善加工的工艺性。

1. 齿轮的技术要求

齿轮制造应满足齿轮传动的使用要求。齿轮传动的一般要求是:传递运动准确、传动工作平稳、齿面接触良好和非工作齿侧间留有适当间隙等。为了保证齿轮传动质量,齿轮制造应符合一定的精度标准(机械工业部 JB 179—83 或国标标准 ISO 1328—75)。对齿轮及齿轮副规定了 12 个精度等级(第 1 级精度最高,第 12 级精度最低),并为每个精度等级制订了精度规范,即对影响齿轮及齿轮副精度的各项制造误差制订了公差或极限偏差标准。

“标准”按齿轮各项加工误差对传动性能的主要影响,将其划分为三个公差组(表 9.5)。第Ⅰ公差组主要控制齿轮-转内回转角的全部误差,它主要影响传递运动的准确性;第Ⅱ公差组主要控制齿轮在一个齿距角范围内的转角误差,它主要影响传动的平稳性;第Ⅲ公差组主要控制齿面的接触痕迹,它主要影响齿轮所受载荷分布的均匀性。

表 9.5 齿轮公差组

公差组	公差与极限偏差项目	对传动性的主要影响
Ⅰ	F_i, F_p, F_{pk}, F_r, F_w	传递运动的准确性
Ⅱ	f_i, f_f, f_{pt}, f_{pb}, $f_{f\beta}$	传动的平稳性、噪声、振动
Ⅲ	F_β, F_{px}	载荷分布的均匀性

齿轮制造时,除了应注意上述有关齿轮的各项精度要求外,还要重视齿形加工前齿坯的精度要求。因为齿坯的内孔(或轴颈)和基准端面(有时还有顶圆)常常是齿轮加工、检验和安装的基准,齿坯加工精度对齿轮加工和传动精度均有很大的影响。齿坯公差主要包括基

准孔(或轴)直径公差和基准端面的端面跳动,各级精度具体规定可见“标准”。

齿轮的齿面和齿坯基准面的表面粗糙度的要求,一般可参考表 9.6 所列数据。

表 9.6 常用齿轮的齿面和孔(轴)的表面粗糙度 R_a 值(μm)

精度等级	5	6	7	8	9
齿轮孔	0.4~0.2	0.8	0.6~0.8	1.6	3.2
齿轮轴	0.2	0.4	0.8	1.6	8.3
齿形面	0.4	0.8~0.4	0.8	3.2	8.3

2. 齿轮的材料与毛坯

(1) 齿轮的材料及热处理　齿轮的材料及热处理对齿轮的内在质量和使用性能都有很大的影响,选择时主要应考虑齿轮的工作条件(如速度与载荷)和失效形式(如点蚀、剥落或折断等)。常用的材料及热处理大致如下:

① 中碳结构钢(如 45＃钢)进行调质或表面淬火。经热处理后,综合机械性能较好,但切削性能较差,齿面较粗糙,主要适用于低速、轻载等一些不太重要的齿轮。

② 中碳合金结构钢(如 40Cr)进行调质或表面淬火。处理后综合机械性能较 45＃钢好,且热处理变形小。适用于速度较高、载荷较大及精度较高的齿轮。对于高速齿轮,为提高齿面的耐磨性,减少热处理后变形,不进行磨齿时,可选用氮化钢(如 38CrMo-A1A)进行氮化处理。

③ 渗碳钢(如 20Cr 和 20CrMnTi 等)进行渗碳或碳氮共渗。这类钢经渗碳淬火后,齿面硬度可达到 HRC 58~63,而芯部又有较高的韧性,既耐磨又能承受冲击载荷,适用于高速、中载或有冲击载荷的齿轮。但渗碳工艺比较复杂,热处理后齿轮变形较大,对高精度齿轮尚需进行磨齿。因此,有时可采用碳氮共渗,此法比渗碳变形小,但渗层较薄,承载能力不及渗碳。

④ 铸铁及其他非金属材料(如夹布胶木、尼龙等)。这些材料强度低,容易加工,适用于一些轻载或家电中的齿轮使用。

(2) 齿轮毛坯　齿轮毛坯的选择决定于齿轮的材料、结构形状、尺寸大小、使用条件以及生产批量等多种因素。对于钢质齿轮,除了尺寸较小且不太重要的齿轮直接采用轧制棒料(轧制棒料内部由于纤维组织的存在,对齿轮的承载强度有很大影响)外,一般均采用锻造毛坯。生产批量较小或尺寸较大的齿轮采用自由锻造;生产批量较大的中小齿轮采用模锻。对于直径很大且结构比较复杂、不便锻造的齿轮,可采用铸钢毛坯。铸钢齿轮的晶粒较粗,机械性能较差,且加工性能不好,故加工前应先经过正火处理,消除内应力和硬度的不均匀性,以改善加工性能。

9.3.2 圆柱齿轮加工工艺分析

1. 齿轮主要表面的加工方法

(1) 轮体部分　无论是轴齿轮、套筒齿轮还是盘形齿轮,主要表面有内外旋转表面、键槽和花键。外旋转表面通常采用粗精车削加工即可达到要求。内旋转表面视齿轮结构、技术要求和批量的不同,最终加工可选择镗、铰、拉削和磨削。内齿轮外圆表面上的键槽和花键常采用铣削加工；外齿轮内孔的键槽可采用插销或拉削加工，花键孔一般均采用拉削加工。

(2) 齿形部分　其主要表面是各种齿形面：渐开线齿面、摆线齿面或圆弧形齿面，其中以渐开线齿面应用最广。齿面加工的方法有很多，按加工中有无切屑分类，可分为有屑加工和无屑加工。无屑加工主要指热轧、冷轧、精锻和粉末冶金等，是一种较新的工艺，它具有生产率高、材料消耗少和成本低等优点，但是由于受到材料塑性和加工精度较低等限制，目前还未广泛应用。齿面的有屑加工由于加工精度较高，目前仍是齿面加工的主要方法，根据加工原理，可将其分为成形法和展成法两种。常用的齿形加工方法及其应用范围如表9.7所示。

表9.7　常用齿形加工方法及适用范围

齿形加工方法		刀　具	机　床	加工精度及使用范围
成形法	成形铣齿	模数铣刀	铣床	加工精度及生产率均较低，精度为9级以下
	拉齿	齿轮拉刀	拉床	精度和生产率均较高，但拉刀多为专用，制造困难，价格高，只在大量生产时用之，宜于拉内齿轮
展成法	滚齿	齿轮滚刀	滚齿机	通常加工6～10级精度齿轮，最高能达4级。生产率较高，通用性好，常用来加工直齿、斜齿的外啮合圆柱齿轮和蜗轮
	插齿	插齿刀	插齿机	通常加工7～9级精度齿轮，最高达6级。生产率较高，通用性好，适于加工内、外啮合齿轮(包括阶梯齿轮)、扇形齿轮、齿条等
	剃齿	剃齿刀	剃齿机	能加工5～7级精度齿轮，生产率高，主要用于齿轮滚插预加工后、淬火前的精加工
	珩齿	珩磨轮	珩齿机或剃齿机	能加工6～7级精度齿轮，多用于经过剃齿和高频淬火后的齿形的精加工
	磨齿	砂轮	磨齿机	能加工3～7级精度齿轮，生产率较低，加工成本较高，多用于齿形淬硬后的精密加工

2. 圆柱齿轮加工工艺过程分析

圆柱齿轮的加工工艺，常随齿轮的结构形状、精度等级、生产批量及各厂生产条件的不同而采用各种不同的方案。下面以图9.6所示的高精度齿轮为例，给出其加工工艺(表9.8)，材料为40Cr，精度为6-5-5，单件小批生产。

表9.8　高精度齿轮加工工艺过程

序　号	工序名称	工序内容	定位基准	设　备
1	备料	毛坯锻造		
2	热处理	正火		

续表

序　号	工序名称	工序内容	定位基准	设　备
3	粗车	粗车外形,均留加工余量 2 mm	外圆和端面	CA6140
4	精车	精车各部,内孔至 ϕ84.8H7,总长留加工余量 0.2 mm,其余至尺寸	外圆和端面	CA6140
5	滚齿形	滚齿(齿厚留磨齿加工余量 0.25～0.35 mm)	内孔和端面 A	Y3150
6	倒角	轮齿倒角	内孔和端面 A	倒角机
7	钳工	钳工除毛刺		
8	热处理	热处理,齿部 G52		
9	插键槽	插键槽	内孔(找正用)和端面 A	插床 B5020
10	磨端面	靠磨大端面 A	内孔	M7120A
11	磨端面	平面磨削 B 面,总长至尺寸(60d11)	端面 A	M7120A
12	磨内孔	磨内孔 ϕ85H6 至尺寸	内孔和端面 A(找正用)	M2120
13	终磨齿形	磨齿	内孔和端面 A	Y7150
14	检验	按技术要求检验		

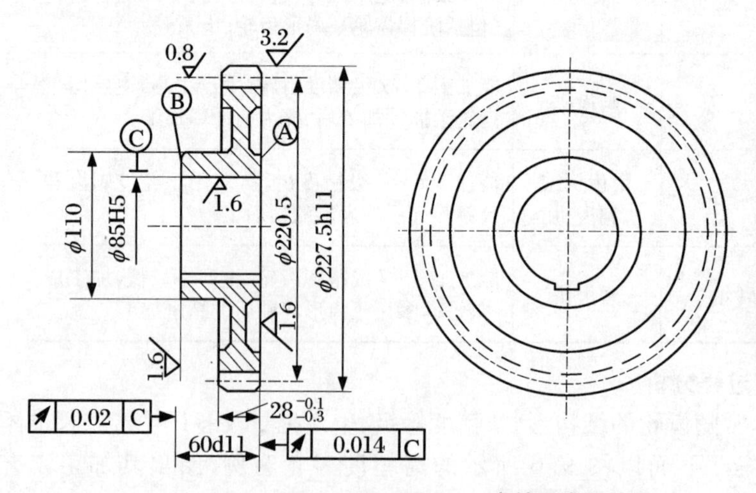

图 9.6　高精度齿轮简图

由表 9.8 所列的工艺可以看出,对于精度要求较高的齿轮,其工艺路线可大致归纳如下:

毛坯制造及热处理—齿坯加工—齿形加工—齿端加工—齿轮热处理—精基准修正—齿形精加工—终结检验。下面就拟定工艺过程时,有关定位基准的选择、齿形加工方案的选择、齿端加工、齿轮热处理、精基准修正以及检验工序的安排等问题分别加以讨论。

(1) *定位基准选择* 为保证齿轮的加工质量，齿形加工时应根据“基准重合”原则，选择齿轮的装配基准和测量基准为定位基准，而且尽可能在整个加工过程中保持“基准的统一”。对于带孔齿轮，一般选择内孔和一个端面定位，基准端面相对内孔的端面跳动也应有一定的要求，才可获得较高的定位精度。当批量较小，不便用专用心轴对内孔定位时，可选择外圆来找正基准，此时，外圆相对内孔的径向跳动应有严格的要求。对于直径较小的轴齿轮，一般选择顶尖孔定位，对于直径或模数较大的轴齿轮，由于自重和切削力较大，不宜再选择顶尖孔定位，而多选择轴颈和一个跳动较小的端面来定位。

定位基准的精度对齿轮的加工精度尤其是对齿轮的齿圈径向跳动和齿向精度影响很大。进一步提高定位基准的加工精度并不困难，而且耗资较少。因此，适当提高齿坯的加工精度，对提高齿轮加工精度有着很好的效果。

(2) *齿轮的热处理* 在齿轮加工中，常安排两种热处理工序。

① 齿坯的热处理：在齿坯粗加工前的预先热处理，其主要目的是改善材料的加工性能，减小锻造引起的内应力，为以后淬火时减少变形做好组织准备。齿坯的热处理有正火和调质。经过正火的齿轮，淬火后变形虽然较调质齿轮大些，但加工性能较好，拉孔和切齿（滚齿或插齿）工序中刀具磨损较小，加工表面的粗糙度较细，因而在生产中应用最多。齿坯正火一般都安排在粗加工之前，调质则多安排在齿坯粗加工之后。

② 轮齿的热处理：齿轮的齿形切出后，为提高齿面的硬度及耐磨性，根据材料与技术要求的不同，常安排渗碳淬火或表面淬火等热处理工序。经渗碳淬火的齿轮，齿面硬度高，耐磨性好，使用寿命长，但齿轮变形较大，对于精密齿轮往往还需要再进行磨齿。表面淬火常采用高频淬火，对于模数小的齿轮，齿部可以淬透，效果较好。当模数稍大时，分度圆以下淬不硬，硬化层分布不合理，机械性能差，齿轮寿命低。因此，对于模数 $m=3\sim6$ mm 的齿轮，宜采用超音频感应淬火；对于更大模数的齿轮，宜采用单齿沿齿沟中频感应淬火。表面淬火齿轮的轮齿变形较小，但内孔直径一般会缩小 0.01～0.05 mm（薄壁齿轮内孔略有涨大），淬火后予应以修正。

(3) *齿形加工方案选择* 齿形加工方案的选择，主要取决于齿轮的精度等级、生产批量和齿轮的热处理方法等。对于 8 级精度以下的调质齿轮，用滚齿或插齿就能满足要求。对淬火齿轮可采用滚（或插）齿、热处理、修正内孔、精加工齿形的加工方案。热处理前的齿形加工精度应提高一级。例如，对于 6～7 级精度的齿轮主要有下述两种加工方案。

① 剃/珩齿：滚齿（插齿）—齿端加工—剃齿—表面淬火—修正基准—珩齿。

② 磨齿：滚齿（插齿）—齿端加工—渗碳淬火—修正基准—磨齿。

其中剃/珩齿方案生产率较高，广泛用于 7 级精度齿轮的成批生产中，磨齿方案生产率较低，一般适用于 6 级精度以上或虽低于 6 级但淬火后变形较大的齿轮。实际生产中，由于生产条件和工艺水平的不同，仍会有一定的变化。例如冷挤齿工艺较稳定时可取代剃齿；用硬质合金滚刀精滚代替磨齿；或磨齿前用精滚纠正淬火后较大的变形，减少磨齿加工余量以提高磨齿效率等。对于 5 级精度以上的高精度齿轮一般应取磨齿方案。

(4) *齿端加工* 齿轮的齿端加工有倒圆、倒尖、倒棱和去毛刺等。倒圆和倒尖后的齿轮,在轴上滑动时容易进入啮合。倒棱可除去齿端的锐边,这些锐边经渗碳淬火后很脆,齿轮传动时易崩裂,对工作不利。齿端倒圆应用最广,倒圆所用的刀具和方法也不一样,倒圆时,齿轮慢速旋转,指状铣刀在高速旋转的同时沿齿轮轴向作往复直线运动。齿轮每转过一齿,铣刀往复运动一次,两者在相对运动中即完成齿端倒圆。

(5) 精基准的修正　齿轮淬火后基准孔常发生变形,为保证齿形精加工质量,对基准孔必须先加以修正。对外径定心的花键孔齿轮,通常用花键推刀修正。对圆柱形内孔的修正,常采用推孔或磨孔。推孔生产率高,常用于内孔未淬硬的齿轮;磨孔生产率低,但加工精度较高,特别是对于整体淬火内孔较硬的齿轮,内孔较大、齿厚较薄的齿轮,均以磨孔为宜。磨孔时应以齿轮分度圆定心,这样可使磨孔后齿圈径向跳动较小,对以后进行磨齿或珩齿都比较有利。为了提高生产率,以金刚镗代替磨孔也有较好的效果。采用磨孔(或镗孔)修正基准孔时,齿坯加工阶段的内孔应留加工余量。采用推孔修正时,一般可不留加工余量。

(6) 齿轮检验　齿轮检验一般分终结检验和中间检验两种。终结检验目的是鉴别成品质量,评定其是否合格;中间检验的目的主要是及时发现问题,防止成批报废,因此必须加强首检和抽检。

齿轮检验的项目,在中间检验时主要应根据各工序的工艺要求来确定。如齿坯加工后应注意检查基准孔的尺寸精度和端面跳动;滚、插齿后检查留剃量(或留磨量)及齿圈径向跳动,抽查公法线长度变动;剃齿后检查孔径和端面跳动等。齿轮的终结检验项目,按"标准"对各公差组进行检验,具体选择时应根据齿轮的精度等级和实际功用的要求来定。

9.4　丝杠的加工

9.4.1　丝杠的功用与结构

丝杠是将旋转运动变成直线运动的传动副零件,它不仅要能准确地传递运动,还要能传递一定的扭矩。所以,对其精度、强度、耐磨性和稳定性都有较高的要求。

丝杠按其摩擦特性可以分为滑动丝杠、滚动丝杠及静压丝杠三大类。其中,滑动丝杠的结构简单,制造方便,故应用广泛。滑动丝杠的螺纹牙形大多采用梯形,它相对于三角形等牙形螺纹的传动效率高、精度好。但滑动丝杠的摩擦力比较大,进给灵敏性、传动效率等较滚动丝杠或静压丝杠要低,润滑条件也不好,双向移动时还存在间隙。因此,当传动精度要求较高时,特别是有微量进给要求时,一般需要采用滚动丝杠或静压丝杠。滚动丝杠虽然也有滚珠和滚柱两种,但应用(特别是在数控系统的进给机构中)最多的还是滚珠丝杠,其摩擦系数小,进给灵活,效率高,传动精度和轴向刚度都较高,因此,现阶段已成为机床和精密系统的主要传动副零件。静压丝杠虽然在传动精度和轴向刚度方面有很好的优势,但其制造工艺较复杂，装配调整麻烦，在密封和(静)液压系统技术上还要有较高的要求，现阶段的应用受到一定的限制。

1. 丝杠的技术要求

在原机械部标准 JB/T 2886—1992 中规定，根据用途和使用要求，将传动丝杠、螺母的精度分为7级，即3、4、5、6、7、8、9，其中3级精度最高，其余依次降低。各级精度的丝杠，除规定了丝杠的大径、中径和小径的公差外，还规定了螺距公差、牙形半角的极限偏差、表面粗糙度、全长上的中径尺寸变动量的公差、中径跳动公差等。其中螺距公差中，还分别规定了单个螺距公差和在规定长度内螺距累积公差，以及在全长上的螺距累积公差。(具体极限偏差指标可参见 GB 5798.4—1986。)牙形半角的极限偏差随丝杠螺距的增大而减小；表面粗糙度对大径、小径和牙形侧面都分别提出了要求，一般精度越高，表面粗糙度越细；全长上中径尺寸变动量公差是为了保证丝杠与螺母配合间隙的均匀性；中径跳动公差是为了控制丝杠与螺母的配合偏心，提高位移精度。

一般地，各级精度丝杠在机床中的应用如下：3级为最高级，很少应用；4级用于螺纹磨床、坐标镗床；5级用于大型螺纹磨床、齿轮磨床和刻线机；6级用于铲床、精密螺纹车床及精密齿轮机床；7级和8级用于普通螺纹车床及螺纹铣床；9级用于分度盘的进给机构中。

滚珠丝杠副的精度标准根据国家标准 GB/T 17587.3—1998 规定，分成1、2、3、4、5、7、10七个等级，其中1级最高，其余依次降低。(原机械工业部标准 JB 3162.2—82 是 C、D、E、F、G、H 六个等级，最高精度为 C 级，最低精度为 H 级。)具体精度指标参见"标准"或有关"手册"。

2. 丝杠的材料

为了保证丝杠的质量，在选择丝杠材料时，必须注意以下几个方面：丝杠材料要有足够的强度，以保证能传递一定的动力；丝杠材料的金相组织要有较高的稳定性，以预防弯曲变形对加工精度的影响；应具有良好的热处理工艺性，淬透性好，不易淬裂，热处理变形小，并能获得较高的硬度，以保证丝杠有良好的耐磨性。要具有良好的加工工艺性，适当的硬度和韧性，以保证切削过程中不会因粘刀或啃刀而影响加工精度与表面质量。

为满足上述要求，对于不淬硬丝杠，常用材料有45钢、易切钢(Y40Mn)和具有珠光体组织的优质碳素工具钢 T10A、T12A 等(其中 T10A、T12A 常作为精密丝杠的应用材料)。淬硬丝杠是指硬度要求较高(HRC 56 以上)的精密丝杠和滚珠丝杠。常用材料有中碳合金钢和微变形钢，如 9Mn2V、CrWMn、GCr15(用于直径小于 50 mm)及 GCr15SiMn(用于直径大于 50 mm)等。它们的淬火变形小，磨削时组织比较稳定，淬硬性很好，硬度可达 HRC 58～62。其中 9Mn2V 淬硬后比 CrWMn 钢具有较好的工艺性和稳定性，但淬透性不太好，故一般用于直径小于 50 mm 的精密淬硬丝杠。CrWMn 钢突出的特点是热处理后的变形小，适宜于制作高精度的零件(如高精度丝杠、块规、精密刀具、模具、量具等)。但是，它的热处理工艺性较差，易产生热处理裂纹，磨削工艺性也较差，易产生磨削裂纹。GCr15 则由于拥有良好的综合性能，而广泛应用于滚珠丝杠副的制造中。

9.4.2 丝杠加工工艺分析

9.4.2.1 普通滑动丝杠的加工工艺过程

1. 工艺方法分析

在编制丝杠工艺过程时，应主要考虑如何防止弯曲、减少内应力和提高螺距精度等问题，为此，应注意下列问题：

① 不淬硬丝杠一般采用车削工艺，外圆表面及螺纹分多次加工，逐渐减少切削力和内应力；对于淬硬丝杠，则采用“先车后磨”或“全磨”两种不同的工艺。后者是从淬硬后的光杠上先直接用单片或多线砂轮粗磨出螺纹，然后用单片砂轮精磨螺纹。

② 每次粗车外圆表面和粗切螺纹后都应安排时效处理，以进一步消除切削过程中形成的内应力，避免以后变形；在每次时效后都要修磨顶尖孔或重打顶尖孔，以消除时效产生的变形，使下一工序得以精确地定位。

③ 对于普通级不淬硬的丝杠，在工艺过程中允许安排冷校直工序；对于精密丝杠则应采用加工余量的方法，逐次切去弯曲的部分，达到所要求的精度。

④ 每次加工螺纹之前，都先加工丝杠外圆表面，然后以两端顶尖孔和外圆表面作为定位基准加工螺纹。

2. 定位基准的选择

在丝杠的加工过程中，顶尖为主要基准面，外圆表面为辅助基准。但是，由于丝杠为细长杆件，刚度较差，加工时外圆表面必须与跟刀架的爪或套相接触，因此，丝杠外圆表面本身的圆度以及与套的配合精度，都需要特别注意。

对于不淬硬的精密丝杠的变形，只允许用切削的方法加以消除，不准采用冷校直。若光轴有一个很小的弯曲量，就要增加 2 倍的加工余量。并找出丝杠上径向圆跳动量为最大跳动量的一半的两点，用中心架支承这两点，并按这两点的外圆找正，切去原来的顶尖孔，重新打顶尖孔，再以新的顶尖孔定位，对弯曲的光轴进行切除，如此经多次加工来减小或消除弯曲变形量。对于淬硬丝杠，则只能采用研磨的办法来修正顶尖孔，并通过多次加工来获得足够的精度。

3. 丝杠的校直与热处理

(1) *丝杠毛坯的热校直*　丝杠毛坯的热校直，就是将其加热到正火温度 860～900 ℃，保温 45～60 min，然后放在三个滚筒的校直机中进行校直。丝杠毛坯在校直机内可完成奥氏体向“珠光体＋铁素体”的组织转变，校直出现的应力，也能很快被再结晶过程所消除。但丝杠毛坯温度下降到 550～650 ℃左右时，就应取出空冷，否则，就变成冷校直了。热校直不仅质量好，而且效率也较高；同时，可以省掉多次冷校直及时效处理工作，大大缩短了生产周期，提高了生产率。但热校直需要专门的工艺装备，因此，适用于批量较大的普通丝杠的加工。

(2) *丝杠的冷校直*　普通丝杠在粗加工和半精加工阶段都可以安排冷校直工序。丝杠的冷校直，就是在粗加工后(仍是光轴时)，在工件弯曲较大的部位，采用“压高点”的方法；在螺纹半精加工以后，工件的弯曲已较小，则采用“砸凹点”的方法，即将工件放在硬木或黄铜垫上，使弯曲部分凸点向下，凹点向上，用锤敲击丝杠凹点螺纹小径，使其锤击面凹下处金属向两边伸展，来达到冷校直的目的。

(3) 丝杠的热处理　首先是毛坯的热处理工序，其目的是消除毛坯中的内应力，改善组织，细化晶粒，改善切削性能。主要有退火和正火，如45＃钢需正火；T10A和9Mn2V采用球化退火来改善组织。其次是机械加工中的时效处理，目的是消除内应力，使丝杠的精度在长期使用中能稳定不变。通常丝杠的精度要求越高，时效的次数就应越多。

4. 普通车床母丝杠的工艺过程

图9.7是普通车床母丝杠的零件简图，它是不淬硬丝杠，精度是8级，材料为45＃钢。其加工工艺过程如表9.9所示。

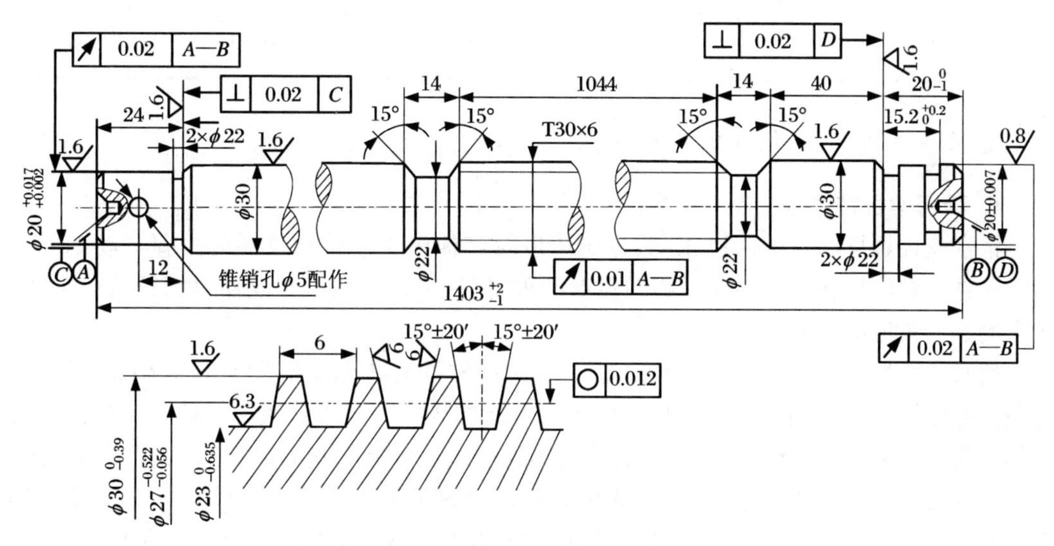

图9.7　普通车床母丝杠简图

表9.9　普通车床母丝杠的工艺过程(不淬硬丝杠)

序　号	工序名称	工序内容	定位基准	设　备
1	备料	下料		
2	热处理	正火，校直(径向圆跳动≤1.5 mm)		
3	粗打顶尖孔	切端面，打顶尖孔	外圆表面	车床/专用机床
4	粗车	粗车两端及外圆	双顶尖孔	车床
5	校直	校直(径向圆跳动≤0.6 mm)		
6	热处理	高温时效(径向圆跳动≤1 mm)		
7	半精打顶尖孔	打顶尖孔，取总长		车床
8	半精车	半精车两端及外圆	双顶尖孔	车床
9	校直	校直(径向圆跳动≤0.2mm)		
10	粗磨	无心粗磨外圆	外圆表面	无心磨床

续表

序　号	工序名称	工序内容	定位基准	设　备
11	切螺纹	旋风切螺纹	双顶尖孔	车床/螺纹车床
12	校直,热处理	校直,低温时效($t=170$ ℃,12h)(径向圆跳动≤0.1 mm)		
13	精磨	无心精磨外圆	外圆表面	无心磨床
14	修研中心孔	修研中心孔(为精加工准备基准)		
15	车(半精、精)	车两端轴颈(车前在车床上检查性校直)	双顶尖孔	车床
16	精车螺纹	精车螺纹至图纸尺寸(车后在车床上检查性校直)	双顶尖孔	车床/螺纹车床

9.4.2.2　精密丝杠的加工工艺过程

1. 精密丝杠技术分析

精密丝杠螺母副是精密机床、数控机床以及其他精密机械和仪器的重要传动副元件。精密丝杠的螺纹形状一般有梯形和圆弧形两种,但目前在刻线机和仪器等精密机构中使用较多的是三角形细牙螺纹。

精密丝杠加工工艺过程要根据精度等级、工件材料及热处理方式、产量大小和工厂的具体条件而定。3级以上的精密丝杠,一般根据可能的热处理要求分成调质的、淬硬的和氮化的等三类。调质精密丝杠的材料,一般选用热处理变形小的T10(A)、T12(A)等优质碳素工具钢。淬硬丝杠常用中碳合金钢和微变形钢,如9Mn2V、CrWMn、GCr15和GCr15SiMn等。氮化丝杠的材料常为氮化钢(38CrMoAlA)和渗碳钢(20CrMo或18Cr4Ni6W)。

精密丝杠的作用是将精密的角位移转换成某执行件的精密直线位移。因此,其加工精度要求相应较高,一般地,2、3级精度的丝杠即称为精密丝杠,4级为过渡级,它们的主要技术指标及其要求如表9.10所示。

表9.10　精密级(2~4级)丝杠的主要技术要求

精度等级	螺距允差(μm)					外径允差(μm)		中径允差(μm)			牙形半角允差(分)			粗糙度 R_a(mm)	
	相邻螺距误差 Δt	累积螺距 Δt_Σ				径向跳动		椭圆度			螺距(mm)			外圆表面	螺纹表面
		长度 L(mm)			全长上	长度 L(m)		螺距 t(mm)							
		<25	<100	<300		<1	1~2	3~5	6~10	12~20	3~5	6~10	12~20		
2	±2	2	3	5	10	20	40	3	3	5	12	10	8	0.4	0.2
3	±3	5	6	9	20	40	60	5	5	7	15	12	10	0.4	0.4
4	±6	9	12	18	40	80	100	7	8	10	20	18	15	0.4	0.8

2. 精密丝杠工艺过程的综合分析

精密丝杠的工艺过程始终围绕着如何提高精度、减小弯曲和内应力、改善稳定性和精度保持性等几个方面来进行，其中防止弯曲、减小内应力和提高螺距精度是合理编制工艺过程中必须考虑的核心问题。

(1) 加工方法

调质丝杠一般采用车削工艺，传动螺纹部分可经3～4次车削加工或以旋风铣粗切出螺纹后再在高精度丝杠车床上采用硬质合金刀精车来获得。对于淬硬丝杠，则有“先车后磨”和“全磨”两种不同的工艺。另外，为了制成精密的螺纹表面，必须安排多次加工螺纹表面的工序；为了保证丝杠的工作精度，必须仔细加工丝杠的支承轴颈和定位轴颈。

(2) 保证定位基面的质量

丝杠加工的定位基准面是顶尖和外圆，为了保证定位精度，必须在加工过程中保证顶尖孔和外圆的质量。顶尖孔要经过处理和磨削(或研磨)，使之具有较高的硬度和耐磨性。

(3) 保证丝杠材料组织的稳定，改善切削性能

对于T10A、T12A碳素工具钢，其含碳量超过共析点，材料在轧制后会出现片状或网状渗碳体而又硬又脆，所以通常采用球化处理(调质球化工艺或球化退火工艺)，以获得稳定的球状珠光体组织，从而改善材料性能，提高丝杠精度的稳定性。对于9Mn2V淬硬合金钢，机械加工前亦要采取球化退火工艺措施，使毛坯获得稳定的晶粒细小、均匀的球状珠光体组织，并消除碳化物网络，来防止磨削裂纹的产生。

(4) 防止和减小丝杠的弯曲变形

引起丝杠变形的主要因素是内应力，为了消除和减小丝杠内应力，必须对丝杠进行多次时效处理，为了使丝杠的金相组织稳定，除应严格地进行材料的球化处理外，有时还要安排“冰冷处理”，使金相组织转变成稳定组织的工序，最大限度地消除淬硬丝杠内应力。

在加工螺纹时，为了防止切削力过大而顶弯工件，应先将底径切出(或磨出)。这样半精切和精切螺纹时，刀具仅切削螺纹的两工作面(侧面)，产生的径向切削分力较小，从而减小丝杠的受力弯曲变形。对于要求淬硬的精密丝杠，由于淬火过程中工件会变形，且较难掌握磨削余量的大小，应先掌握热处理变形的规律，使淬硬前的导程有意识地制成变形量的负值，以补偿淬火后的轴向伸长量。另外，在热处理过程中或在机械加工工序间，存放丝杠时，要将丝杠垂直吊挂，以免引起丝杠的“自重变形”。

表9.11分别给出了三种精密丝杠的加工工艺过程及其工艺特点。三种精密丝杠的工作简图和主要技术要求分别如图9.8、图9.9和图9.10所示。

表 9.11　典型精密丝杠的制造工艺过程

	不淬硬(调质)精密丝杠 (SG8620 精密丝杠车床)	淬硬精密丝杠 (Y7520W 万能螺纹磨床)	淬硬滚珠丝杠 (M6110D 磨床)
	3 级精度,材料:T10A	3 级精度,材料:9Mn2V	3 级精度,材料:GCr15
工艺过程	备料 检查:材料成分,毛坯弯曲度和金相组织 球化退火(如上一步的金相组织检查时不是球化珠光体,则有此工序) 粗车 高温时效 车端面打顶尖孔 半精车外圆、方形牙形 高温时效 找正、修顶尖孔 半精车螺纹(方形牙形) 低温时效 修顶尖孔 精车外圆 检查 磨外圆 检查 精车梯形牙形 检查	锻造 球化退火 车端面打顶尖孔 粗车外圆 高温时效 车端面打顶尖孔 半精车外圆 粗磨外圆 淬火 中温回火 研磨两端、顶尖孔 粗磨外圆 粗磨出螺纹槽 低温时效 研磨两顶尖孔 半精磨外圆 半精磨螺纹 低温时效 研磨两顶尖孔 精磨外圆,检查 精磨螺纹(磨出小径) 研磨两顶尖孔 终磨螺纹,检查 终磨外圆 检查 研磨止推端面 A 检查	备料 车端面打顶尖孔 粗车 退火 重新车端面打顶尖孔 精车外圆 粗磨外圆 车螺纹 铣键槽 钳工去毛刺 淬火(HRC 55～57) 校直 检查,全长径跳≤0.2 mm 研磨顶尖孔 半精磨外圆 低温时效 校直 检查,全长径跳≤0.2 mm 修磨顶尖孔 半精磨外圆 低温时效 检查,全长径跳≤0.2 mm 研磨顶尖孔 精磨外圆 精磨双圆弧螺纹 精磨紧固螺纹 检查
特点	1. 热处理三次(不含球化退火)来消除内应力; 2. 预切两次方形牙形,最后精车梯形牙形,来减少受力等的影响,提高螺距精度; 3. 每次车削前,先修整顶尖孔,来提高定位精度; 4. 绝对不允许用校直	1. 热处理五次(不含球化退火)来消除内应力,使尺寸稳定; 2. 粗、半精磨时均为方形牙形,精磨为梯形牙形,来减少受力等的影响,提高螺距精度; 3. 螺纹在淬火后的光棒上直接磨出,而不采用车削加工的方法; 4. 每次磨削前,先研磨顶尖孔,来提高定位精度; 5. 绝对不允许用校直	1. 螺纹的加工工序较多:粗车、粗磨、半精磨、精磨,并用车磨组合来进行; 2. 淬火和前次低温时效后允许校直,但最后一次低温时效后不允许校直,来减少内应力的产生; 3. 热处理次数较多(4 次),每次热处理后(退火工序除外)都要进行径向跳动的检查,并控制在规定的范围内,来保证丝杠的加工精度; 4. 每次螺纹加工前,都要修研顶尖孔,以保证和提高加工精度

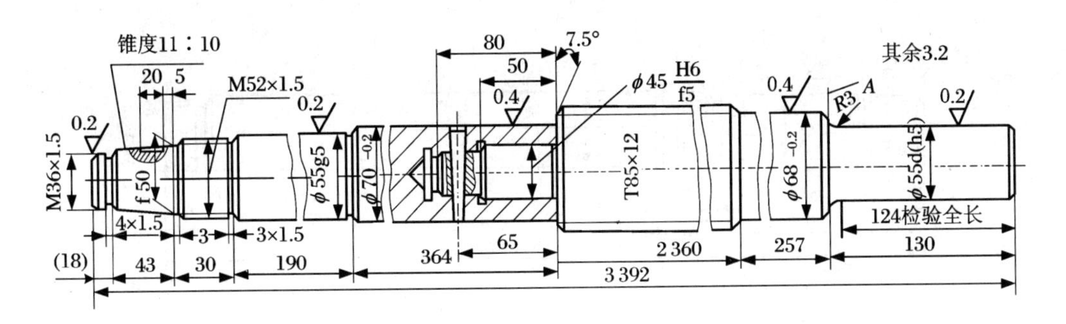

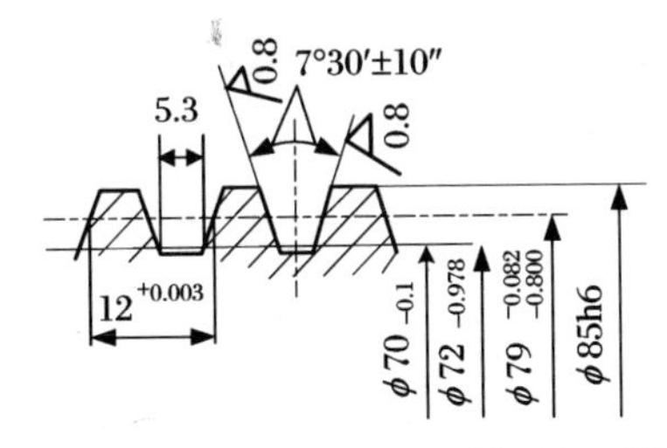

图9.8　SG8620精密丝杠车床母丝杠

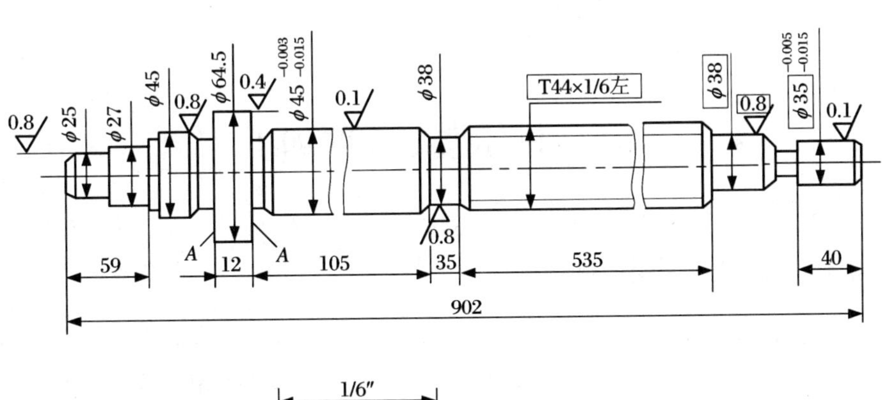

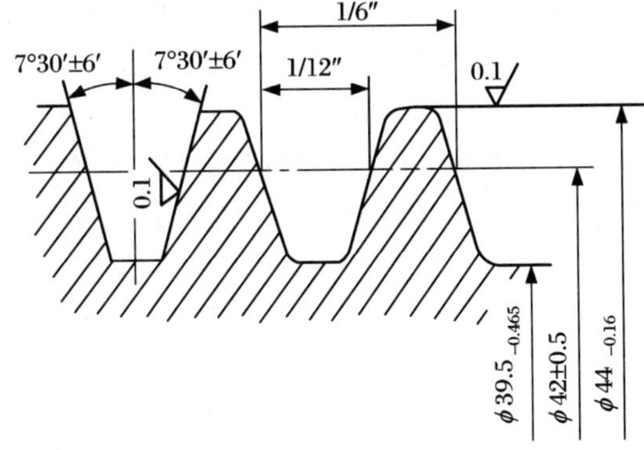

图9.9　Y7520W万能螺纹磨床丝杠

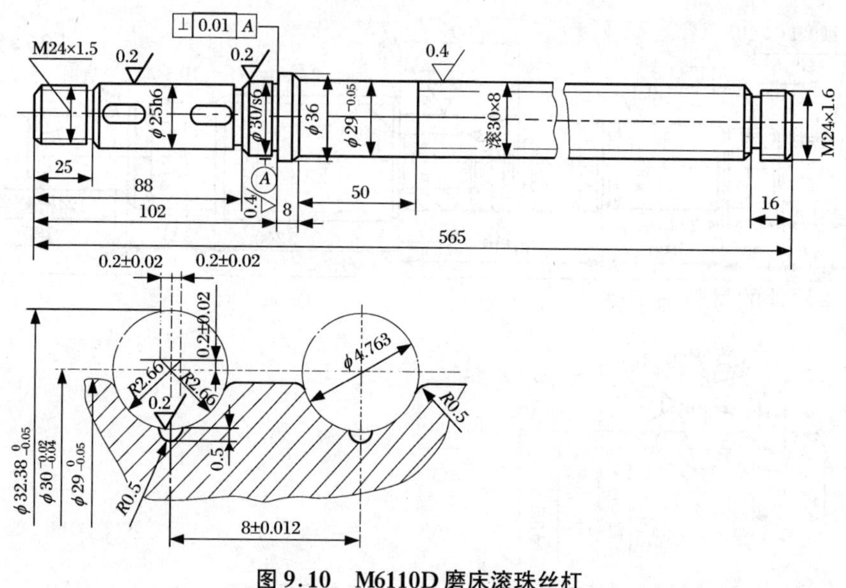

图 9.10 M6110D 磨床滚珠丝杠

9.5 机体类零件的加工

9.5.1 机体类零件的功用与结构

机体是机器的基础零件，机器上的许多部件都安装在机体上，有的部件还在机体的导轨上运动。因此，机体是整台机器装配和调整的基准，机器各部件的相互位置精度以及一些部件的运动精度，都和机体本身的精度有直接的关系。

机体类零件有很多，各种机体零件由于功用不同，结构形状往往差别较大，但结构上仍有一些共同的特点。即：轮廓尺寸较大，重量较重；结构形状复杂，刚性较差；主要加工表面为一些用来连接其他部件的平面，精度要求较高的孔和作为有些部件运动基准的导轨面等。对于导轨来说，其主要有三角形、矩形、燕尾形、V 形和圆柱形等，大都也是由一些平面所组成的。

1. 机体零件的主要技术要求

根据机体零件上各种表面的不同用途，可有不同的尺寸和形状精度要求，以及不同的表面粗糙度要求；根据有关部件相互位置精度的要求，对机体零件上的有关表面也有相应的相互位置精度要求；为了便于制造、增强刚性和减少振动，应合理地选用材料和结构；为了使机体零件保持长期稳定性，减少变形和提高使用寿命，应进行必要的时效处理和表面淬火处理。对于机体零件上的固定连接平面、导轨面的主要技术要求如下：

① 机体上固定连接平面是确定机体上各零部件相对位置的重要表面。为了保证机体

和所连接零部件结合面的紧密贴合，具有一定的接触刚度，对于一些重要连接平面的平面度，都应规定较高的要求。各表面间的相互位置精度，主要取决于机器各部件间的位置精度，以及保证这些要求所采用的装配方法。

② 导轨面是机体上一些部件相对运动的导向表面。为了保证机器各部件间相对运动的要求，导轨面需规定必要的形状精度和位置精度，导轨面的粗糙度 $R_a \leqslant 1.6\ \mu m$，以保证部件的正常运动和必要的耐磨性要求。为了提高导轨的耐磨性，较长时间保持导轨的几何形状，愈来愈多的机器对导轨提出了淬硬的要求。

2．机体零件的材料与毛坯

（1）铸铁　灰铸铁是机体类零件最常用的材料。其优点是容易制造形状复杂的机体，成本较低，抗振性及切削性能好。为了得到优良的机械性能，进一步提高耐磨性，对铸铁导轨的基本组织和化学成分提出了更高的要求。目前采用的有优质灰铸铁（如 HT3054）和磷铜钛耐磨铸铁、高磷耐磨铸铁、钒钛耐磨铸铁和稀土铸铁等。

（2）钢板　用钢板焊接而成的机体，制造周期短，重量轻，但焊接时热变形不易控制，抗振性较铸铁差。为了提高机体导轨的耐磨性，现阶段使用的材料有：

① 镶钢导轨：将淬硬钢（如常用的铬钢（40Cr）经高频淬火，硬度可达 HRC 52～58；用 20Cr 经渗碳淬火，硬度可达 HRC 56～62）制成的导轨用螺钉固定在导轨体上构成“镶钢导轨”，它的耐磨性比铸铁导轨高 5～10 倍，但由于工艺复杂，故应用尚不普遍。

② 塑料导轨：将绵纶或酚醛类布塑料薄板，用螺钉紧固或粘在工作台导轨表面上，而床身导轨仍用金属制造，即构成塑料-金属摩擦副。塑料导轨除采用塑料薄板外，还可采用环氧树脂耐磨涂料，它是在环氧树脂机体中加入二氧化钼和胶体石墨。由于二氧化钼和石墨是固体润滑剂，可以使涂料具有低而稳定的摩擦系数和较高的耐磨性。该塑料涂层通常涂在工作台导轨上，与工作台导轨相配合的床身导轨则不涂层，而是通过精加工来获得表面粗糙度值较小（$R_a < 1.6\ \mu m$）的金属材料的导轨面，从而构成塑料-金属摩擦副的导轨。

9.5.2　机体加工工艺分析

1．机体类零件表面的加工方案

机体类零件的主要加工表面是连接平面、导轨面和孔，而导轨面也是平面的组合。所以机体零件的加工，主要是平面和孔的加工。对于连接平面和导轨面的加工，可根据批量的大小和工厂设备情况，采用刨削、铣削或磨削等方法，并采用粗、半精和精加工的方法进行；对于机体上直径较大的孔，可在卧式镗床或落地镗床上，采用粗镗和精镗（或浮动镗）的方法加工；而机体上的各种螺孔、油孔和其他孔，通常在摇臂钻床上，利用划线或盖板式钻模来加工。

对于床身类的机体类零件，其结构上的显著特点是钢性差、易变形，其上的导轨精度要求高，在安排工艺时，为保证加工精度应将粗、精加工分开。导轨面是床身上最重要的表面，为了使导轨获得硬度均匀的表面，导轨表面层的切除厚度应尽可能小而均匀。为此，在粗加工阶段中，应以导轨面为安装面，按划线找正加工底面；再翻转以底面为定位基面，并配以必要的水平面内的找正，来加工导轨面和其他一些重要表面。

2．内应力的消除

床身类机体零件的结构比较复杂，铸造或焊接时因各部分冷却速度不一致，会引起收缩不均匀而产生内应力,床身全部冷却后内应力处于暂时平衡。当切削加工时,从毛坯表面切除一层金属后,将引起内应力的重新分布,使床身变形。内应力是造成零件变形、精度不稳定的主要因素,因此,工艺上必须设法把它消除到最低程度。最常用的方法有自然时效、人工时效。其中人工时效的应用越来越多,一般地,普通精度机床的床身在粗加工后,经过一次人工时效处理即可,精度较高或有特殊要求的机床床身,需经过 2~3 次的人工时效处理。另外,目前人工时效中的振动时效正受到国内外的普遍推广,它对于零件的形状和复杂程度以及大小均没有限制,既可用来处理铸造、焊接和锻造等方法所获得的黑色金属零件,也能用于有色金属零件等的内应力的消除。

3. 导轨硬度和耐磨性的提高

为了提高导轨表面层硬度和耐磨性,对于铸铁床身导轨常用的淬火方法有火焰淬火、高频淬火(70~500 kHz)、中频淬火、超音频淬火(500~1 000 Hz)和工频(50 Hz)电接触淬火。其基本原理是将珠光体基体的铸铁导轨表面加热至 900~950 ℃,随即用水冷却,从而将导轨表面淬硬。主要方法有:

① 火焰淬火是用氧-乙炔火焰加热,淬硬层深度可达 2~4 mm。

② 高频淬火的生产率较高,淬火质量稳定,淬硬层深度可达 1~2 mm。

③ 中频淬火是近年来普遍采用的方法,可以得到比高频淬火深的硬化层(可达 2~3 mm)。

④ 超音频淬火是因为其使用的频率比音频(小于 20 kHz)稍高而得名,超音频淬硬层比高频略深,且沿轮廓分布均匀,能有效的弥补高频、中频淬火时淬硬层分布不均匀的缺陷。

⑤ 工频电接触淬火可获得淬硬深度约为 0.2~0.4 mm 的硬化条纹。

4. 车床床身加工工艺分析

车床的床身是一种比较典型的机体类零件,它具有比较复杂的结构和很高精度的导轨表面,加工工艺也比较复杂。图 9.11 为 C6132 型普通车床床身(导轨)的工作简图,技术要求如图所示,其加工工艺参见表 9.12。

表 9.12 C6132 普通车床床身(导轨)的加工工艺过程

序 号	工序名称	工序内容	定位基准	设 备
1	划线	划上平面、底平面线,照顾毛坯尺寸		
2	粗刨	1. 刨底平面,留加工余量 2.5~3 mm	按划线找正,以导轨面安装	龙门刨床
		2. 刨上平面、立面(4 处)、三角形导轨斜面,各面均留加工余量 2.5~3 mm	按划线找正,以底面为基准安装	
3	热处理	人工时效		
4	钳工和其他	去毛刺,刷锈,涂底漆		
5	半精铣	半精铣底平面,留加工余量 1 mm	导轨面	组合铣床

续表

序　号	工序名称	工序内容	定位基准	设　备
6	半精刨	半精刨各加工表面	找正导轨面，以底面为基准安装	龙门刨床
7	钳工和其他	去毛刺，喷漆		
8	精铣	一次精铣底平面，留加工余量0.3～0.5 mm	导轨面	组合铣床
9	精刨	精刨各加工表面	找正导轨面，以底面为基准安装	龙门刨床
10	钻孔、攻丝	钻孔及攻丝		摇臂钻床
11	热处理	超音频淬火		
12	精铣	二次精铣底平面	导轨面	组合铣床
13	磨导轨面	粗、精磨各导轨面	找正导轨面，以底面为基准安装	组合导轨磨床
14	检验	按技术要求检验		

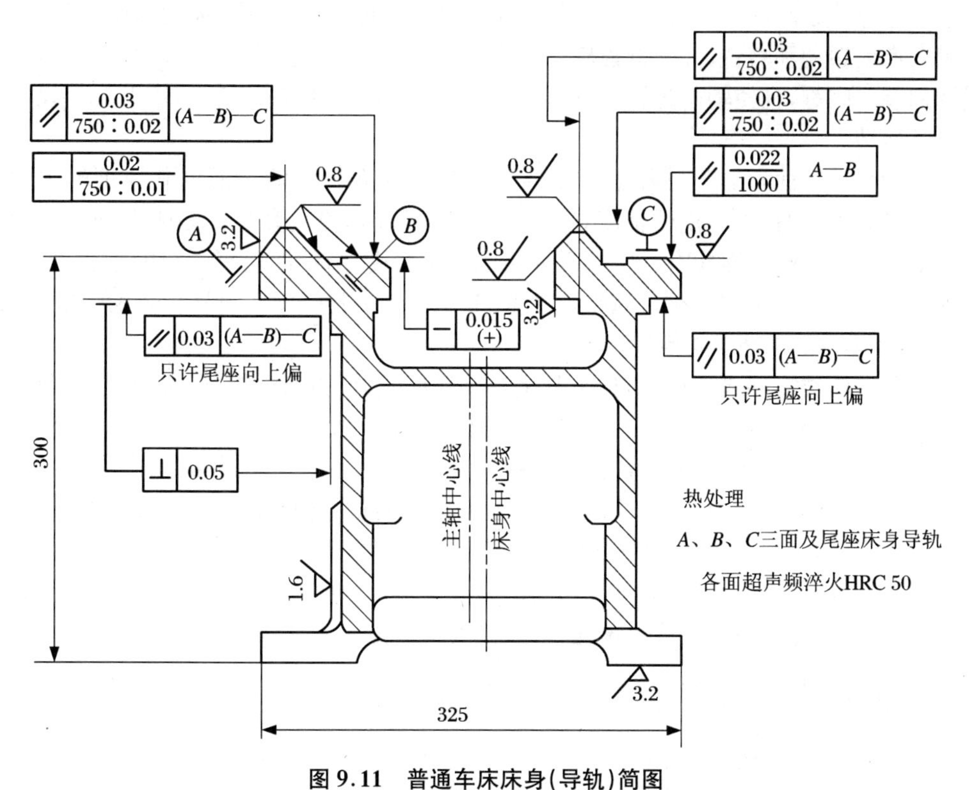

图 9.11　普通车床床身(导轨)简图

9.6 箱体类零件的加工

9.6.1 箱体类零件的功用和结构

箱体零件是机器的基础件之一，通过它可以将一些轴和齿轮等零件组装在一起，使其保持正确的相互位置关系，彼此能够按照一定的传动关系协调运动。因此，箱体的加工质量对机器的精度、性能和寿命都有直接的影响。

箱体结构形状虽然随着机器结构和在机器中的功用不同而有所变化，但仍有许多共同特点：结构形状一般都比较复杂，壁薄且不均匀，内部呈腔形；在箱壁上既有许多精度较高的轴承支承孔和平面，也有许多精度较低的紧固孔。因此，箱体不仅需要加工的部位较多，且加工难度也较大。

1. 箱体零件的主要技术要求

箱体零件加工的技术要求，主要是指其上的孔和平面的加工精度及表面粗糙度要求。

箱体上的孔大都是轴承支承孔，孔本身应有较高的尺寸精度、几何形状精度及较细的表面粗糙度要求，否则，将影响轴承外圈与箱体孔的配合精度，使轴的旋转精度降低；有齿轮啮合关系的相邻孔之间，应有一定的孔距尺寸精度和平行度要求，否则，齿轮和啮合精度降低，工作时会产生振动和噪音，并降低齿轮的寿命；同轴线的孔还应有一定的同轴度要求，否则，不仅轴的装配困难，且使轴的运转情况恶化，轴承的磨损加剧，温升增高，影响机器设备的精度和正常运转。

箱体的装配基面和加工过程中使用的定位基面应有较高的平面度和较细的表面粗糙度，否则，箱体加工时，影响定位精度；箱体与机器总装时，也会影响接触刚度和相互位置精度。各支承孔与装配基面应有一定的尺寸精度和平行度，与端面应有一定的垂直度；各平面与装配基面也应有一定的平行度和垂直度要求。否则，同样会影响机器设备的性能与精度。

2. 箱体零件的毛坯及材料

铸铁是箱体类零件最常用的材料，其优点是容易成形、切削性能好、价格低廉，且吸振性也比较好，通常在有一定批量的情况下，选用的是 HT10－26 或 HT40－68。在单件小批生产时，为了缩短生产周期，也可采用钢板焊接。在某些特定条件下，还可选用其他材料，如飞机发动机箱体，为了减轻重量，常用镁铝合金制造。铸件毛坯的加工余量视生产批量而定，单件小批生产时，一般采用木模手工造型，毛坯的精度低，毛坯加工余量可适当增加。对于箱体类零件上的孔，在单件小批生产中，孔径大于 50 mm 的孔；在成批生产中，孔径大于 30 mm的孔，一般都在毛坯上铸出预孔，以减少加工余量和节省材料。

9.6.2 箱体加工工艺分析

1. 箱体零件的结构工艺性

箱体结构形状比较复杂，加工的表面多、要求高，机械加工的工作量大。箱体结构工艺性的好坏，对加工精度和表面质量的影响都很大。

箱体上的孔可分为通孔、阶梯孔、盲孔和交叉孔等几类。其中以通孔的工艺性为最好，特别是孔的长径比 $L/D \leqslant 1 \sim 1.5$ 时的“短”圆柱孔，工艺性最好。当 $L/D > 5$ 时的深孔的精度要求较高，表面粗糙度要求较细时，加工就相对困难。阶梯孔的工艺性较差，尤其当两孔的直径相差很大而其中孔径又小时，工艺性就更差。盲孔的工艺性很差，因此，常常将箱体的盲孔钻通而改成阶梯孔，以改善其工艺性。交叉孔的工艺性也较差，当刀具加工到交叉口处时，由于不连续切削，容易使孔的轴线偏斜和损坏刀具，而且还不能采用浮动刀具加工。箱体上同一轴线上各孔的孔径排列方式有三种。一是孔径大小向一个方向递减，其工艺性(特别是为单件和中、小批生产时)较好。二是孔径大小从两边向中间递减，便于采用组合机床在大批量生产时提高效率和加工精度。三是孔径大小不规则排列时，工艺性差而应尽量避免。

箱体的内表面加工比较困难，一般均不加工。对于支承孔的内端面，如必须加工时，应尽可能选取较小的端面尺寸。否则，当内端面尺寸过大时，还需专用径向进给装置，从而使加工更加困难。箱体上的外表面一般也不需加工，而对于支承孔等孔的外端面凸台则必须予以加工，但应尽可能使各孔的外端面凸台位于同一平面上，以便于在一次走刀中加工出来。

箱体的装配基面一般应有较大的尺寸和简单的形状，以便于加工、装配和检验。

2. 主要表面加工方法的选择

箱体类零件的主要加工是平面和支承孔系的加工，即主要加工表面是平面和支承孔。

对于箱体上的平面，一般可用粗加工和半精加工的刨削和铣削来完成，有时为了保证支承孔端平面与其孔轴线的垂直度，在单件小批生产时，也可采用车削或镗削来实现。箱体平面的精加工，单件小批生产时，除一些精度要求很高的箱体仍需采用手工刮研外，一般多以精刨来完成；当生产批量大而精度又较高时，多采用磨削。为了提高生产效率和平面间的相互位置精度，也有采用专用磨床进行组合磨削。

对于箱体上精度为IT7级、表面粗糙度为 $R_a = 2.5 \sim 0.63\ \mu m$ 的支承孔，可采用镗—粗铰—精铰或镗(扩)—半精镗—精镗的工艺方案进行(若未铸出预孔应先钻孔)。前者用于加工直径较小的孔，后者用于直径较大的孔的加工。当孔的精度超过IT6、表面粗糙度 $R_a < 0.63\ \mu m$ 时，还应增加一道精加工或精密加工工序，常用的方法有精细镗、滚压、珩磨等；单件小批生成时，也可采用浮动铰孔的方法。

3. 拟定工艺过程的原则

(1) *先面后孔的加工顺序*　箱体的加工应按照平面—孔—平面的一般规律来进行。因为箱体的孔比平面加工要困难得多，先以孔为粗基准加工平面，再以平面为精基准加工孔，不仅为孔的加工提供了稳定可靠的精基准，同时可以使孔的加工余量均匀；另外，由于箱体上的孔大都分布在箱体的平面上，先加工平面，切除了铸件表面的凹凸不平等缺陷，钻孔时，可减少钻头引偏；扩大铰孔时，可防止刀具蹦刃；对刀调整也比较方便。

(2) *粗、精加工分开*　箱体的主要表面按粗精加工分阶段进行是箱体类加工的规律。因为箱体结构形状复杂，主要表面精度高，粗、精加工分开，可以消除由粗加工所造成的内应力、切削力、夹紧力和切削热对加工精度的影响，有利于保证箱体的加工精度。对于单件小批生产来说，常常将粗、精加工合并在一道工序进行，但粗加工后松开工件，然后再进行精加工，以此来保证加工精度。

(3) *热处理工序的安排*　箱体类零件的结构比较复杂，壁厚不均，铸造时有较大的内应力，为了保证其加工后精度的稳定性，切削加工前应安排一次人工时效，以消除其内应力。对普通精度的箱体安排一次即可，而对精度要求较高或形状特别复杂的箱体，应在粗加工之后再安排一次人工时效，消除粗加工产生的内应力，进一步提高箱体加工精度的稳定性。

(4) 定位基准的选择　由于箱体类零件大多采用分阶段加工方式，使用的基准可分为粗基准和精基准两种类型，因为它们的功用和目的不同，其选取方法也就有所不同。

① 粗基准的选择：由于箱体的结构比较复杂，加工的表面多，粗基准选择对各加工面的加工余量、加工面与不加工面的相对位置关系等有很大影响。一般地，除了应有利于保证重要孔的加工余量均匀和各加工面均有加工余量外，还应注意装入箱体内的旋转零件（如齿轮、轴套等）与箱体内壁有足够的间隙。为此，一般均首先选取箱体上重要孔的毛坯孔作粗基准。

② 精基准的选择：箱体上孔与孔、孔与平面及平面与平面之间都有较高的尺寸精度和相互位置精度要求，它们都是要通过精基准的选择来保证的。为此，通常优先考虑“基准统一”原则，尽可能用同一组基准定位，来避免因基准转换过多而带来的累积误差。通常有“以装配基面为精基准”的三平面定位和“一面两孔”（箱体上的某一重要平面和其装配时所用的两定位销孔）的定位方式。这两种定位方式各有优缺点，实际生产中的选用与生产类型有很大的关系。通常从“基准统一”原则出发，中小批生产时，尽可能使定位基准与设计基准重合；大批大量生产时，优先考虑加工质量的稳定性和提高生产率，可不过分地强调基准重合原则，即采用典型的“一面两孔”作为统一的定位基准，并通过采取适当的工艺措施来减小基准不重合误差的影响。

4. 床头箱工艺过程分析

图 9.12 所示的是某车床床头箱，其主要技术要求有：普通车床床头箱主轴孔至装配基面

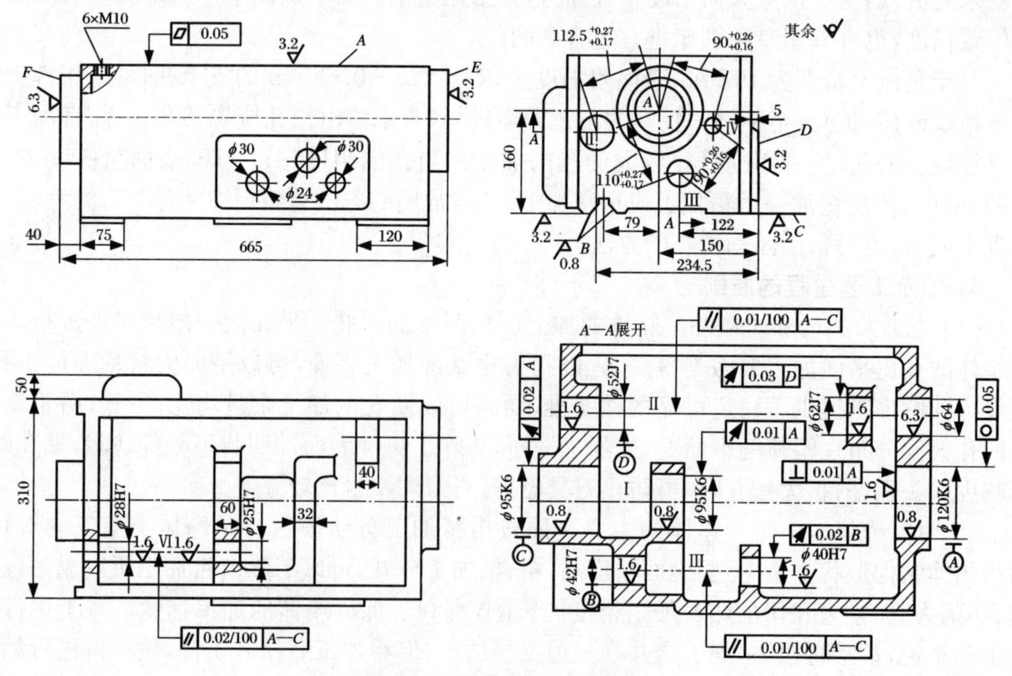

图 9.12　某车床床头箱简图

的尺寸精度，影响主轴与尾架的等高性；主轴孔轴线与装配基面的平行度误差，影响主轴轴线与导轨面的平行度；主轴孔轴线与端面的垂直度误差，会使主轴运转时产生端面圆跳动。

主轴孔(ϕ120K6 和 ϕ95K6)的尺寸精度为 IT6，表面粗糙度为 $R_a=0.8\ \mu m$，前主轴孔的圆度为 0.05，中间和后支承孔对前主轴孔(A)的跳动分别是 0.01 和 0.02；其他支承孔的尺寸精度为 IT6～IT7，表面粗糙度为 $R_a \geqslant 1.6\ \mu m$；各支承孔轴线的平行度为 0.01 mm/100 mm；主轴孔对装配基面 C 的平行度为 0.01 mm/100 mm。主要平面的平面度为 0.05 mm，表面粗糙度为 $R_a \geqslant 3.2\ \mu m$；主要平面间的垂直度为 0.01。现以此为例，给出其小批生产时的工艺过程，如表 9.13 所示。

表 9.13　某车床床头箱小批生产的工艺过程

序　号	工序名称	工序内容	定位基准	设　备
1	铸造			
2	热处理	人工时效		
3	上底漆	漆底漆		
4	钳工划线	按图划出各孔及主要面的找正线	主轴Ⅰ孔轴线	划线平台
5	刨顶面	粗、精刨顶面 A	C 面为基面找正	龙门刨床
6	刨侧面	粗精刨侧面 D，粗、半精刨 C 和 B 面	A 面为基面，并找正主轴线Ⅰ	龙门刨床
7	刨端面	粗、精刨端面 E、F 面	安装基面 B、C 面	龙门刨床
8	粗钻、镗孔	粗镗各纵向孔和横向孔	B、C 面定位，按孔加工线找正	卧式镗床
9	上漆	内外各表面油漆		
10	热处理	自然时效		
11	半精钻、镗孔	半精镗各纵向孔和横向孔	安装基面 B、C 面	卧式加工中心
12	钻攻螺纹	钻、攻顶面螺纹孔	安装基面 B、C 面	钻床
13	钳工	钳工去毛刺、倒棱边、清洗		
14	检验	按图纸终检		
15	涂油入库	涂防锈油，入库		

第10章　机械系统综合设计实践

10.1　机械系统综合设计指导

10.1.1　机械系统综合设计的目的和要求

机械系统综合设计是在学习“机械设计基础”“工程材料及其应用”“机械制造技术基础”“机电传动控制技术”“控制电机”“数控技术”以及“机械工程综合实习”等机电学科技术基础课程之后进行的一个实践学习环节。主要针对机械工程中常用传动装置和执行机构的分析选型,机械装置控制驱动源的分析和选择,零部件结构的分析计算和设计,以及典型零件的制造工艺设计,并结合机器装配图和零件工作图设计练习,完成一个机电装置(或部件)的全部设计任务。

由于在内容上覆盖了机械设计基础课程设计、机床或工艺装备课程设计以及机械制造工艺课程设计等实践性课程,因此,不仅可以实现和满足机械工程及其自动化专业的毕业设计实践课程的综合目的,同时,也可以通过机械系统综合设计的理论与实践紧密结合,有效地培养工科学生的设计能力。

1. 综合设计的目的

机械系统综合设计要求学生通过课程设计,学会综合运用所学过的基本理论和基础知识,能根据设计任务的要求,从整体出发,全面考虑机电产品的总体设计、传动设计和零部件结构设计,并在面向制造和装配的并行工程设计思想的指导下,通过典型零件的制造工艺设计来提高实际工程的设计能力。从而培养学生的知识综合应用能力和实践能力,也是为以后的进一步学习和工作进行一次综合训练和准备。

设计的目的主要包括四个方面:

(1) 培养综合运用所学课程和其他有关选修课程的基本理论和基础知识以及实践技能,巩固和加深理论课程知识,提高分析问题和解决问题的能力。

(2) 树立正确的设计思想和严谨的科学作风,学习和掌握机电系统综合设计的基本方法和步骤,提高机器设计能力,为实际工作打好基础。

(3) 通过设计实践,进行机械设计基本技能的训练,包括:设计分析和计算,绘图(包括计算机辅助绘图:Computer Aided Drawing,CAD)技能,运用各种设计资料(标准、规范、手册、图册等),使用经验公式估算,技术文件(设计计算说明书)的撰写方法。

(4) 学会根据任务的特点,准确地检索和使用资料;特别是在独立分析和设计过程中,注重创新意识的培养，在实践中深刻领会机电一体化系统工程设计的内涵和乐趣。

2. 综合设计的基本要求

综合设计的任务一般选择机电工程学科（机械工程及自动化或机械设计制造及其自动化）专业的基础课、技术基础等课程所学过的大部分零件所组成的机械传动系统作为设计课题。如通用机械中常用的“齿轮减速器”、“机床主轴变速箱”、“数控工作台”以及其他机电一体化部件（装置）等。

设计任务主要包括：设计任务分析，总体方案论证，绘制总体系统图，动力设计及驱动源的选择，系统传动和结构设计，执行机构类型的确定，零部件的结构设计和计算以及制造工艺设计，并通过整理和编写设计计算说明书进一步提高综合分析能力。综合设计要求学生通过“边设计、边计算、边画图、边修改”的交叉方式进行，独立完成以下工作：

(1) 系统原理图和装配图；

(2) 零件工作图和机械加工工艺过程综合卡片；

(3) 设计计算说明书和总结答辩。

3. 设计的基本步骤

综合设计虽然可以是毕业设计或课程设计等形式的专业学习实践，但设计的基本思路和方法与实际机电产品的设计相同。主要步骤如下。

(1) 设计准备　首先阅读和研究设计任务书，明确设计任务、设计要求、工作条件，针对设计任务和要求进行分析调研、查阅有关资料，有条件的可参观有相似装置的现场或实物。

(2) 方案设计　根据分析调研结果，拟定传动系统方案、初选原动机及其类型、传动机构或装置、执行机构及它们之间的连接方式，拟定若干可行的总体设计方案。

(3) 总体设计　对所拟定的设计方案进行必要的计算，如总传动比和各级传动比、各轴的受力、转矩、转速、功率等系统运动和动力参数，并对执行机构和传动机构进行初步设计，并进行分析比较，择优确定一个正确合理的设计方案，绘制传动装置和执行机构的总体方案简图。

(4) 结构和零件设计　针对整机或某一部件（如部分传动装置或执行机构等）进行详细设计，根据各个零部件的强度、刚度、寿命和结构要求，确定其结构尺寸和装配关系，如轴及其支承（轴承）的设计和选用，箱体和机体及其附件的设计和选择等。

根据整机特点和运转的要求，绘制系统装配图草图，结合装配结构工艺性的要求和主要零部件的结构设计和修正计算，完成系统装配图样的设计。

根据装配图样，绘制主要零件的工作图样。

(5) 零件加工工艺规程的设计　根据装配图和零件工作图，依据单件小批生产类型的基本工艺特征，选择若干典型零件作为目标来进行制造工艺设计，并填写加工工艺卡片。

(6) 整理数据和文档　整理设计分析的方案、计算数据以及设计图样，编写设计分析和计算说明书。

4. 设计中的注意事项

“机械系统综合设计”是以学生自主学习为主的实践课，在设计过程中除了应及时与指导教师沟通以外，还应该注意培养解决实际工程问题的能力，设计时要正确处理传统设计与创新设计的关系；要同时兼顾技术先进、经济合理，适当采用新技术、新工艺和新方法；正确使用标准和规范,优先考虑选用标准化、系列化产品,力求做到可靠安全、使用维护方便。以提高和满足设计产品的技术经济性和市场竞争能力的要求。

在进行毕业(或课程)设计时应注意以下事项。

(1) *汲取经验,敢于创新* 任何设计都不可能是设计者独出心裁、凭空设想而不依靠任何资料所能实现的。机电装置设计是一项复杂细致的工作,设计质量与经验的积累是密切相关的,在课程设计所涉及的内容中有很多前人的设计经验可供借鉴,学生在设计过程中应注意了解、学习和继承,认真检索和阅读有关参考资料,仔细分析值得借鉴的方案和结构;同时,任何新的设计任务又有其自身的要求和具体工作条件,在参考资料时,不能盲目地、机械地引用。提倡独立思考、深入钻研的学习精神,要按照机电装置(系统)设计的基本要求,充分发挥主观能动性、勇于创新,在设计实践中自觉培养创新能力,从而进行具有创造性的设计。

(2) *循序渐进,逐步完善和提高* 机电系统装置设计过程是一项复杂的系统工程,要从机电系统整体需求的角度综合考虑问题,是“设计计算—分析、评价—再设计”渐进与优化的过程,学生在课程设计中应严肃认真、一丝不苟、精益求精。在设计过程中应将设计需求和理论分析、计算以及工艺学理论和生产实习的经验有机地结合起来,从而实现设计产品的“可制造性”“可检测性”“可装配性”。

(3) *强化设计基本技能训练,注重能力培养* 机电装置设计的内容繁多,而所有的设计内容都要求设计者将其明确无误地表达为图样或文字。因此,正确运用设计标准和规范,积极吸取已总结的技术成果,有利于零件的互换性和加工工艺性,有效地节省设计时间,提高设计质量和效率。标准和规范是在一定技术水平和社会阶段的技术总结,在设计时,可以根据具体结构的需要,突破标准和规范的规定而自行设计,鼓励积极探索和运用现阶段的新技术、新工艺。

在机构设计中,理论计算(如强度、刚度、动力和运动参数)和图样表达是必备的设计基本技能,学生应自觉加强理论与工程实践的结合,掌握分析、解决问题的基本方法,提高设计能力。

在机器零件的设计计算中应注意结构、强度和制造工艺的关系,不能把设计片面理解为理论计算,或者把计算结果看成是不可更改的。计算结果是确定零件结构和尺寸的依据,应根据不同情况和相关标准来确定。一般地,由几何条件导出的公式,其参数间为严格的等式关系,计算得到的尺寸一般不能随意圆整或变动;由强度、刚度、耐磨性等条件导出的公式,其参数间常为不等式关系,计算得到的是零件必须满足的最小尺寸,不一定就是最终所采用的结构尺寸;而由经验公式确定的尺寸(通常是近似的),一般应圆整;对于一些次要尺寸,应适当考虑加工、使用等条件,参照类似结构加以确定。

(4) *建立系统设计概念,提高综合设计素质* 机电一体化装置的设计是一个系统的工程设计,应注意从系统的角度来分析,从而建立系统设计的概念和思想,即在方案分析和设计时就将机械和电子(电气)的相关要素结合起来,以实现整体的优化;设计过程中,注意先总体设计,后零部件设计;先概要设计,后详细设计。遇到设计难点时,要从设计目标出发,在满足工作能力和工作环境要求的前提下,首先解决主要矛盾,逐渐化解其他矛盾;提倡使用成熟软件和计算机,提高运用现代设计手段的能力。

同时,设计能力和素质不仅反映在结构的设计和计算方面,还包括设计图样和设计说明书等方面的表达能力,因此,要求:课程设计的图纸(装配图和零件工作图)图面整洁,制图符合标准,技术要求合理完整;零件加工工艺过程综合卡片合理规范;设计计算说明书书写工整、条理清晰、详略适中,说明书中设计参数的选取要合理,并与图纸所反映的相应参数一致。

10.1.2 机械系统综合设计的内容

机械系统综合设计的任务可能涉及不同的学科方向,如机械传动装置(部件)、机电一体化装置、精密机械装置、精密仪器等,但是,从综合设计的目标角度来看,几个不同学科方向的设计内容是相近的,主要包括:机电系统的方案和总体设计;系统参数(如运动参数、动力参数)和结构设计,机器零件结构设计和计算(如主要零件的受力、转矩、转速、功率等);零件(典型零件)的制造工艺设计;绘制系统装配图和零件工作图;设计技术文件(设计说明书)的撰写。

10.1.2.1 系统设计

机电系统的总体设计,首先要详细了解设计任务中的各种要求,逐一进行分析研究;然后尽可能多地搜集经验总结及理论计算的资料,分清问题主次,抓住影响全局的关键问题,进行深入了解研究,拟定几种方案,确定出最佳设计方案。

设计任务分析的内容一般包括:给定机电系统(装置)的工作对象;工作精度;生产批量;生产效率;自动化程度;工作环境以及对劳动保护的要求等。具体的装置其技术指标与该设备的用途、功能、特点等有关,不同类型的设备有不同的指标要求。例如:

对于(精密)机床或机电设备来说,是指机床所能加工或安装工件的最大尺寸以及可以实现的工作精度(如加工件的表面粗糙度、圆度)、最高和最低转速以及转速级数、所需电动机的功率或液压缸的牵引力以及伺服电动机的额定扭矩等。

对于(精密)计量仪器,技术参数是指测量范围、示值范围、测量精度,仪器分辨率、测量效率、工作距离、放大率、数值孔径、视场、焦距以及工作环境和测量方法等。

因此,系统总体设计时,就是要根据任务要求并满足使用要求,设法使系统(装置)具备如下的输出功能:

运动参数——用来表征机器工作运动的自由度数、轨迹、行程、方向和速度的指标。

动力参数——用来表征机器输出动力大小的指标,如力、力矩和功率等。

品质指标——用来表征运动参数和动力参数品质的指标,例如运动轨迹和行程精度(如定位精度和重复定位精度),运动行程和方向的可变性,运动速度的高低与稳定性,力和力矩的可调性或恒定性等。

因此,系统总体设计的主要工作如下。

(1) *运动设计*　根据任务给定对象的用途、规格和特定要求,确定和选择能满足运动参数要求的运动形式和功能部件。

(2) *动力计算和设计*　根据负载和运动形式等机构的情况,确定电动机的功率(额定转矩);计算和确定主要零件(传动件)的载荷和基本尺寸(如齿轮的模数、传动轴直径等),对于以载荷为主要特征要求的装置，还需要通过验算主要传动件（轴、齿轮、轴承等）的应力、变形或寿命等来最终确定其结构、尺寸和型号。

(3) 结构设计　通过装置的设计图样（装配图和零件图），将运动形式及其功能部件、传动件结构及其支承等相关部件（组件、标准件）以某种形式连接起来，构成一个具有特定功能的、满足任务基本要求的装置或部件。

10.1.2.2　零、部件图样设计

图样设计不仅要求结构合理，以实现功能要求，还要求表达正确、完整、统一、清晰，而且必须遵循公差配合、形状和位置公差、表面粗糙度、螺纹等有关标准的规定，图纸上的名词、术语、代号、文字、图形符号、结构要素以及计量单位等，均应符合有关标准的基本要求。

(1) 部件装配图设计　部件装配图用来表示该部件的全部结构、机构原理及每个零件的功用、形状、位置、相互连接的方法、配合性质和运动关系。所有零件要标注件号（标准件标明标准代号、非标准件编注件号）、参数和数量，并用罗马字母标注各轴轴号。

(2) 零件工作图设计　绘制零件工作图是进一步训练学生的零件结构设计、尺寸标注、形位公差标注及加工精度、表面粗糙度、材料及热处理的选择以及其他技术要求的制定等设计能力的重要环节，根据实际设计要求绘制若干个典型零件工作图，如轴、箱体、齿轮或机体类零件。

10.1.2.3　零件制造工艺设计

零件制造工艺设计是反映机械设计能力的重要一环，一个设计的好坏不仅要体现结构的合理、机构组合的巧妙以及功能的可实现性，还要看其设计的零件的"可加工性"和系统装置的"可装配性"，特别是要从"质量、生产率、经济性"三个角度来进行分析，使得设计的机器（装置）是"可制造"的。

机械零件的加工工艺很复杂，不仅与其结构和技术要求有关，还与其生产类型密切相关。对于本课程设计来说，主要考虑现代生产对多品种、小批量的需求特点，结合教学和科研应用的辅助设备以及精密机械和仪器等制造工艺的特征，侧重于按照"单件、小批"生产类型来进行分析。

(1) 机器零件的工艺技术分析　在进行工艺规程拟订时，应首先根据所给零件工作图对零件进行技术分析，并熟悉所属产品的性能、用途和工作条件，明确该零件的装配关系和作用，了解零件的结构特征和主要技术要求，并从工艺的角度来对零件工作图进行分析。主要内容包括：

① 对零件的作用和零件图上的技术要求进行分析；

② 对零件主要加工表面的尺寸、形状及位置精度、表面粗糙度以及设计基准进行分析；

③ 对零件的材质、热处理方法及机械加工的工艺性进行分析。

(2) 选择毛坯的制造方式　毛坯的选择应该从生产批量的大小、零件的复杂程度、加工表面及非加工表面的技术要求等几方面综合考虑。

(3) 制订零件的机械加工工艺路线　主要包括：表面加工方法的选择，选择定位基准，拟订工艺路线，选择机床及夹、量、刃具等工艺装备，工序尺寸和公差的计算以及加工余量的

确定。

(4) 填写工艺过程卡片　将零件加工工艺过程的各项内容(包括工序内容或加工简图、定位安装简图或定位基准面、使用设备和工装等)填入规定的过程卡片。

10.1.2.4　编写设计计算说明书

设计计算说明书应表达主要的设计思想和设计计算内容,论证设计的正确性。设计计算说明书作为产品设计的重要技术文件之一,是图样设计的基础和理论依据,也是进行设计审核的依据。因此,编写设计计算说明书是设计工作的重要环节之一。

1. 设计计算说明书的内容

(1) 前言　前言主要是对设计背景、设计目的和意义进行总体描述,使对说明书有一个总的了解。

(2) 目录　目录应列出说明书中的各项内容标题及页次,包括设计任务书和附录。

(3) 正文　说明书正文主要描述设计依据和过程,主要包括以下内容:

① 设计任务书:一般应附设计目标、使用条件和主要设计参数。

② 机械装置的总体方案设计:针对运动和动力要求,选择传动类型,对其结构和性能进行分析,并针对多种方案的可行性进行比较,择优形成初步设计方案。如机械装置的总体设计方案。

③ 传动系统设计:根据总体方案和运动规律设计的选择,从保证执行机构实现预期的运动要求和传递动力的角度出发,综合考虑系统传动的方式,在选定动力机后,来分析和确定传动系统方案,并在具体设计和计算选型的基础上进行精度的估算和分析。例如,原动机的选择;传动装置的选型和设计;运动及动力参数的计算;总体精度设计与分析等。

④ 主要零部件的设计计算:主要包括传动轴和传动零件(如带传动、齿轮传动、丝杠副、蜗杆传动)等的设计与校核计算和选用;箱体、机体(含支架和导轨)的结构设计与校核计算和选用;其他元件的选用与计算(轴承选用与寿命计算;联轴器、键、销的选用及选择计算等)。

⑤ 主要零件制造工艺规程设计:主要内容包括零件的分析(确定生产类型,零件的作用和工艺性分析);零件机械加工工艺规程的拟订(选择毛坯,表面加工方法选择,定位基准的选择,工艺路线的制订,工艺方案的经济技术比较);主要(关键)工序尺寸的确定和计算(工艺尺寸链的确定、工序尺寸的计算);加工设备和工艺装备的选择(机床、夹具、刀具、量具)等。

⑥ 其他需要说明的内容:如一些标准件、通用件选择说明;润滑及密封等情况的说明;运输、安装和使用维护要求等。

最后还应对“设计”进行小结(如设计的特点和存在的问题以及可能的改进方法等)。

(4) 参考资料　对设计过程中所用到的参考书、手册、样本等资料,按序号以作者、书名、出版单位和出版时间的顺序列出。如:

[1] 姓名. 书名(论文名)[文献类型]. 出版社所在地:出版社,年,卷(期).

(5) 附录　在附录中给出设计的“××装配图”、“××零件工作图”和“××机械加工工艺过程综合卡片”;并根据设计的实际需要,给出设计过程中使用的非通用设计资料、图表、计算程序等。

2. 设计计算说明书的要求和注意事项

设计计算说明书应在完成全部设计计算及图纸绘制后进行整理、编写，要求论述清楚、计算正确、文字精练、插图简明。同时，在编写时应注意：

① 设计计算说明书应按设计的内容顺序列出标题，以做到层次清楚。

② 为清楚地说明设计和计算内容，说明书中应附有必要的简图（如总体设计方案简图、轴和轴系的受力图、轴的结构简图、弯矩图和转矩图等）。

③ 有关计算过程应列出计算公式，代入有关数据，写出计算结果，标明单位，并给出由计算结果所得出的结论或说明（例如，满足强度设计要求；符合设计，等等）。

④ 引用的计算公式或数据要注明来源；计算中所使用的参量符号和脚标，必须前后一致，不能混乱，各参量的单位标注应统一。

⑤ 设计计算说明书需编制目录，标注页码，并装订成册。具体格式可参考下节的“设计示例”。

⑥ 设计图纸整理。将设计完成的装配图、零件工作图和零件工艺过程综合卡片以及其他材料等按要求折叠好，并附在装订好的设计计算说明书后。

10.1.2.5 设计答辩的要求和注意事项

答辩是综合设计教学过程的最后一个环节，通过答辩准备，对整个设计过程进行系统地回顾和总结，理清设计的思路和找出可能存在的问题，将有助于进一步巩固和提高学生分析与解决实际工程问题的能力。

准备答辩的过程也是系统地回顾、总结和再学习的过程。总结时应注意对以下内容深入剖析：总体方案的确定、受力分析、材料选择、工作能力计算、主要参数及尺寸确定、结构设计、设计资料和标准的运用、工艺性和使用维护性等。

在全面分析的基础上，找出设计计算和图样中存在的问题和不足，把还不甚明了或尚未考虑全面的问题分析理解清楚；初步评价所设计机械装置的优缺点，并给出设计中应注意的问题和有可能的改进方案。从而使得答辩的准备过程成为机械系统综合设计中的一个继续学习和提高的过程。

10.2 机械图样设计

图样是最简洁明了的一种表达设计信息的方式，因此，机械设计的结果（或阶段目标）多数是用工程图样来表达的。

机电产品和设备在机械设计、制造、检验、安装等过程中使用的工程图样称为机械制造图，简称机械图或图样。正式投入机械生产的图样主要有以下三种。

(1) 总装配图（简称总图） 表示整个机械设备的组成、部件间的相对位置以及设备的布置、外表、安装尺寸等内容的图样。

(2) 部件装配图(简称部装图或装配图) 表达机器中某个部件的组成、各零件间的相对位置以及设计、装配中所需要的尺寸、技术要求等内容的图样。

(3) 零件工作图(简称零件图) 表示每个机械零件的结构形状、制造和检验该零件时所需的全部尺寸、精度、材料、技术要求等内容的图样。

由此可见,图样在机械设计中具有十分重要的地位,它不仅是设计结果的表达,更是机械加工制造、检验、装配的主要依据,是指导生产必不可少的技术文件。所以,图样一直被人们称为工程师的技术"语言"。也就是说,图样和语言文字一样(或者说,图样比文字更简明、更直观地表达着应该表达的信息),是人类在生产实践中用于表达设计结果和交流设计思想的重要工具。每一个工程技术人员都必须掌握这种工程"语言",要做到会"说"(能画图),会"读"(能识图),会"写文章"(能构思表达)。

在进行图样绘制时,应注意培养良好的工作作风,做到认真细致,严格要求。还要树立对生产负责的观点,遵守国家标准《机械制图》《技术制图》中的有关规定,以避免图样上的差错,可能给生产造成不应有的损失。

机械工程图样的设计(绘制)不仅是机械设计的基础,是表达与交流技术思想的重要工具,也是一个提出问题、分析问题和解决问题的过程;同时还是一个各环节既有顺序关系,又相互交叉,常常需要多次反复、不断修正的过程。长期以来,图样的绘制一直采用的是手工绘制,不仅效率低,工作繁重,而且制图的精度以及图纸的修改和保存等都存在着许多问题,已不能适应现代工业发展的需要,随着现代工业和计算机技术的发展,采用计算机辅助技术来进行机械工程绘图已经成为设计绘图的一个重要手段。

计算机辅助绘图 CAD 技术已成为现阶段工程图样设计的通用技术,目前最便于学习和应用的是 AutoCAD 绘图软件,是美国 AutoDesk 公司在 1982 年推出的在微机上运行的绘图软件包。20 多年来,经过了多次升级换代,功能越来越强,性能越来越好。使用 AutoCAD 绘图不同于手工作图,应该注意以下事项:

① 使用 AutoCAD 绘图时一般不必考虑图形尺寸与图幅之间的关系,即不必像在手工绘图之前必须考虑好物体的实际尺寸与图形之间的比例和整个图幅的分配问题。即在绘图时可按物体的实际尺寸用 1∶1 来绘制,在输出图纸之前再用"比例"(scale)命令改变图形大小或在出图设置时根据需要按比例设置输出。

② 绘图应尽量做到精确。即按尺寸绘图或借助于捕捉工具来实现精确绘图。

③ 应学会使用图层来绘制不同类型的图线。在绘图前首先要建立各类图线的图层,如粗实线、细实线、虚线、点划线、双点划线等图层。使用图层特性可方便地控制图形的绘制与编辑,特别是在绘制较为复杂的图形时非常有用。

④ 在 AutoCAD 中,某个命令的执行往往有几种不同的方式,如下拉菜单、使用工具栏图标、快捷键以及在命令行直接输入命令等。一般来说,在工具条中的图标比较形象、简洁、容易记忆,可提高作图效率,建议大家在绘图时多采用图标来输入命令。

⑤ 使用 AutoCAD 绘图时,不论用户采用何种命令输入方式,都应密切观察命令行提示信息。命令行在命令执行过程中将向用户提示系统状态、操作方法、操作参数等重要信息,我们可以根据提示一步一步完成命令。

10.2.1 装配图样的设计

装配图是表达设计者整体创作思想的一个主要途径，是机械制造、装配过程中的重要依据，也是产生零件图的来源之一。设计者掌握了装配图的表达方法就具有了表达设计思想的有力武器。由此可见，装配图在机械设计图样表达中起着举足轻重的作用。本节主要介绍装配图中有关图形画法、尺寸标注、技术要求等各项内容的规定及表达方法。

10.2.1.1 装配图的绘制要求

装配图是用于表示一台机器或部件的工作原理、各零件之间装配关系、传动路线、连接方式及零件的基本结构的图样，是工程技术人员了解该机械装置总体布局、性能、工作状态、安装要求、制造工艺的媒介。

装配图在科研和生产中起着十分重要的作用。工程技术人员通常在设计产品时，是根据设计任务书，先画出符合设计要求的装配图，再根据装配图画出零件图；在产品制造的过程中，是根据装配图制定装配工艺规程来进行装配、调试和检验产品；在使用产品时，也是依据装配图及相关技术文件了解产品的结构、性能、工作原理及保养、维修的方法和要求进行操作。所以，装配图在整个产品的设计、制造、装配和使用过程中起着重要作用。

通常装配图是在装配草图的基础上来完成的，在完善装配图时要综合考虑装配草图中各零件的材料、强度、刚度、加工、装拆、调整和润滑等要求，修改其中不尽合理之处，提高整体设计质量。一张完备的装配图应具有下面几方面内容。

(1) 一组视图　表明机器各零、部件间装配特征、位置和连接关系，显示主要零件的结构形状等。

(2) 必要的尺寸　提供机器的性能、规格以及装配、检验、安装时所需的尺寸和配合代号。

(3) 技术要求　用文字或符号说明在图样中无法表达或不易表达的机器在装配、检验、调试以及维修、使用等方面的要求。

(4) 零件编号、明细栏和标题栏　说明机器及其组成的名称、代号、材料、数量、图样比例等。

10.2.1.2 装配图绘制的步骤

在绘制装配图前，应根据装配草图综合考虑装配图的各项设计内容来确定图形比例和图纸幅面，图纸幅面按国家标准规定选择确定。装配图可以用各种视图、剖视和剖面等表达方法。

1. 装配图的视图选择

装配图中的视图必须清楚地表达各零件间的相对位置和装配关系，尽可能表达机器的工作原理和主要零件的基本形状，因此，在确定视图表达方案之前，应详尽了解该机器的工作情况和结构特征。在选择表达方案时，要首先选好主视图，然后配合主视图选择好其他视图。

(1) 选择主视图　选择时一般应满足下列要求：

① 应按机器工作位置放置。当工作位置倾斜时,可将其旋转放正,并使主要装配轴线、主要安装面等处于水平或铅垂的位置。

② 将显示机器形状特征较充分的方向作为主视图投影方向,并作适当的剖切或拆卸,以便能清晰地表达机器主要零件间的相对位置和装配关系,并尽可能充分地表达清楚机器的工作原理。

(2) 选择其他视图 主视图确定后,要进一步分析还有哪些应该表达的内容(主要是指相对位置和装配关系)尚未表示清楚,再选用合适的视图形式进行补充。需要注意的是,选用任何一个视图都要有明确的目的性,避免盲目选用。

(3) 分析比较方案 视图选择过程中,往往会形成多种方案,因此,应对不同方案进行分析、比较和调整,使得确定的方案既能满足装配图的要求,又能达到在便于看图的前提下,绘图最为简便。

2. 绘制装配图的步骤

根据确定的装配图视图表达方案及部件的大小和复杂程度,首先要选择图样比例和图纸幅面,然后按下述步骤画图:

① 画图框和标题栏,并预留明细栏的位置。

② 布置图面。画出各视图的作图基线,要注意给尺寸标注和编写序号留出足够的空间。

③ 画底稿。一般先从主视图画起,也可按具体情况先画其他视图。

④ 检查底稿后,标注出尺寸和配合代号(或极限偏差),画剖面线。

⑤ 图线加深。根据轮廓线和其他线型的选择标准,按顺序进行。

⑥ 编写序号,填写明细栏、标题栏和技术要求。

画装配图时,选择所画零件的先后顺序对于画图速度和质量有很大的影响。为了使图中每个零件表示在正确的位置上,并尽可能少画一些不必要的线条,可围绕部件装配轴线进行绘制。一般由里向外,即先画里面的零件(如轴等),后画外面的零件。但也可先画外面零件(如箱体等)的大致轮廓,再将内部零件逐一画出。通常,先画基本视图,后画非基本视图。除此之外,在画装配图时,从设计者的角度来看还必须考虑以下两个问题:

首先是画装配图时,要从结构关系上确定一些零件的尺寸。一般轴上要安装多个零件,当确定这些零件与轴的相关尺寸时,要考虑到零件如何能够安装到轴上去以及如何能够从轴上拆下来,即应考虑"装得上,拆得下"的问题。

其次是要考虑运动部件在运动范围内会不会与其他零、部件发生位置冲突(或干涉),特别是具有极限位置时,应避免被其他零、部件挡住运动等"干涉"的现象。

10.2.1.3 装配图的绘制

装配图的表达要以机器或部件的工作原理和装配关系为中心,其次还须将机器或部件的内部、外部及零件的主要结构表达清楚。通常,机器或部件中的许多零件往往依次组装在一根或几根轴上,这些轴就称为装配轴线或装配干线。因此,若从装配轴线入手进行视图表达,就能较好地反映机器或部件的各种工作、传动系统以及辅助装置的装配关系,所以各种剖视图在装配图中应用非常广泛,且剖切平面常通过各条装配轴线;装配图的基本视图可用两个或三个视图来表达，主要装配关系应尽量集中表达在基本视图上。例如，对于展开式齿轮减速器，常把俯视图作为基本视图，而蜗杆减速器则一般选择主视图为基本视图。另外，装配图上一般不用虚线表示零件结构形状，不可见而又必须表达的内部结构，可采用局部剖视等方法表达。在完整、准确地表达出设计对象的结构、尺寸和各零部件间相互关系的前提下，装配图视图应简明扼要。

在绘制装配图时要掌握国标规定的有关装配图的一些特殊表达方法、规定画法和简化画法。

1. 装配图的规定画法

(1) 两零件的接触表面和配合表面(即便是间隙配合)只画一条粗实线，如图 10.1 中①所示。不接触面(即便间隙小于 1 mm)要画两条线，如果距离太近，可不按比例夸大画出，如图 10.1 中③所示。

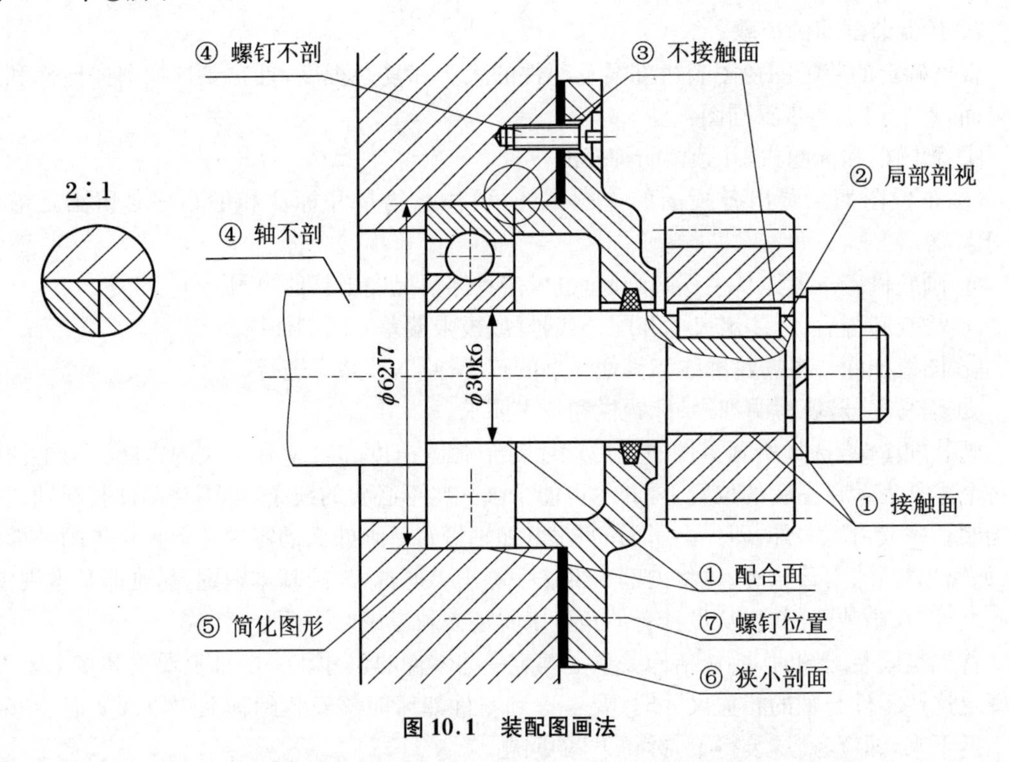

图 10.1　装配图画法

(2) 同一零件在各视图中的剖面线方向一致、间距相等；相邻的不同零件，其剖面线方向或间距应不同；当三个零件互为相邻时，其中必有两个零件的剖面线的倾斜方向一致，但间隔不应相等，或使剖面线相互错开，如图 10.1 中局部放大图所示。

(3) 对于较薄的零件剖面(一般小于 2 mm)，可用涂黑代替剖面符号，如图 10.1 中⑥所示。如果是玻璃或其他材料而不宜涂黑时，可不画剖面符号。

(4) 肋板和轴类零件以及紧固件，如轴、螺栓、垫片、销等实心零件，若按纵向副切，且副切平面通过其对称平面或轴线，则这些零件均按不剖绘制，如图 10.1 中④所示。如需要特别表明零件的构造，如凹槽、键槽、销孔等则可用局部剖视图表示，如图 10.1 中⑦所示。如果剖切平面垂直于上述零件的轴线剖切，则剖视图上应画剖面线。

2. 装配图的一些特殊表达方法

(1) 为了清楚地表达出装配体的某些结构，而采用的拆卸画法；

(2) 对于某些微小结构采用的夸大画法；

(3) 用假想画法表示运动零件的极限位置，表示不属于本部件的相邻零件的装配关系；

(4) 用展开法表示某些空间重叠的装配关系，如传动变速箱，为了表示齿轮的转动顺序和装配关系，可以假想将空间传动的轴系按传动的顺序展开在一个平面上，画出剖视图。

3. 装配图上某些结构可以采用国标中规定的简化画法

(1) 对零件的工艺结构，如圆角、倒角、退刀槽可以不画出；

(2) 对螺栓、螺母及螺母、螺栓头部允许采用简化画法；

(3) 当遇到若干相同的螺纹连接件时，在不影响理解的前提下，允许只画出一处，其余可用点划线表示装配位置(用轴线或中心线表示)，如图10.1中⑦所示。

(4) 滚动轴承、油封允许画出对称图的一半，另一半画出其轮廓线。如图10.1中⑤所示。

在完成装配图底图后，接着绘制零件工作图。在绘制零件工作图时，可以对装配图中某些不合理的结构或尺寸进行修改，再完成装配图绘制。

4. 装配图的尺寸标注

根据装配图所表达的内容要求，在标注装配图的尺寸时，不需要标出每个零件的全部尺寸，只需标出与装配图作用有关的尺寸。一般在装配图中应着重标注下面几类尺寸。

(1) *性能规格尺寸*　表示机器或部件的性能或规格尺寸。它是设计机器、了解和选用机器的依据，例如减速器传动零件的中心距等。

(2) *配合尺寸*　表达机器或装配单元内部零件之间装配关系的尺寸，包括主要零件间配合处的几何尺寸、配合性质和精度等级。例如减速器中轴与传动零件、轴与轴承的配合尺寸，轴承与轴承座孔的配合尺寸和精度等级等。这类尺寸与采用的装配方法有关，例如小间隙的配合，加些润滑油即可推入；过渡配合则可用手锤轻轻敲入；对过盈量不大的过盈配合，则需利用压力机压入等。因此，尺寸精度与配合偏差的选择对于机器或部件的工作性能、加工工艺及制造成本影响很大，应根据国家标准和设计资料认真选择确定。例如，表10.1所示的减速器主要零件之间配合尺寸的关系，也可供进行其他机械装置设计时参考。

表10.1　减速器主要零件荐用配合

配合零件	荐用配合	装拆方法
一般齿轮、蜗轮、带轮、联轴器与轴的配合	$\frac{H7}{r6}$	压力机 (中等压力配合)
大中型减速器的低速级齿轮(蜗轮)与轴配合；轮缘与轮芯配合	$\frac{H7}{r6}$, $\frac{H7}{r6}$	压力机或温差法 (中等压力，小过盈配合)
要求对中良好和很少装拆的齿轮、蜗轮、联轴器与轴的配合	$\frac{H7}{n6}$	压力机 (较紧的过渡配合)

续表

<table>
<tr><th>配合零件</th><th>荐用配合</th><th>装拆方法</th></tr>
<tr><td>小锥齿轮和较常装拆的齿轮、联轴器与轴的配合</td><td>$\frac{H7}{m6}$, $\frac{H7}{k6}$</td><td>手锤打入
（过渡配合）</td></tr>
<tr><td>滚动轴承内圈与轴的配合</td><td>轻负荷（$p\leqslant 0.07C$）：j6
中负荷（$p\leqslant 0.07\sim 0.15C$）：k6, m6
重负荷（$p\geqslant 0.15C$）：n6, p6, r6</td><td>压力机
（过盈配合）</td></tr>
<tr><td>滚动轴承外圈与箱体孔的配合</td><td>H7</td><td rowspan="5">木锤或徒手装拆</td></tr>
<tr><td>轴套、挡油环、封油环、溅油轮等与轴的配合</td><td>$\frac{D11}{k6}$, $\frac{F9}{k6}$, $\frac{F9}{m6}$, $\frac{F8}{h7}$</td></tr>
<tr><td>轴承套杯与箱体孔的配合</td><td>$\frac{H7}{h6}$, $\frac{H7}{js6}$</td></tr>
<tr><td>轴承盖与箱体孔（或套杯孔）配合</td><td>$\frac{H7}{h6}$, $\frac{H7}{f9}$</td></tr>
<tr><td>嵌入式轴承盖的凸缘与箱体孔槽之间的配合</td><td>$\frac{H11}{h11}$</td></tr>
</table>

(3) 安装尺寸　将部件安装在机器上或将机器安装在地基上所需的尺寸。以减速器为例，如轴与联轴器连接处的轴头长度与配合尺寸；箱体底面地脚螺栓间距、直径，地脚螺栓与输入、输出轴之间的几何尺寸；轴外伸端面与减速器某基准面间的跨度；减速器中心高等。

(4) 外形尺寸　表示机器或部件外形轮廓的尺寸，即总长、总宽、总高尺寸，以确定在包装、运输、安装机器时需考虑的外形尺寸。

在标注装配图尺寸时，应使尺寸线布置整齐、清晰，尺寸应尽量标注在视图外面，主要尺寸尽量集中标注在主要视图上，相关尺寸尽可能集中标注在相关结构表达清晰的视图上。

5. 零件序号、明细栏和标题栏

在生产中，为了便于图纸管理、生产准备、机器装配和看懂装配图，在装配图上需要对每个零件或部件编写序号或代号，并填写明细栏和标题栏。

(1) 零件序号及其编排方法与要求

零件序号编排的一般规定有：

① 原则上，装配图中所有的零(部)件都必须编写序号；

② 同一装配图中相同的零(部)件只需编写其中一个零(部)件的序号，必要时也可重复标注；

③ 装配图中零(部)件的序号应与明细栏中的序号一致；

④ 用于编写序号的指引线、折线、圆等均用细实线画出，如图 10.2 所示。

目前通用的零部件编号方法主要有两种。

顺序编号方法：将所有零件按顺序编号；

分类编号法：零件分加工件、标准件，加工件按顺序编号，标准件则写上规格、数量、国标号。

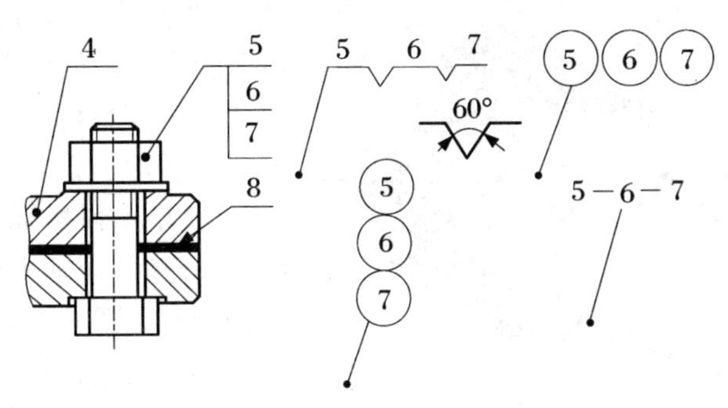

图 10.2　序号编排方法

序号编号的常见形式(图 10.2)是在所指零件的可见轮廓内画一个圆点，然后从圆点开始画指引线，在指引线的另一端画一横线或小圆，序号字高应比装配图中尺寸数字高度大一号；指引线应尽可能分布均匀，且不要彼此相交。当它通过有剖面线区域时，应尽量不与剖面线平行。必要时指引线可画成折线，但只允许曲折一次；对一组连接件或装配关系清楚的零件，允许采用公共指引线；图中的标准部件(如滚动轴承)，看成一个整体，只编写一个序号；零件序号应水平或垂直。按顺时针(或逆时针)方向顺序不重不漏地排列整齐。

(2) 明细栏和标题栏的填写方法　明细栏和标题栏的格式一般需按照国家标准(如 GB 10609.2—1989)的规定来制作和填写。

6. 装配图中的技术要求

装配图中有些技术要求需要用文字说明时，可写在标题栏的上方或左边，一般有以下内容。

(1) 装配要求　指机器或部件需在装配时附加加工的说明，或者指安装时应满足的具体要求等。例如定位销通常是在装配过程中加工的。

(2) 检验要求　包括对机器或部件基本性能的检验方法和测试条件，以及调试结果应达到的指标等。例如齿轮装配时要检验齿面接触情况等。

(3) 使用要求　指对机器或部件的维护和保养要求，以及操作时的注意事项等。例如机器每次使用前或定时需加润滑油的说明等。

(4) 其他要求　有些机器或部件的性能、规格参数不使用符号或尺寸标注时，也常用文字写在技术要求中，如齿轮泵的油压、转速、功率等。

值得注意的是，装配图中的技术要求应根据实际需要来注写，不同的机器或部件实际注写的内容有所不同。

10.2.2　零件工作图的设计

零件图是指导零件的加工、检验的技术文件，也是制定零件工艺规程的依据。零件的结构形状通常可以分为功能结构和局部工艺结构两个层次。功能结构是根据该零件在部件或机器上的作用决定的。图 10.3 所示的齿轮轴上的齿轮是为了实现传动，螺纹用于连接、固定，键槽用于安装键来实现传动等。局部工艺结构是为了确保加工和装配的质量而考虑的结构，如图10.3所示的齿轮轴上的倒角、倒圆、退刀槽与砂轮越程槽等。

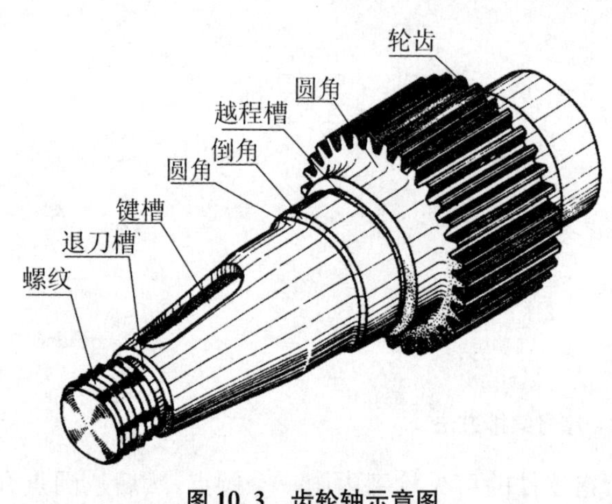

图10.3　齿轮轴示意图

一张完整的零件图要求能全面、正确、清晰地表达零件各部分的结构形状，以及确定根部分大小和位置所需的全部尺寸，制造和检验时所需的技术要求，如尺寸和形位公差、表面粗糙度以及材料热处理方法和指标等；另外，作为工作图，同样还应包括零件名称、材料、数量、图样比例和图号等的标题栏。

零件图是根据装配图拆绘而成的，但在进行零件工作图设计时，既要考虑零件的结构形状满足装配结构的要求，又要考虑在工艺上对某些结构提出的要求，例如，在加工过程中有利于加工、在使用时便于调整、在维修时要考虑拆卸方便、在装配时确保原有尺寸精度。零件图的设计质量对减少废品、降低成本、提高生产率和产品机械性能等起着至关重要的作用。

在工程设计中，需要给出除标准件以外的所有自制零件的工作图样。对于学生的设计实践，绘制零件图的目的是培养学生掌握零件图的设计内容以及典型零件的视图的表达方法，提高工艺设计能力和技能。

10.2.2.1　零件图的设计要点

1. 零件图的视图表达

机器零件的形状和结构各式各样，复杂程度的差别也很大。对于一些形状较为简单的零件，如果都要用三个视图来表达，可能显得过于繁琐；而对一些形状较为复杂的零件，可能用三个视图来表达还显得不够。为此，通常需要根据实际情况，结合机械制图的国家标准规定的基本方法和零件形状的表达方法来绘制图样。

对零件图进行视图选择，就是通过选用适当的视图、剖视、断面等表达方法，将零件的各部分结构形状和相对位置完整、清晰地表达出来，在视图中不再用简单的“可见的轮廓线画实线，不可见的轮廓线画虚线”的处理方法，而是充分利用已经学过的表达方法，将不可见的虚线部分用实线表达出来；同时，在满足表达要完整、清晰的前提下，使视图的数量为最少(包括剖视图和剖面图)，力求制图简便，避免不必要的细节重复。

选择视图的总原则是，在便于看图的前提下，力求画图简便。为此，应首先选好主视图，其次才是选择其他视图或其他辅助的表达方法。

(1) 零件的视图选择步骤

① 分析：分析零件在机器(或部件)中的作用、工作位置以及所用到的加工方法，并对零件进行形体结构分析。

② 选择主视图：通过分析需要表达零件的工作位置、各组成部分的形状特征及相对位置，选择主视图的表达方法。

③ 选择其他视图:根据零件的结构复杂度,可以选取适当的表达形式来对主视图进行补充表达。

(2) 主视图的确定　主视图是一组图形的核心,主视图在表达零件结构形状、画图和看图中起主导作用,其选择将直接影响其他视图的选择,以及读图的方便性和图幅的合理利用等问题。因此,应把选择主视图放在首位。主视图的选择与确定应遵循下列一般性原则。

① 形状特征原则:主视图最好能反映零件的形状特征以及组成零件的各功能部分的相对位置,以便于设计和读图。

② 加工位置原则:主视图最好能与零件在机械加工时的装夹位置一致,以便于加工时识图。

③ 工作位置原则:主视图最好能与零件在机器(或部件)中的工作位置一致,以便于直觉想象该零件在机器(或部件)中工作的情况,也便于根据图纸进行装配作业。

在实际的设计过程中,上述三个原则并不是总能同时满足的,需根据零件的类型、结构特点、复杂程度,甚至习惯的表达方式来确定和选择主视图。

例如,对于车床上加工的轴、套、轮、盘类零件等,它们在主视图中的位置一般按照加工位置,使轴线水平;若零件有多种加工位置,则它在主视图中的位置应符合零件装在机器或部件上的位置,如主轴箱、尾架体等零件;如果零件加工位置多变,工作位置倾斜或工作时运动,它们在主视图中应按照自然位置放置,即把零件摆正,使尽量多的表面平行或垂直于基本投影面,如汽车机油泵等。

(3) 其他视图的选择　对于结构形状较复杂的零件,主视图还不能完全地反映其结构形状,必须选择其他视图,包括剖视、剖面、局部放大图和简化画法等各种表达方法。对于轴、套类的同轴回转体一般只需主视图加上尺寸标注即可唯一地确定其结构形状;轮盘类零件一般只需两个视图即可确定其结构形状;其他形体往往需要三个或三个以上的视图,才可确定其结构形状。

其他视图选择的原则是,在完整、清晰地表达零件内、外结构形状的前提下,尽量减少图形个数,以方便画图和看图。

2. 零件图的尺寸标注

零件图不仅要表达零件的结构形状,零件的大小也是通过零件图上的尺寸标注来确定的。所以零件图的尺寸标注是零件图中又一项重要内容,它直接影响零件的加工和检测。

(1) 零件图尺寸标注的基本要求

① 正确:尺寸的标注要符合机械制图国家标准。

② 完整:标注全零件各部分结构的定形尺寸、定位尺寸以及必要的总体尺寸。

③ 清晰:尺寸的布置要便于看图查找。

④ 合理:尺寸既要符合零件的设计要求,又要便于加工与测量。

(2) 合理标注零件尺寸的一些原则　所谓零件尺寸标注的合理性,主要是指应根据零件的设计和工艺要求,正确地选择尺寸基准和恰当地标注尺寸两个方面。显然,这就需要设计者具备较多的零件设计、工艺知识和一定的实践经验,才能完全满足尺寸标注合理的要求。

① 合理选择尺寸基准。当依据功能要求确定了机器(或部件)中各零件的结构、位置和

装配关系以后，其设计基准就基本确定了，但工艺基准则由于所采用的加工方法不同而有所差异。选择基准时应使设计基准和工艺基准（零件加工中的定位基准和测量基准）相一致，否则，应首先满足设计要求。从设计基准出发标注尺寸，可以直接反映设计要求，能保证所设计的零件在机器或机构中的位置和功能，从工艺基准出发标注尺寸，可便于加工和测量的质量。

② 避免出现封闭的尺寸链。尺寸如果在同一方向串联，并首尾相接组成封闭的图形，称为封闭尺寸链。在加工某一表面时，将同时受到尺寸链中几个尺寸的约束，难以保证设计要求。因此，应将某个最不重要的尺寸空出不注，称为开口环。但有时为了设计、加工、检测或装配时提供参考，也可经计算后把该环的尺寸加上括号（称为参考尺寸）后示出。

③ 重要功能尺寸必须直接标注出来。重要功能尺寸是指零件上对机器（或部件）的工作性能、装配精度有直接影响的尺寸。直接标注功能尺寸，能够直接提出尺寸公差、形状和位置公差的要求，以保证设计要求。

④ 尽量符合零件的加工要求并便于测量。标注零件尺寸时，除重要尺寸必须直接标注外，即使是非功能尺寸也应尽可能使其与加工顺序一致，并要便于测量。

(3) *尺寸的配置形式*　零件尺寸的配置形式取决于零件的结构特点、加工方法、所选择的基准等诸多因素，通常尺寸配置有下列三种形式。

① 坐标式：指零件上同一方向的一组尺寸，都是从同一基准出发进行标注的，如图10.4(a)所示。坐标式标注法的优点在于尺寸中任一尺寸的加工精度只决定于那一段的加工误差，而并不受其他尺寸误差的影响。

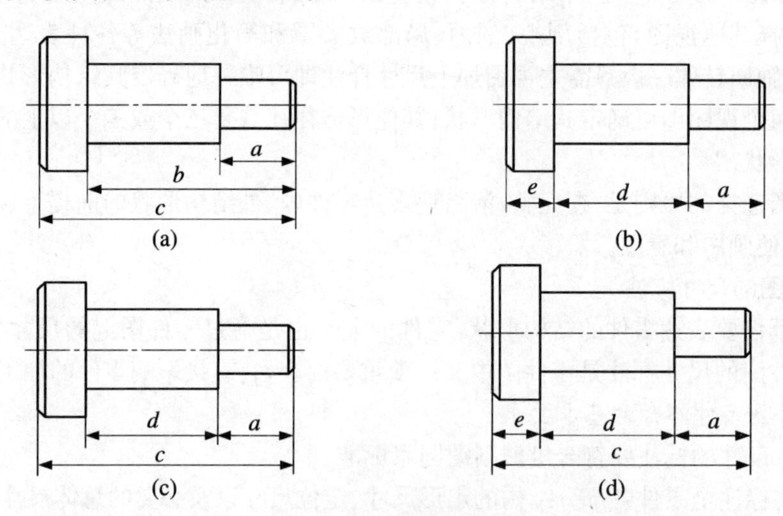

图 10.4　尺寸配置形式

因此，当零件需要从一个基准决定一组精确尺寸时，常采用坐标式尺寸配置形式。但是，采用坐标式标注时，两尺寸之间的几何要素的尺寸精度将会同时受到这两个尺寸误差的影响。如图10.4(a)所示，其中间一段圆柱的长度会同时受到尺寸 a 和 b 的影响。因此，若设计要求必须保证相邻两几何要素之间的尺寸精度时，就不宜采用坐标式标注法。

② 链式：指零件上同一方向的一组尺寸，彼此首尾相接，各尺寸的基准都不相同，前一尺寸的终止处即为后一尺寸的基准，如图10.4(b)所示。链式标注法的优点在于前一尺寸

的误差，并不影响后一尺寸，但缺点是各段尺寸的误差最终会累积到总尺寸上。因此，当零件上各段尺寸无特殊要求时，不宜采用这种形式。

③ 综合式：坐标式与链式的组合标注形式，如图10.4(c)所示。尺寸配置形式兼有上述两种方式的长处，能更好地适应零件的设计和工艺要求。

3. 技术要求

技术要求是指零件在制造或检验过程中所必须保证的设计要求和条件，它主要包括表面粗糙度、尺寸公差、表面形状和位置公差、热处理、表面处理等。零件图上的技术要求，有的用规定代(符)号直接标注在视图上，但有些要求不便用图形或符号表示时，应在零件图技术要求中用文字列出，其内容要根据不同零件的加工方法和要求来确定。

(1) *表面粗糙度* 表面粗糙度是指零件表面凹凸不平的程度，表面粗糙度的大小是与尺寸精度相关的，尺寸精度越高，表面粗糙度 R_a 的值越小。在标注粗糙度符号时，注意符号和数字方向不要搞错。一般选用原则是尽量按“经济精度”来进行(可参见第7章)。一般有：

① 不重要的车、铣、钻、刨等加工表面，如螺栓通孔，不重要的底面和侧面，齿轮和皮带轮的侧面以及油孔和油槽等，可取用 R_a25～12.5。

② 没有相对运动的接触面，如轴、支架、壳体、套、盖等零件的端面，键槽的底面，垫圈的侧面以及紧固件的自由表面等，可取用 R_a12.5。

③ 不十分重要的，但有相对运动的部位，或较重要的接触面，如箱体、盖等零件的孔端面、机座底面、轴与密封毡圈的摩擦面、轴肩端面以及键槽的工作表面等，可取用 R_a6.3。

④ 传动零件的配合部位，如低、中速的轴颈表面和轴承孔、衬套孔以及一般齿轮的齿廓表面等，可选用 R_a3.2～1.6。

⑤ 较重要的配合部位，如安装滚动轴承的轴和孔、销钉孔、较精密齿轮的轴孔、轴颈和齿廓表面以及滑动导轨的工作面等，可选用 R_a1.6～0.8。

⑥ 重要的配合面，如高速回转的轴和轴承孔、活塞和柱塞表面、滑动轴承轴瓦的工作表面以及曲轴轴颈和凸轮轴的工作表面等，可选用 R_a0.4～0.1。

另外，对于大多铸、锻方法等用不去除材料的方法获得的表面，若对表面粗糙度有要求时，可标注其规定的表面粗糙度符号。

(2) *尺寸公差* 为了满足机器的结构要求以及零件间的装配关系与精度的要求，在装配图上对相配合的两个零件需标注表示配合性质的公差代号(如 ϕ30H7/f6)；而在零件图上则需要对零件有配合关系的部位及功能尺寸进行尺寸公差的标注。其标注形式可以有两种：一是适用于批量生产的“代号”(如 ϕ30H7，ϕ30f6)形式；二是适用于单件小批生产的数值表示法(如 $\phi 30_{0}^{+0.021}$，$\phi 30_{-0.033}^{-0.02}$)，通常情况下建议采用后一种形式，以便于加工中的直观查看。另外，角度公差标注方法，其基本规则与线性尺寸公差的标注方法相同。

(3) *形位公差* 对于尺寸精度要求高的零件，除了标注尺寸公差之外还要标注形位公差，即形状公差和位置公差，形位公差数值通常是尺寸公差数值的一半或三分之一。

(4) *热处理* 热处理的目的是为了改善零件的使用性能及加工性能，如提高硬度、增加塑性、增强韧性等。常见的热处理工艺方法有淬火、正火、退火、回火等。通常齿轮、轴零件采用调质处理；铸造成型的零件(如箱体类)，为了防止其加工后变形，毛坯铸造后需失效处理，以消除内应力。

(5) *表面处理* 使零件外观漂亮，防止生锈。表面处理对象：对于非加工表面，暴露在壳体外面的零件表面。

4. 标题栏

标题栏一般设置在图纸的右下角，主要内容有零件的名称、图号、数量、材料、比例等。标题栏的格式一般需按照国家标准(如 GB 10609.2—1989)的规定来制作和填写。

10.2.2.2 根据装配图拆画零件图的基本方法

在设计中，根据装配图拆画零件图的过程简称为拆图。拆图时，通常先拆主要零件，然后根据装配关系，逐一拆画有关的零件(标准件不画图)，以保证各零件的形状、尺寸等协调一致。零件图所需表达的内容和要求如上所述。下面只着重介绍拆图时应注意的一些问题。

1. 零件的视图表达方案

装配图中并不一定能把每个零件的结构形状全部表达清楚。因此，在拆图时还需根据零件的作用、装配关系和工艺上的要求(如铸件壁厚要均匀等)进行再设计。此外，装配图上未画出的工艺结构，如圆角、倒角、退刀槽等，在零件图上都必须详细画出。

装配图中的视图表达主要反映装配关系、相互位置等，不一定完全符合表达零件的要求。因此，拆图时，零件的视图表达方案不能简单地从装配图上照搬，必须结合该零件的类别、形状特征、工作位置或加工位置等来统一考虑。

2. 零件图上的尺寸

拆图时，零件图上的尺寸可由四方面来确定。

(1) *直接移注的尺寸* 这些尺寸是设计和加工中要保证的重要尺寸，必须直接从装配图上照抄到零件图上(包括装配图上标注的尺寸和明细栏中填写的尺寸)。

(2) *查手册确定的尺寸* 对于零件上的标准结构，例如螺栓通孔、倒角、退刀槽、键槽等尺寸都应查阅有关的机械设计手册(对应的国家标准或行业标准)来确定。

(3) *需经计算确定的尺寸* 例如齿轮的分度圆、齿顶圆直径等。

(4) *按比例量取的尺寸* 零件上大部分不重要或非配合的自由尺寸，可以从装配图上按比例直接量取，并将量得的数值取整。

注意 各零件之间有装配关系的尺寸，标注时必须与装配图上的相关尺寸一致，并应根据尽可能选取装配的基准作为设计基准，同时需考虑零件加工中要求选择尺寸基准情况，从而使得尺寸标注正确、完整、清晰并合理。

10.2.2.3 典型零件的表达方案

1. 轴套类零件

轴是用来支承转动零件，并使之绕其轴线作转动的零件，这类零件的主体结构是同轴回转体，并且轴向尺寸远大于径向尺寸，在沿轴线方向通常有轴肩、倒角、螺纹、退刀槽、键槽、销孔、螺纹孔等结构要素。

(1) *视图表达* 轴套类零件的加工通常以卧式车床加工为主，装夹时零件轴线水平放置。所以主视图按加工位置原则选择,即画图时将轴、套类零件的轴线水平放置,这样既便于加工时读图看尺寸,又照顾了形体特征。一般的表达特点有:

① 主体结构只需一个基本视图,轴线水平放置;

② 实心结构表示外形,孔、槽结构可采用局部剖视;

③ 键槽结构采用断面图表达;

④ 轴较长时可采用折断表示;微小结构采用局部放大表达。

(2) *尺寸标注分析* 轴类零件几何尺寸主要有各轴段的直径和长度尺寸、键槽尺寸和位置、其他细部的结构尺寸(如退刀槽、砂轮越程槽、倒角、圆角)等。

在标注直径尺寸时,凡有配合要求处,应标注尺寸及偏差值。标注长度尺寸时,应根据设计及工艺要求确定尺寸基准。轴的径向尺寸基准是轴的轴线;轴向尺寸选择重要安装端面;对机器的工作性能、装配精度有直接影响的尺寸,应直接标注尺寸,并根据要求提出它们的尺寸公差、形状和位置公差,以保证设计要求。轴上的局部结构(如键槽、花键、螺纹、倒角、退刀槽等标准结构)参数、规格应符合国标规定;尺寸注法应符合标准注法和规定注法。非功能尺寸的标注应符合加工要求、便于测量。

(3) *技术要求* 一般轴的表面均为切削加工表面,对于要求较高的配合表面,它的表面粗糙度数值需分别直接注出,其表面粗糙度可按表10.2选取,在满足设计要求的前提下,应选取较大值。轴与标准件配合时,其表面粗糙度应按标准或选配零件安装要求确定。当安装密封件处的轴径表面相对滑动速度大于5 m/s时,表面粗糙度可取 R_a0.2~0.8。其他的表面可统一选择一个较经济的数值,在图幅的右上角统一标注。

表10.2 轴的表面粗糙度 R_a 荐用值

加工表面	表面粗糙度
与传动件及联轴器等轮毂相配合的表面	1.6~3.2
与传动件及联轴器相配合的轴肩端面	3.2~6.3
与滚动轴承配合的轴径表面	1.0(d≤80 mm),1.6(d≥80 mm)(d:轴承内径)
与滚动轴承配合的轴肩端面	2.0(d≤80 mm),2.5(d≥80 mm)
平键键槽	3.2(工作表面),6.3(非工作表面)
安装密封件处的轴径表面	0.4~1.6(接触式),1.6~3.2(非接触式)

对于配合表面和尺寸精度要求较高的需标注尺寸公差和形位公差。轴的形位公差推荐项目及精度等级可参见表10.3。

表10.3 轴的形位公差推荐项目及其与工作性能的关系

内 容	项 目	符 号	精度等级	与工作性能的关系
形状公差	与传动零件相配合直径的圆度	○	7~8	影响传动零件与轴配合的松紧及对中性
	与传动零件相配合直径的圆柱度	⌭	表10.4	影响轴承与轴配合松紧及对中性
	与滚动轴承相配合直径的圆柱度			

续表

内　容	项　目	符　号	精度等级	与工作性能的关系
位置公差	齿轮定位端面相对轴线的端面圆跳动	↗	6～8	影响齿轮和轴承的定位及其受载均匀性
	轴承定位端面相对轴线的端面圆跳动	↗	表 10.4	影响齿轮和轴承的定位及其受载均匀性
	与传动零件配合的直径相对轴线的径向圆跳动	↗	6～8	影响传动件运动中的偏心量和稳定性
	与轴承相配合的直径相对轴线的径向圆跳动	↗	5～6	影响轴承运动中的偏心量和稳定性
	键槽对轴线的对称度(要求不高时可不标注)	≡	7～9	影响键与键槽受载的均匀性及安装时的松紧

表 10.4　与轴承配合轴和孔的形位公差

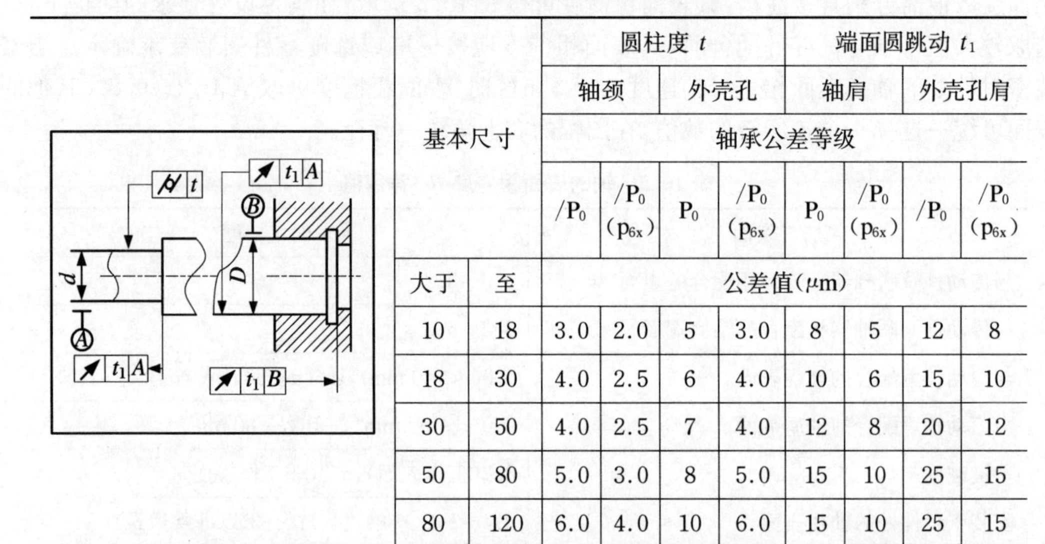

基本尺寸		圆柱度 t				端面圆跳动 t_1			
		轴颈		外壳孔		轴肩		外壳孔肩	
		轴承公差等级							
		$/P_0$	$/P_0$ (p_{6x})	P_0	$/P_0$ (p_{6x})	P_0	$/P_0$ (p_{6x})	$/P_0$	$/P_0$ (p_{6x})
大于	至	公差值(μm)							
10	18	3.0	2.0	5	3.0	8	5	12	8
18	30	4.0	2.5	6	4.0	10	6	15	10
30	50	4.0	2.5	7	4.0	12	8	20	12
50	80	5.0	3.0	8	5.0	15	10	25	15
80	120	6.0	4.0	10	6.0	15	10	25	15

轴类零件的材料通常选择优质碳素钢和合金钢；常用的热处理工艺为调质和淬火等。

通常以文字给出的技术要求的主要内容包括：

① 对零件材料的机械性能和化学成分的要求、允许的代用材料等。

② 热处理方法和要求。如热处理方法，热处理后的硬度范围、热处理后的表面硬度、渗碳渗氮要求及淬火深度。

③ 未注明倒角、圆角的说明，个别部位的修饰加工要求及长轴毛坯的校直等。

④ 对加工的要求。如对某些关键尺寸，加工状态要求的特殊说明，如是否允许保留中心孔，是否需要与其他零件组合加工等。

图 10.5 为一轴零件图的尺寸、尺寸公差及形位公差标注示例，其主要加工工艺过程可

参见表 10.5。基准面 1 是齿轮与轴的定位面，并作为轴向的设计基准，轴段长度 $L=$ 32 mm，越程槽 2×1 都以基准面 1 作为基准标注。基准面 2、3 作为辅助基准面，作为加工中的过渡基准，这些基准通过相关的尺寸与设计基准建立相应的联系，两端长度为 30 mm 的轴段就是从加工基准出发标注的尺寸，这样将便于加工中的测量。

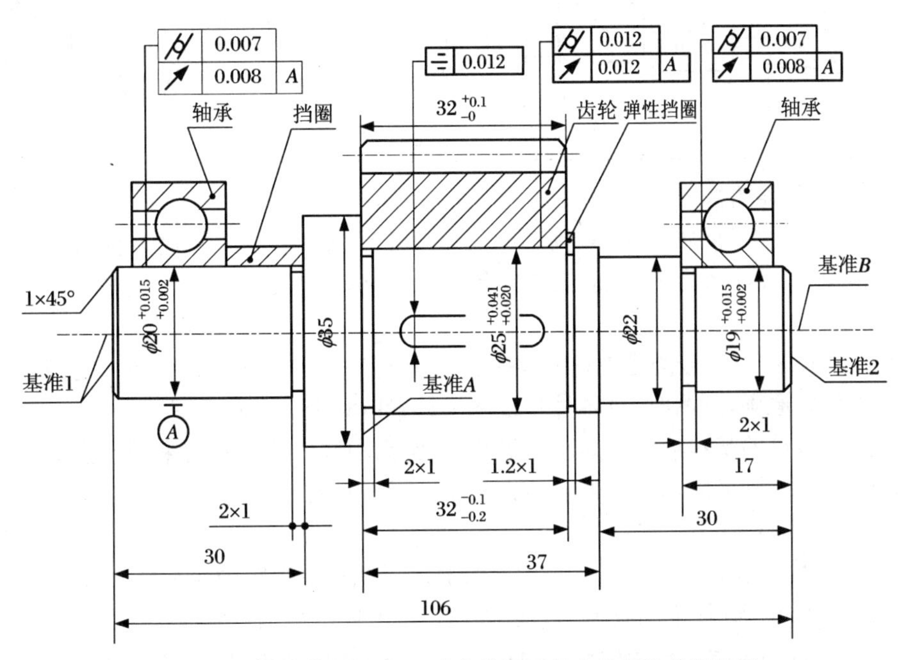

图 10.5　轴零件图尺寸、尺寸公差及形位公差标注分析示例

表 10.5　轴零件的主要工序示例

序　号	说　明	工序简图	序　号	说　明	工序简图
1	下料；车两端面；打中心孔		5	切槽；倒角	
2	中心孔定位；车 φ25（车到 φ25.5，为磨加工留余量 0.5），长 67		6	调头；车 φ35，直径最大的圆柱全长；车 φ20（到 φ20.3），长 30	
3	车 φ20，长 30		7	切槽，倒角	

续表

序号	说明	工序简图	序号	说明	工序简图
4	车 ϕ17(到 ϕ17.3,为磨加工留余量0.3),长 17	ϕ17 17	8	淬火后磨外圆 ϕ17,ϕ25,ϕ20	ϕ20 ϕ25 ϕ17

2. 齿轮类零件图样

齿轮、带轮等盘类同轴回转体,其轴向尺寸大于径向尺寸的零件通常称为盘类零件,一般是用来传递运动或动力的。而与之具有相似结构的盖类零件一般是轴承孔等的圆形端盖。

(1) *视图表达* 盘、盖类零件通常是装夹在卧式车床的卡盘上进行加工的,其主视图主要遵循加工位置原则,画图时,将零件轴线水平放置以利于加工时看图。

由于这类零件的基本形状是扁平的盘状,通常需用两个基本视图来进行表达,对于较复杂的盘、盖类零件,则可以选用其他表达方法来表示一些局部结构。

一般的表达特点如下:

① 主体结构一般需要两个基本视图,根据加工特点,主视图轴线水平放置;

② 主视图常取剖视(全剖或半剖),以表达零件的内部结构;

③ 左(右)视图表示其外形轮廓,零件上各种孔的分布,键槽的形状、位置等;

④ 对于轮辐、肋板等结构,可用移出断面或重合断面表示。

另外,对于齿轮或带轮等盘类零件,有时为了表达齿形及其相关特征和参数,可用绘制局部剖面图放大表示。对组合式蜗轮结构,需分别绘制蜗轮组件图和齿圈、轮毂的零件图。而齿轮轴、蜗杆轴的视图表达则与轴类零件工作图相似。

(2) *尺寸标注分析* 齿轮类零件与安装轴配合的孔、齿顶圆和齿轮轮毂端面是加工、检验和装配的基准,尺寸精度要求较高,通常需要同时标注尺寸及其极限偏差、形位公差。而分度圆直径虽不能直接测量,但作为基本设计尺寸应予标注。蜗轮组件中,轮缘与轮毂的配合;锥齿轮中,锥距及锥角等保证装配和啮合的重要尺寸,应按相关标准标注。

标注时,其径向的基准为其轴线,因而将直径尺寸标注在主视图上;长度方向的主要基准选择经过加工的较大端面或重要的安装面;在标注尺寸时注意内外尺寸的分开,避免出现尺寸的混乱和尺寸线的相交;圆周上均匀分布孔的定型尺寸和定位尺寸在表示形状的左视图或右视图表达;键槽则可相对独立地用向视图来表达和标注。

(3) *啮合特性表* 齿轮类零件的主要参数和误差检验项目,应在齿轮(蜗轮)啮合特性表中列出。啮合特性表一般布置在图幅的右上角,如表 10.6 所示的参考格式。齿轮(蜗轮)的精度等级和相应的误差检验项目的极限偏差或公差取值可查阅相关的手册。

(4) *技术要求* 齿轮类零件各功能表面的表面粗糙度可参见表 10.7,其他表面可选择一个较经济值,在图幅的右上角统一标注。形位公差推荐项目可参见表 10.8。除此之外,还应该注意以下几项,必要时可以用文字形式给出。

① 对毛坯的要求,如铸件不允许有缺陷,锻件毛坯不允许有氧化皮及毛刺等。

② 对材料的化学成分和力学性能要求,以及允许使用的代用材料。

③ 零件整体或表面处理要求,如热处理方法、热处理后的硬度、渗碳渗氮要求及淬火深度等。

④ 未注倒角、圆角半径的说明。

⑤ 其他特殊要求,如修形,对大型或高速齿轮进行平衡试验要求等。

表 10.6 齿轮啮合特性表(参考)

模数	m(mn)		精度等级			
齿数	Z		相啮合齿轮图号			
压力角	a		变位系数		x	
分度圆直径	d		误差检验项目			
齿顶高系数	h_a^*					
齿根高系数	$h_a^* + c^*$					
齿全高	h					
螺旋角	β					
轮齿倾斜方向						

表 10.7 齿轮类零件的表面粗糙度 R_a 荐用值

加工表面		表面粗糙度 R_a(μm)			
传动精度等级		6	7	8	9
轮齿工作面	圆柱齿轮	0.8~0.4	1.6~0.8	3.2~1.6	6.3~3.2
	锥齿轮		3.2~0.8		
	蜗杆、蜗轮		1.6~0.8		
顶圆	圆柱齿轮	1.6	3.2	3.2	6.3~12.5
	锥齿轮	3.2			
	蜗杆、蜗轮	3.2~1.6			
轴孔	圆柱齿轮	0.8	3.2~ 1.6		
	锥齿轮	6.3~3.2		3.2~1.6	
与轴肩配合面		3.2~1.6			6.3~3.2
齿圈与轮芯配合表面		3.2~1.6			
平键键槽		6.3~3.2(工作面),12.5~6.3(非工作面)			
其他加工表面		12.5~6.3			

表 10.8　齿轮的形位公差推荐项目及其工作性能

<table>
<tr><th>内　容</th><th>项　目</th><th>符　号</th><th>精度等级</th><th>对工作性能的影响</th></tr>
<tr><td>形状公差</td><td>与轴配合孔的圆柱度</td><td>⌭</td><td>7～8</td><td>影响传动零件与轴配合的松紧及对中性</td></tr>
<tr><td rowspan="6">位置公差</td><td>圆柱齿轮以顶圆为工艺基准时，顶圆的径向圆跳动</td><td rowspan="5">↗</td><td rowspan="5">按齿轮、蜗杆、蜗轮和锥齿轮的精度等级确定</td><td rowspan="5">影响齿厚的测量精度，并在切齿时产生相应的齿圈径向跳动误差，使零件加工中心位置与设计位置不一致，引起分度不均，同时会引起齿向误差；
影响齿面载荷分布及齿轮副间隙的均匀性</td></tr>
<tr><td>圆锥齿轮顶锥的径向圆跳动</td></tr>
<tr><td>蜗轮顶圆的径向圆跳动</td></tr>
<tr><td>蜗杆顶圆的径向圆跳动</td></tr>
<tr><td>基准端面对轴线的端面圆跳动</td></tr>
<tr><td>键槽对孔轴线的对称度</td><td>⌯</td><td>8～9</td><td>影响键与键槽受载的均匀性及装拆时的松紧</td></tr>
</table>

3. 箱体类零件

箱体类零件通常起支承机器运动部件的机架作用。设计为箱体结构不仅可以增加其自身的刚度，也有利于内部传动零件的密封。

其基本结构特点是：主体形状为壳体，内外形状较复杂，尤其内腔具有空腔、孔等结构，比较复杂，表面过渡线也较多；箱壁上有各种位置的孔，并多有带安装孔的底板，上面带有凹坑或凸台结构；支承孔处常设有加厚凸台或加强肋等。

(1) 视图表达　箱体类零件一般按工作位置和形状特征原则选择主视图，至少需要三个基本视图，并要采用比较复杂的剖切面，以形成各种剖视图来表达复杂的内部结构。对于比较复杂的箱体，它的各个面形状各不相同，每个面都需要投影图，以表示它的形状。箱体零件上常常会出现一些截交线和相贯线，由于箱体类零件毛坯多是铸造成形，铸造圆角的存在使截交线和相贯线变得不明显，在视图上应将这些线画成过渡线。

箱体类零件的加工工序和加工位置复杂多变，既要加工起定位、连接作用的底面，又要加工侧面和顶面以及孔端凸台等表面，需要多次装夹。但其工作位置和加工时，底面是重要功能表面之一，所以选择其主视图时主要遵循工作位置原则，以底面为水平放置，以便于设计和装配工作时看图。

(2) 尺寸标注分析　箱体类零件结构形状复杂，尺寸繁多，应避免尺寸遗漏、重复以及封闭。一般需注意以下几点：

① 选择好基准，尽可能使设计、加工和装配基准统一，以便于加工和检验。如箱盖或箱座的高度方向尺寸最好以剖分面(加工基准面)为基准；箱体的宽度方向尺寸应以宽度的对称中心线作为基准，标注时要避免出现封闭尺寸链。

② 箱体尺寸可分为定位尺寸和形状尺寸。定位尺寸是确定箱体各部位相对于基准的位置尺寸，如孔的中心线、曲线定位位置及其他有关部位或局部结构与基准间的距离。定型

尺寸是确定箱体各部分形状结构大小的尺寸，应直接标出，如箱体长、宽、高和壁厚，各种孔径及其深度，圆角半径，槽的宽度和深度，螺纹尺寸，观察孔，油尺孔，放油孔等。

③ 对影响机器工作性能的尺寸要直接标出，以保证加工准确性，如箱体孔的中心距及其偏差，以及影响零部件装配性能的尺寸等。

④ 应考虑箱体制造工艺特点，如铸造箱体上所有圆角、倒角、拔模斜度等均须在图中标注清楚或在技术要求中说明。

⑤ 配合尺寸都应标出偏差。

另外，箱体类零件的长、宽、高三个方向的主要基准通常采用中心线、轴线、对称平面和较大的加工平面。同时，因结构复杂，定位尺寸多，各孔中心线(或轴线)间的距离一定要直接注出来。

(3) *技术要求*　箱体类零件的外表面有需要切削加工和不进行切削加工的不同表面，其内表面由于加工工艺性较差，多选择不进行刀具的切削加工(精密和特殊需要者除外)。因此，表面粗糙度的标注应注意箱体上在与其他零件接触的表面予以加工并标注通过去除材料方法获得表面的符号和允许值；不切削表面的粗糙度可在图幅的右上角统一标注；配合面和定位面加工要求较高。箱体的表面粗糙度 R_a 推荐值见表 10.9。箱体的形位公差主要与轴系安装精度及其工作性能有关，推荐项目见表 10.10。

表 10.9　箱体的表面粗糙度 R_a 推荐值(单位：μm)

表面位置	表面粗糙度推荐值
箱体剖分面	3.2～1.6
与滚动轴承(P0 级)配合的轴承座孔	0.8($D\leqslant 80$ mm)，3.2($D\geqslant 80$ mm)
轴承座外端面	6.3～3.2
螺栓孔沉头座	12.5
与轴承盖及其套杯配合的孔	3.2
机加工油沟及观察孔上表面	12.5
箱体底面	12.5～6.3
圆锥销孔	3.2～1.6

表 10.10　箱体形位公差的推荐项目

内　容	项　目	符　号	精度等级	对工作性能的影响
形状公差	轴承座孔的圆柱度	⌭	7～8 6～7(P0 级轴承)	影响箱体与轴承配合性能及对中性
	机体剖分面的平面度	▱	7～8	

续表

内　容	项　目	符　号	精度等级	对工作性能的影响
位置公差	轴承座孔轴线对端面的垂直度	⊥	7	影响轴承固定及承载的均匀性
	轴承座孔轴线对机体剖分面在垂直平面上的位置度	⌖	≤0.3 mm	影响镗孔精度和轴系装配；影响传动件的平稳性和载荷分布均匀性
	轴承座孔轴线间的平行度	//	6 （以轴承支点跨距代替齿轮宽度，根据轴线平行度公差及齿向公差值确定）	影响传动件的平稳性和载荷分布的均匀性
	蜗杆、蜗轮和锥齿轮的两轴承孔轴线间的垂直度	⊥	7 （根据齿轮和蜗轮精度确定）	
	两轴承座孔轴线的同轴度	◎	7～8	影响装配和传动件受载的均匀性

箱体零件的技术要求主要包括一些有关配合加工的要求（如轴承孔）、铸造（焊接）的时效处理要求、铸造（焊接）的工艺要求及箱体表面的处理要求等。具体内容视箱体的具体情况而定，可参阅相关的机械设计手册。如铸造箱体通常需要用文字形式给出的技术要求内容有：

① 铸件清理和时效处理等；

② 铸造斜度及圆角半径等；

③ 箱体内表面涂漆或防浸蚀涂料和消除内应力的处理等；

④ 对于剖分式箱体，剖分面上的定位销孔加工，应将箱盖和箱座固定后配钻、配铰，箱盖与箱座间轴承孔，须先用螺栓连接，并装入定位销后再镗孔。

10.3　齿轮减速器的设计

10.3.1　齿轮减速器设计分析

10.3.1.1　减速器概述

减速器是用于降低转速、传递动力、增大转矩的独立传动部件。在大多机械系统中，减速器设置在原动机和工作机或执行机构之间起匹配转速和传递转矩的作用，在现代机械中应用极为广泛。

减速器按用途可分为通用减速器和专用减速器两大类，两者的设计、制造和使用特点各不相同。按照传动类型进行分类主要有齿轮减速器、蜗杆减速器、行星齿轮减速器；按照传动级数的不同可分为：单级和多级减速器；按照传动的布置形式又可分为展开式、分流式和同轴式减速器。

对于应用最多的齿轮减速器，按照齿轮形状可分为圆柱齿轮减速器、（含直齿轮、斜齿轮）圆锥齿轮减速器和圆锥-圆柱齿轮减速器。齿轮减速机具有体积小，传递扭矩大，传动效率高，耗能低，性能优越等特点。

蜗轮蜗杆减速器的主要特点是具有反向自锁功能，可以有较大的减速比，输入轴和输出轴不在同一轴线上，也不在同一平面上。但是一般体积较大（传动比较大时结构相对紧凑），传动效率不高，精度不高。

行星减速器的优点是结构比较紧凑，传动效率高，传动比范围广，回程间隙小、精度较高，使用寿命很长，额定输出扭矩大等，但价格略贵。

现阶段，随着设计和制造技术的进步，减速器的综合性能也得到很大的发展，如基于模块化设计技术的应用，原独立的降速传动的减速器可以有多种与电机组合的形式、安装形式和结构方案，传动比分级也越来越细密，可以满足不同的使用工况，扩大了使用范围，从而成为通用的机电装置。主要传动元件的圆柱齿轮制造工艺的优化，承载能力提高4倍以上，齿轮减速器不仅精度进一步提高，也具有了体积小、重量轻、噪声低、效率高、可靠性高等优点。

10.3.1.2　齿轮减速器的结构和传动系统

常用的齿轮减速器主要由传动零件（齿轮或蜗杆）、轴、轴承、箱体及其附件所组成。其基本结构有三大部分。

（1）传动系统　齿轮、轴及轴承组合，是运动、动力传递和变换的基础，是减速器性能的载体。

（2）基础支承部件　即箱体，是传动零件的基座，需要有足够的强度和刚度以及减振性等。

（3）辅助附件　为了保证减速器的正常工作，还需考虑为减速器润滑油池注油、排油、检查油面高度、加工及拆装检修时箱盖与箱座的精确定位、吊装等辅助零件和部件的合理选择和设计。

另外，在现阶段的机电一体化特征的减速器装置中，作为动力机的电动机的性能以及其与传动系统的连接也已作为其一个部件来选择和设计。

对于齿轮减速器的传统系统设计，由于其基本任务是向负载提供一定转矩和速度的运动，且为速度较低的、单一转速的输出转动，因此，其传动系统多采用定比传动机构，通常根据配套电机和输出转速的要求，结合齿轮副的传动比要求分为单级和多级传动系统。

（1）一级圆柱齿轮减速器　传动比一般小于5，可用直齿、斜齿或人字齿，传动齿轮轴线可作水平布置、上下布置或铅垂布置等形式，传递功率可达数万千瓦、效率较高、工艺简单，精度易于保证，一般工厂均能制造，应用广泛。

（2）二级圆柱齿轮减速器　传动比一般为8～40，用斜齿、直齿或人字齿；结构简单，应用广泛;其传动齿轮的轴线布置形式多为水平设置。根据轴上齿轮的分布不同有三种不同的形式。

展开式:齿轮相对于轴承为不对称布置,因而载荷沿齿向分布不均,要求轴有较大刚度;

分流式:齿轮相对于轴承对称布置,常用于较大功率、变载荷场合;

同轴式:输入轴和输出轴在一个轴线上,减速器长度方向尺寸较小,但轴向尺寸较大,中间轴较长,刚度较差,不过,两级大齿轮直径接近,有利于浸油润滑。

(3) 一级圆锥齿轮减速器　传动比一般小于3,可用直齿、斜齿或螺旋齿。

(4) 二级圆锥-齿轮减速器　传动比一般小于20,锥齿轮应布置在高速级,使其直径不致过大,且便于加工。

(5) 一级蜗杆减速器　结构简单、尺寸紧凑,但效率较低,适用于载荷较小、间歇工作的场合。当蜗杆圆周速度 $n \leqslant 4 \sim 5$ m/s 时,用下置蜗杆形式;$n > 4 \sim 5$ m/s 时,用上置式蜗杆形式;另外,也可采用立轴布置,则此时对传动轴的密封要求显著提高。

(6) 齿轮-蜗杆减速器　传动比一般为60～90,齿轮传动在高速级时结构比较紧凑,蜗杆传动在高速级时则传动效率较高。

(7) NGW 型行星齿轮减速器　一级传动比一般为3～9,二级传动比为10～60。通常固定内齿轮,也可以固定太阳轮或转臂;具有体积小、重量轻等优点,但制造精度要求高,结构复杂。

10.3.1.3　电动机的选择

电动机是通用机械中应用极为广泛的原动机,是由专业生产厂家按国家标准生产的标准化、系列化产品,性能稳定,价格较低。设计时可根据设计任务具体要求,从标准产品目录中选用。

1. 电动机的类型和结构形式

电动机按电源分为直流、交流两种,一般机械设备使用的动力机多为三相异步交流电动机,其中Y系列全封闭自扇冷式笼型三相异步电动机是按照国际电工委员会(IEC)标准统一设计的新系列标准产品,具有效率高、性能好、振动小等优点,适用于空气中不含易燃、易爆或腐蚀性气体的场所和无特殊要求的机械上,如机床等;也适用于某些起动转矩有较高要求的机械,如压缩机等。其中YZ系列和YZR系列分别为笼型转子和绕线转子三相异步电动机,具有较小转动惯量和较大过载能力,可适用于频繁起制动和正反转工作状况,如冶金、起重设备等。

机械设计中的原动机一般均可选用这种类型的电动机。电动机输出为连续转动,通常需经传动装置调整转速和转矩来满足工作机的要求,故选择电动机时,应依据所选电动机的机械特性与工作机的负载特性相匹配的原则来确定型号和规格。此外,根据实际需要,还可选择速度可调的变频调速电动机、转速转角可调的步进电动机和伺服控制电动机等。

2. 电动机容量的选择

电动机容量由额定功率来表示,其大小主要由运行的发热条件、依据工作机容量来确定,必要时还须用过载能力及起动条件加以校核。

对于载荷比较稳定、长期运转的机械,首先估算传动系统的总效率 η,再根据工作机特征计算工作机所需电动机功率 P_r，最后选定电动机额定功率 P_m，且使电动机额定功率不小于工作机所需电动机功率。对于稳定负载通常无需进行过载能力的校核；如电动机是不带负载起动的，也无需进行起动条件的校核。

传动系统的总效率估算：多级串联传动系统的总效率等于各级传动效率及摩擦副效率的连乘积，即有

$$\eta = \eta_1 \eta_2 \eta_3 \cdots \eta_n \tag{10.1}$$

各类传动元件和支承的效率值见表10.11。效率的具体取值与相关零件的工作状况有关，加工装配精度高、工作条件好、润滑状况佳时，可取高值，反之应取低值。表中给出的为一般工作状况下的效率范围，标准组件的效率可按厂家提供的样本选取或计算；需要准确计算时，参照相关标准或方法计算；工况不明时，为安全起见，可偏低选取。

表10.11 常用机械传动效率和传动比

传动类型	传动类别	效率 η	单级传动比	
			最大值	常用值
圆柱齿轮传动	7级精度(稀油润滑)	0.98	10	3～5
	8级精度(稀油润滑)	0.97	10	3～5
	9级精度(稀油润滑)	0.96	10	3～5
	开式齿轮(脂润滑)	0.94～0.96	15	4～6
圆锥齿轮传动	7级精度(稀油润滑)	0.97	6	2～3
	8级精度(稀油润滑)	0.94～0.97	6	2～3
	开式齿轮(脂润滑)	0.92～0.95	6	≤4
带传动	平带传动	0.95	6	2～4
	V带传动	0.94	7	2～4
链传动	开式	0.90～0.93	7	2～4
	闭式	0.95～0.97	7	2～4
蜗杆传动	自锁蜗杆	0.40～0.45	开式100 闭式80	开式 15～60 闭式 10～40
	单头蜗杆	0.70～0.75		
	双头蜗杆	0.75～0.82		
	四头蜗杆	0.82～0.92		
滚动轴承	球轴承(稀油润滑)	0.99(一对)		
	滚子轴承(稀油润滑)	0.98(一对)		
滑动轴承	润滑不良	0.94(一对)		
	正常润滑	0.97(一对)		
	液体摩擦	0.99(一对)		
联轴器	浮动式(十字沟槽式等)	0.97～0.99		
	齿式联轴器	0.99		
	弹性联轴器	0.99～0.995		
带式输送机	输送机滚筒	0.96		

工作机所需电动机功率

$$P_r = \frac{P_w}{\eta} = \frac{Fv}{1\,000\eta} = \frac{Tn_w}{9\,550} \quad (\text{kW}) \tag{10.2}$$

式中：P_r 为工作机所需电动机功率(kW)；P_w 为工作机所需有效功率(kW)；F，T 为工作机的工作阻力或工作阻力矩(N或N·m)；v，n_w 为工作机的线速度或转速(m/s或r/min)。

由求得的工作机所需电动机功率 P_r，在电动机额定功率 P_m 满足 $P_m \geqslant P_r$ 的条件下，便可从电动机额定功率系列值中选定电动机，并确定所用电动机容量。

3. 电动机转速的选择

三相交流异步电动机同步转速的高低，取决于交流电频率和电动机绕组级数。同一功率有四种同步转速，按电动机极数有2、4、6、8极，其对应同步转速分别为3 000 r/min，1 500 r/min，1 000 r/min和750 r/min。在产品规格中还给出与同步转速相应的满载转速 n_m，它略低于同步转速，通常用来进行速度计算的转速值。

在电动机功率和工作机转速一定时，极数多而转速低的电动机尺寸大、重量重、价格高，但能使传动系统的总传动比减小。就电动机本身的经济性而言，宜选极数少而转速高的电动机，但这却会引起传动系统的总传动比增大，致使传动系统结构复杂、尺寸增加、成本提高。因而，在确定电动机转速时，应综合考虑、分析和比较电动机和传动系统的性能、尺寸、重量和价格等因素，先试选几种电动机，经初步计算后决定取舍。机械装置设计中，大多根据设计的原始数据、工作条件和具体要求选用同步转速为1 500 r/min的电动机为宜，也可选用同步转速为750 r/min的电动机。常用Y系列三相异步电动机技术数据可参见相关的资料。

10.3.1.4 传动比的分配

电动机型号确定后，由电动机的满载转速 n_m 和已知工作机转速 n_w 可得出传动系统的总传动比 i，然后将总传动比合理地分配给各级传动。

传动系统的总传动比

$$i = n_m / n_w \tag{10.3}$$

对于多级串联传动系统，总传动比等于各级传动合理传动比的连乘积，即有

$$i = i_1 i_2 i_3 \cdots i_n \tag{10.4}$$

在进行多级传动的传动系统总体设计时，传动比的分配是一个重要环节，能否合理分配传动比，将直接影响传动系统的外廓尺寸、重量、结构、润滑条件、成本及工作能力。

传动比分配应注意以下几点：

① 各级传动的传动比一般应在常用值范围内，不应超过所允许的最大值，以符合其传动形式的工作特点。

② 各级传动间应做到尺寸协调、结构匀称；各传动零件彼此间不应发生干涉碰撞；所有的传动零件应便于安装。

③ 设计卧式两级圆柱齿轮减速器时，为便于各级齿轮同时得到充分润滑而采用浸油润滑方式，但要避免因齿轮浸油过深而加大搅油损失，应使高速级和低速级大齿轮的浸油深度大致相等，即两个大齿轮的直径应相近，使浸油深度均在合理范围内。

④ 设计两级圆锥-圆柱齿轮减速器时，要尽量避免圆锥齿轮尺寸过大而给制造带来不便。通常可取高速级圆锥齿轮传动的传动比 $i_1 = 0.25i$，一般应限制 $i_1 \leqslant 3$。当希望两级传动的大齿轮浸油深度大致相等时，允许 $i_1 = 3.5 \sim 4$。

上述传动比的分配只是初步结果，实际传动比应在完成传动零件设计后方能确定。因此，总传动比的实际值与理论值有可能出现误差，从而引起工作速度的误差，设计时应使其控制在设计任务书中所要求的范围内。

10.3.1.5 传动系统运动和动力参数计算

在选定电动机型号，初步完成分配传动比之后，就可以计算传动系统中各轴的转速、功率及转矩，以及相邻两轴间的传动比和传动效率，为后续传动零件的设计计算和轴的设计计算提供依据。

各传动轴的转速可根据电动机满载转速及传动比进行计算。除了电动机轴以外，其余各轴的功率和转矩均按输入值进行计算，计算时所用电动机输出功率可选工作机所需电动机功率或电动机额定功率。如按工作机所需功率设计的传动系统结构较紧凑，而按电动机额定功率设计的传动系统相对具有较好的抗负载变化的能力。

在计算功率和转矩时应注意：

① 同一根轴的输入功率或转矩与输出功率或转矩数值不同，因为有轴承等的功率损耗，即要计入轴承等的效率；

② 一根轴的输出功率与相邻下一根轴的输入功率数值不同，因为有传动零件的功率损耗，即要计入传动零件的传动效率；

③ 一根轴的输出转矩与相邻下一根轴的输入转矩数值不同，二者之间除了要计入传动比外，还要考虑传动零件的功率损耗，即还要计入传动零件的传动效率。

10.3.1.6 齿轮减速器传动零件的设计分析

机械传动装置结构设计的重点就是传动零件及其支承和连接类零件的设计，它关系到传动系统的工作性能、结构布局和尺寸大小。结构设计时需要考虑的主要问题有：整体或局部结构的工作特点与材料的选择；零部件结构形状与强度；各零部件位置关系及固定方式与系统刚度、零部件本身的刚度；系统运转精度和灵活性与各元件的加工装配精度和使用寿命；零部件的加工、装配工艺性要求；设计结果的工程图样表达的正确性与技术表达的合理性等。

减速器输入端与电动机连接，根据应用场合不同，可以将电机与减速器作为一个整体，则减速器与电机轴将用联轴器连接；也可以将两者分离，通过带传动副实现。同时，由于减速器输出轴是低速的转动，其与负载的连接，也根据实际需要有所不同，可以是利用联轴器直接传动，也可以是再附加一个降速传动副来实现速度或扭矩的匹配。因此，在减速器传动系统设计时，通常将减速器分为外传动和内传动两个部分来考虑。

1. 减速器外传动零件的设计

当减速器仅作为机械设备中的一个部件——传动装置时，其外部将需要与动力机和工作机连接，常用的传动零件有普通 V 形带传动、链传动、开式齿轮传动和联轴器等。设计时，可先设计传动零部件，再根据传动件的工作要求，设计确定支承零件、连接零件和附件等其他零件。各类传动零件的设计方法具体可查阅有关教材或设计手册。下面仅就设计要点作简要提示。

(1) 普通V形带传动　普通V形带传动设计时通常所给出的已知条件是原动机的种类、所需传递的功率(或转矩)、转速、传动比、工作条件和尺寸限制等。因此,主要设计计算内容包括:确定V形带的种类、型号、长度和根数;大小带轮的结构和尺寸;传动中心距;V形带工作时的初拉力和对轴的作用力以及带传动是否需要设置的张紧装置等。

设计时应检查带轮的尺寸与传动装置外廓尺寸的相互关系。例如装在电动机轴上的小带轮的半径是否大于电动机的中心高,其轴孔直径与电机轴径是否匹配;大带轮外圆与其安装轴的支承箱体中心高是否匹配;如有不合理的情况,应考虑改选带轮直径,修改设计。带传动设计中的小带轮的带速应满足 $5\ \mathrm{m/s} \leqslant V \leqslant 25\ \mathrm{m/s}$,带的根数应控制在 $Z \leqslant 4 \sim 5$ 根,避免因带的根数过多致使带的受力不均匀。

画出带轮结构草图,确定主要尺寸以备用。如大带轮轴孔直径和宽度与减速器输入轴轴伸尺寸相关;带轮轮毂宽度与带轮轮缘宽度不一定相同,一般轮毂宽度 L 和轴孔直径 d 的大小确定,常取 $L = (1.5 \sim 2)d$;安装在电机上的带轮轮毂宽度,应按电动机输出轴长度确定,而轮缘宽度则取决于带的型号和根数。

(2) 链传动　链传动设计的内容主要包括:确定链条的节距、排数和链节数,传动中心距,链轮的材料和结构尺寸,张紧装置和润滑方式,以及作用在轴上力的大小和方向等。

与带传动设计中应注意的问题类似,设计时应检查链轮直径尺寸、轴孔尺寸、轮毂尺寸等是否与减速器或工作机相适应。大、小链轮的齿数最好选择奇数或不能整除链节数的数,一般限定 $Z_{min} = 17$, $Z_{max} = 120$;为避免使用过渡链节,链节数最好取为偶数;当采用单排链传动而计算出的链节距过大时,应改选双排链或多排链。

(3) 开式齿轮传动　开式齿轮传动设计的已知条件为:所需传递的功率(或转矩)、转速、传动比、工作条件和尺寸限制等。其设计计算内容主要包括:确定齿轮传动的齿数、模数、中心距、螺旋角、变位系数、齿宽等参数;齿轮的其他几何结构尺寸,选择材料以及作用在轴上力的大小和方向等。

由于开式齿轮一般不发生点蚀,即磨损发展较快,不必计算接触疲劳强度,只需按弯曲强度计算,考虑到齿面磨损对强度的影响,应将强度计算得到的模数加大10%~20%(注意:在进行轮齿弯曲强度核验计算时,应将模数减小10%~20%);开式齿轮悬臂布置时,轴的支承刚度较小,易发生轮齿偏载,故齿宽系数应取小些,适当加大模数,提高抗弯曲和磨损的能力。

开式齿轮传动一般用于低速级,为使支承结构简单,常采用直齿轮;由于润滑及密封差,故应注意齿轮材料匹配,使之具有较好减摩和耐磨性能。尺寸参数确定后,根据齿数计算出实际传动比,并应检查传动件的外廓尺寸与相关零部件是否发生干涉,如有必要可重新进行参数计算。

(4) 联轴器的选择　联轴器的主要功能是连接两轴并传递转矩,除此之外,还具有补偿两轴因制造和安装误差而造成的轴线偏移,以及具有缓冲、吸振、安全保障等功能。在设计选用时要根据具体的工作要求来选定联轴器类型。

联轴器分为刚性联轴器和弹性联轴器,前者结构简单,刚性好,传力大,安装精度要求高;后者可以缓冲减振,且对两轴间的安装精度要求不高。在设计时,一般按联轴器所需传递的转矩、轴的转速和安装轴头的几何尺寸要求从标准件中选择。

对中、小型减速器的输入轴和输出轴均可采用弹性柱销联轴器，其加工制造容易，装拆方便，成本低，并能缓冲减振。当两轴对中精度良好时，可采用凸缘联轴器，它具有传递扭矩大、刚性好等优点。

如减速器输入轴与电机轴相连，转速高、转矩小，也可选用弹性圈柱销联轴器。如果减速器低速轴（输出轴）与工作机轴连接，由于轴的转速较低，传递转矩较大，且减速器轴与工作机轴之间往往有较大的轴线偏移，常选用无弹性元件的挠性联轴器，例如滚子联轴器。

联轴器型号按计算转矩进行选取，其轴孔直径的范围应与被连接两轴的直径相适应。应注意减速器高速轴外伸段轴径与电动机的轴径不应相差很大，否则难以选择合适的联轴器。一般电动机选定后，其轴径是一定的，故应注意调整减速器高速轴外伸端的直径。

2. 减速器内传动零件的设计

(1) 圆柱齿轮传动　减速器内部的闭式传动齿轮设计计算所需的已知条件和计算的内容等与开式齿轮相同。

闭式传动齿轮设计通常应根据齿面接触疲劳强度和齿根弯曲疲劳强度要求来进行。选择齿轮材料及热处理方法时，要考虑齿轮毛坯的制造。当齿轮的顶圆直径 $d_a \leqslant 500$ mm 时，一般采用锻造毛坯或铸造毛坯；$d_a \geqslant 500$ mm 时，常因受锻造设备的限制而采用铸造毛坯；若齿轮直径与轴的直径相差不大，应将齿轮和轴做成一体，选材时要考虑齿轮与轴加工和工作要求的一致性；同一减速器内各级大、小齿轮材料最好对应相同，以减少材料牌号和简化工艺要求。

齿轮传动的几何参数和尺寸应分别进行标准化、圆整或计算，并保留其精确值，通常齿轮的齿数、中心距和齿宽应该圆整，而分度圆、齿顶圆和齿根圆直径、螺旋角、变位系数等啮合尺寸必须保留其精确值。一般地，长度尺寸要求精确到小数点后 2～3 位，角度精确到角度秒。齿数不仅应是整数，还应注意小齿轮齿数选取时可能发生的根切，即 $Z \geqslant Z_{min}$（例如直齿轮的 $Z_{min}=17$，斜齿轮的当量齿数 $Z_v \geqslant 17$）；同时，齿数选取时应在满足强度要求的前提下，尽可能多一些，从而可以适当加大重合系数，提高传动的平稳性；另外，配对啮合齿轮的齿数最好互为质数，可以防止磨损或失效集中在某几个轮齿上。模数的选取必须选用标准化值，对于工程上传递动力的齿轮，其模数通常为 $m \geqslant 1.5$ mm。分度圆压力角也需要按照标准值来选取。对于两啮合齿轮的中心距，为便于制造和测量，应尽量圆整成尾数为 0 或 5；对直齿圆柱齿轮传动，可以通过调整模数和齿数或采用角变位的方法来实现；对斜齿圆柱齿轮传动，还可以通过调整螺旋角来实现参数圆整的要求。设计齿轮结构时，轮毂直径和宽度，轮辐的厚度和孔径，轮缘宽度和内径等与正确啮合条件无关的参数，应按给定的公式计算后再合理圆整。

齿轮的计算齿宽 b 是指该对齿轮的工作宽度，为补偿齿轮轴向位置的加工和装配误差，小齿轮设计宽度一般大于大齿轮宽度 5～8 mm。齿宽计算时的齿宽系数（$\Psi_d = b/d_1$ 或 $\Psi_a = b/a$ 或 $\Psi_m = b/m$；d_1 为小齿轮的分度圆直径，a 为中心距，m 为模数）的选取要由齿轮在轴上所处的位置来决定，齿轮在轴的对称部位时，齿宽系数可以取得稍大一点，而在非对称位置时就要取得稍小一点儿，以防止沿齿宽产生载荷偏斜；同时要注意直齿圆柱齿轮的齿宽系数应比斜齿轮的要小一点；开式齿轮的要比闭式齿轮的要小一点。详细参考有关资料手册。

由于齿轮的工作条件、材料以及齿面的硬度等对齿轮的运行有较大影响，在齿轮尺寸和材料初步确定后，一般要进行机械性能的校验，还要进行过载静强度核验计算以防止可能有短期过载带来的破坏；在强度计算时，应注意载荷参数一般用小齿轮的齿数、输出转矩和分度圆直径。

(2) *锥齿轮传动* 锥齿轮传动设计的条件、要求和计算的主要内容与圆柱齿轮传动基本相同。同样应满足齿面接触疲劳强度和齿根弯曲疲劳强度要求。几何参数计算时，由强度计算出小圆锥齿轮大端直径后，选定齿数，再计算大端模数并取标准值，即可精确计算直齿锥齿轮的锥距 R，分度圆直径 d_1，d_2 等几何尺寸，不能圆整，保留至小数点后三位数值。两轴交角为 90°时，由传动比确定齿数后，分度圆锥角 δ_1 和 δ_2 可以由齿数比 $u = z_2/z_1$ 计算，并应准确计算，不能圆整，其中小锥齿轮齿数 z_1 可取 17～25。u 值的计算应达到小数点后第四位，δ 值的计算应精确到角度秒。大、小锥齿轮的齿宽应相等，齿宽 b 可以按齿宽系数 $\Psi_R = b/R$(R 为锥距)求得并进行圆整。

(3) *蜗杆传动* 蜗杆蜗轮副传动设计的条件与要求和圆柱齿轮传动基本相同。设计计算的主要内容为：选择材料、分析其主要失效形式并确定相应的设计准则，确定蜗杆传动的参数(分度圆直径、模数、中心距、蜗轮齿数、蜗杆的头数及导程角、蜗轮的螺旋升角、变位系数和齿宽等)、蜗杆和蜗轮的其他几何尺寸及其结构。

由于蜗杆传动时，齿面相对滑动速度较大，效率较低，同时，一般情况下蜗杆轴跨度较大，设计时不仅要确定相应的设计准则，常还需做热平衡计算和刚度计算。蜗杆副材料要求有较好的减摩性、耐磨性和跑合性能，其选择与滑动速度有关，可按输入转速和蜗杆估计直径初步估算；待蜗杆传动几何尺寸确定后，应校核滑动速度和传动效率，如与初估值有较大出入，则应修正计算，包括检查材料选择是否恰当。为了便于加工，蜗杆和蜗轮的螺旋线方向多采用右旋。蜗杆常选用较硬的材料，如合金钢或中碳钢等；蜗轮则选用较软的材料，如铸锡青铜、铸铝青铜、铸铁等，具体应视滑动速度的大小而定。

一般来说蜗杆的材料相对较硬，同时蜗杆本身的螺旋齿也是连续的，使得失效主要发生在蜗轮上，因此蜗杆传动副的强度计算主要是针对蜗轮的强度计算而言的。一般情况下，闭式蜗杆传动的设计准则应是先针对蜗轮按接触强度进行设计，再按弯曲强度进行校核。但是，蜗轮发生轮齿折断的可能性极小，除非当蜗轮齿数 $Z_2>90$ 以上，或是开式蜗杆，传动才有可能发生。

为了减少蜗轮滚刀的标准刀具规格，蜗杆的模数 m 和蜗杆分度圆直径 d_1 必须按标准选用，且它们与蜗杆头数已有确定的匹配关系要求，设计时应查阅资料(如 GB 10085—88)；确定中心距 a 应尽量圆整，并尽量圆整为尾数是 0 或 5；此时，为保证 m，d_1，Z_2，a 等几何关系，通常仅对蜗轮进行变位计算，变位系数应在 -1～$+1$ 之间，如仍不能满足要求，再调整 d_1 值或将蜗轮齿数增减 1～2 个。

为了提高蜗杆副的传动平稳性，蜗轮齿数的选取也很重要，因为蜗轮齿数 Z_2 越大，要求蜗杆就会越长，其刚度就越小。通常应在 $28<Z_2<80$ 范围之内，最好是在 $Z_2=32$～63 之间。

对于传动结构的形式选择，如蜗杆上置式或下置式，主要取决于蜗杆分度圆的圆周速度。当分度圆速度 $V_1 \leqslant 4$～10 m/s 时取下置蜗杆，反之则取上置蜗杆形式。

10.3.2　齿轮减速器设计和计算

齿轮减速器设计用例：已知需要利用一个减速器来拖动散装物料的运输，其输送带有效拉力 $F=5\,000\ \text{N}$，输送带工作速度 $V=0.6\ \text{m/s}$，输送机滚筒直径 $d=375\ \text{mm}$；两班制工作，空载起动，载荷平稳，常温下连续（单向）运转，工作环境多尘；可提供的动力为二次动力的三相交流电源，电压为交流 380/220 V。试选择电动机，分配传动比，计算带式输送机传动系统运动及动力参数。

10.3.2.1　传动系统方案设计

根据任务需求设计一个包含电机在内的机电装置——减速器，由于现场能源为电力源，且工作机的执行件（输送带）的运动为相对固定值，故动力机可以初步选择为三相异步电动机。

由已知条件可以计算出输送机滚筒的工作转速

$$n_w = 60V/(\pi d) = 60 \times 0.6 \times 1\,000/(\pi \times 375) \approx 30.56\ (\text{r/min})$$

则可以选取常规的二级圆柱齿轮减速器（$i=8\sim40$）作为传动系统的主体结构。

同时，虽然设计任务为一个工作速度相对固定的物料运输，为了适当考虑传送不同物料的需求对输送速度的变化需求，在减速器输出轴与输送机滚筒轴之间设置一对开式齿轮机构，以供必要时利用变换齿轮来实现不频繁调速的需求。

另外，为了有效节约空间资源，减速器的输入轴和输出轴与对应轴的连接均采用联轴器方式来实现。

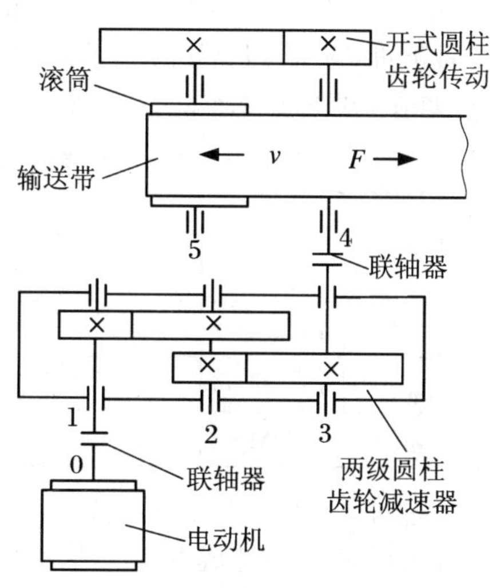

图 10.6　带式输送机传动系统简图

由以上分析可得传动系统的结构简图，如图 10.6所示，即从电动机轴（0 轴）到输送机滚筒轴（5 轴）的运动（动力）传动是：0 轴—联轴器—1 轴—2 轴—3 轴—联轴器—4 轴—5 轴；其中 1、2 和 3、4 两两轴构成了通过闭式齿轮传动的两级齿轮减速器；4 轴和 5 轴之间则是由一对开式齿轮传递。

10.3.2.2　电动机的选择和计算

按设计要求及工作条件选用 Y 系列三相异步电动机，卧式封闭结构，电压 380 V。

1. 电动机容量的选择

根据已知条件（有效拉力 F、工作速度 V）由计算得工作机所需有效功率

$$P_w = FV/1\,000 = (5\,000 \times 0.6)/1\,000 = 3.0\ (\text{kW})$$

传动系统总效率的估算：根据上述传动的求解分析，结合表 10.11，分别可得到各传动类型的效率为：联轴器效率 $\eta_c=0.99$；闭式圆柱齿轮传动效率 $\eta_g=0.97$；开式圆柱齿轮传动效

率 $\eta'_g=0.95$;滚动轴承效率 $\eta_b=0.99$;输送机滚筒效率 $\eta_{cy}=0.96$。

传动系统总效率

$$\eta=\eta_c\times(\eta_b\times\eta_g)\times(\eta_b\times\eta_g)\times(\eta_b\times\eta_c)\times(\eta_b\times\eta'_g)\times(\eta_b\times\eta_{cy})=0.799$$

工作机所需电动机功率

$$P_r=P_w/\eta=3.0/0.799=3.75\,(\mathrm{kW})$$

由相关手册类文献的相关数表所列 Y 系列三相异步电动机技术数据中可以确定,满足 $P_m\geqslant P_r$ 条件的电动机的额定功率 P_m 应取为 4.0 kW。

2. 电动机转速的选择

根据已知条件计算所得滚筒的工作转速为 30.56 r/min,对于本例来说,电机输出轴通过联轴器与二级齿轮减速器的 1 轴联结,轴 3 和轴 4 也是由联轴器实现联结,其传动比为 1;而通常二级圆柱齿轮减速器为 $i=8\sim40$;开式齿轮(脂润滑)的传动比常用范围为 $i=4\sim6$,则总传动比的范围为 $i=32\sim240$,故电动机转速的可选范围为

$$n=in_w=(32\sim240)\times30.56=978\sim7\,334\,(\mathrm{r/min})$$

对于初选满足 4 kW 功率需求的电机的同步转速有 3 000 r/min、1 500 r/min、1 000 r/min 三种,如取三种同步转速来进行方案比较,如表 10.12 所示。

表 10.12 额定功率为 4kW 时电动机选择的方案

方案号	电动机型号	额定功率(kW)	同步转速(r/min)	满载转速(r/min)	电机质量(kg)	价格(元)	总传动比
Ⅰ	Y112M-2	4.0	3 000	2 890	45	910	94.56
Ⅱ	Y112M-4	4.0	1 500	1 440	49	918	47.12
Ⅲ	Y132M-6	4.0	1 000	960	75	1 433	31.41

通过对这两种方案比较可以看出,方案Ⅰ电动机重量轻,价格便宜,但总传动比大,传动装置外廓尺寸大,制造成本高,结构不紧凑,故不可取。而方案Ⅱ与方案Ⅲ相比较,综合考虑电动机和传动装置的尺寸、重量、价格以及总传动比,可以看出,如为使传动装置结构紧凑,选用方案Ⅲ较好;如考虑电动机重量和价格,则应选用方案Ⅱ,总传动比为 47.12,这对三级减速传动而言不算大,故选方案Ⅱ较为合理。

另外,对于现阶段经常采用带传动的结构形式,其电机输出轴通过一对带轮传递至二级齿轮减速器,减速器的输出轴直接与输送机滚筒联结,其总传动比的估算方法为:一般地,V 带传动的传动比常用范围为 $i=2\sim4$,二级圆柱齿轮减速器为 $i=8\sim40$,则总传动比的范围为 $i=16\sim160$,故电动机转速的可选范围为

$$n=in_w=(16\sim160)\times30.56=489\sim4\,890\,(\mathrm{r/min})$$

其电机选择方法同上。

因此,由文献可查得 Y112M-4 型电机的中心高 $H=112$ mm,伸出轴段的直径和长度分别为 $D=28$ mm 和 $L=60$ mm。其他安装尺寸略。

10.3.2.3 传动比的分配

带式输送机传动系统的总传动比

$$i = n_m/n_w = 1\,440/30.56 = 47.12$$

由传动系统方案可知：$i_{01} = i_{34} = 1$（下标表示轴号，如 i_{01} 表示 0 轴到 1 轴的传动比，下面以同样方式表示，不再逐一说明），4 轴和 5 轴间的开式圆柱齿轮传动的传动比可由表10.11 查取 $i_{01} = 4$；则由计算可得两级圆柱齿轮减速器的总传动比 $i_\Sigma = i_{12} \times i_{23} = 11.78$。

为便于两级圆柱齿轮减速器采用浸油润滑，并考虑齿轮制造等多方面因素，选用两级齿轮的配对材料相同、齿面硬度 HBS≤350、齿宽系数相等、齿面接触强度接近时，可取高速级传动比

$$i_{12} = \sqrt{1.3 i_\Sigma} = \sqrt{1.3 \times 11.78} = 3.913$$

则低速级传动比

$$i_{12} = i_\Sigma / i_{12} = 3.01$$

最后可得到传动系统各传动比分别为

$$i_{01} = 1,\quad i_{12} = 3.913,\quad i_{23} = 3.01,\quad i_{34} = 1,\quad i_{45} = 4$$

注意 以上传动比的分配只是初步的。传动装置的实际传动比必须在各级传动零件的参数，如带轮直径、齿轮齿数等确定后才能计算出来，故应在各级传动零件的参数确定后再来计算实际的总传动比。一般总传动比的实际值与设计要求值的允许误差为 3%～5%。

10.3.2.4 传动系统的运动和动力参数计算

根据初步确定的传动比和选定的动力机的满载转速，就可以来计算传动系统各轴的转速、功率和转矩。

0 轴（电动机轴）：

转速 $n_0 = n_m = 1\,440$ r/min

功率 $P_0 = P_r = 3.75$ kW

转矩 $T_0 = 9\,550 \times P_0 / n_0 = 24.87$ N·m

1 轴（减速器高速轴）：

转速 $n_1 = n_0 / i_{01} = 1\,440$ r/min

功率 $P_1 = P_0 / \eta_{01} = 3.712$ kW

转矩 $T_1 = T_0 \times i_{01} \times \eta_{01} = 24.62$ N·m

2 轴（减速器中间轴）：

转速 $n_2 = n_1 / i_{12} = 368$ r/min

功率 $P_2 = P_1 / \eta_{12} = 3.565$ kW

转矩 $T_2 = T_1 \times i_{12} \times \eta_{12} = 92.51$ N·m

3 轴（减速器低速轴）：

转速 $n_3 = n_2 / i_{23} = 122.26$ r/min

功率 $P_3 = P_2 / \eta_{23} = 3.423$ kW

转矩 $T_3 = T_2 \times i_{23} \times \eta_{23} = 267.4$ N·m

4 轴（开式圆柱齿轮传动高速轴）：

转速 $n_4 = n_3 / i_{34} = 122.26$ r/min

功率 $P_4 = P_3 / \eta_{34} = 3.355$ kW

转矩 $T_4 = T_3 \times i_{34} \times \eta_{34} = 262.08\ \mathrm{N \cdot m}$

5 轴(开式圆柱齿轮传动低速轴,即输送机滚筒轴):

转速 $n_5 = n_4 / i_{45} = 30.56\ \mathrm{r/min}$

功率 $P_5 = P_4 / \eta_{45} = 3.155\ \mathrm{kW}$

转矩 $T_5 = T_4 \times i_{45} \times \eta_{45} = 985.94\ \mathrm{N \cdot m}$

将上述计算结果等各项参数汇总如表 10.13 所示,以备以后计算时查用。

表 10.13　各轴运动和动力参数

轴　号	电动机	两级圆柱齿轮减速器			开式圆柱齿轮传动	工作机
	0 轴	1 轴	2 轴	3 轴	4 轴	5 轴
转速 n(r/min)	1 440	1 440	368	122.26	122.26	30.56
功率 P(kW)	3.75	3.712	3.565	3.423	3.355	3.155
转矩 T(N·m)	24.87	24.62	92.51	267.4	262.08	985.94

两轴连接件、传动件	联轴器	齿轮	齿轮	联轴器	齿轮
传动比 i	1	3.913	3.01	1	4
传动效率 η	0.99	0.96	0.96	0.98	0.94

10.3.2.5　传动装置装配草图和传动零件结构设计

减速器传动零件设计计算完成后,即开始对其进行整体结构设计,减速器中所使用的零件与减速器的结构形式和具体尺寸有着较密切的联系,在进行详细设计前应对减速器进行初步设计,确定减速器的主要结构形式。减速器一般主要由传动零件、轴类零件、轴承、箱体以及为保证其正常运转而设置的连接、固定件和减速器附件(如油标、启盖螺钉、螺塞等)组成。减速器的典型结构及其各部分几何尺寸根据强度、刚度及连接等要求确定计算参数可以参考相关的资料。

结构设计时,由于其主要传动零件的几何尺寸已经确定,而支承零件计算及相关的结构设计问题还有待解决,如轴、轴承的强度和寿命计算等,这些计算所需的几何参数常与结构设计关系密切,因此,这部分计算应与相应的结构设计、装配图绘制交叉进行,并逐步使设计完善。

1. 装配草图设计的准备

传动装置装配图和零部件结构设计的主要任务是,设计出各个零件的形状和尺寸、相对位置、装配关系和要求,并用装配图样表达清楚。在设计过程中,须综合考虑各个零件的工作状况、强度及刚度要求、制造加工和工艺条件等,先进行装配草图设计,并经反复修改,不断完善。

在画装配草图前,通过阅读相关资料手册、图册的相关内容,或参观、装拆实际装置(减速器),了解各零部件的功用、结构及其相互关系,对设计内容心中有数;再根据设计任务书给定的技术要求,选择、计算有关零部件的结构和主要尺寸,主要内容有:

① 计算确定传动零件的主要尺寸，如齿轮或蜗轮的分度圆和齿顶圆直径、齿宽、传动中心距，带或链传动的中心距、外圆直径和轮缘宽度等；

② 确定电动机型号及轴端的直径和伸出长度以及推荐的联结形式；

③ 明确各零部件的工作要求，如键、轴承、传动件、滚动轴承的润滑、密封方式等；

④ 确定减速器机体的结构方案，如剖分式或整体式等。

画图时，首先根据传动零件的尺寸和机体的情况或参考类似结构，估计出整体结构轮廓尺寸，选好图纸（用0号或1号）与比例尺（可以用1∶1、1∶2或2∶1），布置好图面位置（需要考虑视图区、标题栏区、明细表区和技术要求区以及零件编号区），如图10.7所示。

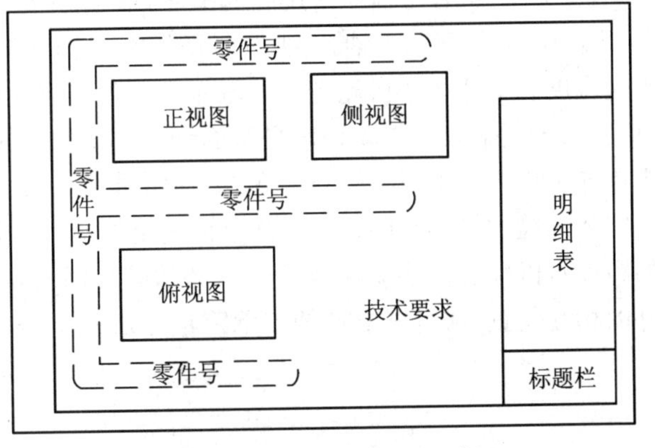

图10.7　装配草图的布局选择

准备工作做好后，即可开始画图和结构设计。装配草图的设计内容主要包括：

① 确定各级轴及传动零件在整机中的相对位置和布局；

② 初步估计轴径尺寸及机体结构尺寸；

③ 初步选择轴承，通过必要的计算选择和确定其型号和润滑方式；

④ 选择轴系所有相关零件（轴承盖、联轴器等）的类型、型号，确定各部件的轴向位置；

⑤ 对轴系进行设计，并对轴进行受力分析和强度计算，必要时对其安全性进行校核；

⑥ 通过寿命计算，确定选用轴承；

⑦ 校核键和其他零件的强度；

⑧ 根据初步设计及计算结果，完成轴系及减速器主体设计。

2. 轴系零件的结构设计和计算

轴是减速器主要零件之一，轴的结构决定轴上零件的位置和有关尺寸。当轴的长度和支承位置尚未确定时，无法按弯扭合成强度条件完成转轴的初步计算，为此可先绘制减速器轴的布置简图，初定支承跨距，根据所受传动零件载荷大小、方向和作用点求出轴的支承反力，并作出轴的弯矩图和转矩图，再按弯扭合成强度条件初步计算轴的直径，最后进行轴的结构设计和轴的精确强度计算。

(1) 绘制轴的布置简图和初定跨距

现以两级圆柱齿轮减速器为例说明绘制轴的布置简图的方法。由减速器传动零件的设计计算得到了齿轮传动中心距和齿轮的基本结构参数。首先，按高、低速级的中心距 a_1 和 a_2 以及齿轮的分度圆（齿顶圆）画出3根轴线和齿轮轮廓，如图10.8所示。再参阅相应的资料或参考同类型减速器结构画出轴、轴承及减速器机体内壁和轴承座孔，确定轴系零件轴向位置的相关参数，可参见相关手册类文献。为避免箱体制造误差造成间隙过小，甚至机体与齿轮相碰，它们之间应有一定的间隙，如大齿轮顶圆与箱体内壁的距离 $\Delta_1 \geqslant 1.2\delta$（$\delta$ 为箱体的壁厚，其值与对应的中心矩 a 有关，通常取 $\delta \geqslant 8$ mm），小齿轮齿顶圆与箱体内壁的距离暂不定；考虑相邻齿轮沿轴向不发生干涉，应设置间距尺寸 $\Delta_4 = 5 \sim 12$ mm；考虑齿轮与箱体内壁沿轴向不发生干涉，计入间距尺寸 $\Delta_2 \geqslant 8$ mm；为保证滚动轴承完全放入箱体轴承座孔内，且考虑其润滑方式，应设置轴承与箱体内壁的间距尺寸 Δ_3，当轴承采用油润滑时，可取 $\Delta_3 = 3 \sim 5$ mm，当轴承采用脂润滑时，取 $\Delta_3 = 8 \sim 15$ mm；初取轴承宽度 $B = 15 \sim 30$ mm，B_1, B_2, B_3 分别表示 1 轴，2 轴，3 轴所用滚动轴承宽度；b_1 和 b_2 分别表示减速器高速级小齿轮宽度和低速级小齿轮宽度。轴承孔长度与选用轴承的宽度和箱体（轴承座）的结构形式有关，对于通常采用传动轴水平截面剖分方式的减速器来说，应考虑连接螺栓的安装空间和机体加工工艺要求以及轴承端盖的形式，轴承孔长度 $l_2 = \delta + c_1 + c_2 + (5 \sim 8)$。其中 c_1, c_2 是安装螺栓的最小空间（c_1 为螺栓轴线至箱体外壁的距离，c_2 为螺栓轴线至箱体凸缘端面的距离），以保证扳手能在拧紧轴承旁的螺栓时有足够的空间。由此，初步取定轴及轴上零件的相互位置，求得三根轴的支承跨距分别为

$$\begin{cases} L_1 = 2(\Delta_3 + \Delta_2) + b_1 + \Delta_4 + b_2 + B_1 \quad (\text{mm}) \\ L_2 = 2(\Delta_3 + \Delta_2) + b_1 + \Delta_4 + b_2 + B_2 \quad (\text{mm}) \\ L_3 = 2(\Delta_3 + \Delta_2) + b_1 + \Delta_4 + b_2 + B_3 \quad (\text{mm}) \end{cases} \tag{10.5}$$

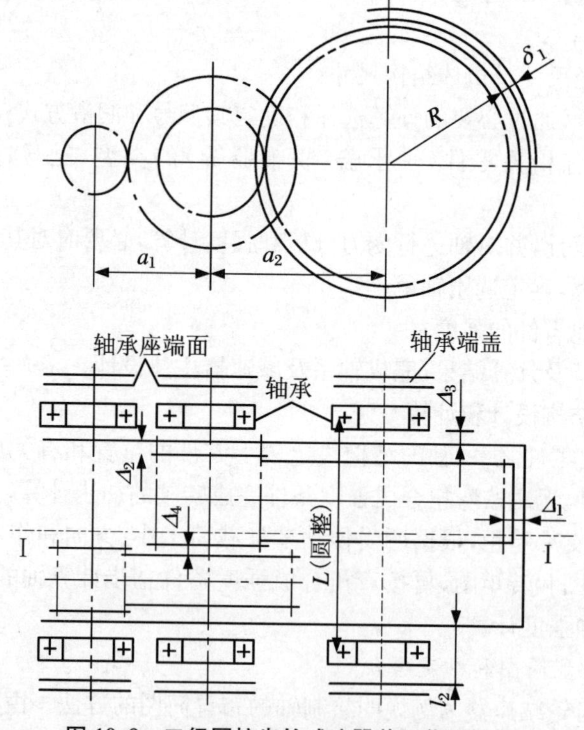

图 10.8　二级圆柱齿轮减速器装配草图初步

待有关零件的结构尺寸确定后，可对初定跨矩进行修正。一般情况下，如初定跨距属偏于安全或出入不大，则不必修改。否则，需要重新设计计算。

同样的方法可以初步确定圆锥-圆柱齿轮、蜗杆蜗轮减速器的装配结构框架草图，分别

如图10.9和图10.10所示。有关的结构参数选取可参阅相关的资料。

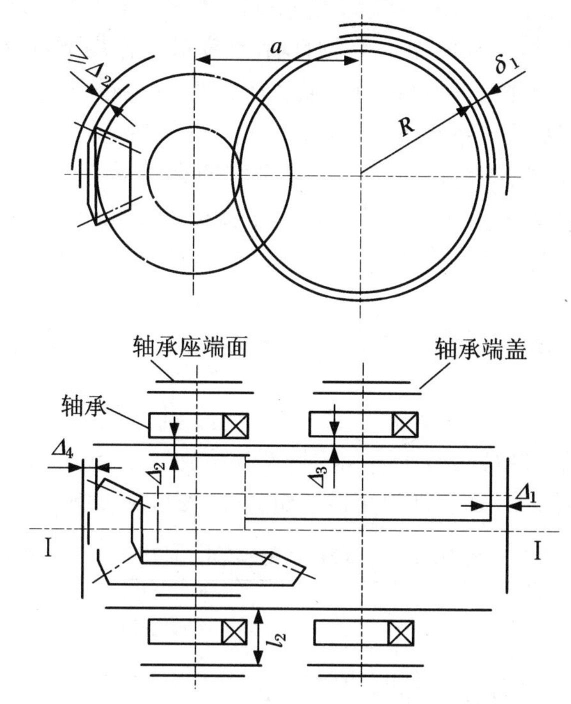

图10.9　圆锥齿轮减速器装配草图初步

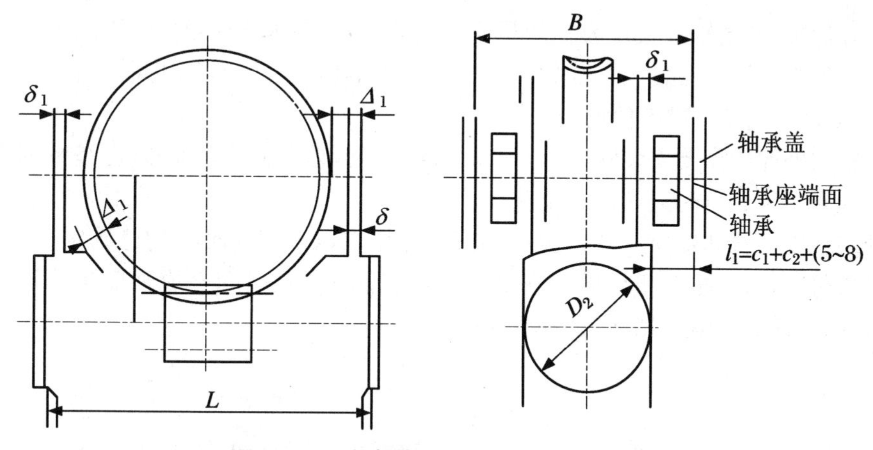

图10.10　蜗杆齿轮减速器装配草图初步

(2) 轴径的初步计算

按许用切应力计算:对于主要受转矩作用的轴,可按许用扭转切应力$[\tau]$计算。对受弯扭矩组合作用的轴,可用来对轴的直径进行估算,将估算值圆整后,作为轴最细处的直径,用作轴系结构设计和选择轴承的参考。设计应使轴上扭转切应力满足$\tau \leqslant [\tau]$。

按许用弯曲应力计算:对一般受弯扭矩组合作用的轴,其所受弯曲应力不应超过对称循环应力状态下的许用弯曲应力$[\sigma_{-1b}]$,轴上所受弯曲应力σ_b是轴所受弯矩、转矩所产生应力综合作用的结果。设计时须满足条件：

$$\sigma_b \leqslant [\sigma_{-1b}] \tag{10.6}$$

安全系数校核计算：对于减速器中重要的轴，在变应力作用下，对载荷较大、轴径较小、应力集中严重的危险剖面，除进行弯扭组合强度计算外，还应进行疲劳强度和静强度的安全系数校核。计算时应满足安全系数 $S \geqslant [S]$。

轴的初步计算：轴径必须保证强度要求，如当轴的支承距离未确定时，无法由强度来决定轴径。为此，一般用初步估算的方法先定出一个轴径，然后按轴上零件的位置，考虑装配、加工工艺等因素，设计出阶梯轴的各段直径和长度，确定跨距，再进一步进行精确的强度计算。

各轴的初估直径可按纯扭矩并降低许用扭转切应力的办法来确定，计算表达式是

$$d \geqslant A\sqrt[3]{\frac{P}{n}} \quad \text{或} \quad d \geqslant \sqrt[3]{\frac{5T}{[\tau]}} \quad (\text{mm}) \tag{10.7}$$

式中：P 为轴所传递的功率(kW)；n 为轴的转速(r/min)；A 为由轴的许用扭转切应力所确定的系数，见表 10.14；$[\tau]$为轴的许用扭转切应力(MPa)，见表 10.14。

表 10.14　几种常用材料的$[\tau]$和 A 值

轴的材料	Q235;20	35	45	1Cr18Ni9Ti	40Cr;35SiMn;38SiMnMo; 2Cr13;42SiMn;20CrMnTi
$[\tau]$(N/mm²)	12～20	20～30	30～40	15～25	40～52
A	160～135	135～118	118～107	148～125	100.7～98

对于外伸轴，初估轴径常作为轴的最小直径，则这时应取较小的 A 值；对于非外伸轴，初估轴径常作为轴的最大直径，此时的 A 应取较大的值。计算截面上有一个键槽，A 值增大 4%～5%，有两个键槽，A 值增大 7%～10%。

如果轴的外伸段需要安装联轴器，则其外伸段直径必须满足联轴器(已是系列化的标准件)的孔径的要求，必要时应作适当调整。

当轴的支承位置和轴所受载荷大小、方向、作用点以及载荷种类均已确定，支点反力及弯矩可以求得时，可以按弯扭合成的理论进行近似计算。按弯扭合成强度条件初步计算轴的各段直径，由相关文献可知，轴计算截面的直径为

$$d = \sqrt[3]{\frac{10\sqrt{M^2 + (\alpha T)^2}}{[\sigma_{-1}]}} \quad (\text{mm}) \tag{10.8}$$

式中：M 为轴计算截面上的弯矩(N·mm)；T 为轴计算截面上的转矩(N·mm)；$[\sigma_{-1}]$为轴材料的许用弯曲应力(MPa)；α 为将转矩折合成当量弯矩的折算系数。扭转剪应力为对称循环时，$\alpha = 1$；扭转应力按脉动循环变化时，$\alpha = [\sigma_{-1}]/[\sigma_0] \approx 0.7$；扭转应力不变时，$\alpha = [\sigma_{-1}]/[\sigma_{+1}] \approx 0.65$。

当所在计算截面轴段开有键槽时，上式算得的轴的直径应增大 3%～5%(开一个键槽)或 7%～10%(开两个键槽)，然后圆整为标准值。

(3) 轴的结构设计

轴的结构设计要求除需满足强度要求外，在结构上还要保证轴有良好的加工工艺性、轴

上零件的固定、定位、装配和拆卸，轴系调整等工艺和维护要求。一般地，传动轴多制成阶梯状，各段的长度和直径根据轴上零件的安装和受力要求确定，其表面质量、加工精度等级应视诸零件的配合、工作要求选择。

① 轴的径向尺寸的确定。

在初估轴径的基础上，如直径变化是为了固定轴上零件或承受轴向力时，其变化值要大些，如图 10.11 所示，凡是承受轴向力的轴肩，都应有可靠的定位、传力面，轴肩高度 h 由定位面的半径差（即定位高度 h_1），轴上零件倒角 C 和轴肩倒角 C_1 以及轴肩内侧圆角 r 共同决定；一般应保证定位面工作高度 $h_1 \approx 1.5 \sim 2$ mm，如该定位面受轴向载荷较大，则该处的轴肩高度应适当增加。如图 10.12 所示直径 d 和 d_1，d_4 和 d_5 以及 d_5 和 d_6 的变化。

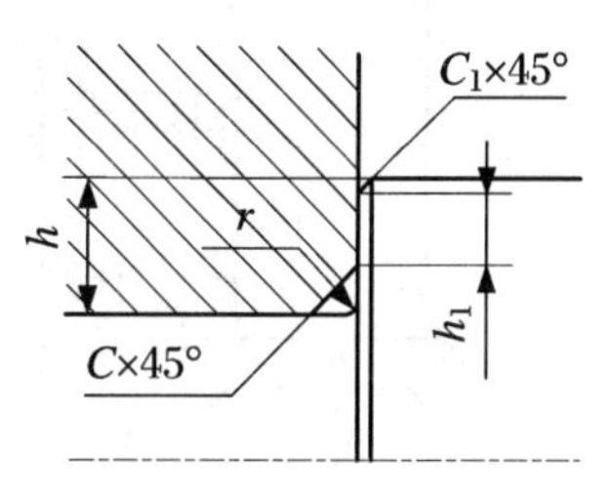

图 10.11　轴肩尺寸的确定

同时，为了保证轴上零件与轴肩定位面的有效接触，对于轴肩的圆角半径 r 应小于零件孔的倒角 C 或圆角半径（如轴承孔的圆角半径 r'），轴肩高度 h 应大于该处轴上零件的倒角或圆角半径 2～3 mm。当轴肩用来固定滚动轴承时（局部放大Ⅱ），其高度 h 应小于轴承内圈厚度；如用套筒，其外径 D_1（如图 10.12 所示 d_3 所在套筒）应小于轴承内圈外径，以便拆卸轴承。h 和 D_1 的数值可查手册或轴承标准。

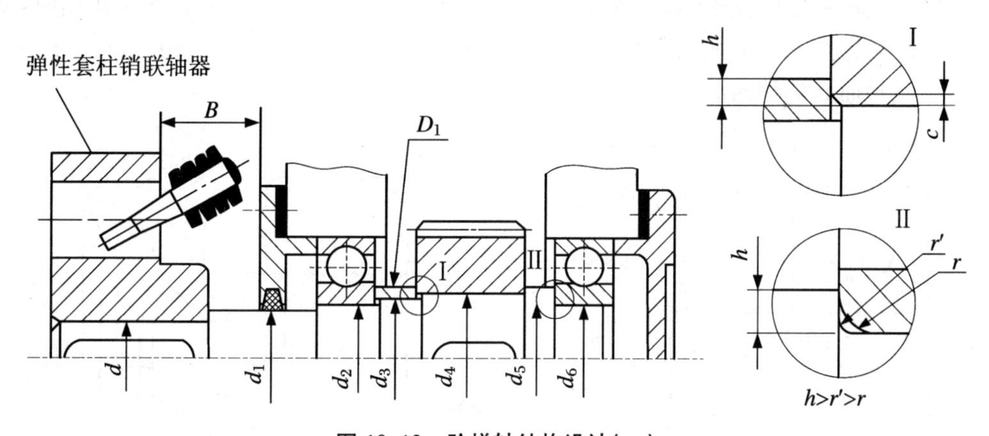

图 10.12　阶梯轴结构设计(一)

当轴径变化仅为了装配方便或区别加工表面，无定位功能和不承受轴向力时，相邻直径变化较小，稍有差别即可，如图 10.12 所示的 d_1 和 d_2 变化使轴承装配方便；或在 d_2 和 d_4 段之间增加直径 d_3，以区别两段精度和表面粗糙度要求不同；这时轴径变化的差值可取小些，如 1～3 mm 即可。也可采用相邻轴段名义尺寸相同而公差要求不同的设计，如图 10.13 所示 d_2 和 d_5 轴段，为保证挡油板装拆方便，将位于该轴段的挡油板孔的径向尺寸公差带向正方向适当移动就可满足安装方便的要求。

对于轴上装有滚动轴承、密封件等标准件的轴段，轴的设计要满足标准件的安装要求。其轴径应按选用标准件的标准值来确定，其固定轴肩的确定如前所述。根据上述轴的径向尺寸设计，即可选出轴承型号及具体尺寸，一般地，在一根轴上的轴承尽量选取同一型号，使轴承座孔尺寸相同,可以一次镗孔获得,并保证精度。

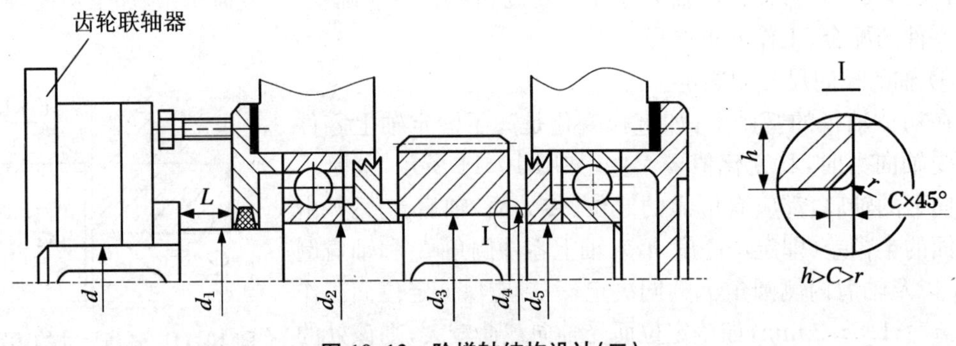

图 10.13　阶梯轴结构设计(二)

另外,轴表面需要精加工、磨削或切削螺纹时,经常留有退刀槽(或越程槽),其尺寸可根据轴径和加工工艺性等查手册来确定。

② 轴上零件的固定安装及轴向尺寸的确定。

轴上安装传动零件的各轴段长度是由所装零件的轮毂宽度决定的,而轮毂宽度一般都和轴直径有关。在确定这些长度时,必须注意直径变化的位置,它将影响零件固定的可靠性。由于轴和毂加工时存在加工误差,当相应轴段加工误差大于毂段时,会导致轴承或轴承和锥齿轮在工作中轴向发生窜动,因此,应按如图 10.14 所示,当轴肩不起固定作用时,变化直径的正确位置要使轴端面与零件端面有一个距离 Δl_1(一般取 1～3 mm),以保证零件端面与套筒接触而起到轴向固定作用。

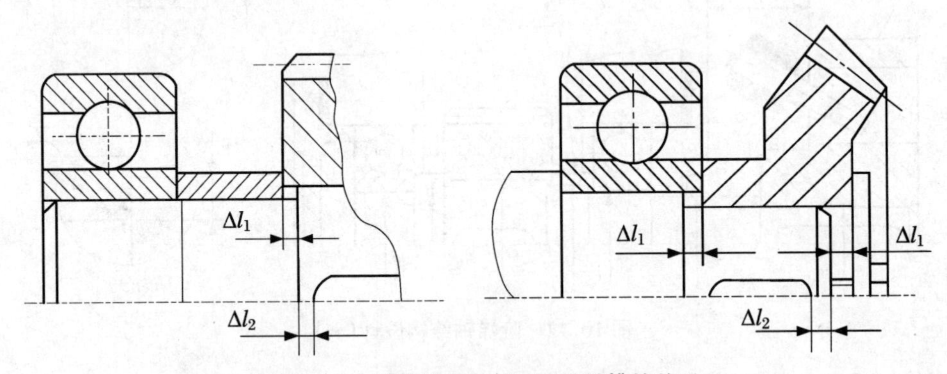

图 10.14　阶梯轴与轮毂端面及键槽的关系

在有键槽的轴和毂配合段,键槽应靠近装配时,轴和毂进入接触的一端,如图 10.14 中 Δl_2 可尽量取小值,一般可取 3～5 mm,这样有利于安装齿轮时键与键槽的对准,否则将给齿轮安装带来困难,轴-毂配合较紧(采用过盈配合 s 以上)时更应注意。如一根轴上有多个键,在轴径相差不大时,可取同一尺寸的键,以便于键槽可以一次加工完成。

根据上述轴的径向尺寸设计,确定轴承型号后即可得到轴承的宽度,但是,支承的跨距还受到轴承润滑方式的限制。如在介绍绘制草图时所述,当轴承采用润滑脂润滑时,应加挡油板以防止机体内润滑油流入轴承将润滑脂带走,这时轴承端面与机体内壁距离应取大些,$\Delta_3 = 8～15$ mm,如图 10.15(a)所示。如轴承用机体内润滑油润滑,则轴承端面与内壁距离可取小些，$\Delta_3 = 3\sim5$ mm，如图 10.15(b)所示。而轴承座的宽度 L 还与箱体的结构有关，当采用剖分式机体时，轴承座宽度 L 由机盖、机座连接螺栓的大小确定，即由考虑连接螺栓扳手空间后的 c_1 和 c_2 确定，如图 10.16 所示。

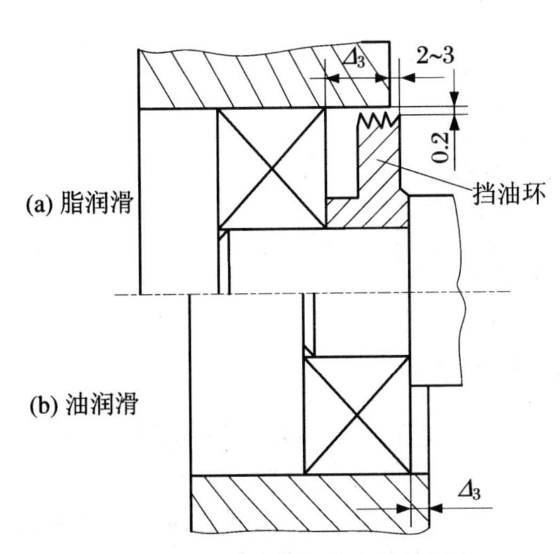

图 10.15　轴承与机体内壁的间距

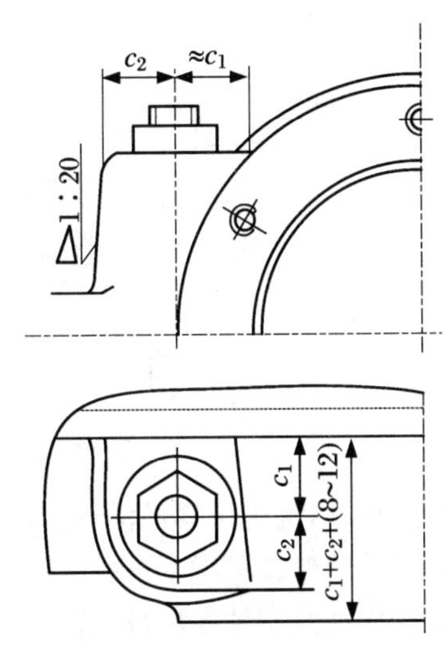

图 10.16　剖分箱体轴承座宽度的确定

当轴外伸段安装有零件时，轴的外伸长度与外接零件及轴承端盖的结构要求有关，如轴端装有联轴器，则必须留有足够的装配尺寸，例如弹性圈柱销联轴器就要求有装配尺寸 B（图 10.12）。采用不同的轴承端盖结构，也将影响轴外伸的长度，如图 10.13 所示，采用凸缘式端盖时，轴外伸长度必须考虑拆装端盖螺钉的足够长度 L，以便在不拆卸外部零件的情况下就能打开机盖。如外接零件的轮毂不影响螺钉拆卸（如图 10.12 中由于 B 的存在而不影响）或采用嵌入式端盖时，L 应尽可能取小些，以提高悬伸轴的刚度。另外，如轴承盖采用凸缘结构，若箱体采用剖分结构，如有的轴向尺寸有要求时，也可设计为先拆下轴端零件再打开箱体，这样虽然轴外伸段减小，但维护检修时稍有不便。

③ 轴系的固定和调整。

轴系零件的轴向固定有双端单向固定，如图 10.12、图 10.13 所示；也有单端双向固定，如图 10.17 所示，固定端为右端的一对角接触轴承，左端为游动式的结构。采用这种支承方式，不仅可以提高蜗杆轴的刚度，还可以通过调整垫片 B 来实现蜗杆的轴向位置的调节以消除间隙。

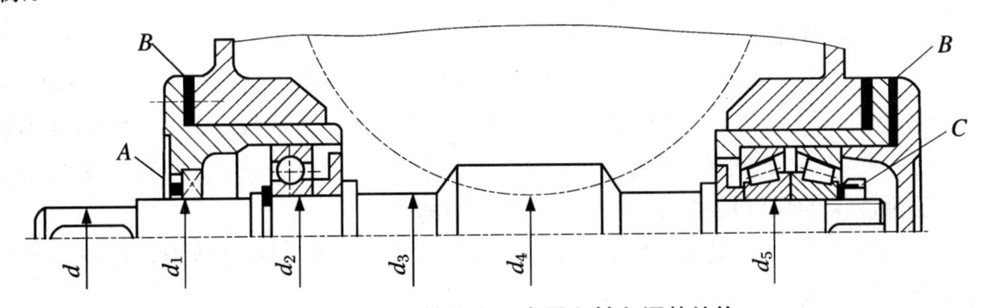

图 10.17　蜗杆轴的支承布置和轴向调整结构

对于轴上安装圆锥齿轮的轴系，在装配时需要通过调整轴系的整体位置，使其处于正确的传动位置以保证其正确的传动关系。为了实现这一调整(保证大小锥齿轮锥顶重合)，均采用图 10.18 所示的套杯固定方式，利用套杯与箱体间的垫片 B 来实现整个轴系轴向位置的调整。

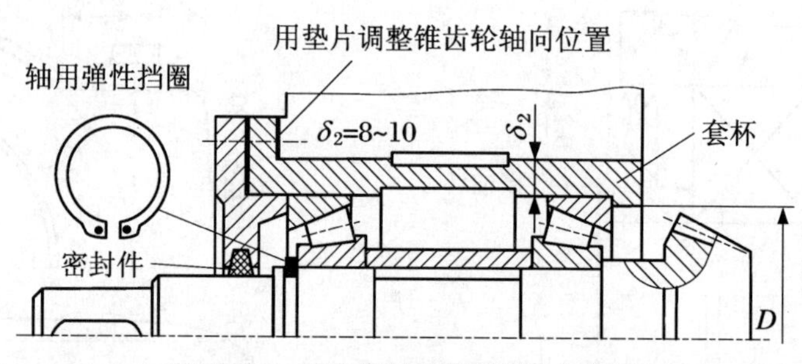

图 10.18　锥齿轮轴向调整及套杯结构

轴系工作时，为确保其灵活运转，在轴承处必须留有适当游隙，考虑到加工公差、工作温度变化时轴的热伸长等因素，这一游隙通常在装配轴系时用调整垫片调整。

轴系结构涉及多种零部件，各有特点，要求也不尽相同，设计者应根据总体设计方案的要求逐步使各部分设计趋于合理，高质量完成轴系设计阶段的工作，可以给后面的设计工作打下良好的基础，即整机的结构框架也就初步形成了。

(4) 轴的精确强度计算

① 轴上零件力的作用点及轴的支点的确定。

在确定轴上零件的位置后，即可定出力的作用点。当采用向心推力轴承时，力的作用点应取在离轴承端面的 a 处(图10.19)，a 值的大小可查阅轴承标准。

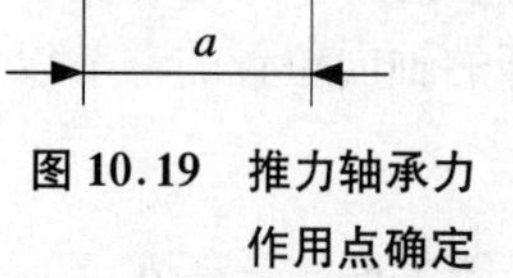

a

图 10.19　推力轴承力作用点确定

确定支点距离有两种方法。

方法 1：根据初估轴径，按上面所述轴的结构设计，绘出阶梯轴各段直径和长度，定出轴的支点及轴上零件的力作用点。

方法 2：根据初估轴径，选出轴承型号，并估计各轴段长度，但不画轴的具体结构，在图上定出轴的支点及轴上零件的力作用点，如图 10.8 所示。

确定支点距离及零件的力作用点后，即可进行受力分析并画出力矩图，然后进行轴的强度校验。对轴的强度校验对应于上面的两种方法有两种方法。

方法 1：根据轴各处所受力矩的大小及轴上应力集中的情况，确定 1～2 个危险端面(当传动中心距 a 已知时，危险截面直径 d_d 为：$d_d=(0.3\sim0.35)a$)，然后进行轴的强度校验(常作安全系数校验)。如果强度不够，则必须对轴的一些参数(如轴径、圆角半径)和端面变化尺寸等进行修改；如有较多富余，再在轴承寿命及键连接的强度校核后，综合考虑修改轴的结构。

方法 2：按轴所受力矩最大处，由强度理论计算出轴径，然后画出结构，再进行轴的强度校核或安全系数校验。

② 轴的精确强度计算。

轴的精确强度计算通常采用安全系数校核计算法。一般机械设计要求对减速器低速轴选择2～3个危险截面进行疲劳强度安全系数校核。

轴的疲劳强度安全系数校核是指在轴的初步计算和结构设计的基础上，根据轴的实际结构尺寸、承受的弯矩和转矩，考虑轴上应力集中、轴的绝对尺寸、表面状况等因素对轴疲劳强度的影响，计算轴的危险截面的安全系数，并判断是否小于按疲劳强度计算的许用安全系数。

轴在任一截面的疲劳强度安全系数为

$$S = \frac{S_\sigma S_\tau}{\sqrt{S_\sigma^2 + S_\tau^2}} \tag{10.9}$$

式中：S_σ 为只考虑弯矩作用时的疲劳强度安全系数；S_τ 为只考虑转矩作用时的疲劳强度安全系数。

在所确定的每一危险截面处，计算安全系数必须满足：$S \geqslant [S]$（$[S]$为按疲劳强度计算的许用安全系数，详细可参见相关手册类文献）。

3．键的强度计算

键常作为轴与轮毂间的连接件，被用来实现圆周方向的定位和扭矩传递，其几何尺寸既要满足连接的强度要求，又要保证对轴不造成过大的强度损失。因此，其截面尺寸根据安装处轴径 d 大小按标准查取。平键的剖面尺寸（键宽 b 和键高 h）通常按轴径 d 的大小来查取，键的长度 L 则根据轮毂的长度 L' 确定，一般取 $L = L' - (5 \sim 10)$ mm，且满足 $L \leqslant (1.6 \sim 3.8)d$，再根据键的标准长度系列取定。

键连接的计算可以按挤压强度条件和剪切强度条件来进行，用于静连接的键应满足挤压应力 $\sigma_p = 4\,000T/(dhl) \leqslant [\sigma_p]$（$T$ 为键传递的扭矩；l 为键的工作长度）；动连接的键应满足承载面压强 $p \leqslant [p]$。$[p]$为键、轴、轮毂三者中材料强度较弱的许用应力或许用压强。当键强度不够时，可考虑采用较长的键、双键、花键，加大轴径和强化相关零件等途径来解决。采用双键时，两键应对称布置，考虑到载荷分布不均匀，其承载能力也仅按1.5个键计算。

4．轴承的选择及相关结构设计

（1）轴承的计算和选择

在完成轴的受力分析和结构设计后，选择滚动轴承并进行轴承组合设计。轴承应根据其所受载荷（大小、方向和性质）、工作转速、安装调整和经济性等条件选择。一般的工作条件和结构要求时，选用向心球轴承或角接触球轴承；受力大的支承可选用圆锥滚子轴承及与圆柱滚子轴承、推力球轴承的适当组合设计。轴承的内径尺寸需根据轴颈直径选定，轴承的型号应通过寿命计算后确定；同一轴的两个支点上，以选择相同轴承为宜。

轴承的预期寿命最好与减速器工作寿命相同，或取为减速器的检修期限，如可以按减速器工作寿命的1/2来取值。在设计计算时，一般按可靠度为90%时的寿命计算，轴承所受当量动载荷，根据轴系支点所受径向和轴向载荷计算确定。滚动轴承尺寸和寿命等可参见有关的文献。

为了保证滚动轴承正常工作，除了正确选择轴承类型外，还必须合理地从结构上考虑轴承组合设计。轴承组合设计包括选择轴承组合方式，轴承的安装、固定、调整和拆卸，轴承的润滑和密封等。如角接触轴承，正反安装会对轴系的刚性和加工装配工艺产生影响，支承固定方式应视轴上受力情况、轴上零件安装位置和轴的几何尺寸及对工艺性的影响等方面因素确定。

减速器中轴的支承一般选用滚动轴承，轴承外侧设计有轴承盖，内侧设计有挡油板。对于内侧的挡油板，如前所述在轴的径向和轴向结构设计时均需要予以适当考虑，其作用时用来防止机体内油液过多地冲向轴承；当轴承用脂润滑时，挡油板将防止油流入轴承处稀释油脂，其结构设计和尺寸的确定可参阅有关的设计手册类资料。而轴承端盖的设计和安装对轴承的精度和寿命以及轴的运转和调整等都有很大影响。

(2) 轴承端盖的结构设计

轴承盖是用来密封、轴向固定轴承、承受轴向载荷和调整轴承间隙的轴系零件，它有嵌入式和凸缘式两种结构形式。

嵌入式轴承盖轴向结构紧凑，与箱体间无需用螺栓连接，密封性能差，如图 10.20 所示。但其与 O 型密封圈配合使用可提高其密封效果，如图 10.20(b)所示；对于需要调整轴承间隙的支承结构，需打开箱盖增减调整垫片，比较麻烦；但可采用图 10.20(c)所示结构，用调整螺钉调整轴承间隙。

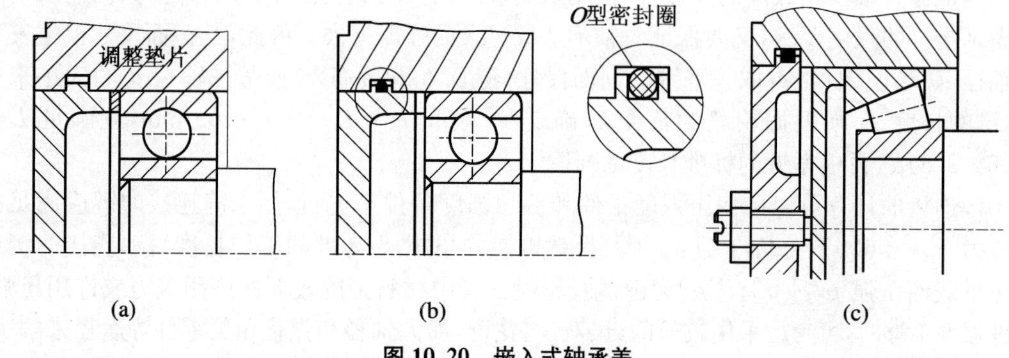

图 10.20　嵌入式轴承盖

凸缘式轴承盖调整轴承间隙比较方便，密封性能好，应用较多，但调整轴承间隙和装拆箱体时，需先将其与箱体间的连接螺栓拆除，如图 10.21 所示。轴承盖设计时应使其厚度均匀。轴承盖长度 L 较大时，如图 10.21(b)所示，在保留足够的配合长度的条件下，可采用图 10.21(c)所示的结构以减少加工面。当轴承采用箱体内的润滑油润滑时，为将润滑油油沟引入轴承，应在轴承盖上开槽，并将轴承盖的端部直径做小些，保证油路畅通，如图 10.21(d)所示。

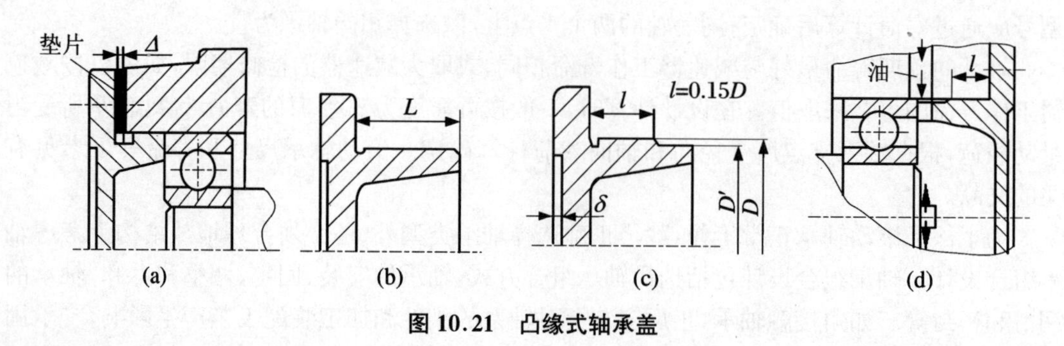

图 10.21　凸缘式轴承盖

有关轴承盖的结构设计的推荐尺寸可参见相关的设计资料。

轴承端盖在轴系安装中，为保证滚动轴承的正常工作，在安装时应留有一定的轴向游隙。对于可调间隙轴承(如角接触球轴承和圆锥滚子轴承)的轴向游隙值可按标准选取；对于不可调间隙的轴承(如向心球轴承)，可在轴承盖与轴承外圈端面间留出间隙(通常取0.25～0.4 mm)。轴向游隙调整方法主要有：图10.21(a)所示的用垫片调整轴向游隙方法，通过轴承盖凸缘与轴承座之间的垫片厚度的变化，实现间隙的调整和轴承的预紧；图10.20(c)所示则是用螺钉来进行轴向游隙消除的结构。

(3) 轴承密封设计

对有轴穿出的轴承盖，在轴承盖孔与轴之间应设置密封件，以防止润滑剂外漏及外界的灰尘、水分渗入，保证轴承的正常工作。常见的密封结构形式如图10.22所示，基本结构有：毡圈油封——适用于脂润滑及转速不高的油润滑；橡胶油封——适用于较高的工作速度，它有无内包骨架和有内包骨架两种，设计时密封唇方向应朝向密封方向，也可采用双向密封；油沟密封——适用于脂润滑及工作环境清洁的轴承或高速密封；曲路密封——适用于油润滑及脂润滑，且效果好，密封可靠，若与接触式密封件配合使用，效果更佳。

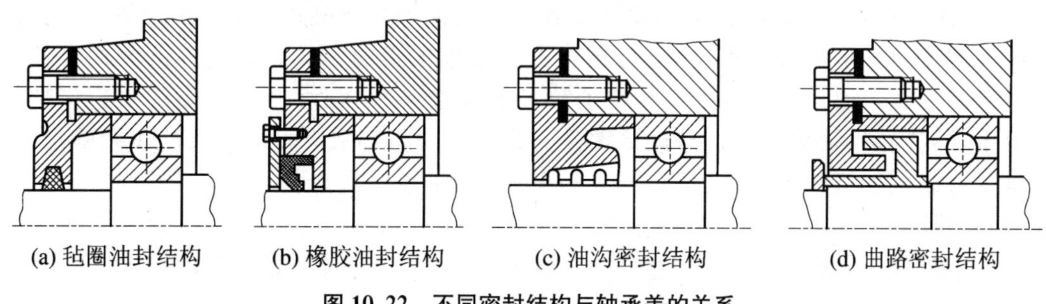

(a) 毡圈油封结构　(b) 橡胶油封结构　(c) 油沟密封结构　(d) 曲路密封结构

图10.22　不同密封结构与轴承盖的关系

由于密封结构形式的不同，轴承端盖的结构和尺寸也有所不同，现阶段用来安装有密封件的轴承盖的结构多是凸缘式的形式，具体尺寸和结构根据密封件来选取，可参阅相关的设计手册和资料。

5. 传动零件的结构设计

(1) 齿轮结构设计原则　齿轮的结构与其几何尺寸、材料及制造工艺有关，一般多采用锻造或铸造毛坯，如前所述。当齿轮直径过小时，即齿轮轮毂(特别注意有键槽处的轮毂)至齿根圆的最小距离过小时(间距$<2.5m$，m为齿轮的模数)，为避免强度薄弱而发生失效，应将齿轮与轴合成为一体的齿轮轴；当齿顶圆直径较大时，可采用实心或辐板式结构齿轮；辐板式结构重量轻，节省材料，轮毂的宽度与轴的直径有关，可大于或小于轮缘宽度，一般常取等于轮缘宽度；锻造和铸造齿轮结构的各部分几何尺寸可参考有关手册、标准设计。

(2) 蜗杆蜗轮结构原则　蜗杆常与轴制成一体，称为蜗杆轴，但是当齿根圆直径与分度圆直径的比值$d_f/d\geqslant1.7$时，可将蜗杆制成组合件，即齿圈与轴分别加工。

常用蜗轮结构有整体式和组合式两种。整体式适用于铸铁蜗轮和直径小于100 mm的青铜蜗轮。当蜗轮直径较大时，为节约有色金属，可采用组合的轮箍式、螺栓连接式和镶铸式等结构。其中轮箍式是将青铜轮缘压装在钢制或铸铁轮毂上，再进行齿圈的加工，为了防止轮缘松动，应在配合面圆周上配置4～8个骑缝螺钉来紧固；在大直径蜗轮的结构设计上，受剪螺栓连接形式应用较多，它具有装拆方便，磨损后更换齿圈容易等优点；镶铸式是在轮毂上预制出榫槽，将轮缘镶铸在轮毂上，适用于大批量生产。各部分几何尺寸可参考有关手册、标准设计。

10.3.2.6 箱体结构设计

减速器箱体是支承轴系部件，保证传动零件正常啮合、良好润滑和密封的基础零件，应具有足够的强度和刚度。一般的箱体结构都较复杂，多用铸造方法获得毛坯，如重型传动箱体，为提高强度可用铸钢，单件生产中也可采用钢板焊接方法来制作毛坯。

为便于轴系部件安装，减速器的箱体多由箱座和箱盖组成，其剖分面多取轴的中心线所在平面，箱座和箱盖采用普通螺栓连接，圆锥销定位。剖分式铸造箱体的各方面的结构尺寸的具体选取范围可参见相关的设计手册。其设计要点可大致描述为如下几点：

① 为保证减速器支承刚度，箱体轴承座处应有足够的厚度，并设置加强筋。箱体加强筋有外筋和内筋两种结构形式，内筋结构刚度大，箱体外表面平整，但会增加搅油损耗，制造工艺也比较复杂，外筋或凸壁式箱体结构可增加散热面积，采用较多。

② 轴承旁连接螺栓凸台结构设计要有利于提高轴承座孔的连接刚度，轴承座孔两侧连接螺栓应尽量靠近轴承，以不与箱体上固定轴承盖的螺纹孔及箱体剖分面上油沟发生干涉为准。通常取两连接螺栓中心距与轴承盖外径相近，凸台的高度由连接螺栓的扳手空间确定，轴承座凸台与连接螺栓安装凸台的相互结构关系应根据作图确定，凸台位置可以位于箱壁内侧，也可突出在箱壁外侧；轴承座凸台高度应设计一致，以提高加工工艺性。

③ 箱座底面凸缘的宽度应超过箱座内壁，以利于支撑，壁厚尽量均匀，在无装配面处应尽量减少加工面。

④ 箱体的中心高由浸油深度确定，传动零件采用浸油润滑时，对于单级圆柱齿轮通常取浸油深度为一个齿高，锥齿轮浸油深度为0.5～1.0个齿宽，但不应小于10 mm。对于两级圆柱齿轮减速器，高、低速级齿轮的直径相差较大，对于圆周速度≤0.5～0.8 m/s的大齿轮，允许浸油深度达1/6～1/3齿轮分度圆半径；为避免传动零件转动时将沉积在油池底部的污物搅起，造成齿面磨损，大齿轮齿顶距油池底面距离应不小于30～50 mm。上置蜗杆减速器与单级圆柱齿轮减速器相同；下置式蜗杆减速器，蜗杆浸油深度为0.75～1.0倍蜗杆齿全高，油面高度不得超过支承蜗杆轴滚动轴承最低滚动体的中心位置，蜗杆轴线与箱底距离可取0.8～1.0倍的中心距。

⑤ 为保证润滑及散热的需要，减速器内应有足够的油量。单级减速器每传递1 kW功率，约需润滑油量为0.35～0.7 L，润滑油黏度大时，则用量较大，多级减速器则可按级数成比例增加。

⑥ 输油沟设计在箱座的剖分面上，用来输送传动零件飞溅起来的润滑油润滑轴承。飞溅起的油沿箱盖内壁斜面流入输油沟内，经轴承盖上的导油槽流入轴承，输油沟可以通过铸造和机械加工两种方法获得，机械加工相当容易，工艺性好，故用得较多。

⑦ 传动零件（如蜗轮）转速较低时，可在靠近传动零件端面处设置刮油板，将油从轮上刮下，通过输油沟将油引入轴承中。

⑧ 要注意箱体结构工艺性。对于铸造箱体,为便于造型、浇铸及减少铸造缺陷,设计时应力求形状简单、壁厚均匀、过渡平缓,不应过薄,不宜采用形成锐角的倾斜肋和壁,要避免出现狭缝结构。铸件表面沿起模方向应考虑有结构斜度,在起模方向上应尽量减少凸起结构,有多个凸起结构时,应尽量连成一体,以便于提高铸造工艺性。

⑨ 箱体上加工面与非加工面应分开,以尽量减少加工面积,如轴承座端面与轴承盖、窥视孔与视孔盖、螺塞及吊环螺钉的支承面等处均应设计有凸台或沉头座形式,以便于加工和装配。

⑩ 蜗杆减速器的发热量大,其箱体大小应满足散热面积的需要,设计时应适当增大箱体尺寸,或增设散热片;散热片仍不能满足散热要求时,可在蜗杆轴端部加装风扇,或在油池中设置冷却水管。

10.3.2.7 减速器附件及其结构尺寸

为保证传动装置正常工作,给传动零件和轴承提供良好的工作环境,除了箱体、轴系部件的结构应满足设计、加工要求外,还需为减速器设置必要的附件。下面简要介绍它们的功用,其中有些已成为标准件或系列化的产品,因此,具体结构和尺寸可参见有关的设计手册或产品说明。

1. 观察孔及观察孔盖

减速器安装完毕后,为了检查箱体内传动零件的啮合与润滑情况和向箱体内注入润滑油,需要在传动件啮合区上方设置观察孔。在允许条件下,观察孔应设计大一些,以便于检查操作。在观察孔上安装附有密封垫片的观察孔盖,并用螺钉连接固定于箱体上,以防润滑油渗漏,观察孔盖可用钢板、铸铁等材料制造。

2. 通气器

减速器运转时,箱内会因摩擦发热而升温,造成气体膨胀,箱体内部压力增大,这时箱体内含油气体将有外逸趋势,通过通气器使箱体内受热膨胀气体自由排出,以保持箱体内外气压相等,使润滑油不致沿箱体接合面、轴伸出处及其他缝隙向外渗漏。通气器的结构形式有很多,通常安装在箱盖顶部或观察孔盖上。

3. 放油孔及放油螺塞

为调整箱体内油面高度,检修时将污油排净,需在油池的最低位置处设置放油孔。为使油能较容易流出,箱体内底面应有一定的倾斜(常约 10～20),并向放油孔的方向;当减速器工作时,放油孔用带密封垫圈的螺塞封闭,放油螺塞应采用细牙螺纹,其直径约为箱体壁厚的 2～3 倍,并在箱体上设置凸台或锪平台,以便于添加密封垫圈调密封的效果。

4. 油标(油面指示器)

油标的作用在于指示减速器箱内油面的高度,使其经常保持适当的油量。油标一般设置在箱体便于观察且油面较稳定的部位,油标有多种类型及规格,常用的油标类型有压配式圆形油标、长形油标、管状油标及杆式油标等。油面指示器上应分别标出允许最高油面和最低油面的位置。最低油面为传动零件正常运转时所需的油面,其位置根据传动零件的浸油润滑要求确定。

5. 起吊装置

为便于搬运减速器或箱盖,需要在箱体及箱盖上分别设置起吊装置。起吊装置通常可以直接铸造在箱体表面，也可以采用吊环螺钉等标准件。吊钩设计时需注意其布置应与机器重心位置相协调，并避免与其他结构相干涉；吊环螺钉设计时按起吊重量选取，通常用于吊运箱盖，也可用于吊运小型减速器，吊环螺钉安装在箱盖凸台经加工的螺孔中，螺孔结构应按吊环螺钉标准要求设计。

6. 定位销

对于对开或同轴不同体加工的轴承座，为保证轴承座孔加工与装配的准确性和一致性，使轴承座上下半孔或同轴的两个轴承座孔在加工和装配时都能保持其位置精度，应在相关的两零件间，如箱盖和箱座间设计定位销，在镗孔和装配拧紧螺栓之前，安装圆锥定位销。两定位销应相距较远，且不宜对称布置，从而避免安装时出错，定位销的位置应便于钻、铰加工，且不妨碍连接螺栓及其他附件的加工和装拆。

7. 启盖螺钉

为保证箱体密封，防止润滑油从箱体剖分面处渗漏，在装配箱盖和箱座时，通常需在剖分面上涂水玻璃或密封胶，因而在拆卸时往往因粘接较紧，不易分开。为此，需在箱盖凸缘的适当位置上设置1～2个启盖螺钉。启盖螺钉的直径可取与箱盖凸缘连接螺栓直径相同，其螺纹长度应大于箱盖凸缘厚度，端部应加工为圆柱形或半圆形，以免其端部螺纹被损坏。

通过以上多方面的分析、计算和设计，即可初步完成减速器的传动和结构设计，图10.23、图10.24分别是完成轴系结构等传动设计后的二级圆柱齿轮、蜗杆蜗轮减速器的系统结构的装配草图。

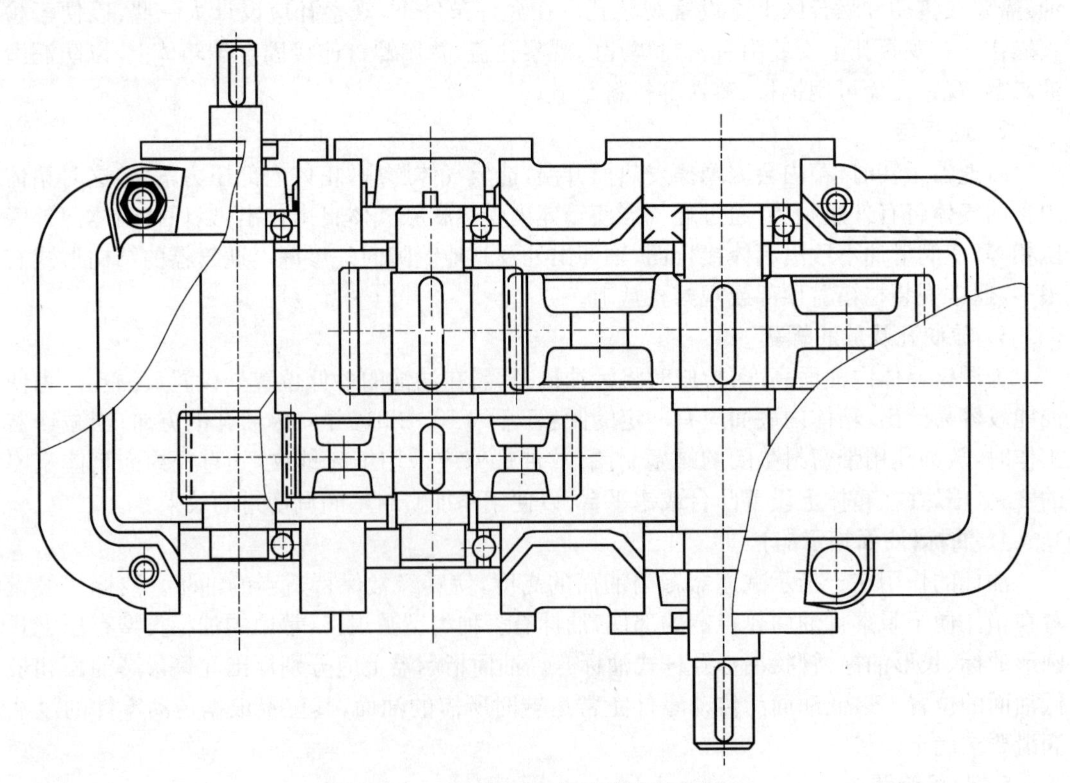

图10.23　两级圆柱齿轮减速器装配草图

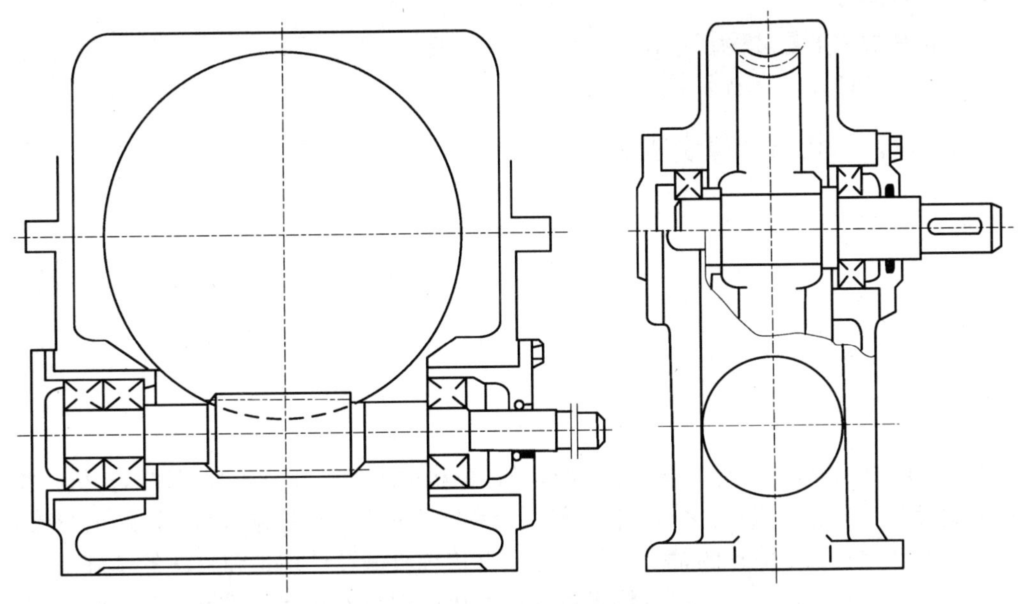

图 10.24　单级蜗杆减速器装配草图

10.4　小型标牌雕刻机的设计

10.4.1　机械工程综合课程设计任务书

1. 题目

标牌雕刻机的结构设计。

2. 设计目标和技术要求

(1) 加工工件尺寸　600×400×60 mm。

(2) 最大运行速度　100 mm/s。

(3) 最大雕刻速度　50 mm/s。

(4) 定位精度　定位精度 0.01 mm/300;重复定位精度 ±0.01 mm。

(5) 其他

主轴:主轴转速 3 000～30 000 rpm/min;主轴刀具＜ϕ6 mm;

可雕材质:有机玻璃、PVC 板、塑料、印刷用胶皮板、玉石等非金属材料或铜、铝质等金属材料。

3. 工作量要求

(1) 装配图　　×张

(2) 零件图　　　　　　　　　　　　　　×套
(3) 机械加工工艺过程综合卡片　　　　　×套
(4) 设计与计算说明书　　　　　　　　　1份

10.4.2 设计分析与计算说明书

题目

目录(略)

一、前言

"机械系统综合设计"是我们学习完大学阶段的机械类基础和技术基础课以及机电类专业课程之后的一个综合课程,它不仅将机械设计和制造知识有机地结合,还要求在机械结构设计中同时考虑机电一体化的融合。要求在掌握传统机械设计理论和方法的基础上,结合现代设计方法和较先进成熟的制造技术以及计算机应用技术在现代机器装备中的应用,从机械装置的目标可达性和可控性等多方面要求出发,来进行的一次理论联系实际的训练,通过本设计的学习和训练,将有助于我们对所学知识的理解,并为后续的课程学习以及今后的工作打下一定的基础。

希望能通过本次设计的学习,学会将所学理论知识和课程实习所得的实践知识结合起来,并应用于解决实际问题之中,从而锻炼自己分析问题和解决问题的能力。

本次设计的题目是"小型标牌雕刻机的结构设计"。随着计算机数控技术(CNC)以及其相关技术(CAD/CAM/CAPP等)的发展,在有机玻璃、石材、铜、铝、工程塑料、木材等平板材料上进行文字、图案的雕刻加工,已用数控雕刻机进行。本设计说明书系统地讨论和分析了一种采用PC机控制、步进电机驱动、多坐标联动的数控标牌雕刻机机械装置的设计过程,包括系统的总体布局、结构方案的确定、传动系统设计、机械系统的设计计算以及主要零件制造工艺设计等工作内容。

由于所学知识和实践的时间、深度等有限,本设计中会有许多不足,希望老师能给予指正。

二、系统总体方案设计

1. 设计任务分析

系统总体方案设计是从设计任务的要求出发,结合设计对象的使用条件和现阶段机电行业的技术水平来进行构思,并通过经验数据资料和必要的理论计算来确定设计对象的主要技术参数和技术指标。

通常一个机电产品的设计任务分析的主要内容有:设计对象的使用要求、工作精度、生产批量、生产效率、工作环境和安全保护等。对于本设计来说,是在给定技术要求和主要技术参数下的设计训练。因此,本设计的任务分析是根据课程设计任务书给定的技术要求,并结合相关的调研来进行初步分析。主要有以下几点。

(1) *设计对象的使用要求* 数控雕刻机的主要工作是在一些轻质平板型材料上的雕刻加工,并能适应各种标牌的文字(包括反字、常规字、轮廓字,凹字、凸字等)和图案的雕刻。其雕刻加工除了需要有雕刻刀具本身的运动外,还需要至少三个相互协调的运动,一是在文字(或图案)深度方向上的切入运动,再一是文字(或图案)平面内的二维联动运动,从而实现连续或断续文字(或图案)的雕刻加工。因此,从机电一体化角度来看,本设计的小型雕刻机是一个二维半数控加工系统。

(2) *工作精度* 工作精度直接影响雕刻机加工文字(或图案)的可行性和精度,而雕刻机的工作精度取决于设计制造中的几何精度、传动精度、运动精度等。根据任务书给定的工作行程和精度要求,本设计的小型雕刻机为中等精度的机电一体化装置,因此,其机械结构设计和机电控制设计等将有较好的经济性。

(3) *生产批量和生产效率* 由于大多数小型雕刻机是以单刀来进行加工的,故其适用于加工单件小批量生产。其生产效率可以根据设计任务书给定的雕刻速度等参数来确定,另外还可根据农具所需雕刻加工的具体情况(文字或图案的大小),通过合理的排样来提高效率。

(4) *工作环境和安全保护* 机电产品的工作环境对其使用性能有着很大的影响。本设计的小型雕刻机是一个中等精度的机电一体化设备,对环境的振动、温度、湿度等均有一定的要求,故需要有较高要求的工作生产环境。同时,还应注意避开强电、强磁等严重影响雕刻机信号传输的设备(如电焊机、发射塔等);注意电源的波动对设备运行的影响,最好使用稳压器;注意机器不可在强酸、强碱的环境中工作。对于安全保护来说,除了注意电气安全之外,由于雕刻机加工中有废屑产生,在强力加工中可能会飞溅,故需要考虑防溅或飞出物的设施;另外,从设备安全的角度,虽然雕刻机为数控加工系统,也需要设置防过载、超行程等机械或(光)机电装置。

2. 总体方案设计

(1) *功能原理划分和工艺动作拟定* 标牌雕刻机的基本功能是在适合的平板型材料(大多为轻质材料)上进行浮雕刻划或切割分离,以获得所需的文字或图案,而文字或图案有连续也有断续,在某些特殊需要时可能在文字或图案的深度方向上有连续变化的要求(为了适当简化设计工作,本设计将不考虑此项功能需求)。对于使用刀具进行加工的雕刻机,实现这些功能的基本动作有:一个雕刻加工的主运动;一个刀具相对加工平板材料的雕刻成形运动。

对于雕刻加工主运动,根据现阶段的技术调研可知,一般选取雕刻刀具本身的运动为旋转运动,并设定为主运动。刀具相对工件的成形运动则选取三个相互独立又相互联系的直线运动来实现的形式最为简单。

对于有着连续或断续特征的文字或图案的加工,其功能工作原理可进一步分解得到不同的工艺动作。

功能工艺动作一:雕刻工作的主运动——雕刻刀的旋转运动;

功能工艺动作二:实现平面文字或图案刻划(切割)雕刻进给运动——平面内二维联动的两个直线运动;

功能工艺动作三:实现不同深度刻划(切割)以及连续(断续)文字或图案加工的切入/退

刀运动——垂直于加工平面的独立的直线运动，以实现刀具或工件在刀具轴线方向的进刀（切入）和退刀动作。

由此可知，本设计的小型雕刻机所需主要执行机构应包括刀具回转主轴机构、二维联动平面（直线）运动机构、一维直线运动机构。

如设实现待雕刻加工的平板平面为 XY 平面，设定雕刻刀旋转轴线为垂直于该平面，且设为 Z 轴，则以刀具旋转为主动件，以雕刻的连续和断续文字或图案共存为目标，可得到本设计的雕刻机各执行机构运动的工作循环图，并设刀具和待加工件停止状态下，均位于雕刻机的机械原点。如图 10.25 所示。

刀具旋转	停止	旋转工作							停止
XY平动	快速进给至起切点	停止	工作进给	停止	快速进给至下一切点	停止	工作进给	停止	快速退回原点
X向升降	停止	进刀	停止	退刀	停止	进刀	停止	退刀回原点	停止

图 10.25　雕刻机工作循环图

（2）运动规律（方案）设计　对于实现平面文字或图案雕刻所需的三个运动，由图 10.25 所示的工作循环图可知，刀具旋转是一个独立运动，其运动方案设计相对简单而便于实现。故本雕刻机运动方案设计的关键是如何实现 XY 平动和 Z 向升降的进退刀以及停止运动的规律设计。随着实现相关功能的运动方案的不同，三个运动执行机构的设计也将有很大的不同。

可以实现该功能运动的方案有如图 10.26 所示的四种形式。

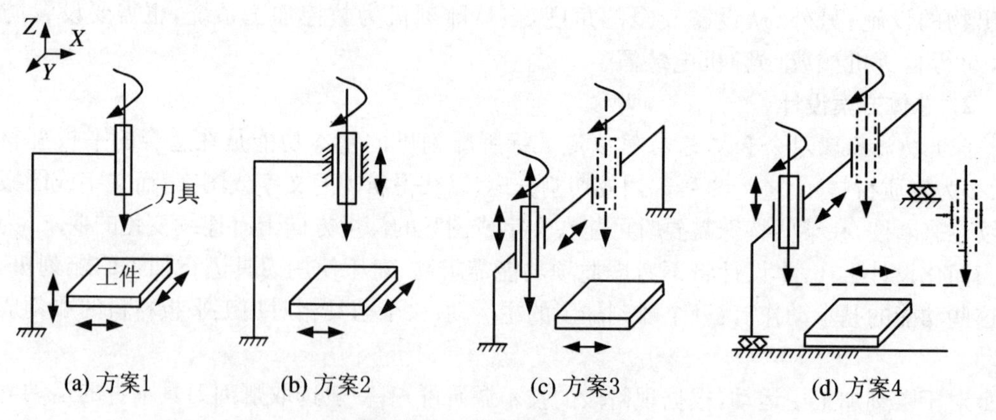

图 10.26　雕刻机运动方案

方案 1：刀具主轴机构悬臂设置，刀具作旋转运动；被加工工件在 X、Y、Z 三个方向作雕刻进给和切入/退刀运动；如图 10.26(a)所示。

方案 2：刀具主轴机构悬臂设置，刀具作旋转运动，并在 Z 向完成进/退刀直线运动；被加工工件在 XY 面作二维联动的雕刻进给运动；如图 10.26(b)所示。

方案 3：刀具主轴机构设置在固定龙门架上，刀具作旋转运动，同时，在龙门架上作 Y 向直线进给运动，并在 Z 向完成进/退刀直线运动；被加工工件仅在 X 向作一维雕刻进给运动；但是，XY 运动仍为二维联动的平面雕刻进给；如图 10.26(c)所示。

方案4:刀具主轴机构设置在固定龙门架上,刀具作旋转运动,同时,在龙门架上作Y向直线进给运动,并在Z向完成进/退刀直线运动;龙门架在X向作一维进给运动;此时,XY运动为二维联动的雕刻进给运动;工件相对固定不运动;如图10.26(d)所示。

对于本设计的中等精度小型雕刻机来说,运动方案的选择可以主要从占用工作面积、机器系统刚度、运动可控性以及工作精度可保证性等方面来综合考虑。

如从占用生产面积角度考虑,由于一般标牌加工的原材料平板工件较大,方案1、方案2、方案3的工件作雕刻进给运动时,工作行程为平板(按设计任务书给定的最大加工尺寸计算)长或宽的两倍,而方案4的刀具主轴机构和龙门架的直线移动均为一个长或宽,故相对较好。

如从动力特性角度考虑,平板类工件的平面尺寸较大,需要安装在较大的工作平台上,对于方案1、方案2、方案3的工件作雕刻进给运动,即工作平台作为运动件,其移动重量也较大,则所需驱动功率较大,运动控制的动态响应性也较差;而方案4的工作平台为固定方式,相对较好。

如从机械系统结构刚度角度考虑,方案1、方案2的刀具主轴机构的悬臂结构设置,其刚度较差,方案3和方案4的龙门架结构则刚度较好。

如从系统工作精度角度考虑,本设计给出四种运动方案的一个旋转运动和三个直线运动均为独立运动,可控性较好,运动精度也易于实现;而方案4的移动龙门架结构,由于不受工件不同承载重量变化的影响,结构刚度好,因而其加工精度和控制响应性能等均较好。

另外,如考虑较大平板类工件安装,方案4的移动龙门架结构,只要将龙门架移至工作平台一端便可以方便地操作,故有较好的可操作性。

因此,根据以上的分析,并考虑所设计的雕刻机在功能上具有一定扩展能力,本设计选用方案作为系统运动方案。

三、传动系统设计

机电装置设计的关键之一是传动系统的设计,由于其基本任务是不仅要保证工作执行机构实现预期的运动要求,还需要传递满足执行机构工作的动力;传动的布置设计对机械装置的整体布局和运行工作精度等有着直接影响;从机电一体化的角度,传动系统设计必须实现动力机的输出与工作执行构件的输入相匹配。因此,需要根据执行构件的不同以及不同的运动要求(如速度、加速度、调速范围等),来进行转矩和功率等的匹配计算。同时,传动系统设计对机器的操作和控制方式、工作环境、经济性等也都有着直接影响,因此,设计分析需要根据具体情况来综合分析和优化。另外,根据现阶段科学技术的发展和社会化生产分工情况,本课程设计将从机器设计制造的市场化角度出发,充分利用传动元器件制造的专业化和标准化等社会资源来进行设计计算和选型。

1. 原动机选择

现阶段作为动力源使用的原动机类型主要有内燃机、电动机、气动和液压部件等,如表10.15所示给出的是几种常用原动机的基本特性和应用实例。

表 10.15 几种常用原动机的应用实例

原动机	动力来源	输出运动	典型应用
内燃机	燃料燃烧	转动,振动较大	汽车、飞机等独立移动的大功率机器
电动机	电力电源	转动,运动平稳	机床、机器人等整机固定的机器设备
气压缸	压缩空气	直线运动	生产线、车门等中小功率往复运动
液压缸	液压泵站	直线运动	汽车吊臂、压力机等车载或强力输出

由表 10.15 可知,本设计不宜选用具有大功率输出的内燃机,而利用流体为工作介质进行能量转换、传递和控制的液体传动和气体传动,不仅其提供运动形式单一,还存在由于流体流动的阻力损失和泄漏较大,效率较低,泄漏易产生污染,工作性能易受温度变化的影响,压力元件的制造精度要求较高,价格较贵等不足,故在本设计中也不宜采用。

电动机是一种标准系列产品,它具有效率高、价格低、驱动与控制以及选用方便等特点,现阶段电动机不仅有交流、直流、步进和伺服控制电动机等多种类型,还可提供转动和直线运动等多种运动形式以供选择,其易于与机械构件实现运动和动力的匹配和调节,可以利用电动机与传动系统的合理设计实现工作机器功能所需的运动和动力。

因此,根据对设计任务书的分析,对于需要进行文字(图案)刻划的雕刻机,采用现代数字控制方式最为合适,故选择电动机作为传动系统的原动机是最佳方案。

2. 传动系统运动分析和选型设计

根据上节的运动设计选型方案,本设计的小型雕刻机的运动执行机构有:一个安装有雕刻刀具作旋转主运动的主轴部件;三个相对独立的直线进给运动的移动龙门架机构和主轴部件在龙门架上的横向移动机构及垂直移动机构。

从传动系统功能角度来看,通过其将原动机的动力和运动传递给执行系统,其功能应包括变速、换向、开/停。根据上节的工艺动作拟订方案,本设计中的旋转主运动在某一条件(材料和刀具一定)的工作过程中,一般不需作变速、换向、开/停的动作;而三个相对独立的直线进给运动则根据雕刻文字(图案)的不同,需要较为频繁的变速、换向、开/停动作。因此,本设计的主运动和进给运动的传动设计需要进行不同的选型分析。

(1) 主运动传动设计及选型分析

根据设计任务书的给定条件,雕刻刀具主轴转速为 3 000~30 000 rpm/min,主轴上的刀具夹具可以夹持小于或等于 ϕ6 mm 的不同刀具。从实现图案雕刻的主运动的角度来看,主运动传动链的末端工作执行件为雕刻刀具轴线的旋转运动,是一个外联系链,即其运动误差对雕刻加工的精度影响很小。主运动传动设计分析的主要工作是主运动驱动电机的选择及其传动机构的设计。

对于实现旋转运动的主轴来说,可以提供的电机有三相异步电机、直流调速电机、控制电机、变频主轴电机。

① 三相异步电机:通用三相异步电机作为主轴用电机已在传统的金属切削机床中得到广泛应用,但是,其可以实现的转速较低,难以实现无级调速,且作为传动系统的齿轮箱的体积和重量均较大,不宜在主轴部件需要移动的传动系统中使用,从运动方案分析考虑本设计的主轴需要在 Z 向作升降运动,且整体主运动系统设置在移动的龙门架横梁上,故不选择

通用三相异步电机作为主运动驱动电机。

② 直流调速电机:根据其励磁方式的不同可分为串励直流电动机、并励直流电动机、他励直流电动机和复励直流电动机。其优点有:调速范围宽,可实现无级调速,良好的转矩特性和线性特性,优异的控制特性,且功率大,设备简单,操作方便。但是也存在一些不足,例如,调速平滑性较差;损耗大,效率低;故障率较高;同类型下相比其体积和重量较大,等等。因此,针对本设计来说,也不宜使用在需要频繁移动的主轴部件系统中。

③ 控制电机:控制电机用来完成信息的传递和变换,具有良好的可控性,快速响应,大启动转矩,小转动惯量,精度高,体积小,重量轻,耗电少。控制电机的种类很多,常用于传动生产机械的有力矩电动机、步进电动机、直流伺服电动机、交流伺服电动机等。虽然可以实现恒功率和恒转矩输出,但是,对于本设计的小尺寸刀具雕刻主运动需求的恒转矩工作,将需要设置较大尺寸传动元件来提高输出转矩,特别是高速时的系统驱动系统也将更加复杂。

④ 变频主轴电机:与其他同类异步电机相比较,主轴电机除了具有一般电机的优点外,还具有如下优点,即在整个调速区间均有较大的输出扭矩,转速精度高,加载不减速;可以通过模拟量或数字量控制实现无级调速,在高速旋转下也具有很高的刚度和稳定性。

因此,精密高速主轴电机具有的高转速、高精度、低噪音、低振动、高速恒功率等特点,将能确保小直径雕刻刀具获得较高的切削线速度、较高的旋转精度、足够的高速切削力。虽然价格较高,但是现阶段随着相关制造和控制等技术的成熟,同时,可以直接在其输出轴上安装配套的刀具夹具,从而最大限度地缩短了主运动的传动链,使得这种电主轴的主运动系统体积小、重量轻,便于在需要在移动中工作的加工装置中使用,已成为雕刻机的主运动动力源的主流选项。因此,本设计的雕刻刀的旋转主运动选择主轴电机作为动力源。

(2) 进给运动传动系统设计和选型分析

(a) 进给电机选择

根据前一章的功能和运动分析,三个进给运动均为直线运动,进给驱动源可选择直接提供直线运动的直线电机,也可选择提供旋转运动的控制电机。

直线电机:直线电机是一种能直接将电能转换为直线运动的伺服动力元件。在交通运输、机械工业和仪器工业中,直线电机已得到推广和应用。它为实现高精度、响应快和高稳定的机电传动和控制开辟了新的领域。直线电机较之旋转电机有如下优点:无需中间传动机构,使整个传动机构得到简化,提高了精度,减少了振动和噪声;同时,没有机械传动的惯量和阻力矩影响,加、减速时间短,响应快,可实现快速启动和正反向运行;散热良好,装配灵活性大。但是,直线电机存在着效率和功率因数低、电源功率大及低速性能差等缺点,且结构复杂,价格昂贵,维修保养费用较高。

控制电机:控制电机具有众多的优点,现阶段在进给系统中常用的主要包括步进电机、直流伺服电机、交流伺服电机等。

直流伺服电机的结构较简单,价格也较便宜,容易在宽的范围内控制转矩和速度;有刷电机易产生电磁干扰,转动误差较大;无刷电机转动平滑,力矩稳定,但需要加换相校正回路,控制复杂,结构较为复杂。

交流伺服电机的结构较为复杂,永磁式交流伺服电机同直流伺服电机相比较,具有:无电刷和换向器,工作可靠,对维护和保养要求低;定子绕组散热较方便;惯量小,易于提高系统的快速性；适应于高速大力矩工作状态；同功率下体积和重量较小等优点。

步进电机是典型的数字直接控制原动机，精度较高，成本低；虽然其输出功率和转速有限，但是还具有一些独特的优点，已广泛应用于开环控制的机电一体化系统，主要特点有：

① 输出转角与控制脉冲数成比例，在时间上与输入脉冲同步，只要控制输入电脉冲的数量、频率以及电动机绕组通电相序即可获得所需的转角、转速及转向，可构成直接数字控制；

② 良好的定位转矩特性；

③ 在工作状态不易受各种干扰因素（如电源电压波动、电流大小与波形变化、温度等）的影响；

④ 步进电机虽然步距角有误差，转子转过一定步数后会出现累积误差，但每转过一周后其累积误差变为“零”，不会积累；

⑤ 控制性能好，在一定的载荷、速度下，起动、停止、反转时不易“丢步”，可以可靠地获得较高的位置精度。

通过比较可知，直线电机很容易实现传动机构的直线驱动，免去了中间环节的运动形式的转换部件，使电机和执行件直接相连，具有启动和制动快速等优点，但是直线电机实用还不是很成熟，且制造成本高，维护保养较难。伺服电机拥有高的转速、大的启动转矩，但是其结构复杂、维护困难。而本设计所要求的转速适中、转矩适中，为中等精度的开环或半开环控制数控加工装置，从经济性、维护性、精度和驱动能力上，步进电机可以很好地满足要求，无需使用结构复杂的伺服电机和昂贵的直线电机。所以，本设计采用步进电机作为三个进给运动的执行机构的动力机。

(b)运动转换机构的选型分析

通过上述对进给电机的选型，确定了使用步进电机来作为进给运动的驱动源，而步进电机为旋转运动，要求的移动件为直线平动，故中间需加运动转换部件。可实现把电机的旋转运动转换为直线运动的装置有齿轮齿条机构、连杆机构（曲柄滑块）、凸轮机构、同步带机构和丝杠螺母副机构。

① 齿轮齿条机构：齿轮齿条传动是依靠齿轮和齿条啮合，把旋转运动转换为直线运动，或者把直线运动转换为旋转运动。齿轮齿条传动结构相对来说还比较简单，但是制造精度和安装精度都要求很高。在实现正反转时，由于齿侧间隙的存在，如不进行相应的侧隙调整会造成空回而使精度下降。直齿齿轮齿条传动振动和噪声均较大，斜齿或人字形齿相对传动平稳，冲击和噪声较小。

② 曲柄滑块机构：曲柄滑块机构结构简单，易于制造，杆与杆间为低副连接，接触面积大、压强小、磨损小，可以承受较大的载荷，在主动件等速连续运动的条件下，各构件的相对长度不同时，从动件可以有多种形式运动，满足多种运动规律的要求，因而应用广泛；但是杆与杆间低副连接，存在间隙，传动中将产生较大的位置误差；构件数目越多产生的累积误差越大，对于要求实现精确复杂的运动规律就比较困难，其运动行程有限，且曲柄滑块机构运动时产生的惯性力也不适用于高速的场合。

③ 凸轮机构：凸轮机构由凸轮、从动件和机架组成。凸轮是一个具有曲线轮廓或凹槽的构件，通常作连续等速转动；从动件则按预定运动规律作间歇（或连续）直线往复移动或摆动。在精密机械特别是在自动控制装置和仪器中，凸轮机构得到了广泛的应用。凸轮机构

的优点是只要凸轮轮廓曲线设计合理，便可以使从动件按任意给定的规律运动，而且机构简单、紧凑、工作可靠。其缺点是凸轮轮廓曲线加工比较困难，与从动件为高副接触，压强大、易磨损，故凸轮机构一般多用于传力不大的控制机构中。

④ 同步带传动机构：同步带传动是综合了普通带传动和链轮链条传动优点的一种新型传动，它在带的工作面及带轮外周上均制有啮合齿，通过带齿与轮齿作啮合传动。具有传动比准确、传动效率高（可达 98%）、传动平稳、能吸振、结构简单、轴间距范围大、噪声小、能缓和冲击、安装维护要求不高、成本低等优点。其主要缺点是外廓尺寸大、安装精度要求高、中心距要求严格、具有一定的蠕变性、带的寿命短，不宜用于精度要求高的场合。

⑤ 丝杆螺母机构：丝杠螺母机构（螺旋传动机构）主要用来将旋转运动变换为直线运动或将直线运动变换为旋转运动。这些传动机构既有以传递能量为主的（如螺旋压力机、千斤顶等），也有以传递运动为主的（如工作台的进给运动），还可以用来调整零件之间相对位置。

丝杠螺母机构有滑动摩擦机构和滚动摩擦机构之分。滑动丝杠螺母机构结构简单、加工方便、制造成本低，具有自锁功能，但其摩擦阻力矩大、传动效率低（30%～40%）。滚珠丝杠螺母机构虽然结构复杂、制造成本较高，但其摩擦阻力矩小、传动效率高（92%～98%），因此，在机电一体化系统中得到了广泛应用。其中滚珠丝杠副除了上述优点外，还具有轴向刚度高、运动平稳、传动精度高、不易磨损、使用寿命长等优点。但由于不能自锁，传动有可逆性，在用作升降传动机构时，需要采取制动措施。

通过各传动机构的性能比较及结合本设计的要求，雕刻机要求实现快速的正反转与启动和制动，中等精度和良好的精度保持性。齿轮齿条机构由于齿侧间隙的存在，在正反转时会产生空回，且结构不紧凑，精度保持性较差些；凸轮机构存在加工困难，且会存在急回特性，使运动平稳性减低，磨损快；连杆机构不仅体积较大，连接空隙的存在也较难满足精度要求；滚珠丝杠副机构能很好地满足快速性、精度保持性及维护性等要求。因而，本设计采用滚珠丝杠螺母副实现旋转运动与直线运动的转换。

(c) 传动比分配和传动系统结构设计分析

对于三个方向的进给直线运动，作为一般的开环数控伺服传动系统，减速比主要根据负载的性质、脉冲当量以及快速和进给工作速度等要求来选择，并满足电动机和机械负载之间的力矩匹配。

对于本设计的步进电机驱动的传动系统，速度调节主要是通过数控系统提供的脉冲数和频率来实现的，同时，其是一个内联系传动链，不仅有传动链精度要求，还有快速进（退）给和工作进给以及工作过程的快速换向等要求。传动比的分配主要需从传动精度和快速性的角度来考虑，即主要遵循等效转动惯量最小和输出轴转角最小的原则。因此，传动系统的传动比值应取较小值。通常在步进电机传动系统中，可以采用电机轴与丝杠轴直接连接的传动方式，也可采用一级齿轮传动或同步带传动方式。对于后者，使用同步带轮传动时结构尺寸较大，精度寿命较短；而齿轮传动结构简单，可获取恒定的传动比，精度保持性好。

① Z 向进给传动：由前文分析可知，Z 向进给运动是用来带动主轴电机部件完成雕刻刀具的落刀（垂直进给）和提升（快速退刀）的，一般不需要与 XY 向运动的联动进行连续三维运动，故不需要特别关注 Z 向的移动精度要求，而主要考虑快速性，以满足最大加速度的选择原则需求，尽量简化传动路线。故 Z 向进给传动采用步进电机轴与滚珠丝杠副通过联

轴器直接连接方式，即电机轴与丝杠轴件的传动比为 $i=1$；同时，Z 向运动根据设计要求应满足进给精度为 0.01 mm，所需的进给分辨率应小于所要求的进给精度，故可设定系统的脉冲当量为 $\delta=0.005$ mm/step。

由于目前市场上提供的专业化产品的丝杠导程大多在 3～5 mm 之间，考虑到快速性的要求，初步确定选用丝杠导程 $P_h=5$ mm，则 Z 向传动系统的总传动比即为 $i_0=5$。系统运动结构简图如图 10.27 所示。

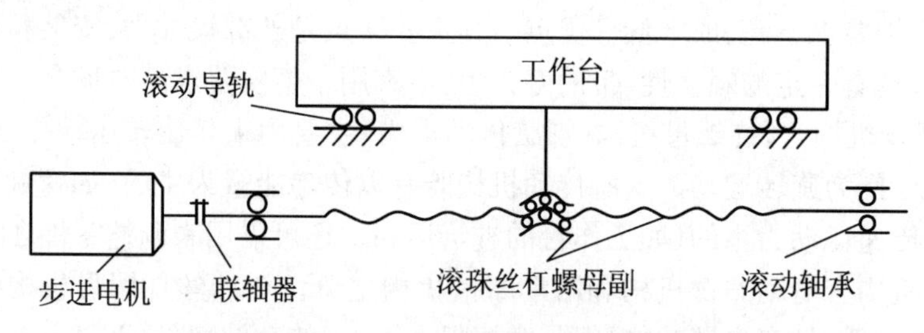

图 10.27　Z 向传动系统结构简图

② X、Y 向进给传动：根据前文的运动规律和系统整体结构布局可知，图案（文字）雕刻的二维运动是由 X、Y 两个方向的联动来实现的，即刀具主轴部件设置在龙门架上作 Y 向直线进给运动，而包含刀具主轴部件的龙门架则作 X 向直线进给运动。则两个方向所需驱动的部件重量较大，驱动力矩也较大。

同时，传动系统还需要满足工作进给、快速进给以及频繁的换向和断续运动（图案或文字特征需求），传动链设计不仅需要满足有较高精度要求的传动系统输出轴转角误差最小原则，也需满足最大加速度的选择原则和最大输出速度选择原则。

因此，X、Y 两个方向的传动设计，可以采用相同的传动系统结构，即可以采用增加减速传动机构，综合考虑结构尺寸和系统精度，将减速机构设置在步进电机轴和丝杠轴之间，并利用齿轮副来实现。虽然传动链中由于增加了齿轮副的传动误差，但是采用降速环节可以提高系统的分辨率，也可使得电机以较小力矩驱动质量较大的部件，通过传动的总传动分配和传动件的精度等级设计，将可满足设计精度要求。

因此，齿轮副的传动比不宜过大，否则步进对小齿轮的承载寿命能力要求更高，传动机构尺寸也会显著增加，故初步设计步进电机轴与丝杠轴间的传动比为 $i=2$。

同时，XY 向运动根据设计要求的进给精度和丝杠螺母的商品化专业产品的情况，与 Z 向进给运动相同，初步选定系统的脉冲当量为 $\delta=0.005$ mm/step，丝杠导程 $P_h=5$ mm，则 XY 向传动系统的总传动比即为 $i_0=10$。系统运动结构简图如图 10.28 所示。

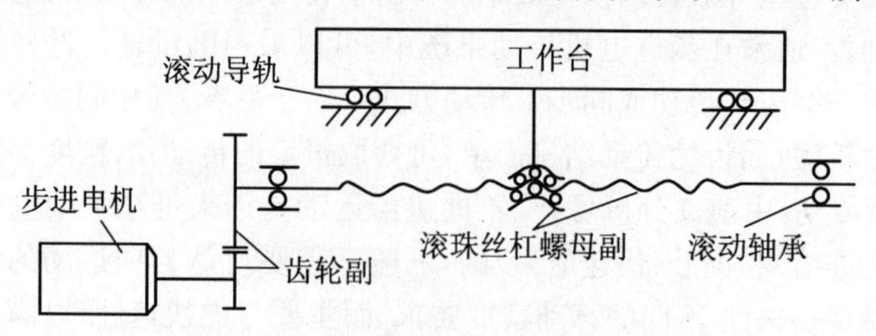

图 10.28　X、Y 向传动系统结构简图

3. 传动系统动力参数和零部件的设计和计算

根据前面的传动系统的设计分析，已初步完成了传动系统部件的选型，进一步的具体参数设计和计算，就必须根据系统功能结构和工艺动作分析的整机系统结构特征来进行，对于本设计就是需遵循先完成 Z 向设计，再到 Y 向设计，最后才是 X 向设计。即在主轴电机及其参数确定后，才能得到 Z 向进给的驱动载荷，并进行相应的动力和零部件的设计和计算，完成主轴及 Z 向进给部件的详细设计；之后结合主轴及 Z 向进给部件在龙门架横梁上安装结构的设计，来得到 Y 向进给的驱动重量，方可进行相应的 Y 向运动的动力和零部件计算和设计；而龙门架和其上安装的各向载荷是 X 向直线运动的动力计算和零部件设计的基础。因此，传动系统动力参数计算和零部件的详细设计，需按照"边设计，边计算，边画图，边修改"的交叉方式，从主轴部件→Z 向进给部件→Y 向进给部件→X 向部件逐级完成，最终完成整机的设计。

由于 X、Y、Z 三个方向传动系统是相近的，故下面仅以主运动及其 Z 向进给运动设计为例来进行计算和设计分析。

（1）主轴电机的参数计算和选择

根据设计要求，主轴电机需满足雕刻刀的 3 000～30 000 rpm/min 高速转速切削运动，即最大转速为 $v_s = 30\,000$ rpm/min；可使用的雕刻刀具半径≤ϕ6 mm，同时可以对不同材料进行雕刻，而雕刻刀具的加工过程近似铣削加工，其主切削力 F_z 由材料硬度和切削深度、进给量、刀具齿数及阻力等决定。

（a）雕刻刀具的选择

根据设计要求，雕刻刀具主要可雕刻的材质有有机玻璃、PVC 板、木材、铝塑板、密度板及各类金属板材等，根据不同材料的硬度选择适用的刀具，刀具的形式、直径、长度各不相同，当刀具长度较长时刀具直径随之增大，其在主轴电机上的安装可以选用夹具型号为 ER11 的专用夹具，可夹持的雕刻刀具直径为 3.175～6 mm，在此刀具直径范围内的常用刀具长度为 33～80 mm。根据设计要求的刀具最大直径为 ϕ6 来选择合适长度的雕刻刀具，常用的刀具主要有以下几种类型：单刃直槽尖刀、双刃直槽尖刀、三棱刀、平底尖刀、四棱刀、双刃铣刀、球头铣刀。对应的刀具材质多为高速钢或硬质合金。

（b）雕刻材料的硬度（洛氏硬度）

胶木板的布氏硬度：HB = 39～40；PVC 的布氏硬度：HB = 59～100；有机玻璃的硬度：6～7；玉石的硬度：4～6；铜的硬度：37（HB = 350）；铝的硬度：20～35（HB = 228～330）。为了满足对多种材料的雕刻加工，现选择材料硬度相对较高的金属铜材料来计算进行加工时的最大切削深度和产生的摩擦阻力、驱动功率、轴向力作为参考值，以此进行相应的计算。

（c）主参数的计算

主切削力：由铣削加工主切削力计算的经验公式为

$$F_z = 167 k_f a_e^{0.86} a_f^{0.72} d_0^{-0.86} Z a_p \tag{10.10}$$

本设计要求的单齿进给量 $a_f = 0.01$ mm，背吃刀量设定为 $a_p = 10$ mm，雕刻刀具直径取 $d_0 = 6$ mm，取参数雕刻刀齿数 $Z = 2$，当量进给量 $a_e = 0.4 d_0$。

材料硬度和刀具角度的修正系数（取 $\gamma = 15^\circ$，铜 HB = 350）

$$k_f = 0.92\left(\frac{350}{190}\right)^{0.55} = 1.287$$

则最大主切削力

$$F_z = 167 \times 1.287 \times 2.4^{0.86} \times 0.01^{0.72} \times 6^{-0.86} \times 2 \times 10 = 70.974\ (\text{N}) \quad (10.11)$$

X、Y、Z 各向切削分力分别为

$$P_y = (1.0 \sim 1.2)F_z,\quad P_x = (0.35 \sim 0.40)F_z,\quad P_z = F_a = (0.2 \sim 0.3)F_z$$

一般可取为

$$P_y = 1.1F_z,\quad P_x = 0.375F_z,\quad P_z = 0.25F_z \quad (10.12)$$

雕刻速度

$$v_s = \frac{\pi d_0 n}{1\,000} = 565.5\ (\text{rpm/min}) \quad (10.13)$$

最大切削功率

$$P = \frac{F_z v_s}{60 \times 1\,000} = \frac{70.974 \times 565.5}{60 \times 1\,000} = 668.93\ (\text{W}) \quad (10.14)$$

驱动力矩

$$T = F_a \times \frac{d_0}{2} = 70.974 \times 0.25 \times 3 \times 10^{-3} = 0.053\ (\text{N} \cdot \text{m}) \quad (10.15)$$

根据计算所得驱动功率和刀具夹具等综合条件，满足功率要求及转速要求的雕刻机主轴电机，可供选择为×××机电设备制造有限公司生产的数控雕刻机用恒转矩电主轴，型号为JGD-62/0.8-2，转速为30 000 rpm/min，功率为0.8 kw，额定电压 $U=220$ V，额定电流 $I=2.2$ A，频率为500 Hz，整电主轴的重量为3.6 kg，夹头型号为ER11，油脂润滑方式，冷却方式为水冷，具体参数值表和外形尺寸及安装连接结构图略。

(2) *Z 向进给丝杠主要参数计算和设计*

根据传动系统设计分析，Z 向升降进给运动的传动部件为滚珠丝杠副，且丝杆导程为 $P_h=5$ mm，并与步进电机轴通过联轴器直接连接。但是，由于滚珠丝杠副不具自锁功能，在传动结构设计时，还应考虑作为竖直方向传动时需加装制动装置，以稳定工作位置。

现阶段的滚珠丝杠副设计，由于已经有专业的产品，故通常是经适当计算出主要参数后来选择标准的型号，一般需要计算所需承受载荷、使用寿命、最小直径等，保证其能满足所需的传动载荷和运动精度要求，以此作为参考，选择丝杠的公称参数，并进行相应验算校核，以使所选型号满足设计要求。

对于直线运动系统，其执行件的工作平台通常是利用一副导轨来实现直线运动（在此省略相关导轨的设计和选型，可参阅相关资料），现以矩形导轨为参考来进行滚珠丝杠的载荷计算。

轴向力计算经验公式为

$$P = KP_z + f'(P_x + P_y + G) \quad (10.16)$$

式中：P_x，P_y，P_z 为 X，Y，Z 方向上的切削分力（可由最大主切削力来计算）；G 为移动部件的重量(N)（根据机械结构设计来估算，包括主轴电机在内取 $G=60$ N）；f' 为导轨上的摩擦系数（矩形导轨：$f'=0.15$）；K 为考虑颠覆力矩影响的实验系数（矩形导轨：$K=1.1$）。

则最大工作负载

$$P_{max} = 1.1 \times 17.744 + 0.15 \times (26.62 + 78.07 + 60) = 35.987\ (\text{N}) \quad (10.17)$$

最小工作负载（仅考虑摩擦力，无切削力时）

$$P_{min} = 0.1 \times 60 = 6\ (\text{N}) \quad (10.18)$$

当量工作负载近似为

$$F_{m}=\frac{2P_{max}+P_{min}}{3}=\frac{2\times 35.987+6}{3}=25.991\,(\mathrm{N}) \tag{10.19}$$

按滚珠丝杠副的预期工作时间 T_h(小时)计算最大动载荷

$$C_{am}=\sqrt[3]{60n_{m}T_{h}}\,\frac{F_{m}f_{w}f_{H}}{100f_{a}f_{c}} \tag{10.20}$$

按精密机床类取 $T_h=20\,000$ h,取轻微冲击的运转系数 $f_w=1.4$,丝杠硬度 $HRC=55\sim58$ 的硬度系数 $f_H=1.2$,较高精度等级的精度系数 $f_a=1.0$,较高可靠度(99%)的可靠性系数 $f_c=0.21$。

由于设计任务要求的最大快速运动 $V_{max}=6$ m/min,传动系统的丝杠公称导程选为 $P_h=5$ mm,Z 向进给运动的丝杠和步进电机同轴直连,传动比 $i=1$,由 $P_h=V_{max}\times i/n_{max}$ 可得丝杠最大转速 $n_{max}=1\,200$ r/min,则由 $n_m=(n_{min}+n_{max})/2$ 可得丝杠副的当量转速近似为 600 r/min。则由式(10.20)计算可得丝杠所需承受的动载荷为 $C_{am}=1\,864.27$。

由额定动载荷 C_a(或额定静载荷 C_{oa}),即 $C_a\geqslant C_{am}$ 的准则,并结合传动系统的精度、轴向刚度和稳定性等综合要求,查表(或专业厂家的样本表)中的额定动载荷 C_a(或额定静载荷 C_{oa})可选择滚珠丝杠的具体型号,现选取×××滚动元件制造公司的产品 FFZD1605-5 内循环浮动式法兰,直筒型垫片预紧螺母,公称直径 16 mm,其额定动载荷 9 300 N,所以强度足够。

丝杠的效率计算、刚度验算、稳定性验算等可按相关资料计算。

在确定了丝杠和螺母的结构后,可以根据导轨选型(本例选择的滚动直线导轨为×××精密机电公司的导轨宽度为 16 mm 的 SBR16 型),导轨上滑块尺寸和数量(根据执行件的工作台长度和导向精度综合要求选定)以及导轨跨距等要求,结合导轨与丝杠轴的布局设计(本例将丝杠设置在两导轨之间,从而满足有较高精度要求的阿贝原则),依据使用雕刻刀具的不同长度和换刀空间以及上料高度(被雕刻件的厚度),Z 向运动所需进/退刀行程的估算等,可求得 Z 向进给所需的有效行程,进一步可确定丝杠副螺纹长度以及支承部分的具体结构和尺寸。

(3) Z 向进给步进电机的选择和计算

(a) 电机步距角的确定

根据传动系统的设计,Z 向进给运动的步进电机与滚珠丝杠件的传动比为 $i=1$;同时根据设计的进给精度要求,选定了丝杠导程为 $P_h=5$ mm,系统脉冲当量为 $\delta=0.005$ mm/step,则传动公式为

$$i=\theta\cdot P_{h}/(360\delta) \tag{10.21}$$

因此可计算得所需步进电机的步距角 $\theta=0.36^{\circ}$。

确定所需步距角后,仍需计算出参考的驱动力矩、转动惯量等以满足电机的最终选择。

根据初步机械结构设计的估算,电机所需驱动载荷为 60 N,丝杠公称直径为 16 mm,有效行程为 112 mm,考虑螺母长,取主长为 170 mm,现取丝杠的参考计算长度为 $L=200$ mm。

(b) 转动惯量的计算

移动部件折算到电机轴上的转动惯量为

$$J_1 = \left(\frac{180 \times \delta}{\theta \times \pi}\right)^2 m = \left(\frac{180 \times 0.005}{0.36 \times \pi}\right)^2 \times 6 = 0.0380\ (\mathrm{kg \cdot cm^2}) \tag{10.22}$$

丝杠的转动惯量为

$$J_s = 0.78 D^4 L \times 10^{-6} = 0.78 \times 1.6^4 \times 20 \times 10^{-6} = 0.010224\ (\mathrm{kg \cdot cm^2}) \tag{10.23}$$

所以折算到电机轴上的总的转动惯量为

$$J = J_s + J_1 = 0.0380 + 0.010224 = 0.048224\ (\mathrm{kg \cdot cm^2}) \tag{10.24}$$

(c) 力矩的计算

快速空载启动时所需力矩

$$M = M_{amax} + M_f + M_0 \tag{10.25}$$

最大切削负载时所需力矩

$$M = M_{at} + M_f + M_0 + M_t \tag{10.26}$$

式中：M_{amax}为快速空载启动时折算到电机轴上的加速度力矩；M_f 为折算到电机轴上的摩擦力矩；M_0 为由于丝杠预紧所引起，折算到电机轴上的附加摩擦力矩；M_{at}为切削时折算到电机轴上的加速度力矩；M_t 为折算到电机轴上的切削负载力矩。

$$M_a = \frac{Jn}{9.6T} \times 10^{-4}\ (\mathrm{N \cdot m}) \tag{10.27}$$

当 $n = n_{max}$时，$M_{amax} = M_a$，且

$$n_{max} = \frac{V_{max} i}{P_h} = \frac{6000 \times 1}{5} = 1200\ (\mathrm{r/min}) \tag{10.28}$$

$$M_{amax} = \frac{J n_{max}}{9.6T} \times 10^{-4} = \frac{0.048224 \times 1200}{9.6 \times 0.025} \times 10^{-4} = 0.024112\ (\mathrm{N \cdot m}) \tag{10.29}$$

当 $n = n_t$ 时，$M_a = M_{at}$，且

$$n_t = \frac{V_m i}{P_h} = \frac{3000 \times 1}{5} = 600\ (\mathrm{r/min}) \tag{10.30}$$

$$M_{at} = \frac{J n_t}{9.6T} \times 10^{-4} = \frac{0.048224 \times 600}{9.6 \times 0.025} \times 10^{-4} = 0.012056\ (\mathrm{N \cdot m}) \tag{10.31}$$

$$M_f = \frac{F_0 P_h}{2\pi \eta i} = \frac{f' W P_h}{2\pi \eta i} \tag{10.32}$$

当 $\eta = 0.85$，$f' = 0.1$ 时，有

$$M_f = \frac{0.1 \times 6 \times 0.5}{2\pi \times 0.85 \times 1} = 0.00562\ (\mathrm{N \cdot m}) \tag{10.33}$$

$$M_0 = \frac{P_0 P_h (1 - \eta_0^2)}{2\pi \eta i} \tag{10.34}$$

当 $\eta = 0.85$，$\eta_0 = 0.9$ 时，预加载荷 $P_0 = (1/3) P_z$，则

$$M_0 = \frac{P_z P_h (1 - \eta_0^2)}{6\pi \eta i} = \frac{17.744 \times 0.5 \times (1 - 0.9^2)}{6 \times \pi \times 0.85 \times 1} = 0.00105\ (\mathrm{N \cdot m}) \tag{10.35}$$

$$M_t = \frac{P_z P_h}{2\pi \eta i} = \frac{17.744 \times 0.5}{2 \times \pi \times 0.85 \times 1} = 0.0166\ (\mathrm{N \cdot m}) \tag{10.36}$$

所以，快速空载启动时所需力矩

$$M = M_{amax} + M_f + M_0 = 0.030\,782\ (\mathrm{N \cdot m}) \tag{10.37}$$

最大切削负载时所需力矩

$$M = M_{at} + M_f + M_0 + M_t = 0.035\,326\ (\mathrm{N \cdot m}) \tag{10.38}$$

由以上分析计算可知，所需 Z 向最大力矩 M_{max} 发生在最大切削负载时，有

$$M_{max} = 0.035\,326\ (\mathrm{N \cdot m}) \tag{10.39}$$

由以上对 Z 向传动的计算，为了使步进电机正常运行（不失步、不越步），正常启动并满足对转速的要求，启动力矩选为

$$M_q \geqslant \frac{M_{L0}}{0.3 \sim 0.5} \tag{10.40}$$

式中：M_q 为电机启动力矩；M_{L0} 为电机静负载力矩。

故取

$$M_q = \frac{M_{L0}}{0.4} = \frac{0.035\,326}{0.4} = 0.088\,32\ (\mathrm{N \cdot m}) \tag{10.41}$$

由 $M_q/M_{jm} = 0.951$，得步进电机的最大静转矩为

$$M_{jm} = \frac{M_q}{0.951} = \frac{0.088\,32}{0.951} = 0.092\,87\ (\mathrm{N \cdot m}) \tag{10.42}$$

根据设计指标要求的最大移动速度计算得步进电机要求的最高工作频率为

$$f_{max} = \frac{V_{max}}{60\delta} = \frac{6\,000}{60 \times 0.005} = 20\ (\mathrm{kHz}) \tag{10.43}$$

（d）驱动步进电机的确定

根据以上计算分析，在同时满足最小步距角为 0.36°、启动力矩≥0.092 87 N·m、工作频率≥20 kHz、转动惯量≥0.048 224 kg·cm^2 等条件下，可选用×××电气设备公司的型号 60BYG550A 型 5 相混合式步进电机，工作电流 3A，最大静力矩 0.092 87 N·m，转动惯量 0.24 kg·cm^2，空载起动频率 4 KPPS，空载运行频率 60 KPPS，重量 0.7 kg，具体参数表和安装结构示意图略。

（4）Z 向进给机构其他主要零部件选择设计

① 丝杠支承的轴承选择：Z 向轴承主要承受轴向力作用，故采用双端推力球轴承与向心球轴承的组合，由丝杠轴支承结构设计，选择轴承内径为 10 mm，具体型号和其产品安装尺寸略。

② 离合制动联轴器的选取：作为竖直向运动的滚珠丝杠不具有自锁功能，虽然可以利用步进电机单相通电工作时具有自锁能力，实现定位需求，但在电机停转后，移动部件的自重也促使丝杠由于受轴向力作用而转动，故需加装锁紧装置，防止丝杠轴和电机的转动。

过去滚珠丝杠锁紧大多采用电磁-摩擦制动，体积较大，安装维护等较为复杂。现阶段，出现了同时具有联轴器功能和制动器功能的电磁离合制动联轴器，省单独的联轴器，缩小体积和重量。根据所需连接的丝杠轴头和电机输出轴的直径和所要求的扭矩（应大于或等于电机转矩）可以直接选用。所选离合制动联轴器为×××公司的 AMP-5 型，参数表和安装结构示意图略。

在选定各向标准和常用零部件的基础上，按照所选零部件的安装结构和参数，根据可装配、可拆卸，同时满足整体精度要求的原则，并结合基础支承部件的设计，就可设计出所需的

部件结构。包含 Z 向进给的主轴部件示意图如图 10.29 所示。

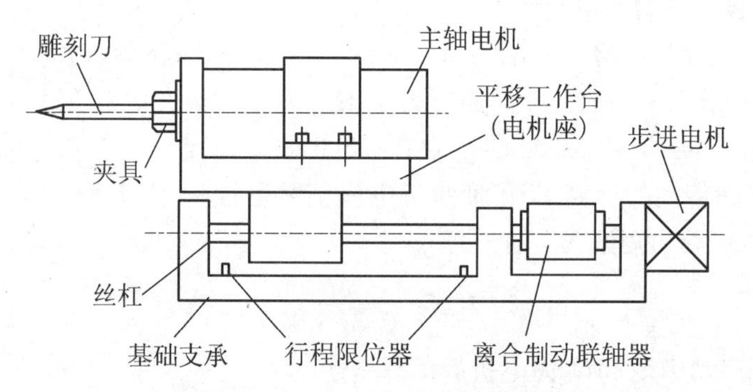

图 10.29 滑台座主要尺寸示意图

4. 系统传动精度设计与分析

在完成传动链及其零部件结构的详细设计和选型后，对于进给运动的内联系链需要进行传动精度的计算和分析，本设计的雕刻机三个方向进给运动链中，X、Y 方向需要完成两个坐标的联动刻画，传动精度对雕刻图案(文字)有着直接影响，它们的传动系统结构相同，均为步进电机经过一对齿轮传动副后，并由丝杠螺母副带动工作平台作直线进给。因此，本节以 Y 向进给传动的静态精度的计算和设计为例，分析各部件精度选择及设计所需的精度要求。

根据 Y 向直线进给运动的传动关系，忽略受力变形、热变形、振动及磨损等引起的误差，故 Y 向运动的静态传动精度由电机精度、丝杠副精度、齿轮副精度及各轴承精度和安装精度来保证，其中电机精度、丝杠副精度和齿轮副精度是主要因素。

设计任务的精度要求为定位精度 0.01 mm/300 mm，重复定位精度 ± 0.01 mm，则可取传动系统总位置误差 $[\delta_L] = 0.01$ mm。利用脉冲当量计算公式对步进电机精度(步距角精度)、滚珠丝杠副精度(螺距误差)及齿轮副精度(传动比误差)进行分配和估计。

脉冲当量公式

$$\delta = \theta \cdot P_{\mathrm{h}}/(360i) \tag{10.44}$$

式中：θ 为电机步距角；P_{h} 为滚珠丝杠导程；i 为传动比。

设步进电机转过 α，执行件从起点行进到位置 L，即有工作平移台的静态特性运动方程为

$$L = \alpha \cdot P_{\mathrm{h}}/(360i) \tag{10.45}$$

现利用等公差级法来计算各向误差的影响。所谓等公差级法是以各项原始误差对系统精度有着相同效用的原则，故又称为等影响法或原始误差等效作用法。即各参数所允许误差符合下列条件：

$$\left\{\sum_{i=1}^{n}\left[\left(\frac{\partial L}{\partial q_i}\right)\Delta q_i\right]^2\right\}^{\frac{1}{2}} \leqslant [\delta_L] \tag{10.46}$$

传动机构中每一个参数 q_i 所允许偏差也可按具体情况来分配，若不能满足式(10.46)要求，可以作适当调整，重新分配后再进行计算，以满足式(10.46)的要求。

取工作移动台的极限误差为 δ_L，主要构件(电机、丝杠、齿轮)极限误差分别为 δ_α，$\delta_{P_{\mathrm{h}}}$，

δ_i,按误差传递定律得

$$\delta_L^2 = \left(\frac{\partial L}{\partial \alpha}\right)^2 \delta_\alpha^2 + \left(\frac{\partial L}{\partial P_h}\right)^2 \delta_{P_h}^2 + \left(\frac{\partial L}{\partial i}\right)^2 \delta_i^2 \tag{10.47}$$

在满足精度要求的前提下,按下列等影响法来确定各构件的极限误差,有

$$\left(\frac{\partial L}{\partial \alpha}\right)^2 \delta_\alpha^2 = \left(\frac{\partial L}{\partial P_h}\right)^2 \delta_{P_h}^2 = \left(\frac{\partial L}{\partial i}\right)^2 \delta_i^2 \tag{10.48}$$

则有

$$\begin{cases} \delta_L^2 = \left(\frac{\partial L}{\partial \alpha}\right)^2 \delta_\alpha^2 + \left(\frac{\partial L}{\partial P_h}\right)^2 \delta_{P_h}^2 + \left(\frac{\partial L}{\partial i}\right)^2 {\delta_i}^2 = 3\left(\frac{\partial L}{\partial \alpha}\right)^2 \delta_\alpha^2 \\ \delta_L^2 = \left(\frac{\partial L}{\partial \alpha}\right)^2 \delta_\alpha^2 + \left(\frac{\partial L}{\partial P_h}\right)^2 \delta_{P_h}^2 + \left(\frac{\partial L}{\partial i}\right)^2 \delta_i^2 = 3\left(\frac{\partial L}{\partial P_h}\right)^2 \delta_{P_h}^2 \\ \delta_L^2 = \left(\frac{\partial L}{\partial \alpha}\right)^2 \delta_\alpha^2 + \left(\frac{\partial L}{\partial P_h}\right)^2 \delta_{P_h}^2 + \left(\frac{\partial L}{\partial i}\right)^2 \delta_i^2 = 3\left(\frac{\partial L}{\partial i}\right)^2 \delta_i^2 \end{cases} \tag{10.49}$$

亦可得

$$\left(\frac{\partial L}{\partial \alpha}\right)\delta_\alpha = \left(\frac{\partial L}{\partial P_h}\right)\delta_{P_h} = \left(\frac{\partial L}{\partial i}\right)\delta_i \tag{10.50}$$

根据所给的运动方程式(10.45)得

$$\left(\frac{P_h}{360i}\right)\delta_\alpha = \left(\frac{\alpha}{360i}\right)\delta_{P_h} = \left(\frac{\alpha P_h}{360i^2}\right)\delta_i \tag{10.51}$$

因而由式(10.49)得到

$$\begin{cases} \delta_L^2 = \left(\frac{P_h}{360i}\right)^2 \delta_\alpha^2 + \left(\frac{\alpha}{360i}\right)^2 \delta_{P_h}^2 + \left(\frac{\alpha P_h}{360i^2}\right)^2 \delta_i^2 = 3\left(\frac{P_h}{360i}\right)^2 \delta_\alpha^2 \\ \delta_L^2 = \left(\frac{P_h}{360i}\right)^2 \delta_\alpha^2 + \left(\frac{\alpha}{360i}\right)^2 \delta_{P_h}^2 + \left(\frac{\alpha P_h}{360i^2}\right)^2 \delta_i^2 = 3\left(\frac{\alpha}{360i}\right)^2 \delta_{P_h}^2 \\ \delta_L^2 = \left(\frac{P_h}{360i}\right)^2 \delta_\alpha^2 + \left(\frac{\alpha}{360i}\right)^2 \delta_{P_h}^2 + \left(\frac{\alpha P_h}{360i^2}\right)^2 \delta_i^2 = 3\left(\frac{\alpha P_h}{360i^2}\right)^2 \delta_i^2 \end{cases} \tag{10.52}$$

机构在不同位置时,$(\partial L/\partial q_j)$是不同的($q_j$: i, P_h, α),要保证满足运动精度要求,用各位置导数项最大值来求各项极限误差。因此,可计算得到各项极限误差分别为

$$\delta_\alpha = \frac{\delta_L}{\sqrt{3}\left(\frac{P_h}{360i}\right)} \leqslant \frac{[\delta_L]}{\sqrt{3}\left(\frac{P_h}{360i}\right)} = \frac{0.01}{\sqrt{3}\left(\frac{5}{360\times 2}\right)} = 0.8314^\circ \tag{10.53}$$

$$\delta_{P_h} = \frac{\delta_L}{\sqrt{3}\left(\frac{\alpha}{360i}\right)} \leqslant \frac{[\delta_L]}{\sqrt{3}\left(\frac{\alpha}{360i}\right)} = \frac{0.01}{\sqrt{3}\left(\frac{0.72\times 6\times 10^4}{360\times 2}\right)} = 0.09623\ (\mu\text{m}) \tag{10.54}$$

$$\delta_i = \frac{\delta_L}{\sqrt{3}\left(\frac{\alpha P_h}{360i^2}\right)} \leqslant \frac{[\delta_L]}{\sqrt{3}\left(\frac{\alpha P_h}{360i^2}\right)} = \frac{0.01}{\sqrt{3}\left(\frac{0.72\times 6\times 10^4\times 5}{360\times 2^2}\right)}$$
$$= 3.849\times 10^{-5}\ (\text{rad}) \tag{10.55}$$

则有:

步进电机的步距角相对精度为

$$\Delta_\theta = \frac{\delta_\theta}{\theta} = \frac{0.8314^\circ}{0.72^\circ} = 1.1547 \tag{10.56}$$

滚珠丝杠副的螺距误差为

$$\Delta_{P_h} = \frac{\delta_{P_h}}{P_h} = \frac{0.096\,23}{5} = 0.019\,25\,(\mu\text{m/mm}) = 19.25\,(\mu\text{m/m}) \tag{10.57}$$

齿轮副传动比误差为

$$\Delta_i = \frac{360^\circ \cdot 60' \cdot d_0}{2P_h} \cdot \delta_i = \frac{360 \times 60 \times 100}{2 \times 5} \times 3.849 \times 10^{-5} = 8.31' \tag{10.58}$$

对于设计选用的主要传动元件(副)的精度来说,目前步进电机所能达到的精度要求为3%～5%,即有 $\Delta_{\theta_0} = 0.06 \sim 0.1 < \Delta_\theta$,步进电机的精度满足要求;对于3级精度导程为5 mm的滚珠丝杠副的螺距误差为 $\Delta_{P_{h_0}} = 12\ \mu\text{m/m} < \Delta_{P_h}$,能满足传动精度需求;齿轮副传动的影响因素较多,可用传动末级齿轮的主要影响因子的切向综合误差来估计,如取齿轮精度为8级,对于 $m = 2, Z = 50(d_0 = 100\ \text{mm})$ 的齿轮对应的切向综合误差 $\Delta_{Fi} = 83.3\ \mu\text{m}$,其等效角误差 $\Delta_{F_{i0}} = 2\Delta_{Fi}/d_0 = 5.73' < \Delta_i$,则能满足传动精度要求。

但是,即便是静态的极限定位误差计算,其传动系统的允许误差应按设计要求的70%来计算和分析,如此,在上面的计算中,虽然实际选取步距角精度3%～5%的步进电机满足要求,但是对丝杠的要求将为13.5 μm/m,对齿轮的等效角误差将为5.82′,后两者选择的实际精度均已接近计算理论要求,故实际应用中将难以满足系统的精度要求。同时,在上述计算分析中,忽略了传动元件(副)的安装误差以及导轨副、轴承等相关零件误差的影响,因此,必须对主要传动元件(副)的精度进行重新分配。

现基于相依影响法原理来进行误差分配计算,所谓相依影响法的思想是将一些比较难以控制和不易改变其允差的机构的允差预先确定下来,只将极少数或一个比较容易控制或在生产上限制较少的机构的参数允许误差作为试凑对象。即先按照等影响法求得各参数允许误差,若 Δq_i 的值基本上满足经济精度,则可按构件参数加工难易程度或控制难易程度合理调配 Δq_i,把比较难以控制和不易改变的允差先确定,只剩下极少数或一个比较容易控制的参数允差按"相依关系式"求解(所谓相依就是这个参数的允差取决于其他参数允差的大小或随其他参数允差的大小而变化)。

由式(10.46)得

$$[\delta_L] \geqslant \left\{\left[\left(\frac{\partial L}{\partial q_y}\right)\Delta q_y\right]^2 + \sum_{i=1}^{n-1}\left[\left(\frac{\partial L}{\partial q_i}\right)\Delta q_i\right]^2\right\}^{\frac{1}{2}} \tag{10.59}$$

式中:Δq_y 带下标 y 表示相依参数的偏差。

由于所选步进电机的精度是相应产品所提供的,精度要求过高对经济性将有很大影响,故可按电机步距角精度5%计算,即对应的误差为 $\delta'_\alpha = 0.072^\circ$;由于3级精度丝杠副已是较高精度等级的精密级产品,故不作调整,对应的螺距误差为 $\delta'_{P_h} = 0.06\ \mu\text{m}$;为此,现将齿轮副精度提高到7级精度,对应齿轮的误差为 $\Delta_{Fi} = 33.23\ \mu\text{m}$,相应的等效角误差为 $\Delta_{F_{i0}} = 2.29'$,则传动误差为 $\delta'_i = 1.06 \times 10^{-5}$。

将调整后的参数带入式(10.46)的左边,得

$$\begin{aligned}&\left(\frac{P_h}{360i}\right)^2\delta_\alpha^2 + \left(\frac{\alpha}{360i}\right)^2\delta_{P_h}^2 + \left(\frac{\alpha P_h}{360i}\right)^2\delta_i^2 \\ &= \left(\frac{5}{360 \times 2}\right)^2 \times 0.072^2 + \left(\frac{0.72 \times 6 \times 10^4}{360 \times 2}\right)^2 \times (6 \times 10^{-5})^2\end{aligned}$$

$$+\left(\frac{0.72\times 6\times 10^{4}\times 5}{360\times 2}\right)^{2}\times(1.06\times 10^{-5})^{2}$$

$$=4.795\times 10^{-6}<(\delta_{L}\cdot 70\%)^{2}=4.9\times 10^{-5} \tag{10.60}$$

由式(10.60)计算可知,调整后的主要传动元件(副)的精度不仅能满足设计的要求,还有一定的余量来承担其他忽略因素和动态误差等对精度的影响。

四、机械结构设计

整体结构和机械零件的设计是在装配图设计和计算等交叉活动中协调实现的,需要有多次修改和平衡计算等工作,在此仅以示例方式给出本设计中几个主要机械设计的思考方法。

1. 主轴电机的安装

根据所选择的电主轴参数及其安装方式,其为端面定位方式,即利用其本身具有的"定位环"($\phi D1$)实现主轴轴线的径向定位,以主轴主端面(ϕD 与 $\phi D1$ 间的台阶端面)作为主定位面,在电机座上实现 5 个自由度的配合安装,并利用端面的螺钉孔来实现夹紧(也有一些主轴电机没有在端面设置螺孔);由于主轴电机轴向尺度较大,且在工作中多方向地频繁移动,在电机的中部利用一个可调紧的压环来辅助夹紧;(对于没有在端面设置夹紧螺钉孔的,则必须采用压环紧环来实现电机的夹紧。)并通过设计一个独立的电机座与 Z 向进给运动移动平台连接,实现 Z 向的进给运动。结构示意如图 10.30 所示。

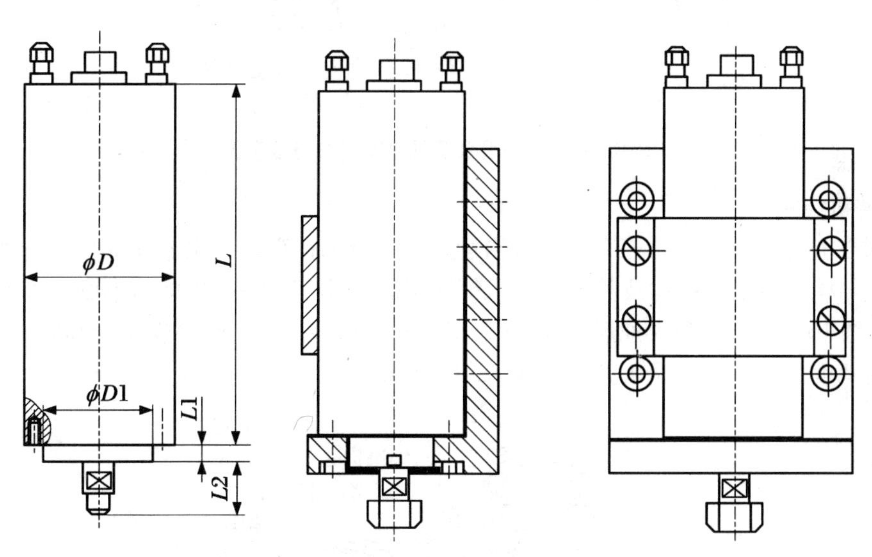

图 10.30　电主轴在移动台上固定示意图

2. 导轨的选取及安装布局

根据传动系统的设计分析,直线运动的工作执行件为移动平台,则必须设置导轨,虽然导轨的形式有多种,但目前,在精密传动系统中已普遍采用直线滚动导轨副(含导轨和滑块组件),其中主要有矩形导轨和圆柱形导轨,并已模块化、系列化。根据本设计的实际载荷特性,三个直线运动的导轨均选取为矩形的线性滚动导轨副,并由每个方向的承载特性和大小分别计算和选取相应的产品。

在利用丝杠螺母副来实现移动平台的直线运动的结构设计中,导轨与丝杠轴的布局和跨距等设计计算有多种不同方式(可参阅相关资料)。本设计从精度优先原则(如阿贝原则),选取丝杠轴线相对两导轨为中间对称布置,如图 10.31(a)所示。

对于本设计的 Y 向进给系统,由于包含主轴电机的 Z 向进给机构是通过 Y 向滚珠丝杠螺母带动在龙门架横梁上作直线运动,即丝杠副和导轨副将位于一个垂直平面,如图 10.31(a)所示,由于整个主轴和 Z 移动机构的载荷较大,这种常规布置方式将直接影响导轨的精度和丝杠传动精度。因此,设计中在横梁上方设置一个承载导轨为副导轨,在横梁侧面与丝杠轴线在同一垂直平面内设置一个主导轨为导向导轨,如图 10.31(b)所示。从而既能有效地提高系统的刚度,又能满足精度设计原则。

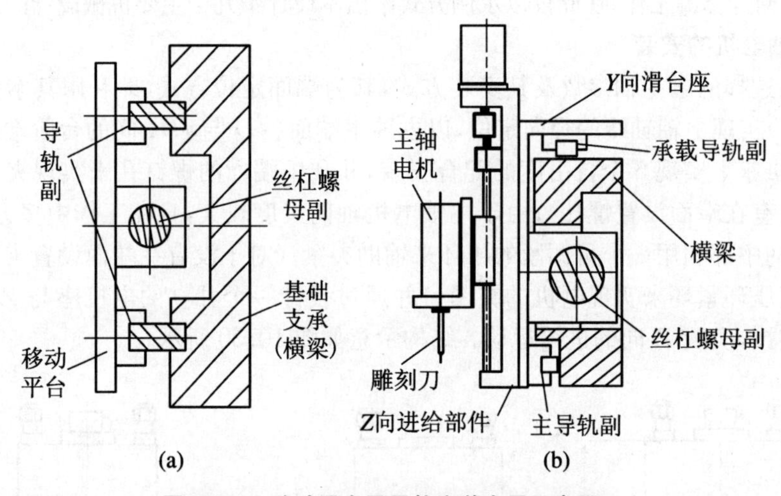

图 10.31　移动滑台及导轨安装布局示意图

3. 整机结构

根据以上对主轴、X、Y 三个方向进给运动的分析和计算以及主要零部件的选型、定型,结合装配结构和零部件结构及其基础支承等连接的设计,设计完成的小型标牌雕刻机主要结构外形如图 10.32 所示,最大外形为 900×550×380 mm,其中,工作台底座为 900×550 mm,最大进料宽度为 450 mm,最大进料高度为 100 mm。

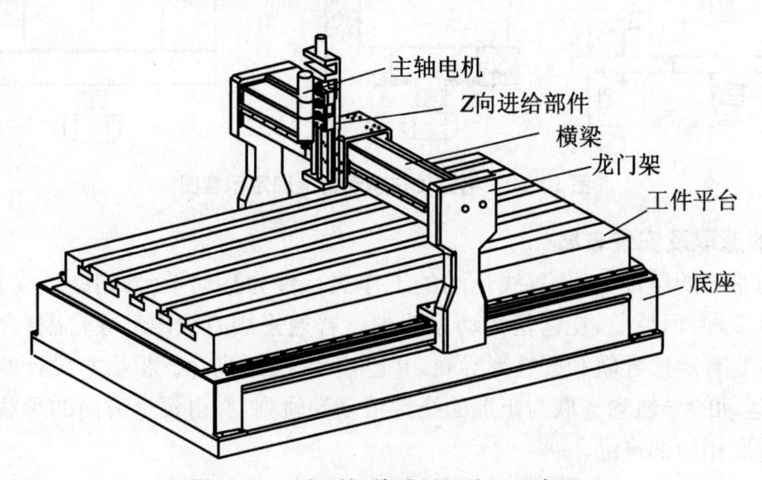

图 10.32　小型标牌雕刻机外形示意图

五、齿轮加工工艺规程设计分析

1. 零件的分析

（1）计算生产纲领，确定生产类型　任务所给的零件（图10.33）是某机器上的一个传动齿轮零件。

该机器年产量为50台，且每台机器中仅有一件，若取其备品率为5%，机械加工废品率为2%，则该齿轮的年生产纲领为

$$N = Qn(1 + a\% + b\%) = 50 \times 1 \times (1 + 5\% + 2\%) = 54\ (\text{件/年})$$

由上式可知，齿轮零件的年产量为54件，由齿轮零件的特征可知，它属于盘套类小型的齿形零件，因此，可确定其生产类型为单件小批生产。

（2）零件的作用　本设计任务给定的齿轮是该机器中传递运动和动力的一个零件，齿轮的精度为7级，即对传递运动的准确性和传动的平稳性以及传递的扭矩和轮齿承受载荷分布的均匀性等都有一定的要求。

（3）零件的工艺性分析和零件图的审查　齿轮零件图视图正确、完整，尺寸、公差及技术要求齐全，但基准孔 ϕ68K7 要求 $R_a=0.8$ 有些偏高。一般7级精度的齿轮，其基准孔要求 $R_a=1.6$ 即可。本零件各表面的加工在理论上虽然并不困难，但其中4个 ϕ5 mm 的小孔和4个宽为16(+0.28/0)的开口槽及其 $R1$ 的圆角的加工则要予以关注。对于4个 ϕ5 mm 的小孔，其位置在外圆柱面上 6×1.5 mm 的沟槽内，孔中心线距槽沟的一侧面的距离为3 mm，加工时，不能选用沟槽的侧面为定位基准，故要较精确地保证上述要求则比较困难，但是，分析该小孔仅是作油孔之用，位置精度不需要太高的要求，只要将孔钻在沟槽之内，能使油路通畅即可，因此，4个 ϕ5 mm 孔的加工将不成问题。对于4个宽为16(+0.28/0)的开口槽及其 $R1$ 的圆角的加工，当圆角 $R1$ 要求不是很高时，原则上可以用三面刃铣刀直接完成，如圆角 $R1$ 要求很高时，可以考虑用 ϕ2 的直柄圆柱铣刀进行圆周靠铣，由本零件可知，该圆角不需配合，要求不高，仅是作为过渡圆角，故可用三面刃铣刀直接铣出。

2. 工艺过程设计

（1）选择毛坯　齿轮是最常用的传动件，要求具有一定的强度。该零件的材料为45钢，轮廓尺寸不大，形状亦不复杂，虽是单件小批生产，但考虑到齿轮零件对传递动力和齿形表面的综合性能要求较高，同时，为了便于切削加工时的精度和效率提高，毛坯采用模锻成型（如果对传递动力要求不高，所需件数再少时，可考虑用型材的棒料）。另外，由于本齿轮的形状简单，内孔直径较大，因此，毛坯形状可以方便地做到与零件的形状接近，即外表面锻制成台阶形，内孔也一并锻出初形。（毛坯尺寸和加工余量的确定略。）

（2）定位基准的选择　本零件是带孔的盘状齿轮，孔是其设计基准（亦是装配基准和测量基准），为避免由于基准不重而产生的误差，应选"孔"为定位基准，而遵循"基准重合"原则。即选 ϕ68K7 孔及其一个端面作为精基准。

由于本齿轮全部表面都需加工，而孔作为精基准应先进行加工，因此应选外圆及一端面为粗基准。而对于模锻类毛坯来说，最大外圆 ϕ117 mm 处应是分模面，表面不平整，且有飞边等缺陷，定位不可靠，不能选为粗基准。故选 ϕ106.5 mm 外圆面及其端面来作为粗基准。

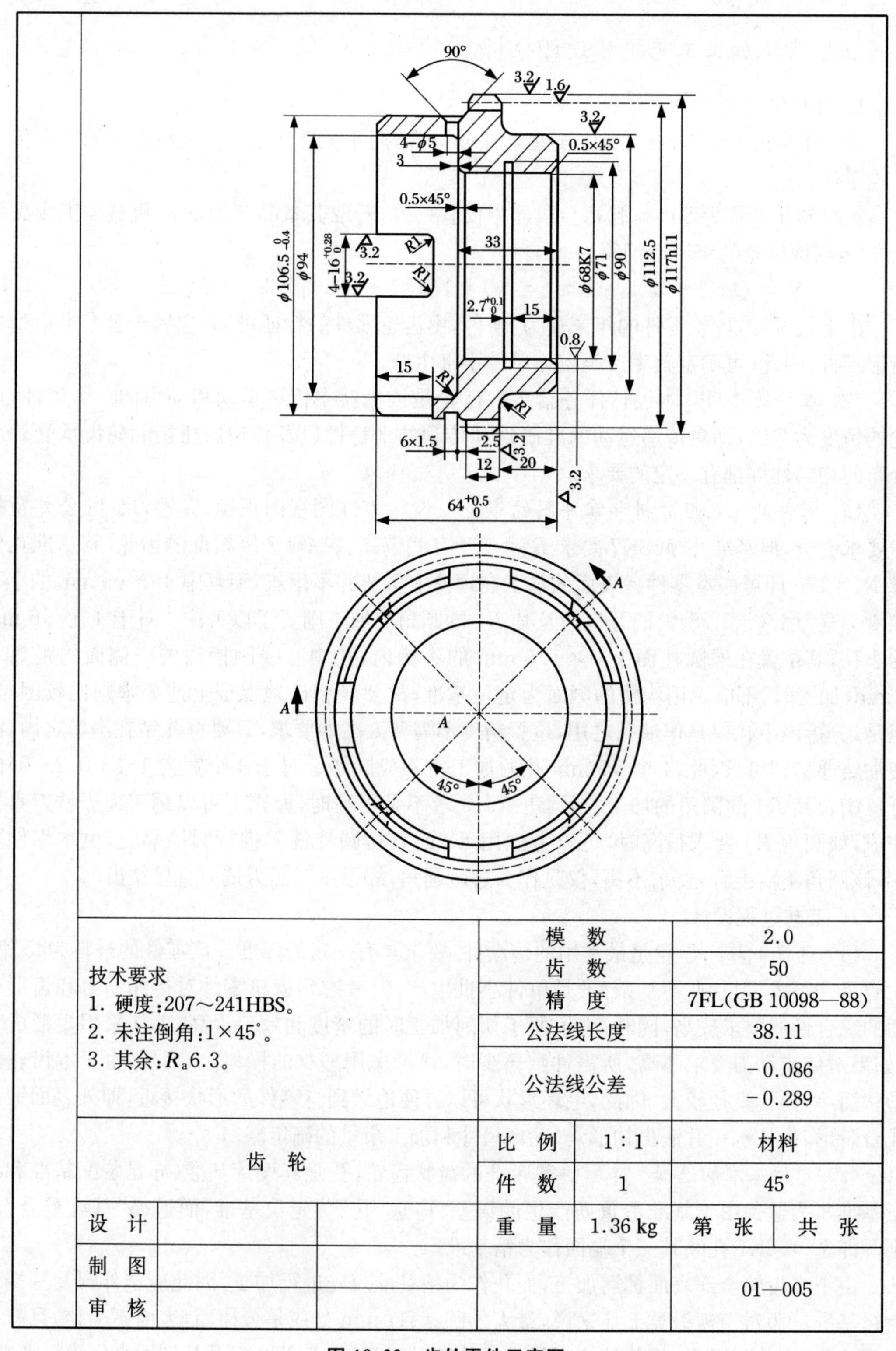

技术要求
1. 硬度:207～241HBS。
2. 未注倒角:1×45°。
3. 其余:R_a6.3。

模数		2.0	
齿数		50	
精度		7FL(GB 10098—88)	
公法线长度		38.11	
公法线公差		−0.086 −0.289	
比例	1:1	材料	
件数	1	45°	
重量	1.36 kg	第张	共张
		01—005	

齿轮	
设计	
制图	
审核	

图 10.33　齿轮零件示意图

(3) 零件表面加工方法的选择　本设计任务给定的齿轮需要加工的表面有外圆、内孔、端面、齿面、槽及小孔等,其加工方法选择如下。

① ϕ90 mm 外圆面:为未注公差尺寸,根据 GB 1800—79 规定,其公差等级按 IT13 或 IT14 选取,表面粗糙度为 R_a3.2,需进行粗车及半精车。

② 齿圈外圆(ϕ117)面:公差等级为 h11,表面粗糙度 R_a3.2,需粗车、半精车。

③ 外圆(ϕ106.5)面:公差等级为 IT12,表面粗糙度为 R_a6.3,粗车即可。

④ ϕ68K7mm 内孔:公差等级为 K7,表面粗糙度为 R_a0.8,毛坯孔已锻出,为未淬火钢,加工方法可采取粗镗、半精镗之后用精镗、拉孔或磨孔等方法来满足加工精度的要求。由于拉孔适用于大批大量生产,磨孔适用于表面质量要求高、淬硬的单件小批生产,因此,本零件采用粗镗、半精镗、精镗即可。

⑤ ϕ94 mm 内孔也为未注公差尺寸,公差等级按 IT13 或 IT14 来选用,表面粗糙度为 R_a6.3,毛坯孔已锻出,故仅需粗镗即可。

⑥ 端面:本零件的端面为旋转体端面,尺寸精度要求都不高,表面粗糙度为 R_a3.2 及 R_a6.3 两种要求。对于 R_a3.2 的端面可用粗车和半精车来实现,对于 R_a6.3 的端面,仅用粗车即可完成。

⑦ 齿形面:本齿轮的模数为 2.25,齿数为 50,精度 7FL,表面粗糙度为 R_a1.6,用 AA 级单头滚刀滚齿即能达到要求。

⑧ 开口槽:槽深和槽宽的公差等级分别为 IT13 和 IT14,表面粗糙度分别为 R_a3.2 和 R_a6.3,采用三面刃铣刀,粗铣、半精铣可以实现。

⑨ 4-ϕ5 小孔及其圆锥沉头孔:可用复合钻头一次钻出,也可在钻床上分别用 ϕ5 的麻花钻和修磨成 90 度顶锥的钻头钻、锪来获得。

(4) 工艺路线的制订　齿轮的加工工艺路线一般是先进行齿坯的加工,再进行齿面加工。齿坯加工包括各圆柱表面及端面的加工。按照"先加工基准面"和"先粗后精"的原则,齿坯加工可按下述工艺路线进行。

工序1:以 ϕ106.5 外圆及端面定位,粗车外圆 ϕ90 和端面以及台阶面;粗车 ϕ117 外圆;粗镗 ϕ68 孔。

工序2:以粗车后的 ϕ90 mm 外圆及端面定位,粗车 ϕ106.5 外圆和端面以及台阶面;车切 6×1.5 的沟槽;粗镗 ϕ94 孔,并倒角。

工序3:再以粗车后的 ϕ106.5 外圆及端面定位,半精车外圆 ϕ90 和端面以及台阶面;半精车外圆 ϕ117;半精镗 ϕ68 mm 孔,倒角。

工序4:再以 ϕ90 外圆及端面定位,精镗 ϕ68K7 孔;车(镗)切孔内的 ϕ71×2.7 沟槽,并倒角。

工序5:以 ϕ68K7 孔及端面(ϕ90 外圆的端面)定位,滚齿。

工序6:以 ϕ68K7 孔及端面定位,粗铣 4 个 16×15 的开口槽。

工序7:以 ϕ68K7 孔及端面和粗铣后的一个槽定位,半精铣 4 个槽。(也可将 6、7 两个工序合为一个工序的两个工步来进行。)

工序8:以 ϕ68K7 孔、端面及一个槽定位,钻 4 个 ϕ5 小孔(槽与小孔的夹角为 45°,先铣槽后钻孔,定位较方便、可控)。

工序 9:钳工去毛刺。

工序 10:终检。

注意 由于本任务为直齿圆柱齿轮的加工工艺设计,零件结构简单,加工方法和工艺过程相对较稳定,因此,未给出多种工艺路线方案(一般为两种可行方案),也就没有进行工艺方案的技术经济性分析和比较(选取其中较好的)。

3. 加工设备和工艺装备的选择

(1) 机床的选择

① 工序 1、2、3 是粗车和半精车。各工序的工步数不多,单件小批生产不要求很高的生产率,故选用卧式车床就能满足要求。本零件外廓尺寸不大,精度要求不是很高,选用最常用的 CA6140 型卧式车床即可。

② 工序 4 为精镗孔。由于加工的零件外廓尺寸不大,又是回转体,故适合在车床上镗孔。由于要求的精度较高,表面粗糙度值要求较小,应选用较精密的车床才能满足要求。故选 CM6132 型精密卧式车床。

③ 工序 5 的滚齿加工。从加工要求及尺寸大小考虑,选 Y3150 型滚齿机即可。

④ 工序 6、7 是三面刃铣刀粗铣及半精铣开口槽,应选卧式铣床。考虑本零件属于单件小批生产,故选常用的 X62W 型万能卧式铣床就能满足加工要求。

⑤ 工序 8 钻 4 个 ϕ5 mm 的小孔,可采用专用的分度夹具或用万能分度头加可用开口限位的心轴构成的夹具,在立式钻床加工即可,故可选用 Z518 型立式钻床。

(2) 选择夹具

本齿轮加工除粗铣及半精铣槽、钻小孔等工序需要专用夹具或利用万能分度头改装成专用夹具外,其他各工序均可以直接使用通用夹具。如前四个车床工序均用三爪自定心卡盘,滚切齿形工序用心轴来安装。

(3) 选择刀具

① 在车床加工的工序,一般都选用硬质合金车刀和镗刀。加工钢质零件采用 YT 类硬质合金,粗加工用 YT15,半精加工用 YT30,为提高生产率及经济性,还可选用可转位车刀(GB 5343.1—85,GB 5343.2—85)。而切槽刀宜选用高速钢刀具。

② 滚切齿形可采用 AA 级、模数为 2.25 mm 的单头滚刀,来达到 7 级精度。

③ 铣刀可以选直齿或错齿的三面刃铣刀。由于零件上要求铣切深度为 15 mm,宽度为 16 mm,而工序中又有粗铣和半精铣两个工序,故不能选用铣刀宽度 $L = 16$ mm 的铣刀,而应选用宽度小于 16 mm 的铣刀,在粗铣后留有一定的双面余量,供半精铣工序加工。(具体可查《金属切削手册》中三面刃铣刀的规格来确定。)

④ 钻 ϕ5 mm 小孔,由带有 90°的倒角的复合钻一次钻出,或者用 ϕ5 的麻花钻和修磨成 90°顶锥的 ϕ10 钻头钻、锪来获得。

(4) 选择量具

由于本零件加工是单件小批生产,一般均采用通用量具,选择量具的方法有两种:一是按计量器具的不确定度选择;二是按计量器具的测量方法的极限误差来选择。实际选择时,采用其中的任一种方法即可。(参见 8.1.2 小节。)

① 选择外圆面的量具(以计量器具的不确定度为依据来选择):下面以工序 3 中半精车

外圆 ϕ117h11 为例来分析选择的方法。半精车外圆 ϕ117h11 要达到图纸规定的尺寸公差 $T = 0.22$ mm。使用计量器具的不确定允许值 $\delta 1 = 0.016$ mm，分度值 0.02 mm 的游标卡尺，其不确定度数值 $\delta = 0.02$ mm，$\delta > \delta 1$，因而不能选用。必须使 $\delta \leqslant \delta 1$，故应选分度值 0.01 mm的外径百分尺（$\delta = 0.006$ mm）。选择测量范围为 100～125 mm，分度值为 0.01 mm 的外径百分尺。

按照上述方法选择本零件各外圆加工面的量具如表 10.16 所示。

表 10.16　量具的使用

工　序	加工尺寸	尺寸公差	使用量具
1	ϕ118.5	0.54	分度值 0.02 mm，测量范围 0～150 mm 的游标卡尺
	ϕ91.5	0.87	
2	ϕ106.5	0.4	
3	ϕ90	0.87	分度值 0.05 mm，测量范围 0～150 mm 的游标卡尺
	ϕ117	0.22	分度值 0.01 mm，测量范围 100～125 mm 的外径百分尺

② 选择孔的量具（以计量器测量方法的极限误差为依据来选择）：对作为本齿轮重要基准的 ϕ68K7 孔的加工，需经粗镗、半精镗、精镗三次加工。按照粗、半精和精镗削加工的经济精度等级可知，粗镗孔公差等级为 IT11，公差 $T = 0.19$ mm，精度系数 $K = 10\%$，计量器具测量方法的极限误差 $\Delta_{\lim} = KT = 0.1 \times 0.19\ (\text{mm}) = 0.019\ (\text{mm})$，可选分度值 0.01 mm 内径百分尺；半精镗孔公差等级为 IT9，公差 $T = 0.09$ mm，则 $K = 20\%$，$\Delta_{\lim} = KT = 0.2 \times 0.09\ (\text{mm}) = 0.018\ (\text{mm})$，可选测量范围为 50～100 mm，测孔深度为Ⅰ型的一级内径百分表；精镗 ϕ68K7 孔，由于精度要求高，加工时每个工件都需进行测量，故宜选用极限量规，根据孔径可选三牙锁紧式圆柱塞规。

③ 本齿轮的轴向尺寸精度和开口槽的尺寸精度都较低，所用量具的选择可用一般通用量具即可，如可选用分度值为 0.02 mm，测量范围 0～150 mm 的游标卡尺。

④ 滚齿工序所用量具：由于本齿轮为 7 级精度，按照零件图规定的检验项目，仅需在滚齿加工时测量公法线长度即可。因此，可选用分度值 0.01 mm，测量范围 25～50 mm 的公法线百分尺。

4. 确定工序尺寸

确定工序尺寸的一般方法是，由加工表面的最后工序往前推算，最后工序的工序尺寸按零件图样的要求标注。当无基准转换时，同一表面多次加工的工序尺寸只与工序（或工步）的加工余量有关。当基准不重合时，工序尺寸应用工艺尺寸链解算。

（1）*确定圆柱面的工序尺寸*　圆柱表面多次加工，由于符合基准同统一原则，其工序尺寸只与加工余量有关。可根据有关资料查出各圆柱面的总加工余量（毛坯余量），并将加工余量按照粗、半精和精加工的经济精度分配给各工序，由后往前推算各工序尺寸即可。

本零件各圆柱面的工序加工余量、工序尺寸公差、表面粗糙度如表 10.17 所示。

表 10.17　径向工序尺寸及公差和表面粗糙度

加工表面	工序双边余量			工序尺寸及公差			表面粗糙度 R_a		
	粗	半精	精	粗	半精	精	粗	半精	精
ϕ117h11 外圆	2.5	1.5		$\phi 118.5^{0}_{-0.54}$	$\phi 117^{0}_{-0.22}$		6.3	3.2	
ϕ106.5h12 外圆	3.5			$\phi 106.5^{0}_{-0.4}$			6.3		
ϕ90 外圆	2.5	1.5		ϕ91.6	ϕ90		6.3	3.2	
ϕ94 孔	5.0			ϕ94			6.3		
ϕ68K7 孔	3.0	2.0	1.0	$\phi 65^{+0.18}_{0}$	$\phi 67^{+0.074}_{0}$	ϕ68K7	6.3	1.6	0.8

(2) *确定轴向工序尺寸*　现以本零件外形（不含内表面）加工各工序的轴向尺寸为例（不含其中的 6×1.5 沟槽加工）来说明工序尺寸的计算方法。

由工序 1、2、3 可知外形的外表面加工主要有：

ϕ106.5 端面（设为 A 面）的粗加工；

ϕ90 端面（设为 B 面）的粗加工和半精加工；

ϕ117（轮齿部分）的左端面（ϕ106.5 一边，设为 D 面）的粗加工和半精加工；

ϕ117（轮齿部分）的右端面（ϕ90 一边，设为 C 面）的粗加工和半精加工。

另外，由零件图和技术分析可知，ϕ90 端面是该齿轮的装配基准和后续加工的安装定位基准，因此，虽然图 10.34 中的轴向尺寸 $L2=20$ 和齿宽 $L4=12$ 未给出公差，为了能保证齿轮的工作精度，它们的公差等级可按未注公差的最高等级来选取，即为 IT12(h12)级，经查表分别可得 $\mathrm{IT}(L2)=0.21$ mm，$\mathrm{IT}(L4)=-0.18$ mm，且 $L2$ 按内表面确定其偏差得 $L2=20^{+0.21}_{0}$ mm，而 $L4$ 则按外表面来确定其偏差，即有 $L4=12^{0}_{0.18}$ mm。

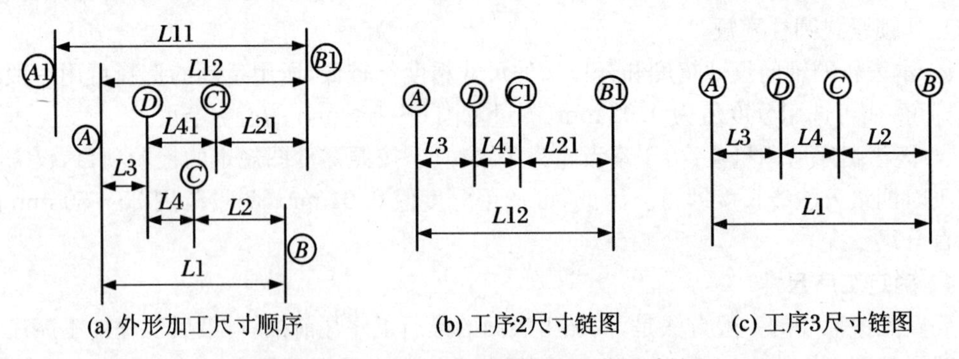

(a) 外形加工尺寸顺序　　(b) 工序2尺寸链图　　(c) 工序3尺寸链图

图 10.34　工序 1、2、3 的加工工艺尺寸链

对于 B 面和 C 面的半精加工由有关加工余量表可知，对于 $L4$、$L2$ 和 $L1$ 的余量均取 $Z=0.7$ mm 即可，而对其进行粗加工时的公差精度等级可按 IT13 级选取，即有：对于外形总长 $L1(=64$ mm) 来说，$\mathrm{IT}(L1)=-0.46$ mm，而对于 $L2$ 和 $L4$ 两尺寸就有 $\mathrm{IT}(L2)=-0.33$ mm，$\mathrm{IT}(L4)=0.27$ mm。工序 1、2、3 的外形加工尺寸序图如图 10.34(a)所示。由图和工序内容可知，为获得所需的齿轮宽度 $L3$，工序 2 的加工工艺尺寸链如图 10.34(b)所示，工序 3 的加工工艺尺寸链如图 10.34(c)所示。

(a) 工序2的加工工艺尺寸链计算

对于工序2来说,它是以粗加工后的$B1$面为精基准来加工A面和D面(为A、D两面的终加工)的,由于$B1$、$C1$两面均还需要半精加工,因此,$L12$、$L21$和$L41$均应留供半精加工的余量,即有:$L12=64+0.7=64.7$(mm),$L21=20+0.7=20.7$(mm),$L41=12+0.7=12.7$(mm),对于$L12$和$L21$来说,只要其中有一个留加工余量即可,因此,由粗加工的IT13(h/H)精度可得其偏差分别为$64.7_{0}^{+0.46}$(mm),$20_{0}^{+0.33}$(mm)和$12.7_{-0.27}^{0}$(mm)。另外,由图10.34(b)所示的工艺尺寸链图可知,轮齿宽度$L41$为封闭环,$L3$、$L21$和$L12$是组成环,其中$L3$和$L21$为减环,$L12$为增环,因此,本工序尺寸计算是已知封闭环求组成环$L3$来保证后面的半精加工所需的加工余量。根据极值法的计算公式可知,组成环的公差和应等于封闭环的公差,在本工序中,显然不能满足该条件,即各组成环的公差不能按IT13(h/H)来选取,应根据加工中是否便于控制来提高它们的加工精度,取$L12=64.7_{0}^{+0.1}$(mm),$L21=20.7_{0}^{+0.13}$(mm),再按"竖式计算法"可得$L3=32_{+0.10}^{+0.14}$(mm),按"入体"原则标注工序尺寸方法,可表示为$L3=32.1_{0}^{+0.04}$(mm)。见表10.18。

(b) 工序3的加工工艺尺寸链计算

对于工序3来说,既要使总长$L1$满足精度要求,又要使安装和定位尺寸$L2$在给定的精度范围内,还要使齿轮的宽度($L4$)不小于规定的尺寸精度(从齿轮啮合的角度,齿宽可大而不宜偏小)。其中以尺寸$L2$较为重要,且加工过程中$L4$和$L2$两尺寸都可以直接测量获得,因此,本工序的封闭环是本齿轮零件的总长$L1$,即是已知组成环求封闭环(也是中间工序尺寸)。由图10.34(c)和尺寸链计算公式可得:$L1=63.82_{0}^{+0.43}$(mm),显然不符合零件图的技术要求,为此,必须适当提高组成环的精度,由上面的分析可知,提高齿轮宽度$L4$的精度,将其由$L4=12_{-0.18}^{0}$(mm)提高到$L4=12_{-0.10}^{0}$(mm),即可得到$L1=64_{0}^{+0.35}$(mm)。从而满足了精度指标的要求。

表10.18 工艺尺寸链的竖式计算法

	基本尺寸	上偏差 ES	下偏差 EI	基本尺寸	上偏差 ES	下偏差 EI
增环 $L12$	64.7	0.46	0.0	64.7	0.10	0.0
减环 $L21$	−20.0	0.0	−0.33	−20.0	0.0	−0.13
减环 $L3$	−32.0	−0.46	+0.06	−32.0	−0.10	−0.14
封闭环 $L41$	12.7	0.0	−0.27	12.7	0.0	−0.27
	$L3$计算结果不合理			分别提高了$L12$和$L21$的加工精度		

5. 工艺过程综合卡片设计

根据以上分析和计算,将单件小批制造的齿轮零件加工的工序,使用的机床设备和工装以及在机床上安装等主要加工内容,按照工艺过程的加工顺序填写在相应的表格中,见表10.19。

表 10.19 齿轮的机械加工工艺过程综合卡片

<table>
<tr><td colspan="2" rowspan="2">×××大学
×××系</td><td>产品名称</td><td colspan="2">姓 名</td><td colspan="2">学 号</td></tr>
<tr><td>雕刻机</td><td colspan="2"></td><td colspan="2"></td></tr>
<tr><td colspan="2">零件名称</td><td>零件图号</td><td colspan="2">材 料</td><td colspan="2">数 量</td></tr>
<tr><td colspan="2">齿 轮</td><td>01-005</td><td colspan="2">45#</td><td colspan="2">54</td></tr>
<tr><td rowspan="2">工序号</td><td rowspan="2">工序名称和内容</td><td rowspan="2">安装简图
(定位基面)</td><td colspan="4">设备及工艺装备(名称和规格)</td></tr>
<tr><td>机 床</td><td>夹 具</td><td>刀 具</td><td>量 具</td></tr>
<tr><td>1</td><td>粗车外圆 $\phi90$ 和端面以及台阶面;粗车 $\phi117$ 外圆;粗镗 $\phi68$ 孔</td><td>以 $\phi106.5$ 外圆及端面定位</td><td>CA6140</td><td>三爪卡盘</td><td>YT15</td><td>游标卡尺和内径百分尺</td></tr>
<tr><td>2</td><td>粗车 $\phi106.5$ 外圆和端面以及台阶面;车切 6×1.5 的沟槽;粗镗 $\phi94$ 孔,并倒角</td><td>以粗车后的 $\phi90$ mm 外圆及端面定位</td><td>CA6140</td><td>三爪卡盘</td><td>YT15,高速钢</td><td>游标卡尺</td></tr>
<tr><td>3</td><td>半精车外圆 $\phi90$ 和端面以及台阶面;半精车外圆 $\phi117$;半精镗 $\phi68$ mm 孔,倒角</td><td>再以粗车后的 $\phi106.5$ 外圆及端面定位</td><td>CA6140</td><td>三爪卡盘</td><td>YT30</td><td>游标卡尺和内(外)径百分尺</td></tr>
<tr><td>4</td><td>精镗 $\phi68K7$ 孔;车(镗)切孔内的 $\phi71\times2.7$ 沟槽,并倒角</td><td>再以 $\phi90$ 外圆及端面定位</td><td>CM6132</td><td>三爪卡盘</td><td>YT30,高速钢</td><td>塞规,游标卡尺</td></tr>
<tr><td>5</td><td>滚齿</td><td>以 $\phi68K7$ 孔及端面($\phi90$ 外圆的端面)定位</td><td>Y3150E</td><td>心轴</td><td>AA 级单头滚刀</td><td>公法线尺</td></tr>
<tr><td>6</td><td>粗铣 4 个 16×15 的开口槽</td><td>以 $\phi68K7$ 孔及端面定位</td><td rowspan="2">X62W</td><td rowspan="2">专用</td><td rowspan="2">三面刃铣刀</td><td rowspan="2">游标卡尺</td></tr>
<tr><td>7</td><td>半精铣 4 个槽</td><td>以 $\phi68K7$ 孔及端面和粗铣后的一个槽定位</td></tr>
<tr><td>8</td><td>钻 4 个 $\phi5$ 小孔</td><td>以 $\phi68K7$ 孔、端面及一个槽定位</td><td>Z518</td><td>专用</td><td>$\phi5$、$\phi10$ 麻花钻</td><td>游标卡尺</td></tr>
<tr><td>9</td><td>钳工去毛刺</td><td></td><td>钳工台</td><td></td><td></td><td></td></tr>
<tr><td>10</td><td>终检</td><td></td><td></td><td></td><td></td><td></td></tr>
</table>

审核: 年 月 日

参 考 文 献

[1] 徐灏.机械设计手册[M].2版.北京:机械工业出版社,2003.

[2] 《现代机械传动手册》编辑委员会.现代机械传动手册[M].2版.北京:机械工业出版社,2002.

[3] 李益民.机械制造工艺设计简明手册[M].北京:机械工业出版社,1995.

[4] 赵志修.机械制造工艺学[M].北京:机械工业出版社,1985.

[5] 哈尔滨工业大学,上海工业大学.机械制造工艺学:2-4册[M].上海:上海科学技术出版社,1988.

[6] 顾崇衔.机械制造工艺学[M].西安:陕西科学技术出版社,1990.

[7] 上海市科学技术交流站.金属切削手册[M].上海:上海人民出版社,1974.

[8] 《金属机械加工工艺人员手册》修订组.金属机械加工工艺人员手册[M].上海:上海科学技术出版社,1987.

[9] 赵家齐.机械制造工艺学课程设计指导书[M].北京:机械工业出版社,1983.

[10] 方子良.机械加工工艺学[M].上海:上海交通大学出版社,1999.

[11] 华茂发.数控机床加工工艺[M].北京:机械工业出版社,2000.

[12] 惠延波,等.加工中心的数控编程与操作技术[M].北京:机械工业出版社,2001.

[13] 赵良才.计算机辅助工艺设计[M].北京:机械工业出版社,1999.

[14] 庞振基,黄其圣.精密机械设计[M].北京:机械工业出版社,2000.

[15] 裘祖荣.精密机械设计基础[M].北京:机械工业出版社,2007.

[16] 戴曙.金属切削机床设计[M].北京:机械工业出版社,1981.

[17] 史习敏,黎永明.精密机械设计[M].上海:上海科学技术出版社,1981.

[18] 张建民.机电一体化系统设计[M].2版.北京:高等教育出版社,2001.

[19] 邱宣怀.机械设计[M].4版.北京:高等教育出版社,1997.

[20] 濮良贵.机械设计[M].6版.北京:高等教育出版社,1998.

[21] 赵跃进.精密机械设计基础[M].北京:北京理工大学出版社,2003.

[22] 蒋庄德.机械精度设计[M].西安:西安交通大学出版社,2000.

[23] 段铁群.机械系统设计[M].北京:科学出版社,2010.

[24] 孙靖民.现代机械设计方法[M].哈尔滨:哈尔滨工业大学出版社,2003.

[25] 中华人民共和国国家质量监督检验检疫总局,中国国家标准化管理委员会.GB/T 17587.1/2/3—1998 滚珠丝杠副[S].北京:中国标准出版社,1998.

[26] 赵竹青,周旒明.机构可靠性分析与设计中机构误差的分配方法[J].西安联合大学学报,2002(4).

[27] 罗志建,杨代华,宋超.全自动数控五轴雕刻机机械装置的研制[J].机床与液压,2008(02).

[28] 郑文学,王金波.仪器精度设计[M].北京:兵器工业出版社,1992.

[29] 薛实福,李庆祥.精密仪器设计[M].北京:清华大学出版社,1991.

[30] 张新义.经济型数控机床系统设计[M].北京:机械工业出版社,1994.

[31] 夏长植，居荣华，张一宁. FTDK5416 雕刻机机械结构的改进设计[J].包装与食品机械，2002，120(1).
[32] 毕承恩.现代数控机床[M].北京：机械工业出版社，1991.
[33] 西安微电机研究所.实用微电机手册[M].沈阳：辽宁科学技术出版社，2000.
[34] 林长洪，朱家诚.齿轮传递误差计算的分析[J].机械，2011，38(08).
[35] 任金泉.机械设计课程设计[M].西安：西安交通大学出版社，2003.
[36] 王之栎，王大康.机械设计综合课程设计[M].北京：机械工业出版社，2009.
[37] 郑镁.机械设计中图样表达方法[M].西安：西安交通大学出版社，1999.
[38] 杨汝清.现代机械设计：系统与结构[M].上海：上海科学技术文献出版社，2000.
[39] 邹慧君.机械系统设计原理[M].北京：科学出版社，2003.
[40] 金泰义.精度理论与应用[M].合肥：中国科学技术大学出版社，2005.
[41] 王爱玲.现代数控机床结构与设计[M].北京：兵器工业出版社，1999.
[42] 杨有君.数字控制技术与数控机床[M].北京：机械工业出版社，1999.
[43] 邓星钟.机电传动控制[M].武汉：华中科技大学出版社，2001.
[44] 廖效果.数控技术[M].武汉：湖北科学技术出版社，2000.
[45] 王永章.数控技术[M].北京：高等教育出版社，2001.